Diseño Estructural

EDICIONES UNIVERSIDAD CATÓLICA DE CHILE
Vicerrectoría de Comunicaciones
Alameda 390, Santiago, Chile

editorialedicionesuc@uc.cl
www.ediciones.uc.cl

DISEÑO ESTRUCTURAL
Rafael Riddell C. y Pedro Hidalgo O.

©   Inscripción N° 101.820
Derechos reservados
Diciembre 1997
ISBN 978-956-14-2249-0

Sexta edición, junio 2018.

Diseño interior:
José Miguel Cariaga

Diseño portada:
versión | producciones gráficas ltda.

CIP - Pontificia Universidad Católica de Chile

Riddell, C. Rafael
Diseño Estructural / Rafael Riddell C., Pedro Hidalgo O.
Incluye Bibliografías
1. Diseño de Estructuras. 2. Ingeniería Estructural
I. Hidalgo Oyanedel, Pedro, coaut.
1997   624.1771   dc20   RCAA2

Diseño Estructural

Rafael Riddell C.
Pedro Hidalgo O.

SEXTA EDICIÓN

EDICIONES UC

En esta edición se han corregido algunos errores, tanto de transcripción como en algunas figuras. Se han mantenido los valores de algunos coeficientes de normas que se han ajustado recientemente, como por ejemplo los factores de mayoración de cargas en diseño último, ya que no se trata de aspectos conceptuales en los que enfatiza este texto. Los autores desean dejar constancia del prolijo trabajo de los alumnos Herbert Bollman H. y Aarón González F., así como la cooperación de la secretaria Cristina Tapia B. en la preparación de la primera edición, y la participación del dibujante Jaime Fernández R. desde la primera edición hasta ésta. Finalmente cabe destacar la contribución de tantos y buenos alumnos que, sin saberlo, fueron puliendo la presentación de estas materias durante los últimos treinta y cinco años en la Escuela de Ingeniería de la Pontificia Universidad Católica de Chile. Agradecemos también a muchos colegas ingenieros estructurales que nos han expresado estimulantes comentarios acerca de este texto.

INDICE

PREFACIO

Este texto ha sido preparado para el curso Diseño Estructural, que es un ramo semestral de carácter obligatorio para los alumnos de la carrera de Ingeniería Civil de la Universidad Católica de Chile. Los conocimientos que deben tener los alumnos para tomar este curso son nociones básicas de Análisis Estructural, más los correspondientes a un curso elemental de Mecánica de Sólidos. El objetivo del curso es servir de introducción para estudiar posteriormente, en cursos más avanzados, el diseño referido a cada material estructural específico: Acero, Hormigón, Madera y Albañilería.

El curso mencionado se dicta en la Escuela de Ingeniería desde 1975. Con el pasar de los años su contenido se ha ido enriqueciendo con los aportes efectuados por los autores, y las aplicaciones se han orientado decididamente hacia los casos de diseño estructural que son habituales en el ejercicio de la Ingeniería Civil en Chile.

El propósito del curso es entregar una visión global del problema del diseño estructural, lo cual difiere de lo que se persigue en los cursos de diseño específico para cada uno de los materiales. Para obtener esta visión global se expone a los alumnos a un amplio conjunto de casos de diseño, considerando diferentes tipos de esfuerzos internos o condiciones de estabilidad, esfuerzos simples o combinaciones de esfuerzos, distintos materiales estructurales incluyendo tanto sus rangos de comportamiento elástico como inelástico, y las dos filosofías básicas del diseño: el método de las tensiones admisibles y el diseño por capacidad última. Por supuesto que la elección de los casos que se estudian no cubren todas las situaciones posibles, sino aquellas más usuales. El texto satisface una necesidad, ya que no hay material actualizado en castellano ni en otros idiomas que cubran el original contenido del curso de Diseño Estructural.

En este texto se ha hecho especial énfasis en los aspectos conceptuales y generales, limitando a un mínimo los aspectos normativos de detalle que serán cubiertos posteriormente en los cursos de diseño para materiales específicos. Aun cuando se ha tratado de simplificar los desarrollos analíticos, no se ha sacrificado el rigor en los casos que necesariamente han debido abordarse. Así mismo, como primer curso de diseño estructural, cada vez que ha sido pertinente se han abierto ventanas introductorias a diversas áreas de la disciplina, como la Confiabilidad Estructural, el Análisis Plástico, la Mecánica de Suelos, y el Hormigón Pretensado.

Los autores están conscientes de que el material que se presenta a continuación puede ser excesivamente extenso para ser tratado en un curso semestral con tres sesiones semanales de 80 minutos cada una. El profesor de un curso básico de Diseño Estructural que utilice este texto deberá seleccionar necesariamente los temas que serán incluidos en su curso, pero debe en lo posible respetar lo esencial de su filosofía, cual es el introducirse en el problema del diseño a través de las múltiples formas en que se presenta, y adquirir de esta forma una base conceptual sólida para poder estudiar posteriormente el diseño en cada material estructural específico. Por otra parte, el material de este texto también puede ser usado en forma parcial para enseñar los aspectos básicos de diseño, en uno o más materiales, a alumnos de otras carreras relacionadas con la Ingeniería Civil, como Arquitectura y Construcción Civil.

Rafael Riddell C.   Pedro Hidalgo O.

INTRODUCCION AL DISEÑO ESTRUCTURAL

1.1 ASPECTOS BASICOS DEL DISEÑO ESTRUCTURAL

1.1.1 Diseño Estructural

El objetivo final del diseño estructural es proveer una estructura segura y económica para satisfacer una necesidad específica. Por seguridad entendemos la capacidad resistente de la estructura para servir sin fallas durante su vida útil. Por cierto, el diseño incorpora consideraciones de orden económico, ya que siempre pueden haber soluciones alternativas, y para cada una de ellas un óptimo, o costo mínimo, al que se procura llegar.

En cualquier proyecto podemos distinguir las siguientes etapas:

- Identificación de una necesidad

- Anteproyecto (Ingeniería Conceptual e Ingeniería Básica)

- Proyecto (Ingeniería de Detalle)

- Ejecución

La necesidad puede ser de cualquier índole: vivienda, hospital, infraestructura de transporte, o una planta industrial, entre infinitos ejemplos. En cualquiera de estos casos habrá de realizarse un anteproyecto que requiere la identificación de todos los elementos necesarios y sus características fundamentales, o etapa de ingeniería conceptual, para realizar una estimación preliminar de los costos con el objeto de evaluar la justificación económica del proyecto (pre-factibilidad). Esta estimación se realiza en base a datos existentes y experiencia de proyectos similares, por ello puede tener un margen de error del orden del 25 a 30 %.

Si la pre-factibilidad da resultado positivo, se pasa a la etapa de ingeniería básica, que consiste en pulir el anteproyecto, definiendo en forma más precisa los componentes (especificaciones de equipos, necesidades de energía, layout, obras civiles y especificaciones en general). En esta etapa hay que realizar estudios simples preliminares, pero ellos ciertamente implican un gasto en horas-hombre. Como resultado, el anteproyecto quedará mejor definido reduciéndose el margen de error en los costos al rango de un 15 a 20 %.

En un proyecto civil, la construcción de un puente por ejemplo, los estudios preliminares comprenderán diversas disciplinas como: Transporte, Hidrología, Hidráulica, Geotécnica, Estructural, Eléctrica, Derechos (servidumbre de paso y expropiaciones), Impacto Ambiental, Impacto Social, Sistema Constructivo, etc. El anteproyecto producido sirve de base para el estudio de factibilidad definitivo, después del cual podrá tomarse la decisión de realizar el proyecto y pasar a la etapa de ingeniería de detalle o proyecto definitivo. La ingeniería de detalle comprende la ejecución de los planos y especificaciones completas para la construcción, equipamiento, montaje y puesta en marcha del proyecto. El diseño estructural interviene en la etapa de anteproyecto primero con la concepción de una forma estructural apropiada al caso y una estimación de su costo, y posteriormente con la producción de un prediseño de estructuración. En la etapa de proyecto se desarrollará el diseño definitivo incluyendo planos de detalles estructurales.

Las etapas del diseño estructural son las siguientes:

- Estructuración

- Análisis

- Dimensionamiento

La estructuración comprende la definición de la forma, o tipo estructural, incluyendo el material a usar. Por ejemplo, un edificio de hormigón armado se puede estructurar en base a marcos, en base a muros, o a una combinación de ambos; en cada uno de estos casos hay que optar entre alternativas, por ejemplo, en el caso de estructura de marcos habrá que definir cuántas columnas tendrá cada plano resistente, es decir, decidir el espaciamiento entre ellas. En el caso de un puente, puede estructurarse como un reticulado de acero, un arco de hormigón armado, una losa sobre vigas de hormigón pretensado, una losa sobre vigas de acero o una infinidad de alternativas que dependen principalmente de la luz a cubrir. En todo caso, la estructuración que prevalecerá en definitiva será aquella que, satisfaciendo todas las condiciones de seguridad y funcionalidad de la obra, tenga el mínimo costo.

El análisis comprende la modelación de la estructura y el cálculo de deformaciones y esfuerzos internos de sus elementos. Este es un campo bien desarrollado de la Ingeniería Estructural en el que se dispone de herramientas computacionales poderosas. Tales herramientas, sin embargo, están en constante revisión según progresa el conocimiento del comportamiento real de los materiales.

El dimensionamiento, comúnmente llamado también "diseño" de los elementos, requiere la consideración del tipo de solicitación (carga axial, flexión, corte, torsión), del comportamiento del elemento frente a tal solicitación, en lo que obviamente incide el material a usar, y del nivel de seguridad que es razonable adoptar. Cabe destacar que el diseño no es exclusivamente un problema de resistencia, ya que con frecuencia pueden controlar las condiciones de serviciabilidad, por ejemplo, la limitación de deformaciones para el adecuado funcionamiento o prestación de servicio de un elemento.

Una característica esencial de la formulación de un proyecto o del desarrollo de un diseño estructural es que se trata de problemas cuyas variables están inicialmente indefinidas y su conocimiento va progresando a medida que se avanza en la solución del problema. Este es un aspecto importante de destacar, pues marca una diferencia con el tipo de problema al que los estudiantes se han visto enfrentados a este nivel de sus estudios de Ingeniería: generalmente han resuelto problemas matemáticos o físicos bien definidos previamente mediante un número de datos fijos, y cuya solución se expresa en función de tales datos. En diseño, en cambio, se parte de un problema indefinido, es decir, hay que proponer una forma (estructuración o dimensión), lo que corresponde a darse los "datos" antes de poder proceder al análisis y al dimensionamiento mismo. La primera proposición generalmente podrá perfeccionarse, corrigiendo los "datos" iniciales, o incluso volviendo a comenzar con una nueva "forma". Ello hace que el diseño se pueda interpretar como un proceso de aproximaciones sucesivas, en que una primera solución se va mejorando en la medida en que los "datos" mismos se van precisando, como se muestra en la Fig. 1.1.

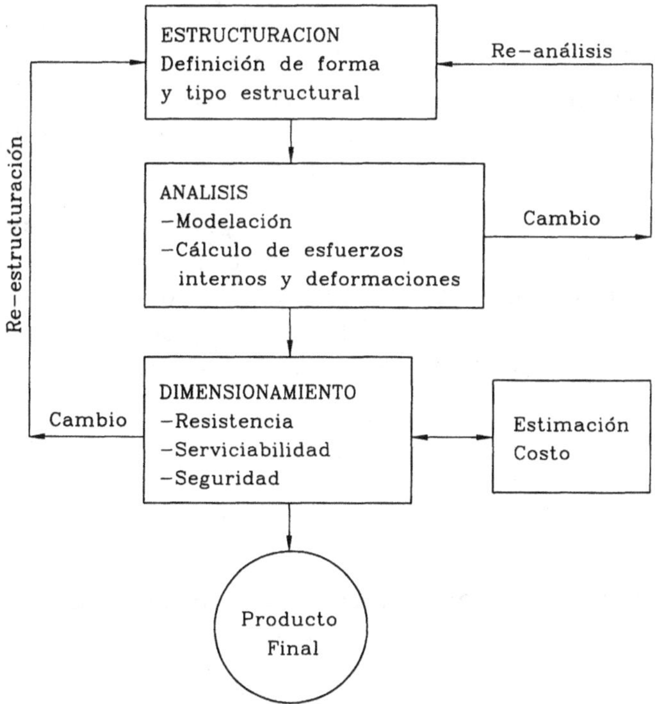

Figura 1.1
Etapas del proceso de diseño estructural

Por cierto, siempre es posible plantear el conjunto completo de ecuaciones que rigen un problema, y escoger entre las infinitas soluciones posibles aplicando algún criterio de optimización. Pero este no es el objetivo de este curso, ni es la forma de trabajo usual en la práctica; la idea es que el estudiante aprenda a trabajar apegado al sentido físico del problema, ponderando la influencia de las variables que intervienen y desarrollando la capacidad de prever el resultado. Así, antes de plantear el conjunto de ecuaciones complejas que eventualmente resuelven el problema, él debe tener una idea o estimación de cuál será el resultado, o el orden de magnitud de la solución; así, los cálculos le ayudarán a perfeccionar o pulir su estimación inicial, mientras tal estimación le permitirá juzgar los resultados analíticos que obtenga y resguardarse de un eventual error de cálculo.

En esta perspectiva también, se pretende que el estudiante se familiarice con conceptos fundamentales de validez permanente, y con los parámetros más relevantes de cada problema de diseño, sin necesidad de ir al detalle propio de un curso de diseño en un material específico conforme a una normativa particular, normativa que, por lo demás, es cambiante en el tiempo. En tal sentido, el curso no se orienta a especialistas en diseño estructural sino a sentar bases sólidas en aspectos fundamentales del diseño que son esenciales para el Ingeniero Civil.

1.1.2 Factor de Seguridad y Confiabilidad Estructural

En términos muy generales, entendemos por seguridad el evitar que la estructura o elemento alcance o sobrepase un estado límite hasta el cual se considera que el comportamiento de la estructura es aceptable. Tal estado límite es el de falla o colapso de un elemento o de la estructura completa. Para establecer una medida cuantitativa de la seguridad se introduce el concepto de factor de seguridad cuya evaluación requiere comparar la "demanda" de resistencia (solicitación o carga) con la capacidad "suministrada" a la estructura (su resistencia máxima).

La concepción más simplista del factor de seguridad puede ilustrarse con el siguiente ejemplo: el cable de una grúa debe ser capaz de resistir una carga de 3 toneladas, y se ha seleccionado un cable de acero de calidad y sección tal que su resistencia nominal de rotura es de 5 toneladas. Decimos entonces que el factor de seguridad (FS) a la rotura del cable es:

$$FS = \frac{5}{3} = 1,7$$

El hipotético problema anterior nos induce de inmediato a pensar que si existiera certeza de que la carga máxima no excederá de 3 toneladas, bastaría con una resistencia levemente superior para evitar la rotura, y por tanto se podría usar un cable más económico. Sin embargo, en la realidad hay incertidumbre respecto al valor preciso de la carga que el operador puede ser requerido de alzar, como también respecto de la resistencia última real del cable utilizado en esa grúa en particular. En rigor se trata de un problema probabilístico, ya que tanto la solicitación como la capacidad resistente son variables aleatorias. El campo del análisis que comprende la evaluación de la seguridad por medio de modelos probabilísticos de la solicitación y de la resistencia es el de la Confiabilidad Estructural.

Para el análisis de la seguridad estructural se considera separadamente la solicitación S, o carga aplicada, y la resistencia R, o capacidad de un elemento. Como variables aleatorias sus valores no son determinísticos, es decir, no pueden ser fijados con precisión, sino que deben describirse por una función de distribución de probabilidades o función de densidad de probabilidades (FDP). En referencia a S, la Fig. 1.2 muestra la FDP $f_S(s)$, en que S es una variable continua que incluye todos los posibles valores de s.

Para recordar algunos conceptos elementales de la teoría de probabilidades nótese que por definición, la probabilidad de que S tome un valor igual o menor que un valor s_0 dado es:

$$P\,(S \leq s_0) \; = \; \int_{-\infty}^{s_0} f_S\,(s)ds \qquad (1\text{-}1)$$

en que la función $F_S(s) = P(S \leq s)$ se conoce como función de distribución acumulada (FDA). La probabilidad dada por la Ec. 1-1 corresponde al área oscura en la Fig. 1.2. La probabilidad que S sea mayor que s_0 es:

$$P\,(S > s_0) = 1 - P\,(S \leq s_0) = 1 - F_S\,(s_0) \qquad (1\text{-}2)$$

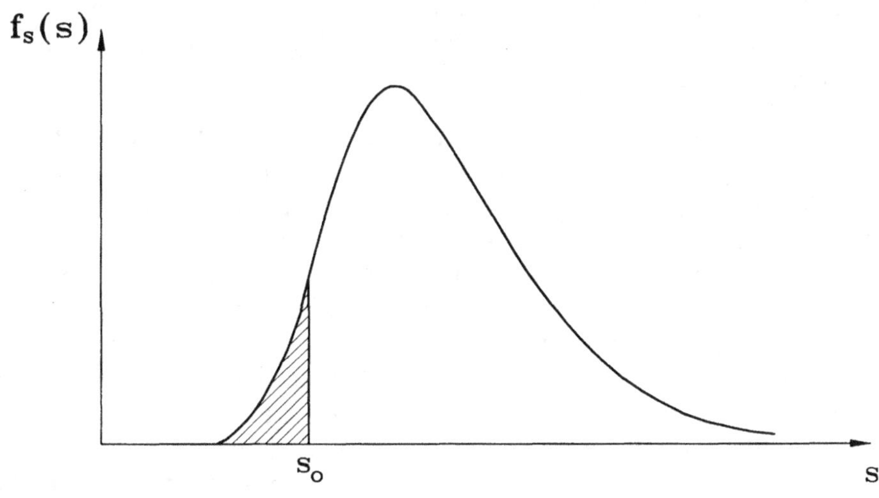

Figura 1.2
Función de densidad de probabilidades

Notar que de la Ec. 1-1 se infiere que $P(S=s_0) = 0$, porque la longitud del intervalo es nula. O sea, la probabilidad de que una variable aleatoria continua tome un valor dado es nula, y por tanto $f_S(s_0)$ no es una probabilidad, sino la intensidad de la función densidad en s_0. A su vez, por definición $f_S(s) \geq 0$, e implícita en la Ec. 1-2 está la condición:

$$\int_{-\infty}^{\infty} f_S(s)ds = 1 \tag{1-3}$$

Parámetros o indicadores para describir una variable aleatoria son el valor medio μ_S (o media o valor esperado) de la variable dado por la Ec. 1-4, el que representa el centro de gravedad del área bajo la curva $f_S(s)$,

$$\mu_S = E(S) = \int_{-\infty}^{\infty} s\, f_S(s)ds \tag{1-4}$$

y la varianza σ_S^2 que es una medida de la dispersión de la variable en torno a su valor medio, la que geométricamente corresponde al momento de inercia del área bajo $f_S(s)$ con respecto a μ_S:

$$\text{Var}(S) = \sigma_S^2 = \int_{-\infty}^{\infty} (s-\mu_S)^2\, f_S(s)\, ds \tag{1-5}$$

Usualmente la dispersión se expresa en términos de la desviación estándar σ_S (raíz cuadrada de la varianza) o del coeficiente de variación $\Omega_S = \sigma_S/\mu_S$. Este último descriptor tiene la ventaja de ser adimensional, por lo que frecuentemente se expresa en tanto por ciento.

Aunque la discusión acerca de cuáles modelos matemáticos se ajustan mejor a las variables en consideración escapa al objetivo de esta sección, cabe mencionar que la distribución log-normal es frecuentemente usada para modelar distribuciones asimétricas de variables que no adoptan valores negativos, como la resistencia R por ejemplo. A su vez, cabe recordar que si una variable (R) tiene distribución logarítmico-normal, significa que el logaritmo natural de la variable (ln R) es normal (Gaussiana).

Asimismo, variables que representan el máximo entre un número de observaciones tienen distribuciones de las llamadas *extremas*. Ciertos tipos de carga tienen estas características: por ejemplo, las cargas de viento y las sobrecargas de uso. En el caso del viento, no interesa un diagrama de frecuencias (FDP) de la velocidad del viento en todo instante o a cada hora en un sitio en particular, lo que sí interesa es la velocidad máxima diaria o la velocidad máxima anual. Con la FDP de esta última variable se podrán calcular velocidades de viento asociadas a condiciones relevantes para el diseño, especificadas en términos como los siguientes: la velocidad del viento que se excede en promedio cada 50 años. En este caso, 50 años corresponde a lo que se denomina *período de retorno medio*, y el valor de diseño asociado "el viento de 50 años". Este problema se puede modelar con una distribución extrema Tipo II (ver Benjamin y Cornell, 1970).

TABLA 1.1 Sobrecargas de diseño uniformemente distribuidas en kg/m² para edificios			
Tipo de Edificio	**México (*)**	**U.S.A**	**Chile**
Habitación	190	196	200
Oficina:			
Áreas privadas	190	245	250
Áreas públicas		489	500
Colegios:			
Sala de clase		196	
Corredores		392	
Salas con asientos fijos			250
Salas con asientos movibles			300
Escaleras	350	489	400
Lugar de uso público			
Con asientos fijos	300		300
Vestíbulo, pasillos			500
Comercio:	> 350		
Por menor			400
Por menor (primer piso)		489	
Por mayor		611	500

(*) para área tributaria de 36 m²

Igualmente, en relación con las sobrecargas (o cargas vivas) que se superpondrán a las cargas permanentes (o cargas muertas) que actúan sobre una estructura, interesará la intensidad máxima de la carga durante la vida útil de la estructura o típicamente un período de referencia de 50 años. Las sobrecargas de piso comprenden las cargas sostenidas de ocupación normal (como mobiliario, equipos y personas) y las cargas extraordinarias de corta duración (como la congregación de personas durante una fiesta, o la acumulación de muebles durante una remodelación). En el caso de edificios, las normas especifican sobrecargas de piso uniformemente distribuidas que se supone representan el efecto de cargas concentradas y distribuidas reales que, por cierto, pueden ocurrir en infinitas formas en cuanto a su distribución espacial. Las sobrecargas de diseño especificadas en los códigos pueden reducirse para determinar las cargas sobre elementos afectos a áreas tributarias muy grandes (ver Sección 1.1.5.a). La Tabla 1.1 muestra valores especificados en las normas chilena (NCh1537.Of86), mexicana (RDF-76), y norteamericana (ANSI A58.1, 1981). Como referencia puede indicarse que las cargas dadas por esta última norma conducen a cargas vivas ligeramente inferiores al valor medio de la carga viva máxima en 50 años.

En el caso de los materiales, las resistencias nominales o *características* son tales que una mínima fracción de la producción no cumple con el valor especificado. Considérese por ejemplo el hormigón, cuya resistencia se mide mediante ensayos de compresión realizados sobre probetas cúbicas o cilíndricas de 28 días de edad, curadas en ambiente húmedo. En particular, el código ACI 318-95 considera probetas cilíndricas de 6x12 pulgadas (diámetro x alto), cuya resistencia de compresión de diseño se especifica como f_c'. Esta resistencia es menor que la resistencia promedio del concreto producido f_{cr}', como se aprecia en la Fig. 1.3. En efecto, el ACI requiere que el f_{cr}' sea el mayor de los valores dados por las ecuaciones:

$$f_{cr}' = f_c' + 1{,}34\,\sigma \tag{1-6}$$

$$f_{cr}' = f_c' + 2{,}33\,\sigma - 35 \ (kg/cm^2) \tag{1-7}$$

con σ igual a la desviación de la producción de acuerdo a lo especificado en el código. La Ec. 1-6, como la interpreta el código ACI, da el menor valor promedio f_{cr}' tal que, asumiendo distribución normal, asegure una probabilidad de 99 en 100 que la resistencia promedio de tres ensayos consecutivos exceda f_c'. Otra forma de interpretar esta ecuación es, como ilustra la Fig. 1.3, que f_c' corresponde al percentil 9, i.e. la probabilidad de que la resistencia del hormigón sea menor que f_c' es de un 9%. A su vez, la Ec. 1-7 corresponde a asegurar que la resistencia de un ensayo cualquiera tiene una probabilidad de 1 en 100 de ser menor que (f_c' - 35).

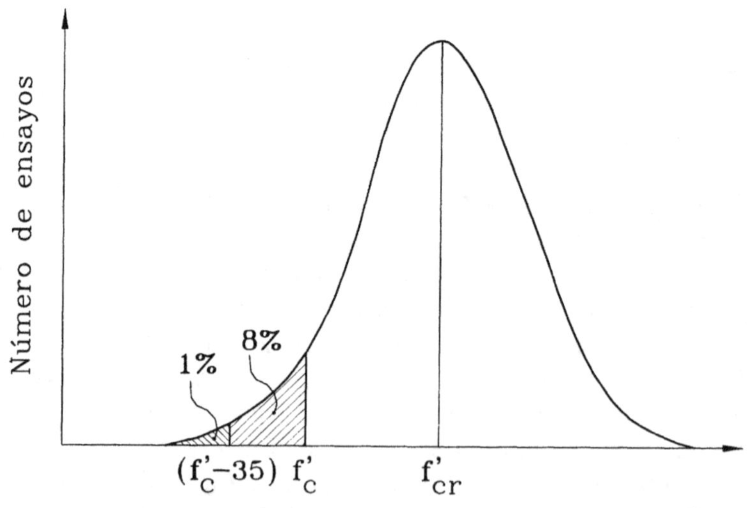

Figura 1.3
Distribución de resistencias de compresión del hormigón

En el caso del acero rigen varias normas, tanto para el caso de barras de refuerzo a utilizarse en hormigón armado como para planchas utilizadas para producir perfiles metálicos. Típicamente, la resistencia de interés es la correspondiente al punto de fluencia, encontrándose en general que la probabilidad de que la tensión de fluencia sea menor que la nominal especificada por el fabricante es del orden de 3 a 5 %.

Volviendo al problema de confiabilidad estructural hay que aclarar que al referirse a la resistencia R de un elemento se piensa no sólo en la capacidad del material que lo constituye, sino en el conjunto de variables que intervienen en la resistencia, en efecto:

$$R = g\left(r_1, r_2, r_3, \ldots, r_n\right) \tag{1-8}$$

en que las r_i son todas variables aleatorias que representan las propiedades mecánicas, los parámetros que pueden afectar dichas propiedades, las propiedades geométricas del elemento y su sección, las condiciones de vinculación del elemento, etc. A su vez, el modelo no sólo debe incluir la incertidumbre implícita en la aleatoreidad de las variables r_i sino también aquella asociada con la relación funcional g, es decir, con la imperfección del modelo analítico utilizado para predecir la resistencia R, y el posible sesgo asociado a la calidad de construcción según la práctica usual y el grado de inspección a nivel local o nacional.

Del mismo modo, la solicitación S no corresponde simplemente a un valor especificado de carga, como aquellos en la Tabla 1.1, sino a un efecto, por ejemplo, "al momento flector máximo en una viga", que depende de la carga de peso propio, de la intensidad de la sobrecarga, del área en que actúa la carga y tributa sobre la viga, del largo de la viga, etc, es decir, de un conjunto de variables aleatorias s_i, tal que:

$$S = h\left(s_1, s_2, s_3, \ldots, s_n\right) \tag{1-9}$$

Supóngase que se desea evaluar la seguridad de un diseño. Para ello se considerará primero la formulación conocida como *margen de seguridad*, en que el margen Z se define como:

$$Z = R - S \tag{1-10}$$

La confiabilidad, o medida de seguridad, puede cuantificarse en términos de la probabilidad:

$$p_C = P\,(Z > 0) = P\,(R > S) \tag{1-11}$$

mientras que la probabilidad de falla corresponde a:

$$p_F = P(Z \leq 0) = 1 - p_C \qquad (1\text{-}12)$$

Si la FDP de Z es conocida, la probabilidad de falla según la Ec. 1-1 es simplemente:

$$p_F = \int_{-\infty}^{0} f_Z(z)\,dz \qquad (1\text{-}13)$$

Suponiendo que R y S son variables aleatorias estadísticamente independientes y normalmente distribuidas, con medias μ_R y μ_S y desviaciones estándar σ_R y σ_S respectivamente, es fácil demostrar que Z = R-S es también gaussiana con media:

$$\mu_Z = \mu_R - \mu_S \qquad (1\text{-}14)$$

y varianza:

$$\sigma_Z^{\,2} = \sigma_R^{\,2} + \sigma_S^{\,2} \qquad (1\text{-}15)$$

Siendo Z normal, su FDP es:

$$f_Z(z) = \frac{1}{\sigma_z \sqrt{2\pi}} \exp\left[-\frac{1}{2}\left(\frac{z - \mu_z}{\sigma_z}\right)^2\right] \quad -\infty < z < \infty \qquad (1\text{-}16)$$

En notación abreviada se refiere a esta distribución como $N(\mu_Z, \sigma_Z)$. La integración definida por la Ec. 1-13 para el cálculo de la probabilidad de falla puede realizarse directamente; sin embargo, es usual realizar un cambio de variable para utilizar las tablas disponibles para la FDA $\Phi(x)$ de la distribución normal estandarizada a media nula y desviación estándar unitaria, es decir, la distribución $N(0,1)$:

$$f_X(x) = \frac{1}{\sqrt{2\pi}}\, e^{-0.5\,X^2} \quad -\infty < x < \infty \qquad (1\text{-}17)$$

$$\Phi(x) = F_X(x) = \int_{-\infty}^{x} f_X(x)\,dx \qquad (1\text{-}18)$$

Entonces, haciendo $x = (z-\mu_z)/\sigma_z$ y $dz = \sigma_z\,dx$ la distribución de la Ec. 1-16 se estandariza a la $N(0,1)$ dada por la Ec. 1-17. Por lo tanto, la integral de la Ec. 1-13 es:

$$p_F = \Phi\left(\frac{0-\mu_z}{\sigma_z}\right) = \Phi\left(-\frac{\mu_z}{\sigma_z}\right) \qquad (1\text{-}19)$$

que por la simetría de la distribución $N(0,1)$ puede escribirse como:

$$p_F = 1 - \Phi\left(\frac{\mu_z}{\sigma_z}\right) \qquad (1\text{-}20)$$

Finalmente, en virtud de las Ecs. 1-14 y 1-15:

$$p_F = 1 - \Phi\left(\frac{\mu_R - \mu_S}{\sqrt{\sigma_R^2 + \sigma_S^2}}\right) \qquad (1\text{-}21)$$

en que los valores de Φ se presentan en la Tabla P.1 del Anexo P. La Ec. 1-21 ilustra el importante hecho que la seguridad no sólo depende del margen entre R y S, representado por sus valores medios, sino también de la dispersión o incertidumbre respecto del valor de tales variables. Este hecho se ilustra esquemáticamente en la Fig. 1.4, donde las líneas continuas representan funciones de distribución hipotéticas de R y S y las líneas de guiones distribuciones tales que los valores medios se han mantenido, pero las desviaciones estándar se han duplicado. El efecto es que ha aumentado el área traslapada entre ambas curvas, lo que refleja un aumento de la probabilidad de falla. Notar, sin embargo, que p_F no corresponde al área traslapada, pero si tal área crece, p_F también crece.

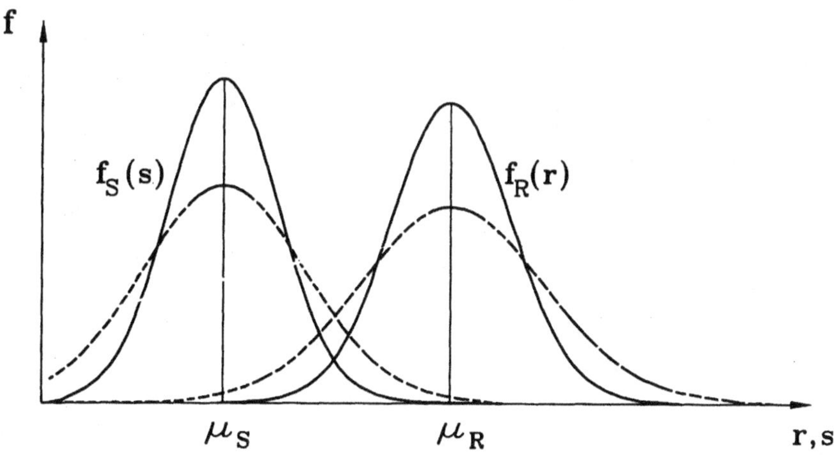

Figura 1.4
Distribuciones esquemáticas de la resistencia R y la solicitación S

Alternativamente la confiabilidad puede evaluarse mediante una formulación basada en el cuociente R/S, la que se asocia al concepto de *factor de seguridad*. En este caso es común asumir que R y S son variables aleatorias independientes, con distribución log-normal. Cabe recordar que si una variable aleatoria X es log-normal, lnX es normal, por tanto la FDP de X es:

$$f_X(x) = \frac{1}{\sqrt{2\pi}\,\xi\,x}\,\exp\left[-\frac{1}{2}\left(\frac{\ln x - \lambda}{\xi}\right)^2\right] \qquad 0 \le x < \infty \qquad (1\text{-}22)$$

donde $\lambda = E(\ln X)$ y $\xi^2 = Var(\ln X)$ son los parámetros de la distribución y corresponden respectivamente a la media y a la varianza de $\ln X$. Estos parámetros se relacionan con la media $\mu = E(X)$ y la varianza $\sigma^2 = Var(X)$ a través de las relaciones (Ang y Tang, 1975):

$$\ln \mu = \lambda + \frac{\xi^2}{2} \qquad (1\text{-}23)$$

$$\xi^2 = \ln\left(1 + \frac{\sigma^2}{\mu^2}\right) \qquad (1\text{-}24)$$

Si el coeficiente de variación $\Omega = \sigma/\mu$ es pequeño, $\xi \approx \Omega$.

Refiriendo la seguridad en términos de la variable aleatoria Z tal que:

$$Z = \ln \frac{R}{S} = \ln R - \ln S \qquad (1\text{-}25)$$

variable que tiene distribución normal pues R y S se asumieron log-normales, el estado de falla se asocia a la condición $(R\text{-}S) \le 0$, es decir $Z \le 0$, y la probabilidad de falla queda igualmente expresada por las Ecs. 1-12 y 1-19.

De las Ecs. 1-25 y 1-23 se tiene que la media de Z es:

$$\mu_Z = \lambda_R - \lambda_S = \ln \mu_R - \frac{\xi_R^{\,2}}{2} - \ln \mu_S + \frac{\xi_S^{\,2}}{2} \qquad (1\text{-}26)$$

$$\mu_Z = \ln\left(\frac{\mu_R}{\mu_S}\sqrt{\frac{1 + \Omega_S^{\,2}}{1 + \Omega_R^{\,2}}}\right) \qquad (1\text{-}27)$$

y su varianza:

$$\sigma_Z^{\,2} = \xi_R^{\,2} + \xi_S^{\,2} = \ln\left[\left(1 + \Omega_R^{\,2}\right)\left(1 + \Omega_S^{\,2}\right)\right] \qquad (1\text{-}28)$$

Luego, la probabilidad de falla según la Ec. 1-19 es:

$$p_F = \Phi \left\{ \frac{- \ln \left(\dfrac{\mu_R}{\mu_S} \sqrt{\dfrac{1 + \Omega_S^2}{1 + \Omega_R^2}} \right)}{\sqrt{\ln \left[\left(1 + \Omega_R^2 \right) \left(1 + \Omega_S^2 \right) \right]}} \right\} \qquad (1\text{-}29)$$

Si Ω_R y Ω_S son pequeños ($\leq 0{,}3$), la raíz del numerador en la ecuación anterior puede aproximarse a 1, y el denominador a $(\Omega_R^2 + \Omega_S^2)^{1/2}$, de modo que:

$$p_F = \Phi \left(\frac{- \ln \dfrac{\mu_R}{\mu_S}}{\sqrt{\Omega_R^2 + \Omega_S^2}} \right) = 1 - \Phi \left(\frac{\ln \dfrac{\mu_R}{\mu_S}}{\sqrt{\Omega_R^2 + \Omega_S^2}} \right) \qquad (1\text{-}30)$$

Al cuociente μ_R/μ_S se le denomina usualmente *factor de seguridad central*, mientras que $\Omega = (\Omega_R^2 + \Omega_S^2)^{1/2}$ corresponde a la *incertidumbre total* subyacente al diseño.

Para tener una idea del significado de los valores de las probabilidades de falla, puede considerarse que $p_F > 10^{-3}$ revela una situación de alto riesgo, posiblemente inaceptable, mientras que $p_F < 10^{-5}$ refleja una condición de bajo riesgo. Cabe notar también que para valores pequeños de la probabilidad de falla, ésta es muy sensible a la distribución considerada para la variable Z, lo que puede exigir utilizar la correcta FDP de Z para una determinación realista del riesgo. Sin embargo, aun cuando se use una distribución aproximada, las probabilidades de falla calculadas son aún útiles como medidas relativas de la seguridad. Valores grandes de p_F, en cambio, no varían sustancialmente al cambiar la FDP de Z; sin embargo, en este caso se requiere una acción inmediata para reducir el riesgo. Para poner los valores de las probabilidades de falla en la perspectiva de otras situaciones de riesgo, la Tabla 1.2 muestra las tasas anuales de muerte en varias actividades.

TABLA 1.2 Riesgo de muerte	
Actividad	**Tasa de muerte anual**
Motociclista en competencia	$5{,}0 \times 10^{-3}$
Accidente en automóvil (USA)	$3{,}6 \times 10^{-4}$
Accidente en avión comercial (en el mundo)	$1{,}0 \times 10^{-4}$
Impacto por un rayo	$5{,}0 \times 10^{-7}$

Ejemplo 1.1

Sea una columna sometida a una carga axial de 40 toneladas correspondiente al peso propio de la estructura que soporta, con coeficiente de variación estimado en un 10 %, más una sobrecarga de 60 toneladas con coeficiente de variación estimado en un 25 %. La columna se ha diseñado de manera que su resistencia última de compresión es el triple de la carga de servicio total. Asumiendo que el coeficiente de variación de la resistencia es de un 15 %, y que todas las variables son gaussianas y estadísticamente independientes, calcular la probabilidad de colapso de la columna utilizando la formulación conocida por margen de seguridad.

Solución: La carga total $S = PP + SC$ es también gaussiana porque PP y SC lo son, por lo tanto:

$$\mu_s = \mu_{pp} + \mu_{sc} = 40 + 60 = 100 \text{ ton}$$

$$\sigma_S = \sqrt{\sigma_{pp}^2 + \sigma_{sc}^2} = \sqrt{(\Omega_{pp}\mu_{pp})^2 + (\Omega_{sc}\mu_{sc})^2} = \sqrt{4^2 + 15^2} = 15,52$$

La resistencia última nominal es $\mu_R = 300$ toneladas con $\sigma_R = (0,15)(300) = 45$ toneladas como desviación estándar. La probabilidad de falla según la Ec. 1-21 es:

$$p_F = P(R < S) = 1 - \Phi\left(\frac{300 - 100}{\sqrt{15,52^2 + 45^2}}\right)$$

$$p_F = 1 - \Phi(4,2) = 0,0000133$$

Ejemplo 1.2

Una viga de acero simplemente apoyada de 9 metros de luz (perfil IN 35x53) soporta una carga uniformemente distribuida de intensidad media $\bar{q} = 2$ ton/m y coeficiente de variación $\Omega_q = 15$ %. El material de la viga tiene una tensión de fluencia media $\bar{\sigma}_y = 4000$ kg/cm^2 y COV $\Omega_{\sigma_y} = 20$ %. Suponiendo que q y σ_y tienen distribución log-normal, determinar:

a) La probabilidad de falla, definida la falla como el evento de alcanzar o exceder la resistencia límite de fluencia.

b) La tensión admisible de flexión o el factor de seguridad central requerido para limitar a 1/1000 la probabilidad de falla.

Solución: a) El valor medio del momento flector máximo es:

$$\overline{M} = \frac{\overline{q}\,L^2}{8} = 20{,}25 \text{ ton-m}$$

Como q es log-normal, M también lo es. La tensión máxima de flexión en una sección simétrica está dada por:

$$\sigma = \frac{M}{W}$$

en que W es el módulo resistente de la sección, variable supuesta determinística. Por ser M log-normal, σ es log-normal. El perfil dado tiene $W = 883 \text{ cm}^3$, luego:

$$\overline{\sigma} = \frac{2025000}{883} = 2293 \text{ kg/cm}^2$$

y:

$$\Omega_\sigma = \Omega_M = \Omega_q = 15\ \%$$

Definiendo la función rendimiento conforme a la formulación "factor de seguridad":

$$Z = \ln \frac{\sigma_y}{\sigma}$$

que tiene distribución normal (ver Ec. 1-25); la probabilidad buscada es:

$$p_F = p\left(\frac{\sigma_y}{\sigma} \leq 1\right) = p\,(Z \leq 0)$$

Utilizando las Ecs. 1-27 y 1-28 se obtienen la media μ_Z y la desviación standard σ_Z:

$$\mu_Z = \ln\left(\frac{\overline{\sigma}_y}{\overline{\sigma}}\sqrt{\frac{1 + \Omega_\sigma^{\,2}}{1 + \Omega_{\sigma_y}^{\,2}}}\right)$$

$$\mu_Z = \ln\left(\frac{4000}{2293}\sqrt{\frac{1 + 0{,}15^2}{1 + 0{,}20^2}}\right) = 0{,}548$$

$$\sigma_Z^{\,2} = \ln\left[\left(1 + \Omega_\sigma^{\,2}\right)\left(1 + \Omega_{\sigma_y}^{\,2}\right)\right]$$

$$\sigma_Z = 0{,}248$$

Entonces, según la Ec. 1-29, y de la Tabla P.1 se obtiene:

$$p_F = \Phi\left(\frac{-\,0{,}548}{0{,}248}\right) = 1 - \Phi\,(2{,}2) = 0{,}014$$

b) Se desea $p_F = 0{,}001$, o sea, usando ahora la Ec. 1-30 se obtiene:

$$p_F = 1 - \Phi\left(\frac{\ln\dfrac{\overline{\sigma}_y}{\overline{\sigma}}}{\sqrt{\Omega_{\sigma_y}^{\,2} + \Omega_\sigma^{\,2}}}\right) = 0{,}001$$

$$\frac{\ln \dfrac{\overline{\sigma}_y}{\overline{\sigma}}}{\sqrt{\Omega_{\sigma_y}^{\,2} + \Omega_{\sigma}^{\,2}}} = \Phi^{-1}\left(1 - 0{,}001\right)$$

$$\frac{\overline{\sigma}_y}{\overline{\sigma}} = \exp\left[\sqrt{\Omega_{\sigma_y}^{\,2} + \Omega_{\sigma}^{\,2}}\ \ \Phi^{-1}(0{,}999)\right]$$

El cuociente del primer miembro de la ecuación anterior corresponde al factor de seguridad central, luego en este caso:

$$FS = \exp\left[\sqrt{0{,}2^2 + 0{,}15^2}\ (3{,}09)\right] = 2{,}17$$

y la tensión admisible correspondiente a este factor de seguridad es:

$$\sigma_{adm} = \frac{\overline{\sigma}_y}{FS} = \frac{\overline{\sigma}_y}{2{,}17} = 0{,}46\,\overline{\sigma}_y = (0{,}46)\,(4000) = 1843\ \text{kg/cm}^2$$

1.1.3 Criterios de Diseño para Seguridad

Dado el estado del arte actual, las normas de diseño están planteadas en términos determinísticos. Independientemente de que ciertos modelos probabilísticos han sido utilizados para definir la intensidad de las cargas, el enfoque es determinístico porque no se requiere hacer un análisis de confiabilidad estructural, es decir, evaluar la seguridad de un diseño (elemento o estructura completa) en términos de probabilidades. La situación actual resulta en diseños que no son consistentes con un nivel uniforme de seguridad, en el sentido que ciertos elementos pueden resultar diseñados en condiciones considerablemente más conservadoras, o inversamente más inseguras, que otros. Solamente un enfoque global probabilístico, tanto en los métodos de análisis con variables aleatorias, como en la consideración de las resistencias (incluyendo las incertidumbres implícitas en las propiedades de los materiales, diseño y construcción), puede conducir a un enfoque racional global. Este tipo de enfoque es por el momento parte del futuro.

En términos generales puede decirse que las normas enfocan el problema de seguridad según dos filosofías o criterios diferentes de diseño: el método de diseño elástico o de tensiones admisibles y el método de diseño a la rotura o de capacidad última.

a) Diseño Elástico o de Tensiones Admisibles

Este criterio establece que para las cargas de trabajo ningún punto de la estructura puede tener una tensión superior a un valor "admisible" que garantice que la estructura se mantenga en el rango elástico.

Para el diseño, se considera separadamente cada elemento estructural, y en él las secciones más críticas, es decir, aquéllas sometidas a los esfuerzos internos mayores. Sea una sección sometida al esfuerzo S^*, el que se ha obtenido combinando las diversas cargas que actúan sobre la estructura, que puede interpretarse de magnitud del orden del valor medio de la carga máxima durante la vida útil de la estructura (Fig. 1.5), y sea R^* la resistencia del material correspondiente al esfuerzo considerado; el criterio de diseño establece que debe cumplirse:

$$S^* \leq \frac{R^*}{FS} \qquad (1\text{-}31)$$

en que FS es el factor de seguridad convencional, y R^* debe interpretarse como un *valor característico* de la resistencia, es decir, uno de alta probabilidad de ser satisfecho (Fig. 1.5). Típicamente, el criterio de diseño de tensiones admisibles no se aplica en términos de "esfuerzos internos" sino a nivel de "tensiones internas" en una sección. Por ejemplo, si se considera una viga de hormigón armado construida con hormigón de resistencia f_c' y acero de refuerzo con tensión de fluencia σ_y, debido al esfuerzo de flexión S^* en una sección de la viga hay una tensión de compresión máxima en el hormigón σ_c^{max} y una tensión de tracción en el acero σ_s, la condición de diseño definida por la Ec. 1-31 se expresa en términos de tensiones como:

$$\sigma_c^{max} \leq \frac{f_c'}{3} \qquad (1\text{-}32)$$

$$\sigma_s \leq \frac{\sigma_y}{1,8} \qquad (1\text{-}33)$$

en que los factores de seguridad de 3 y 1,8 respectivamente son valores típicos en normas de diseño de hormigón armado que usan el criterio de tensiones admisibles (NCh429.Of57). Como puede apreciarse en las dos últimas ecuaciones, las tensiones máximas de los materiales σ_c^{max} y σ_s se encontrarán en el rango de comportamiento elástico de ambos, de allí el nombre de *criterio de diseño elástico*.

Típicamente en diseño elástico la combinación de cargas antes referida corresponde simplemente a la suma de los distintos tipos de cargas S_i, es decir:

$$S^* = \Sigma \, S_i \qquad (1\text{-}34)$$

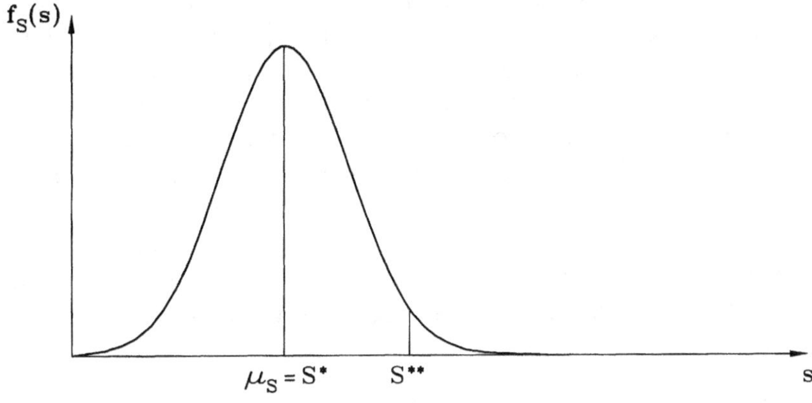

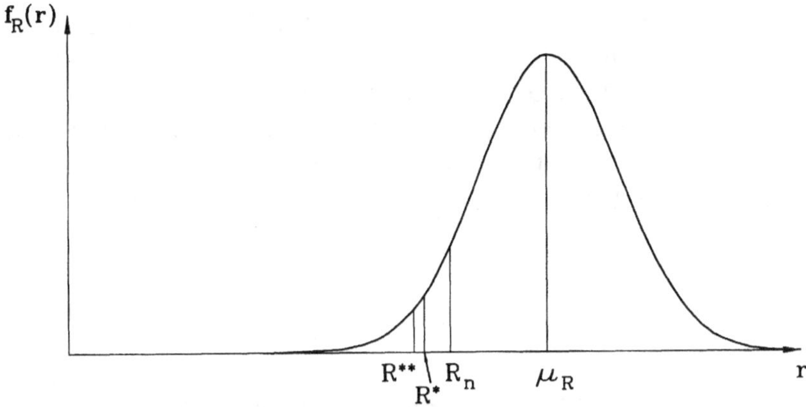

Figura 1.5
Representación esquemática de las FDP de la solicitación S y de la resistencia R y de los valores determinísticos de estas variables según el criterio de diseño utilizado

Por ejemplo, si se tratara del momento flector en una viga para las cargas de peso propio y sobrecarga:

$$M^* = M_{pp} + M_{sc}$$

en que M_{PP} y M_{SC} son los momentos flectores en la sección crítica debido a cargas de peso propio y sobrecargas de uso respectivamente. Naturalmente hay combinaciones de carga más complejas en las que intervienen cargas eventuales como viento, nieve o sismo; por cierto, dependiendo de cada caso, se usarán factores de seguridad distintos (Ec. 1-31) como se verá más adelante.

El criterio de diseño elástico puede llamarse "clásico", porque en base a él se han diseñado muchas estructuras en el pasado. Posiblemente seguirá siendo utilizado por algún tiempo, aunque la tendencia moderna es que los criterios de diseño último lo vayan desplazando. La principal ventaja del método clásico es quizás su simplicidad, por el hecho de utilizar directamente fórmulas de cálculo de tensiones de la mecánica de sólidos elemental. Su principal debilidad, sin embargo, radica en el hecho que las tensiones de trabajo en el rango elástico no son indicativas del estado límite de la sección misma o del elemento. En efecto, que un material alcance su capacidad límite en un punto no implica necesariamente la falla de la sección: por ejemplo, en una viga metálica en flexión pueden fluir las fibras extremas de la sección sin que ello implique que se ha alcanzado su capacidad máxima, o en una viga de hormigón armado el acero puede fluir sin que ello signifique la rotura de la sección. En consecuencia, el factor de seguridad utilizado en este criterio de diseño (Ecs. 1-32 y 1-33 por ejemplo) no es equivalente al cuociente entre la capacidad última de la sección y la carga de trabajo.

b) Diseño a la Rotura o de Capacidad Ultima

Lo esencial en este criterio es fijarse en la capacidad última de la sección como un todo y no en las tensiones en los materiales individuales como en el criterio de diseño elástico. Para ello, las cargas deben llevarse a una condición extrema o última, es decir, a un nivel de carga de baja probabilidad de ser excedida durante la vida útil de la estructura. Se utilizan entonces factores de mayoración $\alpha_i > 1$ que se aplican sobre los tipos de carga S_i que actúan sobre la estructura, de modo que el esfuerzo último S^{**} se calcula como:

$$S^{**} = \Sigma \, \alpha_i \, S_i \tag{1-35}$$

Por ejemplo, el código ACI usa los factores de mayoración 1,4 y 1,7 para las cargas de peso propio y sobrecarga respectivamente, de modo que el momento flector último en una sección, para la combinación de estas cargas se calcula como:

$$M^{**} = 1,4 \, M_{pp} + 1,7 \, M_{sc}$$

en que M_{pp} y M_{sc} son los momentos flectores antes definidos.

Notar que en el criterio de diseño elástico o de tensiones admisibles no se usan factores de mayoración, es decir $\alpha_i \equiv 1$, lo que marca la diferencia entre S^* y S^{**} dados por las Ecs. 1-34 y 1-35 (Fig. 1.5).

El uso de factores de mayoración diferentes según el tipo de carga tiene un fundamento probabilístico. En efecto, estos factores, que son parte del factor de seguridad, deben estar asociados al grado de incertidumbre en la variable considerada, por ello el factor de mayoración de las sobrecargas de uso es mayor que aquél de las cargas de peso propio, porque la incertidumbre implícita en las sobrecargas es mayor.

La resistencia última de la sección R^{**} se estima en base a la resistencia última nominal R_n afectada por un factor de minoración $\phi < 1$, de modo que:

$$R ** = \phi \ R_n \qquad (1\text{-}36)$$

La resistencia última nominal R_n corresponde a aquella calculada mediante un modelo mecánico del comportamiento del elemento, utilizando valores nominales de la resistencia del material (nominal se refiere a la resistencia determinística especificada como calidad del material, por ejemplo, las calidades nominales específicas f_c' o σ_y). Se espera, por tanto, que la capacidad última real exceda R_n con alta probabilidad, de modo que ϕ es un factor de seguridad adicional que se asocia a la incertidumbre del modelo mecánico en que se basa la determinación de R_n; por ejemplo, en el caso de elementos de hormigón armado en flexión se usa $\phi = 0,9$ porque el modelo de resistencia flexural es muy confiable, como se ha comprobado experimentalmente, mientras que por la mayor dispersión de resultados en el caso de elementos en compresión se usa $\phi = 0,7$. Por otra parte, R_n no necesariamente coincide con $R*$ (Ec. 1-31), ya que la capacidad última de la sección no se alcanza exactamente cuando el material alcanza su resistencia característica nominal en algún punto (Fig. 1.5).

El criterio de diseño por capacidad última se expresa simbólicamente como la condición:

$$S ** \ \leq \ R ** \qquad (1\text{-}37)$$

En conclusión, en el criterio de diseño último el factor de seguridad se incorpora a través de los factores de mayoración α_i y del factor de minoración ϕ, permitiendo discriminar entre variables y modelos con diferente nivel de incertidumbre.

Cabe destacar que cuando se habla de diseño último se refiere al diseño a nivel de la sección de un elemento. No debe confundirse con el método de análisis plástico, que permite justamente evaluar cuál es el mecanismo y carga de falla o colapso (parcial o total) de una estructura; este método permite determinar el factor de seguridad global entendido como el cuociente entre la carga de colapso y la carga de trabajo (Sección 3.3.3). A su vez, debe tenerse presente que cuando se alcanza la capacidad última de una sección no significa que falle o colapse el elemento en cuestión; por ejemplo, en una viga de acero se puede alcanzar su capacidad máxima en flexión, o momento plástico, en una sección, y la viga puede seguir recibiendo más carga por su capacidad para redistribuir esfuerzos. En conclusión, deben reconocerse diferentes niveles o tipos de "estados límite" en el comportamiento de una estructura como los que aquí se han referido: alcanzar la tensión máxima o característica de un material en una sección de un elemento, alcanzar la capacidad última de una sección de un elemento, alcanzar la carga de colapso de un elemento, alcanzar la carga de colapso de la estructura completa.

Por otra parte, cabe también señalar que es usual hoy en día diseñar al límite las secciones de los elementos de una estructura, pero la obtención de los esfuerzos internos se realiza por medio de un análisis elástico de la estructura, es decir, ignorando el efecto benéfico de la redistribución de esfuerzos internos que tiene lugar debido al comportamiento inelástico. Ciertamente es una inconsistencia, sin embargo, se acepta porque los métodos de análisis en el rango de comportamiento inelástico no se encuentran aún suficientemente desarrollados para su uso rutinario.

1.1.4 Normas de Cálculo y Diseño de Estructuras

En el ejercicio profesional es usual seguir las normas. Las normas establecen los requisitos mínimos que deben cumplir las estructuras y provienen de las fuentes siguientes:

- Estudios teóricos: Conjunto de disposiciones o resultados obtenidos sobre la base de una teoría (modelo matemático) del fenómeno físico en cuestión, y que han sido verificados con resultados experimentales. Es importante conocer las hipótesis en que se basan estos estudios teóricos, para poder extrapolarlos a otras condiciones con un grado de seguridad aceptable.

- Evidencias experimentales: Resultados empíricos para estudiar fenómenos muy complicados para ser modelados y analizados teóricamente. Estos estudios conducen a fórmulas que deben usarse con cautela pues no deben extrapolarse a situaciones que sobrepasan el marco de validez de los resultados experimentales.

En este texto se presentarán varios casos de fórmulas empíricas, como por ejemplo aquellas utilizadas para evaluar la resistencia al esfuerzo de corte del hormigón en función de su resistencia a la compresión. Similarmente ocurre con otras propiedades del hormigón como su módulo de elasticidad, el que puede correlacionarse con su peso específico y resistencia a la compresión mediante la formula empírica:

$$E_c = 0{,}1365 \ w^{1{,}5} \ \sqrt{f_c'} \ kg/cm^2 \qquad (1\text{-}38)$$

en que w es el peso específico del hormigón, que debe utilizarse en unidades de kg/m^3 y f_c' es la resistencia a la compresión, que debe usarse en kg/cm^2, resultando E_c en kg/cm^2. Esta condición para las unidades es típica de relaciones empíricas, ya que, como puede apreciarse en la Ec. 1-38, las unidades no son consistentes entre el primer y el segundo miembro. En efecto, si se cambian las unidades, la constante 0,1365 cambia; si se usan unidades inglesas (código ACI 318-95) la fórmula se expresa como:

$$E_c = 33 \ w^{1{,}5} \ \sqrt{f_c'} \ lb/pulg^2 \qquad (1\text{-}39)$$

con w en lb/pie^3 y f$_c$' en lb/pulg^2. Como ejercicio se propone comprobar que las Ecs. 1-38 y 1-39 son equivalentes.

Estas fórmulas, como otras basadas en evidencia empírica se derivan por medio de análisis de regresión (no-lineal en el caso de las Ecs. 1-38 y 1-39) de los resultados experimentales. Claramente los coeficientes de los parámetros w y f$_c$' en las ecuaciones anteriores no provienen de la aplicación de un principio físico.

- Práctica profesional: Gran parte del conocimiento en ingeniería se debe a lo que se ha hecho en el pasado con buenos resultados. Esto representa el "arte" de la profesión comparada con la ciencia incorporada por los estudios teóricos y las evidencias experimentales. En este sentido, la experiencia a nivel local es particularmente valiosa, ya que conjuga parámetros autóctonos como las características de los materiales, la calidad de la mano de obra, y el grado de inspección de la construcción, entre otros, los que deben tenerse presente al utilizar o adaptar normas extranjeras basadas en otras realidades.

Los códigos son una ayuda para el ingeniero. Sus disposiciones no se pueden seguir ciegamente, sino que es preciso entender el porqué de ellas para poder aplicarlas correctamente, ya que usualmente se han derivado para las situaciones más comunes que no son extrapolables a cualquier caso. A su vez, como se ha mencionado, los códigos se refieren a los requisitos mínimos que deben cumplirse, quedando el ingeniero estructural llamado a utilizar su criterio para discernir cuando dichas disposiciones pudiesen ser insuficientes. Este curso tratará de entregar algunos de estos "porqué", es decir, los conceptos fundamentales, los cuales deberán ser complementados posteriormente en los cursos de diseño específico.

Los códigos se renuevan a medida que el conocimiento avanza. Sin embargo, es necesario señalar que existen muchas áreas de la ingeniería estructural donde no existen códigos, y el ingeniero debe apelar sólo a sus conocimientos de teoría básica para resolver los problemas que se presenten. Por ello, el ingeniero estructural hace uso frecuente de la literatura técnica especializada, donde se presentan soluciones más sofisticadas de problemas resueltos hoy en forma aproximada.

Ya se ha mencionado antes la norma de diseño de elementos estructurales para edificios de hormigón armado. Similarmente existen normas para otros materiales: la norma AISC para el diseño de elementos de acero, la norma AASHTO para el diseño de puentes, las normas chilenas de diseño de albañilerías, NCh1928.Of93 para albañilería armada y NCh2123.Of97 para albañilería confinada, la norma chilena NCh1198.Of91 de cálculo de construcciones de madera, la norma chilena NCh433.Of96 para el diseño sísmico de edificios, y otras que se mencionarán oportunamente.

1.1.5 Normas de Cargas

Además de las normas de diseño para distintos materiales existen normas de cargas para solicitaciones típicas a utilizarse en el diseño de estructuras en general. Se mencionan en esta sección tres normas chilenas: la NCh1537.Of86 que especifica las cargas permanentes y sobrecargas de uso para el diseño de edificios, la NCh431.Of77 que especifica las sobrecargas de nieve, y la NCh432.Of71 que especifica las acciones del viento sobre las construcciones. Por cierto estas normas pueden complementarse con normas extranjeras para cubrir aspectos no considerados en ellas, aunque teniendo la precaución de utilizarlas con criterio para adaptarlas a las condiciones naturales nacionales.

De particular relevancia por nuestra condición de país sísmico es la norma de diseño NCh433.Of96 antes mencionada, la que incluye las solicitaciones a utilizarse para el diseño sísmico de edificios, que se basan en las características propias del fenómeno tectónico que da origen a los terremotos en Chile y a la información de sismicidad histórica en el país en términos de la frecuencia de ocurrencia de los eventos, su magnitud y su distribución espacial.

El tema del diseño sísmico escapa al objetivo de este curso introductorio por lo que prácticamente no haremos mayores referencias a él, salvo para destacar, en algunos casos, propiedades de los materiales que son beneficiosas desde el punto de vista del comportamiento de las estructuras frente a un terremoto. Sólo para dar un indicio de la problemática de diseño sísmico, señalemos que la situación real a que se ve afectada una estructura durante un terremoto puede evaluarse analíticamente considerando su respuesta frente al movimiento de su base representado por la aceleración del suelo, que es una función del tiempo, como se ve en la Fig. 1.6.a. Para el diseño de estructuras se usan cargas horizontales laterales ficticias que pretenden representar el efecto del movimiento real; la norma NCh433.Of96 especifica tales cargas como una distribución estática equivalente como la indicada en la Fig. 1.6.b o una combinación de tales distribuciones que dependen de las propiedades dinámicas de la estructura misma.

a) Norma NCh1537.Of86: Cargas permanentes y sobrecargas de uso para el diseño estructural de edificios

Esta norma establece las bases para determinar las cargas permanentes y los valores mínimos de las sobrecargas de uso normales que deben considerarse en el diseño de edificios. Las cargas permanentes son aquellas cuya variación en el tiempo es despreciable, por ejemplo, el peso de los elementos estructurales mismos, instalaciones, terminaciones, estucos y pavimentos, rellenos, empujes de tierra y líquidos, etc. Exceptuando los empujes mencionados, las cargas permanentes suelen también denominarse *cargas muertas* e incluirse en el llamado *peso propio*. La norma proporciona una serie de datos sobre pesos específicos de materiales varios almacenables, materiales de construcción, metales, líquidos, maderas, etc.

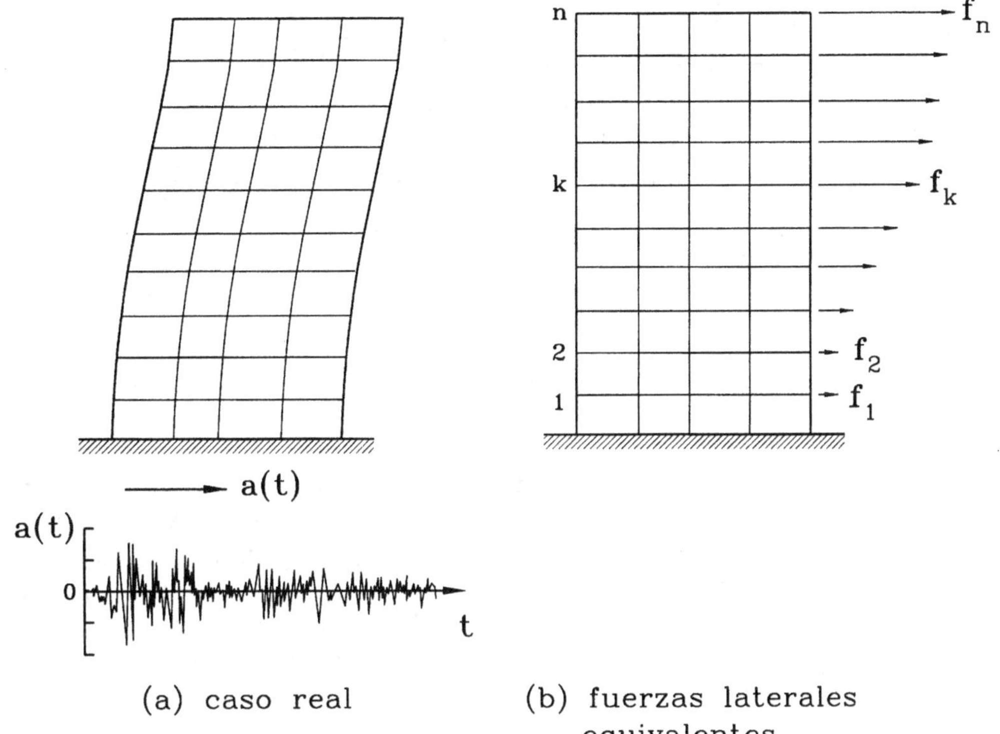

(a) caso real   (b) fuerzas laterales
equivalentes

Figura 1.6
Solicitaciones sísmicas en edificios

Una lista de sobrecargas para pisos de edificios conforme a la NCh1537.Of86 se presenta en la Tabla V.1 (Anexo V). Algunos ejemplos se presentaron antes también en la Tabla 1.1 de la Sección 1.1.2. Como se señaló en esa sección, tales cargas se aproximan al valor medio de la sobrecarga máxima en 50 años. Esto último no es contradictorio con el carácter de "valor característico" de las sobrecargas de uso especificadas en ellas. En efecto, la norma indica que al valor característico corresponde al percentil 95 de la distribución de medidas de sobrecargas, es decir, un valor excedido por sólo un 5 % de la población de medidas. Estas mediciones corresponden a lo que se denomina *sobrecarga en un instante arbitrario* obtenidas en mediciones directas de la carga presente en edificios, especialmente de oficinas en un instante (Ellingwood y Culver, 1977). Estas mediciones incluyen los efectos del mobiliario y cargas normales de personas, pero no reflejan eventos de carga extraordinarios como aglomeración de personas, acumulación de mobiliario durante una remodelación, o cambios en el uso de la estructura, entre otros efectos.

La norma de cargas incorpora dos conceptos que conviene presentar de inmediato: el de *área tributaria*, y el de *coeficiente de reducción de las sobrecargas de uso*. Ambos se utilizan para determinar las cargas que actúan en los elementos de una estructura, como por ejemplo en las vigas, muros y columnas del entrepiso de un edificio de hormigón armado como el ilustrado en la Fig. 1.7.

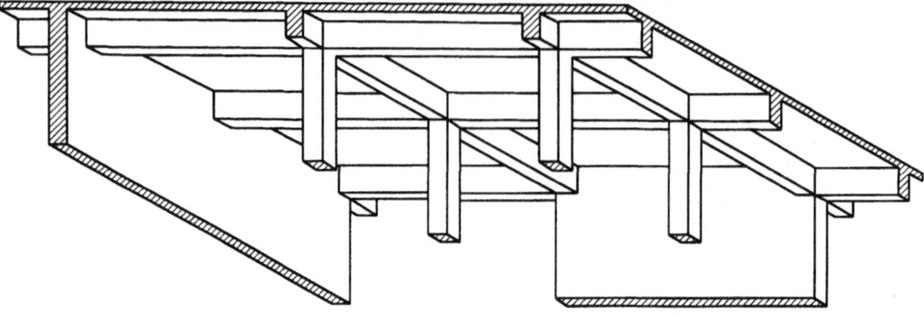

Figura 1.7
Entrepiso de edificio de hormigón armado

Se entiende por área tributaria, el área de planta total, que multiplicada por la carga uniformemente distribuida correspondiente, define la carga que se considera actuando sobre un elemento. Las áreas tributarias se determinan en base a supuestos o reglas muy simplificatorias, de modo que las cargas calculadas y sus distribuciones no son necesariamente las reales. Por ello, tales reglas deben utilizarse juiciosamente, limitando su aplicación a aquellos casos en que no se esperan diferencias substanciales con un procedimiento más riguroso.

La Fig. 1.8.a muestra el área tributaria sobre la viga AB en un esquema en planta de la estructura de la Fig. 1.7; el área tributaria se ha determinado sobre la base de ángulos de 45° y líneas a distancia $l_y/2$ del eje de la viga. Estos supuestos resultan en una buena aproximación de la realidad si las condiciones de borde de la losa son iguales en todos ellos, y si las vigas tienen rigideces y condiciones de continuidad similares en ambos sentidos. Sin querer entrar en mayor detalle en este tema de análisis, cabe señalar, por ejemplo, que si las vigas CD y EF fueran vigas de borde de la planta, la losa estaría en condición de "simple apoyo" sobre ellas, mientras que su continuidad sobre la viga AB sería equivalente a una condición de "empotramiento" en ese borde, resultando ello en una carga mayor sobre la viga AB que la estimada en base al área tributaria antes señalada. Por cierto, las cargas correctas sobre las vigas pueden obtenerse de un análisis apropiado de las losas.

Por otra parte, conforme al área tributaria que muestra la Fig. 1.8.a, la carga sobre la viga no es uniformemente distribuida, sin embargo, en la práctica puede utilizarse tal aproximación cuidando de amplificar los momentos flectores en un 20 % (Ejemplo 1.3). Así, si el área tributaria es A_{tr}, q_v el peso propio de la viga por unidad de longitud, q_{pp} el peso propio por unidad de superficie de la losa más las terminaciones de piso, cielo y particiones (carga permanente total), y q_{sc} la sobrecarga de uso por unidad de superficie del piso, puede suponerse para el diseño de la viga que sobre ella actúa una carga uniforme:

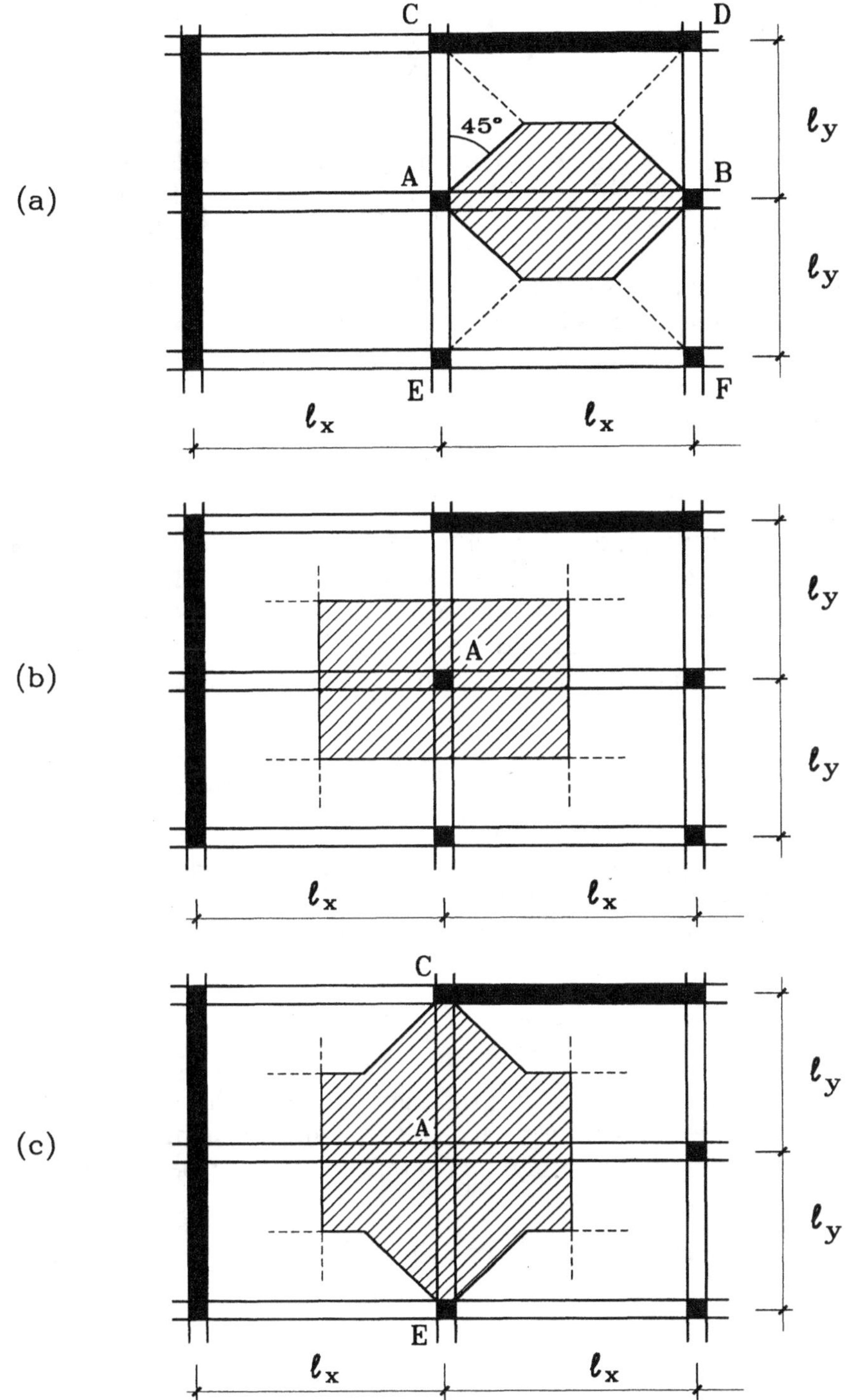

Figura 1.8
Ejemplos de cálculo de áreas tributarias: (a) Sobre viga AB, (b) Sobre columna
A, (c) Sobre viga CE si no hubiera columna en A

$$q = q_v + 1{,}2 \, \frac{A_{tr}}{l_x} \left(q_{pp} + q_{sc}\right)$$

en que el factor 1,2 debe omitirse para el cálculo del esfuerzo de corte. Por otra parte, en el caso de diseño último hay que separar las cargas de peso propio y sobrecarga, ya que quedarán afectas a factores de mayoración distintos.

La Fig. 1.8.b muestra el área tributaria $l_x l_y$ del piso considerado sobre la columna A. Para n pisos iguales sobre el piso considerado, el área tributaria sobre la columna es:

$$A_{tr} = (n+1) \, l_x \, l_y$$

suponiendo, para simplificar, que para el techo del edificio rigen cargas iguales que para los pisos. Sin embargo, dada la baja probabilidad que la sobrecarga de uso total esté presente simultáneamente en toda esta área tributaria, la norma NCh1537.Of86 permite usar un factor de reducción C_a, de modo que la carga axial de diseño sobre la columna del entrepiso en cuestión es:

$$N = (n+1)\,(Q + q_v\, 1) + A_{tr} \, q_{pp} + C_a \, A_{tr} \, q_{sc}$$

en que Q es el peso propio de la columna, $q_v l$ es el peso correspondiente de las vigas y los demás términos se han definido antes. El factor de reducción C_a se aplica sólo si $A_{tr} > 15 \text{ m}^2$ y se evalúa con la expresión:

$$C_a = 1 - 0{,}008 \, A_{tr} \qquad (1\text{-}40)$$

Sin embargo, C_a no debe ser inferior a 0,6 para elementos horizontales y para elementos verticales que reciben carga de un piso solamente, ni inferior a 0,4 para otros elementos verticales, y en ningún caso inferior al valor determinado por:

$$C_{a,\,min} = 1 - 0{,}23 \left(1 + \frac{q_{pp}}{q_{sc}}\right) \qquad (1\text{-}41)$$

b) Norma NCh431.Of77: Sobrecarga de nieve

La nieve, en la mayor parte del país, es una acción de tipo eventual, es decir, ocurre sólo algunas veces durante la vida útil de la obra que se está diseñando. Por el contrario, la norma establece que en zonas cordilleranas y en el extremo sur del territorio, donde nieva todos o casi todos los años, la carga de nieve debe considerarse de ocurrencia normal en vez de eventual.

La carga de nieve depende esencialmente de la inclinación del techo. Si esta inclinación es igual o menor que 30° respecto de la horizontal, la carga básica de nieve se determina de una tabla que depende de la altura del lugar y de su latitud geográfica. Los valores varían entre 0 (por ejemplo, altura menor que 2000 m y latitud geográfica menor que 26°) y 700 kg/m^2 (altura sobre 3000 m y latitud geográfica mayor que 32°). Si la inclinación del techo es mayor que 30° se aplica un factor de reducción sobre la carga básica de nieve. La norma también establece que si la presión básica determinada para el lugar es mayor que 25 kg/m^2, la carga de nieve debe considerarse de ocurrencia normal.

c) Norma NCh432.Of71: Cálculo de la acción del viento sobre las construcciones

Esta norma, al igual que la de nieve, se refiere a una acción de tipo eventual, la cual depende de una serie de factores que se analizan a continuación. Para comenzar, se supone que la acción del viento es perpendicular a la superficie sobre la cual actúa, y que ella puede ser de presión sobre la superficie (signo positivo) o de succión (signo negativo). Ambas se expresan en kilógramos-fuerza por unidad de superficie, y dependen de la presión básica del viento y de la forma total del cuerpo de la construcción (no sólo de la forma del costado que enfrenta el viento).

La presión básica del viento q depende, a su vez, de la altura de la construcción sobre el nivel del terreno y de la ubicación de la construcción; a este respecto se distingue si la construcción se encuentra en una ciudad, o en campo abierto o frente al mar. Valores típicos de la presión básica para este último caso son q = 70 kg/m^2 para una altura de 4 m sobre el suelo, q = 126 kg/m^2 para una altura de 20 m, y q = 145 kg/m^2 para una altura de 40 m.

En cuanto a la influencia de la forma del cuerpo, cabe destacar que la norma establece en primer lugar la manera de calcular la superficie sobre la que se hará incidir la acción del viento, dependiendo si esta superficie es plana o curva, de la yuxtaposición de varias superficies y de las perforaciones que pudiera tener la superficie. Se considera a continuación un factor de forma que depende de los factores anteriores y del hecho que la construcción sea abierta o cerrada. A modo de ejemplo ilustrativo, en la Fig. 1.9 se muestran los factores de forma para dos tipos muy usuales de galpones cerrados de paredes planas.

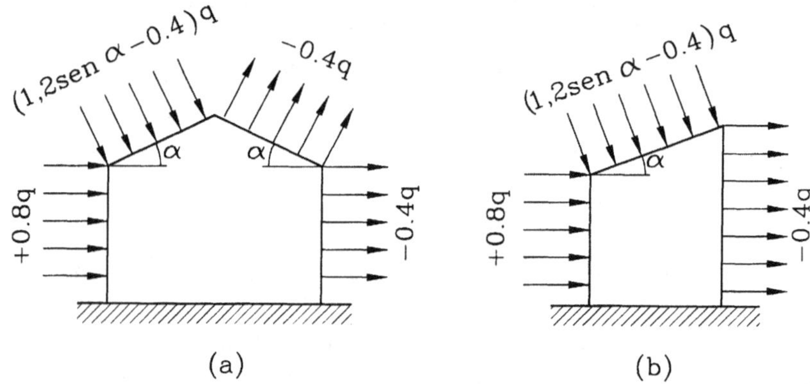

Figura 1.9
Acción del viento para dos formas de galpones cerrados

d) Combinaciones de cargas

Una vez determinadas las reacciones y esfuerzos internos debido a cada una de las solicitaciones detalladas anteriormente, debe estimarse la forma en que se combinan dichas solicitaciones para obtener el valor de diseño. Debe recordarse que las cargas correspondientes a las diversas solicitaciones están asociadas a distintas probabilidades de ocurrencia y además han sido estimadas con diferentes niveles de confianza; por ejemplo, es usual que las cargas asociadas a las sobrecargas, nieve y viento tengan una baja probabilidad de ser excedidas durante el período de vida útil de la estructura; en cambio, las solicitaciones sísmicas estipuladas en la norma NCh433.Of96 tienen una mayor probabilidad de ser excedidas al menos una vez durante la vida útil de la obra.

Los aspectos anteriores son esenciales para comprender los estados de combinación de cargas que deben considerarse en el proceso de diseño, y se reflejan con nitidez en los estados asociados al diseño a la rotura o de capacidad última. Estos estados se estipulan normalmente en las normas de diseño relativo a cada material estructural, aunque hoy en día existe una tendencia a uniformarlos para cada tipo o criterio de diseño (Sección 1.1.3). Aunque los estados de combinaciones varían según la norma y el país, es usual considerar como mínimo la acción simultánea del peso propio y las sobrecargas, y además la combinación de los anteriores con alguna acción de tipo eventual como el viento, el sismo o la nieve; generalmente no se diseña para la acción simultánea de dos solicitaciones de naturaleza eventual.

A continuación se indican algunos ejemplos de estados de combinaciones de cargas que incluyen el peso propio (D), las sobrecargas (L), las cargas de viento (W) y las cargas sísmicas (E), tanto para el diseño elástico como para el diseño a la rotura. Las letras D, L, W y E corresponden a la primera letra de la palabra en inglés que las identifica: *dead loads*, *live loads*, *wind loads* y *earthquake loads*, respectivamente.

Combinaciones para diseño elástico: si A representa el estado de combinación de cargas, los estados siguientes son típicos de varias normas que usan este criterio de diseño:

$$A = D + L$$

$$A = D + L + W$$

$$A = D + L \pm E$$

$$A = D \pm E$$

En los últimos tres estados, que corresponden a combinaciones que incluyen una solicitación de tipo eventual, es usual que las normas permitan un aumento de 33 % en las tensiones admisibles de diseño.

Combinaciones para diseño a la rotura: se indican a continuación las combinaciones equivalentes a las anteriores contempladas en la norma norteamericana ACI 318-99 para estructuras de hormigón armado, donde U representa el estado de combinación de cargas para diseño último:

$$U = 1,4D + 1,7L$$

$$U = 0,75 \ (1,4D + 1,7L + 1,7W)$$

$$U = 0,75 \ (1,4D + 1,7L \pm 1,87E)$$

$$U = 0,9D \pm 1,43E$$

Ejemplo 1.3

Comparar los valores de los momentos flectores máximos en una viga para una misma carga vertical total, pero distribuida en forma diferente. En las vigas que muestra la figura la carga total es $Q = (1-a)qL$. Para las comparaciones usar $a = 1/4$ y $a = 1/2$ (carga triangular).

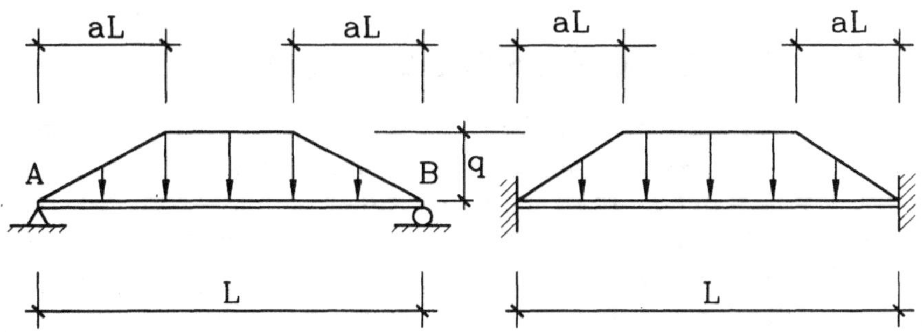

Figura E1.3

Solución: a) Para la viga simplemente apoyada el momento máximo al centro de la viga es:

$$M = \left(3 - 4a^2\right)\frac{q\,L^2}{24}$$

Para a = 1/4 se obtiene $M = 0{,}1146qL^2$ y $Q = 3qL/4$. Para esta última carga aplicada en forma uniforme ($q' = Q/L = 3q/4$) el momento flector máximo es $M' = q'L^2/8 = 0{,}0938qL^2$, es decir, si en vez del caso real se supone que la carga es uniforme, el momento máximo se subestima en un 18 %. Si la carga es triangular $M = qL^2/12$ y $Q = qL/2$. Si esta carga se distribuye uniformemente ($q' = 0{,}5q$), el momento flector máximo es $M' = qL^2/16$; en este caso suponer la carga uniforme en vez de triangular subestimaría el momento máximo en un 25 %.

b) Para la viga doblemente empotrada el momento en el empotramiento es:

$$M = -\left(1 - 2a^2 + a^3\right)\frac{q\,L^2}{12}$$

Para a = 1/4 se obtiene $M = -0{,}0742qL^2$. Si la carga se distribuye en forma uniforme $M = -0{,}0625qL^2$. La diferencia en este caso es del 16 %. Para la carga triangular $M = -0{,}052$. Si la carga se reparte uniformemente $M = -0{,}042$, subestimándose el momento en un 19 %.

1.2 PRINCIPIOS DE MECANICA ESTRUCTURAL

1.2.1 El Método de la Resistencia de Materiales

Una parte fundamental del diseño es el "análisis de tensiones" que comprende la determinación de las tensiones en la sección de elementos sometidos a distintos tipos de solicitación. Este tipo de análisis, que se realizará con mucha frecuencia a lo largo del curso es típicamente uno de naturaleza estáticamente indeterminada, es decir, las ecuaciones de equilibrio son insuficientes para resolverlo y es necesario recurrir a herramientas adicionales. El método de la Resistencia de Materiales usa tres herramientas básicas para resolver cualquier problema de mecánica estructural: equilibrio, geometría, y relaciones tensión-deformación. Estas herramientas, analizadas en detalle en el curso de Mecánica de Sólidos, se resumen a continuación:

- Condiciones de equilibrio: para cualquier cuerpo en equilibrio y para cualquier parte de este cuerpo debe cumplirse:

$$\Sigma \vec{F} = 0 \quad y \quad \Sigma \vec{M} = 0$$

Por ejemplo, si se aplica este principio al equilibrio que debe existir entre los esfuerzos internos y las tensiones resultantes en una sección de un elemento, se puede escribir en componentes (Fig. 1.10):

$$\Sigma F_x = 0 \qquad \Sigma M_x = 0$$

$$\Sigma F_y = 0 \qquad \Sigma M_y = 0$$

$$\Sigma F_z = 0 \qquad \Sigma M_z = 0$$

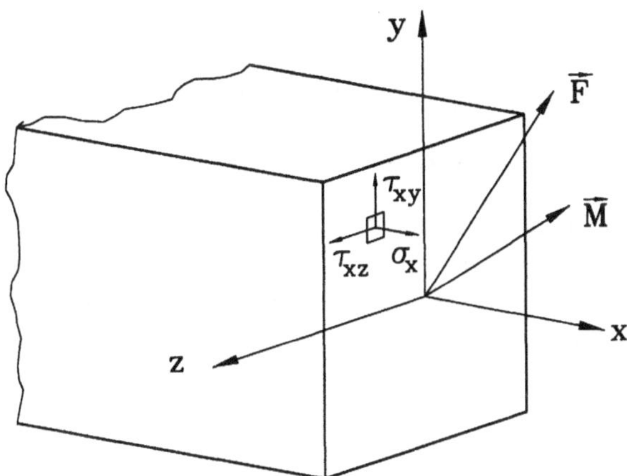

Figura 1.10
Sección de un elemento estructural

En estas fuerzas y momentos intervienen la resultante de las acciones en la sección (esfuerzos internos M_y y M_z de flexión, $M_x = T$ de torsión, V_y y V_z de corte, y $F_x = P$ esfuerzo normal o axial) y las tensiones en la sección. Simplifiquemos el problema y supongamos que las cargas actúan simétricamente con respecto al plano XY. Si además se considera una sección simétrica se tiene:

$$M_y = T = V_z = 0$$

$$\tau_{xz} = 0$$

luego:

$$dF_x = \sigma_x \, dA \qquad \text{esfuerzo axial} \qquad P = \int_A \sigma_x \, dA$$

$$dM_z = \sigma_x \, y \, dA \qquad \text{momento flector} \qquad M_z = \int_A \sigma_x \, y \, dA$$

$$dF_y = \tau_{xy} \, dA \qquad \text{esfuerzo de corte} \qquad V_y = \int_A \tau_{xy} \, dA$$

Si se grafican las intensidades σ_x y τ_{xy} perpendicularmente al plano de la sección, tanto P como V_y son equivalentes al volumen encerrado por la superficie de tensiones y la cara de la sección.

- Compatibilidad geométrica: ésta indica que el conjunto de desplazamientos debe satisfacer la compatibilidad en los vínculos externos y la continuidad interna de la estructura en estudio.

- Relaciones tensión-deformación: aquí es donde se manifiesta el material de que está hecha la estructura. En el método de la resistencia de materiales estas relaciones se expresan a través de la curva tensión-deformación, la cual se obtiene usualmente para solicitación de tracción o compresión puras. En general se expresa como:

$$\sigma = f(\varepsilon)$$

Los materiales estructurales tienen un rango en que la tensión σ es proporcional a la deformación unitaria ε para valores moderados de la tensión. Dentro de este rango se puede escribir $\sigma = E\varepsilon$, llamada usualmente Ley de Hooke, en que E es una propiedad del material denominada módulo de elasticidad. Esta relación es la base de cualquier teoría elástica. Si se desea incluir el comportamiento inelástico, es necesario considerar toda la curva, más allá de su límite elástico, como se verá más adelante.

A continuación se resolverán dos ejemplos sencillos para hacer hincapié en la metodología de solución, destacando que problemas de aparente naturaleza muy distinta, se resuelven utilizando apropiadamente las mismas herramientas básicas antes descritas.

Ejemplo 1.4

Determinar los esfuerzos en los alambres BD y CE de la estructura
estáticamente indeterminada de la figura. Desarrollar una solución aproximada suponiendo que la viga AC es infinitamente rígida. Los alambres
BD y CE tienen sección de área A y módulo de elasticidad E.

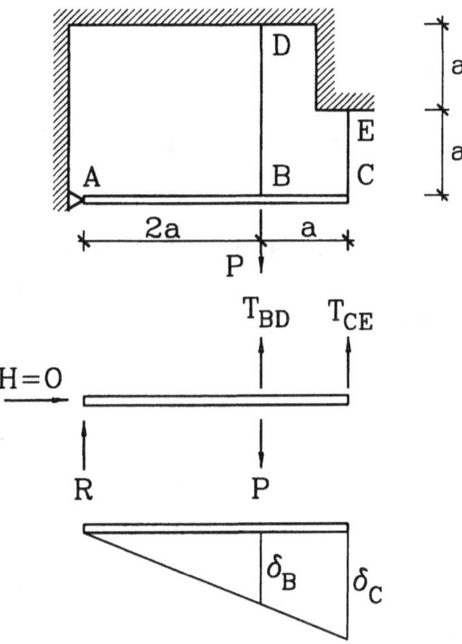

Figura E1.4

Solución: Equilibrio. Considérese el diagrama de cuerpo libre de la barra
AC. Sean T_{BD} y T_{CE} las fuerzas en los alambres, que se supone están
traccionados:

$$\Sigma F_v = 0 \quad \rightarrow \quad R + T_{BD} + T_{CE} = P \quad \text{(Ec. i)}$$

$$\Sigma M_A = 0 \quad \rightarrow \quad \left(P - T_{BD}\right)2a = T_{CE}\, 3a \quad \text{(Ec. ii)}$$

Es claro que las ecuaciones de equilibrio son insuficientes para resolver
el problema pues hay 3 incógnitas y 2 ecuaciones.

Compatibilidad geométrica. Debido a que la barra AC es rígida:

$$\frac{\delta_B}{2a} = \frac{\delta_C}{3a} \quad \text{(Ec. iii)}$$

lo anterior implica dos nuevas incógnitas y una sola ecuación adicional.

Relaciones tensión-deformación. Aplicando la ley de Hooke a ambos alambres:

$$\delta_B = \frac{T_{BD}\,2a}{A\,E} \quad \text{(Ec. iv)} \qquad \delta_C = \frac{T_{CE}\,a}{A\,E} \quad \text{(Ec. v)}$$

Después de esta etapa se completa el número de ecuaciones necesarias (5) para igual número de incógnitas. Luego, resolviendo el sistema de ecuaciones se obtienen:

$$T_{BD} = \frac{2\,P}{11} \qquad T_{CE} = \frac{6\,P}{11} \qquad R = \frac{3\,P}{11}$$

Ejemplo 1.5

Determinar las tensiones debidas a flexión en una sección con un plano de simetría, cargada en dicho plano.

Solución: Considérese una viga cargada en la forma indicada en la Fig. E1.5.a y una sección en el tramo central que está sometida a un momento flector constante (Fig. E1.5.b). Las seis ecuaciones de equilibrio son:

$$\Sigma F_x = \int_A \sigma_x \, dA = 0 \quad \text{(Ec. i)}$$

$\Sigma F_y = 0$ (Ec. ii), que se satisface automáticamente suponiendo $\tau_{xy} = 0$

$\Sigma F_z = 0$ (Ec. iii), que se satisface automáticamente suponiendo $\tau_{xz} = 0$

$\Sigma M_x = 0$ (Ec. iv), que se satisface automáticamente por ser $\tau_{xy} = \tau_{xz} = 0$

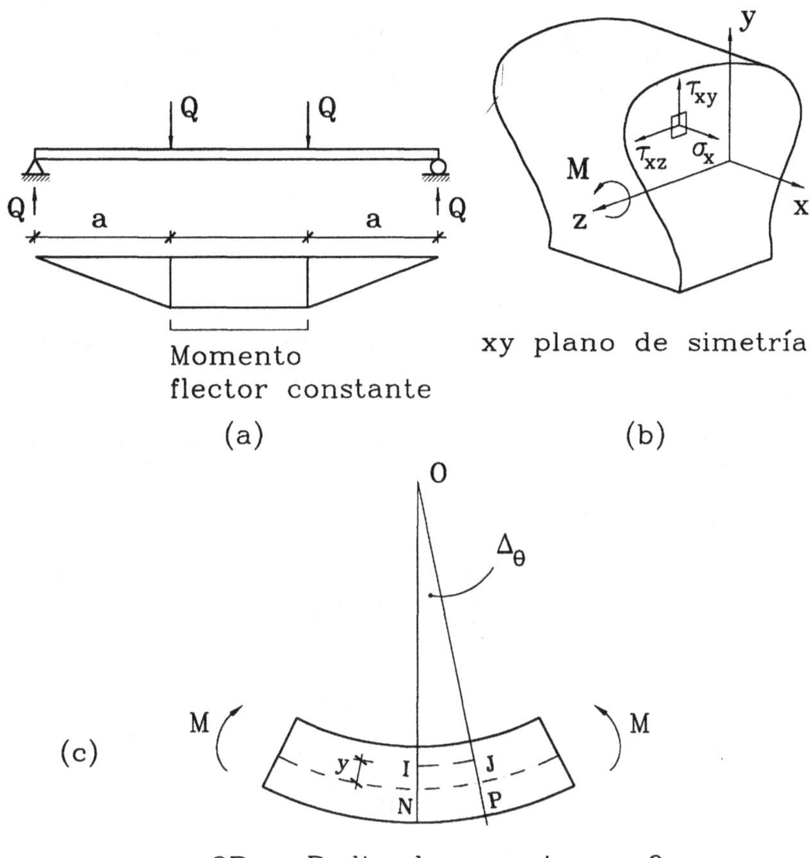

Figura E1.5

$$\Sigma M_y = \int_A z\, \sigma_x\, dA = 0 \quad \text{(Ec. v)}$$

que se satisface automáticamente por la simetría respecto al plano XY, ya que el momento de σ_x dA en z+, es igual al momento de σ_x dA en z-.

$$\Sigma M_z = M = - \int_A y\, \sigma_x\, dA \quad \text{(Ec. vi)}$$

Las ecuaciones relevantes son la i y la vi que corresponden a las condiciones que debe satisfacer la distribución de tensiones σ_x buscada. Notar que este problema es esencialmente hiperestático, ya que se podría pensar que tiene infinitas incógnitas: el valor de σ_x en los infinitos puntos de la sección.

Geometría. La condición de que las secciones planas permanecen planas en la flexión permite reducir la hiperestaticidad del problema a un grado. En efecto, considerando que dos secciones vecinas sólo giran relativamente en $\Delta\theta$ (Fig. E1.5.c), se puede determinar la deformación unitaria de una fibra cualquiera de la sección (IJ) a distancia "y" del eje neutro:

$$\varepsilon_x \;=\; \frac{IJ \;-\; IJ_{original}}{IJ_{\,original}} \;=\; \frac{IJ \;-\; NP}{NP} \;=\; \frac{(\rho - y)\,\Delta_\theta \;-\; \rho\,\Delta_\theta}{\rho\,\Delta_\theta}$$

$$\varepsilon_x \;=\; -\,\frac{y}{\rho}$$

es decir, la única incógnita del problema es la deformación representada por ρ.

Relaciones tensión - deformación. En el rango de comportamiento elástico del material se cumple:

$$\varepsilon_x \;=\; \frac{1}{E}\left[\sigma_x \;-\; \upsilon\left(\sigma_y \;+\; \sigma_z\right)\right]$$

que bajo el supuesto $\sigma_y = \sigma_z = 0$ implica:

$$\sigma_x = E\,\varepsilon_x$$

luego:

$$\sigma_x \;=\; -\,E\,\frac{y}{\rho}$$

que reemplazado en la Ec.i da:

$$-\,\frac{E}{\rho}\int_A y\;dA \;=\; 0$$

de donde se concluye que la superficie neutra pasa por el centro de gravedad de la sección. A su vez, reemplazando σ_x en la Ec. vi se tiene:

$$M \;=\; -\int_A y\,\sigma_x\;dA \;=\; \frac{E}{\rho}\int_A y^2\;dA$$

Definiendo:

$$I = \int_A y^2 \, dA$$

propiedad de la sección llamada *momento de inercia*, y sustituyendo en la expresión anterior para M, se obtiene:

$$M = E\,I\,/\,\rho \;\; \rightarrow \;\; \rho = E\,I\,/\,M$$

y finalmente:

$$\sigma_x = -\frac{M\,y}{I}$$

Similarmente al Ejemplo 1.5 se puede derivar la distribución de tensiones para el caso de flexión en vigas asimétricas sometidas a un momento en el plano YZ $\vec{M} = M_y\,\hat{j} + M_z\,\hat{k}$ (Fig. 1.11). Se obtiene (Crandall y Dahl, 1972):

$$\sigma_x = -\frac{\left(y\,I_{zz} - z\,I_{yz}\right)M_z + \left(y\,I_{yz} - z\,I_{yy}\right)M_y}{I_{yy}\,I_{zz} - I_{yz}^{\,2}}$$

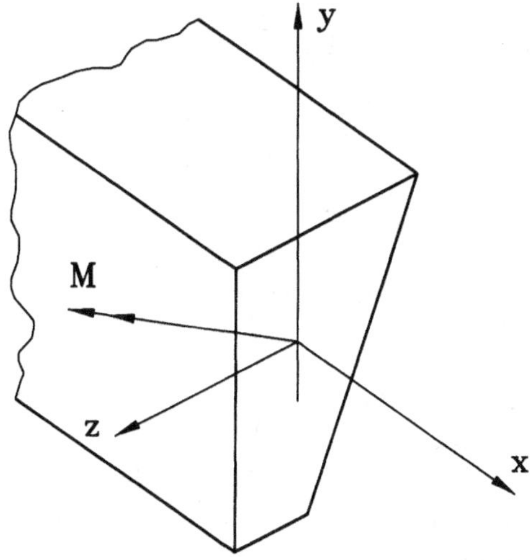

Figura 1.11
Flexión en vigas con sección asimétrica

En los dos ejemplos anteriores se utilizaron las tres herramientas básicas de la mecánica estructural, que sirven para resolver cualquier problema:

- Equilibrio.

- Compatibilidad geométrica.

- Relaciones tensión - deformación.

La finalidad de los problemas era distinta. En el Ejemplo 1.4 se necesitaba calcular esfuerzos redundantes, y en el Ejemplo 1.5 se hizo un análisis de tensiones. En ambos casos se utilizó la misma metodología.

1.2.2 Relaciones Tensión-Deformación de los Materiales Estructurales

1.2.2.1 Acero Estructural

El ensayo de tracción uniaxial se realiza sobre una muestra de acero o probeta que se prepara dejando una zona central de sección A perfectamente constante mientras los extremos se ensanchan para permitir tomarla con las mordazas de la máquina que ejercerá la fuerza de tracción. La sección varía gradualmente con el propósito que así también lo hagan las tensiones de tracción, de modo que en la zona central éstas sean uniformes. A su vez, en la zona central se marcan dos líneas a distancia L conocida entre las cuales se medirá la elongación de la barra mediante deformómetro mecánico o un instrumento electrónico muy sensible llamado LVDT (Low Voltage-Displacement Transducer).

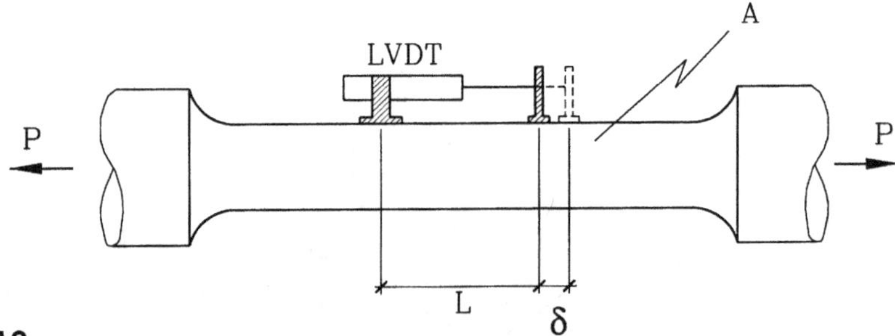

Figura 1.12
Esquema del ensayo de tracción uniaxial

El ensayo consiste en aplicar una deformación axial a la probeta de modo de aumentar P desde cero hasta la ruptura de la barra, leyendo para cada valor de P la elongación δ y calculando la tensión $\sigma = P/A$, en que A es el área inicial de la sección, y la deformación unitaria $\varepsilon = \delta/L$, las que se grafican resultando un gráfico como el siguiente:

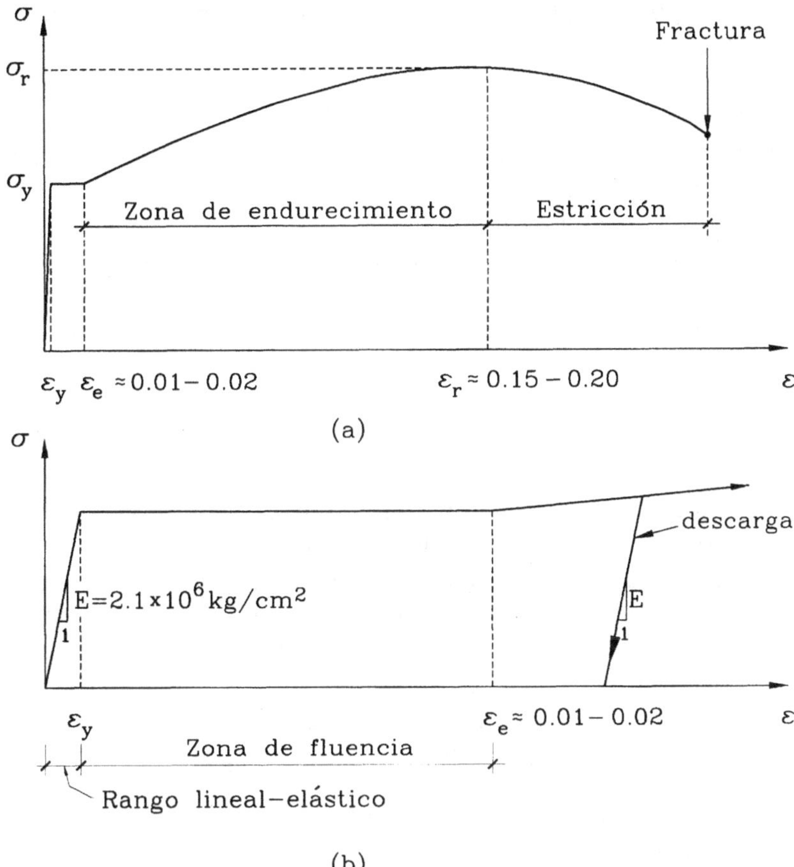

Figura 1.13
Relación tensión-deformación del acero estructural

En este gráfico se distinguen tres fases de comportamiento del acero estructural:

- El rango llamado lineal-elástico en que se cumple la ley de Hooke, esto es, tensiones y deformaciones unitarias son directamente proporcionales, y las deformaciones son recuperables, es decir, desaparecen una vez removida la carga.

- La zona de fluencia. Una vez alcanzado el *límite elástico* o punto nominal de fluencia caracterizado por la tensión σ_y, o tensión de fluencia, y la deformación unitaria de fluencia ε_y, la probeta no es capaz de tomar más carga y se deforma plásticamente bajo tensión constante σ_y. Dado que el módulo de elasticidad de los aceros estructurales es aproximadamente constante, el valor de ε_y depende de la tensión nominal de fluencia σ_y, es decir, de la calidad del material. La elongación irrestricta de la probeta finalmente se detiene para una deformación unitaria ε_e del orden del 1 % a 2 %, típicamente igual a 10 a 20 veces ε_y.

- Las zonas de endurecimiento y estricción. Al detenerse la deformación bajo carga constante en ε_e, es necesario aumentar la carga para aumentar la deformación, o sea, el acero se pone repentinamente más rígido después de haber fluido plásticamente; de ahí el nombre de zona de endurecimiento de este rango del comportamiento. En todo caso, la barra no alcanza jamás la rigidez inicial proporcional a E sino un porcentaje no mayor del 10 a 20 % de E. A medida que se aumenta la carga la deformación progresa hasta llegar a la *resistencia de tracción* σ_r con deformación unitaria ε_r. En los aceros estructurales ε_r puede llegar a ser 200 veces ε_y, lo que denota una propiedad fundamental de este material, su ductilidad, que se define como:

$$\mu = \frac{\varepsilon_r}{\varepsilon_y} \tag{1-42}$$

La ductilidad es una propiedad fundamental del acero, de gran importancia en relación con el modo de falla de los elementos estructurales, tanto metálicos como de hormigón armado. En efecto, bajo condiciones que eliminan la posibilidad de fallas por inestabilidad en perfiles metálicos, o fractura del hormigón en elementos de hormigón armado, el elemento estructural llega a su capacidad última después de grandes deformaciones plásticas, tipo de falla diametralmente opuesto al de un material frágil, como el vidrio o la loza, que se caracterizan por una falla abrupta o explosiva pues no presentan comportamiento plástico.

Esta propiedad es de gran relevancia para el diseño sísmico, ya que permite diseñar estructuras capaces de incursionar al rango inelástico, deformándose plásticamente mientras mantienen su resistencia, y sin fracturarse en forma prematura; esta cualidad se hará ver en repetidas ocasiones durante el curso.

Volviendo a la discusión de la relación σ-ε, cabe destacar que la resistencia *real* del material es mayor que σ_r, ya que la sección de la probeta ha disminuido a medida que se ha elongado, pero la propiedad relevante en diseño estructural es precisamente σ_r. Al progresar el ensayo después de alcanzado σ_r la deformación deja de ser uniforme a lo largo de la probeta y se concentra en la sección más solicitada, dando lugar el fenómeno de estricción o formación de un "cuello" notorio donde finalmente se produce la fractura. La deformación unitaria nominal de fractura (referida al largo L de la probeta) varía considerablemente dependiendo de la geometría de la probeta (largo y sección) alcanzando valores entre 25 y 40 %; estos valores, y la curva σ-ε para $\varepsilon > \varepsilon_r$ son en realidad irrelevantes, ya que corresponden a un estado de deformaciones no uniforme en que la zona crítica se deforma plásticamente mientras otras porciones de la barra se descargan elásticamente.

La Fig. 1.13.b muestra también que la descarga desde cualquier punto del rango inelástico ocurre con pendiente paralela a la rigidez del rango elástico. Cabe mencionar que la curva *real* en un ensayo de compresión difiere de la *real* de tracción, ya que el área de la sección aumenta en vez de disminuir; sin embargo, ello no tiene importancia desde el punto de vista del diseño, ya que se trabaja con la relación σ-ε con A constante, la que se supone simétrica en tracción y compresión.

La Fig. 1.14 muestra resultados de ensayos de tracción en alambrón y barras de acero para hormigón armado de producción nacional. Las curvas no incluyen la zona $\varepsilon > \varepsilon_r$ por la razón antes dicha. La figura muestra un detalle de las partes elástica y de fluencia, cambiando a la derecha la escala del eje ε para apreciar la curva σ-ε completa. Cabe destacar que las barras más delgadas y el acero A44-28H presentan una clara zona de fluencia, la que no exhibe el acero A63-42H; esto último es un defecto del material ya que la zona de fluencia es una propiedad clave para el comportamiento sísmico del hormigón armado en flexión, pues constituye un elemento de control que garantiza que la fuerza que desarrolla el acero, y por ende el momento flector en la sección, permanece estacionaria antes de entrar al endurecimiento. También es de interés que el estudiante aprecie en esta figura la diferencia entre las propiedades *nominales* y las reales; en efecto la designación A44-28H significa que $\sigma_y = 2800$ kg/cm^2 y $\sigma_r = 4400$ kg/cm^2, valores que en realidad son excedidos, como debe ocurrir con alta probabilidad. Las propiedades mecánicas básicas que deben cumplir los aceros de refuerzo para hormigón armado, confome a la norma NCh204.Of77, se presentan en la Tabla H.1 del Apéndice H. Esta tabla entrega también otras propiedades de las barras de acero como las características de los resaltes, diámetros y longitudes comercialmente disponibles, área de la sección, perímetro, peso, y marcas de identificación según la calidad.

El acero estructural para perfiles metálicos se produce mediante laminación en caliente, entregándose en Chile en planchas de espesores entre 5 y 50 mm. Planchas delgadas entre 0,4 y 4 mm de espesor se obtienen de un segundo proceso de laminado en frío. No hay en Chile laminadores pesados para producir perfiles estructurales directamente, por ello, éstos se fabrican por doblado en frío o uniendo planchas mediante soldadura.

Una propiedad fundamental del acero estructural debe ser su capacidad de mantener su ductilidad a pesar de la severidad de los procesos de soldadura, doblado, y corte oxiacetilénico. Para ello debe controlarse la composición química del material, principalmente los elementos Mn, Si, P y S. La norma NCh203.Of77 establece límites para estos elementos y especifica los valores mínimos de las propiedades mecánicas de fluencia, resistencia de rotura, y elongación de rotura (σ_y, σ_r y ε_r); las propiedades mencionadas se presentan en la Tabla A.1 del Apéndice A.

Los elementos químicos más importantes son el C y el Mn, que al aumentar, incrementan la resistencia (σ_y y σ_r) pero disminuyen la ductilidad (ε_r) y la soldabilidad. Otros componentes como Cr, Ni, Cu son beneficiosos para proveer resistencia a la corrosión y también mejorar la ductilidad; se incorporan en aceros especiales resistentes a la corrosión en cantidades del orden de 0,5 %.

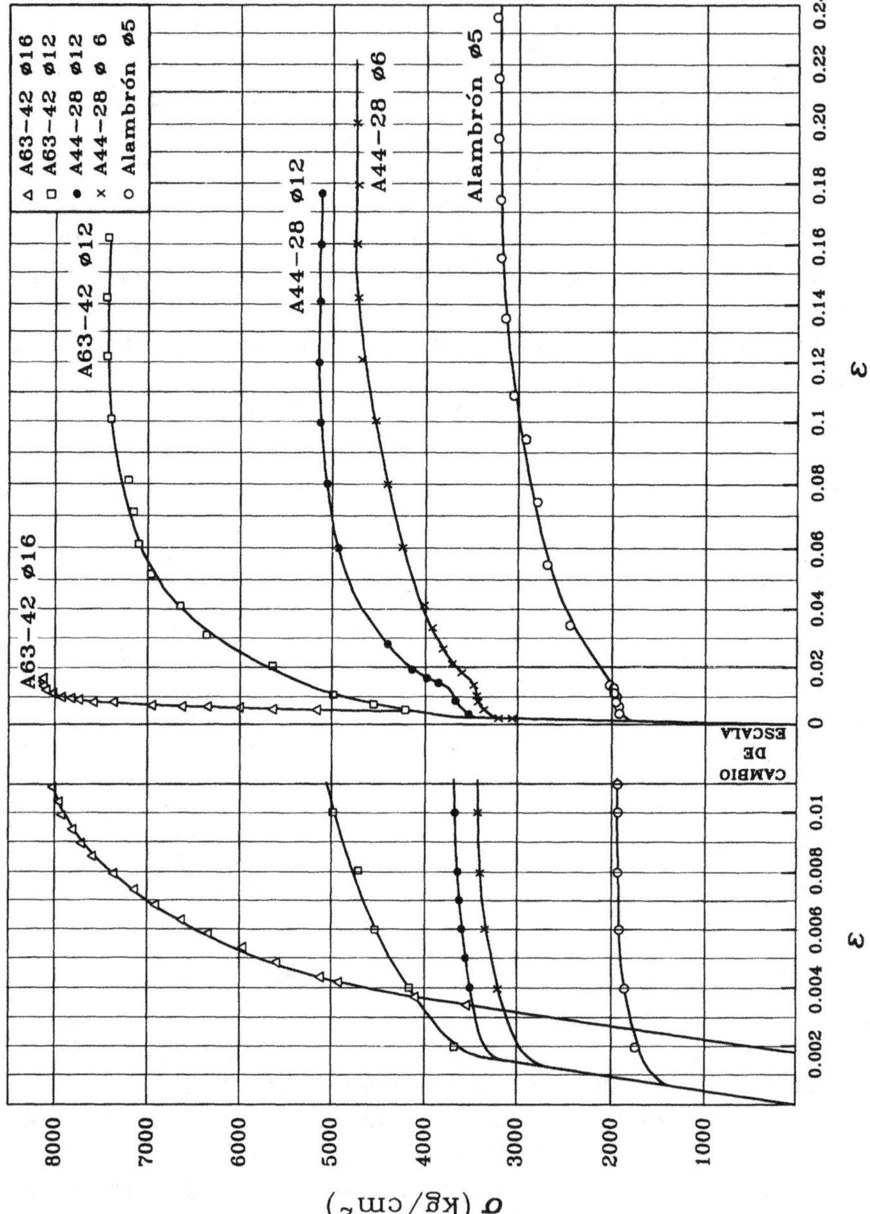

Figura 1.14
Curvas experimentales de barras de acero para hormigón armado (C. Luders, 1988)

Los perfiles de acero que se utilizan en estructuras tienen diversas formas: ángulo (L), canal (C), doble-T (con un eje de simetría o doblemente simétricos como los perfiles estándar IN o HN), te (T), tubo (O), cajones y otros. En la Tabla A.2 se presentan dimensiones y propiedades para el diseño de perfiles comercialmente disponibles; adicionalmente, listas más completas de perfiles se pueden encontrar en los manuales de CINTAC (1993) e ICHA (1976).

1.2.2.2 Hormigón

Es un material artificial que imita la roca natural, con la ventaja de poder darle la forma deseada. Como la roca, tiene gran capacidad en compresión, pero presenta baja resistencia en tracción; de hecho, salvo en casos excepcionales, es común despreciar su resistencia en tracción, de modo que la propiedad de referencia del hormigón es su resistencia a la compresión. Esta se mide mediante un ensayo que puede realizarse sobre dos tipos distintos de probetas (Fig. 1.15). Siendo P_{max} la carga máxima de compresión que resiste la probeta, se definen según el ensayo, la resistencia cilíndrica por medio de la tensión $f_c' = P_{max}/A$, y la resistencia cúbica o prismática $f_c = P_{max}/A$, en que A es el área de la sección según corresponda. Aun cuando se realicen ensayos con probetas de igual sección, f_c y f_c' son diferentes, ya que la geometría de la probeta influye en la resistencia, siendo siempre mayor la cúbica debido al confinamiento adicional que proporcionan el hormigón de las aristas y la maquinaria de ensayos misma. Para hormigones de uso común puede usarse como aproximación $f_c' \approx 0,85 f_c$ o bien la equivalencia oficial según la norma NCh170.Of85 que se presenta en la Tabla 1.3. En Chile la resistencia especificada corresponde a probetas cúbicas, o sea en base a f_c, definiéndose grados de resistencia como muestra la Tabla 1.3.

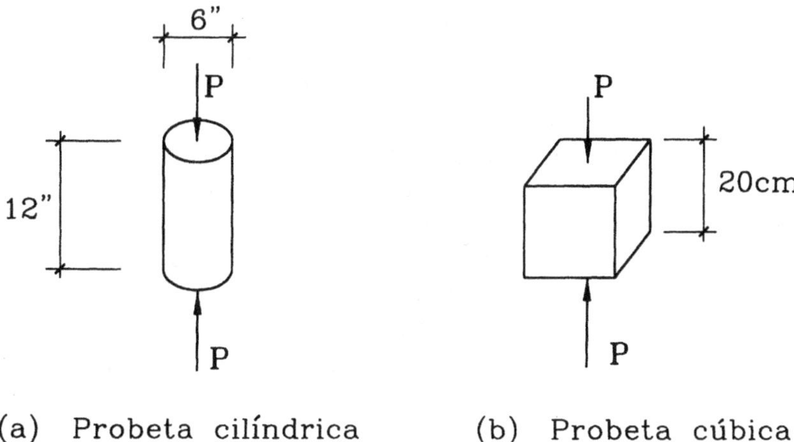

Figura 1.15
Probetas estándar para el ensayo de compresión en hormigón

TABLA 1.3 Clasificación de los hormigones por resistencia especificada a la compresión según Norma NCh170.Of85 en kg/cm²		
Grado	**Resistencia especificada f_c**	**f_c' equivalente**
H10	100	80
H15	150	120
H20	200	160
H25	250	200
H30	300	250
H35	350	300
H40	400	350
H45	450	400
H50	500	450

Como la resistencia del hormigón aumenta con el tiempo, tanto f_c como f_c' se refieren convencionalmente a la edad de 28 días. Los ensayos se realizan a una velocidad de deformación unitaria relativamente lenta, del orden de 0,001/min, de modo que la resistencia máxima se alcanza en 2 ó 3 minutos. En ensayos muy rápidos, en que la carga máxima se alcanza en fracciones de segundo, se observan incrementos en la resistencia y en el módulo de elasticidad del orden de un 15 %.

La Fig. 1.16 muestra curvas σ-ε típicas para hormigones en ensayos lentos con control de deformación, lo que permite obtener la curva completa después de alcanzada la resistencia máxima. Varias observaciones de interés se pueden hacer en relación con esta figura: (a) el hormigón es un material frágil de muy baja capacidad de deformación que no tiene punto de fluencia ni rango de deformación plástica, (b) a mayor resistencia tiene menor capacidad de deformación, (c) la resistencia máxima se produce para $\varepsilon \leq 0,002$, (d) después de alcanzada la resistencia máxima la capacidad del hormigón decae debido a su deterioro, que se manifiesta en grietas visibles paralelas a la dirección de la carga, las que se traducirían en una falla explosiva al alcanzar f_c' si el aparato de ensayo no redujera de inmediato la carga aplicada, (e) el colapso global de la probeta ocurre finalmente para $\varepsilon \geq 0,003$, (f) la parte inicial de la curva σ-ε es aproximadamente lineal hasta $\sigma \approx 0,5\, f_c'$, y (g) la curva σ-ε tiene en general forma parabólica.

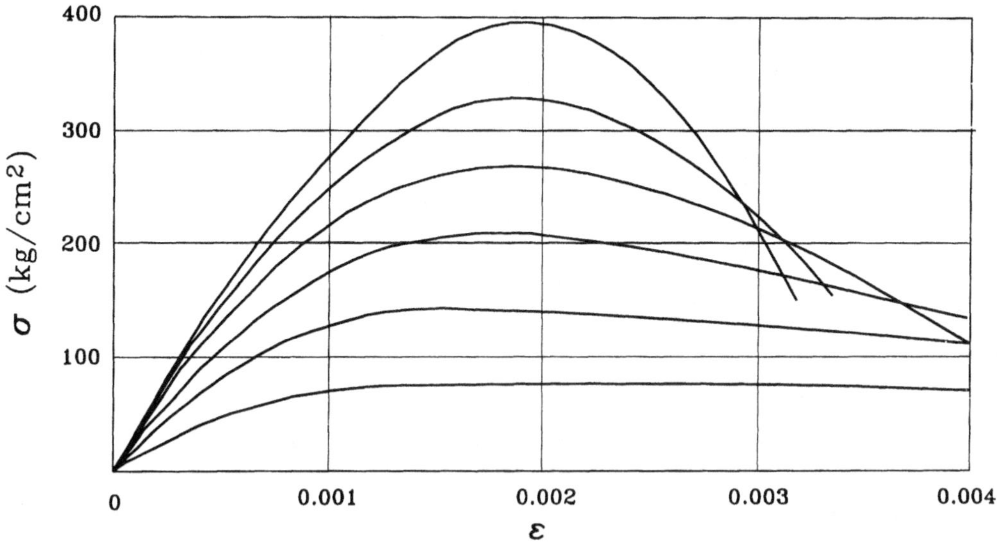

Figura 1.16
Curvas de ensayos de compresión uniaxial en probetas cilíndricas (adaptada
de Park y Paulay, 1975)

Para efectos de análisis se han propuesto varias idealizaciones de la relación
tensión deformación del hormigón. La más popular es la de Hognestad, 1951
(Fig. 1.17), que utiliza entre $\varepsilon = 0$ y ε_0 una forma parabólica dada por:

$$\sigma_c = f_c' \left[2 \, \frac{\varepsilon}{\varepsilon_o} - \left(\frac{\varepsilon}{\varepsilon_o} \right)^2 \right] \qquad (1\text{-}43)$$

y una rama lineal entre ε_0 y ε_u con tensión de fractura del hormigón $\sigma_u = 0,85$
f_c' para $\varepsilon = \varepsilon_u$. Hognestad propuso $\varepsilon_o = 2f_c'/E_c$ y $\varepsilon_u = 0,0038$, sin embargo, es
usual utilizar $\varepsilon_o \approx 0,002$ y $\varepsilon_u \approx 0,003$, sin perjuicio de cambiarlos en análisis
específicos que lo requieran. También se usa frecuentemente, especialmente en
Europa, la llamada "parábola-rectángulo", cuya diferencia con la Fig. 1.17 es que
mantiene $\sigma_c = f_c'$ para $\varepsilon > \varepsilon_o$. El módulo de elasticidad, válido sólo en el rango
lineal inicial de la curva σ-ε, queda dado por la Ec. 1-38, con una dispersión de
± 20 %; valores de E_c del orden de 220.000 a 280.000 kg/cm^2 son típicos para
el rango usual de resistencias, es decir, aproximadamente 1/10 a 1/8 del módulo
de elasticidad del acero.

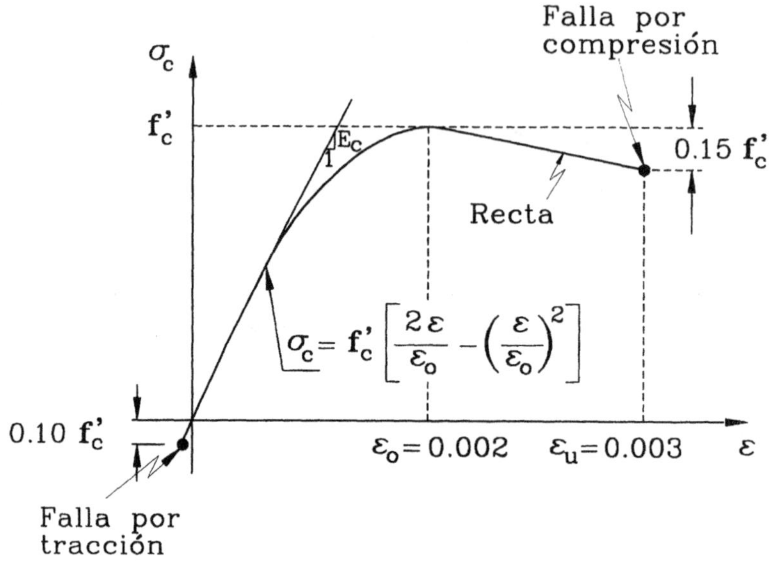

Figura 1.17
Relación tensión-deformación idealizada del hormigón

La resistencia del hormigón a la tracción es muy baja, del orden de 10 a 15 % de f_c', y es muy dependiente del tipo de ensayo utilizado para medirla. El ensayo de tracción directa es complejo de realizar, por ello es más común el de flexo-tracción, que proporciona la resistencia de tracción en flexión o módulo de ruptura f_r. Es generalmente aceptada la relación:

$$f_r = 2\sqrt{f_c'} \tag{1-44}$$

en que f_r y f_c' deben expresarse en kg/cm^2.

Debido a la baja resistencia a la tracción del hormigón es usual ignorarla en los cálculos de resistencia del hormigón armado. Esto no significa que sea una propiedad poco importante del hormigón; de hecho no sólo hay casos especiales en que el hormigón se diseña en estado elástico controlado por su resistencia a la tracción, por ejemplo, en fundaciones sin armar o en estanques expuestos a fluidos altamente corrosivos o en pavimentos, sino también la resistencia a la tracción es una propiedad fundamental en relación con la resistencia al esfuerzo de corte del hormigón y en fenómenos de fisuración por retracción y temperatura.

1.2.2.3 Madera Aserrada

Las propiedades mecánicas de la madera presentan gran variación, dependiendo de la especie, la zona donde se desarrolla el árbol, el contenido de humedad de la madera y el tipo de solicitación.

Es de conocimiento común que ciertas especies como el roble y el eucaliptus son particularmente densas y resistentes, mientras lo contrario ocurre con el pino y el álamo. Sin embargo, el crecimiento del árbol es muy dependiente de las condiciones ambientales (temperatura, precipitación, calidad del suelo, manejo forestal, asoleamiento) de manera que no sólo las propiedades de una especie pueden variar considerablemente dependiendo de la localidad en que se ha desarrollado el árbol, sino que aún, en una misma localidad, son de hecho muy heterogéneas.

La Tabla M. 1 presenta algunos datos a modo de ejemplo (más información puede encontrarse en la referencia original, Instituto Forestal, 1967). Las propiedades mecánicas de la madera se presentan en términos de σ_p, la tensión en el límite de comportamiento lineal o límite de proporcionalidad, la tensión σ_r de ruptura (Fig. 1.19), el módulo de elasticidad E, y las tensiones de rotura a cizalle radial y tangencial (ambos paralelos a las fibras longitudinales de la madera, pero con plano de cizalle radial, perpendicular a los anillos de crecimiento, o tangencial, tangente a los anillos de crecimiento). Se puede observar en la Tabla M.1 que para una misma muestra de madera las propiedades en flexión, compresión y tracción son muy disímiles; básicamente, ésta es la característica de los materiales llamados anisótropos, cuyas propiedades físicas y mecánicas varían según la dirección considerada.

La presencia de agua en la madera tiene varias implicancias de interés. Como todo tejido vivo, la madera contiene una fuerte proporción de agua. Parte de esta agua está en combinación en las sustancias constituyentes de la madera y permanece constante en cantidad. Existe además una cantidad de agua que no forma parte integrante de la madera, que puede eliminarse por secamiento y que constituye la *humedad de la madera*. Esta humedad se presenta en dos formas: como humedad de saturación de las fibras, retenida por las membranas celulósicas, y como agua libre, contenida en los espacios intercelulares. La madera del árbol recién cortado tiene un alto contenido de humedad, entre 40 y 250 %, medida en relación con el peso seco de la madera como se indica más adelante. Cuando se elimina toda el agua libre, la humedad llega al punto de saturación de las fibras, que en todas las especies es de aproximadamente 30 %. El agua libre no tiene influencia sobre el volumen de la madera; por el contrario el agua de saturación es de la mayor importancia al considerar las contracciones de la madera. En efecto, cuando la humedad baja del 30 %, la madera empieza a contraerse y estas contracciones son proporcionales a la humedad perdida bajo el 30 %. La madera se contrae más tangencialmente (ε_θ = reducción del perímetro de los anillos de crecimiento) que radialmente (ε_r = reducción del tronco en dirección radial), mientras la contracción longitudinal (ε_l = paralelo a las fibras) es insignificante (Fig. 1.18). Estas deformaciones varían considerablemente con la especie, valores típicos para 0 % de humedad son $\varepsilon_\theta = 0,08$; $\varepsilon_r = 0,04$ y $\varepsilon_l = 0,002$, y para 15 % de humedad $\varepsilon_\theta = 0,04$; $\varepsilon_r = 0,015$; $\varepsilon_l = 0,001$. Inversamente, la madera se hincha al aumentar su contenido de humedad, comportamiento que queda gobernado por las mismas relaciones que rigen la contracción.

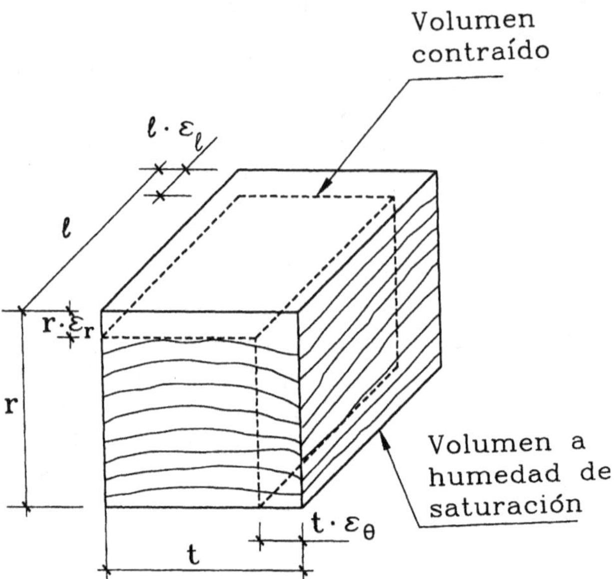

Figura 1.18
Contracción de la madera con la pérdida del agua de saturación

Uno de los métodos para medir la humedad es el de secado al horno. Las muestras se mantienen a una temperatura ligeramente superior a 100 °C entre 12 y 48 horas hasta que se alcance un peso constante. La humedad se determina con la siguiente fórmula :

$$H = \text{Humedad} (\%) = \frac{(\text{Peso muestra húmeda - Peso seco})}{\text{Peso seco}} \, 100 \qquad (1\text{-}45)$$

Por su higroscopicidad, la madera es capaz de absorber y exhalar humedad por contacto con el agua o el aire. Bajo una prolongada exposición a un determinado ambiente el contenido de humedad se estabiliza, experimentando ligeras variaciones diarias y estacionales. Se dice entonces que la madera ha llegado a la *humedad de equilibrio*. La humedad de equilibrio de maderas expuestas a la intemperie en Chile varía en general entre 12 y 18 %; valores específicos para distintas localidades se presentan en la norma NCh1198.Of91. La misma norma permite suponer humedades de equilibrio promedio de 9 y 12% en recintos cubiertos cerrados con y sin calefacción continua, respectivamente.

La resistencia y el módulo de elasticidad de la madera son inversamente proporcionales al contenido de humedad, como se observa en la Tabla M.1. Por ello, las tensiones admisibles y el módulo de elasticidad, que se especifican para la condición de madera seca (H = 12 %), deben reducirse cuando las condiciones corresponden a una humedad de equilibrio que excede al 12 %, aplicando el factor de reducción por humedad:

$$K_H = 1 - \left(H_S - 12\right) \Delta_R \qquad (1\text{-}46)$$

en que H_s es la humedad en % en condición de servicio y Δ_R el factor dado por la Tabla 1.4.

TABLA 1.4 Factor Δ_R para corrección de tensiones admisibles y módulo elástico por contenido de humedad	
Solicitación	Δ_R
Flexión	0,0205
Compresión paralela a las fibras	0,0205
Tracción paralela a las fibras	0,0205
Cizalle	0,0160
Compresión normal a las fibras	0,0267
Módulo de elasticidad en flexión	0,0148

La Fig. 1.19 muestra una curva tensión-deformación de un ensayo de carga axial sobre una muestra de madera seca. El comportamiento es lineal elástico hasta la tensión σ_p o límite de proporcionalidad; luego la curva deja de ser lineal y se alcanza finalmente la tensión de ruptura σ_r. Como puede observarse, la madera es un material eminentemente frágil, con deformaciones unitarias de rotura similares a las del hormigón en compresión. Muchos se sorprenden al oír que la madera es frágil, ello porque confunden los conceptos de ductilidad y flexibilidad, que suelen emplearse como sinónimos en el lenguaje cotidiano, aunque no lo son, y menos aún para los precisos significados que se les asigna en ingeniería estructural; mayor discusión sobre estos conceptos se presenta en la Sección 1.2.2.4.

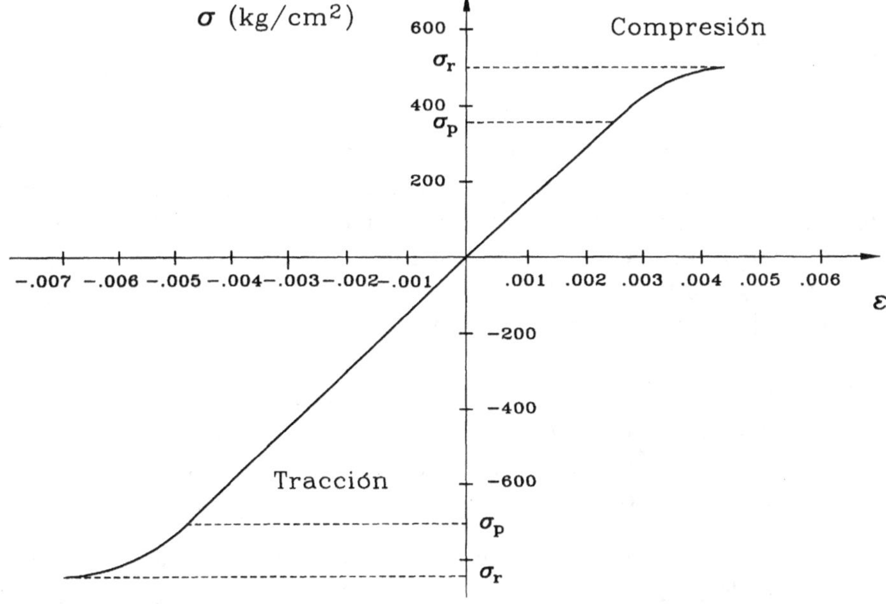

Figura 1.19
Relación tensión-deformación de una muestra de madera

Directamente de la figura puede concluirse que la resistencia a la tracción de la madera es mayor que en compresión, como se aprecia también en la Tabla M.1; naturalmente ello se debe a la constitución fibrosa del tejido vegetal. En la tabla también se aprecian notables diferencias entre las compresiones paralela y normal a las fibras, y entre las tensiones de cizalle y las longitudinales.

Estos antecedentes justifican la afirmación inicial que las propiedades de la madera dependen del tipo de solicitación. La tabla muestra pocos resultados en tracción axial, pues es un ensayo difícil de realizar, privilegiándose el ensayo de flexión y asumiéndose que la resistencia a la tracción paralela a las fibras es igual a un 60 % de la de flexión.

La especificación de tensiones de diseño admisibles de la madera es un complejo proceso de varias etapas:

- Medición de tensiones de rotura en flexión σ_{rf} y compresión axial σ_{rc}, y módulo de elasticidad en flexión E_f, en base a ensayos sobre probetas pequeñas libres de defectos en estado verde (H $\geq$ 30 %) y seco a H = 12 %. Los ensayos se realizan de acuerdo a lo especificado en las normas NCh973.Of86 y NCh987.Of86, y se resumen para cada especie maderera en términos de sus valores promedio ($\overline{\sigma}_{rf}$, $\overline{\sigma}_{rc}$, $\overline{E}_f$). Algunos ejemplos de estas mediciones se presentan en la ya referida Tabla M.1.

- Clasificación de la especie en alguno de los grupos que define la norma NCh1989.Of86 conforme a valores mínimos de las propiedades resistentes recién citadas. Los grupos que se basan en propiedades de la madera en estado verde (H $\geq$ 30 %) y seco (H = 12 %), se presentan en la Tabla M.2. Las especies de propiedades mecánicas conocidas (ver NCh1989.Of86) han quedado clasificadas en los grupos que se presentan en la Tabla M.3.

- Las propiedades resistentes de probetas libres de defectos no pueden extrapolarse a piezas de madera de dimensiones normales para uso estructural. En éstas pueden hallarse presentes una gran variedad de defectos detrimentales para la resistencia, entre ellos pueden mencionarse los nudos, grietas, deformaciones de secado, pudrición, entre muchos otros que define la norma NCh992.EOf72. Un glosario de defectos en piezas de madera se presenta en la Tabla M.4. Las normas NCh1970/1.Of88 y NCh1970/2.Of88 definen cuatro grados de calidad para la clasificación visual de la madera según la magnitud de los defectos presentes, asociando a cada grado una fracción de la capacidad resistente del mismo material libre de defectos. Tal fracción se denomina *razón de resistencia* y corresponde a 0,75, 0,60, 0,48 y 0,38 para los Grados Estructurales 1 a 4 respectivamente. Según el grado estructural y el grupo a que pertenece cada especie se definen Clases Estructurales (NCh1990.Of86). Estas clases, para maderas en estado verde y seco, se muestran en la Tabla M.5.

- A continuación se debe considerar el contenido de humedad de la madera en el momento de la construcción (H_c) y puesta en servicio (H_s), y el espesor de las piezas. Dependiendo de estos parámetros, como indica la Tabla M.6, se determina el grupo que se debe considerar (verde o seco) para escoger la clase estructural pertinente, usando la Tabla M.5.a o la M.5.b para la determinación de tensiones admisibles.

- En función de la clase estructural y la agrupación de especies se determinan las tensiones admisibles según las Tabla M.7 para todas las especies excepto pino radiata seco, para el cual se usa la Tabla M.8.

- Las tensiones admisibles todavía deben corregirse por factores de corrección general, como el factor K_H por humedad, definido según la Ec. 1-46 y el factor de duración de la carga K_D según la Ec. 1-47, aparte de otros que se describirán en los capítulos siguientes que dependen del tipo de solicitación (carga axial, flexión, etc.).

La corrección por duración de carga se debe a que la resistencia de la madera es sensible a este parámetro, como se comprueba experimentalmente. Cuando una carga se aplica repentinamente y se retira en pocos segundos la madera es capaz de resistir casi el doble de lo que soportaría en un período de varios años. La norma chilena propone el factor K_D de modificación por duración de la carga dado por:

$$K_D = 1{,}747\, t^{-0{,}0464} + 0{,}295 \qquad (1\text{-}47)$$

en que t es la duración de la carga en segundos. La Ec. 1-47 se ilustra en la Fig. 1.20. En esta figura se destacan los factores de uso común que se presentan en la Tabla 1.5.

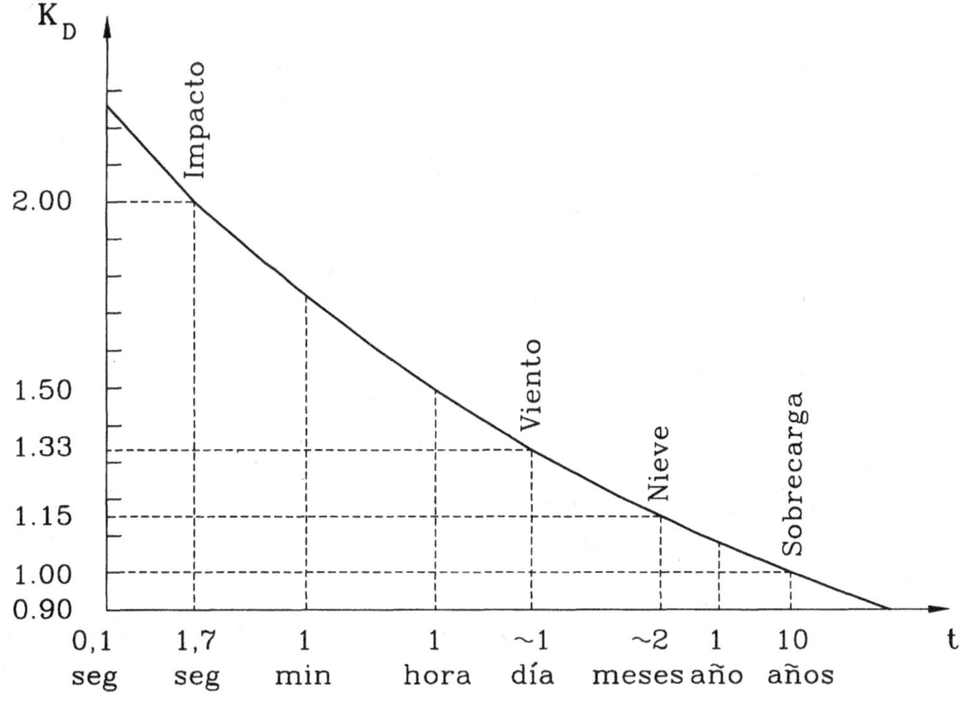

Figura 1.20
Efecto de la duración de la carga en la resistencia de la madera

TABLA 1.5 Factor de modificación de tensiones admisibles (excepto compresión normal) por duración de la carga

Tipo de carga	Duración Equivalente	K_D
Impacto (I)	segundos	2,00
Viento (W) o Sismo (E)	día	1,33
Nieve (S)	meses	1,15
Sobrecarga (L)	10 años	1,00
Permanente (D)	50 años	0,90

Cuando se combinan distintos tipos de cargas los factores K_D respectivos no deben promediarse, sino usar para cada combinación el factor correspondiente a la carga de menor duración presente en la combinación, es decir, se usa el factor mayor. Por ejemplo, se considerarán el peso propio D con $K_D = 0,9$, la combinación D + L con $K_D = 1$, la combinación D + L + S con $K_D = 1,15$, y las combinaciones D + L + W ó D + L + E con $K_D = 1,33$.

Los factores K_H y K_D son los de uso más general en diseño en madera; otros factores de aplicación específica se mencionarán en los capítulos de diseño más adelante.

Finalmente, para completar esta sección, es necesario mencionar los elementos de madera laminada encolada, aunque su diseño no se abordará en este texto. Elementos estructurales de grandes dimensiones, de sección variable, e incluso curvos, pueden fabricarse empleando piezas o *láminas* delgadas de madera pegadas con adhesivos (Fig. 1.21). Usualmente las láminas tienen alrededor de 2 cm de espesor, aunque por norma pueden llegar hasta 5 cm. Las piezas pueden tener prácticamente cualquier longitud, pudiendo llegar a luces del orden de 50 m y secciones de hasta 2 m de altura.

Digno de mencionar es el domo para actividades deportivas del Montana State College, E.E.U.U., cuya cubierta de madera laminada tiene 90 m de luz. La utilización de madera laminada en gimnasios, iglesias, supermercados, moteles, restaurantes, y centros recreacionales en Estados Unidos ha demostrado no sólo su potencial como material estructural, sino también arquitectónico satisfaciendo con singular belleza y calidez distintos requerimientos funcionales. Se ha utilizado en Chile aunque no extensivamente; una aplicación de interés se le dió en el proyecto minero El Abra, utilizándose como elementos estructurales de cubierta de naves de procesos cuyas emanaciones presentaban peligro de corrosión a otros materiales.

El empleo de madera laminada encolada, naturalmente, sólo es económicamente competitivo en grandes luces, y requiere para su fabricación equipos y plantas especiales, experiencia en adhesivos, y riguroso control de fabricación. Estos requisitos técnicos son más exigentes que los necesarios para producir estructuras con piezas de madera aserrada, las que seguirán siendo más económicas para luces moderadas y elementos de tamaño reducido.

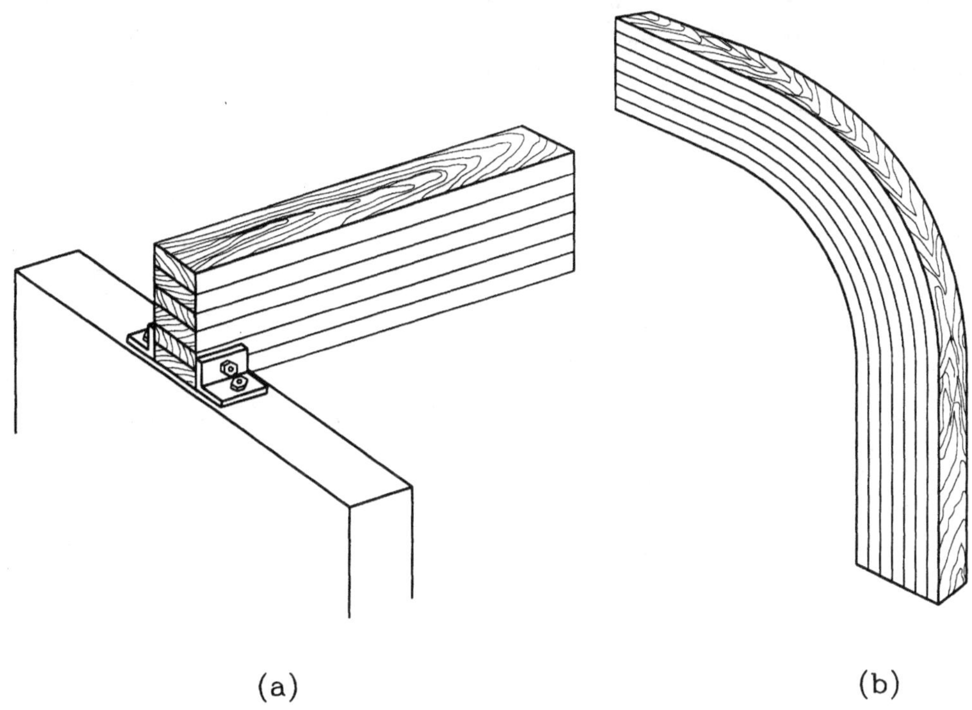

(a)   (b)

Figura 1.21
Elementos de madera laminada encolada. (a) Viga recta apoyada en muro.
(b) Segmento de arco laminado

1.2.2.4 Conceptos Fundamentales de Mecánica Estructural

En esta sección se recapitulará respecto de varios conceptos introducidos en las secciones previas en relación con los materiales estructurales, conceptos que tienen un significado muy preciso cuya apropiada interpretación es crucial para la comprensión de los problemas de mecánica estructural.

El primer concepto se refiere a la relación entre tensiones y deformaciones unitarias o, en general, entre fuerzas y deformaciones. Un material es *lineal* si se cumple que $\sigma = E\varepsilon$ en que E es una constante (Fig. 1.22.a) y *no-lineal* si $\sigma = f(\varepsilon)$ en que f es una relación funcional cualquiera no lineal. El modelo *lineal* se generaliza también para representar el comportamiento de elementos y estructuras completas. Posiblemente la primera relación fuerza-deformación (F-δ) lineal que han conocido los estudiantes es la de un *resorte* o elemento uniaxial: $F = k\delta$, en que k según la ley de Hooke es AE/L, y por cierto conocen también la relación lineal entre momento flector y curvatura (M-ϕ) de una sección que se derivó en el Ejemplo 1.5. Tanto estructuras simples como complejas en el rango de comportamiento lineal de los materiales se pueden modelar mediante relaciones fuerza-deformación lineales como en las Figs. 1.22.e y 1.22.f. En esta última, la *matriz de rigidez* de coeficientes constantes relaciona al conjunto de fuerzas nodales con los desplazamientos correspondientes de los nudos (la Fig. 1.22.f muestra la matriz de rigidez *lateral* que se usa en análisis sísmico). Por cierto que cualquiera de los sistemas de las Figs. 1.22.c a 1.22.f puede pasar a comportarse en forma no-lineal si en cualquier punto de ellos deja de cumplirse la relación $\sigma = E\varepsilon$ constitutiva del material. Al ocurrir ello, se dirá que los sistemas correspondientes han entrado al rango de comportamiento no-lineal.

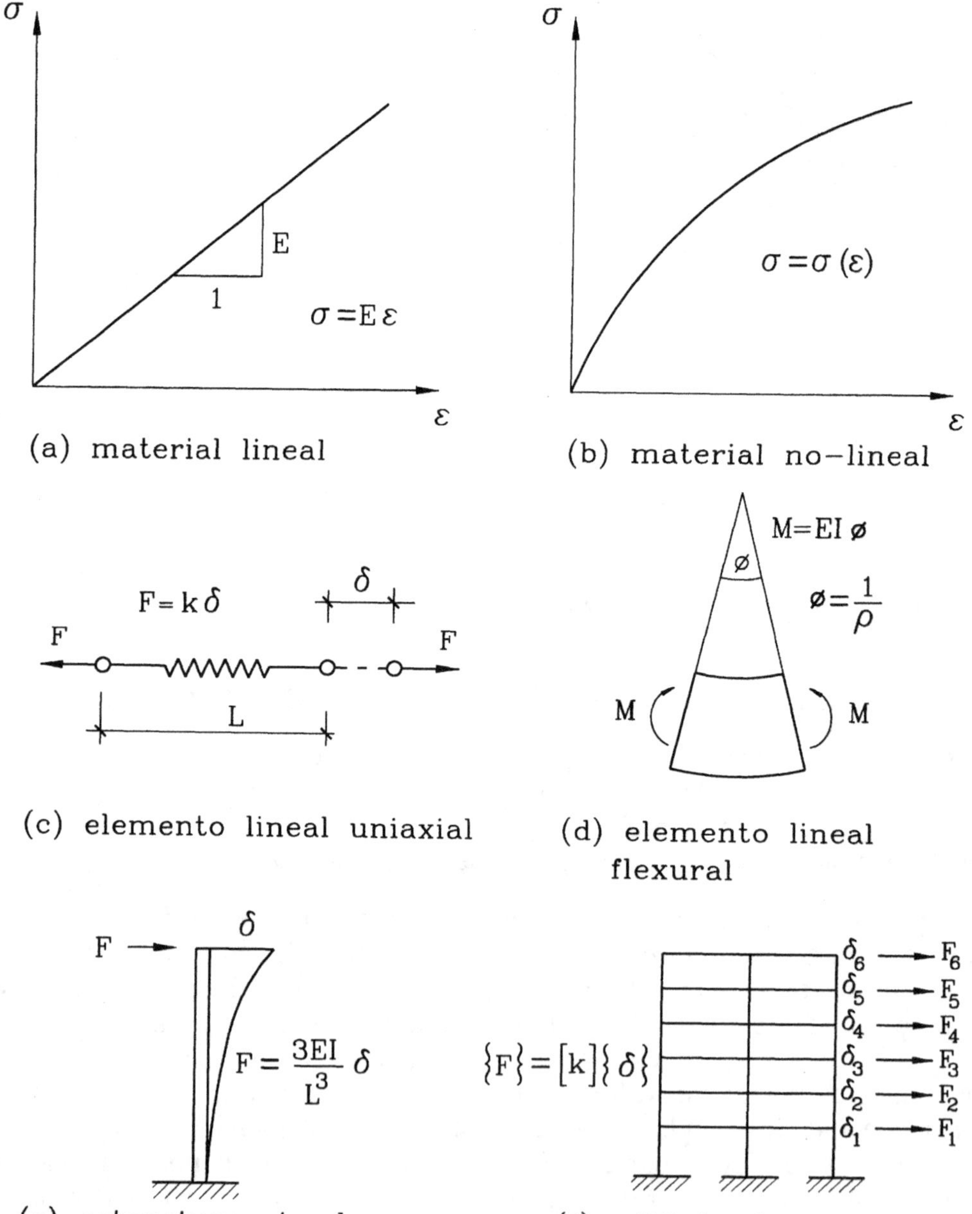

Figura 1.22
Relaciones tensión-deformación o fuerza-deformación

El segundo concepto fundamental es el de elasticidad, que se refiere a la reversibilidad de las deformaciones. En un material *elástico* (Fig. 1.23.a), las deformaciones se recuperan al remover la carga, siguiendo la misma trayectoria del proceso de carga, es decir sin disipación de energía. Ocurre comportamiento *inelástico*, si al retirar la carga se aprecian deformaciones permanentes que reflejan que el material excedió su límite elástico. Un caso particular de material elástico es aquel que además es lineal, el que se conoce como Hookeano (Fig. 1.23.c).

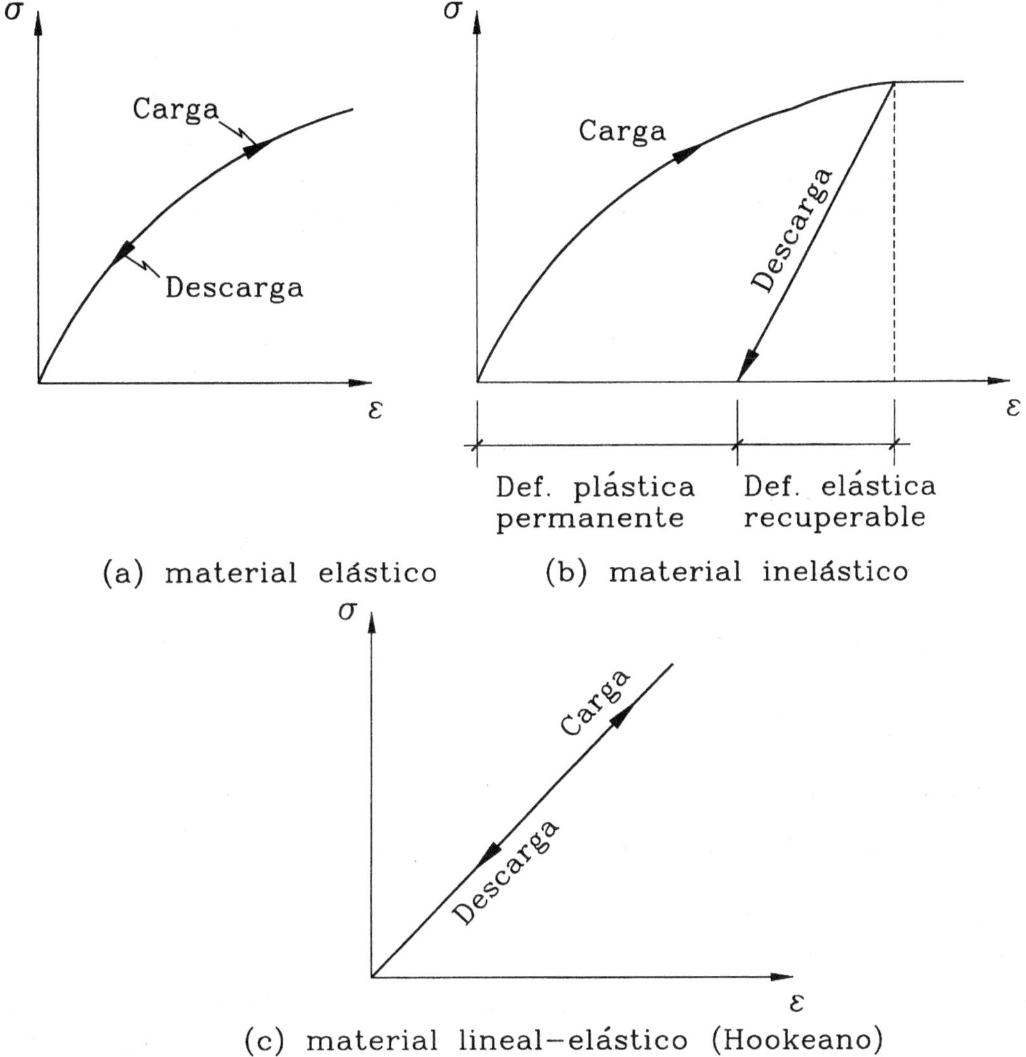

Figura 1.23
Concepto de elasticidad

En los modos de comportamiento antes descritos se ha supuesto que las relaciones tensión deformación (σ-ε) son independientes del tiempo, es decir las deformaciones ocurren en forma *instantánea*, como se supondrá en general para los materiales estructurales. No debe olvidarse por cierto el fenómeno de fluencia lenta en el hormigón (creep) consistente en el aumento de deformación en el tiempo bajo carga constante. La ocurrencia de deformaciones diferidas en el tiempo, es decir que ocurren con retardo a la aplicación o retiro de la carga, se llaman deformaciones *anelásticas*, mientras se denomina comportamiento *viscoso* a aquél en que las tensiones son proporcionales a la velocidad de deformación ($\sigma = cd\varepsilon/dt$).

El tercer concepto básico es el de *rigidez* (k), que se define como la fuerza necesaria para producir una deformación igual a la unidad, es decir, $k = dF/d\delta$. En la Fig. 1.24.a se muestran tres elementos lineales de distinta rigidez, tal que el primero es más rígido que el segundo y éste es más rígido que el tercero ya que $k_1 > k_2 > k_3$. También se puede referir la rigidez a la relación tensión-deformación del material, y naturalmente también a un material no lineal como el que ilustra la Fig. 1.24.b; en este caso la rigidez corresponde al llamado módulo de elasticidad tangente $E_t = d\sigma/d\varepsilon$ que es función de ε. Es claro que la rigidez puede llegar a ser nula en un material no-lineal. La propiedad inversa a la rigidez es la *flexibilidad* (f) que se define precisamente como:

$$f = k^{-1} \tag{1-48}$$

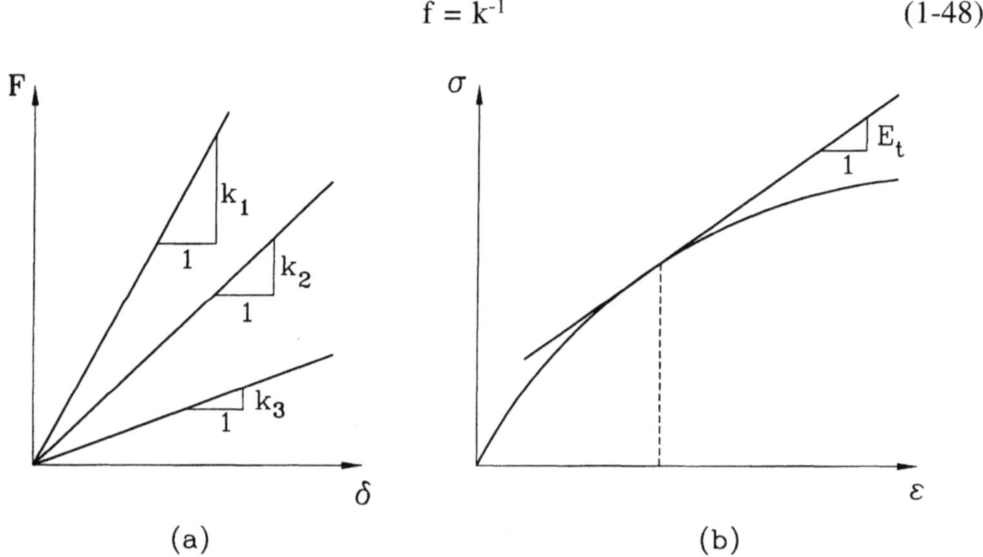

Figura 1.24
Concepto de rigidez

Es claro para el resorte de la Fig. 1.22.c que $\delta = fF$, pudiéndose constatar que mientras más flexible es un sistema, es decir, mientras mayor es f, mayores son las deformaciones (δ) para la misma fuerza constante (F). Lo mismo se puede extender a los ejemplos de las Figs. 1.22.d a 1.22.f; en esta última figura la relación entre fuerzas y deformaciones queda $\{\delta\} = [f][F]$, en que $[f] = [k]^{-1}$ se denomina *matriz de flexibilidad*. Sus coeficientes son constantes en un estructura lineal-elástica.

El cuarto y último concepto a destacar es el de *ductilidad* y su antónimo (no inverso) la *fragilidad*. Como se definió en su oportunidad la ductilidad es la capacidad de desarrollar grandes deformaciones plásticas, como el acero estructural, mientras la fragilidad es la incapacidad de hacerlo como ocurre con el hormigón o la madera.

1.2.3 Inestabilidad Estructural

Se ha mencionado en la Sección 1.1.3 que el proceso de diseño estructural involucra examinar el nivel de tensiones que se produce en las diferentes secciones de los elementos, y verificar que las deformaciones de estos elementos no superen ciertos límites fijados por condiciones de serviciabilidad. Sin embargo, el diseño de elementos o estructuras esbeltas implica, además, el asegurarse que no se producirá una falla por inestabilidad. Este es un tipo de falla diferente a los analizados anteriormente, ya que se produce cuando se alcanza la carga última por inestabilidad, sin aviso previo de problemas en el elemento o estructura, y para un nivel de tensiones que puede estar dentro de los límites aceptables de acuerdo al criterio de diseño por seguridad que se esté usando.

Para entender este fenómeno, se supondrá una columna formada por dos tramos rígidos unidos por un resorte de flexión de constante k, sometida a una fuerza de compresión axial P, tal como se indica en la Fig. 1.25.a. Si la carga P es pequeña, al aplicar y retirar una fuerza horizontal F, la columna se deformará y volverá posteriormente a su posición inicial (Fig. 1.25.b), si la carga P es grande, la aplicación de la fuerza F hará que la deformación crezca indefinidamente, evidenciando la inestabilidad del sistema, y no vuelva a su posición inicial cuando F se haga cero (Fig. 1.25.c). Para un cierto valor intermedio de P, llamado carga crítica P_{cr} , al aplicar F la columna se deforma, pero al hacer F = 0 la columna permanece en su posición deformada (Fig. 1.25.d). La carga crítica P_{cr} es la que delimita las condiciones de estabilidad e inestabilidad del sistema, y constituye la carga axial última para la falla por inestabilidad. Su determinación está dada por la posibilidad de encontrar posiciones deformadas de la columna, diferentes de la posición vertical, cuando actúa la carga crítica, tal como se detalla a continuación.

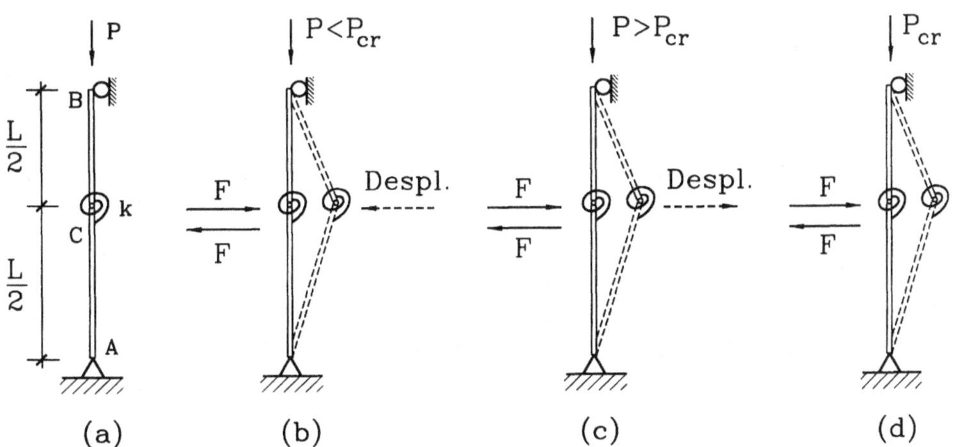

Figura 1.25
Carga crítica de una columna

En la práctica, la acción de la fuerza F es reemplazada por imperfecciones de construcciones, excentricidades o imperfecciones respecto de la situación ideal. Asimismo, el caso ideal que se ha presentado cambia al caso de una columna flexible con rigidez a giros por flexión en toda su longitud. Este caso se discute en la Sección 2.3, pero los principios básicos para la determinación de la carga crítica son los mismos de este caso.

Se trata de encontrar el valor de P para el cual es posible encontrar un valor del desplazamiento Δ distinto de cero (Fig. 1.26). Por equilibrio de la parte superior de la columna se tiene:

$$\Sigma M_c = 0 \quad \rightarrow \quad M - P_{cr}\,\Delta = 0$$

ya que por equilibrio general de la columna, la reacción horizontal H es nula; pero:

$$M = k\,2\theta = 2\,k\,\frac{\Delta}{0,5\,L} = 4\,k\,\frac{\Delta}{L}$$

luego:

$$\left(\frac{4\,k}{L} - P_{cr}\right)\Delta = 0$$

Esta ecuación, típica de un problema de inestabilidad, recibe el nombre de *ecuación característica*. Para deformadas con Δ distinto de cero, la única solución es:

$$P_{cr} = \frac{4\,k}{L}$$

con lo que se obtiene el valor de la carga crítica. Si P es distinto de P_{cr}, la ecuación no se satisface para valores de Δ diferentes de cero. Al mismo tiempo, el valor de Δ no es único cuando $P = P_{cr}$, o sea, cualquier deformación Δ de la columna es posible. Todos estos aspectos caracterizan el problema de *inestabilidad estructural o pandeo*, el cual es muy diferente de los problemas de análisis de tensiones o deformaciones, que pueden calificarse como problemas de "respuesta", esto es, hay un valor de la tensión o de la deformación para cada valor de la solicitación.

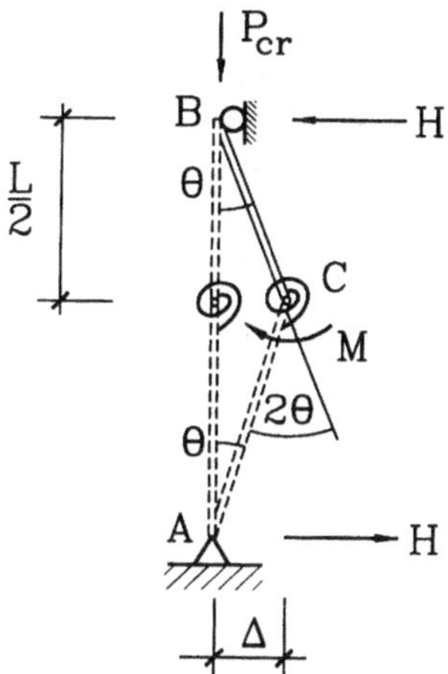

Figura 1.26
Determinación de la carga crítica

En el Ejemplo 1.6 se ilustra un caso de inestabilidad con más de un parámetro
para definir la posición deformada de la estructura.

Ejemplo 1.6

Determinar la carga crítica del sistema estructural de la Fig. E1.6.a.

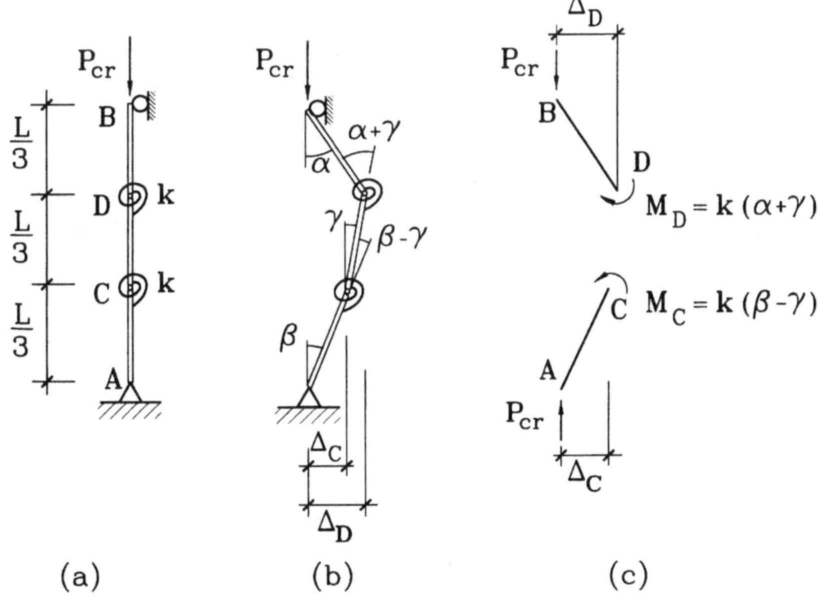

Figura E1.6

Solución: En este caso, la deformada del sistema está definida por los parámetros Δ_D y Δ_C. Se busca la carga P para la cual es posible una deformada con Δ_D y/o Δ_C distintos de cero. Tal deformada se muestra en la Fig. E1.6.b.

Equilibrio de AC:

$$\Sigma M_C = 0 \quad \rightarrow \quad M_C - P_\alpha \, \Delta_C = 0$$

Equilibrio de BD:

$$\Sigma M_D = 0 \quad \rightarrow \quad M_D - P_\alpha \, \Delta_D = 0$$

Pero, considerando deformaciones pequeñas:

$$\alpha = \frac{3\,\Delta_D}{L} \qquad \beta = \frac{3\,\Delta_C}{L} \qquad \gamma = \frac{3}{L}\,(\Delta_D - \Delta_C)$$

$$M_C = k\,(\beta - \gamma) = \frac{3\,k}{L}\,(2\Delta_C - \Delta_D) = \frac{k}{L}\,(6\Delta_C - 3\Delta_D)$$

$$M_D = k\,(\alpha + \gamma) = \frac{3\,k}{L}\,(2\Delta_D - \Delta_C) = \frac{k}{L}\,(6\Delta_D - 3\Delta_C)$$

y reemplazando en las ecuaciones de equilibrio, se tiene:

$$\frac{k}{L}\,(6\Delta_C - 3\Delta_D) - P_\alpha \, \Delta_C = 0$$

$$\frac{k}{L}\,(6\Delta_D - 3\Delta_C) - P_\alpha \, \Delta_D = 0$$

$$\left(6 - P_{cr}\,\frac{L}{k}\right)\Delta_C - 3\,\Delta_D = 0$$

$$-3\,\Delta_C + \left(6 - P_{cr}\,\frac{L}{k}\right)\Delta_D = 0$$

Para que existan soluciones Δ_C y Δ_D distintas de cero, se requiere que:

$$\begin{vmatrix} 6 - P_{cr}\,\dfrac{L}{k} & -3 \\[2mm] -3 & 6 - P_{cr}\,\dfrac{L}{k} \end{vmatrix} = 0$$

$$36 - 12\,P_{cr}\,\frac{L}{k} + \left(P_{cr}\,\frac{L}{k}\right)^2 - 9 = 0$$

ecuación característica cuyas soluciones son:

$$P_{cr} = 3\,\frac{k}{L} \qquad P_{cr} = 9\,\frac{k}{L}$$

de estas soluciones, la menor es la relevante para efectos de diseño.

1.3 EJERCICIOS PROPUESTOS

1.01 Para analizar la seguridad de un talud de tierra se supone el arco circular con centro en O como superficie de falla potencial. Las resistencias totales al deslizamiento que proveen los suelos 1 y 2 son R_1 y R_2 respectivamente de modo que el momento resistente es $M_R = r(R_1 + R_2)$. El momento solicitante es $M_S = aW$, en que W es el peso de la cuña de suelo limitada por la superficie de falla. Se da la siguiente información: $\overline{W} = 200$ ton, $\overline{R}_1 = 50$ ton, $\overline{R}_2 = 200$ ton, $\sigma_w = 20$ ton, $\sigma_{R1} = 20$ ton y $\sigma_{R2} = 50$ ton. Suponiendo que las variables indicadas son estadísticamente independientes, se pide: a) Evaluar la probabilidad de deslizamiento, utilizando la formulación de margen de seguridad, y b) Determinar el peso máximo de una estructura que se desea construir sobre el terraplén sin que se exceda una probabilidad de falla de 0,003.

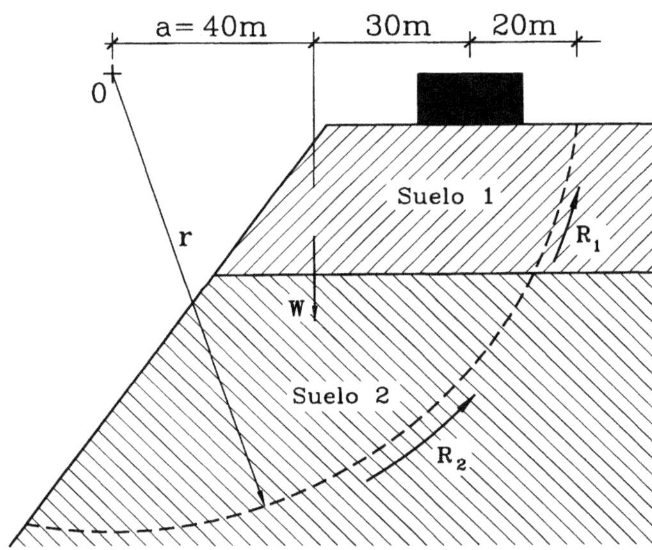

1.02 ¿Qué se entiende por resistencia característica de un material? Dé ejemplos.

1.03 ¿Qué se entiende por capacidad o resistencia última nominal? ¿Cómo se relaciona con la resistencia última de un elemento real?

1.04 Explique dos diferencias fundamentales entre los métodos de diseño "por tensiones admisibles" y por "capacidad última" en relación con la forma de aplicar el factor de seguridad.

1.05 En diseño último, según el código ACI, para la combinación de cargas permanentes con sobrecargas se utilizan los factores de mayoración de 1,4 y 1,7 respectivamente. ¿Por qué estos factores son distintos?

1.06 Defina área tributaria y explique por qué la carga sobre un elemento puede reducirse en la medida en que aumente el área tributaria.

1.07 Rehacer el Ejemplo 1.4, considerando que la viga no es rígida. Usar los datos siguientes: a = 80 cm, viga de sección rectangular de 1 cm de ancho y 3 cm de alto, alambres de 0,031 cm^2 de sección, módulo de elasticidad de todos los elementos $E = 2,1 \times 10^6$ kg/cm^2 (Respuesta: $T_1 = 0,952$ P; $T_2 = 0,032$ P; R = 0,016 P).

1.08 En el sistema de la figura todos los elementos tienen módulo de elasticidad E, y las barras BC y DE son infinitamente rígidas a la flexión. Se pide: a) Determinar x e y para que las barras BC y DE sólo se desplacen verticalmente sin girar, y b) Idem al caso anterior, pero cuando BC no es infinitamente rígida, sino que tiene momento de inercia dado I. Nota: En una viga simplemente apoyada de luz "L" la deflexión bajo una carga puntual P es $\delta = Pa^2(L-a)^2/3EIL$, en que "a" es la distancia de la carga al extremo de la viga.

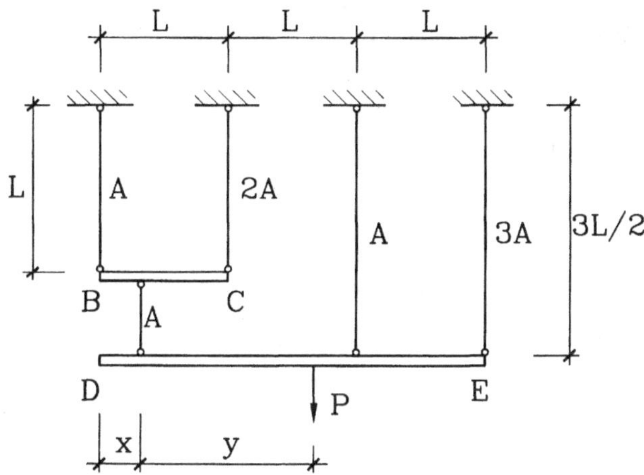

1.09 La viga sin peso de la figura tiene un módulo de elasticidad E, momento de inercia I, y posición horizontal cuando está descargada, el resorte en B tiene constante k y no ejerce fuerza alguna cuando la viga está horizontal. Calcular el momento flector en A cuando se aplica una carga uniformemente distribuida de intensidad q por unidad de longitud.

(Respuesta: $M = 3kqL^5 / (24EI + 8kL^3) - qL^2/2$)

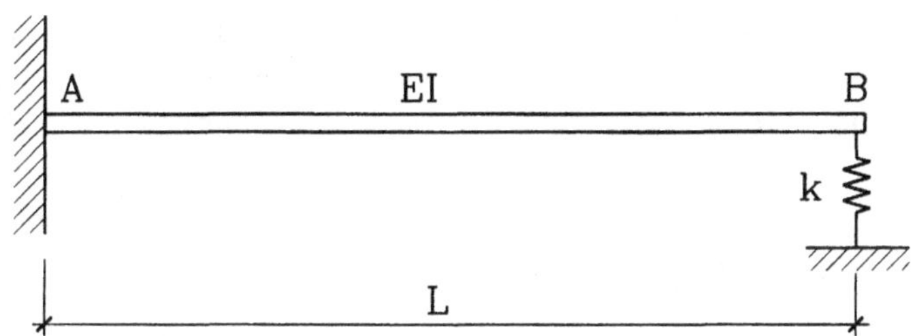

1.10 La viga de la figura tiene apoyos simples y un resorte lineal elástico de constante k, que restringe el giro θ del extremo B imponiendo un momento $M = k\theta$. Utilizando la ecuación diferencial de la viga $M(x) = EIy''$, determine el momento que ejercerá el resorte cuando sobre la viga actúa una carga q uniformemente distribuida. Discutir los casos límites $k = 0$ y $k = \infty$. (Respuesta: $M = qkL^3 / 8(3EI + kL)$)

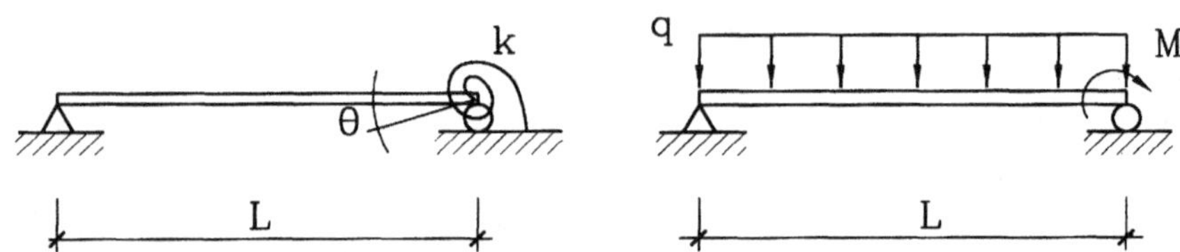

1.11 Las vigas AB y CD de la figura son de acero ($E = 2,1 \times 10^6$ kg/cm^2) y están unidas por la biela BF del mismo material, en la forma indicada. El momento de inercia de la sección de las vigas es $I = 18000$ cm^4 y el área de la sección de la biela es $A = 0,785$ cm^2 (d = 10 mm). Sobre la viga AB se aplica una carga de 2 ton/m. Se pide: a) El diagrama de momentos de la viga CD, y b) Dibujar la deformada de la viga AB (considerando la deflexión vertical de los puntos A y B y por lo menos unos 4 puntos intermedios). (Respuesta: $M_{max} = 5,1$ ton-m; $\delta_B = 1,29$ cm)

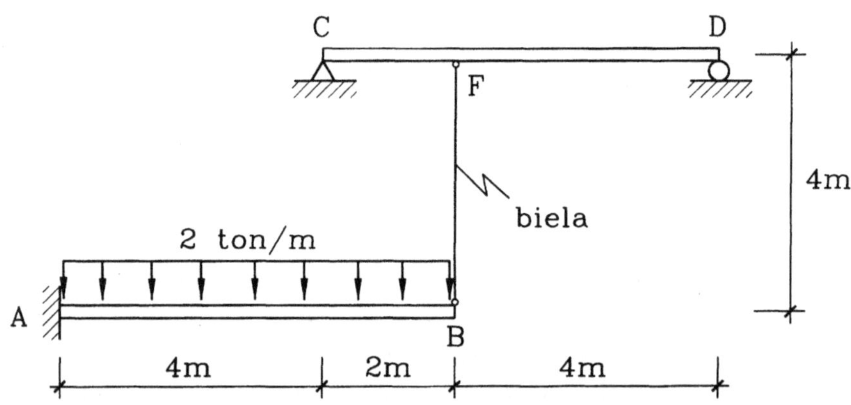

1.12 La barra uniforme rígida AB, de peso P = 30 kg, está articulada en B y sostenida por el elástico AC. La longitud de la barra y del elástico es de 1 m, de modo que la posición de equilibrio mostrada en la figura corresponde al caso en que el elástico es infinitamente rígido. Se pide determinar el ángulo α_e de equilibrio, y la fuerza axial que ejerce el elástico cuando éste es deformable y tiene rigidez k = 0,5 kg/cm. (Respuesta: 55,77° y 12,5 kg)

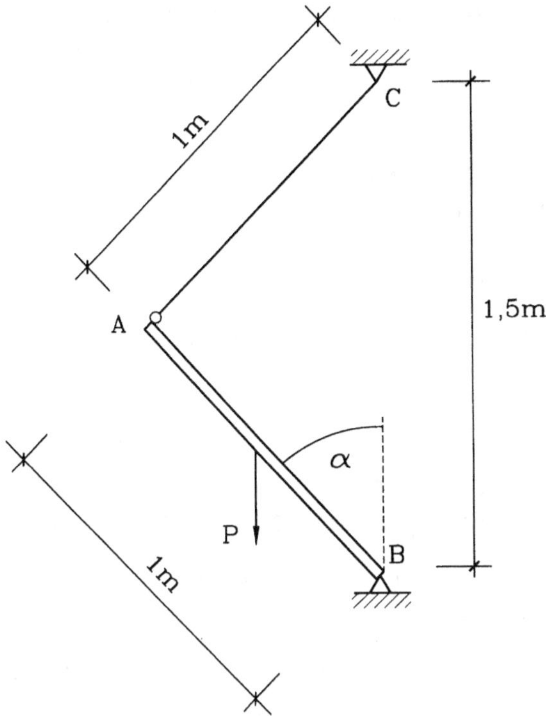

1.13 Tres alambres unidos a una barra rígida sostienen una carga de 150 kg. ¿Qué carga soportará cada alambre si el de la derecha aumenta su temperatura en 45 °C? Las propiedades de los alambres son: $A = 0,07$ cm^2; $E = 2,0 \times 10^6$ kg/cm^2; α = coeficiente de dilatación = 12×10^{-6} 1/°C, L y a cualquiera (Respuesta: $T_1 = T_3 = 37,4$ kg; $T_2 = 75,2$ kg).

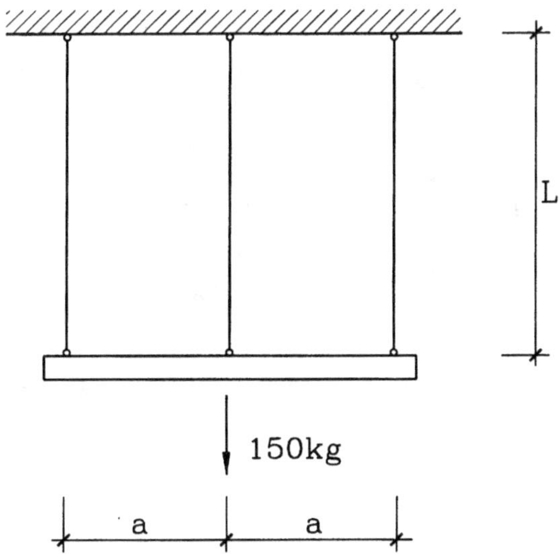

1.14 Para la misma estructura y propiedades del ejercicio anterior, sometida a temperatura uniforme, ¿qué carga soporta cada alambre si el de la izquierda fue fabricado 0,0004 L más largo que los otros? (Respuesta: $T_1 = T_3 = 40,66$ kg; $T_2 = 68,67$ kg).

1.15 El acero utilizado para el hormigón armado y en estructuras metálicas es en general un material dúctil. a) ¿A qué se refiere la propiedad de ductilidad?, b) ¿puede este mismo acero comportarse en forma frágil en ciertas circunstancias, y c) ¿existen aceros frágiles para uso estructural y no estructural?

1.16 Revise si las barras de acero para hormigón armado cuyos ensayos muestra la Fig. 1.14 satisfacen los requerimientos de la Norma NCh204.Of78.

1.17 ¿Cómo varía la tensión unitaria de rotura del hormigón con su resistencia?

1.18 Haga un diagrama de flujo de las etapas del proceso de especificación de tensiones de diseño admisibles de la madera aserrada.

1.19 ¿Considera Ud. que la madera seca es un material dúctil o frágil? Fundamente su respuesta.

1.20 Explique la diferencia entre los conceptos de elasticidad, linealidad, flexibilidad y ductilidad.

1.21 Determine la carga crítica de pandeo, para cada uno de los casos siguientes. Las barras se suponen rígidas y sin peso.

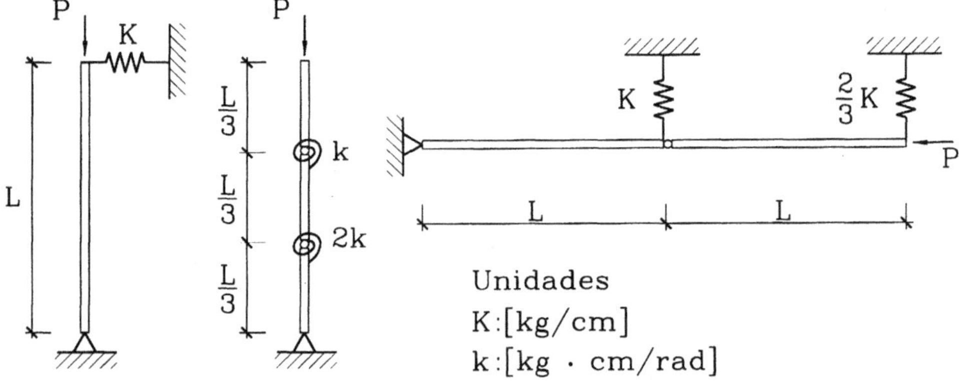

ELEMENTOS BAJO CARGA AXIAL

2.1 MATERIALES HOMOGENEOS

Entendemos por materiales homogéneos aquellos que tienen una distribución continua de masa con propiedades físicas que se mantienen de un punto a otro, y que son independientes de la dirección que se considere en el cuerpo.

Típicamente, presentan esta característica los metales, y en particular el acero de construcción. Por el contrario, el hormigón armado es intrínsecamente no homogéneo: primero, por constar de dos materiales, hormigón y acero; segundo, porque la componente hormigón misma es heterogénea (ripio y arena cementada); y tercero, porque la resistencia a la compresión del hormigón es muy diferente a su resistencia a la tracción, que usualmente se supone nula, y por lo tanto, aquellas porciones de la sección en eventual estado de tracción, eventualmente se ignoran.

También es heterogénea la madera por la constitución interna propia de la materia vegetal, estructurada en fibras, y por la presencia de defectos, como un nudo, que una vez seco, es equivalente a un espacio vacío en el elemento. Sin embargo, tomadas ciertas precauciones en términos de la limitación de las tensiones de trabajo y su dependencia con la dirección del esfuerzo (anisotropía), la madera puede tratarse como material homogéneo, por simplicidad y porque se espera que, en general, una proporción importante de la sección material sea efectiva.

2.1.1 Comportamiento Elástico. Diseño de Elementos en Tracción

En esta sección se aprovechará de introducir las estructuras reticulares en general, y particularmente, el diseño de elementos traccionados que naturalmente están presentes en ellas. Los reticulados son estructuras de múltiples aplicaciones, desde las cerchas de madera que se usan en la techumbre de las viviendas, pasando por estructuras reticulares de acero de frecuente uso en construcciones industriales, hasta puentes carreteros o de ferrocarril de gran envergadura.

El objetivo de las estructuras reticulares es el uso más eficiente del material. Al aumentar la altura de la sección del reticulado, que actúa como una viga, se reducen las tensiones de flexión, y al mismo tiempo no es necesario disponer de un alma sólida, sino que basta con elementos diagonales y verticales para resistir el esfuerzo de corte.

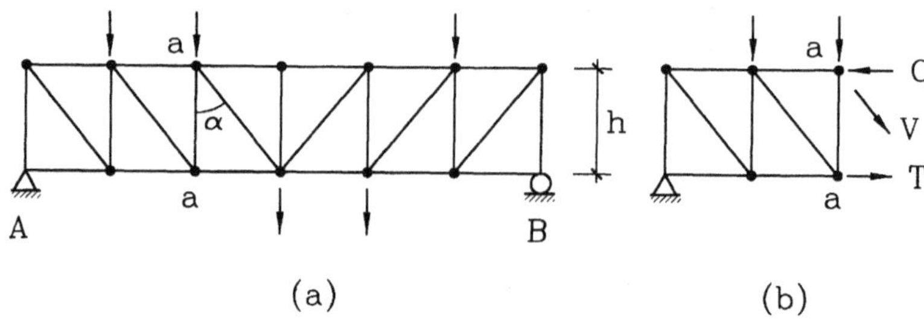

Figura 2.1
Mecanismo de funcionamiento estructural de una viga reticular

En la Fig. 2.1 se ilustra el mecanismo de funcionamiento de un reticulado, mostrando en la parte (a) el reticulado completo y sus cargas, y en la parte (b) una porción de él, que para estar en equilibrio requiere la existencia de las fuerzas T de tracción en el cordón inferior, C de compresión en el cordón superior y V de tracción en la barra diagonal. Por cierto, todas las barras están sometidas a esfuerzo axial únicamente, pero el reticulado completo actúa como una viga en que el momento flector M_a en la sección a-a es resistido por las fuerzas C y T; específicamente, de acuerdo al método de Ritter, $M_a = Th$; a su vez, el esfuerzo de corte V_a en la sección a-a es resistido por la barra diagonal, en forma tal que $V_a = V\cos\alpha$. Notar que al aumentar h disminuye T, es decir, mientras mayor sea h menor es la cantidad de material que debe disponerse en el cordón inferior. Sin embargo, h no puede aumentarse indefinidamente, porque no sería económico utilizar elementos diagonales y verticales de longitud infinita. Naturalmente este es un problema que puede plantearse y resolverse por medio de técnicas de optimización con el objetivo de llegar a un diseño de costo mínimo.

Otra de las ventajas de las estructuras reticulares es su versatilidad para adaptarse a diversas formas según las necesidades. Sin embargo, hay algunas formas típicas para uso en techumbres que se conocen con nombres especiales (Fig. 2.2).

Una propiedad importante de los reticulados es su rigidez. Justamente, por su considerable mayor altura en comparación con una viga de alma llena, los desplazamientos de los nudos en el plano vertical son generalmente despreciables. Esto permite en viviendas soportar cielos de materiales frágiles del cordón inferior, sin riesgo de fracturarse. Igualmente, en el caso de puentes hay limitaciones muy estrictas de deformaciones, particularmente en puentes de ferrocarril, que pueden lograrse por la natural propiedad de rigidez de las estructuras reticulares.

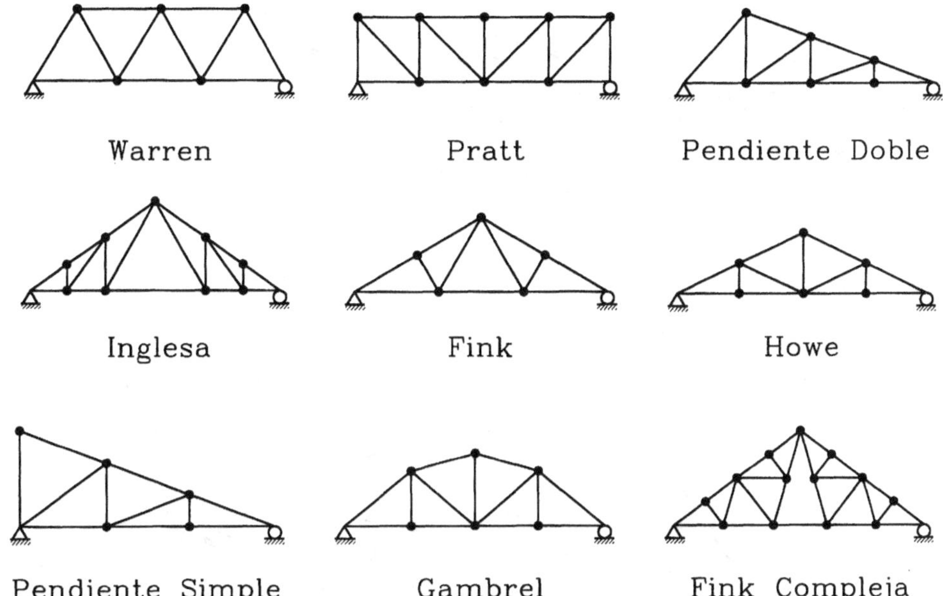

Figura 2.2
Algunos reticulados típicos para techos

a) Reticulados de acero

Existe una enorme gama de posibilidades para conformar reticulados con distintos tipos de elementos de acero de acuerdo a los requerimientos de resistencia. Muy utilizados son los perfiles ángulo, doble-ángulo, canal, te, tubo, etc., como se muestra en la Fig. 2.3. Los empalmes o uniones de los elementos pueden hacerse mediante soldadura o pernos (Figs. 2.3 y 2.4); con frecuencia el espacio requerido para desarrollar la longitud de soldadura necesaria, o para ubicar los pernos respetando las distancias mínimas exigidas entre ellos o a los bordes del perfil, puede obligar a usar planchas suplementarias, las que se conocen con el nombre de *gussets*.

b) Diseño de elementos de acero en tracción

Considérese el diseño del cordón inferior del reticulado (Fig. 2.5), en que las cargas indicadas corresponden a la superposición de los efectos de nieve y peso propio de la estructura y cubierta de techo. Se utilizará acero calidad A37-24ES, y las uniones de elementos se realizarán con pernos de 3/4" de diámetro (19 mm).

El criterio de diseño de elementos de acero en tracción se basará en un factor de seguridad FS = 1,66 aplicado a la tensión de fluencia del material, de modo que se considera admisible una tensión de trabajo en tracción σ_t, tal que:

$$\sigma_t \leq \sigma_{adm} = \frac{\sigma_y}{FS} = 0,6\,\sigma_y \qquad (2\text{-}1)$$

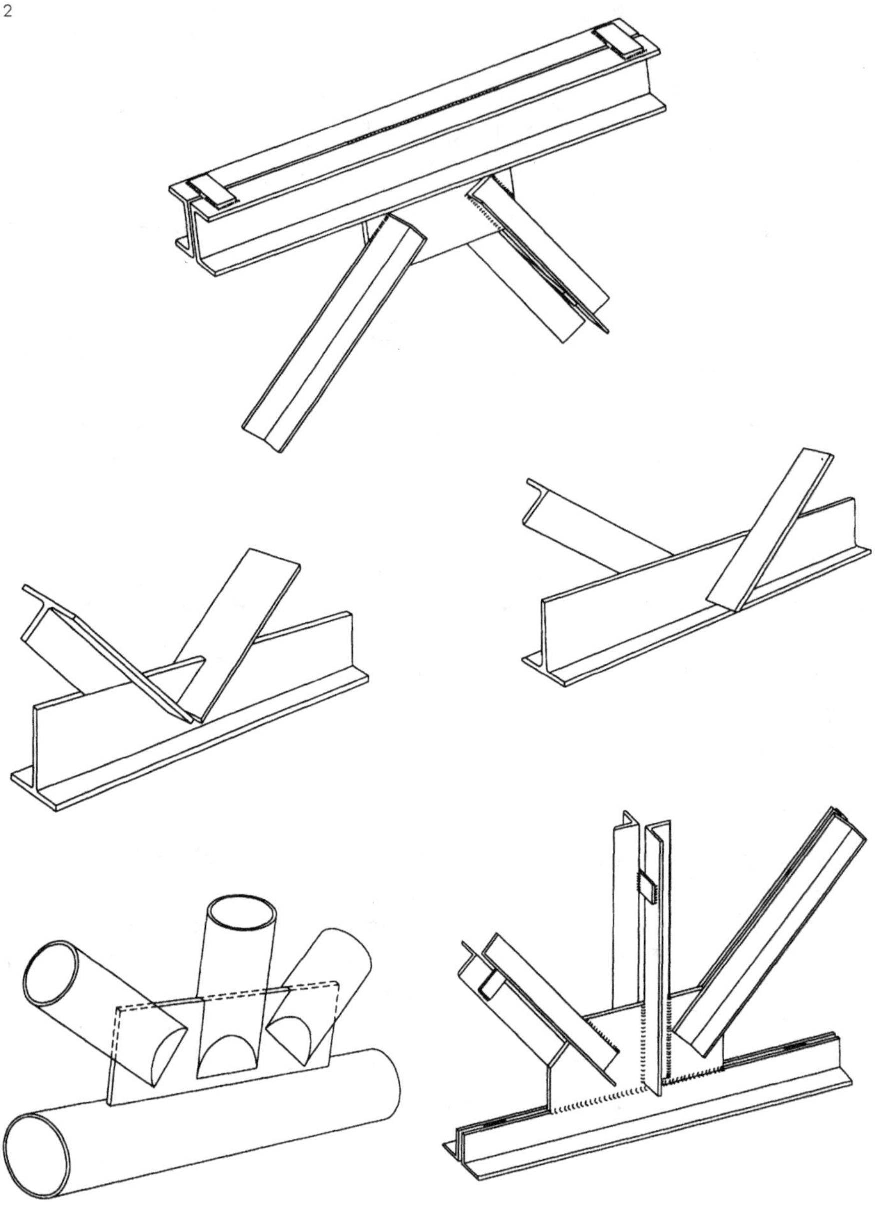

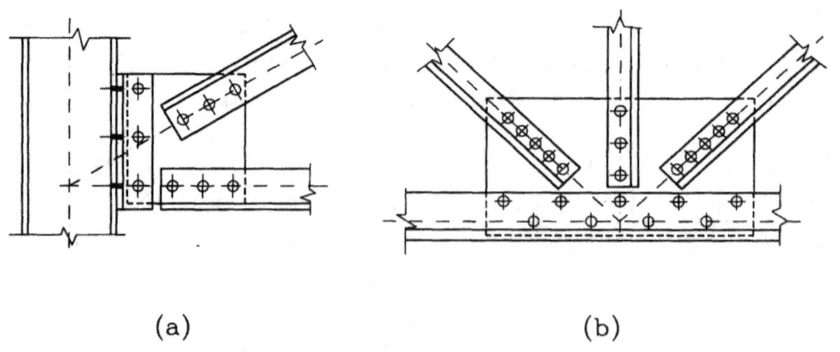

Figura 2.3
Perfiles y uniones soldadas típicas en reticulados

(a)   (b)

Figura 2.4
Uniones apernadas: (a) empalme a columna, (b) nudo típico

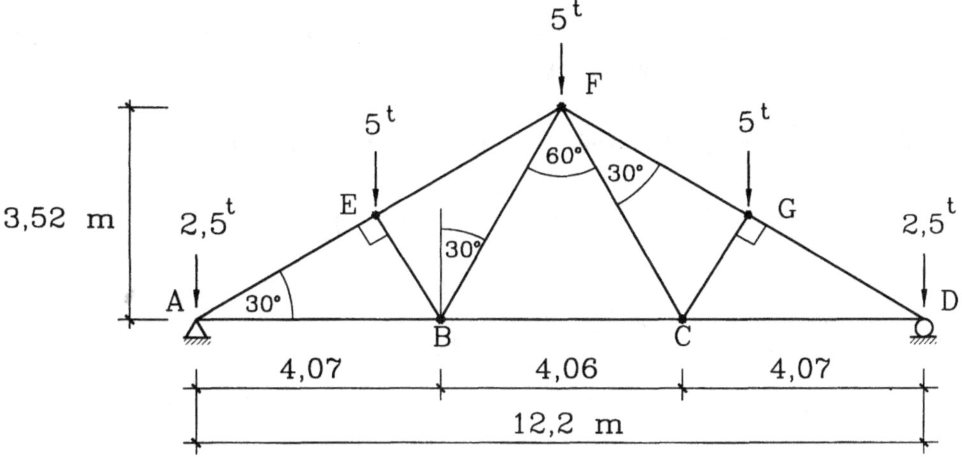

Figura 2.5
Forma del reticulado estudiado y cargas aplicadas

La primera etapa del diseño es el proceso de análisis: en este caso el cálculo de reacciones y esfuerzos internos en todas las barras del reticulado. Las reacciones verticales en los apoyos A y D son claramente $R_A = R_D = 10$ ton. Como ejercicio conviene recordar el método de Ritter, mediante el cual se puede calcular el esfuerzo en la barra BC, aislando el subsistema ABF y tomando momento de las fuerzas que actúan sobre él con respecto al punto F (Fig. 2.6):

$$3,52 \ S_{BC} = (7,5)(6,1) - (5)(3,05)$$

$$S_{BC} = 8,66 \ \text{ton (tracción)}$$

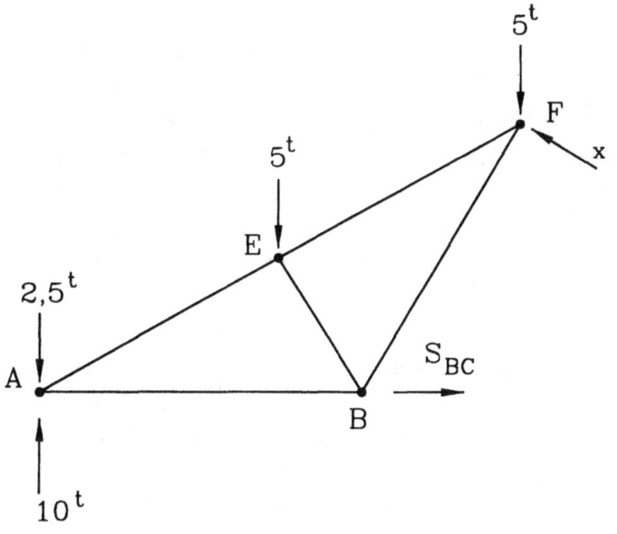

Figura 2.6
Corte realizado para analizar por el método de Ritter

87

Continuando la solución se encuentran los esfuerzos axiales en todas las barras, los que se resumen en la Tabla 2.1.

TABLA 2.1 Esfuerzos internos en las barras del reticulado de la Fig. 2.5

Barras	Fuerza Axial (ton)	Tipo
BC	8,66	Tracción
AE y GD	15,00	Compresión
AB y CD	13,00	Tracción
EB y CG	4,33	Compresión
BF y FC	4,33	Tracción
EF y FG	12,50	Compresión

Considérese primero el dimensionamiento de la barra AB, cuya fuerza axial de trabajo es de 13 ton. Aplicando la condición de diseño dada por la Ec. 2-1 se tiene:

$$\sigma_t = \frac{13000}{A} \leq 0,6\,\sigma_y = (0,6)\,(2400) = 1440 \ \text{kg/cm}^2$$

es decir, el área neta requerida para satisfacer la ecuación de diseño es:

$$A_{neta} = \frac{13000}{1440} = 9,03 \ \text{cm}^2$$

Cabe destacar que además de la condición de la Ec. 2-1, la norma AISC exige verificar que $\sigma_t \leq 0,5\,\sigma_r$ en que σ_r es la tensión de ruptura del acero (ver Fig. 1.13), pero con σ_t calculado sobre la llamada *área efectiva* de la sección. Esta segunda condición tiene por objeto tomar en cuenta el efecto negativo de la distribución desuniforme de tensiones que se produce en las zonas de conexión del elemento con el resto de la estructura, como consecuencia de la reducción de la sección por la presencia de perforaciones para pernos, o por la transmisión concentrada de cargas a través de soldaduras. El área efectiva de la sección (A_e) se obtiene aplicando un factor de reducción U, que adopta valores entre 0.75 y 1 según el tipo de conexión, a la sección bruta total ($A=A_{bruta}$) en el caso de conexiones soldadas, o a la sección neta (A_{neta}) en el caso de uniones apernadas. El área neta se obtiene descontando del área total las perforaciones que se encuentran en potenciales secciones transversales de falla. Por simplicidad, en lo que sigue no se utilizará el factor U ni estrictamente lo dispuesto en el código AISC.

Volviendo al ejemplo, supóngase que se utilizarán uniones apernadas, de modo que antes de seleccionar el perfil se debe pensar una posible solución para el empalme de los elementos. Considérese tentativamente la conexión propuesta en la Fig. 2.7, en que se ha previsto, además, que para el cordón inferior se utilizarán perfiles ángulo en la posición llamada espalda-espalda.

Para sujetar la plancha gusset es necesario apernarla al cordón inferior, perforaciones que significan reducir el área efectiva de la sección de los perfiles ángulo.

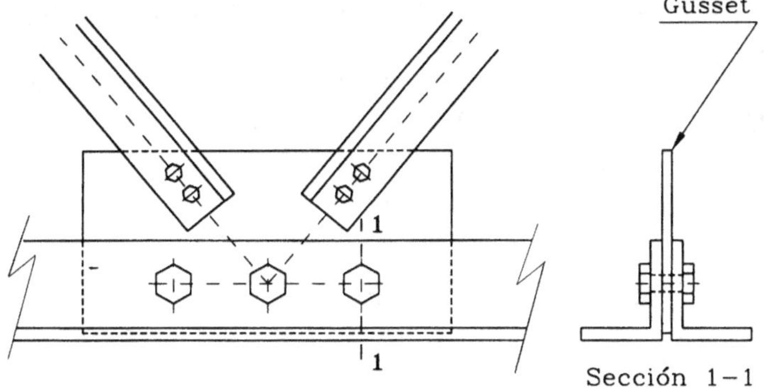

Figura 2.7
Empalme propuesto para el nudo B del reticulado de la Fig. 2.5

En efecto, si se considera una sección como la 1-1 indicada en la Fig. 2.7, utilizando perforaciones circulares de diámetro $\phi = 20$ mm para los pernos de 3/4" especificados, y suponiendo que los ángulos serán de plancha de espesor e = 5 mm, el área bruta total de la sección deberá ser tal que:

$$A_{neta} = A_{bruta} - 2\,\phi\,e$$

$$A_{bruta} = 9{,}03 + (2)\,(2)\,(0{,}5) = 11{,}03 \text{ cm}^2$$

Buscando en el Anexo A, en la tabla de perfiles TL, como se designan los ángulos "espalda-espalda", se encuentra que el perfil más económico es el TL6×8,77 con área bruta 11,2 cm^2 > 11,03 cm^2. Cabe destacar el significado de la designación de este perfil: TL ya está dicho, 6 indica el tamaño del ala en centímetros, y 8,77 indica el peso del perfil en kg/m. Notar también que este perfil tiene espesor de plancha de 5 mm, de modo que la suposición inicial fue correcta (en caso contrario habría que ajustar el cálculo del área bruta por el cambio de espesor).

Las normas también exigen que los elementos en tracción cumplan con un requisito mínimo de esbeltez, propiedad que se define como el cuociente entre el largo del elemento L y el radio de giro i de la sección.

$$\text{Esbeltez} = \frac{L}{i} \leq \begin{cases} 240 \quad \text{para elementos principales} \\ \\ 300 \quad \text{para elementos secundarios (arriostramientos)} \end{cases}$$

en que:

$$i = \sqrt{\frac{I}{A}} \tag{2-2}$$

es una propiedad de la sección asociada a la forma en que se distribuye el material en ella. Manteniendo el área A de la sección constante, el radio de giro aumentará mientras más grande sea el momento de inercia I, es decir, mientras más se aleje el material respecto del eje correspondiente (Fig. 2.8).

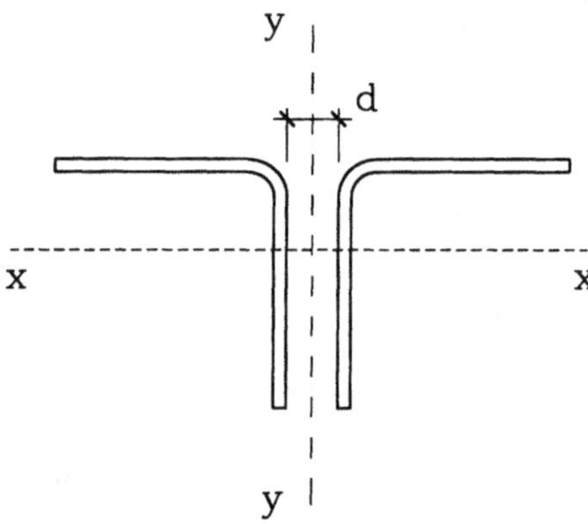

Figura 2.8
Ejes principales de inercia en una sección TL

Este requisito de esbeltez tiene varios propósitos. Primero, cubrirse de una eventual falla por inestabilidad por compresión, a la que los elementos esbeltos son especialmente vulnerables, compresión que podría ocurrir frente a una eventual inversión de esfuerzos para una condición de carga distinta de la analizada; y segundo, proteger del daño a que pueden quedar expuestos los elementos extremadamente esbeltos durante la fabricación y montaje de la estructura, o durante su uso, por vibraciones indeseadas o cargas accidentales en tareas de mantención, reparación, pintura, etc.

Más adelante se profundizará en el tema del radio de giro y la esbeltez en la sección de diseño de elementos en compresión, ya que estas propiedades son particularmente relevantes en ese caso. Volviendo al caso del perfil TL de la Fig. 2.8, la tabla de propiedades en el Anexo A presenta:

$$i_x = \sqrt{\frac{I_x}{A}} \quad e \quad i_y = \sqrt{\frac{I_y}{A}}$$

en que este último depende de la distancia de separación d entre los ángulos (la tabla incluye los casos d = 0, 2, 4, 6, 8 y 10 mm). El menor radio de giro, y por lo tanto el crítico, es siempre i_x para perfiles TL. La verificación del requisito de esbeltez del elemento AB en el ejemplo de diseño es la siguiente:

$$TL\ 6{\times}8{,}77 \quad \rightarrow \quad i_x = 1{,}86 \ \text{cm}$$

$$\frac{L}{i_x} = \frac{407}{1{,}86} = 219 \leq 240 \ \text{OK}$$

Se completa el diseño del cordón inferior con la barra BC. Las áreas neta y bruta requeridas son:

$$A_{neta} = \frac{8660}{1440} = 6 \text{ cm}^2$$

$$A_{bruta} = 6 + (2)(2)(0,5) = 8 \text{ cm}^2$$

y el radio de giro requerido es:

$$i_x \geq \frac{L}{240} = \frac{406}{240} = 1,69$$

El perfil más económico que satisface ambas condiciones es el TL6×7,12 con área 9,07 cm^2 e $i_x = 1,88$ cm (notar que tiene espesor de 4 mm por lo que el incremento de área bruta fue sobrestimado). Notar que por ser distintos los perfiles escogidos para los elementos AB y BC, es necesario modificar el empalme provisto en la Fig. 2.7 para materializar la conexión entre ambos perfiles. Es posible también decidir mantener el perfil TL6×8,77 a lo largo de todo el cordón inferior (elementos AB, BC y CD), despreciando la posible economía por la posible reducción de peso del elemento BC, pero con la ventaja de tener un empalme más simple en los nudos B y C. Finalmente, el diseño se completa con el dimensionamiento del gusset, para el cual se selecciona un espesor acorde con los elementos usados y con lo requerido por condición de corte y aplastamiento de los pernos de conexión. Además, las dimensiones del gusset dependerán de las conexiones de los elementos diagonales, según el número de pernos requeridos y las limitaciones de espaciamiento mínimo entre ellos.

Ejemplo 2.1

Diseñar la conexión soldada del elemento diagonal que se muestra en la Fig. E2.1.a, utilizando electrodos E40XX.

Solución: Utilizando filete de soldadura (Fig. E2.1 .b) de 5 mm de espesor para todas las conexiones, con electrodo E40XX se tiene, según la Tabla A.3, Nota 1, $\tau_{adm} = 1270$ kg/cm^2. En los ángulos laminados de 65×65×5 mm (designación alternativa a TL6,5×9,56), el largo total requerido de la soldadura será:

$$L_t = \frac{P}{D \dfrac{\sqrt{2}}{2} \tau_{adm}} = \frac{16970}{(0,5)\,(0,7071)\,(1270)} = 37,8 \ cm$$

Como se suelda por ambos lados del gusset: $L = L_t / 2 = 37,8 / 2 = 18,9$ cm.

Para lograr una soldadura balanceada, las fuerzas resistidas por los cordones de soldadura deben tener el mismo centro de gravedad del perfil ángulo (Fig. E2.1.c), luego:

$$L_1 \, x = L_2 \, (b - x)$$

$$x = \frac{L_2 \, b}{L_1 + L_2}$$

$$L_2 = \frac{x\,(L_1 + L_2)}{b} = \frac{(1,86)\,(18,9)}{6,5} = 5,4 \ cm = 54 \ mm$$

$$L_1 = 18,9 - L_2 = 18,9 - 5,4 = 13,5 \ cm = 135 \ mm$$

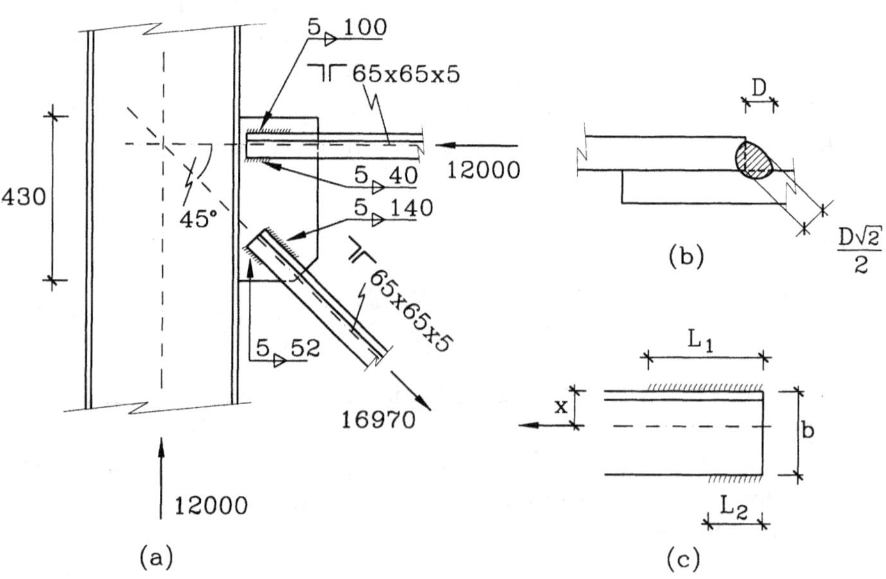

Figura E2.1

2.1.2 Efecto de Tensiones Iniciales

Debido a los procesos de fabricación y enfriamiento (laminación, doblado en frío, soldadura) todos los elementos de acero tienen tensiones internas previas a su uso estructural. Por ejemplo, la Fig. 2.9 muestra las distribuciones de tensiones residuales en perfiles formados con planchas soldadas (Tagaraja et al, 1964). Estas tensiones tienen una significativa influencia en el comportamiento de dichos elementos, como se mostrará a continuación. La primera observación en relación con la distribución de tensiones iniciales σ_0 sobre una sección es que si no hay carga axial aplicada sobre la sección debe cumplirse:

$$\int_A \sigma_0 \ dA = 0$$

es decir, las tensiones internas deben ser autoequilibrantes, lo que implica la ocurrencia simultánea de tensiones de tracción y compresión.

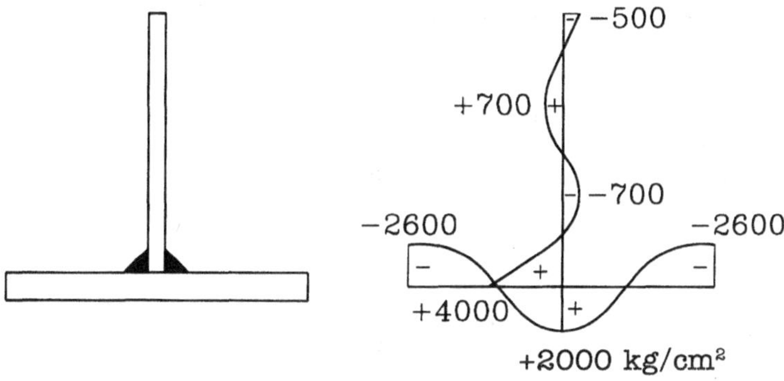

(a) Perfil T

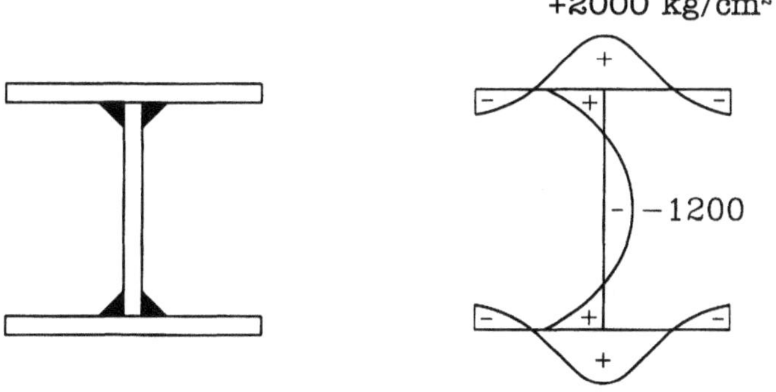

(b) Perfil doble T

Figura 2.9
Tensiones iniciales σ_0 en perfiles soldados

Considérese el comportamiento de una plancha como la de la Fig. 2.10.a, con tensiones iniciales de magnitud máxima $\sigma_y/2$ distribuidas como muestra la Fig. 2.10.b, cuando se le somete a una carga axial P que varía desde P = 0 hasta que se alcance la capacidad máxima de la sección. El material se supone elastoplástico perfecto como se muestra en la Fig. 2.10.d.

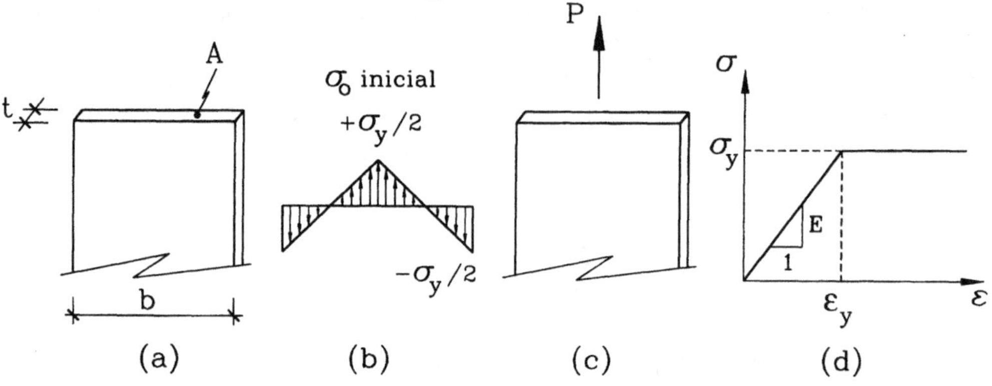

Figura 2.10
Comportamiento de plancha con tensiones iniciales

*   Comportamiento en el rango elástico:

Se mantiene mientras la tensión máxima de tracción en la fibra central satisfaga:

$$\varepsilon_p \ \leq \ \frac{1}{2} \, \varepsilon_y$$

El análisis para la situación límite elástica se indica en la Fig. 2.11 en que ε_p y σ_p son los valores aparentes asociados a la carga P únicamente. Para el estado límite de esta figura se puede escribir:

$$\sigma \ = \ \sigma_o \ + \ \sigma_p$$

$$\varepsilon \ = \ \varepsilon_o \ + \ \varepsilon_p$$

$$\sigma_p \ = \ \frac{P}{bt} \ = \ \frac{\sigma_y}{2}$$

$$\varepsilon_p = \frac{P}{EA} = \frac{P}{Ebt} = \frac{\varepsilon_y}{2}$$

$$P = \frac{\sigma_y}{2} A = \frac{P_y}{2}$$

en que P_y corresponde a la capacidad última de una plancha similar sin tensiones iniciales.

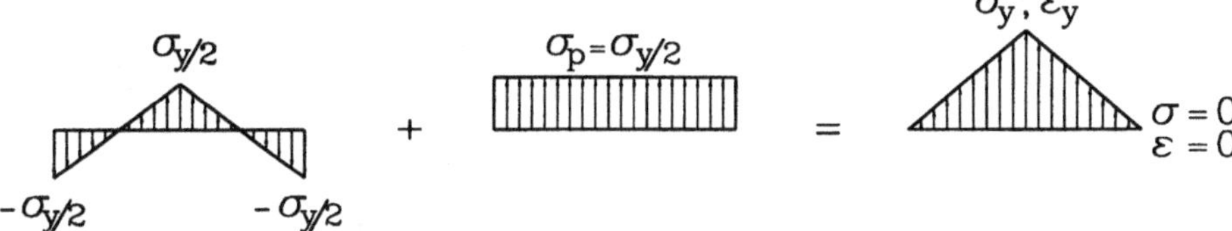

Figura 2.11
Estado límite elástico para la plancha de la Fig. 2.10

- Comportamiento en el rango inelástico

La Fig. 2.12 muestra las distribuciones de deformaciones y tensiones cuando se alcanza la fluencia en un punto de la sección definido por x para una deformación global de la sección $\varepsilon_p > \varepsilon_y/2$. De la Fig. 2.12.a se puede deducir:

$$x = \frac{\varepsilon_y - \varepsilon_{adi}}{\varepsilon_y} \left(\frac{b}{2} \right) \qquad (2\text{-}3)$$

en que ε_{adi} es la deformación unitaria adicional debida al incremento de carga sobre el valor $P_y/2$ correspondiente al límite elástico. Como la distribución de tensiones de la Fig. 2.12.b debe satisfacer:

$$P = \int \sigma dA \quad y \quad \sigma = E\varepsilon \quad para \quad \varepsilon < \varepsilon_y$$

se puede escribir:

$$P = 2 \left[\left(\frac{E\varepsilon_{adi} + E\varepsilon_y}{2} \right) x\,t + E\varepsilon_y \left(\frac{b}{2} - x \right) t \right]$$

reemplazando x de la Ec. 2-3 se obtiene:

$$P = 2E \left[\frac{(\varepsilon_{adi} + \varepsilon_y)}{2} \frac{(\varepsilon_y - \varepsilon_{adi})}{\varepsilon_y} \frac{bt}{2} + \varepsilon_y \frac{bt}{2} \left(1 - \frac{(\varepsilon_y - \varepsilon_{adi})}{\varepsilon_y} \right) \right]$$

$$P = EA \left[\frac{(\varepsilon_y^{\,2} - \varepsilon_{adi}^{\,2})}{2\,\varepsilon_y} + \varepsilon_y - \varepsilon_y + \varepsilon_{adi} \right]$$

y finalmente:

$$P = EA \left[\frac{\varepsilon_y}{2} - \frac{\varepsilon_{adi}^{\,2}}{2\,\varepsilon_y} + \varepsilon_{adi} \right] \qquad (2\text{-}4)$$

$$\varepsilon_{adi} = \varepsilon_p - \frac{\varepsilon_y}{2} \qquad (2\text{-}5)$$

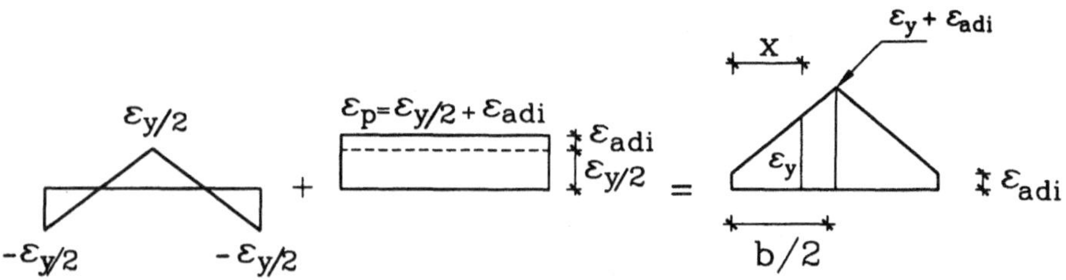

(a) Distribución de deformaciones

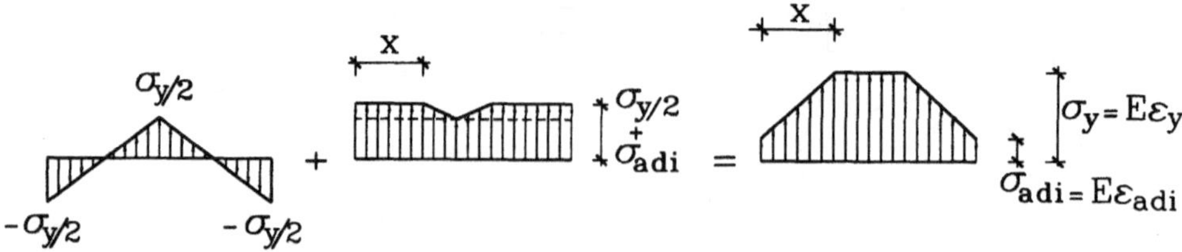

(b) Distribución de tensiones

Figura 2.12
Comportamiento inelástico de la plancha de la Fig. 2.10:
(a) Distribución de deformaciones, (b(Distribución de
tensiones

El máximo valor de ε_{adi} para el cual rige la Ec. 2-4 corresponde al instante en que se produce plastificación total de la sección. En tal caso x = 0, y $\varepsilon_{adi} = \varepsilon_y$. Si se reemplaza este valor de ε_{adi} en la Ec. 2-4 resulta: P = $EA\varepsilon_y$, valor que es igual a P_y, la carga máxima sin tensiones iniciales. Si el máximo valor de ε_{adi} se reemplaza en la Ec. 2-5, la deformación de la sección resulta ser:

$$\varepsilon_p = \frac{3}{2}\varepsilon_y$$

El resultado completo de este análisis se resume en la curva P-ε_p de la Fig. 2.13. En ella se observa claramente el efecto de las tensiones iniciales para èl rango:

$$\frac{1}{2}\varepsilon_y \leq \varepsilon_p \leq \frac{3}{2}\varepsilon_y$$

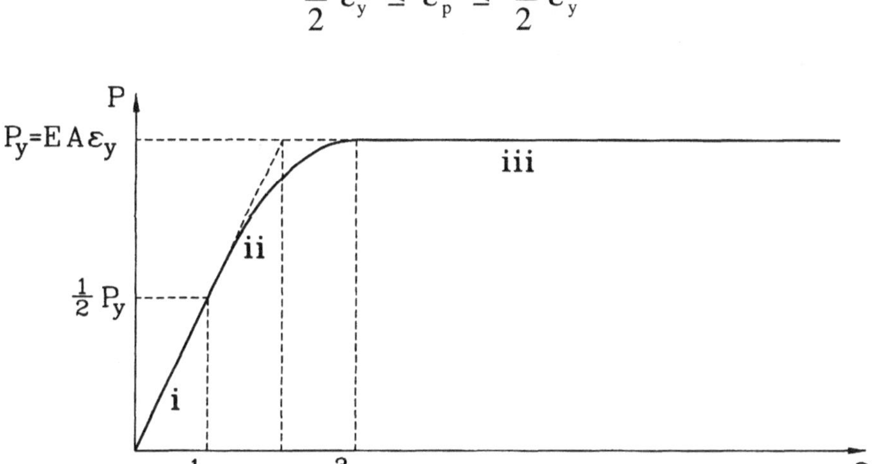

Figura 2.13
Comportamiento de una placa con tensiones iniciales sometida a una carga axial P

De no existir tensiones residuales, el comportamiento de la placa sería elastoplástico perfecto igual al supuesto para el material, alcanzándose P_y para $\varepsilon_p = \varepsilon_y$. El paso gradual a la fluencia representado por la curva ii en la Fig. 2.13 es crucial en el fenómeno de pandeo inelástico como se discutirá en la Sección 2.4. El segmento i en dicha figura corresponde al rango de comportamiento lineal elástico y el segmento iii a la plastificación total de la sección.

2.1.3 Elementos Traccionados de Madera

Estos elementos se diseñan satisfaciendo la condición:

$$\sigma = \frac{N}{A_{neta}} \leq \sigma_{adm\ de\ tracción} \qquad (2\text{-}6)$$

en que N es el esfuerzo axial de tracción y A_{neta} es el área efectiva descontadas las perforaciones, cortes para ensambles, u otras reducciones de sección, y utilizando las dimensiones reales cuando se trate de piezas cepilladas.

La madera aserrada se usa en elementos provisorios, escondidos, no muy importantes, protegidos del ambiente. La madera elaborada se usa en elementos a la vista, elementos barnizados o pintados, y elementos importantes. En la Tabla M.9 se muestra la relación de dimensiones para elementos de madera aserrada y cepillada.

En lo que se refiere a la tensión admisible que se indica en la Ec. 2-6, ella se obtiene en base a la tensión admisible de tracción paralela a las fibras σ_{tp}^{adm} determinada en la forma descrita en la Sección 1.2.2.3 y las Tablas M.7 y M.8, afectada por los factores K_H y K_D de humedad y duración de la carga respectivamente, presentados también en la Sección 1.2.2.3, y los factores K_h de reducción por altura de la sección y K_{ct} de concentración de tensiones en los conectores.

$$\sigma_{adm\ de\ tracción} = K_H\ K_D\ K_h\ K_{ct}\ \sigma_{tp}^{adm} \qquad (2\text{-}7)$$

en que:

$$K_h = \left(\frac{50}{h}\right)^{\frac{1}{9}} < 1 \qquad (2\text{-}8)$$

para cualquier especie, excepto pino radiata en que debe usarse:

$$K_h = \left(\frac{90}{h}\right)^{\frac{1}{5}} < 1 \qquad (2\text{-}9)$$

en que h es la dimensión mayor de la sección en mm; a su vez K_{ct} es igual a 0,8 para uniones clavadas, 0,7 para uniones apernadas, y 0,5 cuando se usan anillos conectores (Fig. 2.14). El factor K_h se fundamenta en la observación experimental que la resistencia a la tracción y flexión disminuye al aumentar la altura de la sección.

Cabe notar la complejidad de la Ec. 2-7 comparada con la simplicidad de la Ec. 2-1 que rige para el diseño en acero. Ello se debe a que la madera es un material cuyas propiedades presentan gran variación y la norma chilena de cálculo en madera es relativamente compleja (NCh1198.Of91). Por ello, en este texto introductorio de diseño se tratará de simplificar al máximo las fórmulas de diseño, tratando siempre de quedar por el lado de la seguridad, como se ha hecho desde ya con la Ec. 2-7. El lector podrá entonces encontrar algunas diferencias con la norma citada, las que, en general, no son esenciales.

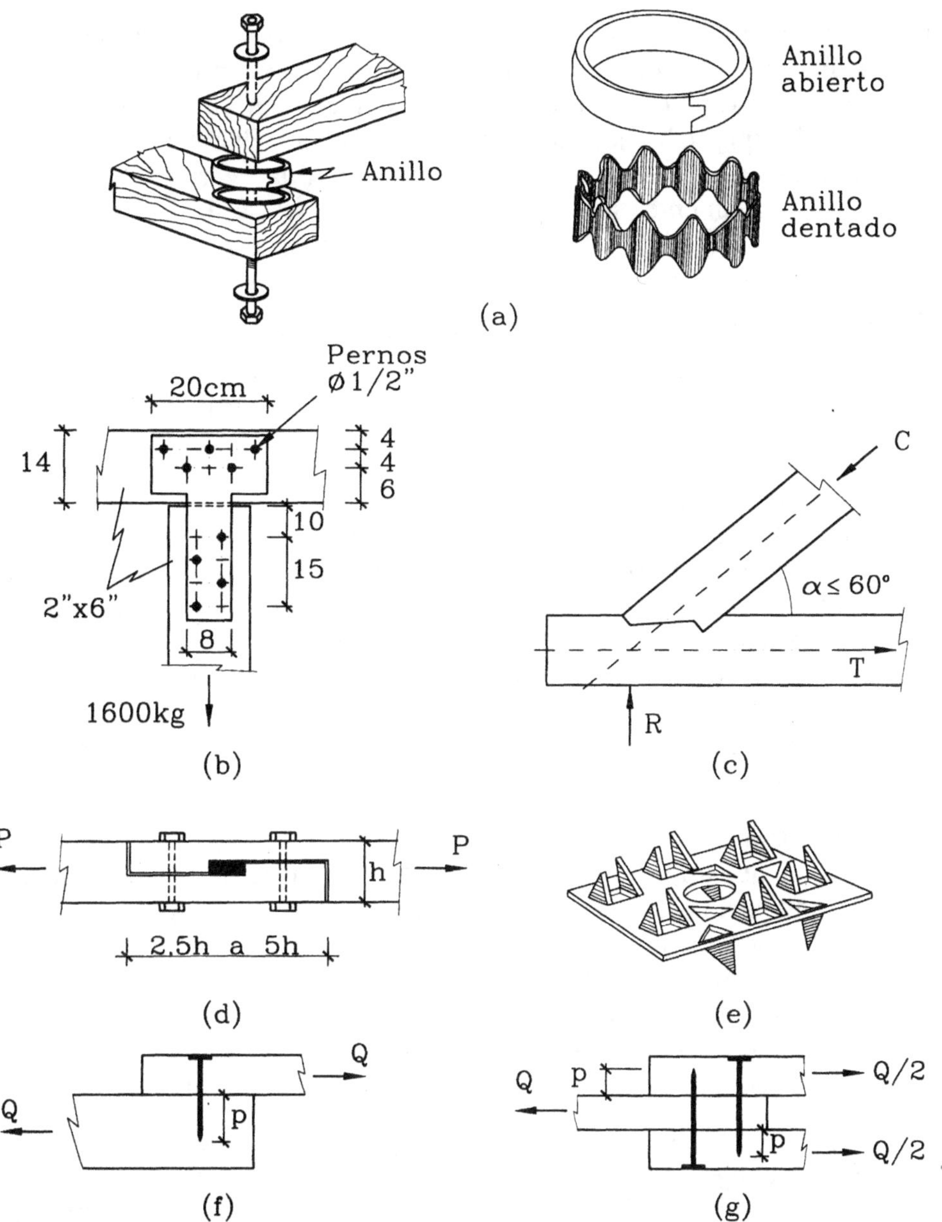

Figura 2.14
Ejemplos de uniones en madera: (a) Anillos conectores, (b) Empalme apernado
con gusset metálico, (c) Empalme en compresión de doble talón, (d) Empalme
en tracción a media madera, (e) Placas metálicas dentadas, (f) Unión
clavada en cizalle simple, y (g) Unión clavada en cizalle doble

Para unir piezas de madera se usan clavos, tornillos, pernos, conectores especiales
y empalmes provistos de elementos que impidan el desplazamiento de las partes
conectadas. La Fig. 2.14 muestra algunos tipos de conexiones y elementos
conectores que pueden servir de ejemplo de la enorme variedad de soluciones
posibles en el arte de proyectar conexiones de elementos de madera.

Los anillos metálicos de conexión (Fig. 2.14.a) permiten unir elementos en cualquier ángulo y son de varios tipos, entre ellos, los anillos abiertos que se colocan en un sacado previo anular realizado con una herramienta especial, y los anillos dentados que se hienden a presión en la madera. El mecanismo de trabajo de estos anillos deja porciones de la madera sometidas a tracción, compresión y cizalle respectivamente, sin embargo, las resistencias de diseño se basan en general en resultados empíricos (Gurfinkel, 1973); la norma NCh1198.Of91 da capacidades de carga para anillos abiertos.

Las Figs. 2.14.d y 2.14.c muestran un empalme de tracción y uno de compresión respectivamente, ejemplos de una gran variedad de alternativas posibles. Los empalmes en tracción son, en general, poco eficientes por la reducción de sección que involucran.

El uso de gussets metálicos en combinación con pernos es una solución muy común, y de buen resultado estético, para conectar piezas coplanares de dimensiones mayores (Fig. 2.14.b); también se pueden usar pernos y clavos conectando piezas sobrepuestas, (Figs. 2.14.f y g) aunque en este caso se prefiere el uso de conectores especiales, especialmente en otros países. Particularmente útiles son los gussets metálicos para la conexión de elementos cuyos ejes no son paralelos ni coplanares. Información acerca del comportamiento y especificaciones de diseño de uniones apernadas se encuentra en Gurfinkel, 1973 y Pérez et al. 1966, y fórmulas de diseño en la norma NCh1198.Of91.

Placas metálicas dentadas (Fig. 2.14.e) existen en gran variedad de formas para distintos usos, lo que impide desarrollar especificaciones generales de diseño. Las capacidades informadas por el fabricante deben confirmarse experimentalmente. Hay placas para ser dispuestas por el exterior de las piezas conectadas, mientras otras quedan invisibles en el plano de contacto entre ellas. Deben hincarse en la madera mediante presión, jamás martillando. Tienen la dificultad de tender a soltarse por movimientos relativos de las piezas conectadas, aún en la construcción y montaje; no deben por ello usarse en conexiones sujetas a vibraciones o sismo.

Finalmente, se tratarán en mayor detalle las uniones clavadas, que son las más comunes en estructuras simples. Los casos de cizalle simple y doble (Fig. 2.14.f y g) se refieren al número de planos a través de los cuales los clavos transmiten esfuerzos. En base a la norma NCh1198.Of91, la carga admisible de cizalle simple de un clavo es:

$$P_{adm,simple} = 0{,}022\, p\, \sqrt{D\, \rho_o}\ \ kg \qquad (2\text{-}10)$$

en que p es la penetración efectiva en la pieza que aloja la punta del clavo en mm (Fig. 2.14.f), D es el diámetro del clavo en mm (ver Tabla M.10), y ρ_o es la densidad anhidra característica (percentil 5 %) en kg/m^3 que se presenta en la Tabla M.11 para maderas crecidas en Chile. La Ec. 2-10 rige con las siguientes condiciones:

- $p > 6D$

- e = espesor de la pieza $> 7D$ y $e > 18mm$

- si $p > 12D$ usar $p = 12D$ para calcular $P_{adm, simple}$

- Si la madera durante la construcción y en condiciones de servicio tiene humedad $H < 20\ \%$, se puede amplificar $P_{adm, simple}$ en 33 %

- En una hilera de más de 10 clavos, a los clavos en exceso de 10 corresponde una carga admisible de 0,33 $P_{adm, simple}$

En cizalle doble (Fig. 2.14.g) la carga admisible por clavo es:

$$P_{adm, doble} = 0,024 \left(11\ D + p\right) \sqrt{D\ \rho_o}\ \ kg \qquad (2\text{-}11)$$

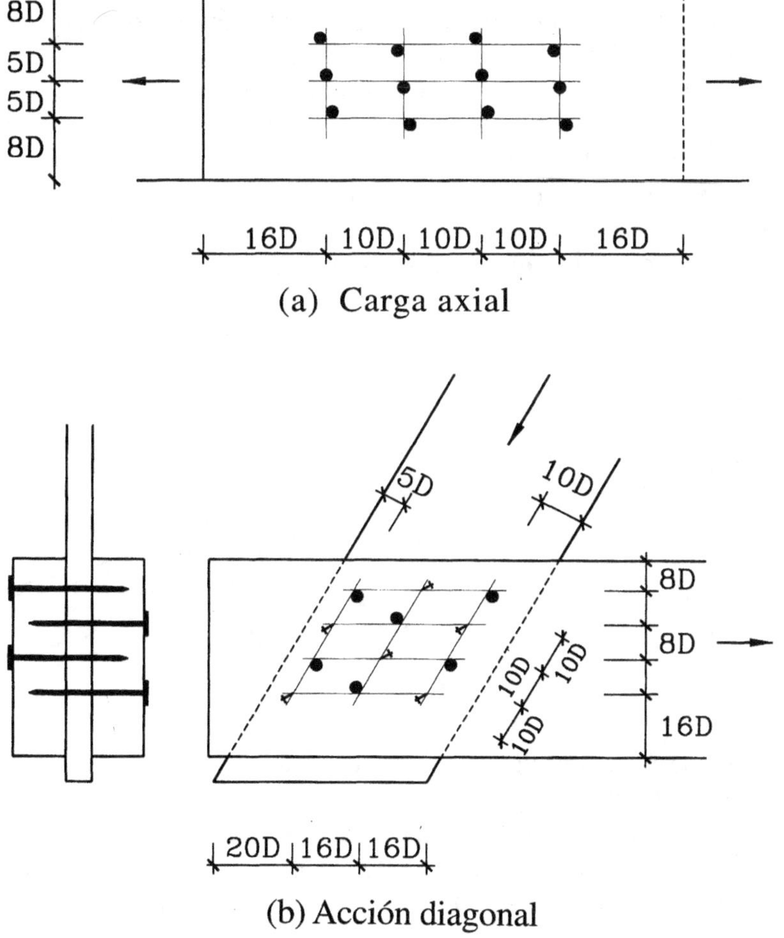

(a) Carga axial

(b) Acción diagonal

Figura 2.15
Disposición de clavos en unión de piezas de madera. (D es el diámetro de los clavos).

con las mismas definiciones y condiciones anteriores, excepto que:

- $p > 4D$

- si $p > 8D$ usar $p = 8D$

- El clavado debe ejecutarse alternadamente por ambos lados

Las Ecs. 2-10 y 2-11 rigen cualquiera sea la dirección de la carga con respecto a la inclinación de las fibras. Los clavos deben disponerse respetando distancias mínimas entre clavos, entre filas de clavos, al borde cargado, y al borde descargado; esto tiene por objeto evitar la falla por rajadura de la madera. La Fig. 2.15 muestra los espaciamientos recomendados en función del diámetro D del clavo; notar en la misma figura que los clavos deben *desalinearse* para evitar producir planos débiles.

Ejemplo 2.2

En una cercha diseñada para Santiago, el cordón inferior, sometido a una tracción de 500 kg, es una pieza de dimensión nominal 1"×4". La madera es Pino Radiata grado G1 con humedad H < 20 % durante la construcción. La pieza debe empalmarse, para lo cual se utilizan piezas adicionales (gusset o suples) de ancho nominal 4" y espesor *e* como muestra la Fig. E2.2.a. Se pide: a) Verificar si se satisface la carga de tracción admisible de la pieza, y b) Diseñar la conexión clavada (determinar *e*, L, número, dimensión y espaciamiento de los clavos).

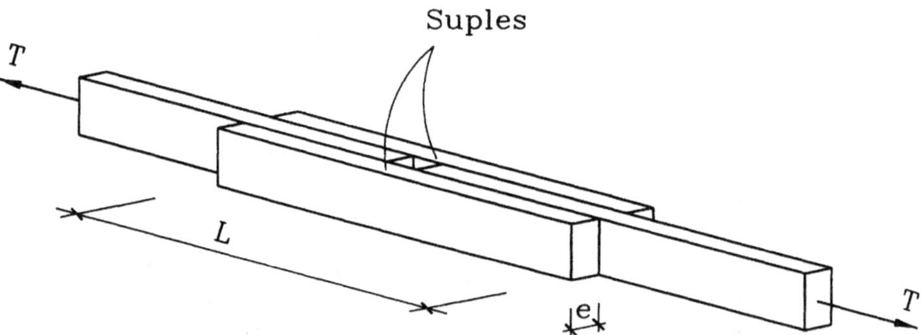

Figura E2.2.a

Solución: a) Para Santiago la humedad de equilibrio es 14 % que se supone se alcanzará en servicio. Según la Tabla M.6 debe suponerse grupo ES y hacer corrección por humedad. Para Pino Radiata seco rige la Tabla M.8 que indica una tensión admisible de tracción paralela $\sigma_{tp}^{ad} = 45$ kg/cm^2. El factor K_H se calcula de la Ec. 1-46 y de la Tabla 1.4:

$$K_H = 1 - 2\,(0{,}0205) = 0{,}96$$

De la Ec. 2-9 se tiene $K_h = 1$, tomando $K_{ct} = 0,8$ para unión clavada y suponiendo $K_D = 1$, se tiene de la Ec. 2-7:

$$\sigma_{adm\ de\ tracción} = (0,96)(1)(1)(0,8)(45) = 34,6 \ kg/cm^2$$

La pieza de 1"×4" cepillada tiene sección de 2×9 cm (ver Tabla M.9) luego:

$$T_{adm} = (18)(34,6) = 623 \ kg > 500 \ OK$$

b) Con los suples para formar una unión en cizalle doble, e = 1" = 20 mm > 18, y usando clavos de D = 3,1 mm (e = 20 mm es ligeramente inferior al espesor requerido e = 7D = 21,7 mm; si se usaran perforaciones guías el requisito disminuye a e = 6D = 18,6 mm) se tiene una capacidad admisible por clavo según la Ec. 2-11:

$$P_{adm,\ doble} = (1,33)(0,024)\,[(11)(3,1) + 20]\sqrt{(3,1)(370)} = 58,5 \ kg$$

$$N° \ de \ clavos \ requeridos \ es = 500/58,5 = 8,5$$

Usar 9 + 9 clavos dispuestos como muestra la Fig. E2.2.b con separaciones:

16 D = 5,0 cm

10 D = 3,1; usar 3 cm

8 D = 2,5

5 D = 1,6; usar 2 cm

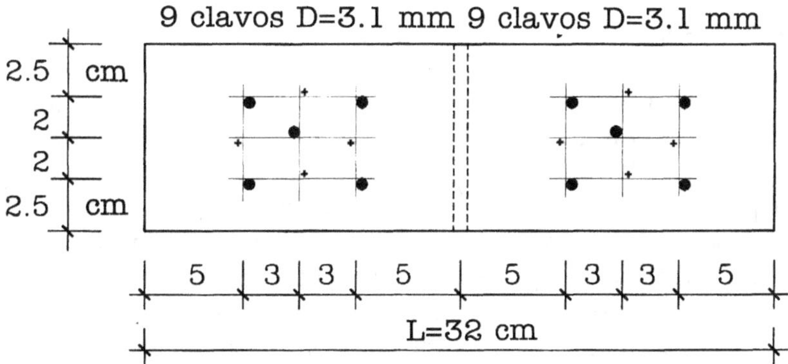

Figura E2.2.b

2.2 MATERIALES NO HOMOGENEOS

La situación más común de propiedades no homogéneas es la combinación de dos o más materiales para constituir un elemento, como el hormigón armado de masivo uso en construcción. La Fig. 2.16 muestra secciones típicas de elementos compuestos que pueden utilizarse como columnas sometidas a carga axial, tema de este capítulo. Las Figs. 2.16.a y 2.16.b muestran secciones de hormigón armado tradicional, la 2.16.c un perfil tubular de acero relleno de hormigón y la 2.16.d un perfil metálico rodeado por hormigón y armaduras de acero; estas dos últimas figuras corresponden a elementos llamados columnas compuestas. Otros ejemplos de material no homogéneo son las vigas de madera reforzadas con planchas de acero, o las vigas metálicas con losa colaborante de hormigón, pero estos casos se tratarán en el capítulo de flexión.

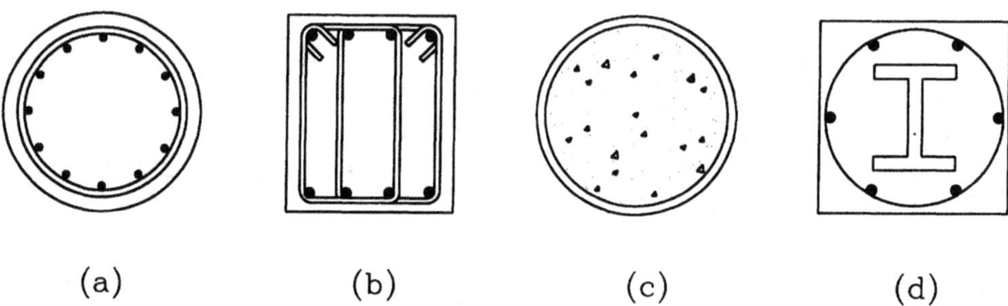

(a)   (b)   (c)   (d)

Figura 2.16
Secciones de columnas no homogéneas.

En este análisis se considerarán secciones de columnas de hormigón armado, primero en el rango de comportamiento elástico de los materiales, y después incluyendo comportamiento inelástico hasta la carga de falla. Finalmente, se presentarán fórmulas de diseño. En esta sección no se considerará el problema de estabilidad de las columnas, el que se incorporará en la Sección 2.3.

2.2.1 Comportamiento Elástico de Columnas de Hormigón Armado sin Pandeo

a) Sección simétrica

Considérese una columna como la de la Fig. 2.17 sobre la cual actúa una carga axial perfectamente centrada P. La hipótesis fundamental en este caso es que, por existir perfecta simetría, la deformación δ global de la columna corresponderá a un descenso plano paralelo de la sección extrema superior, esto implica que la deformación axial de las barras de refuerzo es idéntica a la del hormigón que las rodea; en otras palabras se supone perfecta adherencia entre acero y hormigón, sin deslizamiento de la barra en el interior del hormigón, condición que se logra materializar en la realidad mediante el uso de barras con resaltes. Esta hipótesis constituye la condición de compatibilidad geométrica del problema de mecánica estructural planteado; en efecto, en cada sección de la columna existirá una deformación unitaria axial ε tal que:

$$\varepsilon = \frac{\delta}{L} = \varepsilon_s = \varepsilon_c \qquad (2\text{-}12)$$

en que ε_s y ε_c son las deformaciones unitarias en el acero y el hormigón respectivamente.

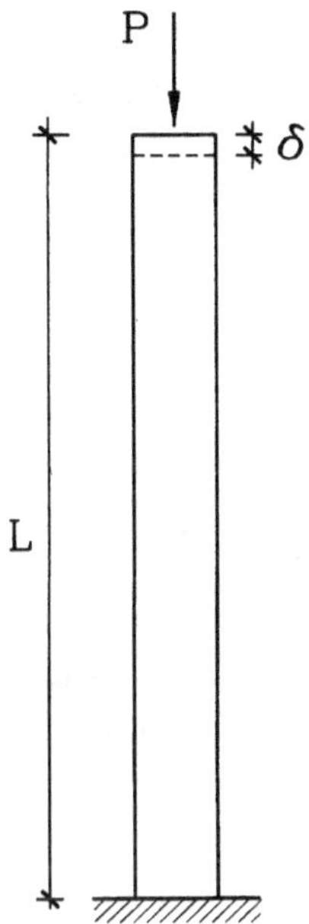

Figura 2.17
Columna axialmente cargada

La hipótesis de comportamiento lineal elástico de los materiales equivale a establecer la validez de la Ley de Hooke, de modo que en base a ε se pueden conocer las tensiones en el hormigón σ_c y en el acero σ_s:

$$\sigma_c = E_c \, \varepsilon \qquad\qquad \sigma_s = E_s \, \varepsilon \qquad\qquad (2\text{-}13)$$

en que E_c y E_s son los módulos de elasticidad correspondientes. Finalmente, la condición de equilibrio establece que la fuerza axial aplicada P debe ser equivalente a la resultante de la distribución de tensiones en la sección del elemento, es decir:

$$P = \sigma_c \, A_c + \sigma_s \, A_s \qquad\qquad (2\text{-}14)$$

en que A_c y A_s son las áreas de hormigón y acero, tales que el área global de la sección geométrica A_g es:

$$A_g = A_c + A_s \qquad\qquad (2\text{-}15)$$

Las Ecs. 2-12, 2-13 y 2-14 que corresponden respectivamente a la condición de compatibilidad geométrica, relaciones tensión-deformación, y condición de equilibrio, son suficientes para resolver el problema. Sustituyendo la Ec. 2-13 en la Ec. 2-14, se tiene:

$$P = E_c A_c \varepsilon + E_s A_s \varepsilon$$

$$\varepsilon = \frac{P}{E_c A_c + E_s A_s} \qquad (2\text{-}16)$$

y, finalmente, introduciendo la Ec. 2-16 en la Ec. 2-13 se tiene:

$$\sigma_c = \frac{E_c}{E_c A_c + E_s A_s} P \qquad (2\text{-}17)$$

$$\sigma_s = \frac{E_s}{E_c A_c + E_s A_s} P \qquad (2\text{-}18)$$

Una importante observación puede hacerse de estas dos últimas ecuaciones. En efecto, definiendo el cuociente entre los módulos de elasticidad de los materiales como:

$$n = \frac{E_s}{E_c} \qquad (2\text{-}19)$$

se tiene que:

$$\sigma_s = n\,\sigma_c \qquad (2\text{-}20)$$

es decir, independientemente de la relación de áreas de ambos materiales, y de sus calidades, las tensiones están siempre en la proporción n. El análisis elástico implica que en este rango del comportamiento el acero estará sometido a tensiones relativamente bajas en relación a su capacidad resistente como se observará en el Ejemplo 2.3.

Cabe advertir al lector, sin embargo, que las tensiones calculadas según el análisis elástico no son necesariamente exactas o reales. En realidad el hormigón experimenta deformaciones en el tiempo por fluencia lenta (creep) y retracción, que en las columnas se traducen en transferencia de carga del hormigón al acero, aumentando la tensión de compresión de este último material. Estos efectos pueden interpretarse como una disminución del módulo de elasticidad del hormigón E_c, lo que claramente resulta en un aumento de ε (Ec. 2-16), reducción de σ_c (Ec. 2-17), y aumento de σ_s y n (Ecs. 2-18 y 2-19). En conclusión, a las tensiones calculadas se les debe atribuir el carácter de índices referenciales del estado tensional del elemento, sin asumir que corresponden a una descripción precisa de la realidad.

Ejemplo 2.3

Calcular las tensiones en el acero y el hormigón, de una columna de sección cuadrada de 30×30 cm, armada con cuatro barras de 18 mm de diámetro, y sometida a una carga axial centrada de 80 toneladas. Los módulos de elasticidad de los materiales son: $E_s = 2100$ ton/cm^2 y $E_c = 210$ ton/cm^2.

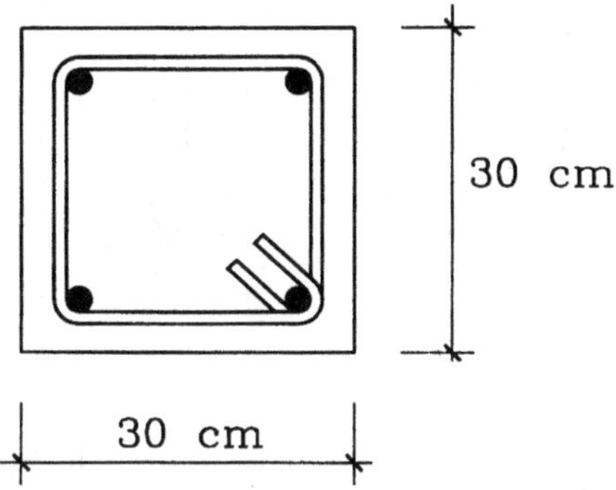

Figura E2.3

Solución:

$$A_g = 900 \text{ cm}^2$$

$$A_s = 4 \,\phi\, 18 = 4 \,\frac{\pi}{4}\, (1,8)^2 = 10,18 \text{ cm}^2$$

$$A_c = A_g - A_s = 900 - 10,18 = 889,82 \text{ cm}^2$$

utilizando las Ecs. 2-17 y 2-20 se calculan las tensiones en el hormigón y en el acero:

$$\sigma_c = \frac{(210)\,(80)}{(210)\,(889,82) + (2100)\,(10,18)} = 0,0807 \text{ ton/cm}^2$$

$$\sigma_c = 80,7 \text{ kg/cm}^2$$

$$\sigma_s = n\,\sigma_c = \frac{2100}{210}\,\sigma_c = 10\,\sigma_c = 807 \text{ kg/cm}^2$$

Recordando las Ecs. 1-32 y 1-33 y suponiendo que ellas se aplicaran a columnas, y considerando por ejemplo un hormigón de $f_c' = 240$ kg/cm^2, éste se encontraría aproximadamente en su tensión admisible. Sin embargo, para un acero calidad A44-28H, según la Ec. 1-33 la tensión admisible sería 1555 kg/cm^2, es decir, aproximadamente el doble de la que ocurre en la columna del ejemplo. Considerando un acero más resistente como el A63-42H, según la Ec. 1-33 la tensión admisible sería 2333 kg/cm^2, es decir, casi el triple de la tensión calculada.

Ejemplo 2.4

Determinar la carga admisible P_{adm} para la columna del Ejemplo 2.3, de modo que no se sobrepasen las siguientes tensiones admisibles especificadas para los materiales:

$$\sigma_c = 100 \text{ kg/cm}^2$$

$$\sigma_s = 1600 \text{ kg/cm}^2$$

Solución: Se tenía que para $P = 80$ ton la tensión en el hormigón era $\sigma_c = 80{,}7$ kg/cm^2 y la tensión en el acero era $\sigma_s = 807$ kg/cm^2, luego basta amplificar por el factor 100/80,7 obteniéndose $\sigma_c = 100$ kg/cm^2, $\sigma_s = 1000$ kg/cm^2 y $P_{adm} = 99{,}1$ ton.

b) Sección asimétrica

Se plantea aquí el caso de una sección asimétrica, como la que se muestra en la Fig. 2.18, sometida a compresión uniforme en forma tal que la distribución de deformaciones unitarias sea uniforme en toda la sección, es decir, que se mantenga la condición expresada por la Ec. 2-12. Es claro que las relaciones tensión-deformación de la Ec. 2-13 y la condición de equilibrio axial de la Ec. 2-14 siguen siendo válidas, de manera que las tensiones en los materiales siguen siendo dadas por las Ecs. 2-17 y 2-18.

En el caso de la Fig. 2.18, la asimetría radica en las armaduras diferentes A_s y A_s'. Como las tensiones en todas las barras de acero son iguales (Ec. 2-18) las fuerzas en ellas son distintas ($\sigma_s\,A_s > \sigma_s\,A_s'$), de modo que la fuerza resultante total en el acero $\sigma_s(A_s + A_s')$ no pasa por el punto O, centro geométrico de la sección. Igualmente, a pesar de ser σ_c uniforme sobre todo el hormigón, la resultante de tensiones σ_c tampoco pasa por O, ya que se pierde la simetría al descontar el espacio ocupado por las barras de acero (donde no hay hormigón).

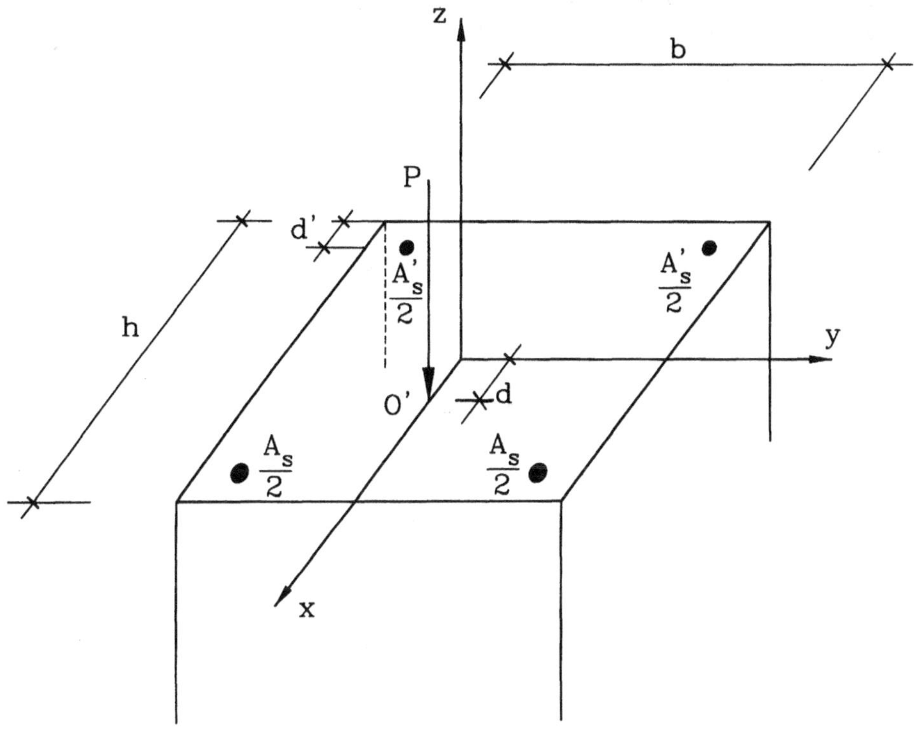

Figura 2.18
Sección con un eje de asimetría por ser $A_s' < A_s$

En resumen, dado que la sección es simétrica con respecto al eje x, la resultante de las tensiones sobre la sección deberá pasar por un punto tal como O' a distancia d del eje y, punto sobre el cual deberá aplicarse la carga P para mantener el equilibrio de las fuerzas externas e internas sobre la sección.

La condición para determinar d es que el momento M_y de las tensiones internas con respecto al eje y sea tal que:

$$M_y = P\,d \tag{2-21}$$

o bien:

$$\int_A x\,\sigma\,dA = \int_{A_c} x\,\sigma_c\,dA + \int_{A_s} x\,\sigma_s\,dA = P\,d \tag{2-22}$$

la evaluación de estas integrales se ilustra numéricamente en el Ejemplo 2.5.

Ejemplo 2.5

Sea una columna de sección cuadrada de 30 cm de lado, con armaduras $A_s = 2\phi26$ y $A_s' = 2\phi18$, como la ilustrada en la Fig. 2.18 y sometida a una carga axial de 50 toneladas. La distancia del centro de cada barra de refuerzo a los bordes es d'= 4 cm. Los módulos de elasticidad de los materiales son $E_c = 210$ ton/cm^2 y $E_s = 2100$ ton/cm^2. Calcular la excentricidad d de la carga para que la distribución de tensiones sea uniforme.

Solución:

$$A_s = 2\phi26 = 10,61 \text{ cm}^2$$

$$A_s' = 2\phi18 = 5,09 \text{ cm}^2$$

$$A_{st} = A_s + A_s' = 15,7 \text{ cm}^2$$

$$A_g = 900 \text{ cm}^2$$

$$A_c = 900 - 15,7 = 884,3 \text{ cm}^2$$

Procediendo igualmente que en el Ejemplo 2.4 se obtienen $\sigma_c = 48$ kg/cm^2 y $\sigma_s = 480$ kg/cm^2. La Ec. 2-22 puede escribirse como:

$$\sigma_c A_g (0) + \sigma_s A_s (15-4) - \sigma_c A_s (15-4) - \sigma_s A_s' (15-4) + \sigma_c A_s' (15-4) = P\,d$$

de donde:

$$11\,(\sigma_s - \sigma_c)\,A_s - 11\,(\sigma_s - \sigma_c)\,A_s' = P\,d$$

$$d = \frac{11\,(480-48)\,(10,61-5,09)}{50000} = 0,5246 \text{ cm}$$

c) Sección transformada

Se introduce aquí el concepto de *sección transformada* que corresponde a una sección homogénea equivalente a la sección original no homogénea, mediante la reducción de esta última a un solo material, ponderando los materiales que la componen conforme al valor de sus módulos de elasticidad. En otras palabras, el acero tendrá un peso o valor n veces mayor que el hormigón, en que $n = E_s / E_c$.

El cálculo de la excentricidad d definida por la Ec. 2-21 equivale a determinar el centroide de la sección transformada. Este centroide corresponde a lo que se puede llamar *centro mecánico* de la sección.

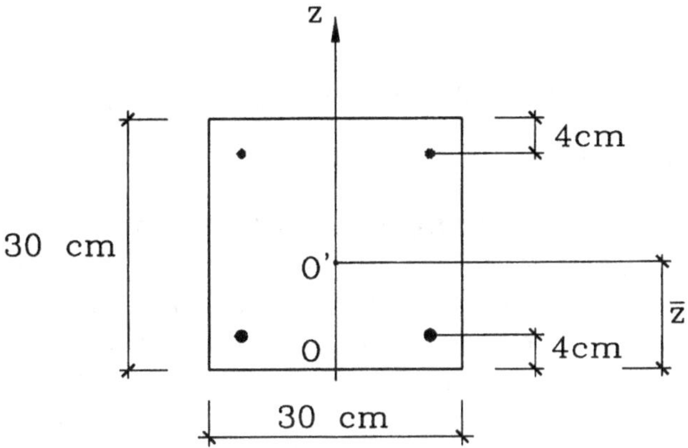

Figura 2.19
Centroide O′ de la sección transformada

El Ejemplo 2.5 puede entonces resolverse determinando z̄ indicado en la Fig. 2.19, que por definición de centroide corresponde a:

$$\bar{z} = \Sigma\, A_i\, z_i\, /\, \Sigma\, A_i \tag{2-23}$$

Para ello es conveniente organizar los cálculos en la forma que muestra la Tabla 2.2, de donde:

$$\bar{z} = \frac{15073}{1041,3} = 14,475 \ \text{cm}$$

$$d = 15 - \bar{z} = 0,525 \ \text{cm}$$

TABLA 2.2 Cálculo del centroide		
A_i	z_i	$A_i z_i$
$A_c = 900$	15	13500
$A_c = -5,09$	26	-132,34
$A_c = -10,61$	4	-42,44
$A_s = 10\times5,09$	26	1323,40
$A_s = 10\times10,61$	4	424,40
$\Sigma A_i = 1041,3$		$\Sigma A_i z_i = 15073,02$

2.2.2 Comportamiento Inelástico de Columnas de Hormigón Armado sin Pandeo

A medida que la carga de compresión aumenta, la igualdad de deformaciones entre acero y hormigón se mantiene ($\varepsilon_s = \varepsilon_c$). Esto hace que el acero alcance primero su deformación de fluencia $\varepsilon_s = \varepsilon_y$, mientras el hormigón se sigue deformando hasta que alcance su deformación ε_o (resistencia máxima), y posteriormente su deformación última de rotura ε_u. Numerosos ensayos experimentales han demostrado que las relaciones P-δ de columnas zunchadas y con estribos simples (Fig. 2.23) son como se ilustra en la Fig. 2.20.

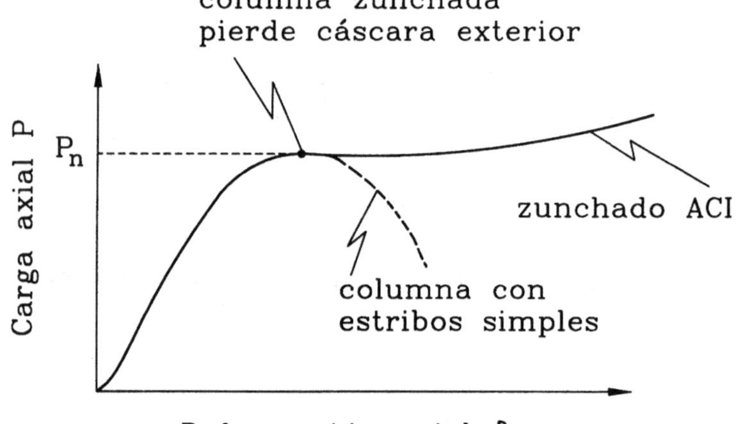

Figura 2.20
Curva P - δ de columnas de hormigón armado

En el instante de fallar una columna con estribos simples, el hormigón se aplasta y las barras en compresión se pandean. Una columna zunchada, en cambio, ve saltar la cáscara de hormigón exterior al zunchado, pero sigue resistiendo carga debido al confinamiento lateral del zunchado sobre el núcleo de hormigón, con un notable aumento de la deformación axial. Este último comportamiento depende de la cantidad de zunchado. El código ACI recomienda usar la cantidad necesaria para recuperar la capacidad resistente perdida con la cáscara exterior de hormigón. Este concepto también se extiende a columnas con estribos especiales. Como puede observarse, el zunchado o los estribos especiales ACI no aumentan significativamente la capacidad resistente de la columna, pero sí su ductilidad y su capacidad de absorción de energía.

Considérese a continuación el comportamiento de una columna de 4 metros de altura, cargada desde cero hasta la rotura, suponiendo que los materiales se comportan de acuerdo a las relaciones tensión-deformación dadas (Fig. 2.21). La sección es de 25×25 cm y la armadura de refuerzo son 4φ16 ($A_s = 4 \times 2,01 = 8,04$ cm^2). Se construirá la curva P-δ (o P-ε) mostrando la parte de la carga que toma cada material.

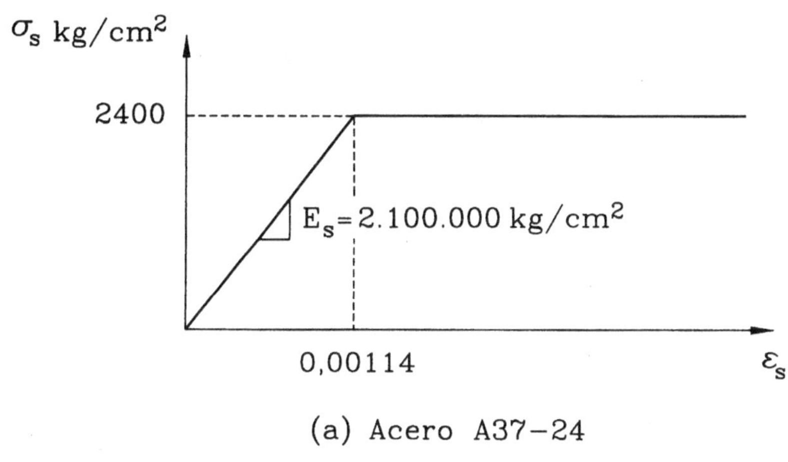

(a) Acero A37–24

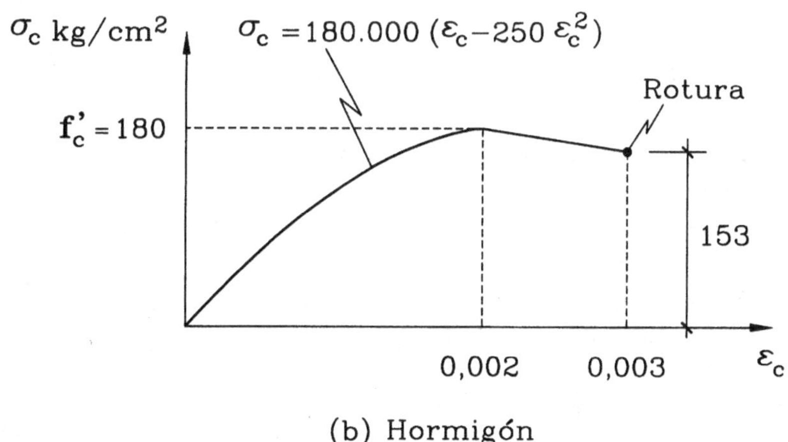

(b) Hormigón

Figura 2.21
Curvas tensión-deformación de los materiales a usar

El problema se resuelve dándose una deformación unitaria ε y calculando:

- El acortamiento d = 400 ε cm

- σ_s y σ_c según las relaciones tensión-deformación para el ε dado

- $P_s = A_s\,\sigma_s$

- $P_c = A_c\,\sigma_c$

- $P = P_s + P_c$

Usando $A_s = 8{,}04\ cm^2$, $A_g = 625\ cm^2$, $A_c = 625 - 8{,}04 = 617\ cm^2$, se construye la Tabla 2.3 de cálculos para seis valores escogidos de ε. Los valores de ε, P y δ conducen a la Fig. 2.22 que representa el comportamiento típico de una columna de hormigón armado con estribos simples.

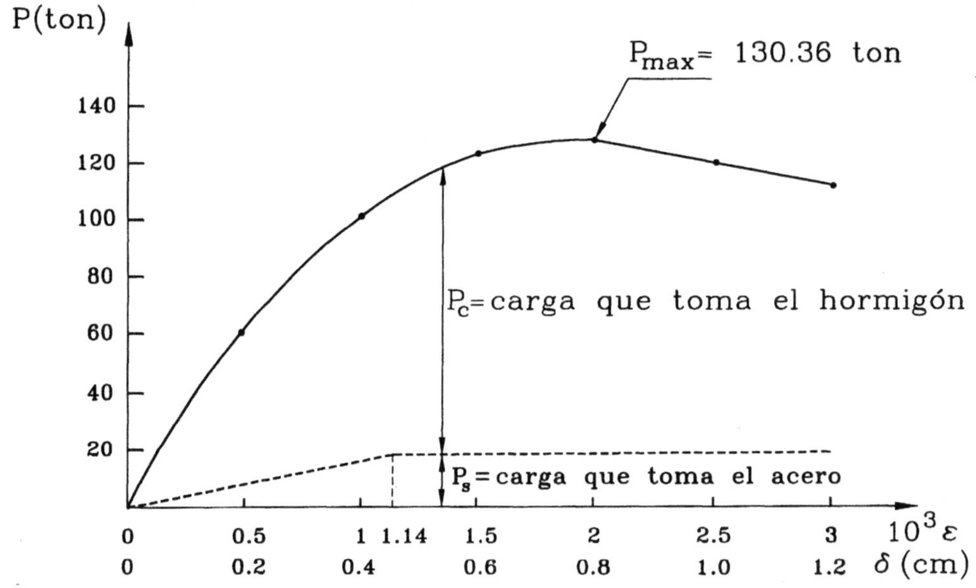

Figura 2.22
Curva P-δ y P-ε para una columna de hormigón armado

TABLA 2.3 Cálculo de curva P- δ de columna de hormigón armado							
ε	σ_s (kg/cm²)	P_s (ton)	$(\varepsilon_c - 250\,\varepsilon_c^2)\,10^3$	σ_c (kg/cm²)	P_c (ton)	P (ton)	δ (cm)
0,0005	1050	8,44	0,4375	78,75	48,59	57,03	0,20
0,0010	2100	16,88	0,750	135,00	83,30	100,18	0,40
0,0015	2400	19,30	0,9375	168,75	104,12	123,42	0,60
0,0020	2400	19,30	1,00	180,00	111,06	130,36	0,80
0,0025	2400	19,30		166,50	102,73	122,03	1,00
0,0030	2400	19,30		153,00	94,40	113,70	1,20

2.2.3 Diseño de Columnas de Hormigón Armado sin Considerar Pandeo. Disposiciones de Códigos

En esta sección se presentan las disposiciones de la norma chilena NCh429.Of57 y de la norma ACI 318-99. Es raro que hoy en día alguien use la norma chilena mencionada, que se basa en la norma alemana DIN 1045 de 1952, ya que es la norma ACI la que se usa en forma generalizada. Esta última contiene disposiciones modernas que tienen por objeto lograr un adecuado comportamiento sísmico de las estructuras de hormigón armado; por ello la norma de diseño sísmico de edificios (NCh433.Of96) requiere obligatoriamente su uso para el diseño de elementos sismoresistentes. En el caso particular de los elementos en compresión sin pandeo, la norma chilena antigua propone una fórmula muy atractiva por su simplicidad, que es fácil de recordar y útil para prediseño o para una verificación rápida de capacidad, por ello se incluye aquí.

a) Norma Chilena NCh429.Of57

Conforme a la norma chilena antigua la carga admisible en una columna axialmente cargada es:

$$P_{adm} = \frac{1}{3} \left(f_c A_c + \sigma_y A_s \right) = \frac{P_{max}}{3} \qquad (2\text{-}24)$$

Esta fórmula puede interpretarse como basada en un criterio de diseño último al que se aplica un factor de seguridad de 3 para garantizar el trabajo en el rango elástico para las cargas de servicio. En efecto, P_{max} corresponde a la carga máxima que resiste la columna, carga conceptualmente idéntica a la resistencia máxima del caso considerado en la Sección 2.2.2, que ilustra la Fig. 2.22, excepto que en ese análisis se usó $f_c{}'$ como capacidad máxima del hormigón en vez de f_c que interviene en la Ec. 2-24. Notar que P_{adm} no coincide con el P_{adm} calculado con el criterio usado en el Ejemplo 2.4, ya que allí se especificaron tensiones admisibles de los materiales y no se especificaron f_c ni σ_y.

A modo de referencia cabe señalar que la norma además requiere, entre otras cosas, que se cumplan las siguientes disposiciones:

- Columna mínima: 20 cm de lado o diámetro

- Armaduras: $4\phi12$ mínimo

- Recubrimiento de las armaduras: 2 cm

- Estribos mínimos a distancia < $\begin{cases} 12 \text{ veces } \phi \text{ de la armadura longitudinal} \\ \\ \text{El lado o diámetro de la columna} \end{cases}$

- Cuantía de armadura, definida por:

$$\rho = \frac{A_s}{A_c} \, 100 \qquad (2\text{-}25)$$

tal que:

$$0,8\ \% \ \leq \ \rho \ \leq \ \begin{cases} 3\ \%\ \text{para hormigones con } f_c \leq 225\ \ \text{kg / cm}^2 \\ 6\ \%\ \text{para hormigones con } f_c > 225\ \ \text{kg / cm}^2 \end{cases}$$

La cuantía es una propiedad muy relevante en el hormigón armado por su incidencia en el comportamiento, tema que se discutirá con frecuencia en los capítulos siguientes. Varias razones existen para imponer cuantías mínimas en columnas. En primer lugar, evitar que se diseñen columnas sin armaduras, que dejarían de comportarse como hormigón armado. Segundo, algún mínimo de armadura se requiere para proveer resistencia a la flexión, aún cuando teóricamente sólo exista compresión axial. Y tercero, para paliar en parte los fenómenos de fluencia lenta (creep) y retracción del hormigón que, como se ha mencionado, tienen como consecuencia la transferencia de carga del hormigón al acero. La limitación de la cuantía máxima obedece principalmente a las dificultades prácticas para el hormigonado de columnas con gran congestión de armaduras; al respecto hay que considerar que las armaduras deben añadirse por traslapo, y también que las columnas son usualmente cruzadas por vigas en dos direcciones cuyas armaduras las atraviesan.

b) Código ACI 318-99. Diseño por Capacidad Ultima

En el diseño por resistencia se consideran factores de seguridad tanto en las cargas (factores de mayoración) como en la resistencia de los materiales (factores de minoración). Como se ha discutido en el Capítulo 1, la carga axial última P_u se obtiene de la combinación de cargas que proceda, por ejemplo:

$$P_U = 1,4\, P_D + 1,7\, P_L \qquad (2\text{-}26)$$

con 1,4 y 1,7 como factores de mayoración de la carga muerta (peso propio y cargas permanentes) y de la carga viva (sobrecarga) respectivamente. Por su parte, el código define la resistencia última nominal P_n de la sección de la columna como:

$$P_n = 0,85\, f_c{'}\, A_c + \sigma_y\, A_s \qquad (2\text{-}27)$$

Notar que salvo por el factor 0,85 y el cambio de f_c por $f_c{'}$, la fórmula anterior equivale al P_{max} definido por la Ec. 2-24. ACI introduce el factor 0,85 para hacerse cargo de la diferencia que existe entre la resistencia de una probeta cilíndrica en el laboratorio y la resistencia del hormigón de una columna real.

La condición de diseño es:

$$P_U \leq \begin{cases} 0{,}80 \, \phi \, P_n \\ 0{,}85 \, \phi \, P_n \end{cases} \qquad (2\text{-}28)$$

El nuevo factor 0,80 ó 0,85 tiene por objeto protegerse de pequeñas excentricidades de la carga. En la Ec. 2-28 debe usarse 0,80 con $\phi = 0{,}7$ para elementos comprimidos con estribos simples, y 0,85 con $\phi = 0{,}75$ para elementos comprimidos con armadura transversal en espirales, también llamada columna zunchada (Fig. 2.23).

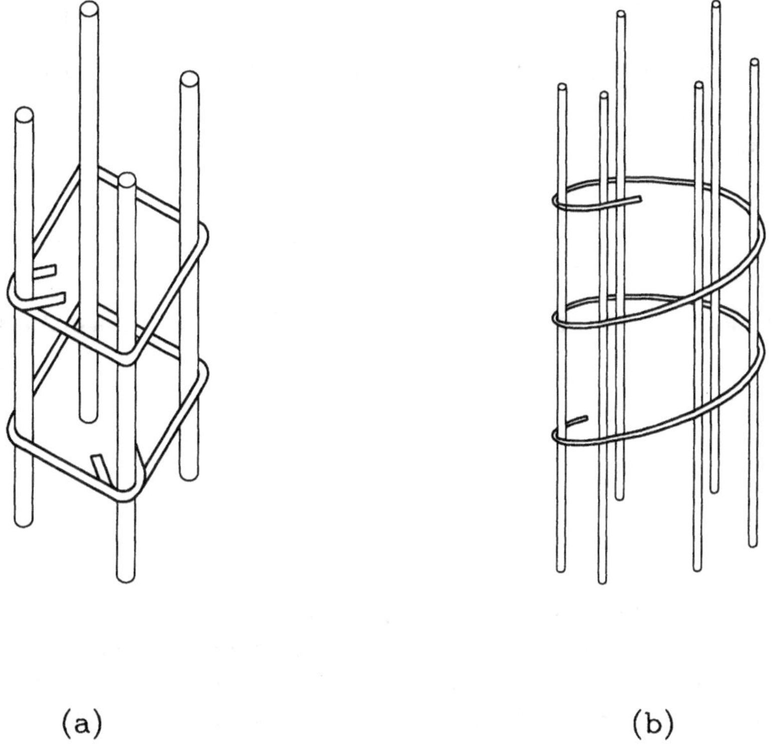

(a)   (b)

Figura 2.23
Armadura transversal en columnas: (a) estribos simples, (b) columna zunchada

c) Código ACI 318-99. Diseño Elástico

Aunque el código ACI es eminentemente un código de diseño último, su paso desde un enfoque de tensiones admisibles o elástico a un enfoque de diseño último, ha sido gradual. Hasta 1956 se usó el primero, año en que se introdujo un apéndice y se permitió el diseño último. En la versión 1963 del código se dio igual categoría a ambos métodos, asignándoles un capítulo especial a cada uno. La versión siguiente, en 1971, corresponde a un código casi enteramente de diseño último, pero incluyó una reducida sección que recogió las bases del método de diseño elástico, al que denominó método de diseño alternativo (ADM). El ADM se ha mantenido como un apéndice en las versiones de los años 1977, 1983, 1986, 1989, 1995 y 1999, aunque se le han hecho algunas modificaciones. En general, puede decirse que el ADM conduce a diseños más conservadores que el método de diseño último, principalmente porque permite algunas simplificaciones. En el caso de columnas axialmente cargadas, el ADM no usa factores de mayoración (o los usa igual a 1) y usa resistencias al nivel inadmisible, con $\phi = 1$ con factor 0,4 aplicado a la resistencia nominal definida para la condición de diseño último, esto es:

$$P_U = 1,4\,P_D + 1,7\,P_L \quad \text{pasa a ser} \quad P_A = P_D + P_L.$$

para columna zunchada $\quad 0,85\,\phi\,P_n \quad$ pasa a ser $\quad 0,4\cdot 0,85\cdot 1\,P_n = 0,34\,P_n$

para estribos simples $\quad 0,80\,\phi\,P_n \quad$ pasa a ser $\quad 0,4\cdot 0,80\cdot 1\,P_n = 0,32\,P_n$

La condición de diseño es entonces:

$$P_A = P_D + P_L \le \begin{cases} 0,34\,P_n \\ 0,32\,P_n \end{cases} \qquad (2\text{-}29)$$

Tanto para diseño último como para elástico ACI requiere una cuantía, definida por:

$$\rho = \frac{A_s}{A_g}\,100 \qquad (2\text{-}30)$$

tal que:

$$1\% \le \rho \le 8\%$$

Los fundamentos de la limitación de la cuantía son los mismos antes mencionados. Cabe notar que el 6 % máximo especificado por la norma chilena antigua parece ser un límite razonable para evitar la congestión de armaduras, por lo que se sugiere atenerse a él sin recurrir al límite máximo que acepta el ACI.

Para un elemento cuya sección de hormigón es mayor que la mínima requerida para satisfacer los requisitos de resistencia (por condiciones arquitectónicas, por ejemplo), el código ACI permite determinar la sección de armadura mínima en base al área efectiva requerida A_g, siempre que ésta no sea menor que un 50% del área real. Esta disposición no es aplicable en regiones de alta sismicidad.

Ejemplo 2.6

Diseñar una columna según la norma chilena antigua para una carga de 115 toneladas, sin considerar pandeo. Utilizar hormigón con $f_c = 180\ \mathrm{kg/cm^2}$ y acero A63-42H ($\sigma_y = 4200\ \mathrm{kg/cm^2}$).

Solución: La fórmula:

$$P_{adm} = \frac{1}{3}\left(f_c\, A_c + \sigma_y\, A_s\right)$$

puede escribirse como:

$$P_{adm} = \frac{f_c}{3}\, A_c + \frac{\sigma_y}{3}\, A_s = \sigma_c'\, A_c + \sigma_s'\, A_s$$

Esta última fórmula podría interpretarse como basada en un criterio de diseño por tensiones admisibles, en que los valores implícitos de éstas serían $\sigma_c' = f_c/3 = 60$ kg/cm^2 y $\sigma_s' = \sigma_y/3 = 1400$ kg/cm^2. No hay condiciones de tamaño de la sección, y por economía se usará $\rho_{min} = 0,8$ %, entonces $A_s = 0,008\, A_c$. Luego puede escribirse la condición:

$$P_{adm} = \sigma_c'\, A_c + \sigma_s'\, \rho\, A_c = 115 \text{ ton}$$

$$A_c = \frac{115000}{60+11,2} = 1615 \text{ cm}^2$$

Escogiendo la sección de la columna de 40×40 cm, es decir $A_g = 1600$ cm^2, y aproximando provisoriamente $A_c = A_g$ se tiene:

$$A_s = 0,008 \cdot 1600 = 12,8 \text{ cm}^2$$

luego se usan armaduras $8\phi16 = 16,08$ cm^2. La verificación confirma que se satisface la resistencia requerida:

$$P_{adm} = 60 \cdot 1583,92 + 1400 \cdot 16,08 = 117547 \text{ kg}$$

Si se evalúan las tensiones en los materiales para este diseño en el rango de comportamiento elástico presentado en la Sección 2.2.1.a, se tiene de la Ec. 2-16:

$$\varepsilon \;=\; \frac{P}{E_c\,A_c \;+\; E_s\,A_s} \;=\; \frac{115}{210\cdot 1583{,}92 \;+\; 16{,}08\cdot 2100} = 0{,}0003139$$

$$\sigma_c \;=\; E_c\,\varepsilon \;=\; 210000\,\varepsilon \;=\; 65{,}9\ \text{kg/cm}^2$$

$$\sigma_s \;=\; E_s\,\varepsilon \;=\; 659\ \text{kg/cm}^2$$

Se comprueba que $\sigma_c \neq \sigma_c{'}$ y $\sigma_s \neq \sigma_s{'}$, lo que era de esperar pues la fórmula de diseño (Ec. 2-24) no tiene por fundamento garantizar que se satisfagan ciertas tensiones admisibles. La fórmula alternativa $P_{adm} = \sigma_c{'}A_c + \sigma_s{'}A_s$ y su interpretación antes señalada son sólo una ficción para la solución del problema de diseño.

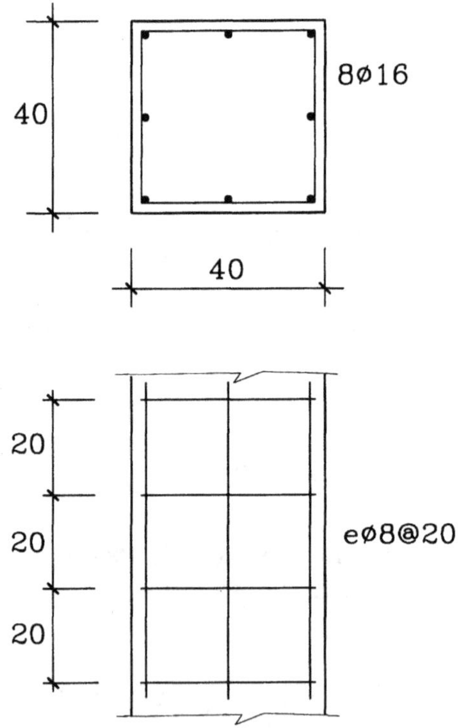

Figura E2.6

2.3 PANDEO ELASTICO DE COLUMNAS

2.3.1 Introducción

En la Sección 2.3 se analiza el fenómeno de inestabilidad elástica de columnas axialmente cargadas. El fenómeno de inestabilidad se introdujo en la Sección 1.2.3 como un modo de falla que no depende de la resistencia del material. Efectivamente, el pandeo elástico, que se presenta en columnas esbeltas, ocurre con tensiones de compresión en la sección que están dentro del rango de comportamiento lineal-elástico del material, tensiones que pueden ser muy pequeñas si la esbeltez de la columna es muy grande. El concepto de esbeltez se discutirá en detalle más adelante.

En este Capítulo 2 se considera el análisis y diseño de columnas perfectamente rectas cargadas en su centro mecánico, es decir, no se incorpora la combinación de flexión con carga axial, que es el tema del Capítulo 4. Sin embargo, a pesar de tratar ahora con columnas axialmente cargadas, no se puede evadir la flexión ya que, por una parte, el pandeo es un fenómeno de flexión, y por otra, el estudio de las vigas-columnas es clave en la interpretación y comprensión del fenómeno de pandeo.

El fenómeno de pandeo, como se ilustra en la Fig. 2.24, consiste en que una columna perfectamente recta y axialmente cargada abandona su posición rectilínea flectándose lateralmente. La carga para la que ello ocurre, P_{cr}, se llama carga crítica de pandeo. La Fig. 2.24.b muestra el comportamiento de una columna esbelta, cuyo pandeo ocurre en el rango elástico del material con P_{cr} mucho menor que P_y, en que P_y es la carga de plastificación de la sección; utilizando una solución por integrales elípticas (Bazant y Cedolin, 1991), que no utiliza la aproximación de deformaciones pequeñas, se puede demostrar que al aumentar la deformación lateral post-pandeo la carga es ligeramente superior a la carga crítica, como muestra la línea continua de la figura aludida. Sin embargo, la excesiva deformación lateral involucra un aumento de tensiones por flexión, lo que en definitiva conduce a la plastificación de la sección y al colapso de la columna. Por otra parte, imperfecciones inevitables en la realidad, como una leve curvatura de fabricación inicial de la columna, o una ligera excentricidad no intencional de la carga, resultan en que el comportamiento real es como el de la línea segmentada de la Fig. 2.24.b.

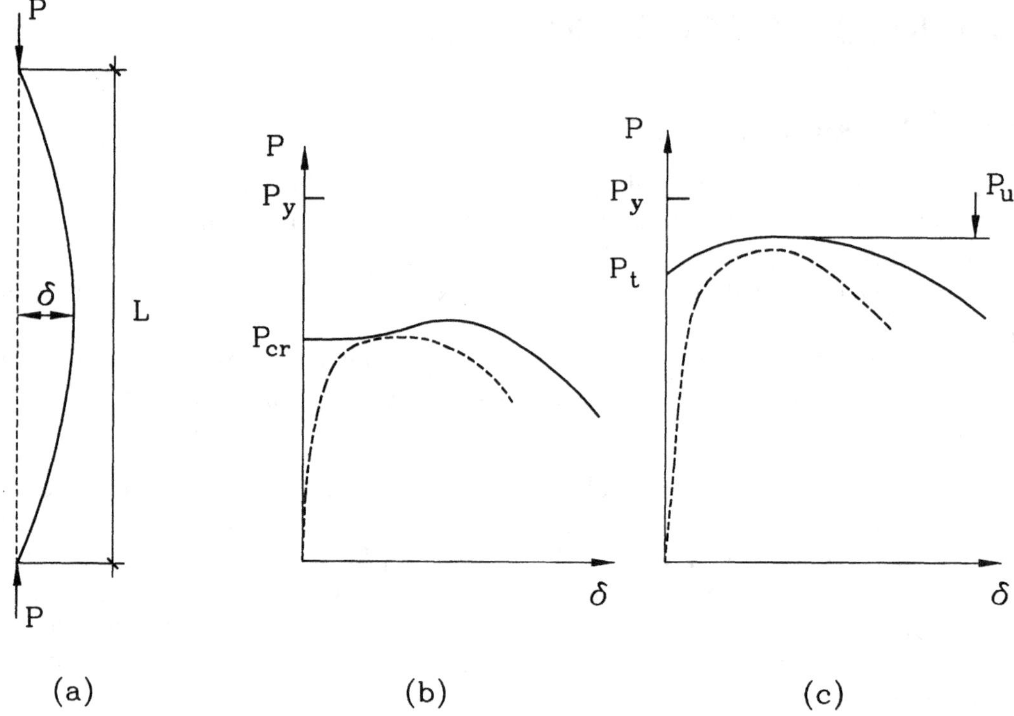

Figura 2.24
Columna axialmente cargada con extremos simplemente apoyados. (a)
forma pandeada, (b) relación P-δ pandeo elástico, (c) relación P-δ pandeo
inelástico

La Fig. 2.24.c ilustra el comportamiento de una columna de menor esbeltez que
la anterior, la que alcanza la carga crítica de pandeo para un valor más próximo
a P_y. En este caso, debido a la presencia de tensiones residuales, ocurre pandeo
inelástico, es decir, con parte de la sección en el rango inelástico, no-lineal; la
carga crítica P_t corresponde a la que predice la teoría del "módulo tangente", como
se discutirá en la Sección 2.4. La línea continua y la segmentada en la Fig. 2.24.c
corresponden a las columnas recta cargada axialmente e imperfecta respectivamente. También en el caso de pandeo inelástico, la capacidad máxima P_u de la
columna es ligeramente mayor que P_t.

En resumen, la carga para la cual una columna perfectamente recta asume una
posición deflectada es la carga de pandeo. A pesar de que la columna puede
alcanzar una carga última P_u ligeramente mayor, la carga de pandeo se considera
el límite útil de la capacidad de la columna para efectos prácticos de diseño.

2.3.2 Ecuaciones Diferenciales para Elementos Elásticos

En esta sección se presentan las ecuaciones diferenciales básicas que rigen el comportamiento en flexión de vigas y vigas-columnas. Estas ecuaciones se basan en
la teoría elemental de flexión y se suponen conocidas por el lector, de modo que
sólo se presentarán sumariamente para ser utilizadas en las secciones siguientes.

a) Ecuación diferencial para vigas

Si se analiza la viga con EI constante(Fig. 2.25), designando por v la deformada o curva elástica, y la pendiente de la curva anterior por:

$$\theta = \frac{dv}{dx}$$

se demuestran las relaciones siguientes:

$$E\,I\,\frac{d^2 v}{dx^2} = M(x) \qquad (2\text{-}31)$$

$$E\,I\,\frac{d^3 v}{dx^3} = -V(x) \qquad (2\text{-}32)$$

$$E\,I\,\frac{d^4 v}{dx^4} = q(x) \qquad (2\text{-}33)$$

La elección de cualquiera de estas ecuaciones depende de la conveniencia de plantear las expresiones para la carga q(x), esfuerzo de corte V(x), o momento flector M(x). Menos constantes de integración aparecen al usar las de menor orden.

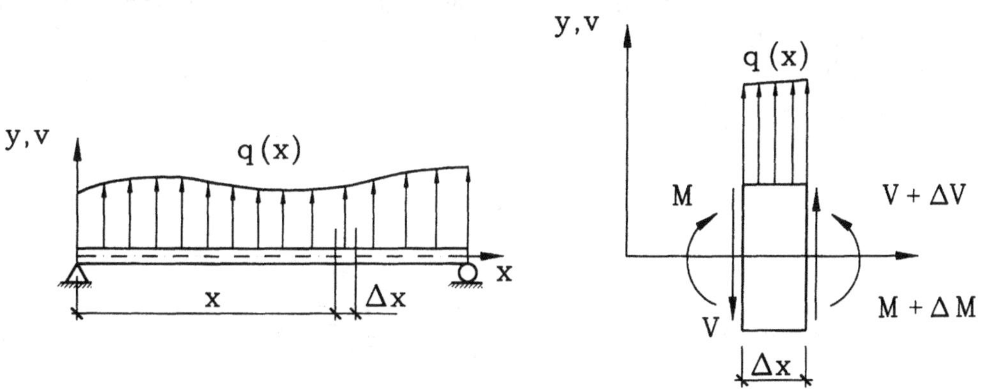

Figura 2.25

b) Ecuación diferencial para vigas-columnas

Ecuaciones similares a las anteriores pueden derivarse incluyendo el efecto de la carga axial P. Considérese un elemento aislado de la viga-columna en su posición deflectada como se muestra en la Fig. 2.26. Las deformaciones de la viga se suponen pequeñas, lo que permite las aproximaciones:

$$\frac{dv}{dx} = \text{tg}\,\theta \approx \text{sen}\,\theta \approx \theta\ , \quad \cos\theta \approx 1 \quad y \quad ds \approx dx$$

Las ecuaciones de equilibrio de fuerzas según el eje vertical, y de momentos con respecto al punto A son:

$$\Sigma F_V = 0 \quad \rightarrow \quad q\,dx - V + (V + dV) = 0 \qquad (2\text{-}34)$$

$$\Sigma M_A = 0 \quad \rightarrow \quad M - P\,dv - V\,dx + q\,dx\,\frac{dx}{2} - (M + dM) = 0 \qquad (2\text{-}35)$$

De la Ec. 2-34 se obtiene:

$$\frac{dV}{dx} = -\,q(x) \qquad (2\text{-}36)$$

mientras que de la Ec. 2-35, despreciando términos de orden superior, se tiene:

$$V = -\frac{dM}{dx} - P\,\frac{dv}{dx} \qquad (2\text{-}37)$$

la que indica que para vigas-columnas el esfuerzo de corte no sólo depende de la variación del momento como en las vigas, sino también de la carga axial y de la pendiente de la curva elástica. A continuación, sustituyendo la Ec. 2-37 en la Ec. 2-36 y utilizando la Ec. 2-31, se obtienen las siguientes expresiones alternativas para vigas-columnas:

$$\frac{d^2 M}{dx^2} + \lambda^2 M = q \qquad (2\text{-}38)$$

$$\frac{d^4 v}{dx^4} + \lambda^2 \frac{d^2 v}{dx^2} = \frac{q}{EI} \qquad (2\text{-}39)$$

donde por simplicidad EI se ha supuesto constante y:

$$\lambda^2 = \frac{P}{EI} \qquad (2\text{-}40)$$

Naturalmente para el caso sin carga axial, o sea $\lambda = 0$, la Ec. 2-39 se transforma en la Ec. 2-33.

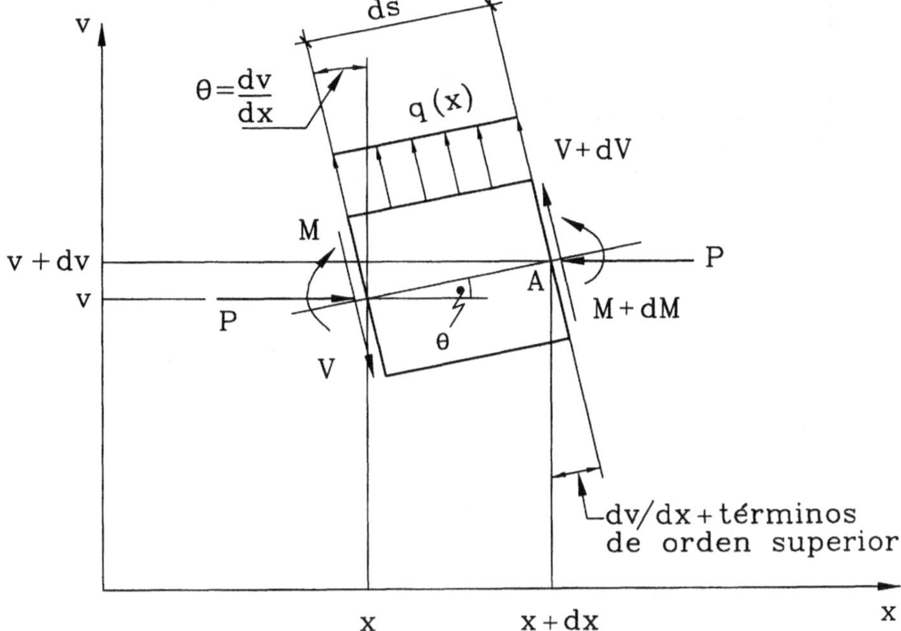

Figura 2.26
Elemento de viga-columna

2.3.3 Pandeo Elástico de Vigas-Columnas

Considérese una viga-columna con EI constante cargada como se muestra en la Fig. 2-27. Para ella se pueden escribir dos expresiones para el momento flector, una para cada segmento del elemento a ambos lados de la carga Q:

$$M_1 = \frac{Qc}{L}\,x \; - \; P\,v \qquad\qquad 0 \leq x \leq (L-c) \qquad (2\text{-}41)$$

$$M_2 = \frac{Q}{L}\,(L-c)\,(L-x) \; - \; P\,v \qquad (L-c) \leq x \leq L \qquad (2\text{-}42)$$

notando que ellas incluyen el momento de segundo orden Pv, es decir, el momento de la carga axial debido a la deformación lateral v. Este momento es generalmente ignorado en el análisis, pues los esfuerzos internos en un elemento se calculan en la configuración no deformada de la estructura. Notar también que los signos negativos en las Ecs. 2-41 y 2-42 son necesarios porque la deformación de la viga corresponde a v negativo (sentido negativo del eje v).

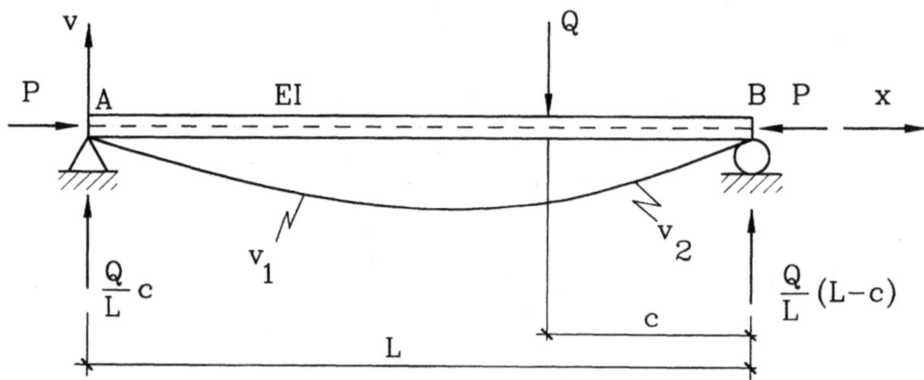

Figura 2.27
Viga-columna

Utilizando la ecuación:

$$EI \frac{d^2 v}{dx^2} = M$$

la que se supone válida para este caso de vigas-columnas, se puede escribir:

$$EI \frac{d^2 v_1}{dx^2} = \frac{Qc}{L} x - P v_1$$

$$EI \frac{d^2 v_2}{dx^2} = \frac{Q}{L} (L-c)(L-x) - P v_2$$

Las soluciones generales de estas ecuaciones son, respectivamente:

$$v_1 = A \cos\lambda x + B \, \text{sen}\lambda x + \frac{Qc}{PL} x$$

$$v_2 = C \cos\lambda x + D \, \text{sen}\lambda x + \frac{Q}{PL} (L-c)(L-x)$$

con:

$$\lambda = \sqrt{\dfrac{P}{EI}}$$

Las constantes de integración A, B, C, D se determinan de las condiciones de deformada nula en los apoyos:

$$v_1(x = 0) = 0 \quad \rightarrow \quad A = 0$$

$$v_2(x = L) = 0 \quad \rightarrow \quad C = -D\,\text{tg}\lambda L$$

y deformada y pendiente comunes bajo la carga Q:

$$v_1(x = L - c) = v_2(x = L - c)$$

luego,

$$B\,\text{sen}\lambda(L-c) + \dfrac{Qc}{PL}(L-c) = D\left[\text{sen}\lambda(L-c) - \text{tg}\lambda L\,\cos\lambda(L-c)\right] + \dfrac{Qc}{PL}(L-c)$$

$$v_1'(x = L - c) = v_2'(x = L - c)$$

luego,

$$B\lambda\cos\lambda(L-c) + \dfrac{Qc}{PL} = D\lambda\left[\cos\lambda(L-c) + \text{tg}\lambda L\,\text{sen}\lambda(L-c)\right] - \dfrac{Q}{PL}(L-c)$$

de donde:

$$B = -\dfrac{Q\,\text{sen}\lambda c}{P\lambda\,\text{sen}\lambda L} \qquad\qquad D = +\dfrac{Q\,\text{sen}\lambda(L-c)}{P\lambda\,\text{tg}\lambda L}$$

y finalmente:

$$v_1 = -\dfrac{Q\,\text{sen}\lambda c}{P\lambda\,\text{sen}\lambda L}\,\text{sen}\lambda x + \dfrac{Qc}{PL}\,x \qquad 0 \le x \le (L-c) \qquad (2\text{-}43)$$

$$v_2 = -\frac{Q\,\text{sen}\lambda(L-c)}{P\lambda\,\text{sen}\lambda L}\,\text{sen}\lambda(L-x) + \frac{Q}{PL}(L-c)(L-x) \qquad (L-c) \leq x \leq L \quad (2\text{-}44)$$

Si se simplifica el problema al caso particular de la viga cargada al centro (c = L/2) y se calcula la deformación máxima δ, se tiene:

$$\delta = v_1\left(x = c = L/2\right) = -\frac{Q}{2P\lambda}\left[\text{tg}\,\frac{\lambda L}{2} - \frac{\lambda L}{2}\right] \qquad (2\text{-}45)$$

e introduciendo la notación:

$$\alpha = \frac{\lambda L}{2} = \frac{L}{2}\sqrt{\frac{P}{EI}} \quad \text{(radianes)}$$

la Ec. 2-45 queda:

$$\delta = -\frac{QL^3}{48EI}\,\frac{3\,(\text{tg}\,\alpha - \alpha)}{\alpha^3} = -\frac{QL^3}{48EI}\,f(\alpha) \qquad (2\text{-}46)$$

El factor $QL^3/48EI$ en la Ec. 2-46 corresponde exactamente a la deformada lateral máxima de la viga debido a la acción de Q solamente, es decir, sin la carga axial P, mientras que el factor $f(\alpha)$ representa justamente la influencia de la fuerza P en la deformación δ. Este último efecto se aprecia en la Tabla 2.4, que indica que $f(\alpha)$ crece con α, haciéndose la deformación infinita cuando $\alpha = \pi/2$; la carga para esta situación corresponde a la carga crítica de pandeo del elemento:

$$\alpha = \frac{\pi}{2} = \frac{L}{2}\sqrt{\frac{P}{EI}}$$

o sea:

$$P_{cr} = \frac{\pi^2 EI}{L^2} \qquad (2\text{-}47)$$

Cabe notar que según la Ec. 2-46 la deformación lateral se hace infinita aún cuando la carga lateral Q sea pequeñísima. En elementos reales, el lugar de la fuerza perturbadora Q es tomado inevitablemente por imperfecciones de fabricación (curvatura inicial) de la columna o por excentricidad de la carga, de modo que el comportamiento descrito puede ocurrir aún en ausencia de la carga lateral Q. Por cierto, la perturbación que produce la deformación lateral puede ser ejercida por cualquier otra forma de carga lateral, distinta a la carga concentrada considerada en este caso, y la carga crítica será exactamente la misma (Timoshenko y Gere, 1961).

TABLA 2.4 Valor de la función f(α) de la Ecuación 2-46	
α	f(α)
0	1,0 (P = 0)
0,1	1,004
0,5	1,111
1,0	1,672
1,3	3,143
1,5	11,201
1,55	37,484
$\pi/2$	∞ (P = P_{cr})

Ejemplo 2.7

Determinar la carga crítica de pandeo elástico de una columna con sección variable como muestra la Fig. E2.7.

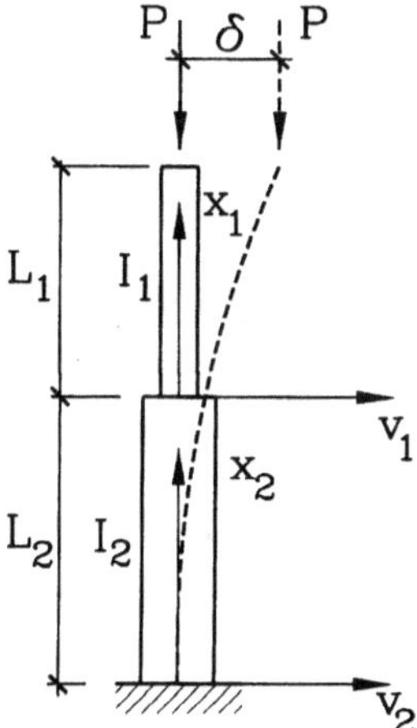

Figura E2.7

Solución: Considérese la columna flectada con una deformación δ en su extremo superior. Las ecuaciones diferenciales que rigen ambas porciones de la columna son:

$$E\,I_1 \frac{d^2 v_1}{dx_1^2} = M\,(x_1) = P\,(\delta - v_1)$$

$$EI_2 \, \frac{d^2 v_2}{dx_2^{\,2}} = M(x_2) = P(\delta - v_2)$$

Ambas ecuaciones son de la forma:

$$v'' + \lambda^2 v = \lambda^2 \delta$$

con $\lambda^2 = P/EI$, cuya solución es:

$$v = C_1 \, \mathrm{sen}\lambda x + C_2 \, \cos\lambda x + \delta$$

Tenemos entonces:

$$v_1 = A \, \mathrm{sen}\lambda_1 x_1 + B \, \cos\lambda_1 x_1 + \delta$$

$$v_2 = C \, \mathrm{sen}\lambda_2 x_2 + D \, \cos\lambda_2 x_2 + \delta$$

con condiciones de borde:

$$v_2(0) = 0 \quad \rightarrow \quad D = -\delta$$

$$v_2'(0) = 0 \quad \rightarrow \quad C = 0$$

por lo tanto:

$$v_2 = -\delta \cos\lambda_2 x_2 + \delta$$

$$v_1(0) = v_2(L_2) \quad \rightarrow \quad B + \delta = -\delta \cos\lambda_2 L_2 + \delta$$

$$B = -\delta \cos\lambda_2 L_2$$

$$v_1(L_1) = \delta \quad \rightarrow \quad A\,\text{sen}\lambda_1 L_1 + B\cos\lambda_1 L_1 + \delta = \delta$$

$$A = \frac{\delta\cos\lambda_1 L_1\,\cos\lambda_2 L_2}{\text{sen}\lambda_1 L_1}$$

por lo tanto:

$$v_1 = \frac{\delta\cos\lambda_1 L_1\,\cos\lambda_2 L_2}{\text{sen}\lambda_1 L_1}\,\text{sen}\lambda_1 x_1 - \delta\cos\lambda_2 L_2\,\cos\lambda_1 x_1 + \delta$$

Notar que la solución está indeterminada porque está en función de la deflexión δ desconocida. De la condición de continuidad $v_2{}'(L_2) = v_1{}'(0)$ se tiene:

$$\delta\lambda_2\,\text{sen}\lambda_2 L_2 = \delta\lambda_1\,\frac{\cos\lambda_2 L_2}{\text{tg}\lambda_1 L_1}$$

$$\delta\left(\lambda_2\,\text{tg}\lambda_1 L_1\,\text{tg}\lambda_2 L_2 - \lambda_1\right) = 0$$

y para que exista solución distinta de la trivial ($\delta \neq 0$) debe cumplirse:

$$\text{tg}\lambda_1 L_1\,\text{tg}\lambda_2 L_2 = \frac{\lambda_1}{\lambda_2}$$

de donde se calcula la carga crítica. Considerando el caso particular $L_1 = 0{,}4\ L$; $L_2 = 0{,}6\ L$; e $I_2 = 5\ I_1$, la ecuación anterior queda:

$$\text{tg}\left(\sqrt{\frac{P}{EI_1}}\,0{,}4\ L\right)\text{tg}\left(\sqrt{\frac{P}{5EI_1}}\,0{,}6\ L\right) = \sqrt{5}$$

$$\text{tg}\,(0,4\,\alpha)\,\text{tg}\,(0,268328\,\alpha) = \sqrt{5} \qquad \text{con } \alpha = \sqrt{\dfrac{PL^2}{EI_1}}$$

cuya solución es:

$$\alpha = 2,8927 \text{ rad}$$

de donde:

$$P_\alpha = (2,8927)^2 \,\frac{EI_1}{L^2} = 0,848 \,\frac{\pi^2 EI_1}{L^2}$$

que corresponde a la solución pedida. Notar que la carga crítica de una columna de sección constante con momento de inercia I_1 es:

$$P_{cr} = \frac{\pi^2 EI_1}{4L^2} = 0,25 \,\frac{\pi^2 EI_1}{L^2}$$

mientras que la columna con sección constante de inercia $5I_1$ tendría una carga crítica cinco veces mayor, o sea:

$$P_{cr} = 1,25 \,\frac{\pi^2 EI_1}{L^2}$$

2.3.4 La Columna Ideal

La carga crítica de una barra comprimida también puede obtenerse considerando el comportamiento de una columna ideal, que se supone perfectamente recta, sin carga lateral, y sometida a una carga centrada (Fig. 2.28). La Ec. 2-39 con $q = 0$ es la ecuación que rige su comportamiento:

$$\frac{d^4 v}{dx^4} + \lambda^2 \,\frac{d^2 v}{dx^2} = 0$$

con $\lambda^2 = P/EI$, cuya solución general es:

$$v = A\ \text{sen}\lambda x + B\ \cos\lambda x + Cx + D$$

Las constantes de integración dependen de las condiciones de apoyo de la barra. Si se considera una columna con extremos simplemente apoyados, las cuatro condiciones de compatibilidad son que los desplazamientos y los momentos flectores son nulos en los extremos:

$$v\,(x = 0) = v\,(x = L) = 0$$

$$\left(\frac{d^2v}{dx^2}\right)_{x=0} = \left(\frac{d^2v}{dx^2}\right)_{x=L} = 0$$

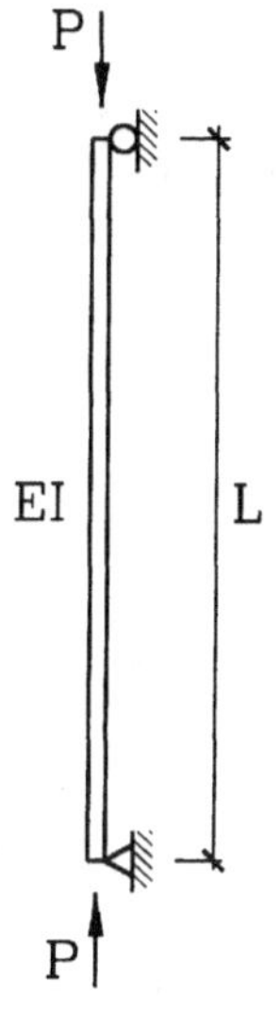

Figura 2.28
Columna con extremos simplemente apoyados

Pero:

$$\frac{d^2v}{dx^2} = -A\lambda^2\ \text{sen}\lambda x - B\lambda^2\ \cos\lambda x$$

luego:

$$v(x=0) = 0 \rightarrow 0 + B + 0 + D = 0 \tag{2-48a}$$

$$\left(\frac{d^2v}{dx^2}\right)_{x=0} = 0 \rightarrow 0 - \lambda^2 B + 0 + 0 = 0 \tag{2-48b}$$

$$v(x=L) = 0 \rightarrow A\,\text{sen}\lambda L + B\cos\lambda L + LC + D = 0 \tag{2-48c}$$

$$\left(\frac{d^2v}{dx^2}\right)_{x=L} = 0 \rightarrow -A\lambda^2\,\text{sen}\lambda L - B\lambda^2\cos\lambda L + 0 + 0 = 0 \tag{2-48d}$$

Una solución de este sistema de ecuaciones es la trivial $A = B = C = D = 0$ que implica $v \equiv 0$. Para que exista otra solución se requiere que:

$$\begin{vmatrix} 0 & 1 & 0 & 1 \\ 0 & -\lambda^2 & 0 & 0 \\ \text{sen}\,\lambda L & \cos\lambda L & L & 1 \\ -\lambda^2\,\text{sen}\lambda L & -\lambda^2\cos\lambda L & 0 & 0 \end{vmatrix} = 0$$

La incógnita en este determinante es λ. Este es un problema de valores propios, en el cual se busca el valor de λ para que exista v distinto de cero. Es claro que en el sistema de ecuaciones 2-48, $B = 0$, $D = 0$ y, por lo tanto, $C = 0$. Luego, para satisfacer las dos últimas ecuaciones se requiere que:

$$A\,\text{sen}\lambda L = 0$$

y como no interesa el caso trivial con $A = 0$ debe cumplirse que:

$$\text{sen}\lambda L = 0$$

$$\lambda L = m\pi$$

$$\lambda = \frac{m\pi}{L} \tag{2-49}$$

Es decir, existe un valor de λ tal que $v \neq 0$, lo que debe interpretarse como la existencia de un valor de la carga P asociada a una posición deflectada de la columna ideal cargada solamente en forma axial; tal carga, denominada crítica, es de acuerdo a la ecuación anterior:

$$P_{cr} = \frac{(m\pi)^2 EI}{L^2} \qquad (2\text{-}50)$$

resultado que coincide con el obtenido en la Sección 2.3.3, pero ahora la Ec. 2-50 entrega soluciones adicionales para distintos valores de m. La columna deflectada tiene la forma sinusoidal:

$$v = A \, \text{sen}\lambda x \qquad (2\text{-}51)$$

en que A representa la amplitud indeterminada de la deformada.

Este valor de la carga crítica se conoce como carga crítica de Euler, en honor al matemático suizo Leonard Euler que desarrolló esta teoría en el año 1750. El menor valor de la carga crítica, para $m = 1$ en la Ec. 2-50, corresponde a la barra sin restricción al desplazamiento lateral en toda su longitud. Si se provee sujeción lateral (arriostramiento) es posible forzar los modos superiores de pandeo con cargas críticas mayores, cada uno de ellos asociado a los números enteros $m > 1$.

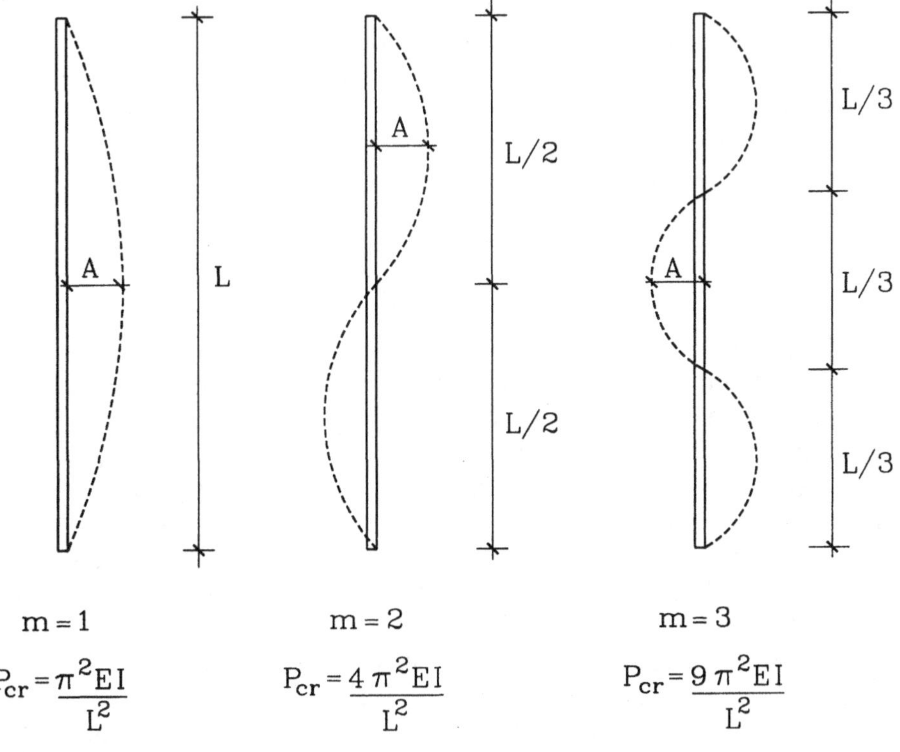

Figura 2.29
Cargas críticas de pandeo de la columna ideal

El análisis anterior podría repetirse para otras condiciones de apoyo de la barra, sin embargo, basta con interpretar geométricamente la forma pandeada de la columna. Por ejemplo, una columna empotrada en su base y libre en su extremo superior se comporta igual, y tiene igual P_{cr}, que una columna con extremos simplemente apoyados pero de longitud doble, porque sus estados deformados son idénticos (Fig. 2.30).

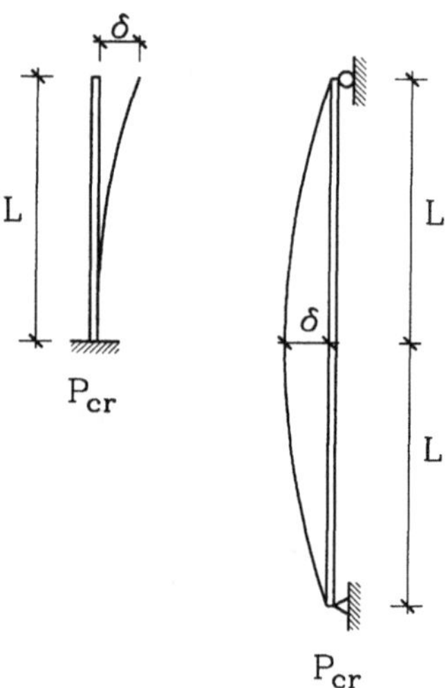

Figura 2.30
Formas pandeadas congruentes

El efecto de las condiciones de apoyo se expresa en términos del coeficiente de luz efectiva k, factor que se aplica a la longitud real L. En la Fig. 2.31 se muestran los valores de k, teóricos y de diseño, para diferentes condiciones de apoyo. Por lo tanto, el valor de la carga crítica se puede expresar en la forma indicada en la Ec. 2-52, ya que la carga crítica siempre corresponde al valor menor (m = 1) que se obtiene con el primer modo de pandeo:

$$P_{cr} = \frac{\pi^2 E I}{(kL)^2} \tag{2-52}$$

Los valores de diseño que recomienda la Fig. 2.31 (CRC, 1960) se basan en reconocer que las condiciones de empotramiento reales pueden ser imperfectas y, por tanto, pueden no imponer la restricción teórica absoluta al giro. Los empotramientos deslizantes teóricos en las Figs. 2.31.c y f se suponen provistos por elementos estructurales infinitamente rígidos que llegan a los nudos correspondientes restringiendo el giro de las columnas; el grado de restricción depende de la rigidez de tales elementos (una viga, por ejemplo) que a medida de irse flexibilizando implican aumentar k, llegando en el límite a transformar el caso (c) en el (e), mientras que el caso (f) puede llegar a tener k = ∞. Existen procedimientos para evaluar k en situaciones no contempladas en la Fig. 2.31, los que se basan en una estimación más precisa de la rigidez o restricción al giro que imponen los elementos que llegan a un nudo; sin embargo, este tema de análisis no se ha considerado dentro de los objetivos de este texto.

	(a)	(b)	(c)	(d)	(e)	(f)	(g)
Coeficiente de luz efectiva	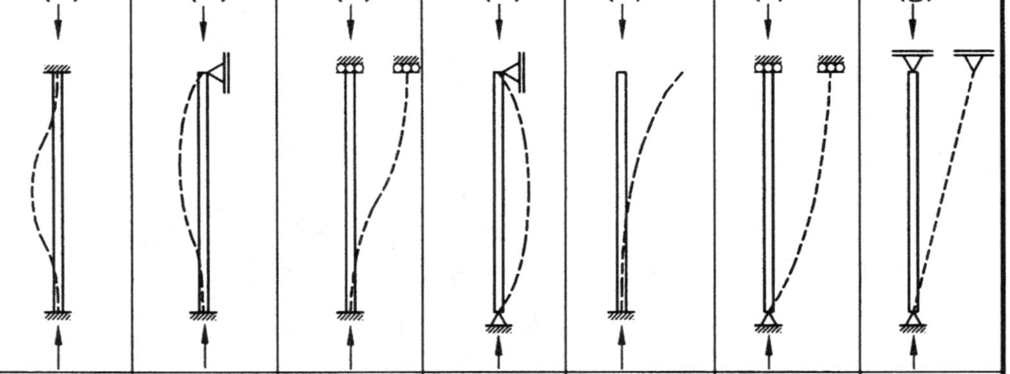						
Valor teórico de K	0,50	0,7	1,0	1,0	2,0	2,0	∞
Valor de diseño recomendado para condiciones de apoyo aproximadas a la ideal	0,65	0,8	1,2	1,0	2,1	>2	∞

Condiciones de apoyo		
	Rotación fija	Desplazamiento fijo
	Rotación libre	Desplazamiento fijo
	Rotación fija	Desplazamiento libre
	Rotación libre	Desplazamiento libre

Figura 2.31
Valores de k teóricos y de diseño para distintas condiciones de apoyo

La tensión crítica de pandeo elástico, se puede expresar como:

$$\sigma_{cr} = \frac{P_{cr}}{A} = \frac{\pi^2 EI}{(kL)^2 A}$$
(2-53)

Usando para el radio de giro la notación r (Ec. 2-2):

$$r = \sqrt{\frac{I}{A}}$$

la tensión crítica de pandeo es:

$$\sigma_{cr} = \frac{\pi^2 E}{\left(\dfrac{kL}{r}\right)^2}$$
(2-54)

El término en el denominador de la expresión anterior kL/r se reconoce como la *esbeltez* de una columna, ya que reúne todos los parámetros relevantes desde el punto de vista de la inestabilidad elástica: la longitud de la columna, las condiciones de vinculación incorporadas por medio del factor k, y el radio de giro que sintetiza las propiedades seccionales relevantes. En la Fig. 2.32 se muestra la Ec. 2-54, observándose claramente que σ_{cr} tiende a cero para columnas muy esbeltas y tiende a infinito para columnas cortas. Naturalmente una columna no será capaz de resistir una tensión de compresión infinita, por lo tanto, su comportamiento está limitado por su resistencia, que en el caso de un elemento metálico es su límite de fluencia. La Fig. 2.32 ilustra entonces los dos tipos de modo de falla de un elemento: por capacidad resistente para columnas cortas o poco esbeltas, y por pandeo elástico para columnas muy esbeltas. En la Sección 2.4 se analiza la

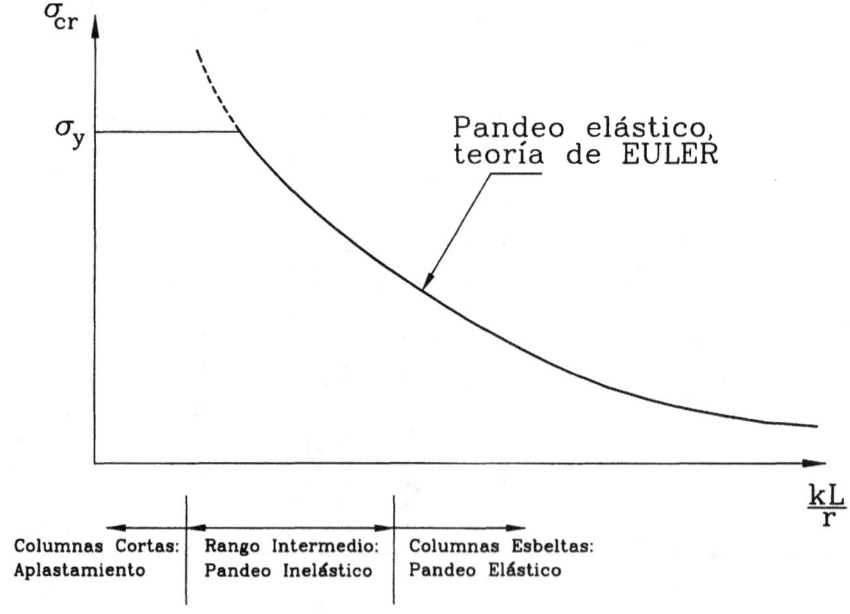

Figura 2.32
Modos de falla de elementos de acero en compresión

situación de falla de las columnas de esbeltez intermedia, la que corresponde al fenómeno de pandeo inelástico que se explica por la presencia de tensiones residuales.

2.4 PANDEO INELASTICO DE COLUMNAS DE ACERO

Teoría del Módulo Tangente

Se ha discutido en la Sección 2.1.2 que, debido al efecto de las tensiones iniciales, la curva tensión-deformación de los perfiles de acero no corresponde al modelo elasto-plástico sino que a una curva como la indicada en la Fig. 2.33, en que el límite de proporcionalidad o límite elástico σ_p depende de la magnitud de las tensiones iniciales.

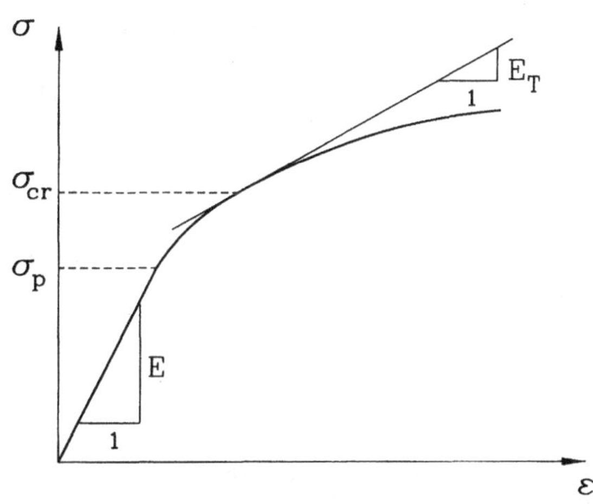

Figura 2.33
Curva tensión-deformación real

Por lo tanto, si la tensión crítica de pandeo de la Ec. 2-54 es mayor que el límite de proporcionalidad σ_p , hasta el instante en que se produce el pandeo de la columna, ella permanece sin deformación y con tensiones uniformes en todas sus secciones. Cuando se alcanza la tensión crítica σ_{cr} y el pandeo se empieza a producir, se desarrollan tensiones de flexión y la resistencia a flexión depende de la rigidez del material correspondiente a la tensión σ_{cr}, la cual está dada por el módulo tangente E_T. Si se supone que este módulo de elasticidad rige tanto para las tensiones de compresión como las de tracción, lo cual es una buena aproximación para pequeños valores de las tensiones de flexión, la ecuación diferencial se puede deducir de la Ec. 2-39 con q = 0 y E = E_T:

$$\frac{d^4v}{dx^4} + \frac{P_{cr}}{E_T I}\frac{d^2v}{dx^2} = 0$$

y la tensión crítica de pandeo resulta ser:

$$\sigma_{cr} = \frac{\pi^2 E_T}{\left(\dfrac{kL}{r}\right)^2} \qquad (2\text{-}55)$$

Esta teoría, conocida como *teoría del módulo tangente*, fue propuesta por Engesser (1889) y Shanley (1948), y permite generalizar la fórmula de Euler al caso de pandeo inelástico. La Fig. 2.34 muestra como obtener la carga crítica para diferentes curvas tensión-deformación haciendo uso de esta teoría.

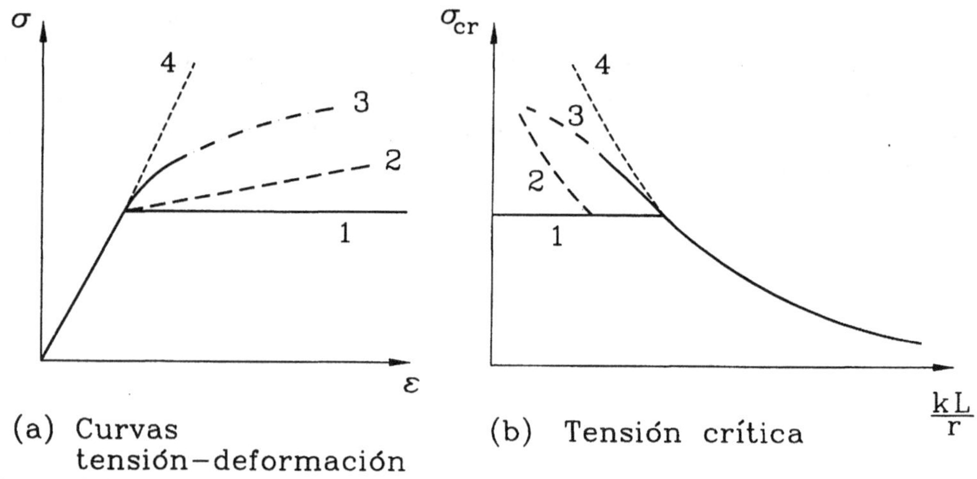

(a) Curvas tensión–deformación   (b) Tensión crítica

Figura 2.34
Tensión crítica según la relación σ–ε del material

En la Sección 2.1.2 se dedujo la curva tensión-deformación real para una plancha en tracción con una determinada distribución de tensiones iniciales, la cual se usará a continuación suponiendo que la solicitación es de compresión. Dicho análisis permite afirmar que el límite de proporcionalidad σ_p de la Fig. 2.33 depende de la magnitud de las tensiones iniciales en compresión. En el caso analizado en la Sección 2.1.2 dicho valor era $0,5\sigma_y$, con lo cual se obtuvo $\sigma_p = 0,5\sigma_y$. Variados estudios experimentales han demostrado que las tensiones iniciales máximas en los perfiles de acero son del orden de $0,5\sigma_y$, de modo que la relación obtenida en 2.1.2 puede representar un caso real; la relación carga axial deformación unitaria de la Ec. 2-4 estaba expresada en función de ε_{adi}. Si se usa:

$$\varepsilon_{adi} = \varepsilon - 0,5\,\varepsilon_y$$

en que ε es la deformación unitaria debida a la carga axial P, la Ec. 2-4 se transforma en:

$$\sigma = \frac{P}{A} = E\left(\frac{3}{2}\varepsilon - \frac{\varepsilon^2}{2\varepsilon_y} - \frac{1}{8}\varepsilon_y\right) \qquad 1/2\,\varepsilon_y \leq \varepsilon \leq 3/2\,\varepsilon_y \qquad (2\text{-}56)$$

Usando la teoría del módulo tangente se puede calcular la tensión crítica usando la Ec. 2-55. Efectivamente, de la Ec. 2-56 se obtiene:

$$E_T = \frac{d\sigma}{d\varepsilon} = E\left(\frac{3}{2} - \frac{\varepsilon}{\varepsilon_y}\right)$$

$$\sigma_{cr} = \frac{\pi^2 E_T}{\left(\dfrac{kL}{r}\right)^2} = \frac{\pi^2 E}{\left(\dfrac{kL}{r}\right)^2}\left(\frac{3}{2} - \frac{\varepsilon}{\varepsilon_y}\right) \qquad (2\text{-}57)$$

La Ec. 2-57 se puede graficar para diversos valores de la razón $\varepsilon/\varepsilon_y$. De la Ec. 2-56 se obtiene la razón σ_{cr}/σ_y y de la Ec. 2-57 se obtiene kL/r. Este gráfico se muestra en la Fig. 2.35, de acuerdo a los valores calculados en la Tabla 2.5 . La esbeltez que define el límite entre el pandeo elástico e inelástico está dada por cualquiera de las Ecs. 2-54 y 2-57 cuando $\sigma_{cr} = 0,5\ \sigma_y$ y $\varepsilon = 0,5\ \varepsilon_y$. En tal caso:

$$\left(\frac{kL}{r}\right)^2 = \frac{2\pi^2 E}{\sigma_y}$$

esta esbeltez se denomina:

$$C_c = \sqrt{\frac{2\pi^2 E}{\sigma_y}} \qquad (2\text{-}58)$$

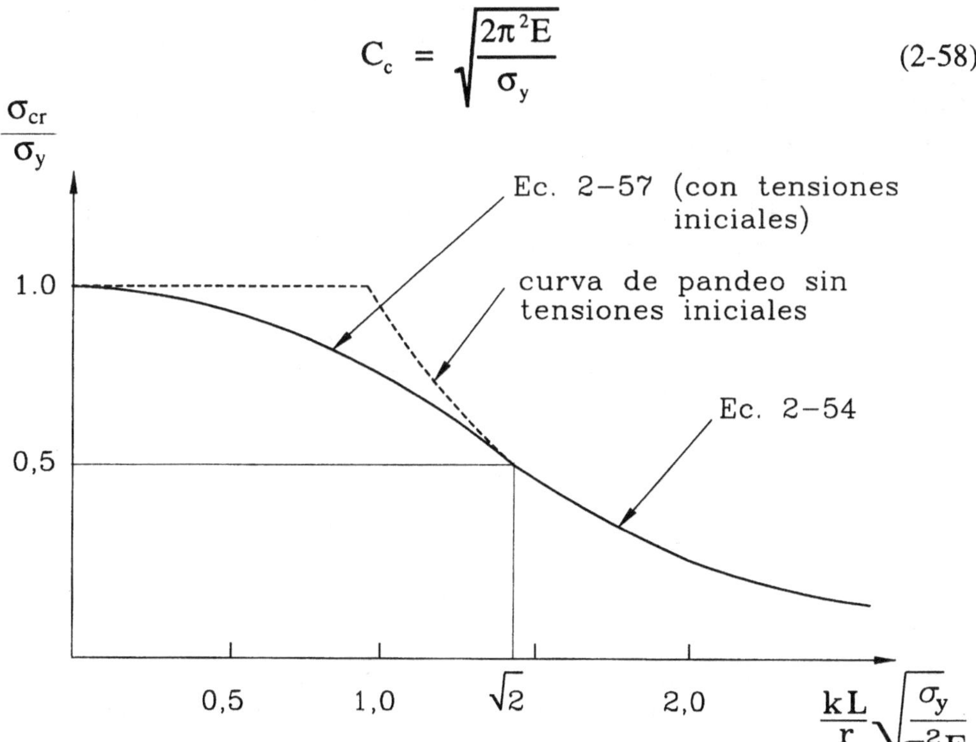

Figura 2.35
Gráfico de la curva de pandeo general

$\varepsilon / \varepsilon_y$	σ_{cr}	$(kL/r)^2$	kL/r
0,5	$0{,}500\ \sigma_y$	$2{,}00\ (\pi^2 E/\sigma_y)$	$1{,}41\ (\pi^2 E/\sigma_y)^{1/2}$
0,6	$0{,}595\ \sigma_y$	$1{,}51\ (\pi^2 E/\sigma_y)$	$1{,}23\ (\pi^2 E/\sigma_y)^{1/2}$
0,8	$0{,}755\ \sigma_y$	$0{,}93\ (\pi^2 E/\sigma_y)$	$0{,}96\ (\pi^2 E/\sigma_y)^{1/2}$
1,0	$0{,}875\ \sigma_y$	$0{,}57\ (\pi^2 E/\sigma_y)$	$0{,}75\ (\pi^2 E/\sigma_y)^{1/2}$
1,2	$0{,}955\ \sigma_y$	$0{,}31\ (\pi^2 E/\sigma_y)$	$0{,}56\ (\pi^2 E/\sigma_y)^{1/2}$
1,4	$0{,}955\ \sigma_y$	$0{,}10\ (\pi^2 E/\sigma_y)$	$0{,}32\ (\pi^2 E/\sigma_y)^{1/2}$
1,5	$1{,}000\ \sigma_y$	$0{,}00\ (\pi^2 E/\sigma_y)$	$0{,}00\ (\pi^2 E/\sigma_y)^{1/2}$

TABLA 2.5 Rango inelástico de la curva de la Fig. 2.35

Debe notarse que el valor de C_c está determinado por la magnitud máxima de las tensiones iniciales. El indicado por la Ec. 2-58 corresponde a tensiones iniciales máximas de valor 0,5 σ_y. En cambio, la curva definida por la Ec. 2-57 depende de la distribución de las tensiones residuales y de la forma de la sección recta.

2.5 DISEÑO DE ELEMENTOS DE ACERO EN COMPRESION

Como se ha discutido en la sección anterior, la tensión crítica de pandeo inelástico depende de la forma de la sección y de la magnitud de las tensiones residuales. Para simplificar el diseño, el código del American Institute of Steel Construction (AISC) acepta suponer que las tensiones residuales máximas son iguales a $0{,}5\sigma_y$, es decir, C_c queda definido por la Ec. 2-58, y adopta para σ_{cr} una parábola que parte de $\sigma = \sigma_y$ para esbeltez nula y es tangente a la curva de Euler para la esbeltez C_c, es decir, para $\sigma_{cr} = 0{,}5\sigma_y$. La expresión de esta parábola, que reemplaza a la Ec. 2-57 o a la que corresponda en cada caso particular, es:

$$\sigma_{cr} = \sigma_y - \frac{\sigma_y^{\,2}}{4\,\pi^2 E}\left(\frac{kL}{r}\right)^2$$

que introduciendo el valor de C_c de la Ec. 2-58 queda:

$$\sigma_{cr} = \left[1 - \frac{(kL/r)^2}{2\,C_c^{\,2}}\right]\sigma_y \tag{2-59}$$

En la Fig. 2.36 se muestra la curva de la Ec. 2-59 junto con resultados obtenidos experimentalmente del ensayo de columnas de sección doble T. Para columnas esbeltas ($kL/r > C_c$), el AISC mantiene la curva de Euler dada por la Ec. 2-54.

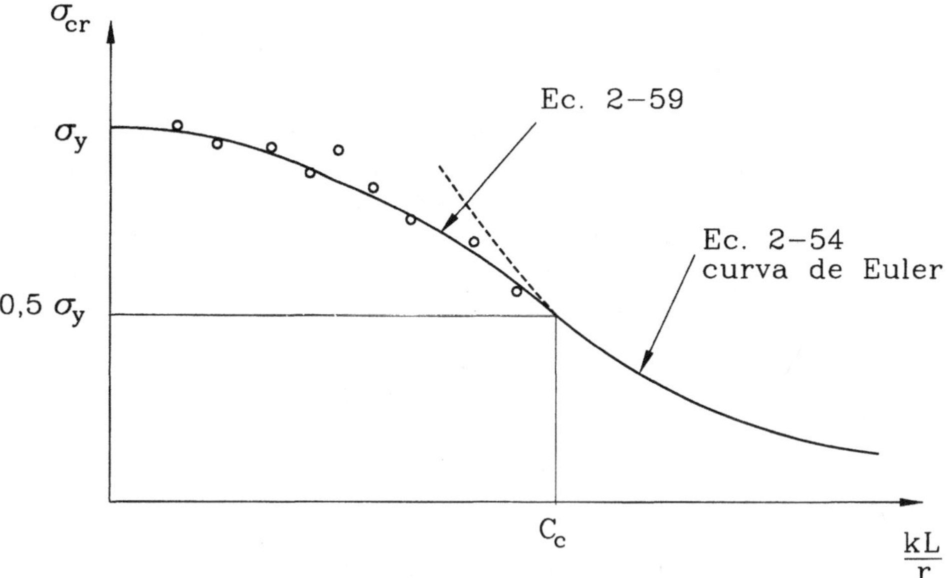

Figura 2.36
Curva de pandeo de columnas para diseño

Para efectos de diseño, sobre la expresión de la carga crítica entregada por las Ecs. 2-54 (columnas esbeltas) y 2-59 (columnas intermedias), se aplica un factor de seguridad dado por:

$$FS = \frac{5}{3} + \frac{3}{8}\frac{(kL/r)}{C_c} - \frac{1}{8}\frac{(kL/r)^3}{C_c^{\,3}} \qquad \text{para } kL/r \leq C_c \qquad (2\text{-}60.a)$$

$$FS = 1,92 \qquad \text{para } kL/r > C_c \qquad (2\text{-}60.b)$$

El factor de seguridad para columnas de esbeltez intermedia aumenta con la esbeltez, variando entre 1,67 para esbeltez nula, y 1,92 para $kL/r = C_c$. Esta variación se basa en la dispersión observada en resultados experimentales; a su vez, el valor 1,67 para $kL/r = 0$ hace coincidir la tensión admisible de compresión sin pandeo (columna infinitamente corta) con la tensión admisible de tracción $\sigma_{adm} = 0,6\ \sigma_y$. Por consiguiente, las expresiones para las tensiones admisibles de pandeo en columnas metálicas son:

$$\sigma_{adm} = \frac{\left[1 - \dfrac{(kL/r)^2}{2\,C_c^{\,2}}\right]\sigma_y}{\dfrac{5}{3} + \dfrac{3}{8}\dfrac{(kL/r)}{C_c} - \dfrac{(kL/r)^3}{8\,C_c^{\,3}}} \qquad \text{para } kL/r \leq C_c \qquad (2\text{-}61)$$

$$\sigma_{adm} = \frac{\pi^2 E}{1,92\,(kL/r)^2} = \frac{10795}{(kL/r)^2}\ \text{ton/cm}^2 \quad \text{para } kL/r > C_c \qquad (2\text{-}62)$$

En las Tablas A.5 y A.6 se han tabulado las tensiones admisibles dadas por las Ecs. 2-61 y 2-62 para aceros de calidades A37-24 y A42-27. También se indica en dichas tablas la tensión admisible para elementos secundarios; el factor de seguridad de estos elementos es menor que el de los elementos principales, ya que su tensión admisible σ_{adm}' se obtiene de la tensión admisible dada por las Ecs. 2-61 y 2-62 a través de la expresión:

$$\sigma_{adm}' = \frac{\sigma_{adm}}{1,60 - \dfrac{kL}{200\,r}} \quad \text{para } 120 < kL/r < 200 \qquad (2\text{-}63)$$

Ejemplo 2.8

Verificar una columna de acero A37-24, perfil HN25×95, para una carga axial P = 110 ton. En la dirección de la viga metálica enrejada suponer que el desplazamiento está impedido y que la viga es suficientemente rígida para impedir la rotación de la columna. En la otra dirección hay libertad de desplazamiento y giro. Las propiedades del perfil son: $I_x = 14000$ cm^4, $i_x = 10,80$ cm, $I_y = 5210$ cm^4, $i_y = 6,56$ cm, y $A = 121$ cm^2.

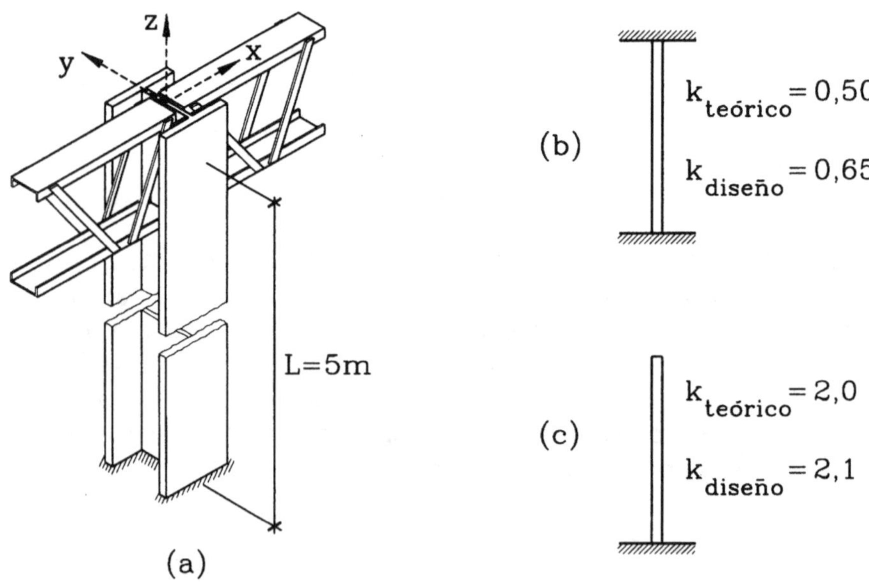

Figura E2.8

Solución: La tensión de compresión para la carga de trabajo es:

$$\sigma = \frac{P}{A} = \frac{110000}{121} = 909\ \text{kg/cm}^2$$

Las condiciones de vinculación indicadas son tales que en el eje débil de la sección (eje y), es decir, suponiendo pandeo que produzca flexión con respecto al eje y, la situación es como se ilustra en la Fig. E 2.8.b. La esbeltez correspondiente es:

$$\frac{kL}{i_y} = \frac{(0,65)(500)}{6,56} = 49,5$$

a la que corresponde (Tabla A.5) una tensión admisible de compresión $\sigma_{adm} = 1237 \ kg/cm^2 > 909 \ kg/cm^2$. En el eje fuerte de la sección (eje x), es decir, suponiendo que el pandeo ocurre flectando la sección con respecto al eje x, las condiciones de vinculación corresponden a las indicadas en la Fig. E2.8.c. La esbeltez en esta dirección es:

$$\frac{kL}{i_x} = \frac{(2,1)(500)}{10,8} = 97,2$$

a la que corresponde la tensión admisible de compresión $\sigma_{adm} = 920,4 \ kg/cm^2 > 909 \ kg/cm^2$.

Notar que la nomenclatura "eje débil" y "eje fuerte" usada se refiere a la sección del perfil. En este ejemplo particular, sin embargo, la columna es más fuerte para el pandeo con flexión respecto a su "eje débil" (pandeo en el plano xz) porque las condiciones de vinculación en ese sentido son más favorables, resultando que la columna es menos esbelta y, por lo tanto, tiene tensión admisible mayor para esa dirección. Recíprocamente, en este caso, el "eje fuerte" de la sección es el asociado a la dirección más crítica de la columna (pandeo en el plano yz), es decir, a aquella que conduce a la tensión admisible menor y controla el diseño. Como regla general de diseño, el eje fuerte de la sección debe disponerse en la dirección con mayor longitud efectiva (kL) con el objeto de minimizar la esbeltez y maximizar la tensión admisible.

Ejemplo 2.9

Diseñar las columnas de acero A42-27 (todas iguales) de la plataforma de la figura que soporta una tolva industrial. Las columnas están empotradas al suelo y cada una recibe una carga axial de 370 toneladas. Los marcos AB y DC sólo tienen puntales débiles en flexión al nivel de la viga, por lo que se han modelado como bielas, al igual que los elementos de arriostramiento dispuestos en los mismos planos. Los marcos AD y BC tienen vigas tales que puede suponerse una situación intermedia entre los casos $I = 0$ e $I = \infty$. Usar perfiles serie HN.

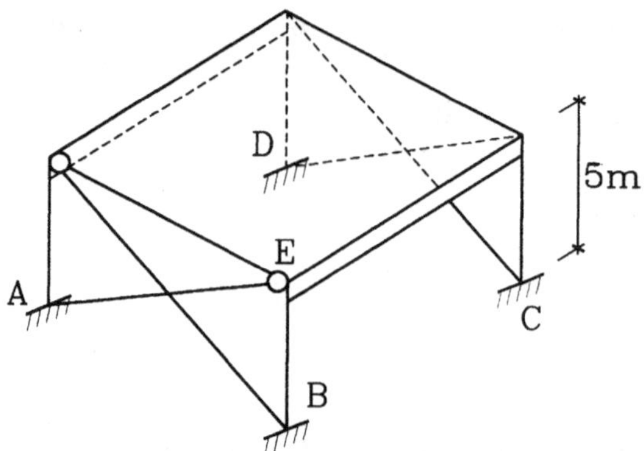

Figura E2.9

Solución: En el plano ABE las condiciones corresponden al caso (b) de la Fig. 2.31, por lo tanto, el coeficiente de luz efectiva es k = 0,8. En el plano BCE la condición puede considerarse un promedio entre los casos (c) y (e) de la Fig. 2.31, luego k = (1,2 + 2,1)/2 = 1,65. De lo anterior se concluye que el perfil debe situarse de modo de ofrecer su eje fuerte a la flexión en el plano BC, es decir, con su alma contenida en dicho plano.

Si no hubiera pandeo, la tensión admisible sería (2700)(0,6) = 1620 kg/cm^2 y se requeriría un perfil de sección A = 370/1,62 = 228 cm^2; como la tensión admisible será menor que 1620 kg/cm^2 probar con el perfil HN40×214 de propiedades A = 272 cm^2, i_x = 17,4 cm, e i_y = 10,5 cm. Las esbelteces en los planos BCE y ABE son respectivamente:

$$\lambda_x = \frac{(1,65)(500)}{17,4} = 47,4$$

$$\lambda_y = \frac{(0,80)(500)}{10,5} = 38,1$$

Controla λ_x para la cual se obtiene de la Tabla A.6 σ_{adm} = 1387,2 kg/cm^2. Luego, la carga axial admisible es:

$$P_{adm} = A\,\sigma_{adm} = (272)(1387,2) = 377318 \ kg = 377 \ ton > 370 \ OK$$

2.6 DISEÑO DE ELEMENTOS DE MADERA EN COMPRESION

El problema de la capacidad soportante de columnas de madera tiene similitud con lo estudiado para el acero, aunque por cierto no es idéntico. En el caso de columnas esbeltas de madera, la teoría de Euler (Secciones 2.3.3 y 2.3.4) es perfectamente aplicable; en efecto, Euler no hace otro distingo entre los materiales que su módulo de elasticidad elástico, y la madera para tensiones bajo el límite de proporcionalidad σ_p (Fig. 1.19) se comporta en forma perfectamente lineal. Por otra parte, las columnas cortas fallarán al alcanzar σ_r, la tensión de rotura en compresión paralela a las fibras.

En columnas de esbeltez intermedia no puede hablarse propiamente de pandeo inelástico, primero, porque la madera no es un material dúctil que presente un rango de comportamiento inelástico como el acero, y segundo, porque no existen en la madera tensiones residuales de fabricación como en el acero. Es posible, sin embargo, argüir que si la tensión crítica de pandeo σ_{cr} excede σ_p, el módulo de elasticidad apropiado será el tangente a la relación $\sigma\text{-}\varepsilon$, y por ende, la tensión crítica deja de coincidir con la de Euler, dando origen a un efecto de pandeo no-lineal. Es claro, por cierto, que el colapso final de la columna pandeada no ocurrirá para un estado de plastificación de la sección como en el acero, ya que la resistencia en tracción paralela a las fibras es considerablemente mayor que la de compresión, y, por tanto, la sección colapsará por rotura del borde comprimido. Claramente puede observarse experimentalmente, que la sección más solicitada "se quiebra" quedando los dos segmentos del elemento perfectamente rectos, sin evidencia, obviamente, de plastificación como se apreciaría en un elemento metálico dúctil.

Posiblemente una discusión como la del párrafo anterior haya inclinado al comité de norma de Estados Unidos a excluir entre 1947 y 1977 una fórmula de transición para columnas de esbeltez intermedia, por cierto, con la ventaja adicional de la simplificación para el diseño. Sin embargo, debe también reconocerse que no puede ocurrir pandeo elástico con $\sigma_{cr} = \sigma_r$, pues E ya ha disminuido. En definitiva, la norma norteamericana (NFPA, 1977) reconoce tres clases de comportamiento de columnas: cortas, intermedias, y esbeltas (Fig. 2.37).

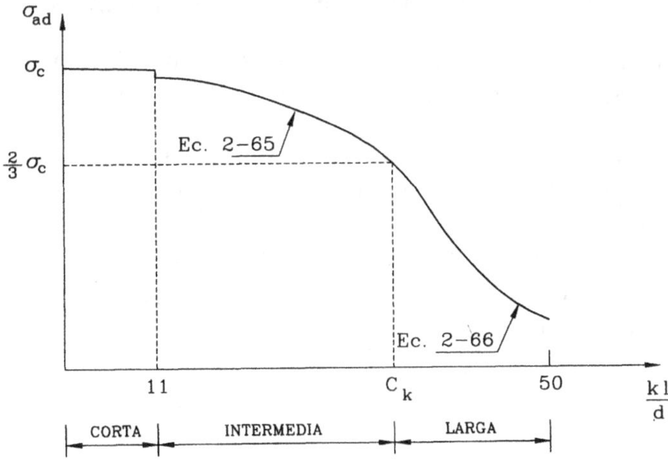

Figura 2.37
Tensión admisible de compresión en columnas de madera en función de la esbeltez

Ya que la mayoría de las columnas son de sección rectangular, la norma mencionada utiliza la menor dimensión de la sección d en vez del radio de giro r para definir la esbeltez (por cierto d $= r\sqrt{12}$). Para columnas cortas (kL/d $\leq$ 11), no hay reducción alguna por inestabilidad, adoptándose como tensión admisible $\sigma_{adm} = \sigma_c$, en que σ_c es la tensión admisible de la madera en compresión paralela a las fibras. El límite entre las columnas intermedias y las esbeltas se define para la esbeltez:

$$C_k = 0{,}671 \sqrt{\dfrac{E}{\sigma_c}} \tag{2-64}$$

que corresponde a la esbeltez para la cual la tensión crítica de Euler es igual a $2/3\,\sigma_c$. En la Ec. 2-64, E es el módulo de elasticidad elástico promedio de la madera. La tensión admisible para columnas intermedias queda dada por una fórmula de transición (Ec. 2-65), y para columnas esbeltas la tensión admisible (Ec. 2-66) corresponde a la tensión crítica de Euler (Ec. 2-54) afectada por un factor de seguridad de 2,74 y por el cambio de r por d $/\sqrt{12}$:

$$\sigma_{adm} = \sigma_c \left[1 - \dfrac{1}{3} \left(\dfrac{kL/d}{C_k} \right)^4 \right] \tag{2-65}$$

$$\sigma_{adm} = \dfrac{0{,}3\,E}{(kL/d)^2} \tag{2-66}$$

La esbeltez máxima permitida en columnas de madera es kL/d = 50.

En el caso de columnas de sección circular la norma permite la simplificación de suponer que su capacidad soportante es igual a la de una columna de sección cuadrada con igual área de compresión; esta aproximación resulta en un error del orden del 5 % por el lado de la inseguridad para columnas esbeltas. Una alternativa a la simplificación es usar las Ecs. 2-65 y 2-66 sustituyendo d por $r\sqrt{12}$ y el radio de giro r por la mitad del radio de la sección de la columna.

Cabe hacer notar que, cuando proceda, la tensión admisible debe también afectarse por los factores K_H y K_D definidos en el capítulo anterior.

En madera es común usar columnas compuestas por dos o más piezas, las que al separarse mejoran el radio de giro, como las secciones de las Figs. 2.38.a y b. Sin embargo, los experimentos han demostrado que para el pandeo en torno al eje y-y no se cuenta con una perfecta colaboración de las secciones individuales. La norma alemana de cálculo y ejecución de construcciones de madera (DIN 1052) recomienda usar un momento de inercia equivalente I_e dado por:

$$I_e = I_o + \dfrac{1}{4} \left(I_1 - I_o \right) \tag{2-67}$$

en que I_o es el momento de inercia de una sección llena de espesor igual a la suma de los espesores de los elementos individuales componentes, e I_1 es el momento de inercia de la sección compuesta. Separaciones a > 2d no podrán ser consideradas en el cálculo.

El radio de giro equivalente r_e está dado por:

$$r_e = \sqrt{\frac{I_e}{A}}$$

en que A es la suma de las áreas de los elementos componentes. El momento de inercia respecto al eje x-x es igual a la suma de los momentos de inercia de los elementos componentes (no hay reducción).

Los tacos de madera que unen las piezas individuales se deben colocar, por lo menos, en los extremos y en el centro del elemento. En todo caso, la esbeltez de cada elemento individual entre tacos de conexión será menor que la esbeltez del conjunto. Los tacos tendrán un ancho igual al de las piezas conectadas y un largo mínimo igual a (a + 2d). Las conexiones se realizan con un mínimo de dos pernos para piezas de ancho menor a 8'' y con cuatro pernos para piezas de ancho mayor a 8''. En elementos de menor importancia se pueden utilizar clavos.

Finalmente, es necesario destacar que en esta Sección no se ha seguido la presentación de la norma chilena NCh1198.Of91, ya que se ha preferido una formulación más sencilla.

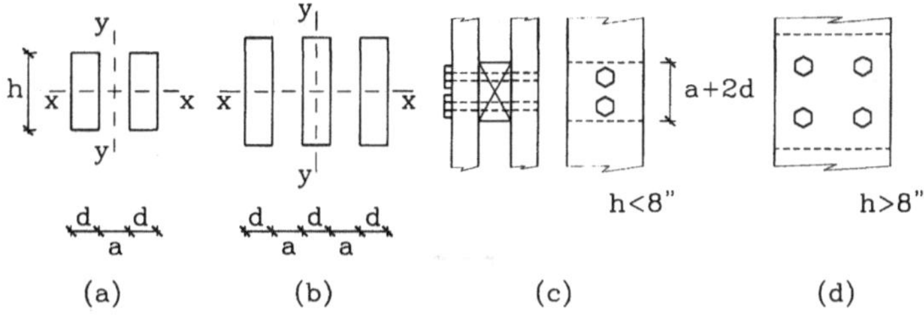

Figura 2.38
Columnas compuestas de madera

Ejemplo 2.10

Para un cobertizo de automóviles en una residencia particular se usa una estructura de madera de roble cepillada grado de calidad 3. No hay certeza de la humedad de la madera que se adquirirá, y por tratarse de una estructura a la intemperie, se puede suponer conservadoramente $H_c = H_s > 20\,\%$. Las columnas de 2,3 m de altura estarán empotradas en la base y no formarán nudos rígidos con las cerchas o vigas de cubierta. La carga en cada columna es de 1200 kg. Se pide diseñar las columnas.

Solución: El roble con $H_c > 20\%$ y $H_s \geq 20\%$ según las Tablas M.6 y M.3 debe considerarse en el grupo E4. Para un grado de calidad 3 clasifica en la clase estructural f8 (Tabla M.5.a). Entonces, de la Tabla M.7, la tensión admisible de compresión paralela a las fibras es de 66 kg/cm^2 y el módulo de elasticidad 69000 kg/cm^2.

Tomando una sección formada por dos piezas de 2"×6" separadas en 2" se tiene (Fig. E2.10.a):

$$r_x = \frac{h}{3,46} = 4,05 \text{ cm}$$

$$r_{ye} = \sqrt{\frac{I_{ye}}{A}}$$

$$A = 126 \text{ cm}^2$$

$$I_{ye} = I_o + \frac{1}{4}(I_1 - I_o)$$

en que I_1 e I_o se calculan para las secciones indicadas en las Figs. E2.10.a y b respectivamente:

$$I_1 = 2(I + Ad^2) = 2\left[\frac{14(4,5)^3}{12} + 63(4,5)^2\right] = 2764 \text{ cm}^4$$

$$I_o = \frac{(14)(9)^3}{12} = 850,5 \text{ cm}^4$$

$$I_{ye} = 850,5 + \frac{2764 - 850,5}{4} = 1329 \text{ cm}^4$$

Notar que la eficiencia de la sección (I_{ye}/I_1) es de un 48%. El radio de giro equivalente es entonces:

$$r_{ye} = \sqrt{\frac{1329}{126}} = 3,25 \text{ cm} \qquad \text{(controla)}$$

Como las fórmulas de diseño se han presentado para una sección rectangular, el radio de giro calculado equivale a una sección cuya dimensión menor d_e es (Fig. E2.10.c):

$$d_e = r_{ye} \sqrt{12} = 11,26 \text{ cm}$$

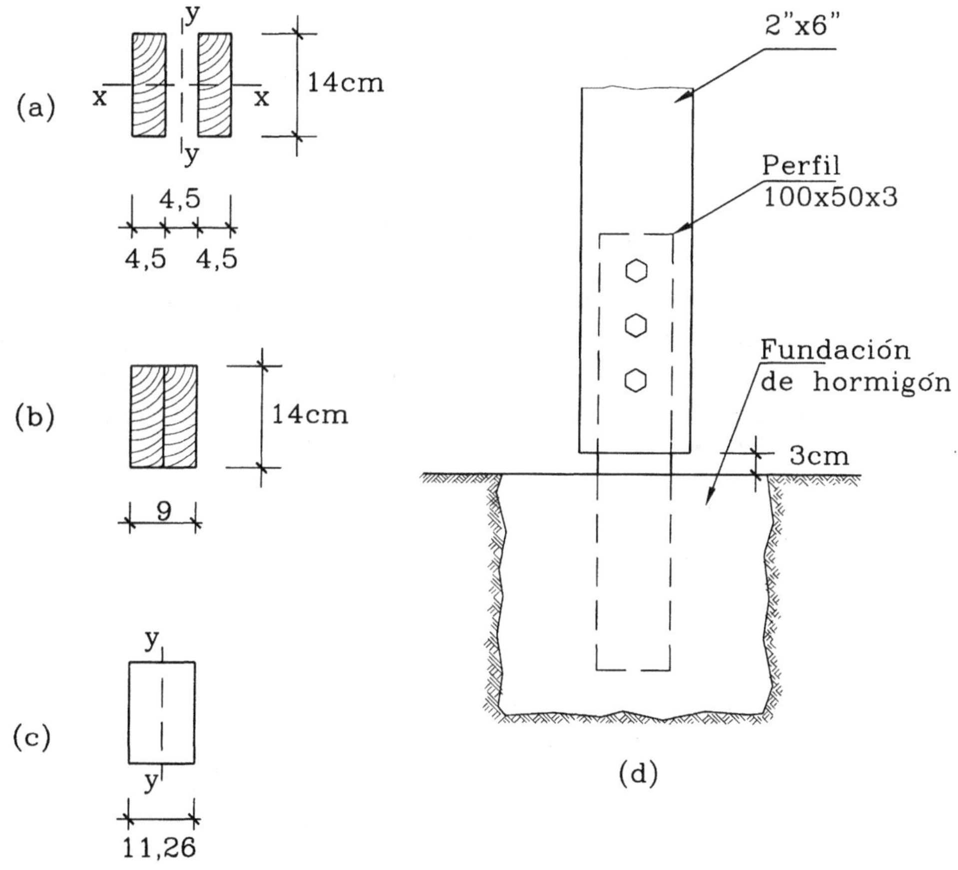

Figura E2.10

Para una columna empotrada en la base y libre en su extremo superior $k = 2,1$, luego la esbeltez de la columna es:

$$\lambda = \frac{kL}{d_e} = \frac{(2,1)\,(230)}{11,26} = 42,9$$

como:

$$C_k = 0,671 \sqrt{\frac{E}{\sigma_c}} = 0,671 \sqrt{\frac{69000}{66}} = 21,7$$

rige la Ec. 2-66. Luego:

$$\sigma_{adm} = \frac{0,3\,E}{\lambda^2} = \frac{(0,3)\,(69000)}{(42,9)^2} = 11,25 \ kg/cm^2$$

$$N_{adm} = A\,\sigma_{adm} = 1417 \ kg > 1200$$

Para completar el diseño, usar en la base un perfil tubo metálico de 100×50×3 mm al que se unirán las dos piezas de roble de 2"×6" mediante pernos. El perfil metálico se empotrará en una fundación de hormigón. Se evitará el contacto de la madera con el suelo para protejerla de la humedad (Fig. E2.10.d).

2.7 EJERCICIOS PROPUESTOS

2.01 Diseñar las barras del cordón traccionado de la cercha de la figura. Hay sujeción lateral en los apoyos y nudos del eje de simetría. Usar A37-24ES, uniones soldadas, perfiles normales, y $\sigma_{adm} = 0.6\ \sigma_y$ (Respuesta: 02x1.82 o TL 4x2,41).

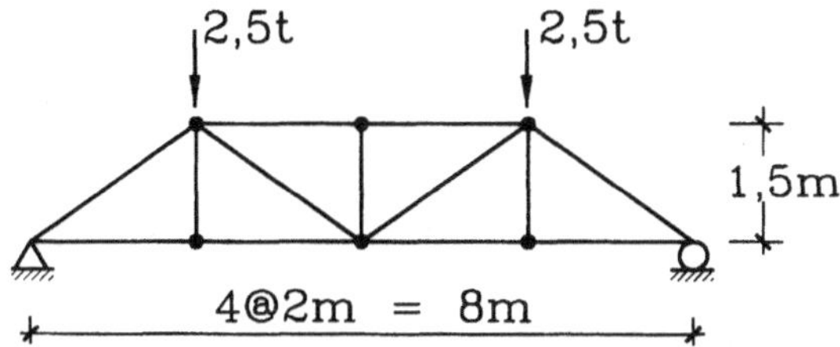

2.02 Diseñar las barras traccionadas del reticulado de la figura. El acero a usar tiene tensión admisible de tracción igual a 1,4 ton/cm^2. En la dirección perpendicular al plano está restringido al desplazamiento de los nudos. (Respuesta: TL5×4,48 y TL6×7,12).

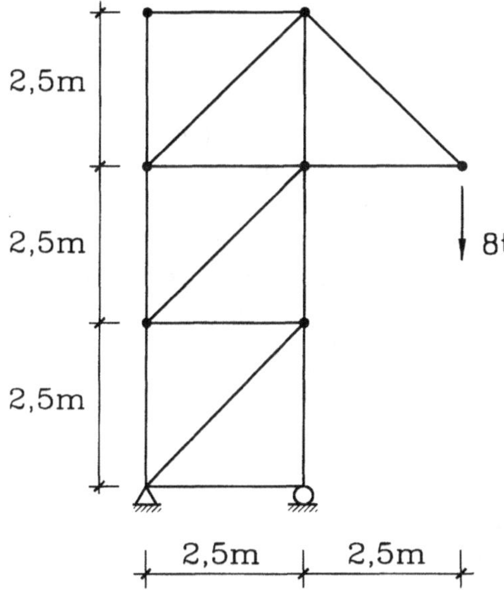

2.03 Diseñar las barras AB, AF y AG del reticulado de la figura. En la dirección perpendicular al plano está restringido el desplazamiento de los nudos. Las uniones serán soldadas. Use acero calidad A37-24ES.

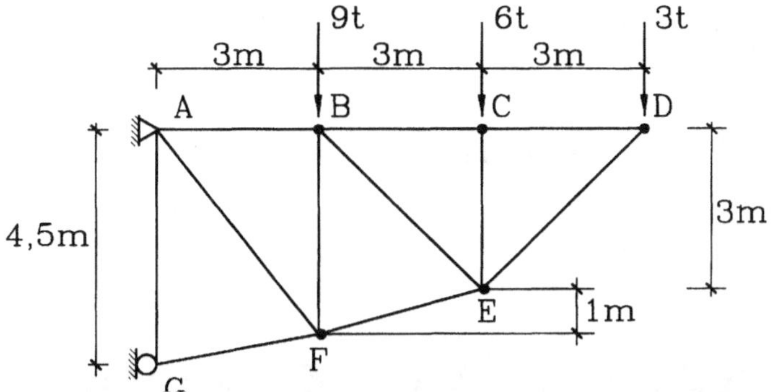

2.04 La probeta de la figura es sometida a un ensayo de tracción. Dada la curva σ-ε del material, se pide determinar la curva P-δ de la probeta.

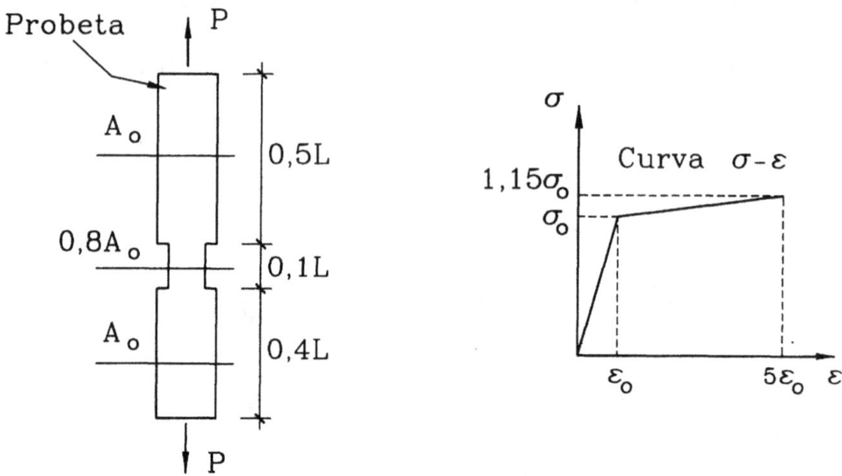

2.05 El perfil doble-T de acero calidad A37-24ES tiene las tensiones residuales que se indican en la figura. Suponiendo el acero como elastoplástico perfecto y usando un módulo de elasticidad $E = 2,0\times10^6$ kg/cm^2, se pide calcular: a) La carga axial de tracción P_o que produce iniciación de la fluencia en la sección, b) La carga axial de compresión que produce iniciación de la fluencia en la sección (no hay problemas de pandeo), c) La máxima carga axial de tracción P_m que resiste la sección, y d) La distribución de tensiones debido al efecto conjunto de la carga aplicada P y de las tensiones residuales, para $\varepsilon = 1/2$ $(\varepsilon_o + \varepsilon_m)$, en que ε_o es la deformación unitaria para la carga P_o calculada en (a) y ε_m la deformación unitaria calculada en (c) debido a la carga P_m (Respuesta: a) 16,5 ton, b) 74,25 ton, c) 132 ton, d) $\sigma = 2400$, 1875, 1175, 825 kg/cm^2).

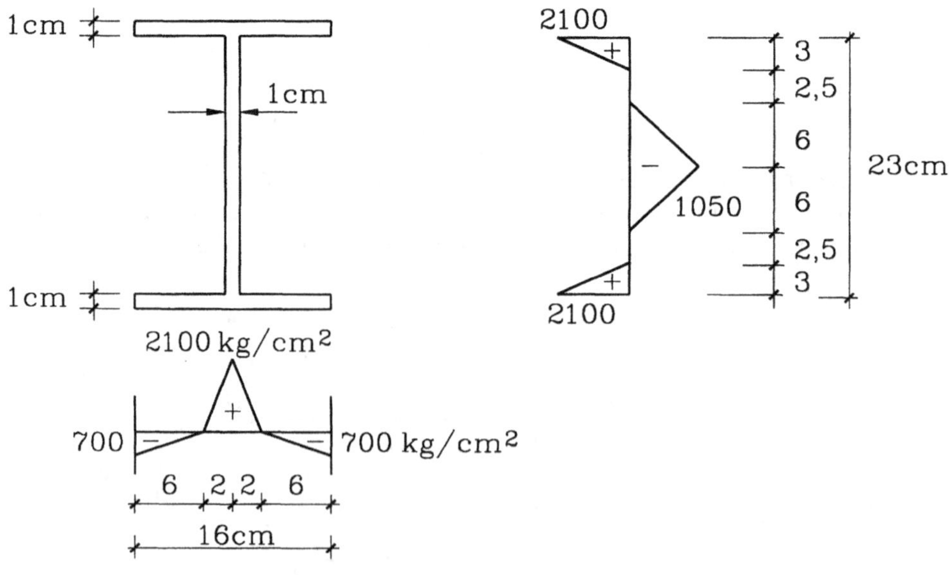

2.06 Un perfil metálico de sección tubular cuadrada se forma soldando 4 perfiles ángulo de 20 mm de espesor en la forma que indica la figura. Debido al método de fabricación cada cara del tubo tiene las tensiones residuales que se indican. Si el acero se supone idealmente como elastoplástico perfecto, con tensión de fluencia de 2400 kg/cm^2 y módulo de elasticidad $E = 2{,}0 \times 10^6$ kg/cm^2, se pide calcular: a) La carga axial de tracción P_y que produce iniciación de la fluencia en la sección, b) La máxima carga axial de tracción P_u que resiste la sección, y c) Indicar las deformaciones unitarias mínimas requeridas para desarrollar P_y y P_u (Respuesta: a) 72 ton, b) 576 ton, c) 0,00015 y 0,00155).

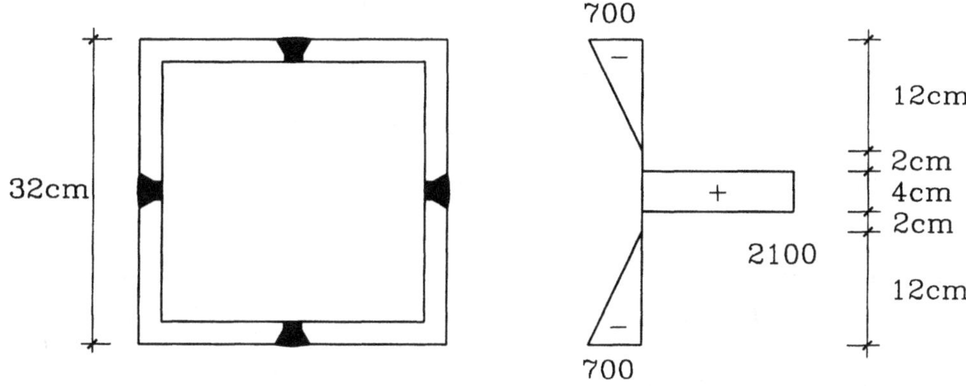

2.07 Para la sección doble-T de la figura de acero A37-24ES, que tiene las tensiones iniciales que se muestran y donde no hay pandeo, calcular: a) El máximo de las tensiones iniciales σ_o, b) La carga axial P_1 para que se inicie la fluencia en alguna parte de la sección, c) La carga máxima que resiste la sección P_2, d) La deformación asociada con la carga aplicada para la que $P = (P_1 + P_2)/2$ (Respuesta: $\sigma_0 = 908{,}4$ kg/cm^2, $P_1 = 127{,}5$ ton, $P_2 = 205{,}2$ ton, $\varepsilon = 0{,}83\,\varepsilon_y$).

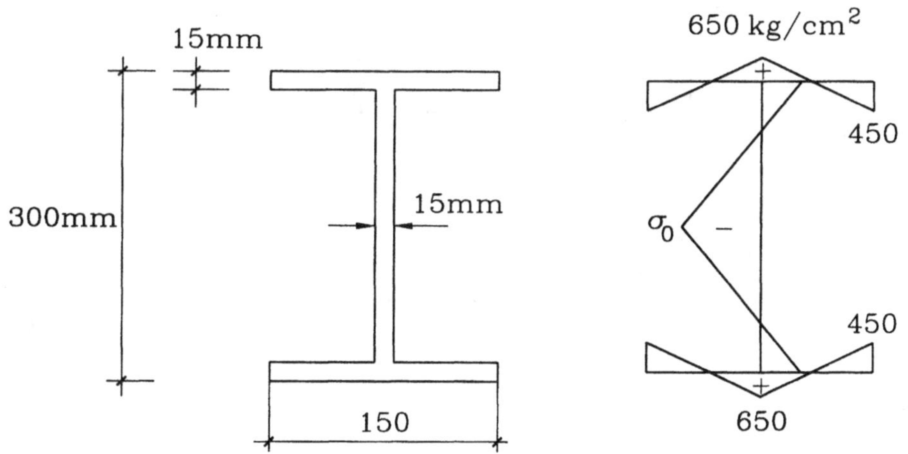

2.08 Una columna de material elastoplástico se somete a un ensayo de compresión axial. Determinar el valor de α que debe tener la distribución de tensiones iniciales y la curva σ-ε real que se obtiene del ensayo de compresión. No hay pandeo.

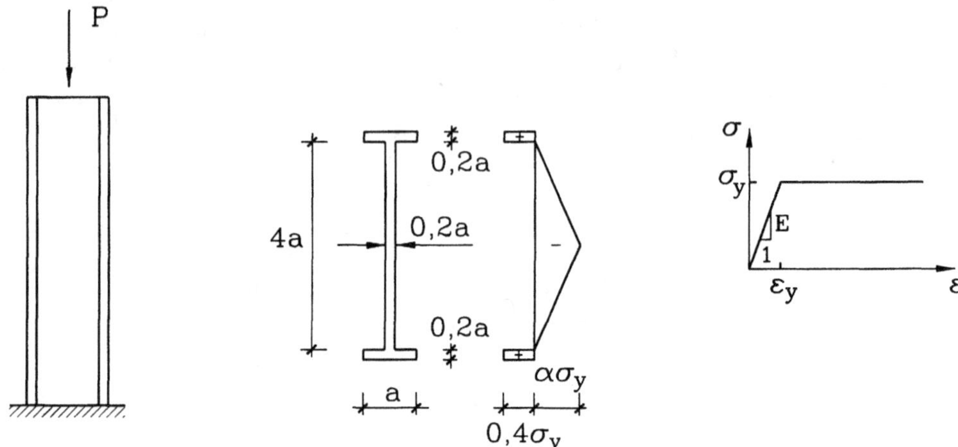

2.09 Una columna corta de sección rectangular está sometida a una carga de compresión P. La sección tiene una distribución de tensiones residuales como la indicada. El material tiene comportamiento elastoplástico con tensión de fluencia σ_y. Determine la relación P/A v/s Δ/L.

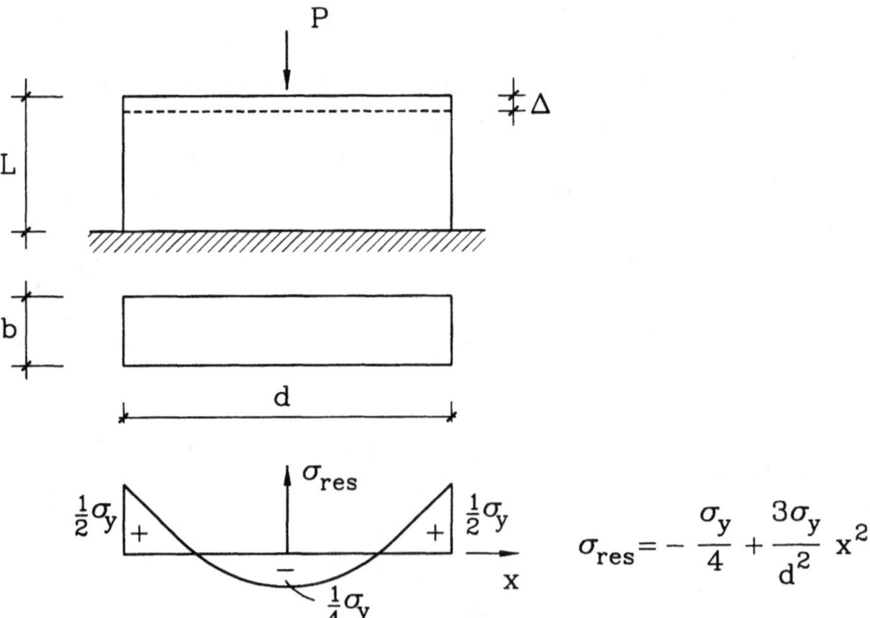

$$\sigma_{res} = -\frac{\sigma_y}{4} + \frac{3\sigma_y}{d^2}\, x^2$$

2.10 Calcule el centro de gravedad mecánico de la sección dada. Datos: $E_s = 2{,}1 \times 10^6$ kg/cm^2, $A_s = 8\phi16 = 16$ cm^2, y $E_c = 2{,}4 \times 10^5$ kg/cm^2 (Respuesta: 21,16; 20 del vértice superior izquierdo).

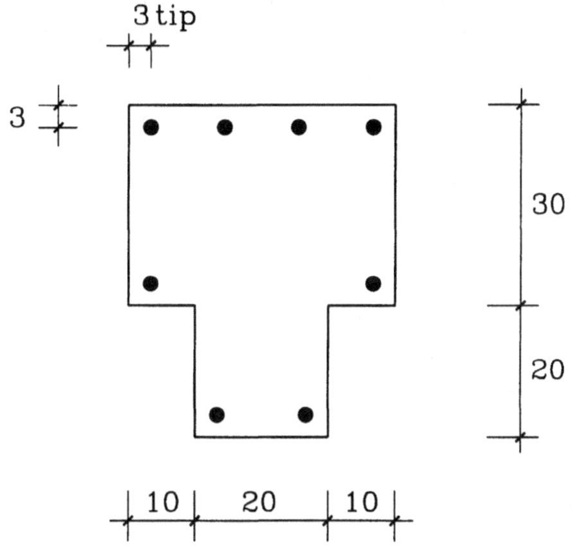

2.11 Una sección de madera de 4''×4'' (10×10 cm), se refuerza con 4 planchas de acero, una en cada cara. Si se quiere resistir una carga total de 20 ton, ¿cuáles deben ser las dimensiones de los refuerzos? Las tensiones admisibles son: $\sigma_m^{adm} = 45$ kg/cm^2 y $\sigma_s^{adm} = 1400$ kg/cm^2. Considerar $E_m = 8 \times 10^4$ kg/cm^2. Usar planchas de dos milímetros como mínimo, considerando que la madera se rompe con $\sigma_m^{ult} = 80$ kg/cm^2 y el acero es A37-24ES, ¿cuál es el factor de seguridad que involucra su diseño?, ¿por qué es distinto de los FS de cada uno de los materiales? ($FS_{mat} = \sigma_{mat}^{ult} / \sigma_{mat}^{adm}$).

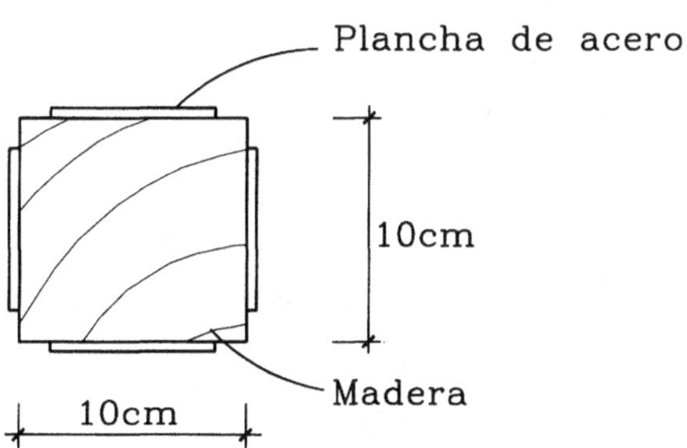

2.12 Un cilindro de material 2, de 24 cm de diámetro exterior y 2 cm de espesor, se llena con material 1 para ser usado como columna sometida a compresión axial pura. Determinar E para el material 2, de modo que cuando $\varepsilon = \varepsilon_2$ ambos materiales estén resistiendo la misma carga axial de compresión. Dibuje, además, la curva P-ε para $0 < \varepsilon < \varepsilon_2$ indicando la contribución de cada material.

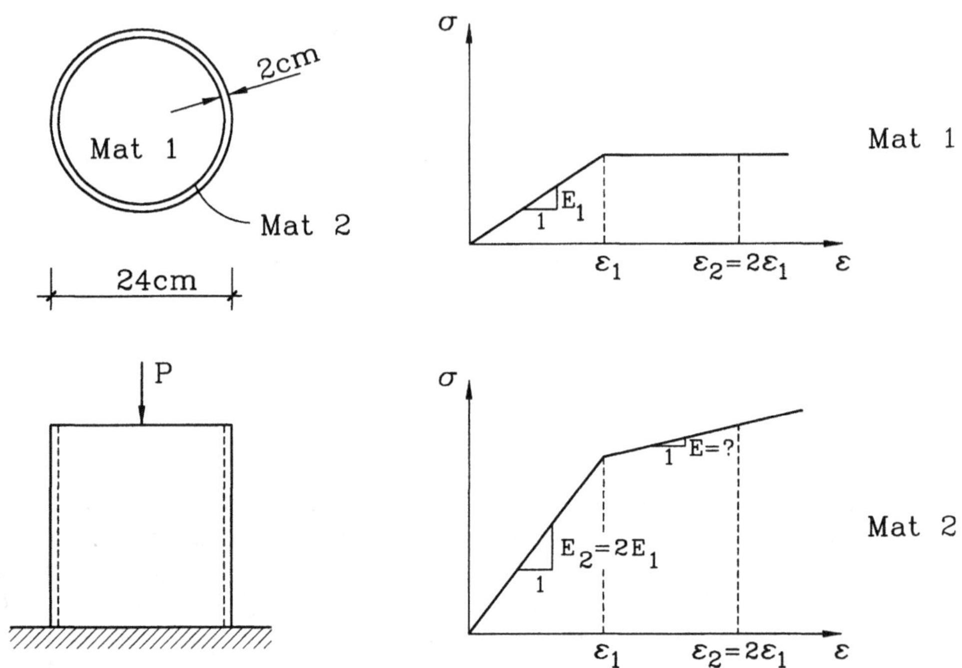

2.13 En la sección de hormigón armado de la figura se va a aplicar una carga de compresión en el eje de simetría A-A. Determine y de modo de obtener un estado uniforme de deformaciones axiales. $E_c = 210$ ton/cm^2 y $E_s = 2100$ ton/cm^2 (Respuesta: 15,37cm).

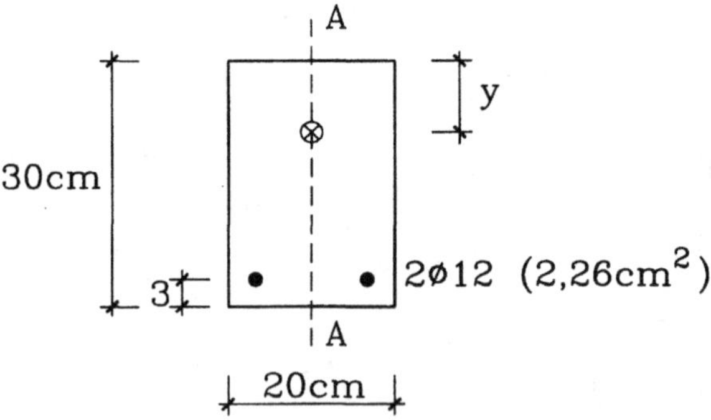

2.14 Una columna de madera de sección 15×30 cm se refuerza con planchas de acero de 5 mm de espesor y 20 cm de ancho a lo largo de los lados de 30 cm. Usar $E_m = 105000$ kg/cm^2 y $E_s = 2,1×10^6$ kg/cm^2. Se pide: a) Para una carga de P (kg), calcular las tensiones en la madera y el acero, b) Suponiendo que se sacan los refuerzos, ¿en qué porcentaje aumenta la tensión en la madera?, y c) Si la carga aumenta a 2 P, ¿en cuánto se debe aumentar la sección de acero, para que la deformación unitaria ε no varíe? ¿Cuál es ahora la tensión en cada uno de los materiales?

2.15 La columna de la figura está formada por tres materiales: hormigón de f_c' = 200 kg/cm^2 y relación tensión deformación dada por $\sigma = 200000\,[\varepsilon - 250\,\varepsilon^2]$ para $0 \le \varepsilon \le 0,003$, acero en barras redondas de 26 mm de diámetro de calidad A44-28 idealizado como material elastoplástico con módulo de elasticidad $E_s = 2,1\times10^6$ kg/cm^2, y aluminio de módulo de elasticidad $E_a = E_s/3$ y tensión de fluencia $\sigma_{ay} = 5000$ kg/cm^2. Se pide: a) Determinar la capacidad máxima de la columna, b) Dibujar la curva P-ε de la columna hasta la rotura, c) Determinar la posición de la carga axial para que la deformación unitaria axial en la columna sea uniforme en el rango de comportamiento elástico de los 3 materiales (Respuesta: a) 826,6 ton, c) 20,3; 30,3 del vértice inferior izquierdo).

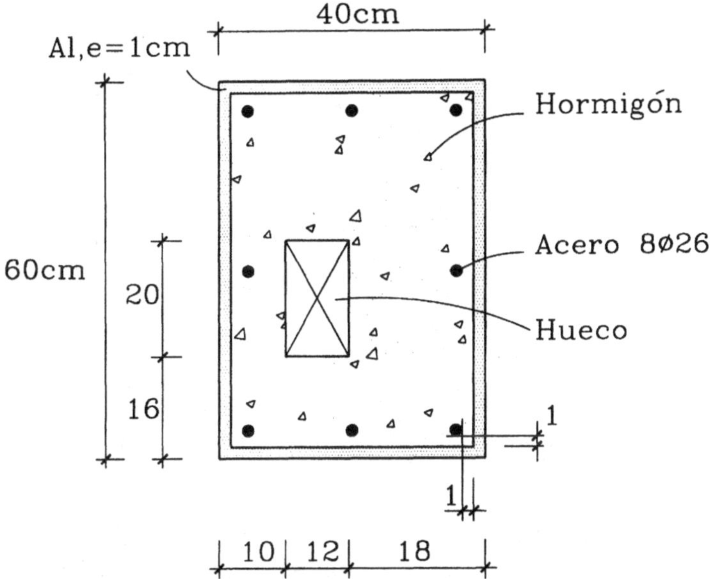

2.16 Para una columna de hormigón armado de 35×35 cm de sección y 8ϕ16 de armadura longitudinal, calcular la curva P-ε desde P = 0 hasta la rotura de la columna en base a las propiedades idealizadas de los materiales que se indican. No hay pandeo (Respuesta: P_{max} = 280,4 ton, P_{rotura} = 244,1 ton).

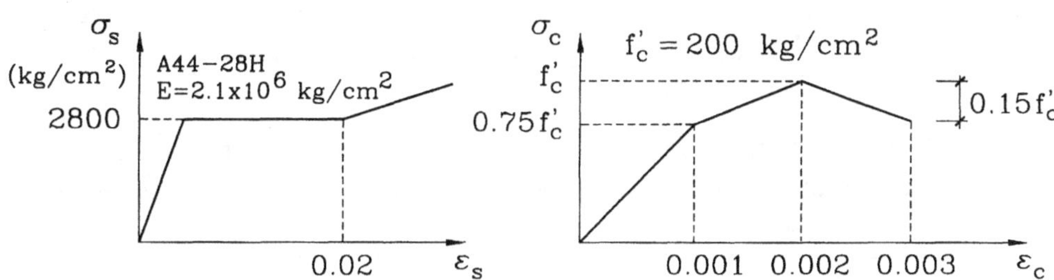

2.17 Un tubo de acero A37-24 de dimensiones nominales 200×6 mm se llena con hormigón con $f_c' = 250$ kg/cm². La curva tensión-deformación del hormigón se puede aproximar por la parábola σ_c (kg/cm²) = 250000 (ε - 250 ε^2) para $0 \leq \varepsilon \leq 0,003$. Si a esta sección se le aplica una carga axial P, determinar las tensiones en ambos materiales para: a) P = 100 ton y b) P= 140 ton.

2.18 Una columna de dos materiales está solicitada por una carga P centrada. Se pide: a) Encontrar una relación entre la carga P y la deformación unitaria ε, b) La carga última de la sección.

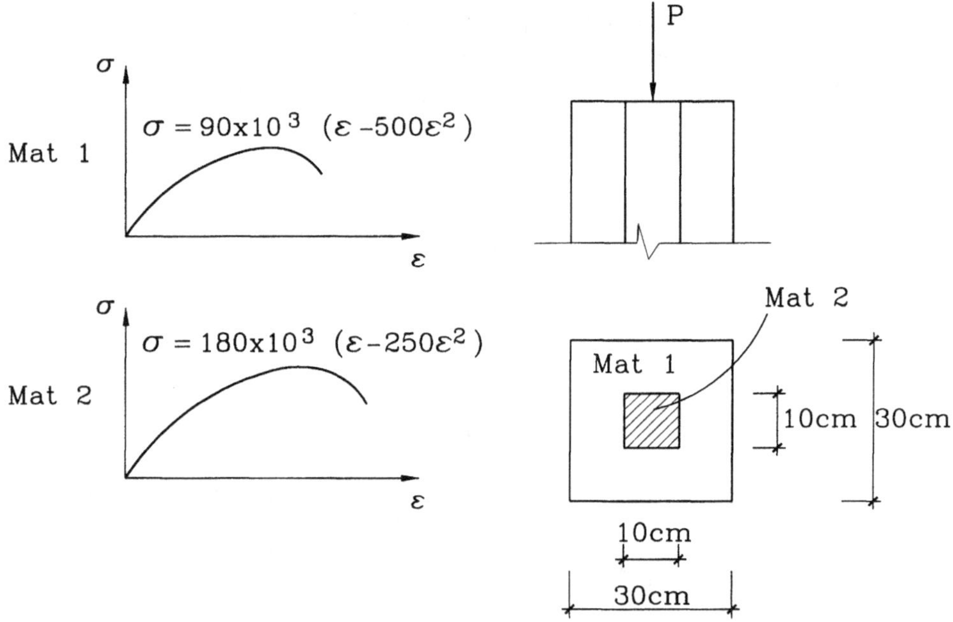

2.19 Un tubo de acero A37-24 de diámetro exterior 200 mm y espesor 6 mm se llena con hormigón de resistencia cilíndrica $f_c' = 250$ kg/cm². La curva tensión deformación se puede aproximar por la parábola σ_c (kg/cm²) = 250000 (ε - 250 ε^2) para $0 \leq \varepsilon \leq 0,003$. Se pide: a) Dibujar la curva carga axial P v/s deformación unitaria ε y encontrar la resistencia máxima P_m. No hay pandeo, b) Determine la carga axial admisible de compresión si se especifican $\sigma_c^{adm} = 100$ kg/cm² y $\sigma_s^{adm} = 1400$ kg/cm². Determine el factor de seguridad P_m/P_{adm}.

2.20 a) Determinar la carga axial última nominal según la norma ACI para la columna de hormigón armado de la figura. Los materiales tienen propiedades: $f_c' = 220$ kg/cm² y $\sigma_y = 4200$ kg/cm².

b) Determinar la posición en que debe actuar la carga para que no exista flexión de la columna (Respuesta: a) 161,6 ton, b) $\overline{x}, \overline{y} = 16,64$ cm).

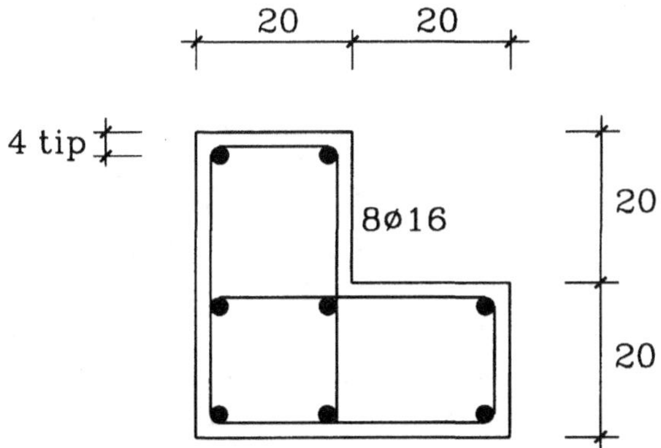

2.21 Diseñar una columna de hormigón armado de sección circular y con materiales de calidades acero A63-42H y hormigón $f_c' = 265$ kg/cm^2, para una carga de peso propio de la estructura que actúa sobre la columna de 80 toneladas y una sobrecarga de 60 toneladas. No hay pandeo. Usar norma ACI (Respuesta: r = 22 cm, 6ϕ18).

2.22 Una columna de 35×35 cm de hormigón armado tiene armadura longitudinal 8ϕ20. Los materiales son: hormigón H25 con $f_c' = 180$ kg/cm^2 y acero A44-28H. Se pide: a) Encontrar la carga de compresión admisible de la columna indicando el criterio usado, b) Determinar la resistencia máxima, y el factor de seguridad asociado a la carga de compresión antes calculada.

2.23 En una pasarela de hormigón armado, se desea diseñar el refuerzo de una columna, de 30×30 cm para que resista una carga de 70 ton. Se ocupará hormigón H30 con $f_c' = 250$ kg/cm^2 y acero A44-28H. Se pide: a) Determinar el número y el tipo de barras de acero que se debe usar, respetando las disposiciones de armadura máxima y mínima, b) ¿Qué solución le daría usted a su diseño, si la carga a resistir sube de 70 ton a 100 ton? (Respuesta: Usando NCh: a) 4ϕ16, b) 35×35 cm y 6ϕ18).

2.24 Diseñar una columna de hormigón armado de sección cuadrada para resistir una carga axial de peso propio $P_{PP} = 60$ ton, y una carga axial debido a sobrecarga $P_{SC} = 135$ ton. Suponer que el peso propio de la columna está incluido en P_{PP}. Tratar de producir un diseño económico. Usar hormigón H30 (equivalente a $f_c' = 255$ kg/cm^2) y acero A44-28H. Se pide: a) Diseñar según norma chilena antigua, b) Verificar si la columna obtenida satisface el criterio de diseño último según ACI, c) Indicar que estribos usaría (Respuesta: a) 45×45 cm, 8ϕ16, b) No cumple).

2.25 a) Diseñar una columna de hormigón armado para una carga axial de compresión de 300 ton aplicando la fórmula de la norma chilena antigua. Los materiales son: hormigón H30 ($R_{28} = 300$ kg/cm^2) y acero A63-42H.

b) Determinar la carga máxima que resiste el diseño obtenido, utilizando relaciones tensión-deformación idealizadas de los materiales.

c) Determinar las tensiones en el acero y hormigón para el diseño obtenido cuando se aplica la carga de 300 ton.

2.26 Diseñar la columna interior del primer piso del edificio de la figura, suponiendo que no hay pandeo. Estimar las cargas sobre la columna por áreas tributarias. Las losas son de 20 cm de espesor y las vigas de sección 40×65 cm. El peso de las terminaciones de piso y cielo pueden estimarse en 50 y 30 kg/m^2 respectivamente. Usar sobrecarga de 300 kg/m^2 y sobrecarga de techo de 150 kg/m^2. Peso específico del hormigón = 2,5 ton/m^3. Usar columnas de sección cuadrada. Por simetría para el estado de carga de peso propio más sobrecarga la columna tiene flexión nula. Los materiales son: hormigón clase H25 con f_c = 250 kg/cm^2, acero A63-42H. Usar: a) Criterio 1: No exceder las siguientes tensiones admisibles en los materiales: σ_c = 80 kg/cm^2 y σ_s = 2400 kg/cm^2, b) Criterio 2: Norma chilena antigua, c) Criterio 3: Diseño último según ACI 318-99, y d) Criterio 4: Diseño elástico según ACI 318-99.

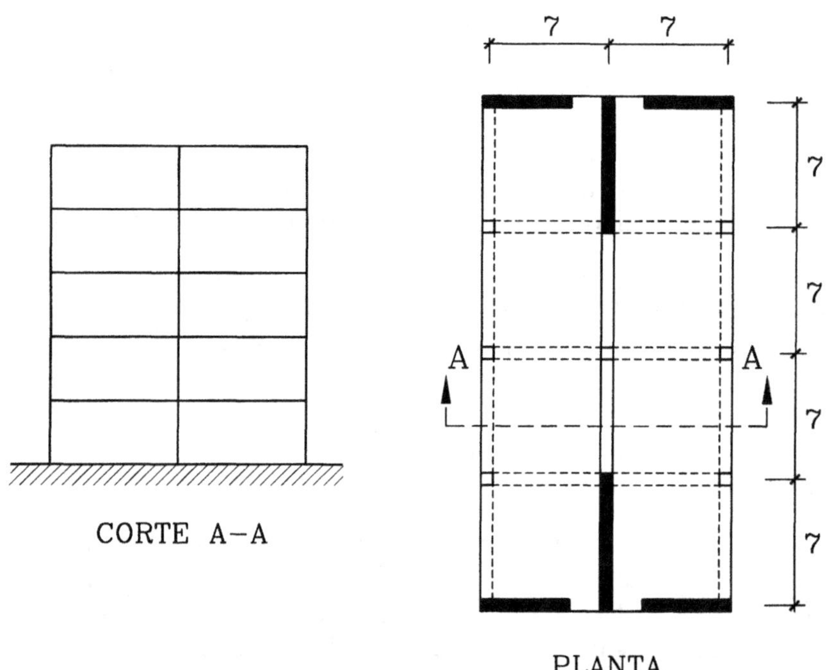

2.27 Una columna de hormigón tiene una sección de 50×50 cm, armaduras 8ϕ28, y estribos simples. Los materiales tienen las siguientes propiedades: Acero con f_y = 4200 kg/cm^2, E_s = 2,1×10^6 kg/cm^2 y relación tensión-deformación elastoplástica; Hormigón con f_c' = 250 kg/cm^2, y relación tensión-deformación parabólica-recta con ε_o = 0,002 y ε_u = 0,003. Sin considerar pandeo, se pide: a) La carga admisible según norma chilena antigua (PP + SC), b) La carga PP + SC si la columna satisface exactamente el criterio de diseño último ACI con SC = 0,8 PP, c) La carga última nominal de la sección según criterio de diseño último, y d) La carga máxima teórica de acuerdo al comportamiento idealizado de los materiales.

2.28 Una columna de hormigón armado tiene 45×45 cm de sección, hormigón H30 con estribos simples y armadura longitudinal 12ϕ18 de acero A63-42H. Se pide: a) Calcular la carga axial máxima admisible según el criterio de diseño elástico del ACI. b) La carga axial máxima admisible según norma chilena antigua. c) Determinar la carga axial máxima de peso propio más sobrecarga que podría resistir satisfaciendo el código ACI de diseño último. Suponer que la sobrecarga es igual a un 120% del peso propio. d) Suponiendo comportamiento elástico, calcular las tensiones máximas en el acero y el hormigón para la carga máxima calculada antes. Calcular la razón entre tales tensiones y la resistencia máxima nominal de los materiales. (Respuesta: a) 179 ton, b) 242 ton, c) 201 ton, d) razón en el acero 0,2 y en el hormigón 0,29).

2.29 a) Diseñar, usando el criterio de diseño último ACI, la columna A a nivel de primer piso, despreciando el efecto de flexión y el de pandeo. El edificio es de hormigón armado y tiene losa de 18 cm de espesor en el cielo de todos los pisos. Use una sección cuadrada para el diseño. Para determinar la carga axial sobre la columna estime el área tributaria.

b) Estime la carga axial última de la columna para el diseño obtenido en (a) y el factor de seguridad asociado a este diseño. Considere hormigón con $f_c' = 180$ kg/cm^2, y acero con $\sigma_y = 2400$ kg/cm^2. Peso hormigón = 2500 kg/m^3.

Cargas de peso propio sin considerar peso de vigas y losa (kg/m²)		Sobrecarga (kg/m²)	
2° y 3° piso	Techumbre	2° y 3° piso	Techumbre
100	50	200	0

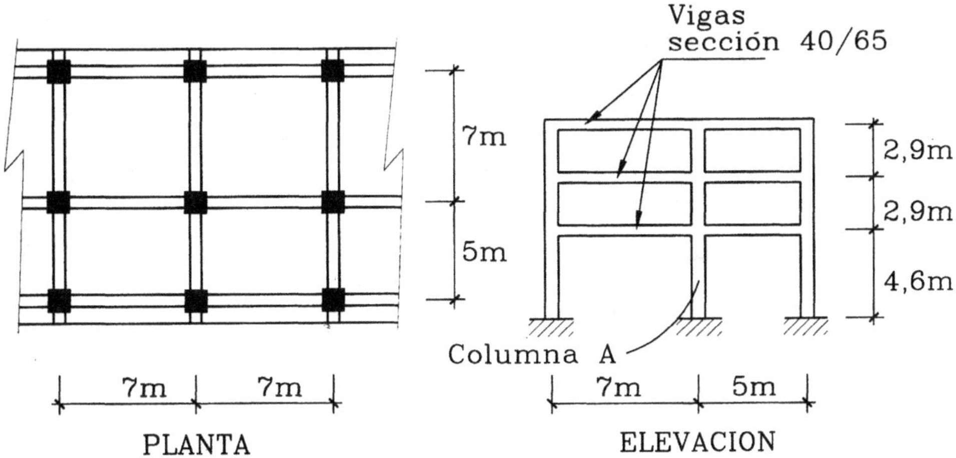

2.30 Encuentre una relación para la mínima esbeltez kL/r a la cual es aplicable la teoría elástica del pandeo, en términos del punto de fluencia σ_y del material, de la tensión residual máxima σ_o, y del módulo de elasticidad E. Con la expresión obtenida, evalúe dicha esbeltez mínima para acero A37-24ES y tensión residual máxima de 800 kg/cm^2.

2.31 La sección de un material tiene relación tensión-deformación dada por:

$$\sigma \left(kg / cm^2 \right) = \begin{cases} E\varepsilon & 0 \le \varepsilon \le 5{,}11 \times 10^{-4} \\ 2000 \left(1 - e^{-1000\varepsilon} \right) & 5{,}11 \times 10^{-4} \le \varepsilon \end{cases}$$

Se pide calcular y dibujar la curva tensión crítica v/s esbeltez para una columna de este material. Sugerencia: calcular y dibujar puntos discretos que permitan definir la curva.

2.32 Una columna de material elastoplástico está sometida a compresión axial. La sección es de la forma indicada y tiene la distribución de tensiones iniciales de la figura. Se pide: a) Determine el valor de x para que la distribución indicada sea efectivamente una de tensiones iniciales, b) Determine la curva σ-ε real de la sección, c) Si se desprecian problemas de pandeo local de las alas, determine la curva de pandeo σ_{cr} v/s kL/r para la columna.

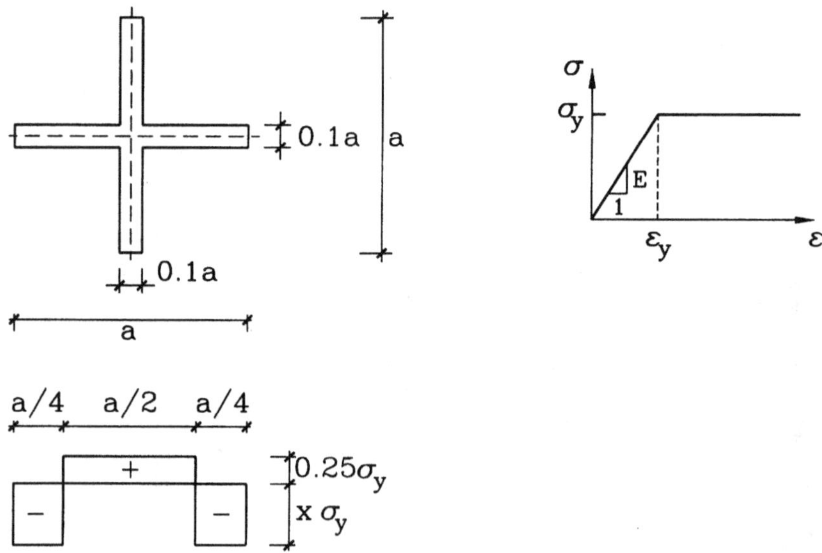

2.33 Determine a través de un gráfico, la curva que entrega la tensión crítica en función de kL/r, para una columna de sección doble-T con la distribución de tensiones iniciales que se muestra. Determine primero la curva σ-ε alterada, debido a las tensiones iniciales.

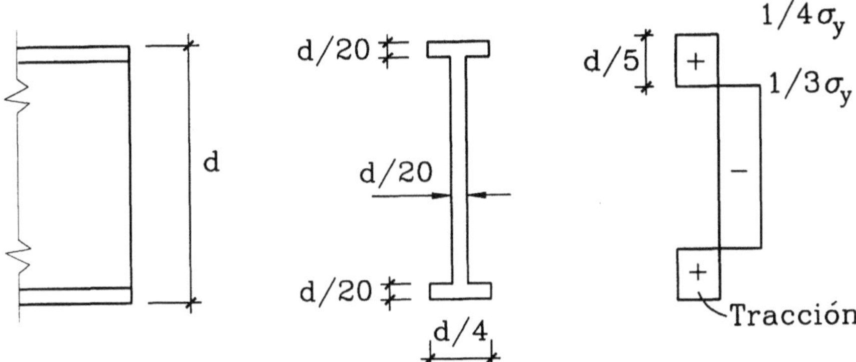

2.34 Determine a través de un gráfico la curva que entrega la tensión crítica en función de kL/r para la siguiente sección, con tensiones iniciales de variación sinusoidal. Determine primero la curva σ-ε debido a estas tensiones.

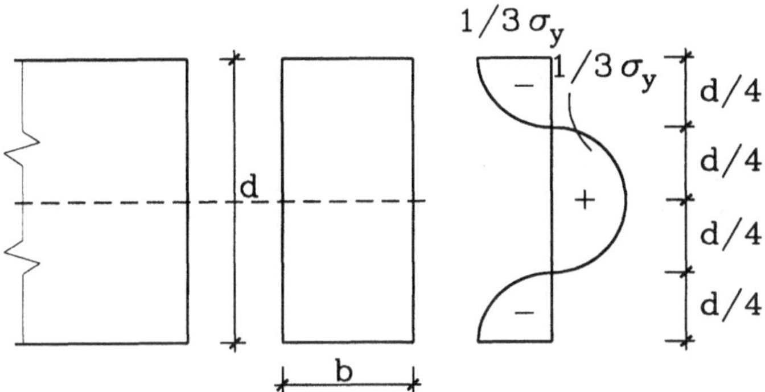

2.35 Calcule los radios de giro con respecto al eje x y con respecto al eje y de la sección de acero dada (Respuesta: $r_x = 18{,}5$ mm, $r_y = 24{,}3$ mm).

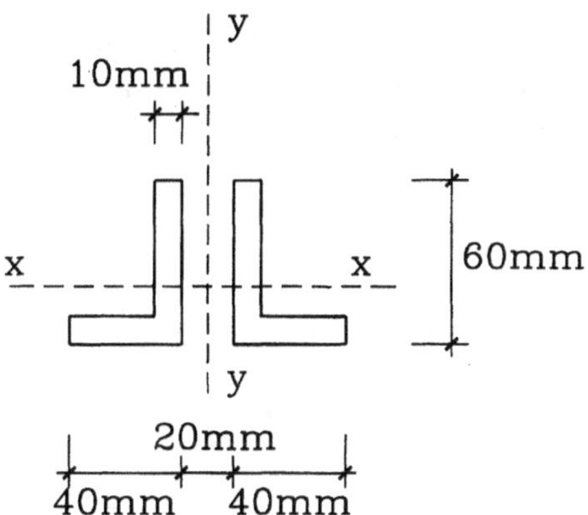

2.36 Una columna se forma en base a dos perfiles canal C25×26,6 con placas y perfiles de amarra como muestra la figura. Determinar los radios de giro r_x y r_y de la sección (Respuesta: 9,52 cm, 17,68 cm).

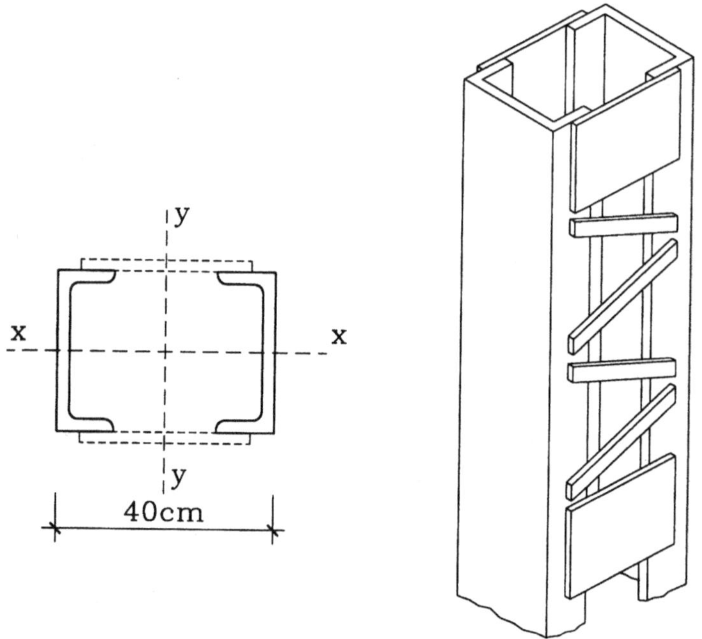

2.37 Demostrar que la deflexión al centro de una viga-columna sometida a carga uniformemente distribuida q y compresión axial P está dada por:

$$\delta = \frac{5qL^4}{384EI}\frac{12\left(2\sec\alpha - 2 - \alpha^2\right)}{5\alpha^4} \qquad \text{con} \quad \alpha = \frac{L}{2}\sqrt{\frac{P}{EI}}$$

y derivar de allí la carga crítica de pandeo elástico (notar que $5qL^4/384EI$ es la deflexión máxima cuando $P = 0$).

2.38 Utilizando el concepto de viga-columna, derivar la carga crítica de pandeo elástico del elemento de la figura (Respuesta: $v = M\,(L\operatorname{sen}\lambda x - x\operatorname{sen}\lambda L)/(PL\operatorname{sen}\lambda L)$ y derivar P_{cr} para $v = \infty$).

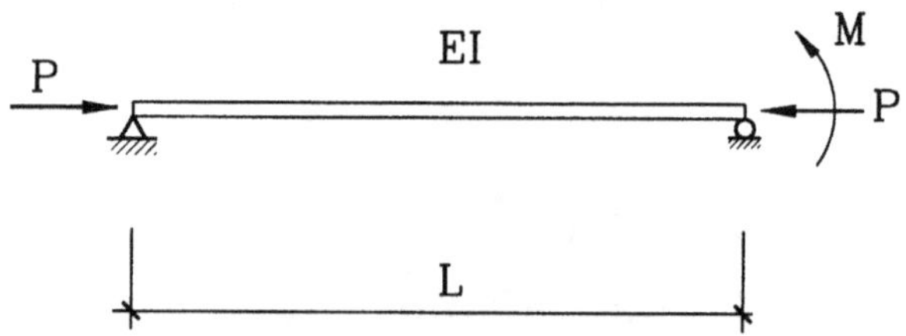

2.39 Calcular los coeficientes de luz efectiva de las columnas de la figura. El resorte de la figura (a) tiene su largo natural cuando la columna está vertical. En la figura (b) el tramo BC es infinitamente rígido.

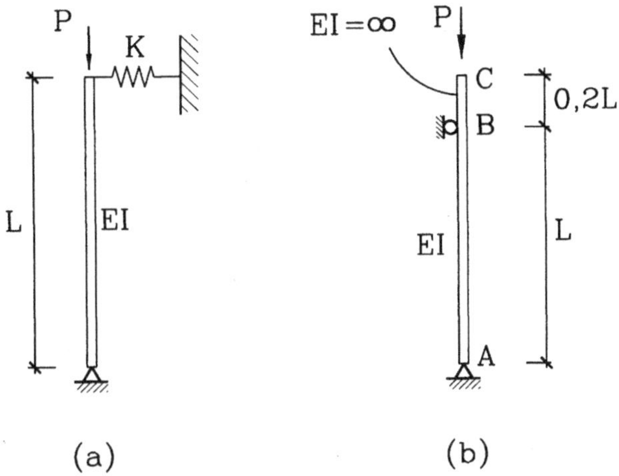

2.40 Demostrar que el coeficiente de luz efectiva de la columna de la figura es 1,0. El apoyo en A restringe el giro y el desplazamiento de la sección, el apoyo en B sólo restringe el giro. ¿Cuál es la máxima altura de una columna con estas condiciones de apoyo, cuya sección se muestra en la figura y que debe resistir una carga de: a) 50 ton, b) 30 ton?

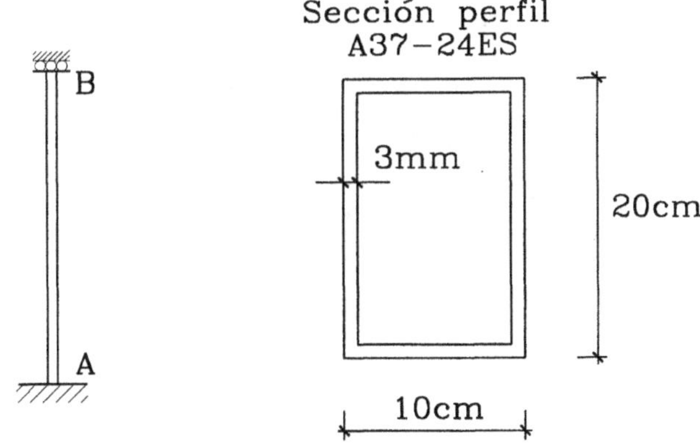

2.41 Calcule la carga crítica de pandeo elástico para la columna de la figura.

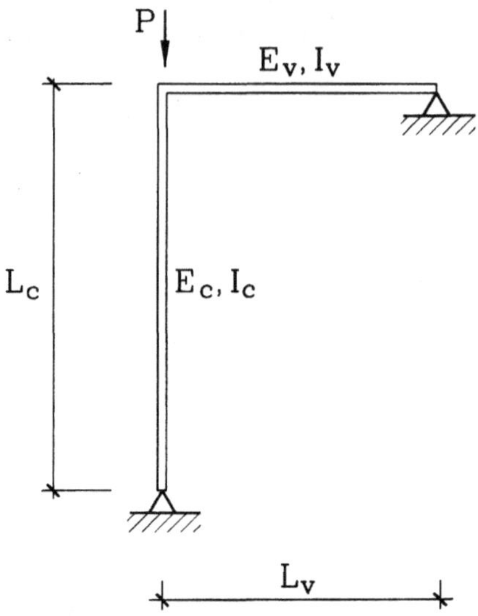

2.42 Escriba las condiciones de borde para una columna elástica de longitud L, en la que ambos extremos presentan una resistencia rotacional elástica α. Escriba la ecuación característica y determine el valor de P_{cr} para diferentes valores de α; lleve estos valores a un gráfico P_{cr} v/s α y verifique que los casos P_{cr} ($\alpha = 0$) y P_{cr} ($\alpha = \infty$) corresponden a:

$$\frac{\pi^2 EA}{(L/r)^2} \quad y \quad \frac{\pi^2 EA}{(0,5\,L/r)^2}$$

respectivamente (A es la sección recta de la barra).

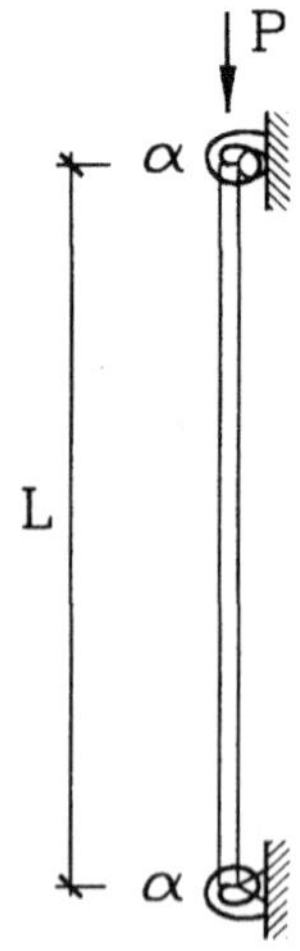

2.43 Un elemento de reticulado de 2,5 m de longitud está conformado por 2 ángulos de 50×50×4 mm de acero A37-24ES. Los ángulos tienen una separación de 5 mm y están unidos mediante planchas a distancia tal que permiten considerar que ambos actúan en conjunto. Se pide determinar la carga admisible en compresión del elemento (Respuesta: 3157 kg).

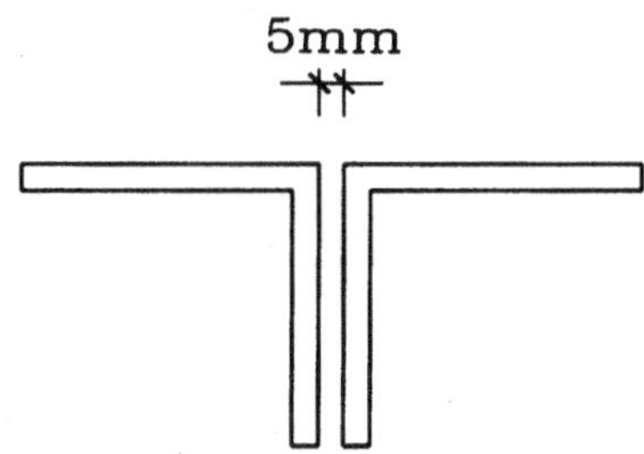

2.44 El reticulado de acero de la figura se diseñará utilizando perfiles de acero A37-24ES. Los esfuerzos en las barras son los indicados. Se pide: a) Dimensionar el elemento AB, b) Dimensionar el elemento BC, c) Dimensionar el cordón superior. Se usará el mismo perfil en toda la longitud. Considerar que existen apoyos en la dirección perpendicular al plano del reticulado en los puntos A, C, E, G y H. P = 300 kg (Respuesta: a) TL5×3,04, b) TL6,5×5,89, c) TL6,5×5,89).

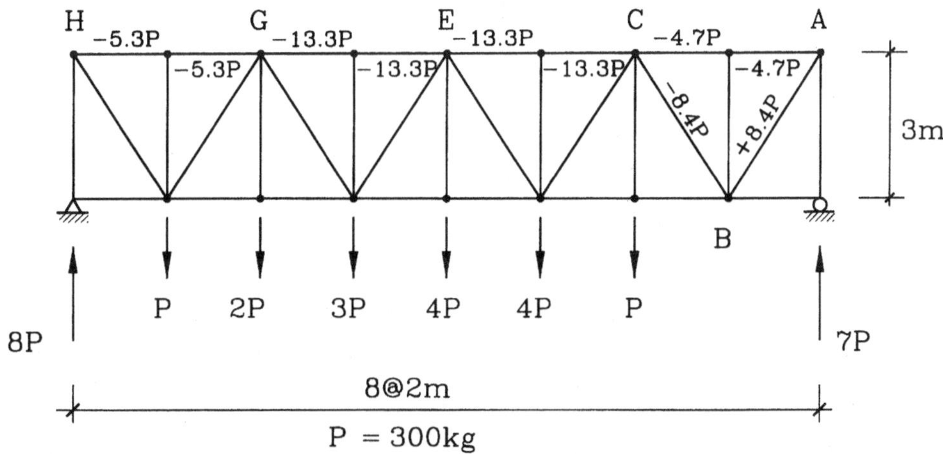

2.45 Diseñar las barras a, b, y c del reticulado de la figura. Usar acero A37-24ES. Suponer que las uniones serán soldadas. Considerar perfiles canal en los cordones superior e inferior y ángulos en la diagonal. Suponer que los nudos del reticulado no pueden desplazarse fuera del plano del reticulado.

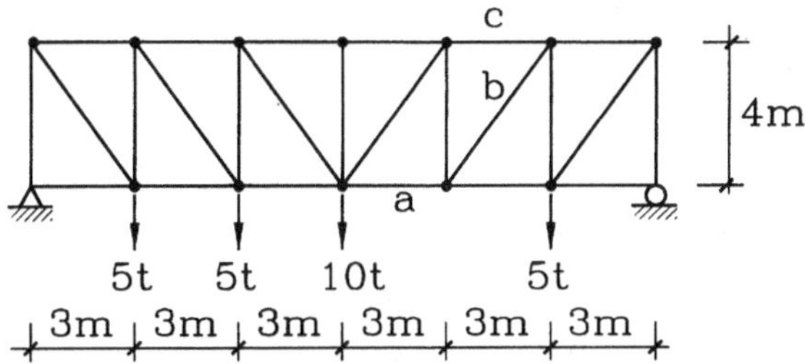

2.46 Determinar la máxima carga P admisible que se puede aceptar en el reticulado simétrico de la figura. Todos los elementos son de acero A37-24ES y las uniones se han materializado soldando los perfiles a planchas gussets de 20 mm de espesor. Los elementos AE, BF, EC y CF son perfiles C10×144. Los elementos AD, DB, DE, DF y DC son perfiles TL8×14,1.

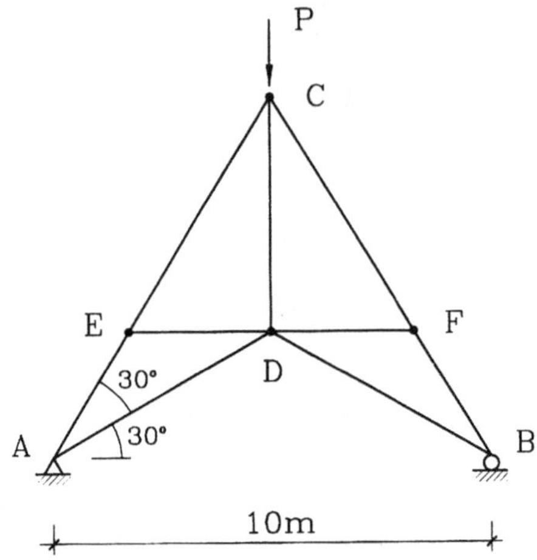

2.47 Diseñar las barras a, b, c y d de la viga enrejada de la figura, usando perfiles de acero A37-24ES. Las conexiones serán soldadas. Ocupar elementos factibles de ser conectados. P = 12 ton.

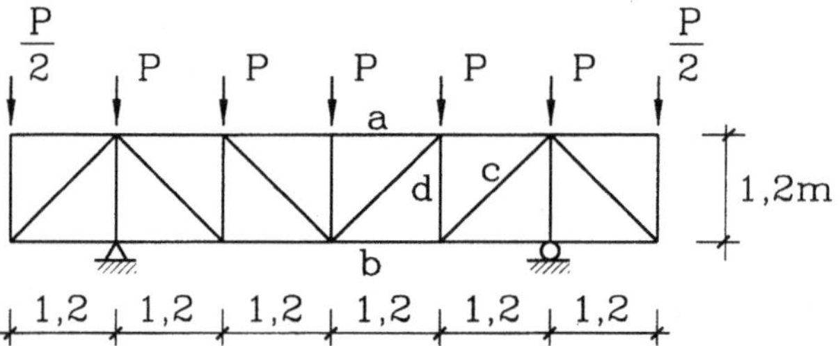

2.48 Diseñar los elementos de un reticulado para la techumbre de un galpón industrial. Hay tres vigas para grúas vinculadas al cordón inferior en L_2, L_2' y L_5, con cargas de 2903, 2903 y 5580 kg respectivamente. Además, se tienen las siguientes cargas de diseño: peso propio = estructura + cubierta = 63,65 kg/m^2, sobrecarga = nieve = 200 kg/m^2. Diseñar también el nudo L_1 (unión soldada). Usar acero A37-24ES y electrodos E40XX.

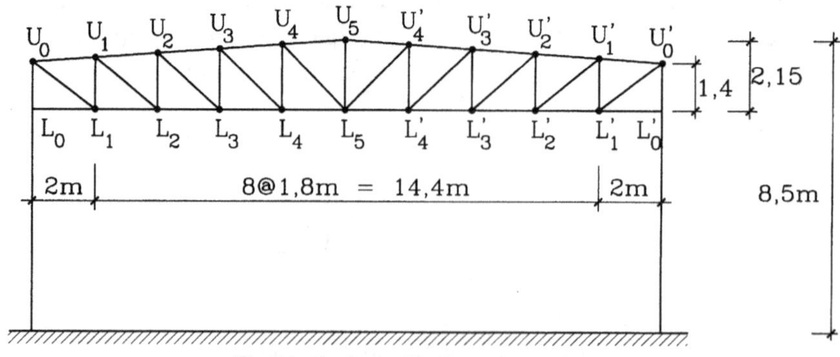

2.49 Se desea diseñar un corredor cubierto, con planos esquemáticos como los indicados. Diseñar las columnas usando acero A37-24ES y dos perfiles canal dispuestos como se indica. Se pide seleccionar los perfiles y determinar la separación "a" entre las almas que usted considere más adecuada. Note que la viga le proporciona al pilar cierta rigidez al giro. Use su criterio para elegir la longitud efectiva de pandeo. Recuerde que la esbeltez máxima en elementos principales en compresión es 200.

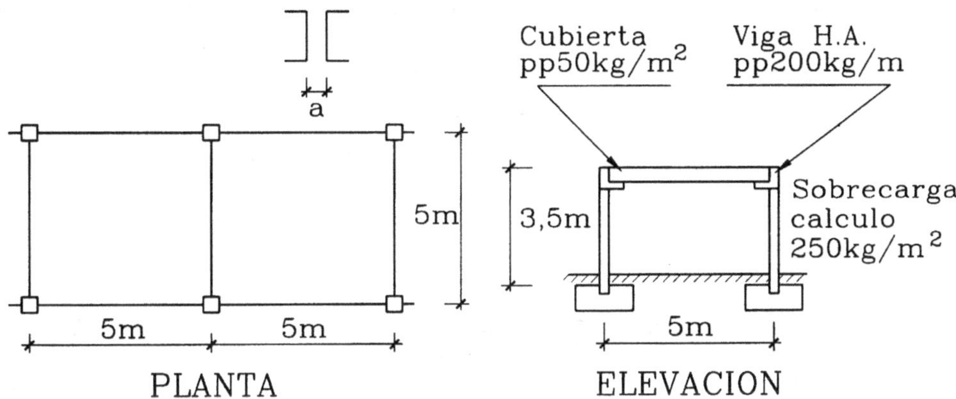

2.50 Determinar el peso P que se puede colocar en el letrero de la figura, analizando sólo la estabilidad en el plano de la hoja. El elemento AB es un perfil canal 80×40×5 mm de acero A37-24ES. Suponga que el tirante BC se puede diseñar libremente de modo que no ofrezca limitaciones al peso que se puede colocar, y que su sección será tan grande como para despreciar el descenso del nudo B. Deduzca la expresión de la carga crítica que use en este problema.

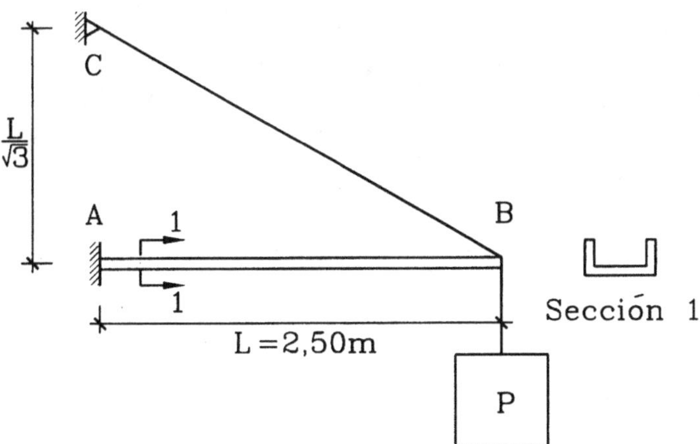

2.51 La figura ilustra una parte de una estructura industrial de acero. Los reticulados transversales y longitudinales exteriores pueden suponerse como infinitamente rígidos (en comparación con las columnas). El desplazamiento lateral en sentido longitudinal está impedido mediante un sistema apropiado de arriostramiento. Las columnas son de perfil cajón de la sección que se muestra en la figura y tienen 5 m de largo. Las columnas están empotradas en fundaciones de hormigón armado. El material es acero calidad A37-24ES. Se pide determinar la posición más adecuada del perfil (definir si el eje x-x es paralelo o perpendicular a la dirección longitudinal del edificio) y la carga admisible sobre la columna C (Respuesta: P_{adm} = 32,3 ton).

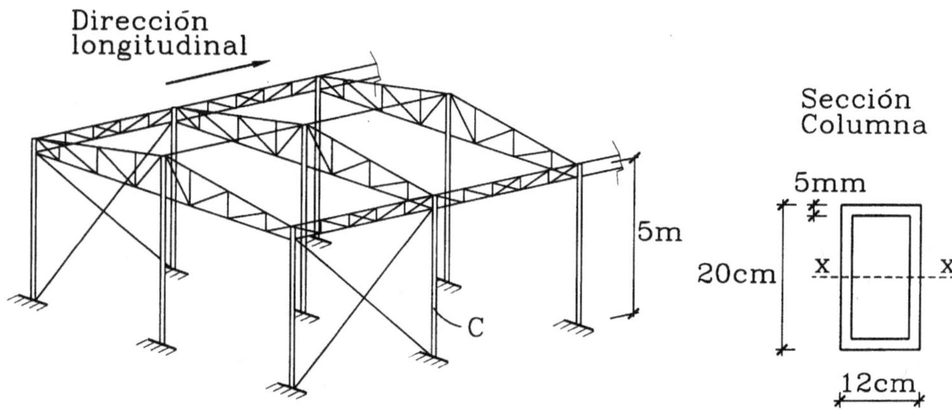

2.52 La figura muestra parte de una estructura industrial de acero A37-24ES. Las columnas exteriores son perfiles IN20×20 y las interiores son perfiles HN20×33,8. Las columnas pueden suponerse empotradas a las fundaciones de hormigón armado. Determinar la orientación más conveniente de los perfiles y sus cargas axiales admisibles (C_i = columna interior típica, C_e = columna exterior típica).

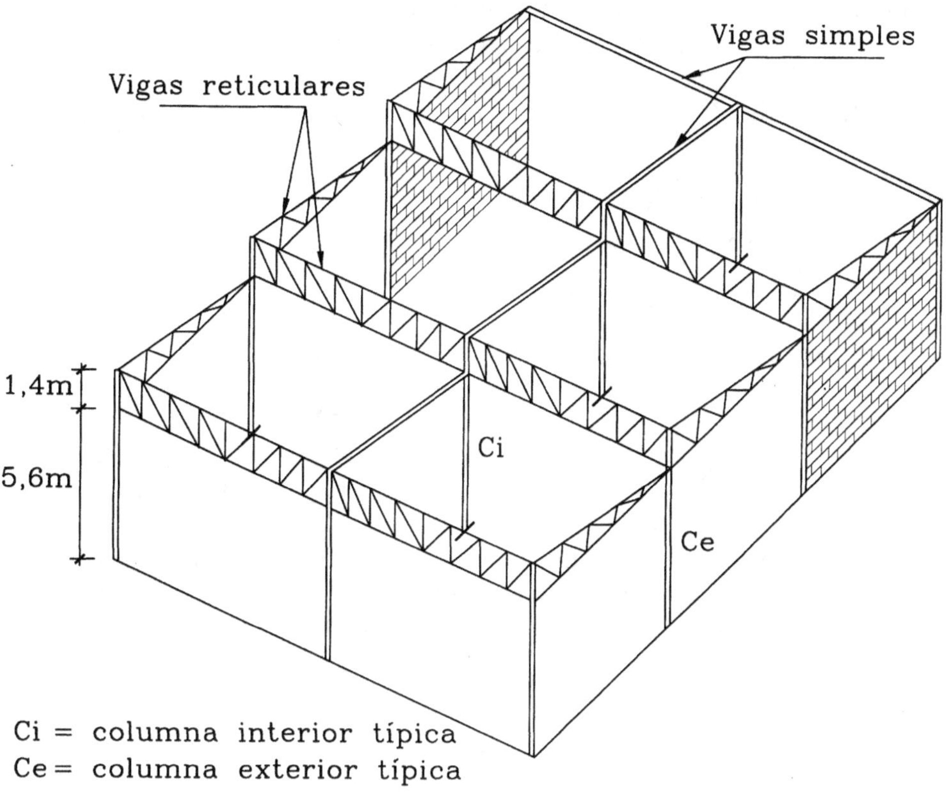

2.53 Un pilar de madera de sección 4''×4'' se refuerza con planchas de 3 mm de espesor por sus cuatro caras para resistir una carga axial total de 15 ton. Si se sabe que el pandeo de la columna, como elemento completo, está impedido y las tensiones admisibles son las indicadas, se pide: a) Determinar la dimensión "a" de las planchas de acero, b) La distancia máxima "d" a que deben ir colocados los pernos. Las tensiones admisibles son: $\sigma_m = 40$ kg/cm^2 y $\sigma_a = 1400$ kg/cm^2, y los módulos de elasticidad son $E_m = 80$ ton/cm^2 y $E_a = 2100$ ton/cm^2.

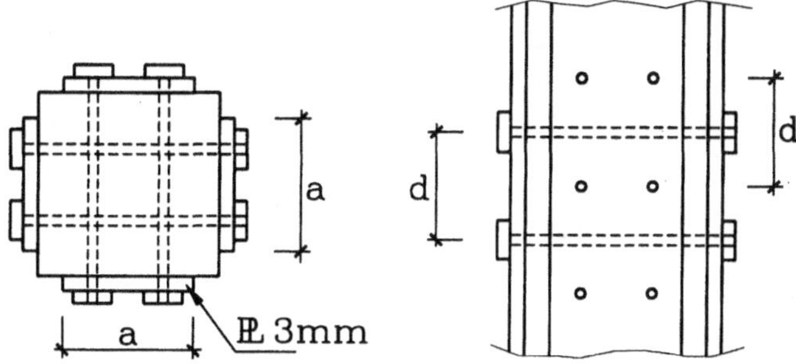

2.54 Un poste de madera de baja altura (no esbelto) tiene sección recta en forma de octógono regular de 5 cm de lado. En los lados que se indica se colocan planchas de acero de 6 mm de espesor que van atornilladas al poste cada 40 cm de altura. Determinar la carga axial de compresión para la que se puede usar el poste.

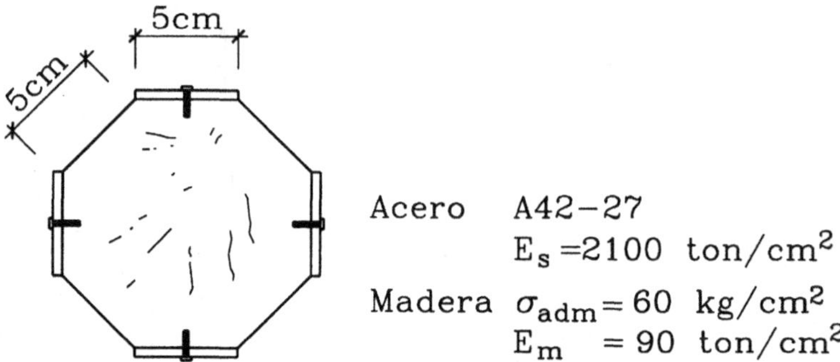

2.55 Para el sistema de la figura, determinar la mínima carga crítica P_{cr}, y la longitud efectiva kL. La viga que une los pilares es infinitamente rígida. ¿Se produciría pandeo para la carga crítica calculada, si en vez de aplicarse dos cargas P se aplica sólo una de ellas?

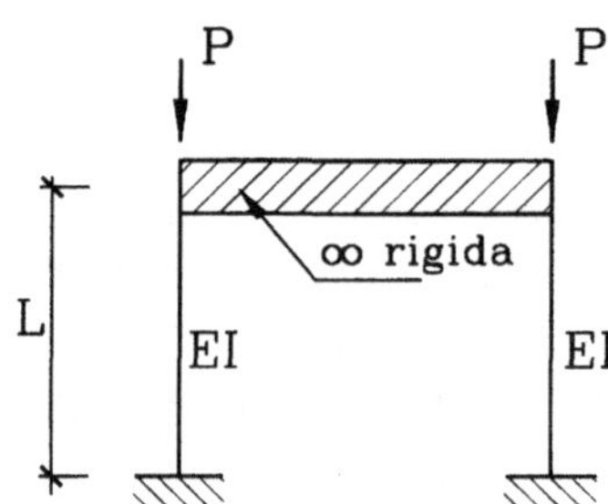

ELEMENTOS EN FLEXION

3.1 VIGAS DE MATERIAL HOMOGENEO EN COMPORTAMIENTO ELASTICO

3.1.1 Tensiones Debidas a Flexión y Esfuerzo de Corte

a) Tensiones Longitudinales (normales a la sección) Debidas a Flexión

Si se supone que las secciones planas de un elemento permanecen planas cuando éste se flecta, o sea, existe una distribución lineal de deformaciones longitudinales, se demuestra (Ejemplo 1.5) que la distribución de tensiones longitudinales debidas a un momento flector M en una sección de momento de inercia I respecto del eje neutro, obedece a la Ec. 3-1:

$$\sigma_x = \frac{-M}{I} y \tag{3-1}$$

y el valor máximo de la tensión, ignorando el signo, se produce en la fibra más alejada del eje neutro:

$$\sigma_{max} = \frac{M}{I} y_{max}$$

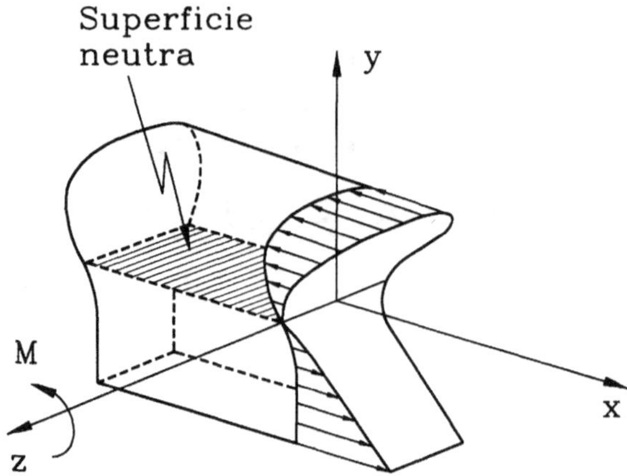

Figura 3.1
Tensiones de flexión

Para efectos de diseño, se define el *módulo de flexión* o *módulo resistente* de la sección como:

$$W = \frac{I}{y_{max}} \tag{3-2}$$

con lo cual la expresión de la tensión máxima queda de la forma:

$$\sigma_{max} = \frac{M}{W} \tag{3-3}$$

Conocido el momento flector en una sección, las ecuaciones anteriores se pueden usar para:

- verificación de una sección conocida: esto es, determinar su eje neutro, calcular I, W, σ_{max} .

- diseño de una sección: determinar el W necesario para que $\sigma_{max} < \sigma_{adm}$, o sea, seleccionar el perfil o definir la sección que satisfaga el W necesario.

b) Tensiones Tangenciales

Existen tensiones tangenciales cuando el esfuerzo de corte es distinto de cero. Esto sucede cuando el momento flector es variable (recordar que $V = dM/dx$). La existencia de tensiones tangenciales produce deformaciones en la sección que alteran la hipótesis de sección plana; por lo tanto, la distribución de tensiones longitudinales no es la indicada en (a). Sin embargo, la deducción de las tensiones tangenciales se hace sobre la base de la Ec. 3-1, ya que los errores que se introducen son pequeños y los resultados que se obtienen concuerdan con los resultados experimentales para los casos de vigas esbeltas, en que una dimensión, la luz, es significativamente mayor que las otras dos.

Aunque las fórmulas para determinar las tensiones de cizalle se suponen conocidas para el lector, se volverán a deducir aquí, pues su conocimiento se considera fundamental para la comprensión del funcionamiento mecánico de un elemento sometido a flexión variable. La capacidad para transmitir el *flujo de cizalle* es un tema que se tocará varias veces en el texto, y por su importancia se dedica la Sección 3.2.2 completa a su discusión.

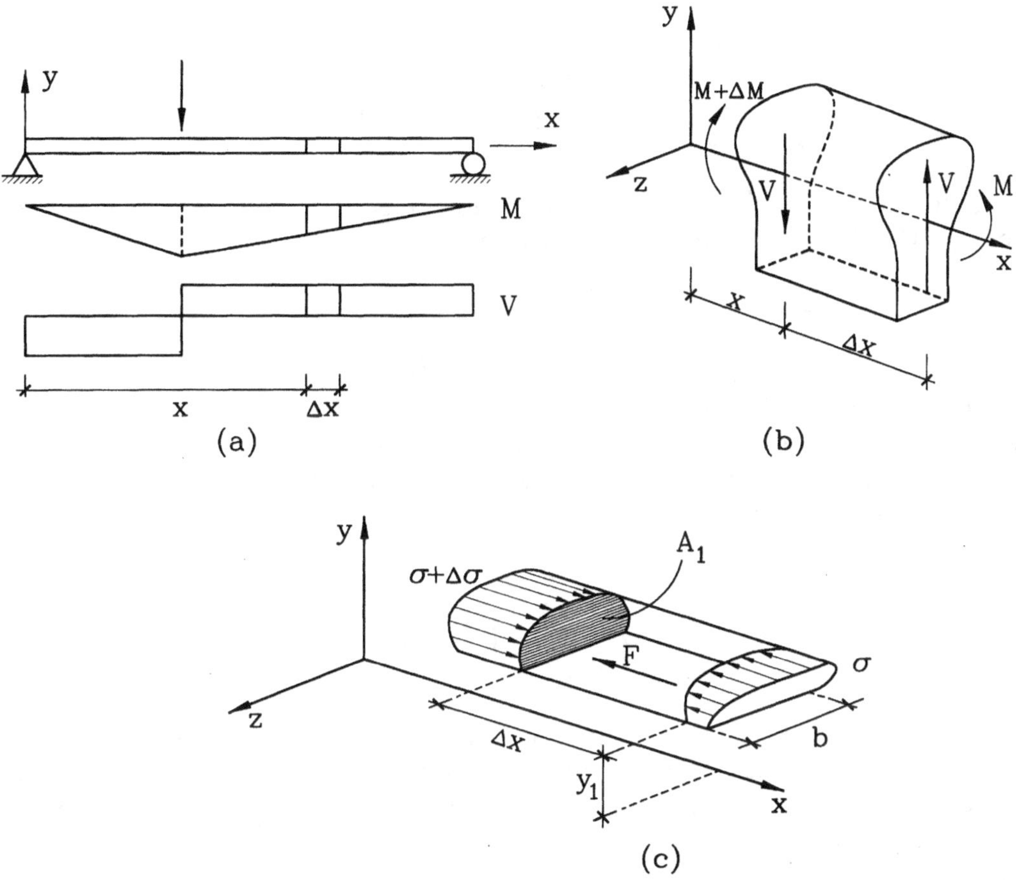

Figura 3.2
Flujo de cizalle en elemento sometido a momento flector variable

Para determinar las tensiones tangenciales se considera un segmento de viga de longitud Δx, como el mostrado en la Fig. 3.2.b, en que se ha supuesto una sección simétrica respecto al eje y. Si se considera el equilibrio de una rebanada horizontal de este segmento (Fig. 3.2.c) se puede escribir:

$$\Sigma F_x \quad \rightarrow \quad \left[\int_{A_1} \sigma_x \, dA\right]_x = F + \left[\int_{A_1} \sigma_x \, dA\right]_{x+\Delta x}$$

en que la fuerza F sobre la cara inferior de la rebanada es necesaria para mantener su equilibrio ya que las tensiones normales σ_x tienen resultantes distintas.

Suponiendo que en la cara inferior existe un flujo de cizalle uniforme caracterizado por una tensión tangencial constante τ, se tiene que su resultante F es:

$$F = \tau\, b\, \Delta x$$

Utilizando la Ec. 3-1 para σ_x la ecuación de equilibrio horizontal queda:

$$\int_{A_1} \frac{-\Delta M}{I}\, y\, dA = \tau\, b\, \Delta x$$

notando que $V = -dM/dx$ se obtiene la tensión tangencial τ en la sección definida por x, en la fibra determinada por y_1, como:

$$\tau(x, y_1) = \frac{V\, Q(y_1)}{I\, b(y_1)} \tag{3-4}$$

en que $V = V(x)$ es el esfuerzo de corte en la sección, $I = I(x)$ es el momento de inercia de la sección respecto al eje neutro, $b = b(y_1)$ es el ancho de la sección a la distancia y_1, y $Q = Q(y_1)$ es el momento estático del área A_1 con respecto al eje neutro de la sección:

$$Q(y_1) = \int_{y_1}^{borde} y\, dA$$

En la Fig. 3.3.a se muestra la distribución de tensiones tangenciales en la rebanada. Por la reciprocidad de tensiones tangenciales, ellas también existen en las caras perpendiculares al eje x, de modo que un elemento infinitesimal tiene las tensiones indicadas en la Fig. 3.3.b.

Por equilibrio debe cumplirse que $V = \int_A \tau\, dA$, en que A es el área completa de la sección.

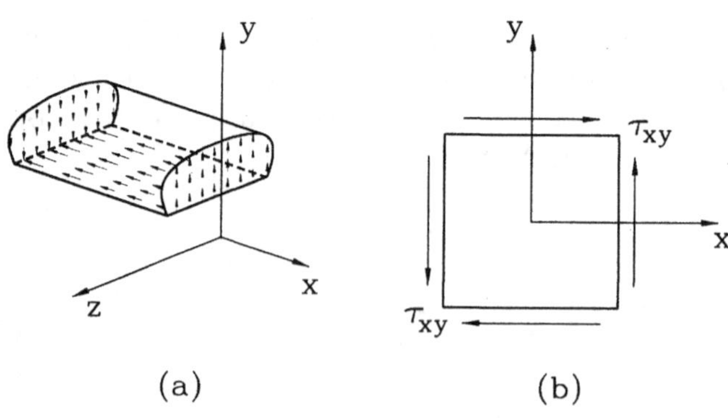

Figura 3.3
Tensiones de cizalle

Ejemplo 3.1

Calcular la tensión longitudinal máxima y la distribución de tensiones tangenciales en una sección rectangular.

Solución: Calculando las propiedades de la sección y usando la Ec. 3-3 se tiene:

$$\left.\begin{array}{c} I_z = \dfrac{b\,h^3}{12} \\[2em] y_{max} = \dfrac{h}{2} \end{array}\right\} \quad W = \dfrac{b\,h^2}{6} \quad y \quad \sigma_{max} = \dfrac{6\,M}{b\,h^2}$$

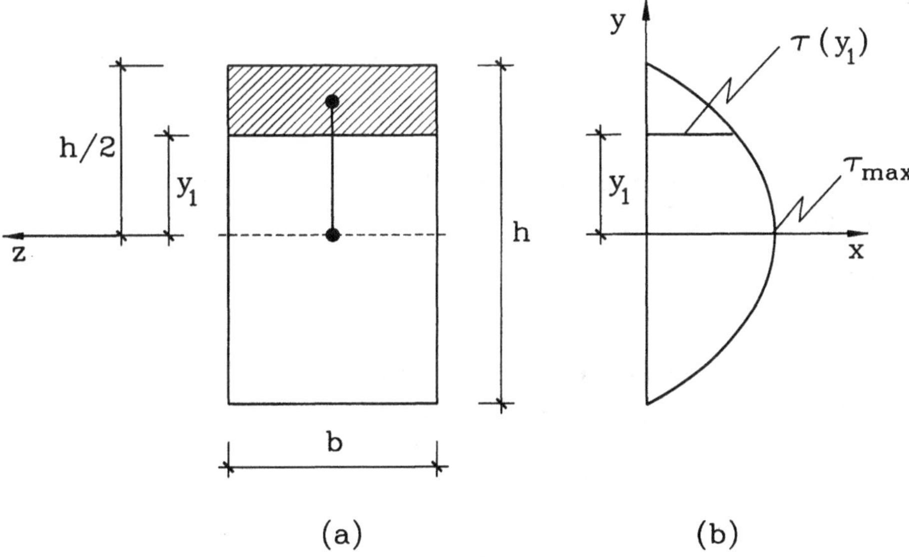

Figura E3.1

Para determinar las tensiones de cizalle según la Ec. 3-4 se requiere calcular el momento estático del área achurada de la Fig. E3.1.a con respecto al eje neutro:

$$Q(y_1) = \int_{y_1}^{h/2} y\, dA = b\left[\frac{h}{2} - y_1\right]\left[y_1 + \frac{1}{2}\left(\frac{h}{2} - y_1\right)\right] = \frac{b}{2}\left[\left(\frac{h}{2}\right)^2 - y_1^{\,2}\right]$$

luego:

$$\tau\,(y_1) = \frac{V\,Q(y_1)}{I_z\,b} = \frac{V}{\dfrac{b\,h^3}{12}\,b}\,\frac{b}{2}\left[\frac{h^2}{4} - y_1^{\,2}\right]$$

$$\tau\,(y_1) = \frac{6\,V}{b\,h^3}\left[\frac{h^2}{4} - y_1^{\,2}\right]$$

distribución que tiene forma parabólica como muestra la Fig. E3.1.b, con valor máximo en el eje neutro:

$$\tau_{max}\,(y_1 = 0) = \frac{3}{2}\,\frac{V}{b\,h}$$

Notar que si τ fuera uniforme en la altura de la sección A, $\tau_{promedio} = V/A$, luego $\tau_{max} = 1{,}5\,\tau_{promedio}$.

Ejemplo 3.2

Calcular el momento flector admisible para el perfil IN35x106. Considerar acero A42-27ES y $\sigma_{adm} = 1620$ kg/cm^2.

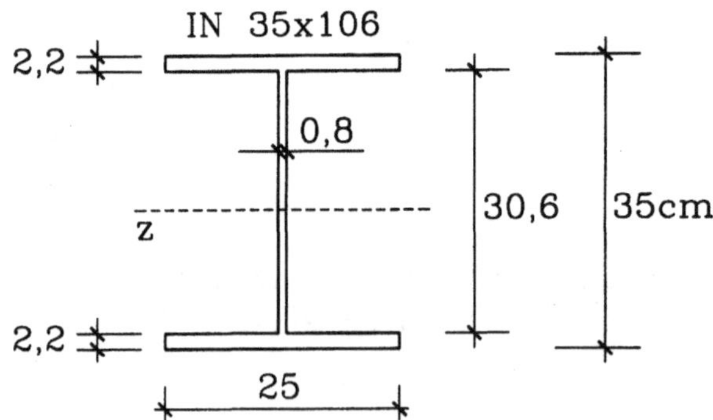

Figura E3.2

Solución: Las propiedades de la sección del perfil se buscan en la Tabla A.2: momento de inercia $I_z = 31500$ cm^4 y módulo resistente $W_z = 1800$ cm^3. Luego:

$$M_{adm} = \sigma_{adm} W_z = (1620)(1800) = 2916000 \text{ kg-cm} = 29,2 \text{ ton-m}$$

Ejemplo 3.3

Encontrar la distribución de tensiones tangenciales para un esfuerzo de corte V actuando en la sección del Ejemplo 3.2.

Solución: a) Distribución en el ala.

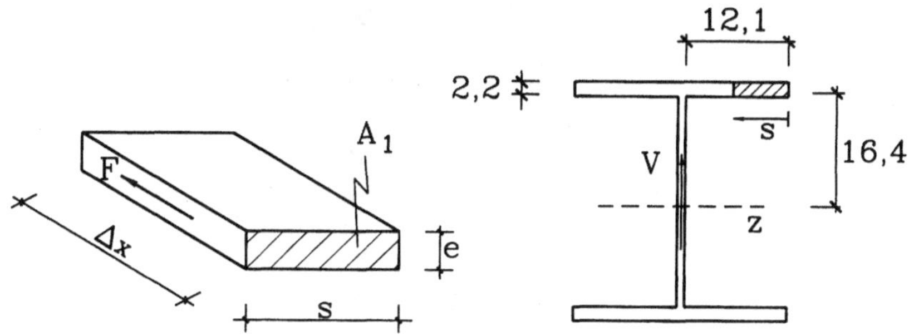

Figura E3.3.a

Si se considera un segmento Δx de viga, y un trozo s de ala, al igual que en la derivación de la Ec. 3-4, el equilibrio del trozo de ala conduce a:

$$F = \tau e \Delta x = \int_{A_1} \Delta\sigma \, dA$$

$$\sigma = \frac{M}{I_z} y$$

$$\tau(s) = \frac{\Delta M}{e \Delta x \, I_z} \int_{A_1} y \, dA = \frac{V \, Q(s)}{e \, I}$$

$$Q(s) = e \, s \, 16,4 = 36,1 \, s$$

$$\tau\,(s) = \frac{36,1\ s\ V}{2,2\cdot 31500} = 0,00052\ s\ V$$

lo que indica que τ varía linealmente en el ala entre $\tau = 0$ para $s = 0$ y $\tau = 0,0063\,V$ para $s = 12,1$. La distribución correspondiente se muestra en la Fig. E3.3.c.

b) Distribución en el alma.

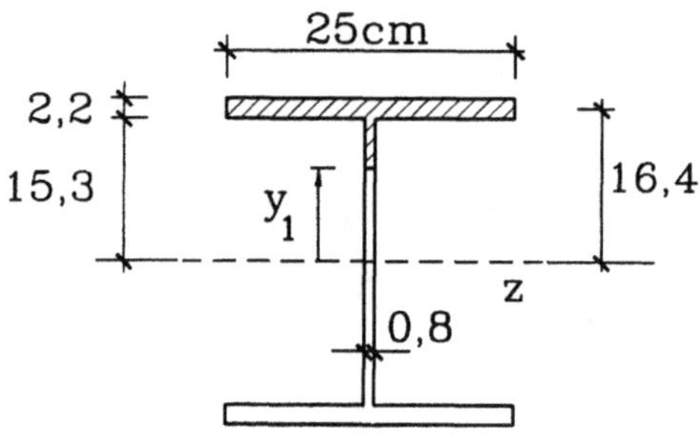

Figura E3.3.b

Aplicando la Ec. 3-4 y tomando momento estático de la sección achurada de la Fig. E3.3.b:

$$\tau\,(y_1) = \frac{V\ Q}{I\ b} = \frac{V}{31500\cdot 0,8}\left[25\cdot 2,2\cdot 16,4 + (15,3 - y_1)\,0,8\,\frac{15,3 + y_1}{2}\right]$$

$$\tau\,(y_1) = \left[0,0395 - 0,0000159\ y_1^{\,2}\right] V$$

$$\tau_{min} = \tau\,(y_1 = 15,3) = 0,0358\ V$$

$$\tau_{max} = \tau\,(y_1 = 0) = 0,0395\ V$$

Se puede observar que V es tomado fundamentalmente por el alma y la variación en el alma es poca. Por ello, para este tipo de perfiles usualmente se considera la aproximación:

$$\tau_{max\,(alma)} = \frac{V}{A_{alma}}$$

que en este caso particular da τ_{max} = V/(0,8·30,6) = 0,0408V, valor que difiere sólo en un 3 % con el máximo real. Las distribuciones de tensiones en el ala y en el alma se resumen en la Fig. E3.3.c.

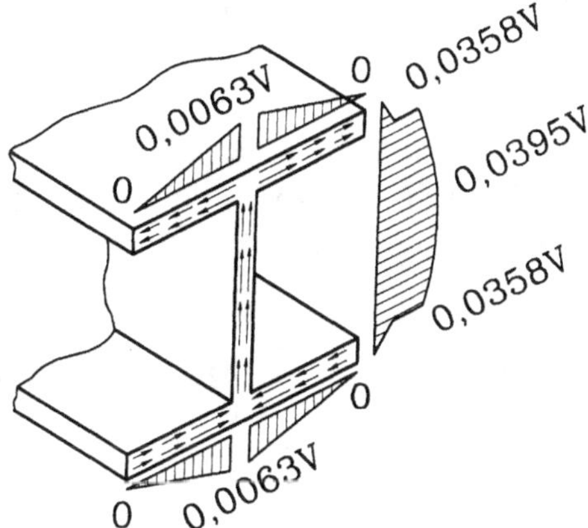

Figura E3.3.c

3.1.2 Diseño de Vigas

a) Diseño por Seguridad con Tensiones Admisibles

Estrictamente hablando, el diseño por resistencia debiera hacerse para la tensión principal máxima en cada punto, obtenida del círculo de Mohr para los valores de σ_x y τ_{xy} obtenidos de las Ecs. 3-1 y 3-4 respectivamente. Sin embargo, dado que el valor máximo de σ_x ocurre en las fibras superior o inferior (donde τ_{xy} es cero), y que el máximo de τ_{xy} ocurre en la fibra neutra (donde σ_x es nulo), la tensión máxima en planos oblicuos en fibras distintas de las anteriores, es muy pocas veces crítica para el diseño por resistencia. Por consiguiente, lo usual es diseñar exigiendo separadamente que:

$$\sigma_{max} \leq \sigma_{adm} \qquad (3\text{-}5.a)$$

$$\tau_{max} \leq \tau_{adm} \qquad (3\text{-}5.b)$$

En acero estructural, el límite de fluencia para las tensiones tangenciales es aproximadamente la mitad del valor límite para tensiones longitudinales ($\tau_y = \sigma_y/2$ o $\tau_y = \sigma_y/\sqrt{3}$), tal como lo predicen los criterios de iniciación de la fluencia (Tresca, Von Mises). Por lo tanto, debe esperarse que τ_{adm} sea aproximadamente la mitad que σ_{adm}.

Lo anterior no es válido para materiales anisotrópicos como la madera; si las fibras se orientan según el eje de la viga, la resistencia al esfuerzo rasante entre las fibras es pequeña. Por ello, generalmente el τ_{adm} de las vigas de madera es menor que el 10 % de la resistencia última en tracción.

- Diseño de Vigas de Acero

El valor de las tensiones admisibles está muy influenciado por las condiciones de inestabilidad lateral, que se discutirán en detalle en la Sección 3.1.3. Si no se consideran los problemas de inestabilidad, las tensiones admisibles son:

$$\text{Tensiones longitudinales:} \qquad \sigma_{adm} = 0,6\,\sigma_y \qquad (3\text{-}6.a)$$

$$\text{Tensiones tangenciales:} \qquad \tau_{adm} = 0,4\,\sigma_y \qquad (3\text{-}6.b)$$

Notar que conforme a lo anterior $\tau_{adm} = 2/3\ \sigma_{adm}$ a pesar de la relación entre τ_y y σ_y antes mencionada. Las normas justifican esta reducción en el factor de seguridad por considerar que la fluencia por cizalle es menos crítica que aquella por tensiones longitudinales.

- Diseño de Vigas de Madera

Las tensiones admisibles para los casos que no ofrecen problemas de inestabilidad se obtienen aplicando los factores K_H, K_D y K_h (Ecs. 1-46, 1-47, 2-8 y 2-9) a las tensiones especificadas en las Tablas M.7 y M.8:

$$\text{Tensiones longitudinales:} \qquad \sigma_{adm\ \text{flexión}} = K_H\ K_D\ K_h\ \sigma_f^{\ ad} \qquad (3\text{-}7.a)$$

$$\text{Tensiones tangenciales:} \qquad \tau_{adm} = K_H\ K_D\ K_r\ \tau^{ad} \qquad (3\text{-}7.b)$$

K_r es un factor de reducción que debe aplicarse cuando se hacen rebajes (reducción de la sección sobre los apoyos, ver NCh1198.Of91); si la sección se mantiene constante $K_r = 1$.

b) Limitación de Deformación Máxima en Vigas. Diseño por Serviciabilidad

Un elemento estructural (o una estructura) puede dejar de ser útil (o dejar de prestar servicio satisfactoriamente) si se deforma excesivamente, aun cuando desde el punto de vista de su resistencia no presente problemas. Ejemplos de ello son los daños en revestimientos de pisos; los daños en cielos estucados; en el caso sísmico, los daños en terminaciones (vidrios, tabiques, etc.) en edificios muy flexibles; las vibraciones excesivas (por motores, tráfico, personas); la deformación en puentes (que puede poner en peligro a vehículos); y en edificios industriales, los desperfectos en equipos sobre rieles, o los problemas de máquinas rotatorias que requieren nivelación, cuando se producen deformaciones excesivas: También deben considerarse en el objetivo de serviciabilidad las reacciones sicológicas de las personas frente a las vibraciones, las deformaciones excesivas, o el agrietamiento visible de los edificios.

Por estas razones, en el diseño en acero y madera es siempre necesario verificar las deformaciones. El problema es menos crítico en las estructuras de hormigón armado, porque normalmente tienen suficiente rigidez, excepto cuando las luces son importantes. Para el diseño por serviciabilidad se limita la razón entre la deformación máxima y la luz (Δ/L), o bien se construye con contraflecha, especialmente en elementos de gran luz.

- Deformaciones Admisibles según Tipo de Elemento

Dado que se espera que el comportamiento de la estructura se mantenga dentro del rango elástico bajo cargas de servicio, el cálculo de deformaciones siempre se hace bajo la hipótesis de comportamiento elástico. A modo de ejemplo se presentan en la Tabla 3.1 valores típicos máximos de Δ/L, pero debe tenerse presente que hay una amplia variedad de situaciones que las normas de los materiales consideran adicionalmente. A su vez, en materiales como hormigón y madera que experimentan deformaciones en el tiempo bajo carga constante, es necesario evaluar y controlar las deformaciones por fluencia lenta (creep) cuando actúan cargas permanentes intensas; la intensidad de la carga permanente se mide en relación con la sobrecarga. Por ejemplo, si la carga permanente excede el 50% de la carga total puede decirse que hay una carga de larga duración intensa.

TABLA 3.1 Deformaciones admisibles según tipo de elementos	
	Δ/L
Vigas corrientes de piso	1 / 300
Vigas que soportan cielos estucados	1 / 360
Vigas de puente caminero	1 / 800
Vigas enrejadas (cerchas)	1 / 700
Vigas de puente ferroviario	1 / 1000
Vigas que soportan equipo vibratorio	1 / 800

Resulta práctico en diseño satisfacer la limitación de las deformaciones máximas exigiendo que la viga tenga una cierta altura mínima. Por ejemplo, si se desea satisfacer la condición:

$$\Delta_{max} = \frac{L}{360}$$

bajo la acción de peso propio y sobrecargas, se puede usar el caso de una viga simplemente apoyada bajo carga distribuida q, en que la deformación máxima se produce en el centro de la luz y es:

$$\Delta_{max} = \frac{5 \, q \, L^4}{384 \, E \, I}$$

Por otra parte, la tensión longitudinal máxima en vigas simétricas respecto al eje neutro es: (h es la altura de la viga)

$$\sigma_{max} = \frac{M_{max}}{W} = \frac{q \, L^2}{8} \frac{h}{2 \, I}$$

luego:

$$\Delta_{max} = \frac{q \, L^2 \, h}{16 \, I} \frac{5 \, L^2}{24 \, E \, h} = \sigma_{max} \frac{5 \, L^2}{24 \, E \, h}$$

Limitar la deformación máxima a L/360 implica entonces:

$$\frac{5 \, \sigma_{max} \, L^2}{24 \, E \, h} \leq \frac{L}{360}$$

si se usa acero A37-24ES, $\sigma_{max} = \sigma_{adm} = 1400 \; kg/cm^2$ y $E = 2100000 \; kg/cm^2$, resulta:

$$\frac{L}{h} \leq 20 \qquad \text{o bien} \qquad h \geq \frac{L}{20}$$

Relaciones de este tipo son muy útiles en la etapa de prediseño, por su simpleza, facilidad de aplicación, y porque dan un criterio para definir la altura del elemento.

- Contraflecha

Se llama *contraflecha* a la deformación que se deja durante la fabricación del elemento en sentido contrario a la que producirán las cargas. Típicamente se da una contraflecha igual a la deformación correspondiente a la carga permanente. Para elementos en que la razón sobrecarga/carga permanente es muy alta (vigas portagrúas) se usa una contraflecha igual a la flecha correspondiente a la carga permanente más el 50 % de la sobrecarga. La contraflecha debe seguir aproximadamente la forma de la curva deformada elástica, tal como se indica en la Fig. 3.4 para las vigas y en la Fig. 3.5 para las cerchas o reticulados. En vigas de hormigón armado se puede dar la curva deseada al moldaje según sean los requerimientos estéticos.

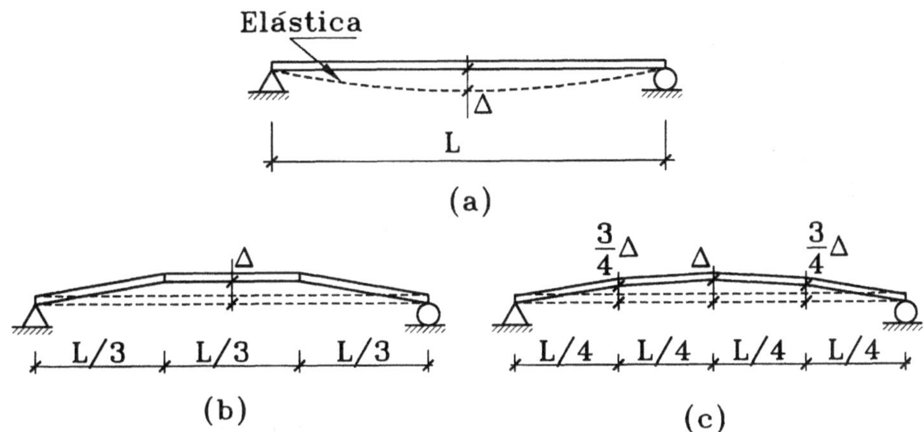

Figura 3.4
Contraflechas en vigas de acero

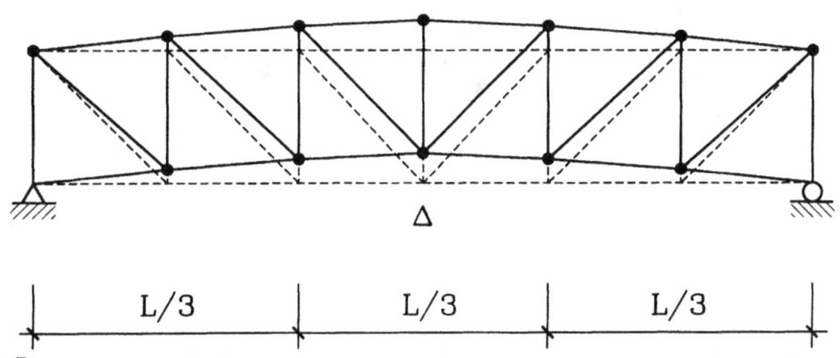

Figura 3.5
Contraflecha en cerchas

Ejemplo 3.4

Para las oficinas en terreno de una obra se construirá una caseta de dos pisos de madera. La planta de la caseta será aproximadamente de 3x12 m. Se pide diseñar las vigas de piso (determinar escuadría y espaciamiento) utilizando pino radiata cepillado en estado húmedo con razón de resistencia 48 %. El piso debe soportar el peso propio de las vigas, un entablado de madera de 3/4″ (12 kg/m^2) y una sobrecarga de 150 kg/m^2. Considerar que para una caseta provisoria no se requerirá controlar las deformaciones. Para estimar el peso propio de las vigas usar $\gamma_{mad} = 0,5$ gr/cm^3 = 0,0005 kg/cm^3.

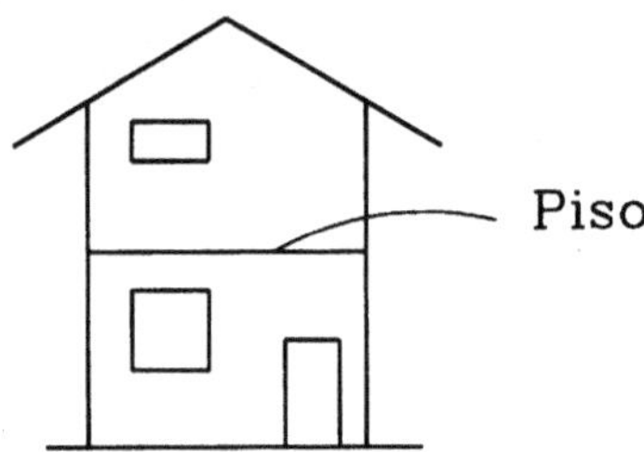

Figura E3.4

Solución: Según la Tabla M.3.a el pino radiata húmedo clasifica en el grupo E6. En la Tabla M.5 el grupo E6 con razón de resistencia de 48 % clasifica en el grupo estructural f5 que según la Tabla M.7 tiene una tensión admisible de flexión de:

$$\sigma_f^{ad} = 55 \text{ kg/cm}^2$$

Para determinar las cargas sobre una viga suponer un espaciamiento de 50 cm entre ellas:

sobrecarga:

$$q_{sc} = \frac{150 \cdot 0,5}{100} = 0,75 \text{ kg/cm}$$

entablado:

$$q_{pp} = \frac{12 \cdot 0,5}{100} = 0,06 \text{ kg/cm}$$

peso propio viga: (supuesta una sección de 2″ x 6″)

$$q_v = 0,0005 \cdot 4,5 \cdot 14 = 0,032 \text{ kg/cm}$$

$$q_{total} = 0,842 \text{ kg/cm}$$

$$M_{max} = \frac{q\,L^2}{8} = 9472,5 \text{ kg-cm}$$

Luego, se requiere una sección con módulo resistente:

$$W_{req} = \frac{M_{max}}{\sigma_{adm}} = \frac{9472,5}{55} = 172 \text{ cm}^3$$

verificando la sección supuesta de 2″ x 6″:

$$W = \frac{b\,h^2}{6} = \frac{4,5\,(14)^2}{6} = 147 \text{ cm}^3 \quad \rightarrow \quad \text{Insuficiente}$$

Reduciendo el espaciamiento de 50 cm supuesto en la proporción 147/172 se obtiene (0,855) (50) = 43 cm. Usar piezas de 2″ x 6″ a 43 cm.

La deformación de la viga para la sobrecarga máxima, con E = 55.000 kg/cm^2 según Tabla M.7 es:

$$q = \frac{150 \cdot 0,43}{100} + \frac{12 \cdot 0,43}{100} + 0,032 = 0,73 \text{ kg/cm}$$

$$I = \frac{b\,h^3}{12} = \frac{4,5\,(14)^3}{12} = 1029 \text{ cm}^4$$

$$\Delta = \frac{5 \cdot 0,73 \cdot 300^4}{384 \cdot 55000 \cdot 1029} = 1,36 \text{ cm}$$

que corresponde a L/220, deformación más que aceptable para una estructura provisoria.

3.1.3 Problemas de Inestabilidad en Vigas

3.1.3.1 Pandeo Lateral - Torsional de Vigas

a) Introducción

La presencia de tensiones de compresión en elementos en flexión puede conducir a un fenómeno de inestabilidad cuando no hay restricción al desplazamiento lateral de la viga y especialmente cuando la sección tiene baja rigidez lateral y a la torsión. Esta es precisamente la situación de los perfiles IN, los que se dimensionan altos, con almas delgadas, y concentrando el material en las alas para hacerlos eficientes en flexión, aumentando su resistencia y rigidez con respecto al eje fuerte de la sección.

El pandeo lateral-torsional de una viga ocurre en la forma que ilustra la Fig. 3.6, desplazándose la sección lateralmente junto con girar. En esta viga no hay elementos que restrinjan tales deformaciones, como ocurre en otros casos en que la *sujeción lateral* reduce la tendencia al pandeo o lo inhibe totalmente.

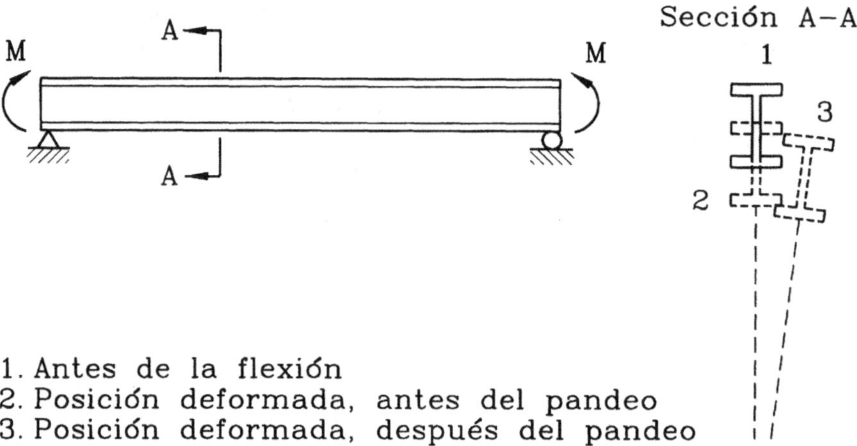

Figura 3.6
Pandeo lateral torsional de una viga

La Fig. 3.7 ilustra ejemplos de restricción al pandeo: (a) la losa sobre vigas metálicas, provista de elementos conectores de acero embebidos en la losa, impide totalmente el pandeo de las vigas; (b) se aprecia la utilización de un sistema de arriostramiento de piso, frecuentemente usado en estructuras industriales sin losa de hormigón para reducir la longitud de pandeo lateral de las vigas. En este último caso, los elementos de arriostramiento deben fijar directamente el ala comprimida para que sean realmente efectivos.

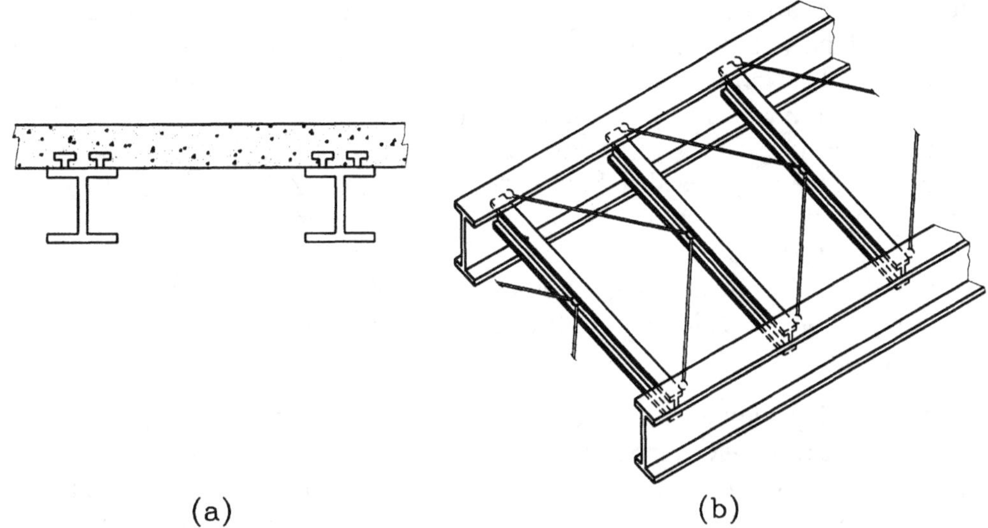

(a)   (b)

Figura 3.7
Sistemas de arriostramiento lateral de vigas

b) Relación Torsión-Deformación en Secciones Abiertas

La relación entre el momento de torsión M_t y la rotación β de la sección está dada
por:

$$\frac{d\beta}{dz} = \frac{M_t}{G\,J}$$

en que z es el eje longitudinal del elemento, $d\beta/dz$ es la rotación torsional por
unidad de longitud, G es el módulo de cizalle del material y J la constante de torsión
de la sección. Las secciones "cerradas" como los perfiles tubo o cajón tienen gran
rigidez torsional, no así las secciones abiertas como los perfiles IN. Para una
sección rectangular esbelta (ancho b mucho mayor que el espesor t) se tiene:

$$J = \frac{b\,t^{3}}{3}$$

y para un perfil abierto formado por varias planchas rectangulares, como un perfil
IN:

$$J = \frac{1}{3}\,\Sigma\, b_i\, t_i^{3} \tag{3-8}$$

en que b_i y t_i son las dimensiones de la plancha i y la sumatoria incluye todas
las planchas que forman la sección.

En una sección abierta sometida a torsión, las secciones transversales no se mantienen planas, es decir, los desplazamientos longitudinales son distintos en cada punto de la sección. Esta condición es la que se conoce como *alabeo* de la sección. La Fig. 3.8 ilustra el alabeo de un perfil IN sometido a torsión, donde se ve claramente que las alas experimentan flexión en torno al eje "y" de la sección. Si no hay restricción alguna al alabeo, es decir, si los extremos del elemento pueden alabearse libremente, como en la Fig. 3.8.b, se tiene un caso de torsión "pura" con alabeo uniforme a lo largo de la longitud del elemento, que se conoce con el nombre de *torsión de St. Venant*; en este caso sólo hay tensiones de cizalle en la sección, las que se calculan conforme a la teoría elemental de torsión desarrollada por St. Venant.

Sin embargo, los elementos estructurales, en general, tienen condiciones de vinculación que restringen en parte el alabeo (Fig. 3.8.c); ello ocasiona un aumento de la rigidez torsional del elemento, la aparición de tensiones adicionales de cizalle, y la aparición de tensiones de flexión (normales a la sección). Este efecto, que se denomina *torsión de Timoshenko*, no altera la rigidez ni las tensiones de torsión de St. Venant, es decir, es un efecto suplementario a este último.

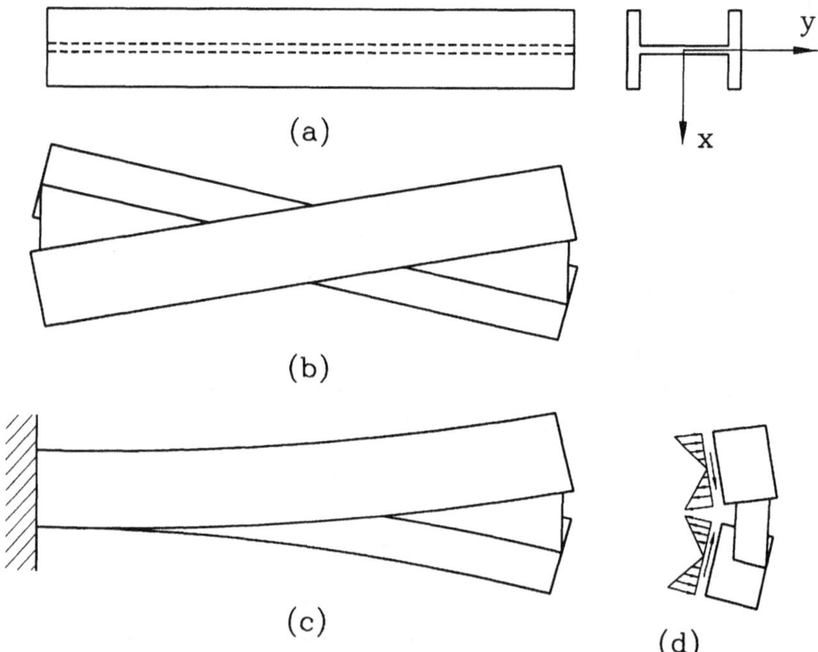

Figura 3.8
Alabeo de la sección por torsión

La torsión de Timoshenko puede evaluarse a partir de la flexión de las alas (Fig. 3.9.c) como:

$$E\,I_a\,\frac{d^2w}{dz^2} = M$$

en que w es el desplazamiento de un ala e I_a es el momento de inercia de dicha ala con respecto al eje y. Considerando que el esfuerzo de corte en un ala, paralelo al ala es, $V = -dM/dz$, y β es el giro torsional de la sección tal que $w = \beta d/2$, se tiene:

$$V = - \frac{d}{dz}\left(E\, I_a\, \frac{d^2 w}{dz^2}\right) = - E\, I_a\, \frac{d}{2}\, \frac{d^3 \beta}{dz^3}$$

Considerando que la resistencia torsional debida a alabeo desuniforme corresponde a la pareja de fuerzas Vd, y sustituyendo la aproximación $I_y = 2\, I_a$ se tiene:

$$M_w = - E\, I_y\, \frac{d^2}{4}\, \frac{d^3 \beta}{dz^3}$$

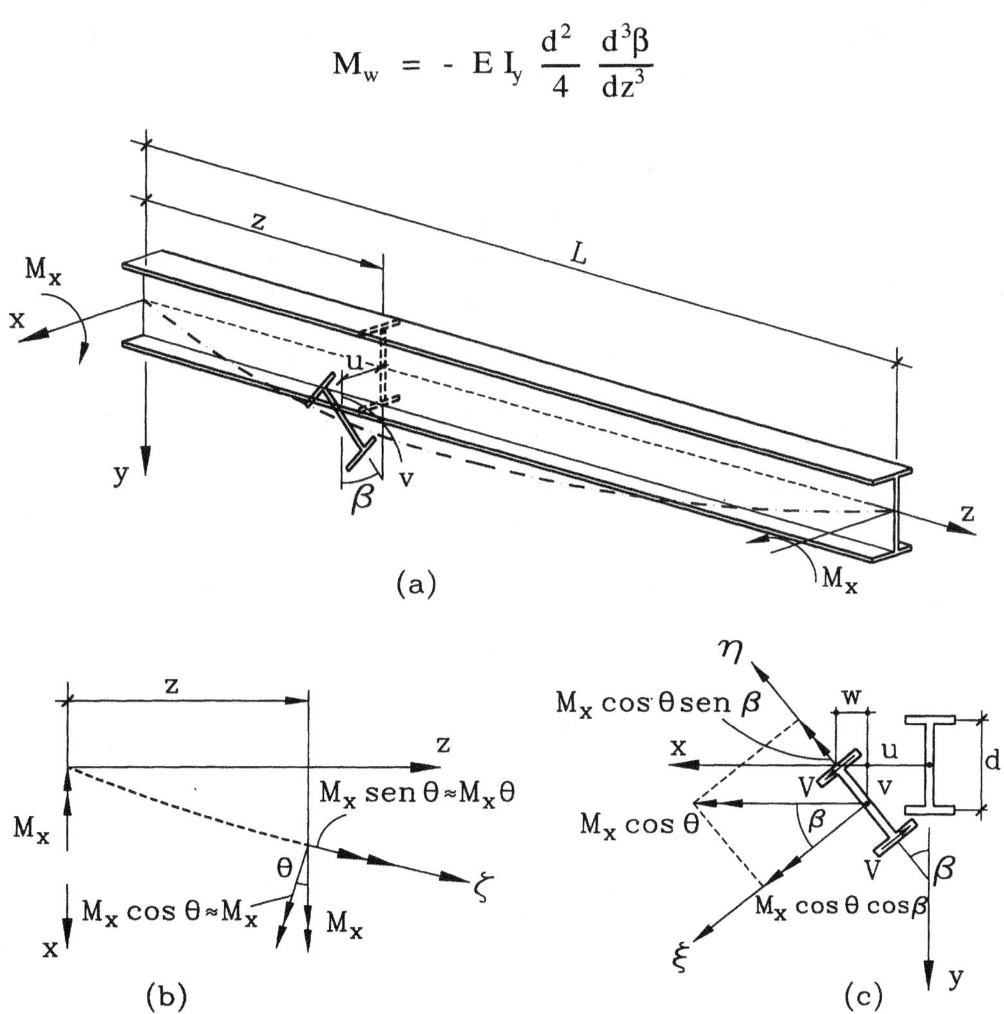

Figura 3.9
Deformación lateral-torsional de viga en flexión

Las propiedades de la sección que intervienen en la ecuación anterior se designan como la *constante de alabeo* de la sección $C_w = I_y\, d^2/4$. La relación torque-deformación incluyendo los efectos de St. Venant y Timoshenko queda finalmente como:

$$T = M_t + M_w$$

$$T = G\,J\,\frac{d\beta}{dz} - E\,C_w\,\frac{d^3\beta}{dz^3} \qquad (3\text{-}9)$$

Por cierto, la Ec. 3-9 es de validez general, es decir, se aplica a cualquier sección abierta y no se limita al caso del perfil IN utilizado en este desarrollo. Para secciones abiertas de otras formas basta utilizar las propiedades J y C_w apropiadas. La Tabla 3.2 entrega estas propiedades para secciones de perfiles metálicos típicos.

c) Momento Crítico de Pandeo Lateral-Torsional

Como en las columnas, mientras la carga no alcance un valor crítico la viga permanecerá estable. Llegado el valor crítico, un estado de equilibrio deformado lateral y torsionalmente es posible. La carga crítica, que puede ser considerablemente menor a la capacidad soportante asociada a la resistencia del material, se considera para efectos prácticos como la carga de falla de la viga.

En la viga de la Fig. 3.9.a, sometida a flexión pura debida a los momentos flectores M_x (en torno al eje x), de no ocurrir pandeo lateral-torsional esta carga sólo produciría deformación por flexión de la viga en el plano vertical. Los extremos de la viga están simplemente apoyados e impedidos de rotar en torno al eje z, pero libres de alabearse. En la condición deflectada lateralmente de la viga (Figs. 3.9.b y c) el momento externo M_x sobre la sección se proyecta en las direcciones ξ, η y ς:

$$M_\xi = M_x\,\cos\theta\,\cos\beta \approx M_x$$

$$M_\varsigma = M_x\,\mathrm{sen}\theta \approx \theta\,M_x = -\frac{du}{dz}\,M_x$$

$$M_\eta = M_x\,\cos\theta\,\mathrm{sen}\beta \approx \beta\,M_x$$

TABLA 3.2 Propiedades de secciones para el pandeo lateral-torsional

Sección 1 (I simétrica):

$$J = (2Be^3 + dt^3)/3$$

$$C_w = \frac{d^2}{4}\, I_y \approx \frac{ed^2 B^3}{24}$$

Si $t = e$

$$J = t^3(2B+d)/3$$

Sección 2 (I asimétrica):

$$y_o = \frac{h B_1^3}{B_1^3 + B_2^3}$$

$$J = \left[(B_1+B_2)e^3 + dt^3\right]/3$$

$$C_w = \frac{ed^2 B_1^3 B_2^3}{12(B_1^3 + B_2^3)}$$

Si $t = e$

$$J = t^3(B_1 + B_2 + d)/3$$

Sección 3 (Canal):

$$x_o = 3B^2 e/(6Be + dt)$$

$$J = (2Be^3 + dt^3)/3$$

$$C_w = \frac{d^2 B^3 e}{12}\,\frac{(3eB + 2td)}{(6eB + td)}$$

Si $t = e$

$$x_o = 3B^2/(6B+d)$$

$$J = t^3(2B+d)/3$$

$$C_w = \frac{d^2 B^3 t}{12}\,\frac{(3B+2d)}{(6B+d)}$$

Sección 4 (Ángulo L):

$$J = (dt^3 + Be^3)/3$$

$$C_w = \frac{(dt)^3 + (Be)^3}{36}$$

Si $t = e$

$$J = t^3(d+B)/3$$

$$C_w = \frac{t^3}{36}(d^3 + B^3)$$

Sección 5 (T):

$$J = (dt^3 + Be^3)/3$$

$$C_w = \frac{(Be)^3}{144} + \frac{(dt)^3}{36}$$

Si $t = e$

$$J = t^3(d+B)/3$$

$$C_w = \frac{t^3}{144}(B^3 + 4d^3)$$

Sección 6 (Z):

$$J = (2Be^3 + dt^3)/3$$

$$C_w = d^2 I_y/4$$

Si $t = e$

$$J = t^3(2B+d)/3$$

Sección 7 (Sector circular):

$$x_o = \frac{2a(\operatorname{sen}\alpha - \alpha\cos\alpha)}{\alpha - \operatorname{sen}\alpha\cos\alpha}$$

$$J = \frac{2a\,\alpha\,t^3}{3}$$

$$C_w = \frac{2ta^5}{3}\left[\alpha^3 - \frac{6(\operatorname{sen}\alpha - \alpha\cos\alpha)^2}{\alpha - \operatorname{sen}\alpha\cos\alpha}\right]$$

Si $2\alpha = \pi$

$$x_o = \frac{4a}{\pi}$$

$$J = \frac{\pi\,a\,t^3}{3}$$

$$C_w = \frac{2ta^5}{3}\left(\frac{\pi^3}{8} - \frac{12}{\pi}\right) = 0{,}0374\,ta^5$$

en que se han considerado deformaciones infinitesimales. Las ecuaciones de equilibrio son:

$$E\, I_\xi\, \frac{d^2 v}{dz^2} = M_\xi = M_x \tag{3-10}$$

$$E \, I_\eta \, \frac{d^2u}{dz^2} \; = \; M_\eta = \beta \, M_x \tag{3-11}$$

$$G \, J \, \frac{d\beta}{dz} \; - \; E \, C_w \, \frac{d^3\beta}{dz^3} \; = \; M_\varsigma \; = \; - \, \frac{du}{dz} \, M_x \tag{3-12}$$

Notar que la primera de estas ecuaciones, para v, es independiente, mientras la segunda y la tercera están acopladas, lo que significa que los desplazamientos u y β no pueden existir independientemente uno del otro. Las Ecs. 3-11 y 3-12 pueden reducirse diferenciando la segunda con respecto a z y eliminando d^2u/dz^2; ello conduce a la siguiente ecuación diferencial que rige el fenómeno torsional:

$$E \, C_w \, \frac{d^4\beta}{dz^4} \; - \; G \, J \, \frac{d^2\beta}{dz^2} \; - \; \frac{M_x^{\,2}}{E \, I_y} \, \beta = 0 \tag{3-13}$$

Esta ecuación permite una solución distinta de la trivial del tipo:

$$\beta \; = \; \beta_{max} \, sen\frac{\pi \, z}{L} \tag{3-14}$$

en que β_{max} es el ángulo de giro al centro de la luz. Sustituyendo la Ec. 3-14 en la Ec. 3-13 se obtiene:

$$\left(\frac{\pi^4}{L^4} E \, C_w \; + \; \frac{\pi^2}{L^2} \, G \, J \; - \; \frac{M_x^{\,2}}{E \, I_y} \right) \beta_{max} \, sen\frac{\pi \, z}{L} \; = \; 0$$

Dado que β según la Ec. 3-14 no es nulo, el paréntesis en la ecuación anterior debe ser nulo, lo que conduce al momento flector crítico para el cual se inicia el pandeo lateral-torsional:

$$M_{cr,x} \; = \; \sqrt{\frac{\pi^2}{L^2} \, E \, I_y \, G \, J + \frac{\pi^4}{L^4} \, E \, I_y \, E \, C_w} \tag{3-15}$$

Este momento de pandeo elástico, como en el caso de Euler, corresponde a una deformación lateral-torsional (β,u) indeterminada. Claramente, el primer término en la raíz de la Ec. 3-15 corresponde a la resistencia al pandeo lateral ofrecida por la torsión de St. Venant y la flexión lateral, mientras el segundo término corresponde a la resistencia ofrecida por el alabeo de las alas. Por simplicidad, sin embargo, el código de diseño AISC considera conservadoramente estas resistencias en forma separada, como se verá en la Sección siguiente.

d) Tensión Crítica de Pandeo y Tensiones Admisibles de Flexión, Incluyendo el Efecto de Inestabilidad Lateral-Torsional

De acuerdo a la norma norteamericana AISC para diseño por tensiones admisibles, la reducción de tensiones de diseño por pandeo lateral-torsional se aplica siempre que la longitud no arriostrada del ala comprimida L es mayor que L_c. Para perfiles simétricos con respecto a su eje débil y cargados en el plano del eje débil (doble T, IN o HN), L_c corresponde al menor valor que dan las Ecs. 3-16; para perfiles canal rige solamente la Ec. 3-16.b.

$$L_c = \text{menor valor entre} \begin{cases} \dfrac{637\,B}{\sqrt{\sigma_y}} \\[3ex] \dfrac{1{,}4\cdot 10^6}{\left(\dfrac{H}{A_a}\right)\sigma_y} \end{cases} \qquad (3\text{-}16.\text{a y b})$$

en que B y A_a son el ancho y el área del ala comprimida, H es la altura de la viga (Fig. 3.10), y σ_y tiene unidades de kg/cm^2. L_c se obtiene en las unidades que se usen para B, H y A_a.

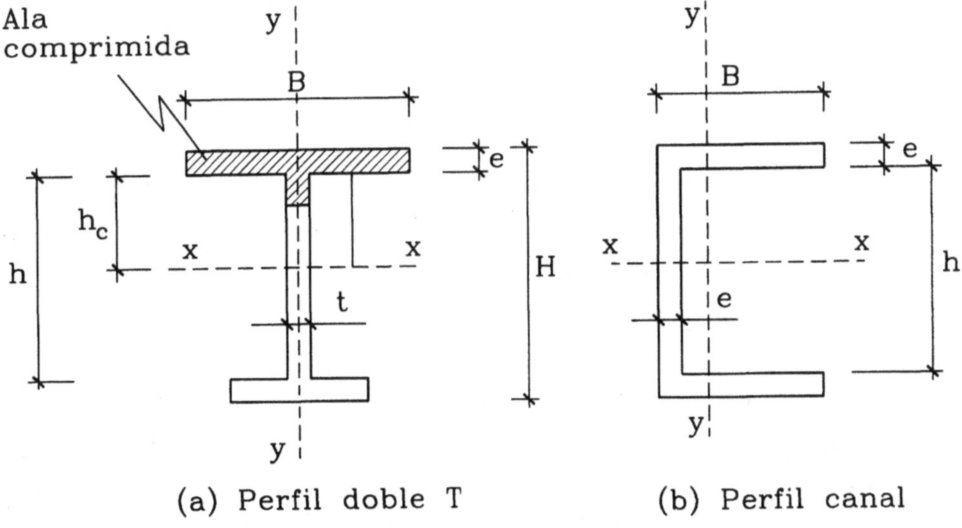

(a) Perfil doble T   (b) Perfil canal

Figura 3.10
Notación para dimensiones de los perfiles

En virtud de la Ec. 3-15, la tensión crítica de pandeo lateral-torsional elástico es:

$$\sigma_{cr} = C_b \, \frac{M_{cr,x}}{W} = \frac{C_b}{W} \sqrt{\frac{\pi^2}{L^2} \, E \, I_y \, G \, J + \frac{\pi^4}{L^4} \, E \, I_y \, E \, C_w} \qquad (3\text{-}17)$$

en que $W = I_x/(H/2)$ y C_b es un coeficiente que depende de la variación del diagrama de momentos a lo largo de la luz. Para momento flector constante (el caso para el cual se derivó la Ec. 3-15), o para momento máximo en el vano mayor que aquéllos en ambos extremos, $C_b = 1$ (Fig. 3.11). Para vigas en voladizo es conservador tomar $C_b = 1$.

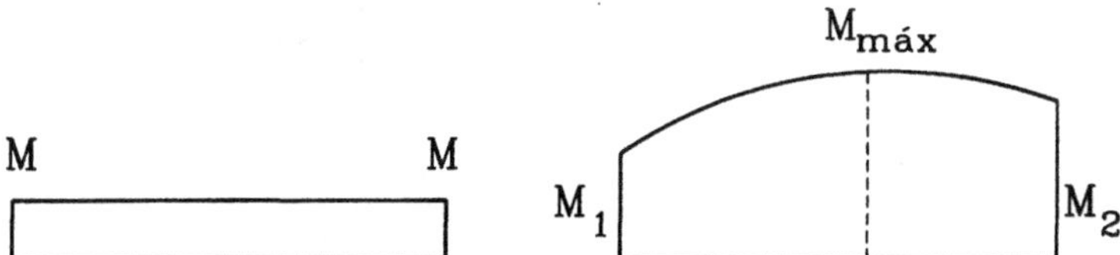

Figura 3.11
Casos en que $C_b = 1$

Para momento flector máximo en un extremo:

$$C_b = 1{,}75 + 1{,}05 \, \frac{M_1}{M_2} + 0{,}3 \left(\frac{M_1}{M_2} \right)^2 \leq 2{,}3 \qquad (3\text{-}18)$$

en que M_1 y M_2 son los momentos en los extremos con sujeción lateral, tales que $|M_2| > |M_1|$, y el cuociente M_1/M_2 se considera positivo cuando el elemento está en curvatura doble (Fig. 3.12.a) y negativo cuando está en curvatura simple (Fig. 3.12.b).

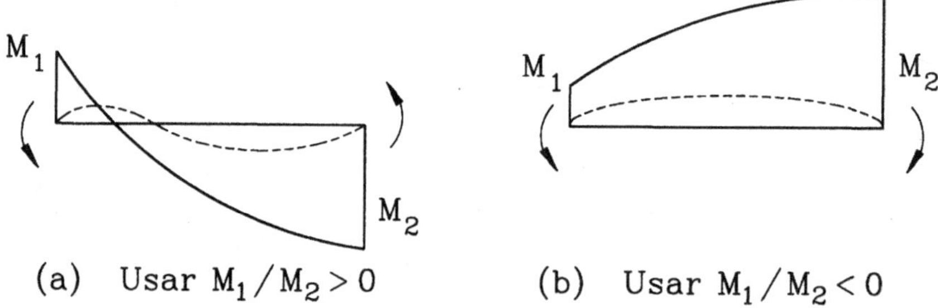

(a) Usar $M_1/M_2 > 0$ (b) Usar $M_1/M_2 < 0$

Figura 3.12
Signo del cuociente M_1/M_2 en la Ec. 3-18 para C_b

Notar también que en la Ec. 3-17 L no es la luz de la viga, sino la distancia libre entre soportes efectivos del ala comprimida. A su vez, L en rigor debería ir afecto de un coeficiente de luz efectiva como en el caso de las columnas, dependiendo de las condiciones de vinculación. La ecuación mencionada se derivó suponiendo simple apoyo flexural (desplazamiento impedido, pero giro permitido), y torsionalmente el giro en el extremo se consideró impedido, pero no el alabeo. De utilizar un coeficiente de longitud efectiva, ambas condiciones de vinculación (por flexión y torsional) deberían ser las mismas. De usar condición de empotramiento, por ejemplo, implicaría simultáneamente restringir el alabeo. Esta última condición, es difícil de lograr en la práctica, por ello es usual simplemente adoptar conservadoramente $k = 1$ en todos los casos.

Por simplicidad las normas consideran solamente la resistencia dominante a la torsión, despreciando la contribución del segundo mecanismo resistente. Con ello, la Ec. 3-17 se separa en dos. Introduciendo $G = 0,4E$ y valores simplificados de las propiedades de la sección, $I_y = eB^3/6$; $J = 2Be^3/3$, $W = I_x/(H/2)$, y haciendo algunas aproximaciones, la tensión crítica asociada al primer término de la cantidad subradical queda:

$$\sigma_{cr\,1} = \frac{0,65 \; E \; C_b}{\left(\dfrac{L \; H}{B \; e}\right)} \tag{3-19}$$

Despreciando el primer término de la cantidad subradical de la Ec. 3-17, y haciendo algunas aproximaciones, la tensión crítica de pandeo lateral-torsional elástico queda:

$$\sigma_{cr\,2} = \frac{\pi^2 \; E \; C_b}{\left(\dfrac{L}{r_t}\right)^2} \tag{3-20}$$

en que r_t se define como el radio de giro del ala comprimida con la contribución de 1/3 del área comprimida del alma (área achurada en la Fig. 3.10):

$$r_t = \sqrt{\frac{I_{ac}}{A_a + \left(\dfrac{A_{wc}}{3}\right)}} \tag{3-21}$$

en que $A_a = Be$ es el área del ala comprimida, $A_{wc} = h_c t$ es el área de la porción comprimida del alma, e I_{ac} es el momento de inercia respecto al eje "y" de las áreas A_a y $A_{wc}/3$ antes definidas (Fig. 3.10). Como fórmulas aproximadas, para un pérfil doble-T de alas simétricas, pueden usarse $r_t^2 = I_y \, H/2W$ o $r_t^2 = I_y/2A_a$.

Finalmente, adoptando un factor de seguridad, fórmulas de transición que representan la condición de pandeo lateral-torsional inelástico, y un límite por resistencia para esbeltez pequeña, las tensiones admisibles de compresión por flexión asociadas a σ_{cr1} y σ_{cr2}, respectivamente, son:

$$\sigma_{adm1} = \left\{ 845000 \; \frac{C_b}{L \, H / A_a} \; (kg \, / \, cm^2) \leq 0,6 \; \sigma_y \right. \tag{3.22}$$

$$\sigma_{adm2} = \begin{cases} 0{,}6\,\sigma_y & \lambda_t \leq 2680\sqrt{\dfrac{C_b}{\sigma_y}} \\[3ex] \left[\dfrac{2}{3} - 93\,\dfrac{\lambda_t^2}{10^{10}}\dfrac{\sigma_y}{C_b}\right]\sigma_y & \lambda_t \text{ intermedio} \\[3ex] 12\cdot 10^6\,\dfrac{C_b}{\lambda_t^2} & \lambda_t \geq 5990\sqrt{\dfrac{C_b}{\sigma_y}} \end{cases} \qquad (3\text{-}23)$$

en que $\lambda_t = L/r_t$ y σ_y tiene unidades de kg/cm^2. Para perfil canal se usa σ_{adm1} solamente. Para perfil doble-T, IN o HN se usa el mayor de σ_{adm1} y σ_{adm2}, pero nunca mayor a 0,6 σ_y. Sin embargo, σ_{adm1} puede usarse para perfiles doble-T sólo si el ala comprimida tiene un área igual o mayor que el ala traccionada.

En realidad, suelen usarse perfiles doble-T asimétricos con respecto al eje x (Fig. 3.10) por la sencilla razón que resulta económicamente conveniente disponer más material en el ala comprimida que es la afectada por la reducción de tensiones por el fenómeno de inestabilidad lateral. En efecto, la tensión admisible de tracción por flexión es simplemente:

$$\sigma_{adm} = 0{,}6\,\sigma_y \qquad (3\text{-}24)$$

pudiendo ser mayor en aquellos casos especiales en que la tensión admisible de compresión por flexión excede 0,6 σ_y como se verá más adelante.

e) Estabilidad Lateral de Vigas de Madera

En vigas de madera se puede usar la siguiente regla práctica: Si $h/b \leq 4$ (en que h es la altura y b el ancho de la sección rectangular) y la deformación máxima δ es menor que $L/360$ no hay peligro de volcamiento, en que L es la luz de la viga. Dentro de estos límites (ambos a la vez) se usa la tensión admisible de flexión según tablas sin reducción por estabilidad lateral.

Por otra parte, es muy común que en un envigado de madera el desplazamiento lateral del canto comprimido esté impedido por el entablado que se apoya sobre las vigas y la presencia de vigetas transversales apoyadas contra las caras de la viga.

En todo caso, las vigas de madera deben quedar siempre efectivamente apoyadas en sus extremos para impedir tanto el desplazamiento lateral como la rotación en torno al eje longitudinal de la pieza.

En situaciones en que exista una condición susceptible al volcamiento deben reducirse las tensiones de flexión, utilizando el factor de modificación por volcamiento K_v que especifica la Norma Chilena NCh1198.Of91.

3.1.3.2 Pandeo Local en Placas Comprimidas de Vigas de Acero

Para analizar este problema se debe estudiar la estabilidad elástica de placas (Gerstle, 1967). La ecuación que entrega la deformación transversal w de una placa elástica sometida a carga transversal q (kg/m^2) es:

$$\frac{\partial^4 w}{\partial x^4} + 2\frac{\partial^4 w}{\partial x^2\,\partial y^2} + \frac{\partial^4 w}{\partial y^4} = \frac{q}{D} \tag{3-25}$$

con:

$$D = \frac{E\,t^3}{12\,(1-\upsilon^2)}$$

en que t es el espesor de la placa y υ es el módulo de Poisson del material (para acero $\upsilon = 0{,}3$).

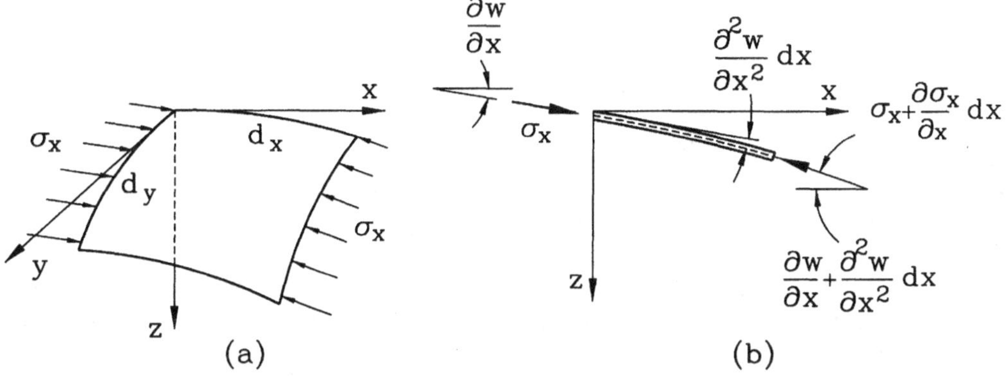

Figura 3.13

Siendo σ_x la tensión de compresión de la placa (Fig. 3.13.a), la ecuación de equilibrio en la dirección z (Fig. 3.13.b) puede escribirse para deformaciones pequeñas como:

$$\Sigma F_z = (\sigma_x\,t\,dy)\frac{\partial w}{\partial x} - \left(\sigma_x + \frac{\partial\sigma_x}{\partial x}\,dx\right)t\,dy\left(\frac{\partial w}{\partial x} + \frac{\partial^2 w}{\partial x^2}\,dx\right)$$

Despreciando términos de orden superior y suponiendo σ_x constante, se obtiene:

$$\Sigma F_z = -\sigma_x\,t\,\frac{\partial^2 w}{\partial x^2}\,dx\,dy$$

luego

$$q_{equiv} = -\sigma_x \, t \, \frac{\partial^2 w}{\partial x^2}$$

y la ecuación diferencial 3-25 queda:

$$\frac{\partial^4 w}{\partial x^4} + 2 \frac{\partial^4 w}{\partial x^2 \partial y^2} + \frac{\partial^4 w}{\partial y^4} = -\frac{\sigma_x \, t}{D} \cdot \frac{\partial^2 w}{\partial x^2} \qquad (3\text{-}26)$$

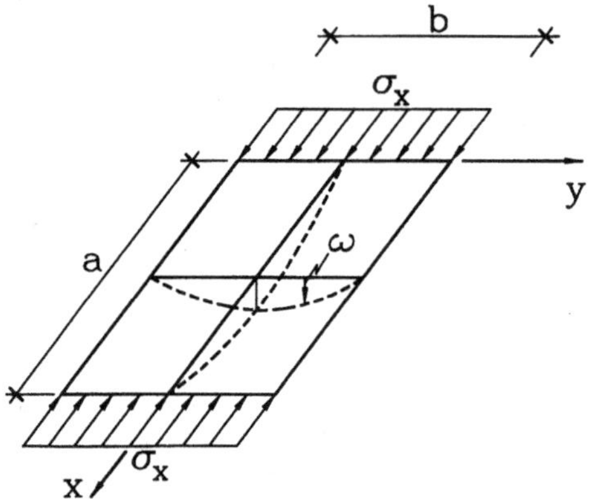

Figura 3.14
Deformación transversal de una placa (n = 1)

Si se toma el caso de la placa indicada en la Fig. 3.14, en que los lados paralelos al eje "y" están simplemente apoyados, y se busca una solución de la forma

$$w = f(y) \, \mathrm{sen} \frac{n\pi x}{a}$$

que satisface las condiciones de borde, al sustituir en la Ec. 3-26 se obtiene:

$$\frac{d^4 f}{dy^4} - 2 \left(\frac{n\pi}{a}\right)^2 \frac{d^2 f}{dy^2} + \left[\left(\frac{n\pi}{a}\right)^4 - \left(\frac{\sigma_x \, t}{D}\right)\left(\frac{n\pi}{a}\right)^2\right] f = 0$$

cuya solución es:

$$f(y) = C_1 \, \mathrm{senh}\, \alpha y + C_2 \, \cosh \alpha y + C_3 \, \mathrm{sen}\, \beta y + C_4 \, \cos \beta y$$

siendo

$$\alpha = \sqrt{\left(\frac{n\pi}{a}\right)^2 + \sqrt{\frac{\sigma_x t}{D}\left(\frac{n\pi}{a}\right)^2}} \quad , \quad \beta = \sqrt{-\left(\frac{n\pi}{a}\right)^2 + \sqrt{\frac{\sigma_x t}{D}\left(\frac{n\pi}{a}\right)^2}}$$

Luego, la deformación transversal de la placa es:

$$w = \left(C_1 \operatorname{senh} \alpha y + C_2 \cosh \alpha y + C_3 \operatorname{sen} \beta y + C_4 \cos \beta y\right) \operatorname{sen} \frac{n\pi x}{a}$$

Las constantes de integración C_i (con $i = 1,2,3,4$) se obtienen aplicando las condiciones de borde. Por simetría de la solución con respecto al eje x: $w(+y) = w(-y)$ se deduce $C_1 = C_3 = 0$. Luego, la solución se reduce a:

$$w = \left(C_2 \cosh \alpha y + C_4 \cos \beta y\right) \operatorname{sen} \frac{n\pi x}{a}$$

Las condiciones de borde son (suponiendo que los lados $y = \pm\, b/2$ están simplemente apoyados):

$$w\left(y = \pm\frac{b}{2}\right) = 0 \qquad \rightarrow \quad C_2 \cosh\frac{\alpha b}{2} + C_4 \cos\frac{\beta b}{2} = 0$$

$$M_y = D\left(\frac{\partial^2 w}{\partial y^2}\right)\left(y = \pm\frac{b}{2}\right) = 0 \ \rightarrow\ C_2\,\alpha^2 \cosh\frac{\alpha b}{2} - C_4\,\beta^2 \cos\frac{\beta b}{2} = 0$$

Para que existan soluciones distintas de la trivial ($C_2 = C_4 = 0$) se requiere que el determinante de los coeficientes sea nulo

$$\begin{vmatrix} \cosh\dfrac{\alpha b}{2} & \cos\dfrac{\beta b}{2} \\[2ex] \alpha^2 \cosh\dfrac{\alpha b}{2} & -\beta^2 \cos\dfrac{\beta b}{2} \end{vmatrix} = 0$$

lo que implica

$$\left(\alpha^2 + \beta^2\right)\cosh\frac{\alpha b}{2}\cos\frac{\beta b}{2} = 0$$

Pero $\cosh(\alpha b/2) > 1$ siempre, y $(\alpha^2 + \beta^2) \neq 0$ porque en caso contrario implica $\sigma_x = 0$. Luego:

$$\cos\frac{\beta b}{2} = 0 \quad \text{con} \quad \frac{\beta b}{2} = \frac{\pi}{2}, \frac{3\pi}{2}, \frac{5\pi}{2}, \dots$$

y tomando el menor valor se obtiene la tensión crítica

$$\sqrt{-\left(\frac{n\pi}{a}\right)^2 + \sqrt{\frac{\sigma_{cr}\,t}{D}\left(\frac{n\pi}{a}\right)^2}}\;\frac{b}{2} = \frac{\pi}{2}$$

$$\sigma_{cr} = \frac{D}{b^2 t}\,\pi^2\left(\frac{a}{nb}+\frac{nb}{a}\right)^2 = \frac{\pi^2 E}{12(1-\upsilon^2)}\left(\frac{t}{b}\right)^2\left(\frac{a}{nb}+\frac{nb}{a}\right)^2$$

$$\sigma_{cr} = k_c\,\frac{\pi^2 E}{12(1-\upsilon^2)}\left(\frac{t}{b}\right)^2 \tag{3-27}$$

con:

$$k_c = \left(\frac{a}{nb}+\frac{nb}{a}\right)^2$$

en que esta constante k_c se llama *coeficiente de pandeo en placas*. Su gráfico se muestra en la Fig. 3.15.

En la Fig. 3.15 se observa que el mínimo valor de k_c es 4 y se produce cuando $a/nb = 1$. Luego, la forma más fácil de pandeo de una placa es en n lóbulos o sinusoides de longitud igual al lado menor. En placas de gran longitud (alas de las vigas) este pandeo siempre tiene campo para desarrollarse. La tensión crítica es ($k_c = 4$):

$$\sigma_{cr} = 4\,\frac{\pi^2 E}{12(1-\upsilon^2)}\left(\frac{t}{b}\right)^2 \tag{3-28}$$

Esta tensión es válida para la placa simplemente apoyada en sus lados longitudinales que se analizó. Para otras condiciones rige la Ec. 3-27 con los valores de k_c indicados en la Tabla 3.3. En cualquier caso, el parámetro más importante para el pandeo de una placa es la razón b/t = ancho/espesor de la placa. Puede notarse la semejanza con el parámetro crítico para el pandeo de columnas L/r.

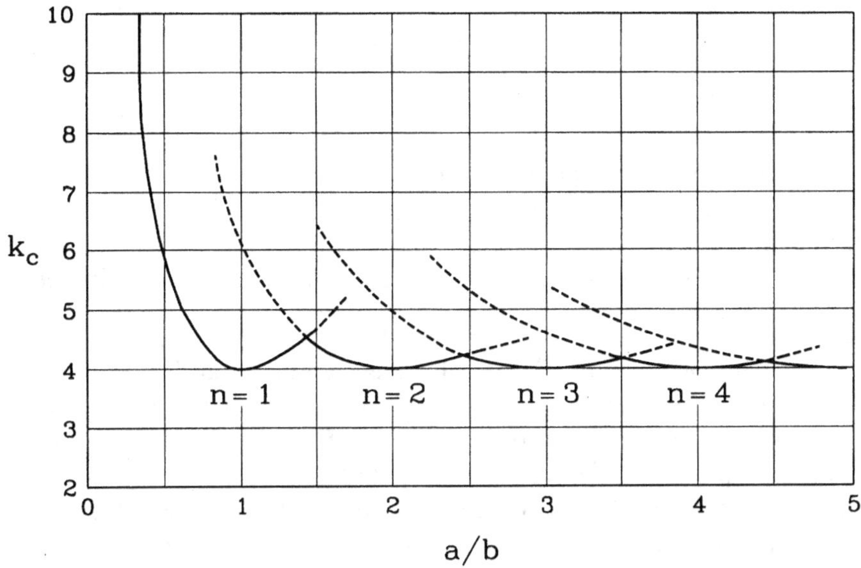

Figura 3.15

TABLA 3.2 Coeficiente de pandeo de placas (Bleich, 1952)	
Condiciones de borde lados longitudinales	k_c
Empotrado - Empotrado	7
Apoyado - Empotrado	5,4
Apoyado - Apoyado	4
Empotrado - Libre	1,28
Apoyado - Libre	0,43

Los códigos establecen valores máximos para la razón ancho/espesor de alas de perfiles o elementos de poco espesor sometidos a compresión. La idea es que se asegure la falla por fluencia antes que la falla por pandeo. Si la Ec. 3-27 se escribe de la siguiente forma:

$$\frac{b}{t} = \frac{\sqrt{k_c\,\pi^2\,E\,\dfrac{1}{12\,(1-\upsilon^2)}}}{\sqrt{\sigma_{cr}}} = \frac{N_1}{\sqrt{\sigma_{cr}}}$$

en que $N_1 = f$ (material, condición de apoyo), se puede asegurar que la tensión de pandeo crítica es mayor que la tensión admisible si:

205

$$\frac{b}{t} \le \frac{N}{\sqrt{\sigma_{ad}}} \tag{3-29}$$

en que $N = f$ (material, condición de apoyo, factor de seguridad).

Si se usa diseño plástico, la posibilidad de formación de rótulas plásticas exige que las alas puedan desarrollar plastificación total sin problemas de pandeo. Esto exige incluir la discusión de pandeo inelástico de las placas y puede anticiparse que se obtendrán condiciones más exigentes para el máximo valor de b/t.

Notar también que en el caso del alma de un elemento en flexión, su estado de tensiones no es uniforme como el de la placa antes analizada (Fig. 3.14). De hecho, las tensiones en el alma varían con la distancia al eje neutro, y son de compresión sólo hacia un lado del eje neutro (Fig. 3.16). El análisis conduce a la misma expresión para σ_{cr} (Ec. 3-27) pero con $k_c \ge 23{,}9$ para flexión pura (Beedle et al, 1964), de modo que el control de la inestabilidad local del alma también se establece limitando su esbeltez, en este caso a través de la relación H/t (Fig. 3.10). Los factores de seguridad que se emplean en estas limitaciones son menores que en el caso de las alas, ya que la viga no colapsa al producirse el pandeo del alma debido a flexión.

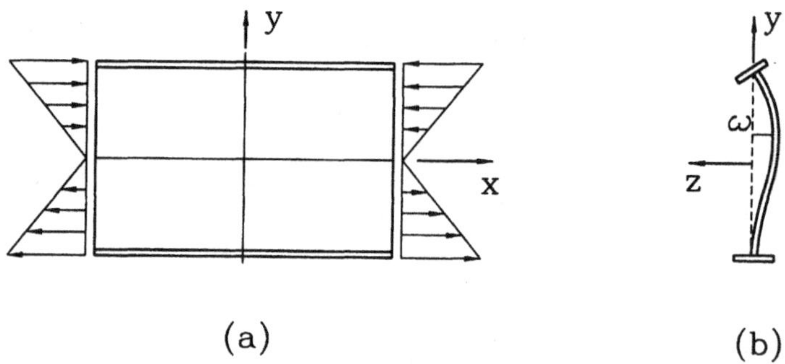

Figura 3.16
Pandeo del alma por flexión

3.1.3.3 Tensiones Admisibles de Flexión en Vigas de Acero según Condiciones de Inestabilidad Global y Local

a) Flexión en torno al eje fuerte

Se llaman *perfiles compactos* aquellos que pueden llegar a plastificarse en las alas sin que se produzcan problemas de pandeo local. La norma norteamericana AISC define como perfiles doble-T, IN o HN compactos aquellos en que las dimensiones del ala cumplen con:

$$\frac{B}{2e} \le \frac{545}{\sqrt{\sigma_y}} \tag{3-30}$$

y las dimensiones del alma cumplen con:

$$\frac{H}{t} \leq \frac{5366}{\sqrt{\sigma_y}} \qquad (3\text{-}31)$$

en que σ_y tiene unidades de kg/cm^2 y B, H, t y e se definen en la Fig. 3.10.a.

i) Para vigas con secciones doble-T, IN o HN compactas, es decir, que cumplen con las Ecs. 3-30 y 3-31, que además satisfacen que L< L$_c$ dado por las Ecs. 3-16, cargadas en su plano de simetría, y con las alas unidas en forma continua al alma, se permite una tensión admisible de flexión, en compresión y tracción, más liberal que la Ec. 3-6.a:

$$\sigma_{adm} = 0{,}66\,\sigma_y \qquad (3\text{-}32)$$

ii) Vigas soldadas doble-T, IN o HN que cumplen con las condiciones anteriores, excepto que sus alas no satisfacen la Ec. 3-30, pero sí cumplen con:

$$\frac{B}{2e} \leq \frac{796}{\sqrt{\sigma_y / k_c}} \qquad (3\text{-}33)$$

con:

$$k_c = \frac{4{,}05}{(h / t)^{0{,}46}} \ \text{si } h/t > 70 \quad \text{ó} \quad 1 \quad \text{si } h/t \leq 70 \qquad (3\text{-}34)$$

se dice que tienen ala *no-compacta*, permitiéndose para ellas una tensión admisible de flexión, en tracción y compresión, dada por:

$$\sigma_{adm} = \left[0{,}79 - \frac{2387}{10^7}\,\frac{B}{2e}\,\sqrt{\sigma_y}\right]\sigma_y \qquad (3\text{-}35)$$

Esta ecuación es simplemente una fórmula de interpolación para σ_{adm} entre los valores 0,66 σ_y y 0,6 σ_y correspondientes a los límites de las relaciones ancho/espesor del ala según las Ecs. 3-30 y 3-33, respectivamente.

iii) Los perfiles de sección doble-T, IN o HN, compacta o no-compacta, tales que L > L$_c$ (Ecs. 3-16), y que cumplen con:

$$\frac{h}{t} \leq \frac{8133}{\sqrt{\sigma_y}} \qquad (3\text{-}36)$$

en que σ_y se usa en kg/cm^2, y h, t según la Fig. 3.10, se rigen por las tensiones admisibles dadas por las Ecs. 3-22 y 3-23.

iv) Los perfiles canal tales que L > L$_c$ (Ecs. 3-16), y que cumplen con:

$$\frac{B}{e} \leq \frac{796}{\sqrt{\sigma_y}} \qquad (3\text{-}37)$$

con σ_y en kg/cm^2 y B, e según la Fig. 3.10.b, se rigen por la tensión admisible dada por la Ec. 3-22.

v) Los perfiles doble-T que no satisfacen la Ec. 3-33 y los perfiles canal que no satisfacen la Ec. 3-37 se denominan *secciones constituidas por placas esbeltas.* Cabe destacar que todos los perfiles IN, con H $\leq$ 50 cm, y HN en la Tabla A.2 satisfacen la Ec. 3-33 excepto los indicados en la Tabla 3.4. Para vigas de secciones esbeltas las tensiones admisibles de compresión se reducen aún más en función de la relación ancho/espesor de las placas constitutivas esbeltas. En particular, es común que queden en esta condición los llamados *perfiles de plancha delgada* que se fabrican mediante un proceso de *doblado en frío;* su diseño se rige por una norma especial, la AISI (AISI, 1986).

A su vez, los perfiles que no cumplen con la Ec. 3-36 corresponden a vigas altas, usualmente fabricadas para proyectos específicos, las que también se denominan *vigas de alma llena*, que quedan también afectas a reducción adicional de tensiones y a otras condiciones especiales de diseño especificadas en el código AISC. Todos los perfiles IN y HN de la Tabla A.2 satisfacen la Ec. 3-36 para las tres calidades de acero nacional según la Tabla A.1.

TABLA 3.4 Perfiles que no satisfacen la Ec. 3-33 en la calidad de acero indicada			
Perfil	**A37-24**	**A42-27**	**A52-35**
IN50x95,8			*
IN50x77,2			*
IN50x74,1			*
IN40x65,0			*
IN40x49,5		*	*
IN35x62,6			*
IN35x47,1		*	*
IN30x44,8		*	*
IN30x30,1	*	*	*
IN25x28,2	*	*	*
IN25x19,3			*
IN20x17,7			*
HN50x192			*
HN50x177		*	*
HN45x152			*
HN45x139		*	*
HN40x123			*
HN35x91,5			*
HN30x64,7			*
HN25x42,4			*

vi) Perfiles cajón o tubo rectangular que satisfacen las condiciones:

$$\frac{b}{e} \leq \frac{1995}{\sqrt{\sigma_y}} \qquad (3\text{-}38)$$

$$\frac{h}{t} \leq \frac{6372}{\sqrt{\sigma_{adm}}} \qquad (3\text{-}39)$$

se denominan no compactos. En las ecuaciones anteriores σ_y y σ_{adm} se usan en kg/cm^2 y la nomenclatura usada corresponde a la Fig. 3.17. Si cumplen con H < 6b', la tensión admisible de flexión es $\sigma_{adm} = 0,6\ \sigma_y$. Esta tensión se puede aumentar hasta en un 10 % si se cumplen las condiciones adicionales que especifica el código AISC.

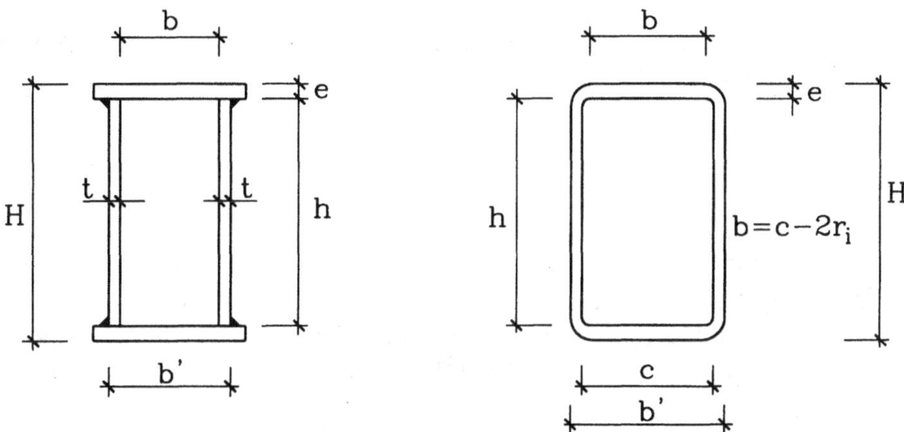

Figura 3.17
Perfiles cajón y tubo rectangular

vii) Para tubos circulares compactos que satisfacen la relación:

$$\frac{D}{t} \leq \frac{232400}{\sigma_y} \qquad (3\text{-}40)$$

en que D es el diámetro exterior y t el espesor, la tensión admisible de flexión es $\sigma_{adm} = 0,66\ \sigma_y$.

viii) Para secciones llenas circulares o cuadradas la tensión admisible de flexión es $\sigma_{adm} = 0,75\ \sigma_y$.

b) Flexión en torno al eje débil

i) No se requiere arriostramiento lateral en elementos cargados en su centro de corte y en flexión en torno a su eje débil. Tampoco lo requieren elementos con igual resistencia en ambos ejes seccionales.

ii) Para perfiles doblemente simétricos (IN, HN o doble-T de alas iguales) con alas compactas (Ec. 3-30) conectadas en forma continua al alma, y en flexión en torno al eje débil, la tensión admisible de flexión es:

$$\sigma_{adm} = 0,75\,\sigma_y \qquad\qquad (3\text{-}41)$$

iii) Elementos conforme al párrafo anterior, pero de alas no compactas (Ec. 3-33) pueden diseñarse para una tensión admisible dada por:

$$\sigma_{adm} = \left[1,075 - \frac{5963}{10^7}\,\frac{B}{2e}\,\sqrt{\sigma_y}\right]\sigma_y \qquad\qquad (3\text{-}42)$$

ecuación que corresponde a una interpolación entre $0,75\,\sigma_y$ y $0,6\,\sigma_y$ para los límites de la razón ancho/espesor del ala dados por las Ecs. 3-30 y 3-33.

iv) Otros elementos no compactos no incluidos en los dos casos anteriores en flexión respecto a su eje débil pueden diseñarse con una tensión admisible de flexión $\sigma_{adm} = 0,6\,\sigma_y$.

v) Placas rectangulares de sección llena en flexión respecto a su eje débil tienen tensión admisible de flexión $\sigma_{adm} = 0,75\,\sigma_y$.

Ejemplo 3.5

Calcular y graficar la relación entre la tensión admisible de compresión en flexión σ_{adm} y la longitud sin arriostramiento lateral del ala comprimida L de vigas con secciones IN40×95,5 e IN35×27,4 de acero A37-24ES. Comparar dichas relaciones con la solución teórica (Ec. 3-17), ponderando ésta por 0,6 para hacerla comparable con las tensiones a nivel admisible.

Solución:

a) Perfil IN40×95,5.

Este perfil tiene relaciones ancho/espesor que satisfacen las Ecs. 3-30 y 3-31, por lo tanto, es compacto:

$$\frac{B}{2e} = \frac{25}{(2)\,(2)} = 6,25 < \frac{545}{\sqrt{2400}} = 11,1$$

$$\frac{H}{t} = \frac{40}{0,6} = 66,67 < \frac{5366}{\sqrt{2400}} = 109,5$$

Las Ecs. 3-16 dan $L_c = 325$, en efecto:

$$\frac{637\,B}{\sqrt{\sigma_y}} = \frac{(637)\,(25)}{\sqrt{2400}} = 325$$

$$\frac{1400000}{H\,(\sigma_y\,/\,A_a)} = \frac{(1400000)\,(50)}{(40)\,(2400)} = 729$$

entonces para $L \leq 325$ cm, $\sigma_{adm} = 0,66\,\sigma_y$ (Ec. 3-32). Para $L > 325$ cm rigen las Ecs. 3-22 y 3-23, las que se evalúan en función de L como se muestra en la Fig. E3.5.a.

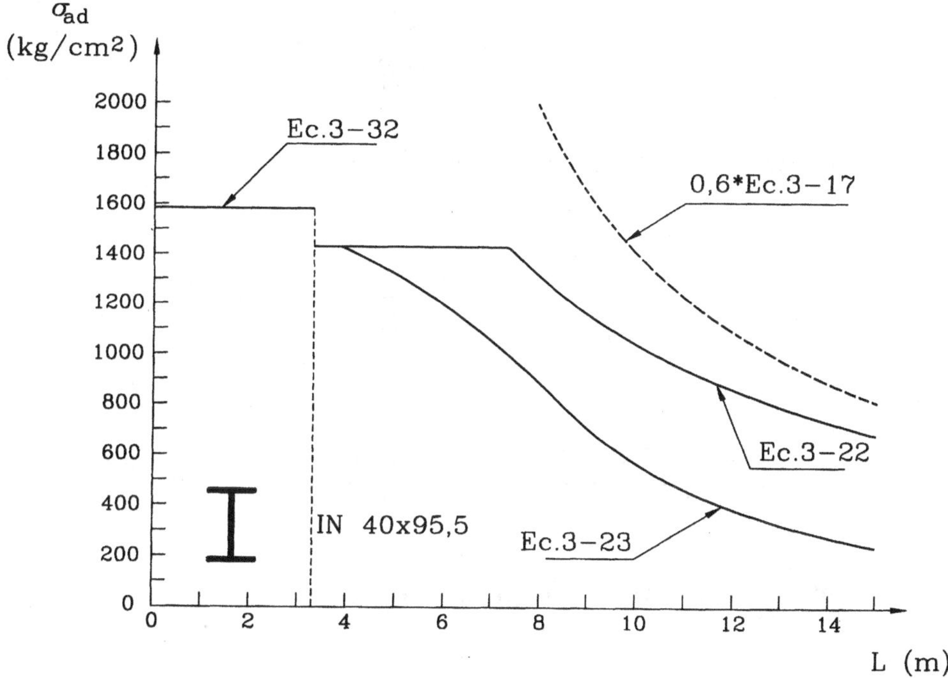

Figura E3.5.a

b) Perfil IN35×27,4.

Este perfil tiene relaciones ancho/espesor que no satisfacen la Ec. 3-30, pero sí cumplen con la Ec. 3-33, por lo que es un perfil no compacto:

$$\frac{B}{2e} = \frac{15}{(2)\,(0,6)} = 12,5 > \frac{545}{\sqrt{2400}} = 11,1$$

$$\frac{H}{t} = \frac{35}{0,5} = 70 < \frac{5366}{\sqrt{2400}} = 109,5$$

Usando la Ec. 3-34 se obtiene el valor de k_c:

$$\frac{h}{t} = \frac{H - 2e}{t} = \frac{35 - (2)(0,6)}{0,5} = 67,6 < 70$$

entonces, $k_c = 1$ y la Ec. 3-33 se satisface:

$$\frac{B}{2e} = 12,5 < \frac{796}{\sqrt{2400}} = 16,2$$

Las Ecs. 3-16 dan $L_c = 150$, en efecto:

$$\frac{637\ B}{\sqrt{\sigma_y}} = \frac{(637)(15)}{\sqrt{2400}} = 195$$

$$\frac{1400000}{H\,(\sigma_y / A_a)} = \frac{(1400000)(9)}{(35)(2400)} = 150$$

Entonces, para $L \leq 150$ cm rige la Ec. 3-35:

$$\sigma_{adm} = \left[0,79 - \frac{2387}{10^7}\ 12,5\ \sqrt{2400} \right] \sigma_y = 0,64\ \sigma_y$$

$$\sigma_{adm} = 1536\ kg/cm^2$$

y para $L > 150$ cm rigen las Ecs. 3-22 y 3-23, las que se evaluarán al igual que el caso anterior (Fig. E3.5.b).

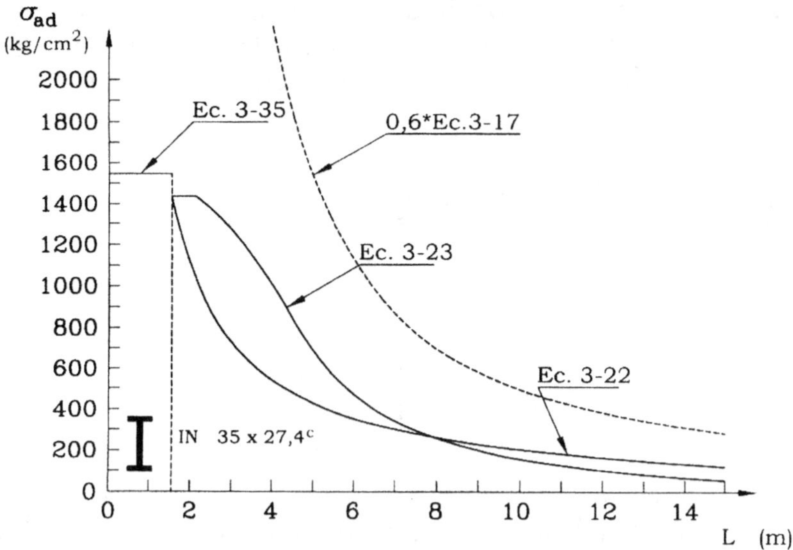

Figura E3.5.b

Ejemplo 3.6

Encontrar los perfiles IN en acero A37-24 más económicos para la viga de 8 metros de luz cargada en la forma indicada en la figura para cada una de las siguientes condiciones: i) No hay sujeción del ala comprimida ni hay limitación de deformación máxima, ii) Existe sujeción del ala comprimida en la mitad de la luz y no hay limitación de deformación máxima, y iii) Existe sujeción del ala comprimida en la mitad de la luz y la deflexión máxima se limita a L/500.

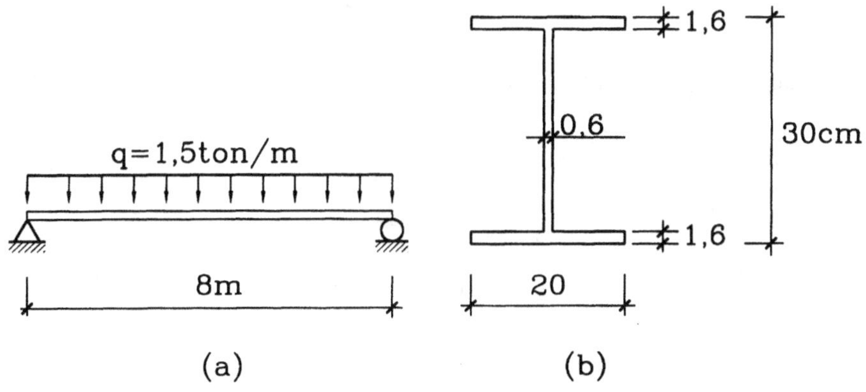

Figura E3.6

Solución: Caso i: La longitud no arriostrada es $L = 800$ cm y $C_b = 1$. Para estimar el módulo resistente W requerido, suponer inicialmente $\sigma_{adm} = 0,6\sigma_y = 1440$ kg/cm^2. El momento flector máximo es:

$$M_{max} = \frac{q\,L^2}{8} = \frac{(1,5)\,(8)^2}{8} = 12 \text{ ton-m} = 1200000 \text{ kg-cm}$$

$$W_{req} = \frac{1200000}{1440} = 833,3 \text{ cm}^3$$

Como la tensión admisible será menor que 1440 kg/cm^2 hay que buscar un W más grande que el requerido. Probar con el perfil IN 30x62,9 que tiene un $W = 925$ cm^3. Las dimensiones de este perfil se muestran en la Fig. E3.6.b.

Se tiene que (Ecs. 3-30 y 3-31):

$$\frac{B}{2e} = \frac{20}{3,2} = 6,25 < \frac{545}{\sqrt{2400}} = 11,1$$

$$\frac{H}{t} = \frac{30}{0,6} = 50 < \frac{5366}{\sqrt{2400}} = 110$$

luego el perfil tiene sección compacta.

Las Ecs. 3-16 dan:

$$\frac{(637)\,(20)}{\sqrt{2400}} = 260 \text{ cm}$$

$$\frac{(1400000)\,(20)\,(1,6)}{(30)\,(2400)} = 622 \text{ cm}$$

luego $L > L_c$ y puede haber reducción de la tensión admisible de compresión por flexión según las Ecs. 3-22 y 3-23.

$$A_a = B\,e = 32 \text{ cm}^2$$

$$\sigma_{adm1} = 845000\,\frac{C_b}{LH / A_a} = \frac{845000 \cdot 32}{800 \cdot 30} = 1127 \text{ kg/cm}^2$$

$$I_{ac} = \frac{(1,6)\,(20)^3}{12} + \frac{(30 - 3,2)\,(0,6)^3}{(6)(12)} = 1066,67 + 0,08 = 1067 \text{ cm}^4$$

(notar que el aporte del alma al momento de inercia es despreciable).

$$A_{wc} = \frac{h\,t}{2} = 8,04 \text{ cm}^2$$

$$r_t = \left(\frac{I_{ac}}{A_a + \dfrac{1}{3}\,A_{wc}}\right)^{\frac{1}{2}} = 5,546 \text{ cm} \quad \rightarrow \quad \lambda_t = \frac{L}{r_t} = 144,2$$

$$\sigma_{adm2} = \frac{12.000.000\;C_b}{\lambda_t^{\,2}} = 576,7 \text{ kg/cm}^2 \text{ ya que } \lambda_t > 5990\,\sqrt{\frac{C_b}{2400}} = 122$$

Se ocupa σ_{adm1} ya que es el mayor. El momento admisible para este perfil es:

$$M_{adm} = 1127 \cdot 925 = 10,42 \text{ ton-m} < 12 \text{ ton-m} \rightarrow \text{No sirve}$$

Hay que buscar otro perfil; probando con el IN 30x67,8 y repitiendo el procedimiento anterior se obtiene:

$$\sigma_{adm1} = \frac{845000}{(800)\,(30)}\,(35) = 1232 \text{ kg/cm}^2$$

luego el momento admisible es:

$$M_{adm} = \sigma_{adm} \, W = 1232 \cdot 1020 = 12,56 \text{ ton-m} > 12 \rightarrow \text{Sirve}$$

Usar perfil IN 30x67,8

Caso ii: L' = 400 cm y C_b = 1,75.

Probando el perfil IN 40x49,3 que tiene W = 898 cm^3 se tiene:

$$A_a = B\,e = 20 \text{ cm}^2$$

$$\sigma_{adm1} = \frac{(845000)\,(20)\,(1,75)}{(400)\,(40)} = 1848 \text{ kg/cm}^2$$

por lo tanto, σ_{adm} = 1440 kg/cm^2. Luego:

$$\sigma = \frac{M}{W} = \frac{1200000}{898} = 1336 < 1440 \text{ kg/cm}^2 \rightarrow \text{Sirve}$$

Usar perfil IN 40x49,3

Caso iii: L' = 400, δ_{max} = L/500 = 1,6 cm, C_b = 1,75.

$$\delta = \frac{5\,q\,L^4}{384\,E\,I} \leq \delta_{max} = 1,6 \text{ cm}$$

con q = 15 kg/cm, L = 800 cm, E = 2100000 kg/cm^2 se determina de la condición anterior que se requiere un momento de inercia:

$$I_x \geq 23809 \text{ cm}^4$$

por lo que puede probarse con el perfil IN 45x58,4 que tiene I_x = 24700 cm^4 y W = 1100 cm^3:

$$A_a = B\,e = (20)\,(1) = 20 \text{ cm}^2$$

$$\sigma_{adm1} = \frac{(845000)\,(1,75)\,(20)}{(400)(45)} = 1643 \ kg/cm^2$$

por lo tanto, $\sigma_{adm} = 1440 \ kg/cm^2$.

$$\sigma = \frac{M}{W} = \frac{1200000}{1100} = 1091 < 1440 \ kg/cm^2 \rightarrow Sirve$$

Usar perfil IN 45x58,4

Notar que hay amplio margen en cuanto a la tensión admisible de flexión, ya que este perfil fue escogido para satisfacer el requerimiento de deformación máxima.

3.1.3.4 Pandeo del Alma y Tensiones Admisibles de Cizalle

La misma Ec. 3-27 rige el pandeo de placas en estado tensional de cizalle como el que muestra la Fig. 3.18.a, pero en vez de k_c el coeficiente de pandeo es:

$$k_v = \begin{cases} 4 + \dfrac{5,34}{(a/h)^2} & \text{para } a/h \leq 1 \\[3ex] 5,34 + \dfrac{4}{(a/h)^2} & \text{para } a/h \geq 1 \end{cases} \qquad (3\text{-}43)$$

en que h es la distancia libre entre las alas del perfil doble-T y a es la distancia libre entre atiesadores transversales. Los atiesadores transversales son planchas perpendiculares al alma, soldadas a ella y a las alas, dispuestos como muestran las Figs. 3.18.b y c. Estos atiesadores rigidizan el alma impidiéndole el pandeo fuera de su plano, por ello se denominan también *atiesadores de rigidez*.

Para una viga sin atiesadores (a/h = ∞) $k_v = 5,34$ según la Ec. 3-43. Para que ella no quede afecta a inestabilidad del alma, y por tanto no sea necesario reducir la tensión admisible de cizalle, la norma limita la esbeltez del alma imponiendo la condición $\sigma_{cr} = \sigma_y$, con σ_{cr} según la Ec. 3-27, es decir:

$$\frac{5,34 \cdot \pi^2 \cdot 2100000}{12\,(1 - 0,3^2)} \left(\frac{t}{h}\right)^2 = \sigma_y$$

ecuación que se satisface siempre que:

$$\frac{h}{t} \leq \frac{3183}{\sqrt{\sigma_y}} \tag{3-44}$$

Si se cumple la Ec. 3-44, $\tau_{adm} = 0,4\ \sigma_y$ como se indicó en la Ec. 3-6.b, y además la tensión de cizalle puede calcularse usando la altura total del perfil: $\tau = V/(Ht)$. Si la razón h/t excede el límite de la Ec. 3-44, $\tau = V/ht$ y

$$\tau_{adm} = \frac{\sigma_y\ C_v}{2,89} \leq 0,4\ \sigma_y \tag{3-45}$$

donde:

$$C_v = \begin{cases} \dfrac{3163000\ k_v}{\sigma_y\ (h/t)^2} & \text{cuando } C_v \leq 0,8 \\[4ex] \dfrac{1593}{(h/t)} \sqrt{\dfrac{k_v}{\sigma_y}} & \text{cuando } C_v \geq 0,8 \end{cases}$$

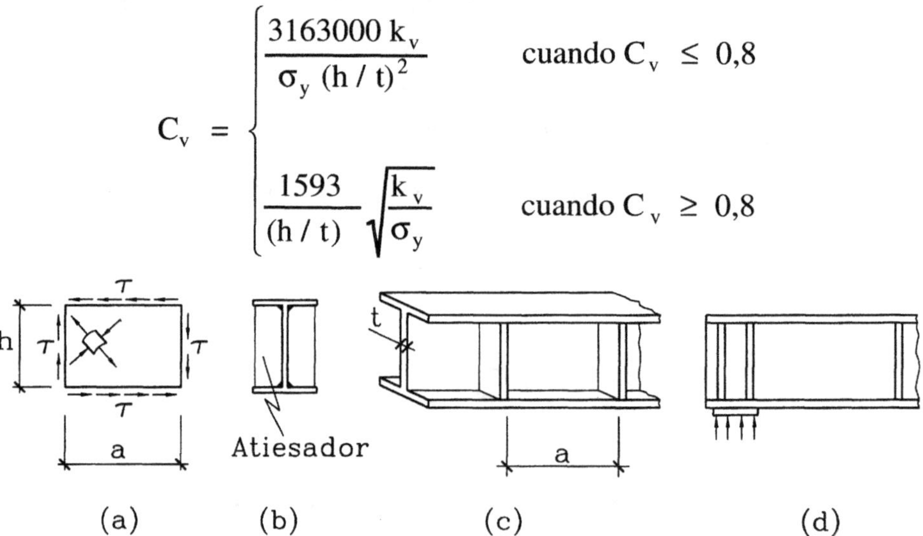

Figura 3.18

3.1.3.5 Pandeo del Alma por Cargas Concentradas

Finalmente cabe mencionar que el alma puede verse sometida a un estado de tensiones de compresión prácticamente uniforme en su propio plano debido a cargas concentradas que actúan sobre la viga, lo que puede causar pandeo del alma.

El caso más común es el que ocurre en los apoyos, en que una potencialmente intensa carga concentrada afecta directamente el alma. Para ello se adoptan dos medidas de diseño, como muestra la Fig. 3.18.d: el uso de una *placa base* de acero (entre el ala inferior y el apoyo) para distribuir la reacción concentrada, y el uso de *atiesadores de carga*, usualmente un par, que desempeñan la función de "columnas" que ayudan al alma a tomar la reacción vertical.

También pueden haber fuertes cargas concentradas sobre una viga en puntos intermedios alejados de sus extremos, por ejemplo, porque llega una columna o una viga perpendicular a apoyarse sobre ella. En esta situación el alma se refuerza en el punto correspondiente mediante atiesadores de carga.

3.2 VIGAS DE MATERIAL NO HOMOGENEO

3.2.1 Comportamiento Elástico de Vigas con un Eje de Simetría. Tensiones Normales y Tangenciales

En la Fig. 3.19.a se muestra una sección de una viga, que tiene un eje de simetría y está compuesta por tres materiales de módulos de elasticidad E_1, E_2, E_3. Si se supone que las deformaciones normales son tales que la sección permanece plana después de deformarse (Fig. 3.19.b), y que el comportamiento de cada material es del tipo lineal-elástico con $\sigma_i = E_i \varepsilon$, se puede obtener la distribución de tensiones normales que se muestra en la Fig. 3.19.c.

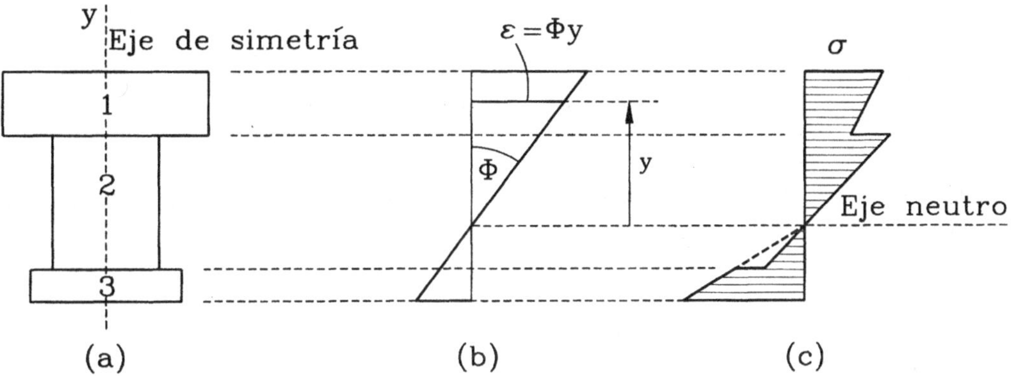

Figura 3.19
Distribución de deformaciones y tensiones en una sección no-homogénea

La distribución de tensiones normales $\sigma(y)$ debe satisfacer equilibrio con los esfuerzos internos aplicados a la sección, o sea:

$$\Sigma F = 0 \quad y \quad \Sigma M = M$$

por lo tanto, de la primera condición de equilibrio resulta:

$$\int_A \sigma \, dA = 0 \quad \rightarrow \quad \int_1 \sigma_1 \, dA + \int_2 \sigma_2 \, dA + \int_3 \sigma_3 \, dA = 0$$

$$\int_1 E_1 \, \phi y \, dA + \int_2 E_2 \, \phi y \, dA + \int_3 E_3 \, \phi y \, dA = 0 \tag{3-46}$$

Se acostumbra referir la sección a un solo material, usualmente al de menor módulo de elasticidad. Si se supone $E_1 < E_2$ y $E_1 < E_3$ se puede definir:

$$n_{12} = \frac{E_2}{E_1} \qquad n_{13} = \frac{E_3}{E_1} \tag{3-47}$$

219

y reemplazando los valores de n en la Ec. 3-46 se obtiene:

$$E_1 \, \phi \left[\int_1 y \, dA \, + \, n_{12} \int_2 y \, dA \, + \, n_{13} \int_3 y \, dA \right] = 0$$

ecuación que indica que para que exista equilibrio, el eje neutro debe pasar por el centroide de la sección transformada, esto es, una sección igual a la original, pero donde el ancho b_i de cada material se ha reemplazado en la sección transformada por $n_{1i}b_i$ (Fig. 3.20).

Si se aplica la segunda condición de equilibrio, se obtiene:

$$\int_1 \sigma_1 \, y \, dA \, + \, \int_2 \sigma_2 \, y \, dA \, + \, \int_3 \sigma_3 \, y \, dA \, = \, M$$

reemplazando los valores de σ y los módulos de elasticidad de acuerdo a las Ecs. 3-47 se tiene:

$$\int_1 E_1 \, \phi \, y^2 \, dA \, + \, \int_2 n_{12} E_1 \, \phi \, y^2 \, dA \, + \, \int_3 n_{13} E_1 \, \phi \, y^2 \, dA \, = \, M$$

$$E_1 \, \phi \left[\int_1 y^2 \, dA \, + \, n_{12} \int_2 y^2 \, dA \, + \, n_{13} \int_3 y^2 \, dA \right] = M$$

El término entre paréntesis en la ecuación anterior, que se designará por I_T, corresponde por definición al momento de inercia de la sección transformada con respecto al eje neutro, eje que se supone coincidente con el eje x. Por lo tanto, la curvatura se puede expresar como:

$$\phi \, = \, \frac{M}{E_1 \, I_T}$$

que no es más que la ecuación fundamental de la teoría elemental de flexión ($\phi = M/EI$). Las tensiones normales en cada uno de los materiales se obtienen en función de la distancia "y" entre la fibra considerada y el eje neutro:

$$\sigma_1 \, = \, E_1 \, \phi \, y \, = \, \frac{M}{I_T} \, y \qquad\qquad (3\text{-}48.\text{a})$$

$$\sigma_2 = E_2 \, \phi \, y = \frac{E_2 \, M}{E_1 \, I_T} \, y = n_{12} \, \frac{M}{I_T} \, y \qquad \text{(3-48.b)}$$

$$\sigma_3 = n_{13} \, \frac{M}{I_T} \, y \qquad \text{(3-48.c)}$$

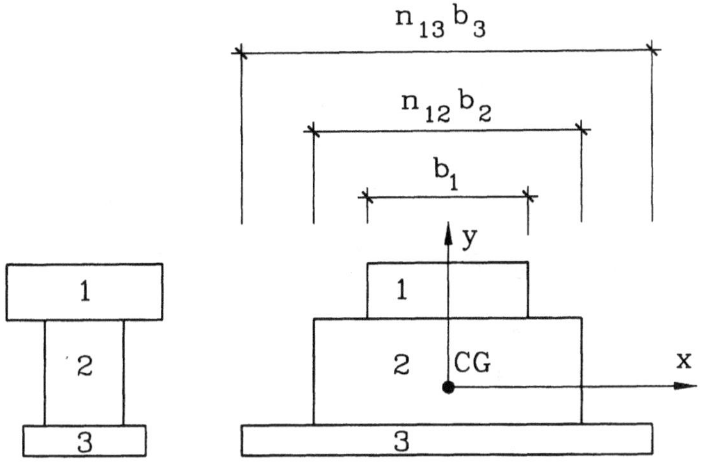

Figura 3.20
Sección transformada

Las tensiones tangenciales en cada fibra "y" se obtienen de:

$$\tau_1 = \frac{V \int_T y \, dA}{I_T \, b_1} \qquad \text{(3-49.a)}$$

$$\tau_2 = n_{12} \, \frac{V \int_T y \, dA}{I_T \, b_{T,2}} \qquad \text{(3-49.b)}$$

$$\tau_3 = n_{13} \, \frac{V \int_T y \, dA}{I_T \, b_{T,3}} \qquad \text{(3-49.c)}$$

en que $b_{T,i} = n_{1i} \, b_i$.

Las expresiones 3-49 sirven para diseñar los elementos de unión entre dos materiales (conectores), tales como pernos, tornillos, clavos o adhesivos. Estos elementos deben ser capaces de tomar el flujo tangencial (esfuerzo rasante), que se produce en el plano que delimita ambos materiales. Este esfuerzo rasante por unidad de longitud de viga se obtiene de $q = \tau \, b_{T,i}$ (fuerza/unidad de longitud).

Ejemplo 3.7

Calcular las tensiones máximas en la madera y el acero de la viga compuesta indicada en la Fig. E3.7.a. Diseñar los tornillos conectores si cada uno resiste 130 kg en esfuerzo de corte. Datos: $E_m = 50000$ kg/cm^2, $M_{max} = 1500$ kg-m, $V_{max} = 1200$ kg y $n = E_a / E_m = 40$.

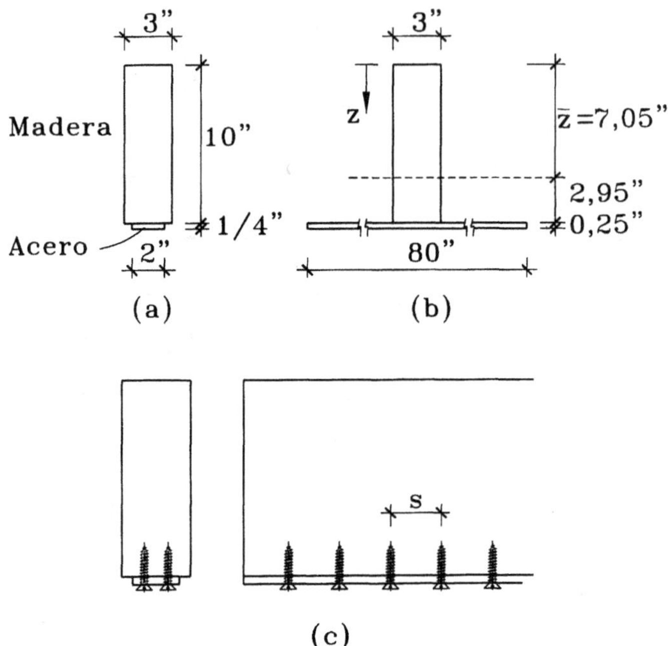

Figura E3.7

Solución: Eje neutro: si se considera el origen de coordenadas z en el borde superior (Fig. E3.7.b):

A	z	A z
3 x 10 = 30	5	150
1/4 x 80 = 20	10 + 1/8	202,5
Σ = 50		Σ = 352,5

$$\bar{z} = \frac{352,5}{50} = 7,05 \text{ "}$$

Momento de inercia de la sección transformada:

$$I_T = \frac{80}{12}\left(\frac{1}{4}\right)^3 + 80\left(\frac{1}{4}\right)(2,95 + 0,125)^2 + \frac{3}{12}(10)^3 + 30(7,05 - 5)^2$$

$$= 565,3 \ in^4 = 23529,2 \ cm^4$$

Tensiones:

$$\sigma_m^{max} = \frac{M_{max}}{I_T}y = \frac{150000}{23529,2}(7,05)(2,54) = 114 \ kg/cm^2$$

$$\sigma_a^{max} = n\frac{M_{max}}{I_T}y = 40\frac{150000}{23529,2}(2,95 + 0,25)(2,54) = 2073 \ kg/cm^2$$

Conectores:

$$\tau\,b = \frac{V\,Q}{I_T} = \frac{1200\,(80)\,(0,25)\,(2,95 + 0,125)\,(2,54)^3}{23529,2} = 51,4 \ kg/cm$$

utilizar tornillos en pares, con 260 kg/par, y un espaciamiento de:

$$s = \frac{260}{51,4} = 5,06 \ cm$$

usar s = 5 cm en zona de V_{max} (Fig. E3.7.c)

3.2.2 Importancia de la Transmisión del Flujo de Cizalle

Una discusión profunda del papel que desempeña el flujo de cizalle es fundamental para comprender la íntima relación que existe entre esfuerzo de corte y flexión. Se sabe que estos esfuerzos están vinculados por la relación $V = dM/dx$, es decir, existe corte sólo si hay variación del momento flector entre una sección y otra vecina a distancia Δx. Si hay variación del momento, debe existir flujo de cizalle, pues éste se requiere justamente para el equilibrio de las tensiones $(\sigma + \Delta\sigma)$ y σ que actúan respectivamente en dos secciones a distancia Δx, como se presentó en la Fig. 3.2. La transmisión del flujo de cizalle es, por tanto, básica para el funcionamiento de la sección como una unidad, como se observará en el ejemplo siguiente.

Considérese un elemento en flexión formado por dos piezas de madera de ancho b y alto h cada una, yuxtapuestas como muestra la Fig. 3.21.a para construir una viga con sección de doble altura.

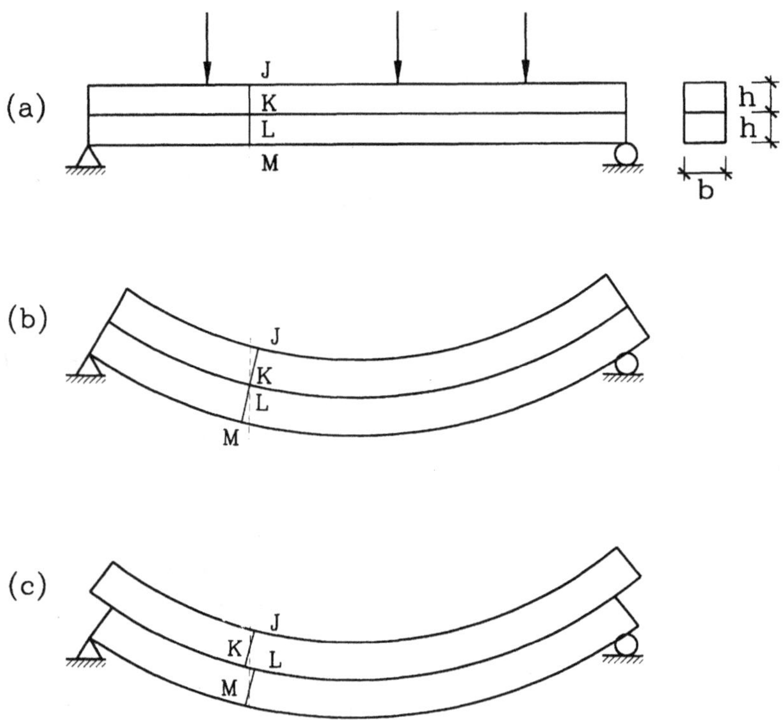

Figura 3.21

Para que ambas piezas actúen como una unidad es necesario que se desarrolle una adherencia perfecta entre ellas, es decir, que exista plena capacidad para transmitir el flujo de cizalle entre ambas piezas, el que es justamente máximo en el plano neutro de la sección. Si es posible materializar tal condición en forma perfecta con un buen adhesivo, el elemento deformado bajo la acción de cargas se comportará como lo muestra la Fig. 3.21.b, es decir, no ocurre deslizamiento relativo entre ambas piezas y las secciones planas permanecen planas, respetando la hipótesis básica de flexión. En este caso, la rigidez del elemento es proporcional al momento de inercia del conjunto:

$$I = \frac{b\,(2h)^3}{12} = \frac{2bh^3}{3}$$

Por el contrario, si no existiera vinculación alguna entre ambas piezas, o sea, si hubiera contacto perfectamente liso entre ellas, la deformación bajo las mismas cargas anteriores sería considerablemente mayor, con deslizamiento relativo de las piezas en su interfase, como muestra la Fig. 3.21.c. Notar que en este caso la sección plana del conjunto antes de la carga no permanece plana al aplicar la carga, de modo que no se respeta la hipótesis básica de la teoría de la flexión. Por lo tanto, el momento de inercia en este caso será igual a la suma de los momentos de inercia de las piezas individuales, es decir:

$$I = \frac{bh^3}{6}$$

que corresponde a la cuarta parte del caso en que el flujo de cizalle se transmite íntegramente a través del plano neutro; por tanto, las deformaciones serán 4 veces mayores y las tensiones de flexión el doble. Cabe destacar entonces que en un caso real la unión entre ambas piezas de madera puede realizarse mediante adhesivos o clavos, los que en general no son capaces de materializar una conexión 100 % efectiva.

Situaciones como la del ejemplo considerado hay variadas: perfiles de acero constituidos por placas soldadas entre sí, secciones compuestas por varios perfiles metálicos unidos entre sí mediante planchas o celosías, secciones de madera reforzadas por planchas de acero, vigas metálicas con losa colaborante de hormigón, etc; en todos estos casos no sólo es necesario que los elementos de conexión sean suficientemente resistentes para transmitir el flujo de cizalle requerido, sino también deben tener adecuada rigidez para que la sección completa sea efectiva en un alto porcentaje.

Todavía hay dos casos de especial interés en los que la comprensión del fenómeno antes discutido es vital para interpretar el comportamiento estructural. Ellos son: la diferencia entre un reticulado y una viga Vierendeel, y el acoplamiento de muros de hormigón armado que proveen la resistencia y rigidez necesarias para la seguridad sísmica de un edificio.

En el caso de un reticulado como el de la Fig. 3.22.a, apreciamos que los elementos del alma (montantes y diagonales) constituyen la conexión entre los cordones superior e inferior necesaria para transmitir el flujo de cizalle o esfuerzo de corte. Tal función la desempeñan con la alta rigidez asociada a la acción puramente axial de cada elemento, de manera que para las cargas de la Fig. 3.22.a los desplazamientos verticales de los nudos son los que se presentan en la primera columna de la Tabla 3.5. La viga Vierendeel de la Fig. 3.22.b se ha dimensionado para este ejemplo de modo que su peso total es equivalente al de la estructura reticular. El punto de interés es que en la viga Vierendeel la transmisión del flujo cortante se realiza principalmente por la flexión de los elementos verticales, y el corte mismo en cada panel también es absorbido por la flexión de los elementos horizontales superior e inferior. Esta distribución interna de esfuerzos hace de la viga Vierendeel un elemento considerablemente más flexible que el reticulado, como se aprecia en los valores indicados en la Tabla 3.5. Cabe notar que en la viga Vierendeel los nudos son rígidos, ya que ciertamente la estructura sería inestable si los elementos se articularan en sus extremos, aun manteniendo la continuidad de los elementos superior e inferior. En el caso del reticulado los nudos se han supuesto articulados como es usual; al considerar los nudos rígidos, la rigidez del reticulado aumenta sólo en un 1% y la variación de esfuerzos internos es también despreciable.

TABLA 3.5 Desplazamientos verticales en centímetros

Nudo	Reticulado	Viga Vierendeel
1	0,167	1,22
2	0,398	3,94
3	0,482	4,97

Comparando el reticulado y la viga Vierendeel con una viga de alma llena igualmente cargada como la de la Fig. 3.22.c, se pueden evaluar sus eficiencias η en términos de rigidez, en que η es la relación entre el momento de inercia máximo teórico I_m de la sección transversal de estos sistemas en relación con el momento de inercia efectivo I_e de la viga de alma llena que experimenta igual deformación máxima, es decir:

$$I_e = \eta\, I_m = \eta\, \frac{A\, h^2}{2}$$

siendo A el área de los elementos de los cordones superior e inferior ($A = 3,07$ cm^2 en este ejemplo). Se obtiene que $\eta = 70\ \%$ para el reticulado y $\eta = 6,8\ \%$ para la viga Vierendeel, es decir, ésta es 10 veces más deformable debido a la gran flexibilidad de su mecanismo de transmisión del flujo de cizalle. Cabe finalmente agregar que en relación con los esfuerzos internos, algunos elementos de la viga Vierendeel quedan sometidos a importantes esfuerzos de corte y momentos flectores, mientras que en el reticulado los elementos sólo trabajan en esfuerzo axial.

El segundo caso de interés mencionado es el de muros estructurales en edificios de hormigón armado que cumplen la función de proveer resistencia y rigidez lateral. La Fig. 3.23.b muestra esquemáticamente la deformación lateral de dos muros unidos por vigas muy flexibles, para un conjunto de cargas laterales que simulan la acción sísmica. En este caso ambos muros actúan en forma prácticamente independiente: las secciones originalmente planas no permanecen planas

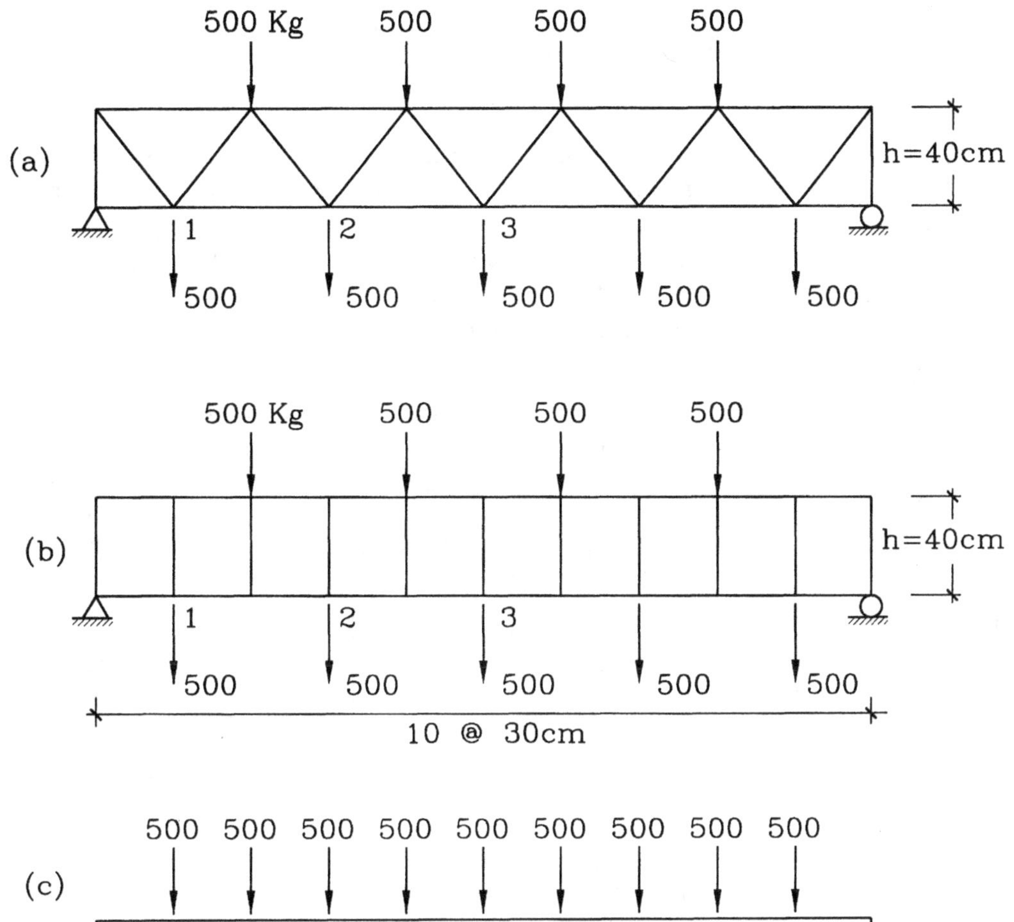

Figura 3.22

porque cada muro gira individualmente, y el momento de inercia equivalente del conjunto puede estimarse aproximadamente como:

$$I_e \;=\; \frac{e\,b^3}{6}$$

La estructuración de la Fig. 3.23.c en cambio presenta dinteles rígidos de un piso de altura, nivel por medio; estos dinteles son capaces de transmitir un gran esfuerzo de corte, o sea, se desarrolla flujo de cizalle entre ambos muros, forzándolos a actuar como una sola sección conjunta; el momento de inercia equivalente de tal sección puede estimarse aproximadamente como:

$$I_e = \frac{e\,(8b^3 + 12ab^2 + 6a^2b)}{12}$$

en que e es el espesor de los muros. Para comparar con el caso anterior, notar que para a = b este último momento de inercia es 13 veces mayor. Notar también que en la estructura de la Fig. 3.23.c las secciones planas del conjunto permanecen planas. Esta evaluación es aproximada pues en la estructura de la Fig. 3.23.c las deformaciones por corte deben ser también incluidas, sin embargo, ello no invalida en absoluto la esencia de la discusión anterior.

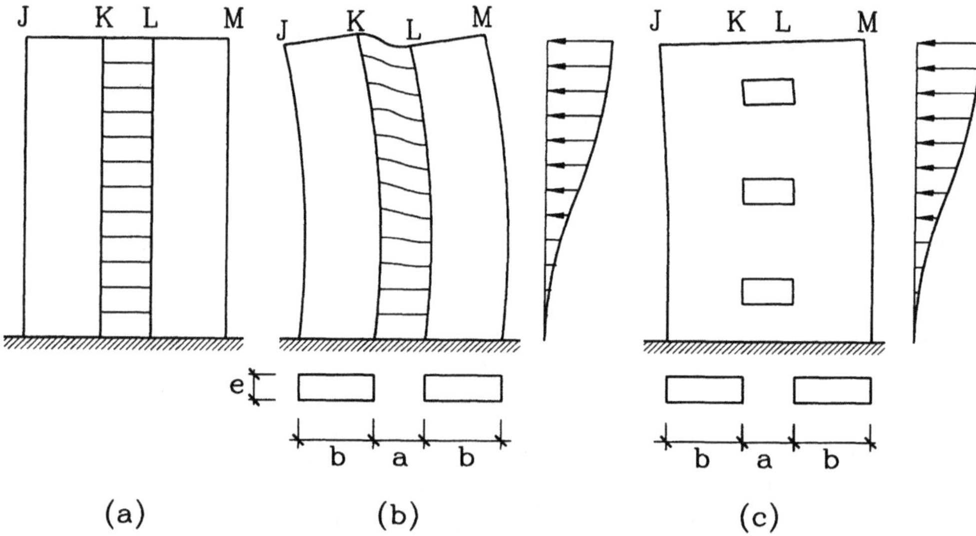

(a)   (b)   (c)

Figura 3.23
Muros acoplados de hormigón armado: (a) estructura sin carga lateral, (b) estructura con acoplamiento muy flexible, (c) estructura con acoplamiento muy rígido. En (b) y (c) actúan cargas sísmicas laterales equivalentes

3.2.3 Diseño Balanceado para Tensiones Admisibles

La condición de balance en diseño elástico es aquella en que ambos materiales alcanzan simultáneamente su tensión admisible para la carga de diseño. En la Fig. 3.24 se ilustra esta condición para el caso de una viga de madera reforzada por una plancha de acero en su borde inferior. Para obtener esta situación las dimensiones de la sección deben satisfacer ciertas condiciones que se deducen a continuación.

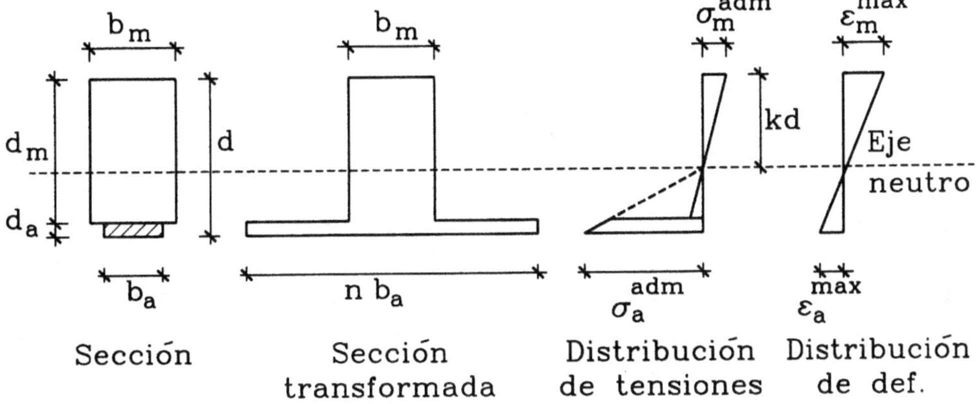

Figura 3.24
Condición de diseño balanceado para tensiones admisibles

La condición de compatibilidad geométrica para las deformaciones exige:

$$\frac{\varepsilon_m^{max}}{k\,d} = \frac{\varepsilon_a^{max}}{d - k\,d}$$

$$\frac{k\,d}{d} = \frac{\varepsilon_m^{max}}{\varepsilon_a^{max} + \varepsilon_m^{max}}$$

si se introducen las relaciones tensión-deformación de los materiales se obtiene la Ec. 3-50 que determina la posición del eje neutro:

$$\frac{k\,d}{d} = \frac{\sigma_m^{adm} / E_m}{(\sigma_a^{adm} / E_a) + (\sigma_m^{adm} / E_m)}$$

$$k = \frac{1}{1 + \dfrac{\sigma_a^{adm}}{n\,\sigma_m^{adm}}} \tag{3-50}$$

El aplicar las condiciones de equilibrio equivale a exigir que el eje neutro de la sección esté ubicado en el centro de gravedad de la sección transformada. Esto implica:

$$b_m\, d_m \left(k\,d - \frac{d_m}{2} \right) - n\, b_a\, d_a \left(d_m - k\,d + \frac{d_a}{2} \right) = 0$$

$$\frac{b_a}{b_m} = \frac{d_m \left(k\,d - \dfrac{d_m}{2} \right)}{n\,d_a \left(d_m - k\,d + \dfrac{d_a}{2} \right)} \tag{3-51}$$

La Ec. 3-51 determina la relación que deben cumplir los anchos de ambos materiales para satisfacer la condición de diseño balanceado. En la práctica, el espesor de la plancha de acero d_a es pequeño de modo que se puede suponer $d_m \approx d$. Si se define $A_s = b_a d_a$ y $A_m = b_m d_m$, la Ec. 3-51 se puede escribir como:

$$\frac{A_s}{A_m} = \frac{k\,d - \dfrac{d}{2}}{n\,(d - k\,d)}$$

$$\frac{A_s}{A_m} = \frac{k - 0,5}{n\,(1 - k)} \tag{3-52}$$

La ecuación anterior representa una importante conclusión: la condición de diseño balanceado se logra cuando la cantidad de los materiales que conforman la sección están en una proporción muy precisa. El lector puede haber intuido esta conclusión pensando que la meta de satisfacer simultánea y exactamente las tensiones admisibles de ambos materiales es, sin duda, el resultado de jugar aumentando y disminuyendo las cantidades de los materiales utilizados. Conviene meditar también en que la condición de balance es independiente de la magnitud de la solicitación, lo que refuerza la intuición de un resultado en términos de la proporción requerida entre los materiales y no de sus cantidades absolutas.

Ejemplo 3.8

Diseñar una sección de madera con refuerzo de acero para resistir un momento flector de 1370 kg-m. Las tensiones admisibles en el acero y la madera son $\sigma_a^{adm} = 1400$ kg/cm^2 y $\sigma_m^{adm} = 140$ kg/cm^2 respectivamente. El módulo de elasticidad del acero es $E_a = 2100000$ kg/cm^2 y el de la madera $E_m = 120000$ kg/cm^2.

Solución:

$$k\,d = \frac{\varepsilon_m^{max}}{\varepsilon_m^{max} + \varepsilon_a^{max}}\,d = \frac{0,001167}{0,001167 + 0,00067}\,d = 0,635\,d$$

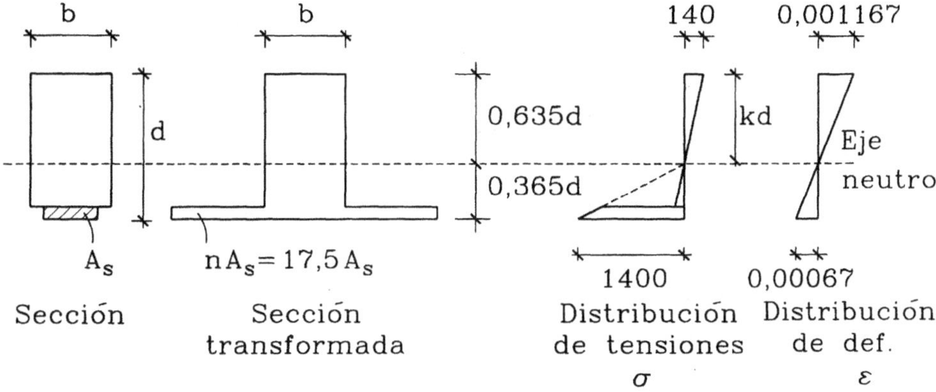

Figura E3.8

Además n = 17,5 y si se usa la aproximación para d_a pequeño se tiene:

$$b\,d\,(0{,}635\,d - 0{,}5\,d) = (17{,}5\,A_s)\,(0.365\,d)$$

lo que permite determinar la cuantía de acero:

$$\frac{A_s}{b\,d} = 0{,}0211$$

Si se aplica la condición que la fibra más solicitada de la madera no exceda su tensión admisible:

$$\sigma_m{}^{adm} = \sigma_m{}^{max} = \frac{M}{I_T}\,k\,d$$

$$140 = \frac{137000}{I_T}\,0{,}635\,d$$

Por lo tanto, el momento de inercia de la sección transformada debe ser:

$$I_T = 621{,}4\,d\ cm^4$$

pero:

$$I_T = \frac{b\,d^3}{12} + b\,d\,(0,135\,d)^2 + 17,5\,A_s\,(0,365\,d)^2$$

$$= b\,d^3\,(0,0833 + 0,0182 + 0,0492)$$

luego, se requiere que se cumpla lo siguiente:

$$b\,d^2 = \frac{621,4}{0,15075} = 4122 \text{ cm}^3$$

Tanteando una pieza de 4″ x 8″, o sea $b \approx 10$ cm y $d \approx 20$ cm:

$$b\,d^2 = 4000 \approx 4122$$

$$A_s = 0,0211\,b\,d = 4,22 \text{ cm}^2$$

área de acero que se logra con una placa de $0,5$ x $9 = 4,5$ cm^2.

Usar: 4″ x 8″ con refuerzo de acero PL 5 x 90 mm

Si se verifican las tensiones para este diseño se obtiene:

$$I_T = 0,1507\,b\,d^3 = 12056 \text{ cm}^4$$

$$\sigma_m^{\ max} = \frac{137000}{12056}\,(0,635)\,(20) = 144 \text{ kg/cm}^2 > 140 \text{ kg/cm}^2$$

$$\sigma_a^{\ max} = (17,5)\,\frac{137000}{12056}\,(0,365)\,(20) = 1452 \text{ kg/cm}^2 > 1400 \text{ kg/cm}^2$$

Aunque las tensiones exceden ligeramente los valores admisibles (2,8 % y 3,7 %) podrían aceptarse. Sin embargo, el diseño debe pulirse pues se supuso una pieza de 10×20 cm, lo que requerirá una pieza mayor que 4″×8″ por las pérdidas del cepillado.

3.2.4 Construcción Compuesta

Este tipo de construcción consiste en perfiles de acero que soportan una losa de hormigón, diseñados en forma tal que ambos materiales actúan en conjunto para resistir la flexión.

Existen dos tipos de elementos compuestos:

- Vigas metálicas con losa colaborante de hormigón, donde se utilizan conectores mecánicos especiales para transmitir el flujo de cizalle entre ambos materiales. Esta solución es de uso muy frecuente por razones económicas en puentes de luz moderada y en sistemas de piso en edificios de estructura de acero (Fig. 3.25.a).

- Vigas metálicas embebidas en hormigón monolítico con la losa, que utilizan la adherencia natural entre los materiales. Esta solución puede ser recomendable en casos que convenga dar especial protección al acero en ambientes agresivos desde el punto de vista de la corrosión o por necesidades de resistencia al fuego. La Fig. 3.25.b muestra una sección típica de este tipo de elementos. El diseño de estos tipos de construcción se presenta a continuación.

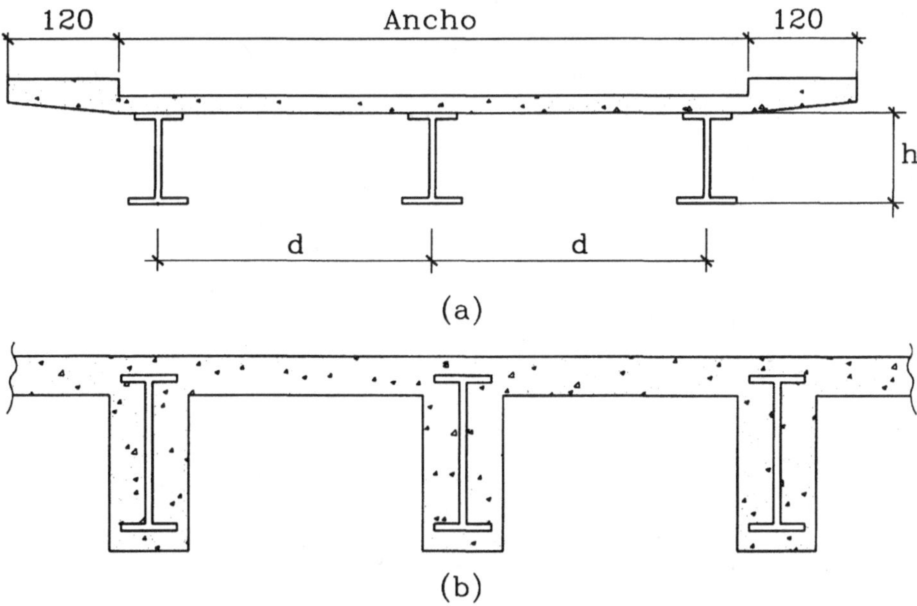

Figura 3.25
Sistemas de construcción compuesta: (a) Sección de puente de viga metálica con losa colaborante, (b) Piso o cubierta con viga metálica embebida en hormigón

3.2.4.1 Vigas Metálicas con Losa Colaborante de Hormigón. Aplicación al Diseño de Puentes

La solución de viga metálica con losa colaborante presenta varias ventajas. La primera, obviamente, es el uso apropiado de los materiales: la viga metálica es fundamentalmente la encargada de absorber las tensiones de tracción por flexión y el hormigón resiste las tensiones de compresión. Es posible utilizar esta solución en puentes continuos, sin embargo, la colaboración de la losa se pierde en las zonas de momento negativo sobre los apoyos, ya que el hormigón quedaría en tracción. Ello se puede subsanar utilizando barras de acero de refuerzo en la dirección paralela a las vigas. Sin embargo, teniendo en cuenta que será necesario proveer también juntas de dilatación térmica, lo más usual es que estos puentes se construyan en tramos simplemente apoyados.

Una segunda ventaja importante es que no existen problemas de inestabilidad lateral de las vigas metálicas, ya que aun cuando el ala superior quede en compresión, la losa de hormigón provee la rigidez lateral necesaria. Por cierto una tercera ventaja es la disminución de peso propio que significa el uso del perfil metálico respecto al peso que tendría una viga maciza de hormigón armado.

Finalmente, aunque no por ello menos importante, este tipo de construcción puede hacer uso de la resistencia de la viga metálica sola para las cargas de peso propio de operación durante la construcción. Esto es de gran conveniencia práctica cuando no es posible interrumpir por un tiempo largo el flujo bajo el puente en construcción: ya sea por tratarse de un puente sobre un río muy caudaloso o de un paso sobre nivel carretero o urbano que no permite suspender el tráfico vehicular. En estos casos es posible utilizar las vigas metálicas como estructura soportante de las cargas muertas: peso de la losa mientras fragua el hormigón, peso propio del moldaje y de las vigas metálicas mismas, y peso de las cargas de construcción (operarios y equipos). Cabe hacer notar que mientras la losa de hormigón no haya fraguado las vigas metálicas quedarían expuestas a pandeo lateral; sin embargo, tal eventualidad puede resolverse materializando los diafragmas transversales (Fig. 3.26) antes de hormigonar la losa.

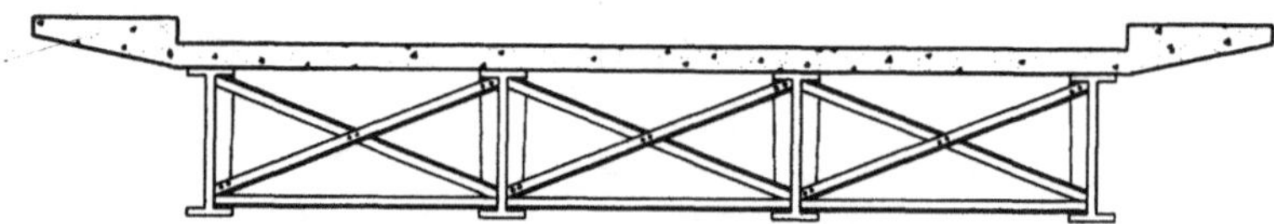

Figura 3.26
Reticulados o diafragmas transversales

En este tipo de construcción no se usa la filosofía de diseño balanceado, ya que las dimensiones de uno de los componentes, en este caso la losa de hormigón, están determinadas por otras consideraciones. Efectivamente, en la mayoría de los casos el espesor de la losa está determinado por su rol como carpeta de rodado del puente o por razones de rigidez del mismo o de la losa del piso para el caso de edificios.

Uno de los aspectos constructivos interesantes de un puente es la etapa de *lanzamiento de vigas* que consiste en su colocación sobre los apoyos. Existen diversos métodos para el caso crítico en que el lecho no es accesible. Un ejemplo práctico de esta faena puede verse en un video que ilustra la solución empleada en la construcción del puente sobre el río San Pedro, en la ruta 5, próximo a la ciudad de los Lagos en la X región (Riddell y Lowener, 1984). El tipo de construcción antes mencionado se denomina *sin alzaprimas*. Naturalmente, cuando las condiciones lo permiten, es conveniente utilizar elementos de apoyo temporal. Por ejemplo, el lecho de un río puede ser utilizable como apoyo en ciertas estaciones, considerando incluso la desviación del caudal por distintos cursos durante la construcción. La construcción *con alzaprimas* puede ser total o parcial; esta última corresponde a la situación en que no es posible dar apoyo a la viga metálica en toda su longitud sino, por ejemplo, sólo en la mitad de la luz o en los tercios. En el caso de *alzaprima total* la sección compuesta acero-hormigón resiste el 100 % de las cargas vivas y muertas, lo que naturalmente es una ventaja.

Completando esta introducción general a este tipo de construcción, cabe señalar que este tipo de puentes resultan económicamente factibles para luces intermedias, aproximadamente entre 12 y 36 metros de luz. Para este rango de luces las vigas tienen alturas entre 60 y 180 cm, con espaciamientos laterales entre 1,8 y 3 m. En luces mayores se puede utilizar perfiles de altura variable. En general, también se utilizan localmente platabandas de refuerzo en zonas de momento flector máximo (Fig. 3.27).

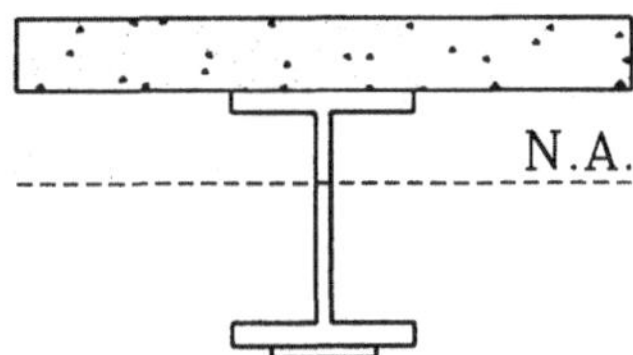

Figura 3.27
Ala inferior con platabanda de refuerzo

a) Sobrecargas

La norma AASHTO que rige el diseño de puentes carreteros especifica dos tipos de sobrecargas básicas: una móvil o *camión estándar* y una fija o *carga por pista de circulación*. Los camiones estándar, que tienen diversos pesos según el nivel de intensidad de carga correspondiente a la categoría del camino proyectado, no pretenden simular vehículos reales específicos, sino constituyen una forma de especificar cargas que se estiman adecuadamente seguras para el diseño. La Fig. 3.28 muestra el vehículo más pesado, denominado H20-S16, que corresponde a un camión de dos ejes con peso total de 40.000 libras (18 ton) más un acoplado con 32.000 libras (14,4 ton) de peso sobre su eje trasero. Las cargas en la Fig. 3.28 son por eje y se supone actúan en una pista de circulación de 3 m de ancho; la distancia variable entre los ejes del acoplado debe fijarse según sea más desfavorable para el puente que se está analizando. En cada pista de circulación se considerará actuando sólo un camión estándar.

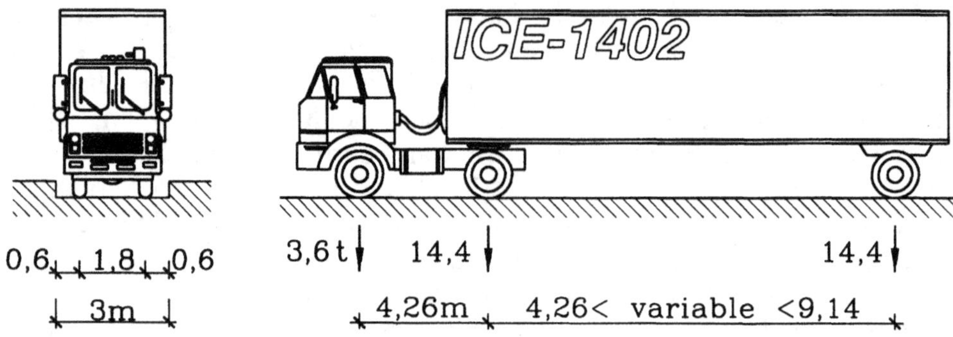

Figura 3.28
Carga móvil estándar H20-S16 de la norma AASHTO

La *carga fija por pista de circulación* corresponde a una combinación de carga concentrada por pista más una carga uniformemente distribuida actuando a todo lo largo de la pista. Para un camino proyectado para el camión estándar más pesado, la *carga por pista* consiste en una carga concentrada ubicada en la posición más desfavorable de 8,2 ton para la evaluación de momento flector o 11,8 ton para la evaluación de esfuerzo de corte, más una carga uniformemente distribuida de 1 ton/m, estas cargas se suponen actuando en una pista de 3 m de ancho. Para tramos simplemente apoyados, la carga *por pista de circulación* controla sobre el *camión estándar* para luces mayores de 42 m para el momento flector máximo o 36 m para el esfuerzo de corte máximo.

La improbable situación de que las cargas actúen simultáneamente en todas las pistas del puente se incorpora mediante un factor de reducción igual a 0,9 para puentes con 3 pistas y 0,75 para cuatro o más pistas. No hay reducción en el caso de una o dos pistas de circulación. Las cargas, además, deben amplificarse por un "factor de impacto" que incorpora el efecto de la aplicación dinámica y no estática de las sobrecargas en los puentes; este factor puede incrementar hasta en un 30% la magnitud de las sobrecargas. Varios otros efectos deben considerarse también como cargas laterales de viento o sismo, efectos aerodinámicos, de temperatura, y asentamientos de apoyos entre otros.

b) Diafragmas Transversales

Los diafragmas transversales, típicamente reticulares, como muestra esquemáticamente la Fig. 3.26, cumplen la función fundamental de reducir a un mínimo las deformaciones diferenciales entre las vigas del puente que ocurrirían si ellos no existieran, como lo ilustra la Fig. 3.29. El efecto de los diafragmas es doble: primero, limitan la flexión transversal de la losa de hormigón, y segundo, permiten la acción conjunta de todas las vigas de acero, esto es, una carga concentrada sobre una de las vigas se transmite a todas las otras.

A su vez, estos diafragmas tienen gran importancia durante la construcción, y previamente al fraguado de la losa, pues impiden el volcamiento de las vigas de acero, como se ha mencionado anteriormente.

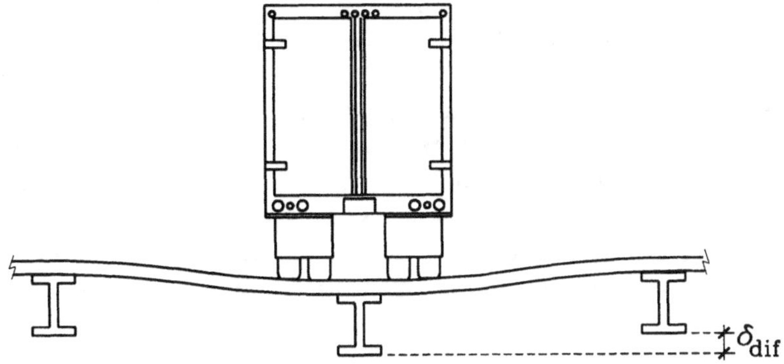

Figura 3.29
Deformaciones diferenciales entre vigas en ausencia de diafragmas transversales

c) Conectores de Cizalle

Los conectores de corte son los elementos mecánicos encargados de transmitir el flujo de cizalle entre las vigas de acero y la losa de hormigón para lograr la acción conjunta de estos elementos. Los conectores son soldados al ala superior de la viga metálica y quedan embebidos en el hormigón. Pueden ser de diversos tipos: vástagos, espirales, y perfiles canal o zeta, para los cuales hay datos empíricos de su capacidad resistente. Dos de estos tipos se muestran en la Fig. 3.30. La adherencia directa entre la losa y el ala de la viga de acero no se considera en el diseño debido a que este mecanismo resistente puede deteriorarse y perderse debido a la retracción del hormigón y a las vibraciones causadas por las sobre-cargas móviles.

La norma AASHTO, edición de 1961, define las resistencias útiles de cada tipo de conector, las que no corresponden a resistencia última sino que se basan en un criterio que limita el deslizamiento relativo entre el hormigón y la viga. Observaciones experimentales indican que este criterio garantiza que no se produce falla por fatiga de los conectores debido a la carga cíclica (Beedle et al.,1964). Se presenta a continuación la capacidad útil Q_u para cada tipo de conector y la definición de los términos relevantes. La carga admisible de corte Q_{adm} por conector se obtiene dividiendo la capacidad útil por un factor de seguridad que puede tomarse igual a 4:

$$Q_{adm} = \frac{Q_u}{4} \tag{3-53}$$

La capacidad de carga útil para conectores constituidos por vástagos, está dada para cada vástago por:

$$Q_u = 87\,D^2 \sqrt{f_c'} \quad (kg) \quad para \quad \frac{H}{D} > 4,2 \tag{3-54.a}$$

$$Q_u = 21\,D\,H\,\sqrt{f_c'} \quad (kg) \quad para \quad \frac{H}{D} < 4{,}2 \qquad (3\text{-}54.b)$$

en que f_c' es la resistencia cilíndrica de compresión del hormigón en kg/cm^2, D es el diámetro del vástago en cm, y H la altura del vástago en cm (Fig. 3.30.a). Notar que las fórmulas empíricas anteriores no son adimensionales, de modo que los parámetros antes definidos deben usarse con las dimensiones indicadas para que Q_u se obtenga en kilogramos peso. Para conectores constituidos por perfiles canal de espesor constante e, la carga útil por conector es:

$$Q_u = 71\,e\,L\,\sqrt{f_c'} \quad (kg) \qquad (3\text{-}55)$$

en que L es la longitud del canal, e y L se utilizan en cm, y f_c' en kg/cm^2 (Fig. 3.30.b). Ediciones posteriores de la norma AASHTO han modificado el diseño de conectores, sin embargo, las fórmulas dadas por las Ecs. 3-54 y 3-55 son conservadoras. Las soldaduras de unión de los conectores al ala superior deben diseñarse usando tensiones admisibles que incorporen el problema de fatigamiento debido a cargas cíclicas (Blodgett, 1969).

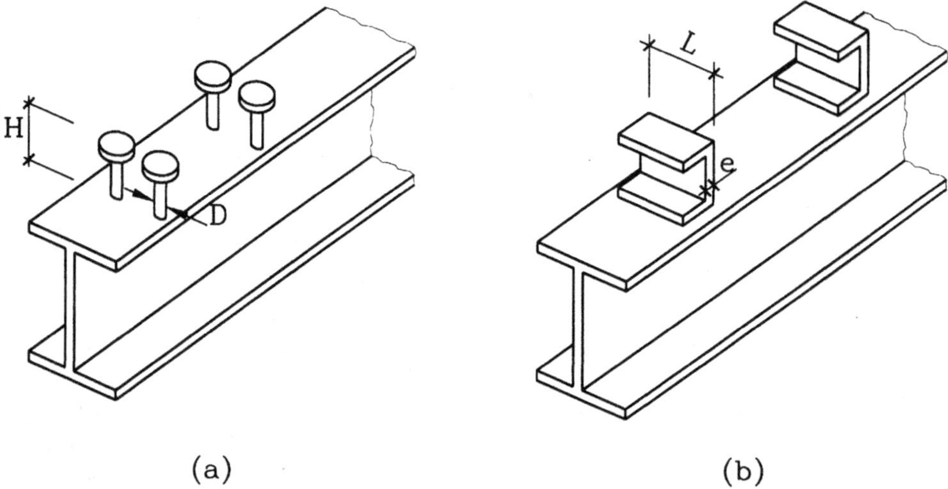

(a)   (b)

Figura 3.30
Conectores de Cizalle: (a) Vástagos, (b) Canales

d) Ancho Colaborante de la Losa

La teoría de elasticidad indica que la colaboración de un elemento reforzado por nervios (las vigas en este caso) no es completamente efectiva, aun cuando la conexión de los nervios a la losa sea perfecta. En efecto, si se miden las tensiones normales de compresión en el hormigón debido a flexión de la sección compuesta, se observará que varían desde un máximo justo sobre las vigas de acero a un mínimo en los puntos más alejados de estas últimas, como se aprecia en la Fig. 3.31.

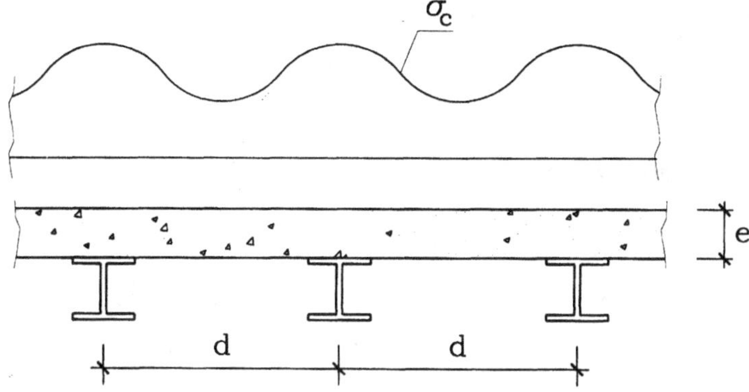

Figura 3.31
Variación de las tensiones de compresión en el hormigón en una sección
compuesta sometida a flexión

Para incorporar este efecto, la norma AASHTO especifica que el ancho efectivo
colaborante b_{ef} de la losa debe tomarse como máximo igual al menor valor de
entre los siguientes: 1/4 de la luz de la viga, la distancia entre centros de vigas,
y 12 veces el espesor de la losa. La sección que se analiza es entonces la indicada
en la Fig. 3.32.

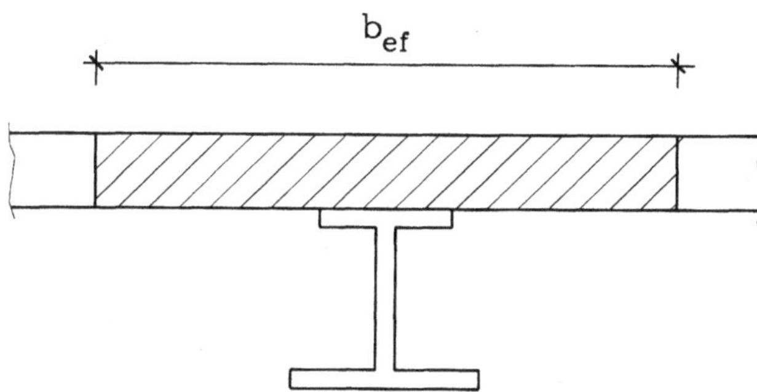

Figura 3.32
Ancho colaborante efectivo de la losa de hormigón

Ejemplo 3.9

Diseñar las vigas metálicas y conectores de cizalle de un puente de 11,25
m de luz para ser construido sin alzaprimas. Presentar los estados de
tensiones debido a peso propio, sobrecargas, y total. Calcular la deformación máxima del puente, la que se ha limitado a 1/500 de la luz.

Se ha decidido usar una losa de 16 cm de espesor y vigas de acero a 2,25
m de distancia. Para efectos de diseño se ha especificado una sobrecarga
uniforme de 1000 kg/m^2 de modo que no es necesario analizar las cargas
según AASHTO. Para el hormigón considerar $f_c' = 250$ kg/cm^2, tensión
admisible de compresión $\sigma_c = 80$ kg/cm^2, y peso específico 2,4 ton/m^3.
Para el acero suponer una tensión admisible de 1400 kg/cm^2. El cuociente
de los módulos de elasticidad de los materiales es n = 10.

Solución:

• Carga por Viga:

peso propio del hormigón: $0,16 \cdot 2,25 \cdot 2400 = 864$ kg/m

sobrecarga: $1000 \cdot 2,25 = 2250$ kg/m

peso propio de la viga de acero (supuesto) $= 150$ kg/m

$q_{tot} = 3264$ kg/m

• Selección inicial del perfil metálico: sólo para tener una idea del tamaño, tantear con q_{tot} y sin colaboración de la losa:

$$M_x = q_{tot} \frac{L^2}{8} = \frac{1}{8} (3,26)(11,25)^2 = 51,6 \text{ ton-m}$$

$$W_x = \frac{M_x}{\sigma_{adm}} = \frac{5160}{1,4} = 3684 \text{ cm}^3$$

Como colaborará la losa, se debe escoger un perfil con un W menor. Probar con un IN 60x106 que tiene las siguientes propiedades: $W_x = 2940$ cm^3, $I_x = 88200$ cm^4, $A = 135$ cm^2, $H = 60$ cm.

• Análisis de tensiones:

Las cargas de construcción son resistidas sólo por la viga de acero. Estas corresponden al peso propio de la viga, del hormigón fresco y las sobrecargas de construcción (operarios, equipos, varios). Usando los pesos propios se tiene:

peso propio losa: 864 kg/m

peso propio viga: 106 kg/m

peso propio total: $q_1 = 970$ kg/m

$$M_1 = q_1 \frac{L^2}{8} = \frac{1}{8} (0,97) (11,25)^2 = 15,346 \text{ ton-m}$$

$$\sigma_1 = \frac{M_1}{W_x} = \frac{1534,6}{2940} = 0,522 \text{ ton/cm}^2 = 522 \text{ kg/cm}^2$$

$\sigma_1 \ll \sigma_{adm}$ lo que deja amplio margen para sobrecargas temporales de construcción. Generalmente el volcamiento está impedido (al hormigonar la losa) por diafragmas transversales reticulares que se han materializado inmediatamente después de lanzadas las vigas.

Tensiones debidas a la sobrecarga, que es resistida por el conjunto losa-perfil:

$$\text{ancho colaborante de la losa} \leq \begin{cases} 1/4 \cdot 11,25 = 2,81 \text{ m} \\ d = 2,25 \text{ m} \\ 12 \cdot 0,16 = 1,92 \text{ m} \quad \leftarrow \quad \text{controla} \end{cases}$$

sobrecarga: $q_2 = 2250$ kg/m

$$M_2 = \frac{1}{8} (2,25) (11,25)^2 = 35,6 \text{ ton-m}$$

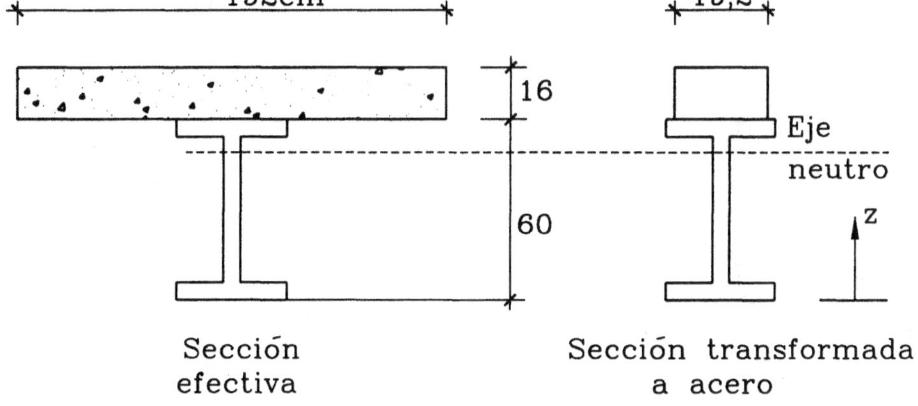

Figura E3.9.a

Sección transformada:

	A (cm²)	z (cm)	A z	z - z*	(z - z*)²	A (z - z*)²	I_G	I (cm⁴)
losa	307,2	68	20890	11,6	134,56	41337	6554	47891
viga	135	30	4050	26,4	696,96	94090	88200	182290
Σ	442,2		24940					230181

$$z^* = \frac{24940}{442,2} = 56,4 \ \text{cm}$$

$$\sigma_2 = \frac{M_2}{I_T} \, y$$

tensiones en el acero:

$$\sigma_2^{\,sup} = \frac{3560}{230181} (60 - 56,4) = 0,056 = 56 \ \text{kg/cm}^2$$

$$\sigma_2^{\,inf} = \frac{3560}{230181} \, 56,4 = 0,872 = 872 \ \text{kg/cm}^2$$

tensiones en el hormigón:

$$\sigma_2^{\,sup} = \frac{1}{10} \frac{3560}{230181} (76 - 56,4) = 0,030 = 30 \ \text{kg/cm}^2$$

$$\sigma_{acero}^{\,max} = \sigma_1 + \sigma_2 = 522 + 872 = 1394 < 1400 \ \text{kg/cm}^2$$

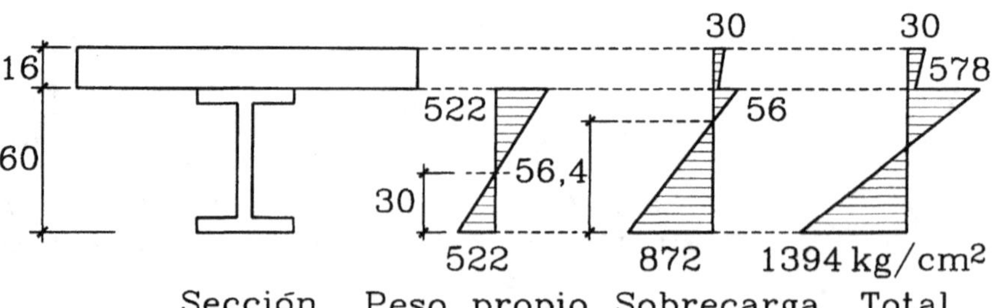

Figura E3.9.b

- Deformada:

$$\delta = \delta_1 + \delta_2$$

$$\delta_1(\text{peso propio}) = \frac{5\,q_1\,L^4}{384\,E\,I_x} = \frac{5\cdot 9{,}7\cdot(1125)^4}{384\cdot 2100000\cdot 88200} = 1{,}09\ \text{cm}$$

$$\delta_2\,(\text{por sobrecarga}) = \frac{5\,q_2\,L^4}{384\,E\,I_T} = \frac{5\cdot 22{,}5\cdot(1125)^4}{384\cdot 2100000\cdot 230181} = 0{,}97\ \text{cm}$$

$$\delta_{max} = 2{,}06\ \text{cm} \qquad (L/546)$$

En el cálculo de δ_2 se ha supuesto que la sobrecarga máxima corresponde a una carga aplicada por períodos cortos, usándose por ello el momento de inercia de la sección transformada basado en la razón n elástica. En caso de cargas de larga duración que actúan sobre la sección compuesta (por ejemplo, en construcción con alzaprimas en que la carga soportada por éstas se transfiere a la sección compuesta al retirar las mismas) es conveniente usar un cuociente de módulos de elasticidad del orden de 3n para tomar en cuenta el fenómeno de fluencia lenta del hormigón (creep); esto implica recalcular el momento de inercia de la sección transformada.

- Conectores de corte:

Se usarán vástagos en filas de a tres: $n_c = 3$

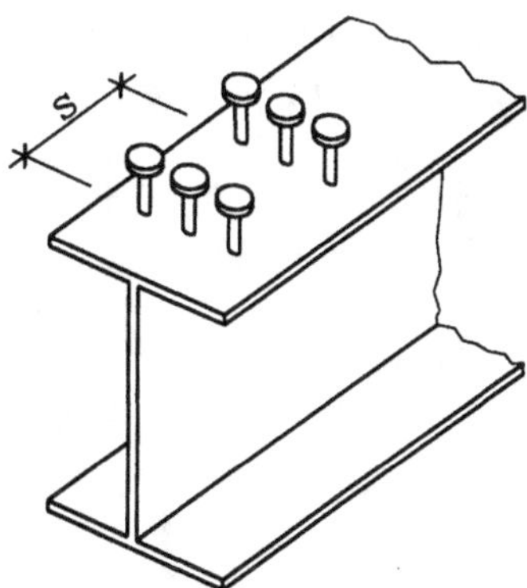

Figura E3.9.c

$$\tau = \frac{VQ}{Ib} \quad \rightarrow \quad \tau b = \frac{VQ}{I} = \text{fuerza por unidad de longitud}$$

$$\frac{n_c Q_{adm}}{s} = \text{resistencia admisible por unidad de longitud}$$

La condición de diseño es:

$$\frac{n_c Q_{adm}}{s} \geq \frac{VQ}{I}$$

$$s \leq \frac{n_c I Q_{adm}}{V Q} = \text{espaciamiento requerido}$$

Usando vástagos de 3/4"×3": H = 7,6 cm; D = 1,9 cm; H/D = 4 < 4,2

$$Q_{adm} = \frac{Q_u}{4} = \frac{1}{4} (21)(1,9)(7,6) \sqrt{250} = 1200 \text{ kg}$$

$$Q = 307,2 \cdot 11,6 = 3564 \text{ cm}^3 = \text{momento estático}$$

$$s \leq \frac{3 \cdot 230181 \cdot 1,20}{V \cdot 3564} = \frac{233}{V}$$

utilizando V en ton en esta última ecuación. Los conectores sólo toman el esfuerzo rasante debido a la sobrecarga.

$$V_{max} = q_2 \frac{L}{2} = 2,25 \frac{11,25}{2} = 12,66 \text{ ton}$$

V (ton)	s = 233/V (cm)	usar s (cm)
12,66	18,4	18
10,23	22,8	22
6,27	37,2	36

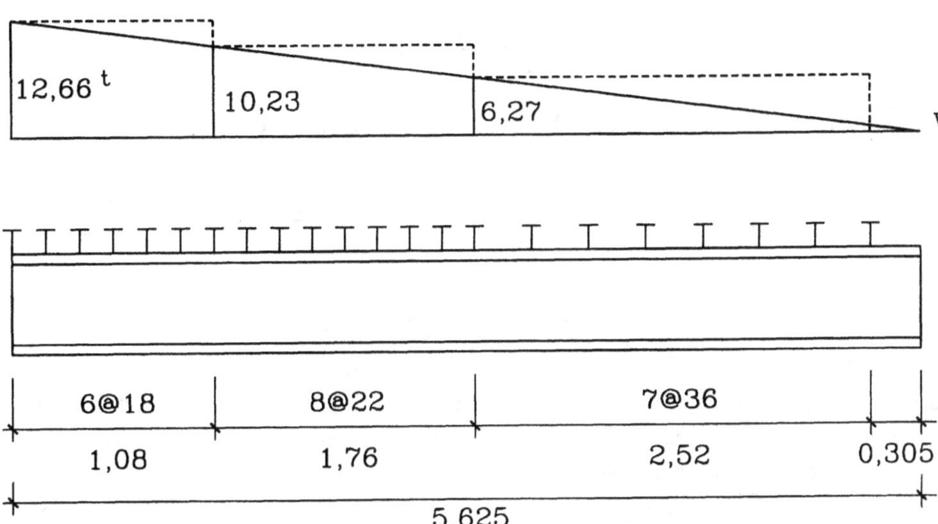

Figura E3.9.d
Disposición de conectores

3.2.4.2 Vigas Metálicas Embebidas en Hormigón

El cálculo de estos elementos es muy similar al descrito en la sección anterior, sólo que en este caso no se utilizan conectores de cizalle. El flujo de cizalle debe transmitirse a través de las secciones a-b y c-d indicadas en la Fig. 3.33.a, en que las esquinas se han achaflanado para disponer de mayor sección de hormigón.

La norma AISC presenta una forma simplificada de evaluar el flujo de cizalle de diseño. Para ello define el flujo rasante total V_R que se transmite entre la sección de momento máximo (centro de la luz para viga simplemente apoyada) y el apoyo (momento flector nulo) como el menor valor de:

$$V_R = 0,85 \, f_c' \, \frac{A_c}{2} \qquad (3\text{-}56.a)$$

$$V_R = \sigma_y \, \frac{A_s}{2} \qquad (3\text{-}56.b)$$

en que $A_c = be$ es el área colaborante de hormigón, f_c' la resistencia cilíndrica del hormigón, σ_y la tensión de fluencia del acero del perfil embebido, y A_s el área total de la sección del perfil. Claramente estas expresiones tienen un sentido de "nivel admisible", ya que corresponden al 50 % de la fuerza rasante máxima que eventualmente podría desarrollarse ($0,85f_c'A_c$ o σ_yA_s). El flujo de cizalle V_r por unidad de longitud se supone uniformemente distribuido entre las secciones antes indicadas; suponiendo éstas a distancia igual a la mitad de la luz L de la viga se tiene:

$$V_r = \frac{V_R}{(L/2)} \tag{3-57}$$

El código ACI establece que V_r no debe exceder V_c dado por el menor valor de:

$$V_c = (0,55)\,(0,2)\,f_c'\,A_{cr} \tag{3-58.a}$$

$$V_c = (0,55)\,(56)\,A_{cr} \tag{3-58.b}$$

en que A_{cr} es la suma de las áreas de las secciones críticas de hormigón a-b y c-d en la Fig. 3.33.a. Estas fórmulas se basan en un criterio de tensiones admisibles; las capacidades últimas nominales asociadas son las correspondientes a eliminar el factor 0,55. Sin embargo, el código no considera que el hormigón absorba estos esfuerzos, los que deben resistirse mediante armaduras que crucen las eventuales grietas a-b y c-d de la Fig. 3.33.a. Tales armaduras pueden disponerse en forma de estribos y barras diagonales, y puede también utilizarse la eventual armadura inferior de la losa, como muestra la Fig. 3.33.a; en todo caso, debe verificarse que las armaduras tengan la longitud de anclaje apropiada.

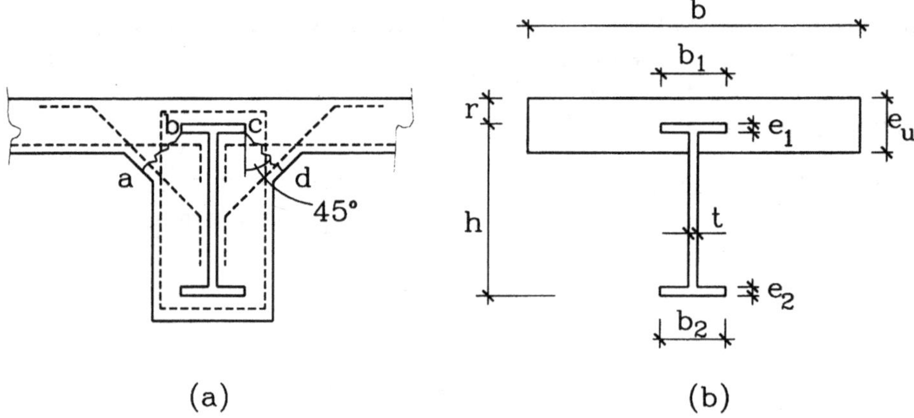

Figura 3.33
Vigas de acero embebidas en hormigón: (a) Secciones críticas para transferencia del flujo de cizalle, (b) Dimensiones para el cálculo

La capacidad de corte de las secciones críticas a-b y c-d se basa en el criterio de fricción transmitida por una grieta. La fuerza de fricción corresponde a μN en que μ es el coeficiente de fricción y N es el esfuerzo normal sobre la grieta. El esfuerzo normal lo proporcionarán las armaduras que cruzan la grieta, siendo su máximo posible:

$$N_{max} = A_v\,\sigma_{yv}$$

en que A_v es la sección de acero que cruza la grieta y σ_{yv} la tensión de fluencia del acero correspondiente (A_v debe considerar la efectividad de las barras conforme al ángulo con que interceptan la grieta). Imponiendo la condición:

$$\mu \, N_{adm} = V_R \tag{3-59}$$

en que:

$$N_{adm} = A_v \, \sigma_{adm}$$

y siendo σ_{adm} la tensión admisible del acero de refuerzo, se obtiene el área requerida de armadura:

$$A_v = \frac{V_R}{\mu \, \sigma_{adm}} \tag{3-60}$$

el código ACI especifica para este caso $\mu = 1,4$ y $\sigma_{adm} = 0,4 \, \sigma_y$.

Las dimensiones relevantes para el cálculo de las tensiones de flexión son las indicadas en la Fig. 3.33.b. Normalmente se considera colaborante un espesor de hormigón igual al espesor de la losa, ignorando la eventual contribución de parte de la viga de hormigón; sin embargo, si el eje neutro de la sección compuesta cae dentro del espesor de la losa, sólo la porción de losa sobre el eje neutro se incluye en los cálculos, de modo que e_u en la Fig. 3.33.b corresponde al espesor útil de hormigón en compresión. Por otra parte, es práctica común ignorar la eventual armadura de la losa en la dirección normal a la sección, ello es conservador y simplifica los cálculos.

El ancho efectivo b de la sección recomendado para estos elementos no coincide con el especificado para puentes. En este caso, b debe tomarse como el menor de:

$$b \leq \begin{cases} \dfrac{1}{4} \text{ de la luz} \\[2ex] \text{distancia entre vigas} \\[2ex] b_2 + 16 \, e \end{cases}$$

Para el cálculo de deformaciones de estos elementos hay que distinguir entre las cargas de montaje que actúan sobre la viga metálica sola; las sobrecargas permanentes posteriores al montaje y fraguado del hormigón, para las cuales debe utilizarse un n amplificado para incorporar el efecto de fluencia lenta del hormigón (creep); y las sobrecargas de corta duración que actúan sobre la sección compuesta calculada con el n elástico normal.

3.3 COMPORTAMIENTO INELASTICO DE VIGAS METALICAS

3.3.1 Introducción

Los materiales dúctiles, como el acero y el aluminio son capaces de desarrollar deformaciones considerablemente mayores que las correspondientes al límite elástico. Esta propiedad tiene una serie de implicancias que es conveniente destacar en contraposición a los supuestos usuales del diseño basado en el límite de comportamiento elástico de los materiales. El objetivo de esta Sección es presentar introductoriamente el análisis plástico con el objeto de discutir conceptos fundamentales para una mejor comprensión del problema de diseño y comportamiento estructural.

Una primera observación de importancia dice relación con el factor de seguridad. Los criterios de diseño elástico o de tensiones admisibles se basan en el supuesto que el límite utilizable de capacidad de un elemento metálico se alcanza cuando se inicia la fluencia en un punto de la sección más solicitada de él. Sin embargo, este límite de referencia no necesariamente refleja ni es proporcional a la real capacidad última del elemento, ni de la estructura. Ello, porque un elemento de material dúctil puede exceder considerablemente la capacidad asociada al inicio de la fluencia en un punto de él, y más importante aún, puede redistribuir sus esfuerzos internos de modo que éstos dejan de corresponder a aquellos evaluados bajo el supuesto de comportamiento lineal elástico de la estructura.

Un segundo aspecto relevante de la consideración del estado último de una estructura es que permite visualizar la situación de todos los elementos y puntos de ella en tal estado, permitiendo sacar conclusiones acerca de la consistencia del diseño de sus distintos elementos. Por consistencia se entiende aquí el hecho de evitar que un punto de una estructura falle prematuramente, ya que la sobre-resistencia de los elementos restantes sería innecesaria y constituiría un despilfarro de material. En este sentido, la estructura ideal es una "balanceada", en que el colapso se alcanza por la ocurrencia simultánea de la resistencia última en un número importante de elementos y puntos de ella.

Es claro, de acuerdo a lo antes expresado, que el factor de seguridad de interés es el asociado al colapso global de la estructura, el que no queda explícitamente conocido de la aplicación de factores de seguridad independientes al diseño aislado de las secciones críticas de los distintos elementos. El objetivo del análisis plástico es la evaluación del factor de seguridad como cuociente entre la carga de colapso de la estructura y la carga dada de diseño.

3.3.2 Comportamiento Inelástico de Secciones Simétricas

En esta Sección se presenta el estudio del comportamiento de secciones simétricas con respecto a un plano vertical que es el que contiene las cargas, de modo que sólo hay flexión con respecto al eje centroidal horizontal de la sección. El comportamiento quedará descrito por la relación momento-curvatura (M-ϕ) de la sección, derivada utilizando las herramientas básicas de la mecánica estructural: equilibrio, compatibilidad geométrica y relaciones tensión-deformación. Esta última relación es en realidad relativamente compleja, por lo que se utilizará la idealización elasto-plástica (Fig. 2.10.d) que facilita los cálculos y representa una buena aproximación al comportamiento de aceros estructurales típicos, aunque ignora el efecto de endurecimiento para grandes deformaciones. Los parámetros característicos del modelo elasto-plástico son la tensión y la deformación correspondientes al punto de fluencia σ_y y ε_y respectivamente.

La condición de compatibilidad geométrica básica de la flexión, que las secciones permanecen planas después de deformadas, sigue siendo válida en el rango inelástico, independientemente del nivel de deformación, de modo que en la sección se cumple $\varepsilon = y\phi$, en que ε es la deformación unitaria en la fibra a distancia "y" del eje neutro, y ϕ es la curvatura de la sección. En el rango elástico rige la relación momento-curvatura:

$$\phi = \frac{1}{\rho} = \frac{M}{E\,I}$$

Las condiciones de equilibrio en la sección son simples. La resultante de todas las tensiones es nula, ya que no hay carga axial (esfuerzo normal) en la sección. El momento de las tensiones con respecto al eje neutro es igual al momento flector que actúa sobre la sección.

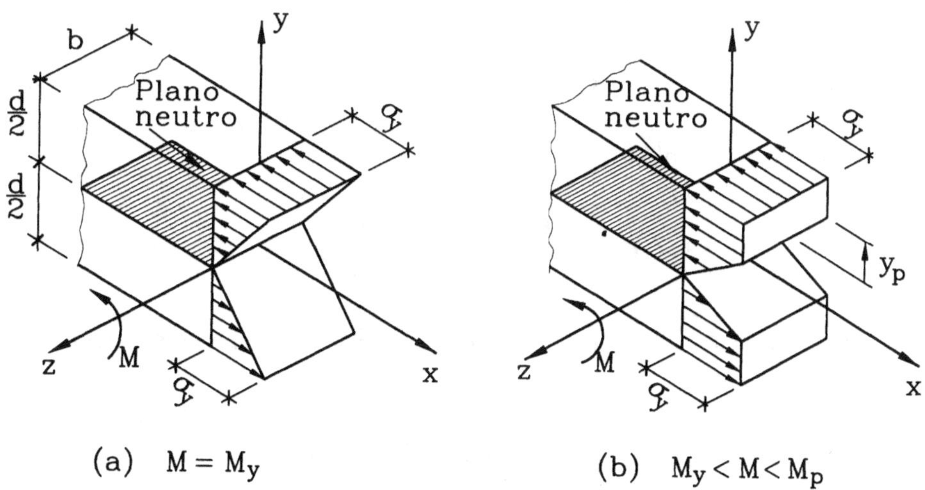

(a) $M = M_y$ (b) $M_y < M < M_p$

Figura 3.34
Distribución de tensiones normales de flexión

A continuación se aplica lo anterior a una viga de sección rectangular de ancho b y altura d. En el límite del rango de comportamiento elástico, el estado de tensiones normales de flexión corresponde al ilustrado en la Fig. 3.34.a, iniciándose la fluencia en las fibras más alejadas del plano neutro. En este estado, la coordenada y_p que define la fibra justo en el límite elástico es igual a d/2 y:

$$M = M_y = \frac{b\,d^2}{6}\,\sigma_y \qquad (3\text{-}61)$$

en que el subíndice "y" en M_y denota que corresponde al momento flector que inicia la fluencia en la sección. En el estado parcialmente plástico que muestra la Fig. 3.34.b, el momento flector M excede a M_y, o sea, $0 < y_p < d/2$. Para plantear la ecuación de equilibrio de momentos en torno al eje neutro y la relación M-ϕ considérese los diagramas de deformaciones unitarias y tensiones que se presentan en la Fig. 3.35.

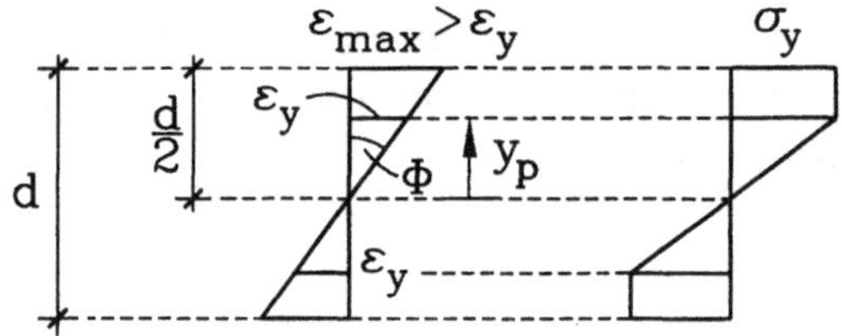

Figura 3.35
Distribución de deformaciones unitarias y tensiones para el estado parcialmente plástico

El momento flector correspondiente a la distribución de tensiones que muestra la Fig. 3.35 es:

$$M = \sigma_y\, b\left(\frac{d}{2} - y_p\right)\frac{1}{2}\left(\frac{d}{2} + y_p\right)2 + \sigma_y\,\frac{y_p}{2}\,b\,\frac{2}{3}\,y_p\,2 \qquad (3\text{-}62)$$

ecuación que es válida para $M_y \le M \le M_p$. Para $y_p = d/2$ la Ec. 3-62 se reduce a la Ec. 3-61; para $y_p = 0$, que corresponde a la plastificación total de la sección, se obtiene el momento plástico:

$$M_p = \frac{b\,d^2}{4}\,\sigma_y = \frac{3}{2}\,M_y \qquad (3\text{-}63)$$

Para derivar la relación M-ϕ en el rango $M_y \le M \le M_p$ puede reescribirse la Ec. 3-62 en la forma:

$$M = \frac{b\,d^2}{4}\,\sigma_y\left[1 - \frac{1}{3}\left(\frac{y_p}{d/2}\right)^2\right] \qquad (3\text{-}64)$$

definiendo la curvatura al inicio de la fluencia como:

$$\phi_y = \frac{\varepsilon_y}{d/2}$$

y utilizando $\phi = \varepsilon_y/y_p$ según la Fig. 3.35, se tiene que:

$$\frac{y_p}{d/2} = \frac{\varepsilon_y}{\varepsilon_{max}} = \frac{\dfrac{\varepsilon_y}{d/2}}{\dfrac{\varepsilon_{max}}{d/2}} = \frac{\phi_y}{\phi}$$

que junto con la Ec. 3-63 permiten finalmente reducir la Ec. 3-64 a:

$$M = \frac{3}{2} M_y \left[1 - \frac{1}{3}\left(\frac{\phi_y}{\phi}\right)^2 \right] \tag{3-65}$$

que corresponde a la curva de comportamiento inelástico que se muestra en la Fig. 3.36. Es conveniente observar, que al aumentar la curvatura, M se aproxima rápidamente a M_p; por ejemplo, para $\phi = 4\phi_y$ el momento es un 98 % del momento plástico total, situación a la que corresponde $y_p = d/8$. Esta observación tiene varias implicancias importantes: primero, desde el punto de vista práctico no es necesario llegar a $y_p = 0$, esto es, curvatura $\phi = \infty$, para desarrollar el momento plástico, ya que basta que ϕ sea grande comparado con ϕ_y para que el momento pueda suponerse esencialmente igual al momento plástico M_p; segundo, igualmente ocurre con el radio de curvatura, ya que basta que sea pequeño con respecto al asociado al inicio de la fluencia para que pueda suponerse la sección totalmente plastificada; y tercero, las deformaciones unitarias ε_{max} en las fibras extremas que se requieren para estar muy cerca de M_p pueden calificarse de pequeñas o moderadas (ε_{max} del orden de $3\,\varepsilon_y$ o $4\,\varepsilon_y$), de modo que hay certeza que un material dúctil como el acero es capaz de desarrollarlas.

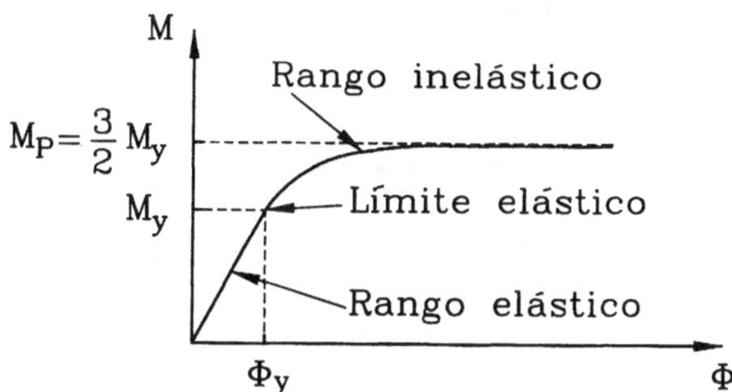

Figura 3.36
Relación momento-curvatura para vigas de sección rectangular

Las observaciones anteriores son incluso más válidas en el caso de secciones más eficientes para resistir flexión como los perfiles IN, ya que en ellos el momento plástico se alcanza para curvaturas muy poco mayores que ϕ_y. En este tipo de perfiles, sin embargo, debe tenerse la precaución de limitar la esbeltez de las planchas para que puedan alcanzar la fluencia y deformarse plásticamente sin experimentar problemas de inestabilidad por pandeo local. Para ello se especifican límites a las relaciones ancho/espesor de las alas y el alma, los que de no satisfacerse implican que la sección no es capaz de desarrollar el momento M_p.

El comportamiento inelástico ilustrado en la Fig. 3.36, y la capacidad de los materiales dúctiles de desarrollar grandes deformaciones antes de fracturarse, dan origen al concepto de *rótula plástica*, que caracteriza el comportamiento de una sección que una vez plastificada puede seguir aumentando notablemente su curvatura manteniendo su capacidad resistente máxima. Esta importante propiedad es crucial para el análisis y diseño de estructuras con un criterio "plástico", en que es posible alcanzar y mantener la capacidad máxima en una sección mientras se deforma, permitiendo redistribuir los esfuerzos internos, como se verá más adelante.

Cabe destacar también que en el análisis simplificado antes presentado no se ha incluido la presencia de esfuerzo de corte en la sección. El corte naturalmente altera las condiciones de plastificación, ya que el estado de tensiones deja de ser uniaxial. Los resultados de análisis que incluyen este efecto muestran, sin embargo, que es despreciable para vigas de esbeltez (longitud) normal. Crandall et al, 1972 presentan el análisis de las tensiones y deformaciones residuales en la sección al descargarla. Este análisis es de interés para abordar el estudio del comportamiento inelástico frente a cargas cíclicas, que tiene aplicación en el estudio de la respuesta estructural frente a cargas sísmicas.

Finalmente, el análisis antes presentado para una sección rectangular puede desarrollarse para otras secciones simétricas con respecto al plano de carga. Sea una sección cualquiera, simétrica con respecto al eje y, ilustrada en la Fig. 3.37. La determinación del eje neutro de la sección para el estado de plastificación total se obtiene de la condición de equilibrio de fuerzas axiales (fuerza total de compresión igual a la fuerza total de tracción), i.e.,

$$\sigma_y \, A_C = \sigma_y \, A_T$$

que implica que el área comprimida A_C es igual al área traccionada A_T y obviamente:

$$A_C = A_T = \frac{A}{2}$$

en que A es el área total de la sección. Nótese entonces que el eje neutro para el estado plástico divide la sección en dos áreas iguales y, por tanto, no coincide con el centro de gravedad de la sección o eje neutro elástico para secciones que no presentan eje de simetría horizontal.

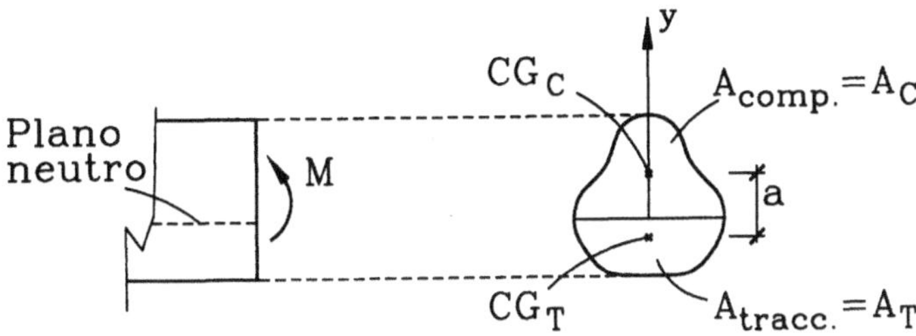

Figura 3.37
Viga de sección con un eje de simetría

En relación con la Fig. 3.37, siendo CG_C y CG_T los centros de gravedad de las áreas A_C y A_T respectivamente y denotando por "a" la distancia entre tales puntos, el momento plástico de la sección queda simplemente dado por :

$$M_p = \sigma_y \frac{A}{2} a = \sigma_y Z \qquad (3\text{-}66)$$

en que Z se define como el *módulo plástico* de la sección, que corresponde simplemente a una propiedad geométrica de ella ($Z = Aa/2$). El momento de iniciación de la fluencia en la fibra más alejada es:

$$M_y = \sigma_y W \qquad (3\text{-}67)$$

en que W es el módulo elástico o módulo resistente de la sección, lo que permite definir el llamado *factor de forma* f de la sección, que es una propiedad geométrica de ella y es igual al cuociente entre el momento plástico y el momento flector que inicia la fluencia:

$$f = \frac{M_p}{M_y} = \frac{Z}{W} \qquad (3\text{-}68)$$

También se pueden desarrollar las relaciones momento-curvatura para distintas secciones en la misma forma que se hizo para la sección rectangular. Si estas relaciones se presentan en forma normalizada respecto al momento M_y y curvatura ϕ_y asociada al inicio de la fluencia, se puede construir la Fig. 3.38. De esta figura se concluye que mientras menor es el factor de forma, más eficiente es el perfil desde el punto de vista de su resistencia a la flexión. En efecto, el perfil de sección romboidal es el menos eficiente, porque concentra su material cerca del eje neutro, que es donde menos se necesita para la flexión, de modo que su alto factor de forma ($f = 2$) sólo es el reflejo de que tal sección alcanza prematuramente el inicio de la fluencia, o sea, su módulo W es bajo.

Por otra parte, la Fig. 3.38 indica también que mientras más eficiente es una sección, el momento plástico se alcanza con deformaciones relativamente menores después de iniciada la fluencia, los que, por tanto, se aproximan más a la idealización antes designada por "rótula plástica". Para perfiles doble-T, en que $e/h \ll 1$ (Fig. 3.10), f puede obtenerse aproximadamente en función del cuociente entre el área del alma y el área de ambas alas como:

$$f = \frac{1 + \dfrac{\xi}{2}}{1 + \dfrac{\xi}{3}}$$

(3-69)

con:

$$\xi = \frac{t\,h}{2\,B\,e}$$

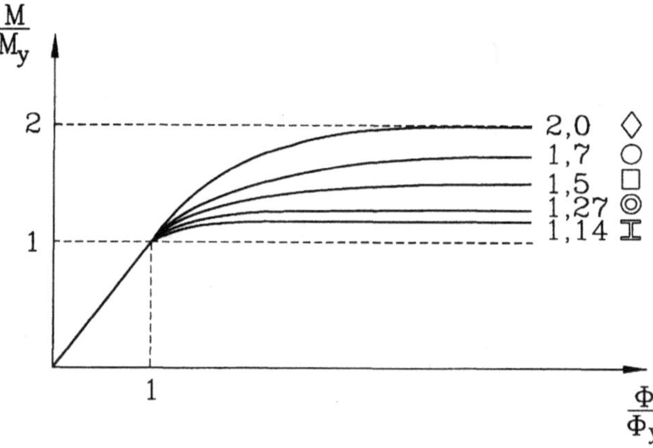

Figura 3.38
Relaciones momento-curvatura para secciones de distinta forma. Curvas normalizadas al inicio de la fluencia de cada una

Ejemplo 3.10

Determinar el momento plástico y el factor de forma de la sección de acero de la Fig. E3.10.a. El material es calidad A37-24ES.

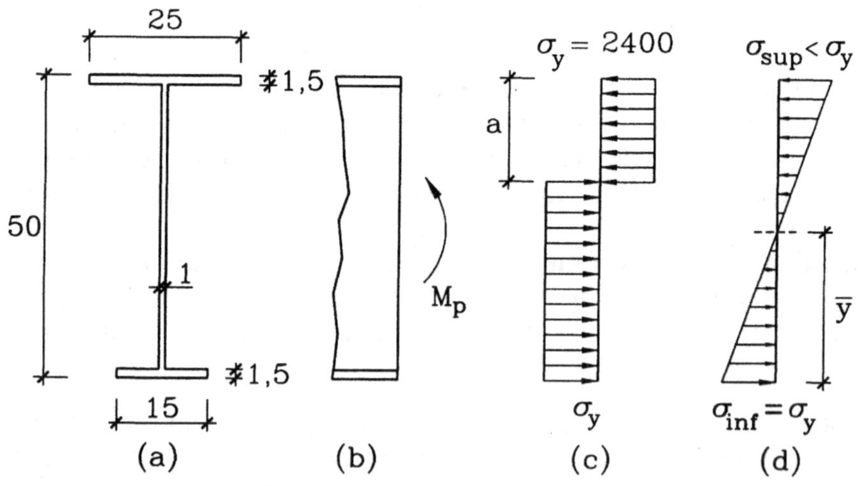

Figura E3.10

Solución:

a) Momento plástico: La condición de equilibrio $N = 0$ implica $A_{compresión}\sigma_y = A_{tracción}\sigma_y$, luego para la distribución de tensiones de la Fig. E3.10.c se tiene:

$$25 \cdot 1,5 + (a - 1,5)\,1 = 15 \cdot 1,5 + (50 - a - 1,5)\,1$$

$$36 + a = 71 - a$$

$$a = 17,5$$

$$M_p = 25 \cdot 1,5 \cdot 2400 \left(a - \frac{1,5}{2}\right) + \frac{(a - 1,5)^2}{2}\,1 \cdot 2400 +$$

$$15 \cdot 1,5 \cdot 2400 \left(50 - a - \frac{1,5}{2}\right) + \frac{(50 - a - 1,5)^2}{2}\,2400$$

$$M_p = 4682400 \ \text{kg-cm} = 46,82 \ \text{ton-m}$$

$$Z = 1951 \ \text{cm}^3$$

b) Módulo resistente elástico. Cálculo del ejé neutro:

$$\bar{y} = \frac{25 \cdot 1,5 \left(50 - \dfrac{1,5}{2}\right) + 47 \cdot 1 \left(\dfrac{47}{2} + 1,5\right) + 15 \cdot \dfrac{1,5^2}{2}}{(25 + 15)\,1,5 + 47 \cdot 1}$$

$$\bar{y} = 28,4 \ \text{cm}$$

El momento de inercia de la sección es:

$$I = 25 \cdot \frac{1,5^3}{12} + 25 \cdot 1,5 \left(50 - \overline{y} - \frac{1,5}{2} \right)^2 + 15 \cdot \frac{1,5^3}{12} +$$

$$15 \cdot 1,5 \left(\overline{y} - \frac{1,5}{2} \right)^2 + 47^3 \cdot \frac{1}{12} + 47 \cdot 1 \left(\frac{47}{2} + 1,5 - \overline{y} \right)^2$$

$$I = 42710,3 \ cm^4$$

$$W_{sup} = \frac{I}{50 - \overline{y}} > W_{inf} = \frac{I}{\overline{y}}$$

luego controla W_{inf} para la iniciación de la fluencia ($M_y = W\sigma_y$):

$$W = W_{inf} = \frac{I}{28,4} = 1503,88 \ cm^3$$

c) Factor de forma = $Z / W = 1,3$

3.3.3 Análisis Plástico

3.3.3.1 Carga de Colapso de Estructuras Estáticamente Determinadas

La viga simplemente apoyada y uniformemente cargada de la Fig. 3.39 tiene el diagrama de momentos indicado con su valor máximo al centro igual a $qL^2/8$. Dada la sección de la viga los momentos correspondientes al inicio de la fluencia M_y y de plastificación total M_p son conocidos. Tanto el comportamiento de la sección más solicitada como el de la viga serán lineales, como lo representan los segmentos OA y OA' en la Fig. 3.40.a y en la Fig. 3.40.b, hasta que se alcance el momento M_y en la sección central, lo que ocurre cuando la carga alcanza la intensidad q_y dada por:

$$q_y = \frac{8}{L^2} M_y \tag{3-70}$$

Al aumentar la carga sobre el valor q_y, no sólo se plastificarán más puntos de la sección central, sino también puntos vecinos a ella hasta la sección que alcanza M_y. La relación q-Δ entonces deja de ser lineal, como indica el segmento AB de la Fig. 3.40.a. Finalmente, la sección central se aproximará asintóticamente al momento plástico M_p, pudiéndose asumir que efectivamente se alcanza M_p para una curvatura moderada como se discutió en la sección anterior. La plastificación total de la sección, correspondiente al punto C en la Fig. 3.40.a, ocurre entonces para la carga última q_u dada por:

$$q_u \;=\; \frac{8}{L^2}\, M_p \qquad\qquad (3\text{-}71)$$

En este instante se produce la rótula plástica en la sección central y la deformación de la viga puede crecer indefinidamente (CD en la Fig. 3.40.a); como los momentos flectores a lo largo de la viga permanecen constantes mientras la deformación progresa, el comportamiento queda apropiadamente representado por el mecanismo de colapso ilustrado en la Fig. 3.39.b, esto es, dos barras rígidas vinculadas por una articulación.

La extensión de la zona inelástica de la viga, es decir, aquella en que el momento flector M es tal que $M_y \le M \le M_p$, depende de la relación entre M_p y M_y. La Fig. 3.39.c muestra que para una sección rectangular la zona inelástica compromete un 58 % de la longitud de la viga, mientras que para un perfil IN la zona inelástica se limita a un 12 % de la luz (Fig. 3.39.d). En este último caso la zona de deformaciones plásticas está muy concentrada, haciendo que el modelo de rótula plástica local y bielas rígidas (Fig. 3.39.b) represente en forma muy precisa el comportamiento real.

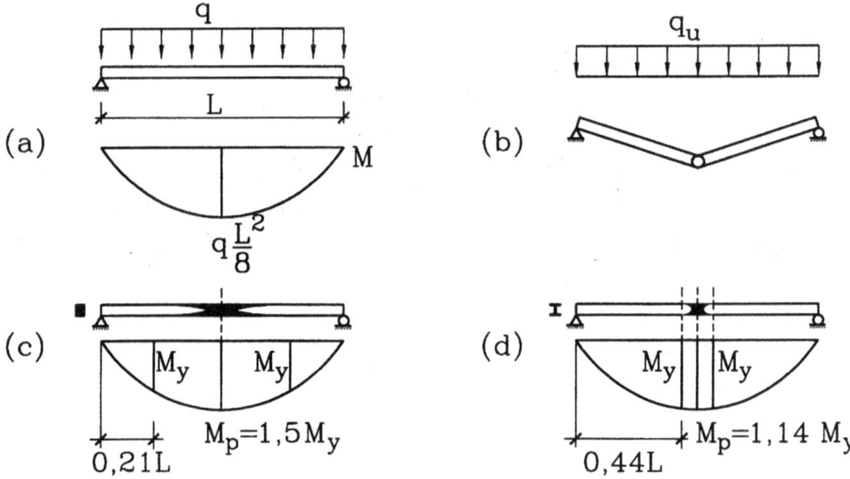

Figura 3.39
Viga simplemente apoyada: (a) Diagrama de momentos, (b) Mecanismo de colapso, (c) Extensión de zona plástica para sección rectangular, (d) Extensión de zona plástica para sección IN

Finalmente, cabe destacar que para efectos de análisis suele idealizarse el comportamiento de la sección como elasto-plástico, utilizando la relación momento-curvatura representada por OE'D' en la Fig. 3.40.b. Esta idealización no afecta el cálculo de la carga última q_u, si se piensa que al seguir aumentando la carga q, el momento en la sección central llegará inexorablemente al valor M_p. Consistentemente con esta idealización, el comportamiento global de la viga también puede modelarse como elasto-plástico, es decir, representado por la aproximación OED de la Fig. 3.40.a. Notar también que una estructura isostática se transforma en mecanismo al producirse la primera rótula plástica.

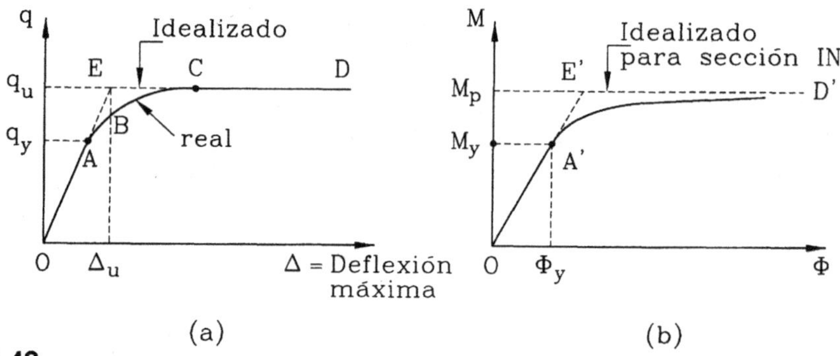

Figura 3.40
Comportamiento de una viga simplemente apoyada: (a) Relación carga-deformación, (b) Relación momento-curvatura en la sección crítica

3.3.3.2 Carga de Colapso de Estructuras Estáticamente Indeterminadas

a) Método Incremental

Este método consiste en analizar la estructura sometida a un aumento paulatino de la carga hasta llegar al colapso. Para describirlo, se considerará la viga de sección constante, doblemente empotrada, y con carga uniformemente distribuida de la Fig. 3.41. El diagrama de momentos elástico (Fig. 3.41.a) indica que el momento en el empotramiento es el doble del momento máximo en el vano. Suponiendo que la relación M-ϕ es elastoplástica (OE'D' en la Fig. 3.40.b), se extiende la validez del diagrama de momentos elásticos hasta la formación de la primera rótula plástica; en este caso dos rótulas plásticas ocurren simultáneamente cuando se alcanza M_p en ambos empotramientos, lo que corresponde a una carga q_1 dada por:

$$q_1 = \frac{12\,M_p}{L^2}$$

y consistentemente con el modelo elásto-plástico invocado, en este instante el momento flector positivo M_1 al centro de la luz es obviamente $M_p/2$ (Fig. 3.41.b). La formación de las rótulas plásticas reduce el grado de hiperestaticidad de la viga original, en efecto, dado que el momento flector M_p en los empotramientos permanecerá constante para cualquier aumento de la deformación (giro en la rótula plástica), el comportamiento de la viga para una carga Δq adicional a q_1 corresponde al de una viga simplemente apoyada, cuyo diagrama de momentos es el que muestra la Fig. 3.41.c. El momento ΔM debido a Δq debe superponerse al momento M_1 debido a la carga q_1, de modo que la carga adicional máxima Δq_{max} que puede aplicarse sobre la viga será aquella que produce la plastificación total al centro de la luz, i.e.

$$M_{max} = M_1 + \Delta M = M_p$$

$$\Delta M = \frac{M_p}{2} = \Delta q_{max} \frac{L^2}{8}$$

$$\Delta q_{max} = \frac{4 M_p}{L^2}$$

al plastificarse la sección central, se forma allí una rótula plástica, tranformándose la estructura en el mecanismo mostrado en la Fig. 3.41.d. Este mecanismo no es capaz de soportar más carga, de manera que la carga última o de colapso de la viga es:

$$q_u = q_1 + \Delta q_{max} = \frac{16 M_p}{L^2} \tag{3-72}$$

La principal observación que puede hacerse de este ejemplo es el fenómeno de redistribución de momentos asociado al comportamiento inelástico. En efecto, el diagrama de momentos final para la carga q_u corresponde a la superposición de los diagramas de momentos debidos a q_1 y Δq_{max}, quedando como se muestra en la Fig. 3.41.e. En la condición última que ilustra esta figura los esfuerzos internos se han "redistribuido" de modo que los momentos máximos positivo y negativo son iguales, mientras en el caso elástico ellos están en relación 1 a 2 (Fig. 3.41.a).

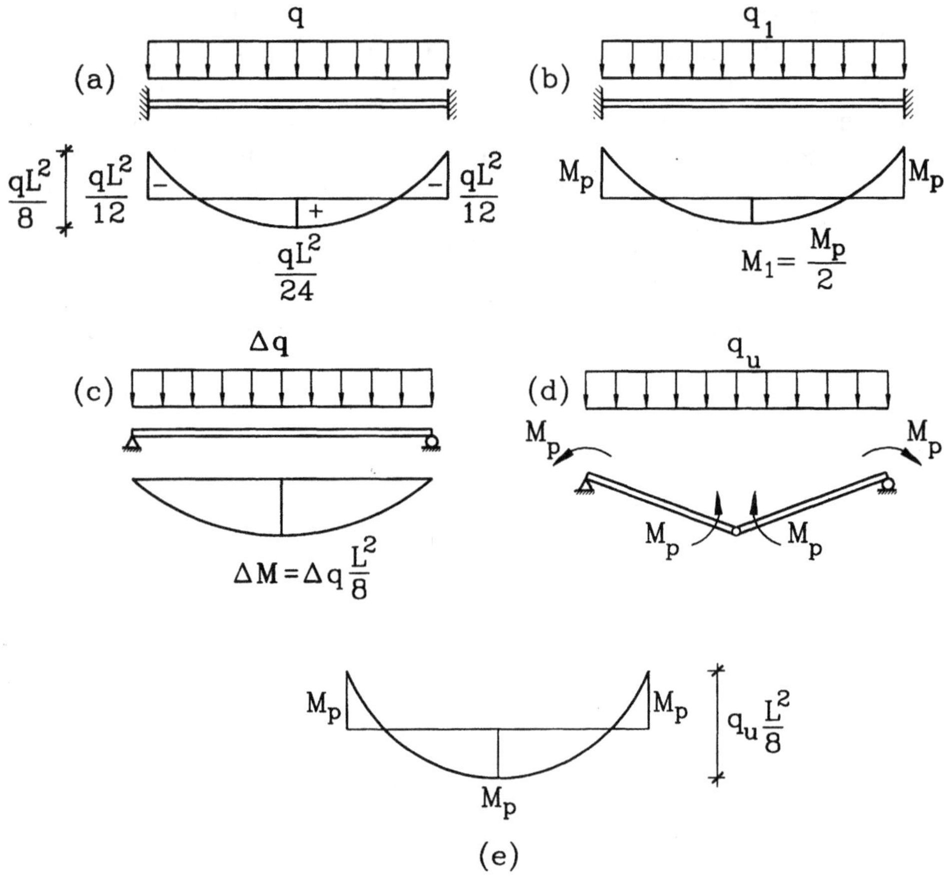

Figura 3.41
Viga doblemente empotrada: (a) Diagrama de momentos elásticos, (b) Plastificación en empotramientos, (c) Estructura que soporta la carga Δq adicional a q_1, (d) Mecanismo de colapso, (e) Diagrama de momentos al colapso

La relación carga v/s deformación máxima para la viga de la Fig. 3.41.a puede representarse idealmente por la línea OABC de la Fig. 3.42. En ella reconocemos que al producirse la plastificación de los empotramientos para la carga q_1 se produce un cambio de rigidez de la viga, desde k_e elástico a k_i inelástico, correspondientes a las rigideces de las vigas doblemente empotrada y simplemente apoyada respectivamente. El comportamiento asociado al segmento AB de la relación q-δ de la Fig. 3.42 se le conoce como *flujo plástico contenido*, en referencia a que la deformación de la viga y las deformaciones plásticas en las rótulas plásticas sólo progresan en la medida en que se incremente la carga. Al alcanzarse la carga de colapso q_u (punto B en la Fig. 3.42) la rigidez de la estructura se hace nula, reflejando el hecho que ella se ha convertido en un mecanismo; a partir del punto B la estructura se deforma indefinidamente sin necesidad de aumentar la carga, comportamiento que se denomina *flujo plástico no-restringido*. Cabe también notar que si la curva M-ϕ no es elastoplástica perfecta, el comportamiento q-δ real es como el representado por la curva discontinua de la Fig. 3.42.

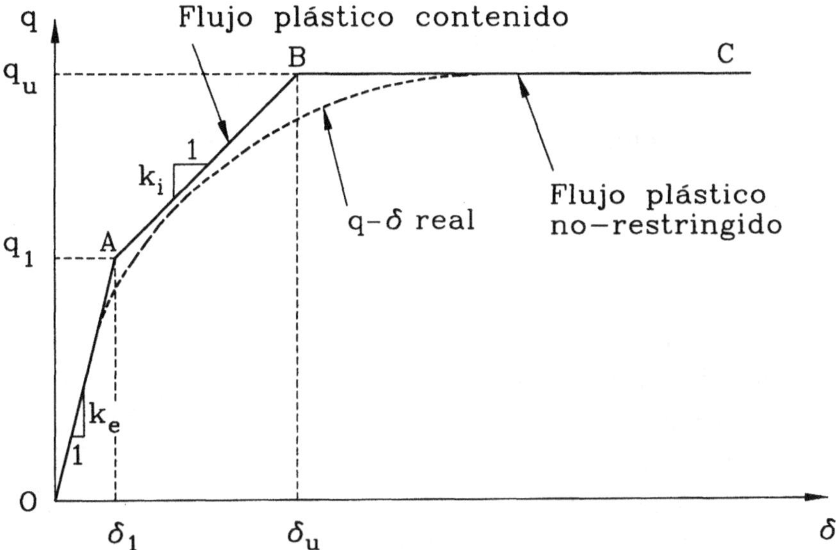

Figura 3.42
Relación carga-deformación para viga doblemente empotrada

Los resultados de los análisis anteriores para las vigas doblemente empotrada y simplemente apoyada (Fig. 3.39 y Fig. 3.41) se prestan para reflexionar acerca del concepto de factor de seguridad asociado al criterio de diseño elástico. Suponiendo una viga de acero de sección IN constante, pandeo lateral-torsional restringido, y tensión admisible de diseño elástico $\sigma_{adm} = 0{,}6\,\sigma_y$, la carga uniforme admisible para la viga doblemente empotrada es obviamente:

$$q_{adm} = 0{,}6\,M_y\,\frac{12}{L^2}$$

en que M_y es el momento de iniciación de la fluencia; el factor de seguridad implícito a tal diseño es:

$$FS = \frac{1}{0{,}6} = 1{,}67 \tag{3-73}$$

sin embargo, la real carga última de la viga es la dada por la Ec. 3-72, de modo que, suponiendo $M_p = 1{,}14\,M_y$, el factor de seguridad real es:

$$FS = \frac{q_u}{q} = \frac{q_u}{q_{adm}} = 2{,}53 \tag{3-74}$$

en la ecuación anterior se ha considerado que la carga de diseño o carga máxima de trabajo q alcanza como máximo la carga admisible q_{adm}. Para la viga simplemente apoyada de la Fig. 3.39, diseñada con el criterio elástico de tensiones admisibles, se tiene según la Ec. 3-70 que la carga uniforme admisible es:

$$q_{adm} = 0{,}6\,M_y\,\frac{8}{L^2}$$

que junto con la carga última dada por la Ec. 3.71, conduce al factor de seguridad real de:

$$FS = \frac{q_u}{q_{adm}} = 1{,}9 \qquad\qquad (3\text{-}75)$$

Para ambas vigas el factor de seguridad excede aquel dado por la Ec. 3-73, ya que obviamente la iniciación de la fluencia no corresponde a un estado límite de la estructura, de modo que la especificación de una tensión admisible $\sigma_{adm} = 0{,}6\,\sigma_y$ no implica necesariamente que el factor de seguridad adoptado sea de 1,67.

La conclusión más importante, sin embargo, resulta de observar que los valores de los factores de seguridad reales dados por las Ecs. 3-74 y 3-75 son distintos. Queda claro que el nivel de seguridad de las estructuras diseñadas con el mismo criterio de tensiones admisibles no es uniforme, ello porque el diseño basado en el análisis elástico no aprovecha la reserva de resistencia y la capacidad de redistribución de esfuerzos internos que pueden ofrecer las estructuras estáticamente indeterminadas constituidas por perfiles capaces de desarrollar el momento plástico. Debe tenerse presente, sin embargo, que en la discusión anterior se han supuesto diseños controlados únicamente por resistencia, no sujetos por tanto a limitaciones de serviciabilidad.

El método incremental de análisis límite es el primero que se ha presentado aquí por ser de fácil comprensión y prestarse adecuadamente para discutir sobre comportamiento inelástico, ya que intrínsecamente requiere conocer la historia completa de la estructura hasta alcanzar el colapso. Justamente, el proceso secuencial de carga permite obtener con certeza y unicidad el mecanismo de colapso, lo que es una ventaja. Sin embargo, para analizar estructuras complejas el procedimiento es excesivamente laborioso e innecesario (aunque recién hoy en día se ha vuelto popular, con el nombre de *push-over analysis*, para la determinación de la resistencia máxima de un edificio frente a cargas laterales horizontales que simulan la acción sísmica); en efecto, cada vez que se produce una rótula plástica cambia la estructura, pasándose a una nueva estructura estáticamente indeterminada (aunque con un grado menos de hiperestaticidad) distinta de la anterior, la que es necesario redefinir, dificultando incluso los procedimientos de análisis automático disponibles.

Existen métodos más simples y eficientes para determinar la carga y mecanismo de colapso, un par de ellos se presentarán introductoriamente en las Secciones siguientes. Sin embargo, debe tenerse presente que existe un área del análisis estructural, el Análisis Plástico, que ofrece un marco teórico completo para el tratamiento de estos problemas (Hodge, 1959; Neal, 1985).

b) Método Directo: Equilibrio en la Condición de Colapso

Este método consiste en suponer el mecanismo de colapso y dibujar el diagrama de momentos asociado a dicho mecanismo. Esto es siempre posible, ya que el mecanismo de colapso implica conocer el momento plástico en suficientes secciones (rótulas plásticas) como para tener un sistema estáticamente determinado. Por lo tanto, suponiendo el momento asociado a las rótulas plásticas con el signo correspondiente, se puede dibujar el diagrama de momentos de toda la estructura y se pueden determinar las reacciones de vínculo y la carga de colapso.

Sin embargo, cabe la duda si el mecanismo elegido es el correcto. La respuesta a ello está en el diagrama de momentos determinado en la forma indicada anteriormente. Si este diagrama no implica rótulas plásticas adicionales a las del mecanismo supuesto, se trata de un diagrama de momentos "estáticamente admisible" para el mecanismo elegido y, por lo tanto, se ha encontrado el mecanismo de colapso verdadero. En caso de que lo anterior no se cumpla, habrá que intentar un mecanismo de colapso distinto y volver a repetir el procedimiento.

Un caso muy sencillo, en que las rótulas plásticas del mecanismo de colapso son fácilmente identificables, servirá para ilustrar el procedimiento (Fig. 3.43.a). La viga es de sección constante con momentos plásticos positivo y negativo de igual valor, y se supone que las cargas P aumentan su valor en forma simultánea hasta alcanzar el colapso de la viga. En este caso es fácil determinar que el mecanismo de colapso se alcanza cuando se forman rótulas plásticas positivas (que traccionan la fibra inferior), en B y D, y rótula plástica negativa en C, tal como se indica en la Fig. 3.43.b. El diagrama de momentos asociado a este mecanismo se indica en la Fig. 3.43.c.

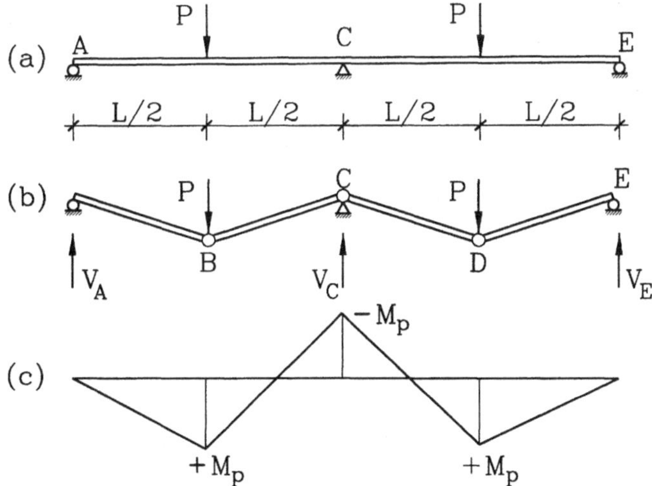

Figura 3.43
Método directo para determinar la carga de colapso

Si se toma momentos en torno a C de las fuerzas que actúan sobre AC se obtiene:

$$V_A\, L - P_u\, \frac{L}{2} = -M_p \tag{3-76}$$

y si se toma momentos en torno a B de las fuerzas que actúan sobre AB se obtiene:

$$V_A \frac{L}{2} = M_p$$

luego:

$$V_A = \frac{2 M_p}{L}$$

y la carga de colapso se obtiene de la Ec. 3-76:

$$P_u \frac{L}{2} = 3 M_p$$

$$P_u = \frac{6 M_p}{L}$$

además, por simetría:

$$V_E = \frac{2 M_p}{L}$$

$$V_C = 2 P_u - (V_A + V_E) = 12 \frac{M_p}{L} - 4 \frac{M_p}{L} = 8 \frac{M_p}{L}$$

Obviamente, el diagrama de momentos de la Fig. 3.43.c es estáticamente admisible y el mecanismo de colapso elegido es el verdadero mecanismo de colapso de esta viga. Este método no requiere conocer el diagrama de momentos de la estructura inicial (Fig. 3.43.a) basado en el comportamiento líneal-elástico, como lo necesita el método del aumento incremental de la carga, ni tampoco el orden en que se van produciendo las rótulas plásticas. No está de más insistir en que la suposición de la curva M-ϕ real de la sección (Fig. 3.38) o de su idealización elasto-plástica no es relevante para el resultado obtenido. O sea, la carga de colapso es la misma en cualquiera de los dos casos, y en consecuencia, se puede usar la idealización elasto-plástica para determinar la carga de colapso del sistema. La razón de ello es que no importa el camino que siga la curva M-ϕ de la sección hasta llegar al momento plástico de la sección. El estado final de colapso es estáticamente determinado y el valor de la carga de colapso sólo depende del valor del momento plástico en las secciones.

c) Método de los Trabajos Virtuales

Cuando se conoce el mecanismo de colapso de una estructura, el método de los trabajos virtuales resulta especialmente cómodo para evaluar la carga de colapso. Considerando que el estado inmediatamente previo a la formación del mecanismo de colapso es un estado de equilibrio, la condición de equilibrio puede plantearse realizando un desplazamiento virtual de tal mecanismo.

Considérese la viga doblemente empotrada de la Fig. 3.44.a, sometida a una carga uniformemente distribuida, y con secciones tales que el momento plástico en los apoyos es M_p^- y su similar al centro de la viga es M_p^+. Considerando el diagrama de momentos límite de la Fig. 3.41.e, y escogiendo como desplazamiento virtual una rotación θ en los apoyos, como muestra la Fig. 3.44.b, el trabajo de las fuerzas internas en el desplazamiento virtual es:

$$W_i = \theta\, M_p^- + \theta\, M_p^- + 2\,\theta\, M_p^+ \qquad (3\text{-}77)$$

Para calcular el trabajo de las fuerzas externas, la carga última q_u en este caso, considérese la Fig. 3.44.c, en que la carga $q_u\, dx$ realiza el trabajo:

$$\delta W_e = \Delta_x\, q_u\, dx$$

introduciendo la relación geométrica:

$$\Delta_x = \frac{x\,\Delta}{L/2}$$

el trabajo de las fuerzas externas W_e se obtiene integrando como sigue:

$$W_e = \int \delta W_e = 2 \int_0^{L/2} \frac{x\,\Delta}{L/2}\, q_u\, dx = q_u\, \Delta\, \frac{L}{2} \qquad (3\text{-}78)$$

siendo conveniente notar que conforme a la expresión anterior el trabajo de la fuerza externa uniformemente distribuida es igual a la intensidad de carga q_u por el área del triángulo ABC formado por la estructura virtualmente desplazada. Igualando los trabajos interno y externo dados por las Ecs. 3-77 y 3-78 respectivamente, y utilizando la condición de compatibilidad $\Delta = \theta L/2$, se tiene:

$$2\,\theta\left(M_p^{\;-} + M_p^{\;+}\right) = q_u\,\theta\,\frac{L^2}{4}$$

de donde:

$$q_u = \frac{8}{L^2}\left(M_p^{\;-} + M_p^{\;+}\right)$$

que para el caso particular $M_p^{+} = M_p^{-}$ conduce al mismo resultado antes obtenido (Ec. 3-72) por el método incremental:

$$q_u = 16\,\frac{M_p}{L^2}$$

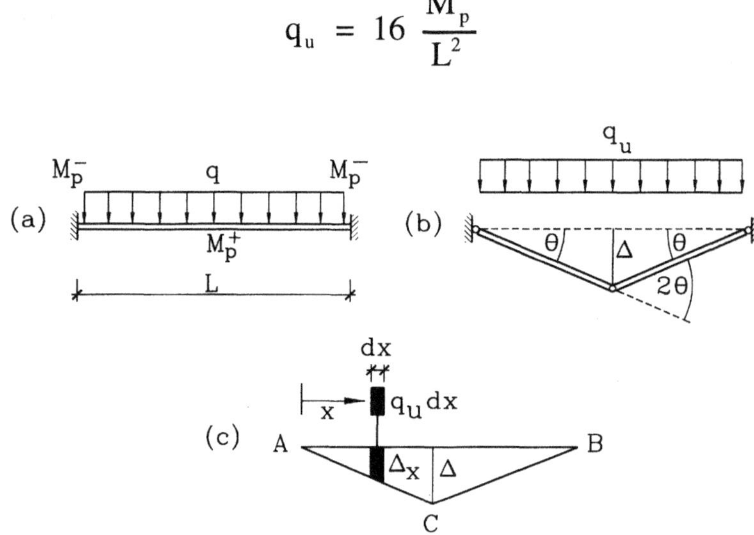

Figura 3.44
Análisis plástico de viga doblemente empotrada por el método de los trabajos virtuales

El método de los trabajos virtuales conduce al resultado correcto, como en este caso, cuando el mecanismo de colapso es conocido. En caso contrario, el método puede utilizarse para determinar tal mecanismo, a costa de perder las ventajas de su simplicidad, o bien utilizarse en la base de un mecanismo de colapso supuesto, en cuyo caso la carga de colapso será tan aproximada a la verdadera como próximo esté el mecanismo supuesto al real.

La limitación señalada no es trivial, ya que aun en estructuras muy simples el mecanismo de colapso no corresponde al que puede directamente inferirse de observar el diagrama de momentos elástico. En efecto, considérese la viga de la Fig. 3.45.a cuyo diagrama de momentos se muestra en la Fig. 3.45.b. En el estado límite el diagrama de momentos será como el indicado en la Fig. 3.45.c, en el cual se desconoce a priori la posición de la rótula plástica positiva en el vano, y cuya posición se designa por x.

El hecho descrito, manifestado en este caso en que $x \neq 3L/8$, se conoce como el "fenómeno de desplazamiento de las rótulas plásticas". Este nombre no es muy afortunado porque la rótula plástica nunca se desplaza; lo que se desplaza es la ubicación del momento máximo, de modo que en el estado límite la rótula plástica se materializa en un punto distinto al de máximo momento elástico. La comprensión de este fenómeno es evidente a la luz del método incremental de análisis. En el ejemplo de la Fig. 3.45, la primera rótula plástica se produce en el empotramiento, situación para la cual el diagrama de la Fig. 3.45.b es válido, se cumple que $M_{max}^{-} = q_o L^2/8 = M_p$ y el momento máximo positivo ocurre en $3L/8$; a partir de ese instante la viga se comporta como simplemente apoyada en ambos extremos, de modo que para la carga incremental Δq que excede a q_o el diagrama de momentos es simétrico, con su momento máximo positivo ubicado en $L/2$. Es claro entonces que durante la historia de carga el sistema se comporta como dos estructuras diferentes, inicialmente con M_{max}^{+} en $0,375\,L$ y posteriormente con M_{max}^{+} en $0,5\,L$, resultando entonces evidente que para el mecanismo de colapso $0,375\,L < x < 0,5\,L$.

Las condiciones de equilibrio en el estado límite de la Fig. 3.45.c permiten calcular x. En efecto, imponiendo las condiciones de que el momento máximo positivo ocurre donde el esfuerzo de corte es nulo, y $M_{max}^{+} = M_p$, se tiene:

$$R - q_u\, x = 0$$

$$R\, x - q_u\, \frac{x^2}{2} = M_p$$

de donde:

$$M_p = q_u\, \frac{x^2}{2} \qquad (3\text{-}79)$$

Por otra parte, de la condición $M_{max}^{-} = M_p$ se puede escribir:

$$R\, L - q_u\, \frac{L^2}{2} = -\, M_p$$

de donde:

$$M_p = q_u\left(\frac{L^2}{2} - L\, x\right) \qquad (3\text{-}80)$$

igualando las Ecs. 3-79 y 3-80 se obtiene la ecuación:

$$x^2 + 2\,L\,x - L^2 = 0$$

cuya solución es:

$$x = \left(\sqrt{2} - 1\right)L = 0{,}4142\,L \tag{3-81}$$

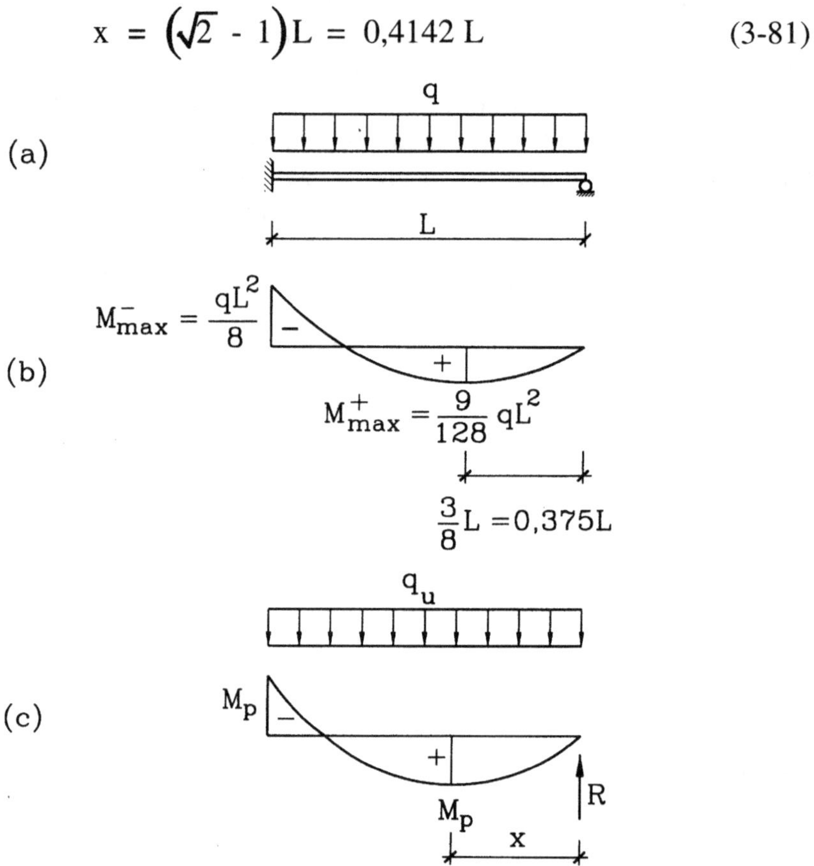

Figura 3.45
Desplazamiento de rótulas plásticas: (a) Estructura hiperestática con apoyos asimétricos, (b) Diagrama de momentos elástico, (c) Diagrama de momentos en estado límite

Como se mencionó antes, el método de los trabajos virtuales también permite calcular x. En efecto, para el problema de la Fig. 3.45.a considérese para el estado límite el desplazamiento virtual que muestra la Fig. 3.46. Los trabajos virtuales de las fuerzas externas e internas en el desplazamiento virtual son:

$$W_e = q_u\,\delta\,\frac{L}{2}$$

$$W_i = M_p \left[\frac{\delta}{L-x} + \frac{\delta}{x} + \frac{\delta}{L-x} \right]$$

Haciendo $W_e = W_i$ e introduciendo la variable adimensional $\xi = x/L$ se obtiene:

$$q_u(\xi) = \frac{2\,M_p}{L^2} \frac{(1+\xi)}{\xi\,(1-\xi)} \tag{3-82}$$

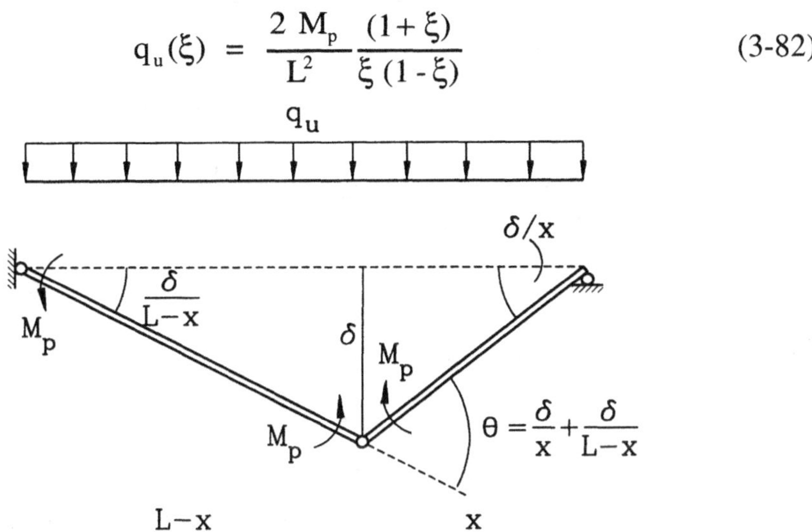

Figura 3.46
Desplazamiento virtual para viga empotrada-apoyada en condición límite

La expresión anterior proporciona la carga de colapso q_u para los infinitos mecanismos de colapso posibles. Naturalmente el verdadero mecanismo de colapso es aquél asociado a la menor carga de colapso q_u, lo que físicamente es consistente con el hecho que si la carga se incrementa lentamente partiendo de cero, la estructura colapsará en la primera oportunidad. Conforme a lo anterior, la solución se obtiene minimizando $q_u(\xi)$ dado por la Ec. 3-82 haciendo:

$$\frac{d\,q_u(\xi)}{d\xi} = 0 \tag{3-83}$$

lo que determina ξ que se introduce en la Ec. 3-82 para obtener q_u. El lector puede comprobar este procedimiento, sin embargo, para fines prácticos puede obtenerse suficiente precisión simplemente evaluando la Ec. 3-82 en unos pocos puntos. La Tabla 3.6 y la Fig. 3.47 describen la situación, siendo lo más importante observar que $q_u(\xi)$ es poco sensible a variaciones de ξ; en otras palabras la función es muy suave en torno al mínimo. Esta observación es de orden general, pudiendo afirmarse que se pueden obtener buenas estimaciones de la carga de colapso en base a suposiciones relativamente pobres de la posición de las rótulas plásticas, al menos para el efecto de diseños preliminares. La Tabla 3.6 muestra justamente que para $\xi = 0,375$ y $0,5$, que corresponden a límites obvios de la posición de la rótula plástica positiva conducen a valores de q_u que difieren en menos de 1% y 3% respectivamente de la carga real de colapso.

<table>
<tr><td colspan="2">TABLA 3.6 Carga de colapso de viga empotrada-apoyada en función del mecanismo supuesto</td></tr>
<tr><td>ξ</td><td>$q_u\,(\xi)\,L^2 / M_p$</td></tr>
<tr><td>0,375</td><td>11,733</td></tr>
<tr><td>0,400</td><td>11,667</td></tr>
<tr><td>$(2)^{1/2} - 1$</td><td>11,657</td></tr>
<tr><td>0,425</td><td>11,662</td></tr>
<tr><td>0,500</td><td>12,000</td></tr>
</table>

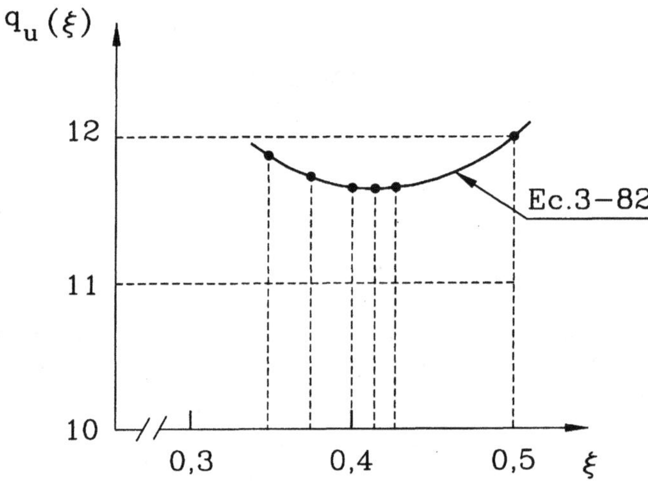

Figura 3.47
Carga de colapso de viga empotrada-apoyada en función del mecanismo supuesto

Ejemplo 3.11

Determinar la carga horizontal de colapso del marco de la figura. No hay problemas de inestabilidad. Los perfiles indicados, de acero A37-24, tienen el alma en el plano del marco.

Solución:

Cálculo de los momentos plásticos:

Perfil IN 35x106:

$$A = 134,5 \text{ cm}^2$$

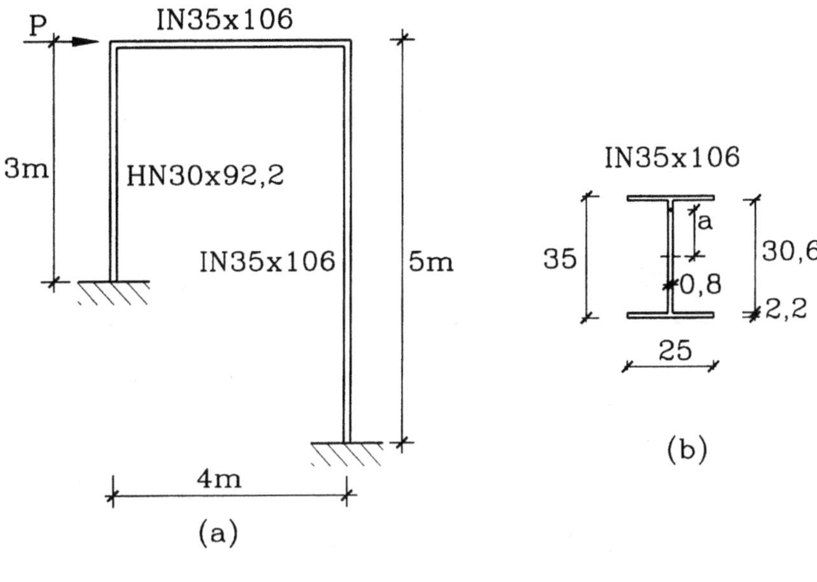

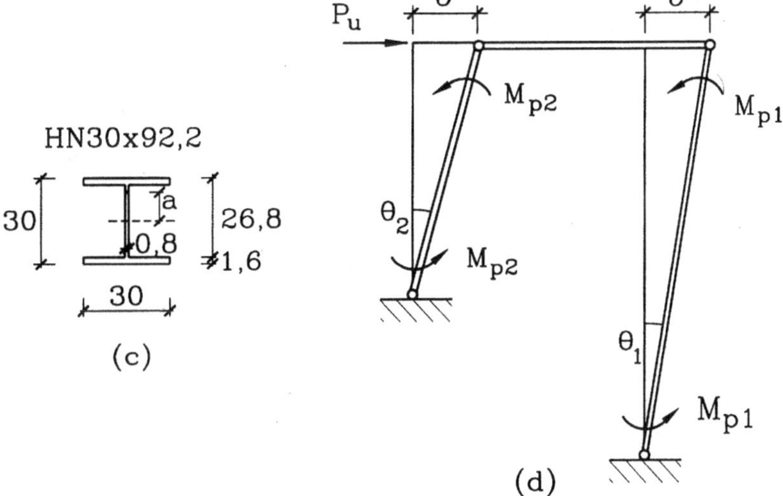

Figura E3.11

$$a = \frac{2,2 \cdot 25 \cdot \left(\dfrac{30,6}{2} + 1,1\right) + 0,8 \cdot \left(\dfrac{30,6}{2}\right)^2 \cdot 0,5}{\dfrac{A}{2}} = 14,8 \ \text{cm}$$

$$M_{p1} = \sigma_y \ \frac{A}{2} \ 2a = 47,77 \ \text{ton-m}$$

Perfil HN 30x92,2:

$$A = 117,4 \ cm^2$$

$$a = \frac{1,6 \cdot 30 \cdot \left(\dfrac{26,8}{2} + 0,8\right) + 0,8 \cdot \left(\dfrac{26,8}{2}\right)^2 \cdot 0,5}{\dfrac{A}{2}} = 12,84 \ cm$$

$$M_{p2} = \sigma_y \ \frac{A}{2} \ 2a = 36,16 \ ton\text{-}m$$

Trabajos virtuales para el desplazamiento virtual δ:

$$5 \ \theta_1 = \delta \ \rightarrow \ \theta_1 = \frac{\delta}{5}$$

$$3 \ \theta_2 = \delta \ \rightarrow \ \theta_2 = \frac{\delta}{3}$$

trabajo interno:

$$W_i = 2 \ M_{p1} \ \theta_1 + 2 \ M_{p2} \ \theta_2 = \frac{2 \ M_{p1}}{5} \ \delta + \frac{2 \ M_{p2}}{3} \ \delta = 43,2 \ \delta \ ton$$

trabajo externo:

$$W_e = P_u \ \delta$$

$$W_e = W_i \ \rightarrow \ P_u = 43,2 \ ton$$

Ejemplo 3.12

La estructura hiperestática de la figura tiene las cargas, diagrama de momento flector, y las reacciones que se indican en la Fig. E3.12.a. Los elementos de viga y columna están constituidos por el mismo perfil metálico cuya sección tiene un momento plástico M = 10 ton-m. Suponiendo que no hay limitaciones por problemas de inestabilidad, se pide determinar el valor de P para el estado de colapso de la estructura.

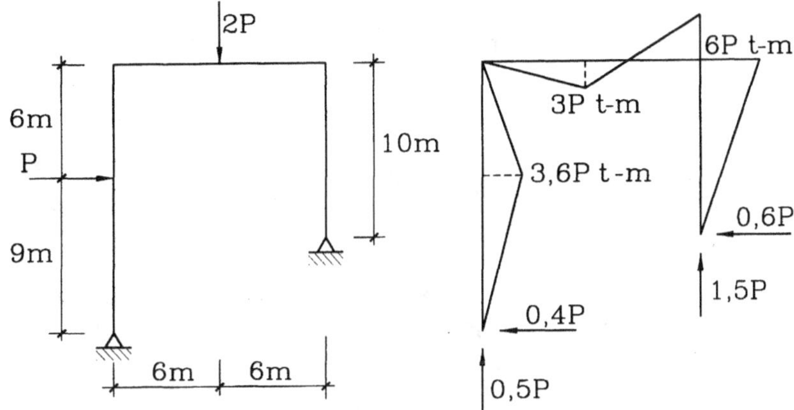

Figura E3.12.a

Solución:

• Método incremental.

La primera rótula plástica se produce cuando $6P = M_p$, es decir, para $P = 1,667$ ton. A partir de este instante se tiene una nueva estructura (Fig. E3.12.b), correspondiente a un arco tri-articulado isostático.

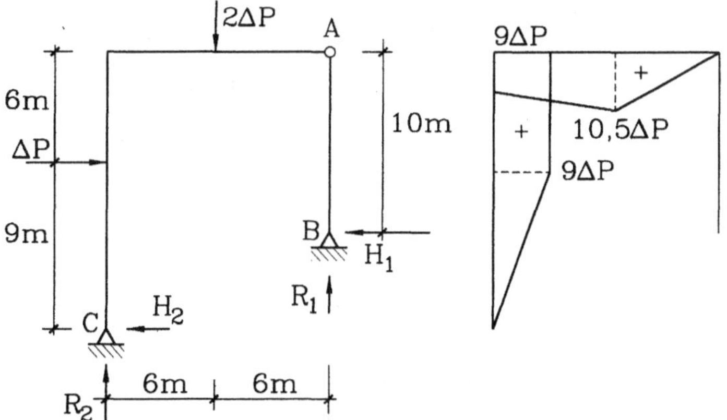

Figura E3.12.b

Las reacciones y diagrama de momentos de esta estructura se calculan como sigue:

$$\Sigma M_A{}^{AB} = 0 \quad \rightarrow \quad R_1 \cdot 0 = H_1 \cdot 10 \quad \rightarrow \quad H_1 = 0$$

$$\Sigma M_C = 0 \quad \rightarrow \quad 12\,R_1 = 2\,\Delta P \cdot 6 + \Delta P \cdot 9 = 21\,\Delta P \quad \rightarrow \quad R_1 = \frac{21}{12}\,\Delta P$$

$$\Sigma F_H = 0 \quad \rightarrow \quad H_2 = \Delta P$$

$$\Sigma F_V = 0 \quad \rightarrow \quad R_1 + R_2 = 2\,\Delta P \quad \rightarrow \quad R_2 = \frac{3}{12}\,\Delta P$$

Para estas reacciones el diagrama de momentos es el que muestra la Fig. E3.12.b. Los momentos máximos en la columna izquierda y en la viga son los debidos a P y al incremento ΔP, o sea, la próxima rótula se producirá cuando el mayor de ellos alcance M_p:

$$M_{col} = 3,6 \cdot 1,667 + 9\,\Delta P_1 = M_p = 10$$

$$M_{viga} = 3 \cdot 1,667 + 10,5\,\Delta P_2 = M_p = 10$$

$$\Delta P_1 = \frac{4}{9} = 0,444$$

$$\Delta P_2 = \frac{5}{10,5} = 0,476$$

Por lo tanto, se forma la rótula en la columna y la estructura se transforma en mecanismo, la carga de colapso es:

$$P_u = P + \Delta P$$

$$P_u = 1{,}667 + 0{,}444 = 2{,}11 \ \text{ton}$$

- Método de los trabajos virtuales.

Adoptando el mecanismo de colapso que muestra la Fig. E3.12.c se tiene:

$$W_e = P \, \Delta$$

$$W_i = M_p \, \theta + M_p \, \alpha$$

$$\Delta = 9 \, \theta = 10 \, \alpha \quad \rightarrow \quad \alpha = 0{,}9 \, \theta$$

luego:

$$W_i = M_p \, \theta + M_p \, 0{,}9 \, \theta = 1{,}9 \, M_p \, \theta$$

$$W_e = 9 \, P \, \theta$$

$$W_e = W_i \quad \rightarrow \quad P = \frac{19}{90} \, M_p = 2{,}11 \ \text{ton}$$

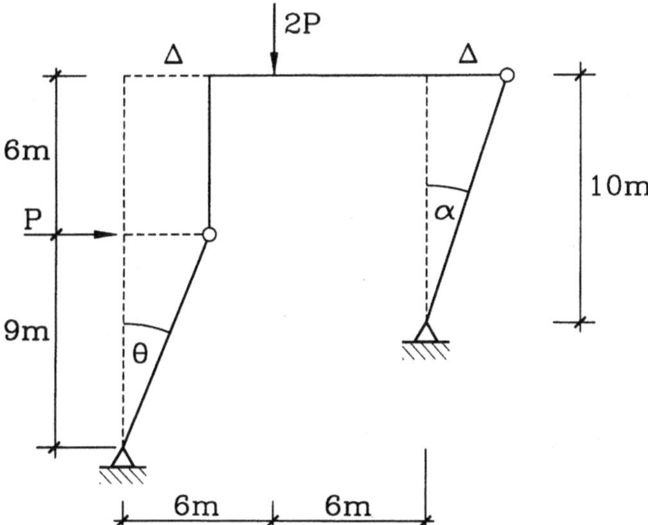

Figura E3.12.c

Sin embargo, también es posible un mecanismo de falla en que la rótula se forme primero en la viga que en la columna izquierda, como el que muestra la Fig. E3.12.d, el que debe ser también evaluado. Para él se tiene:

$$W_e = P \, 9\,\theta + 2\,P\,\Delta_3$$

$$W_i = M_p \, (\theta + \beta) + M_p \, (\alpha + \beta)$$

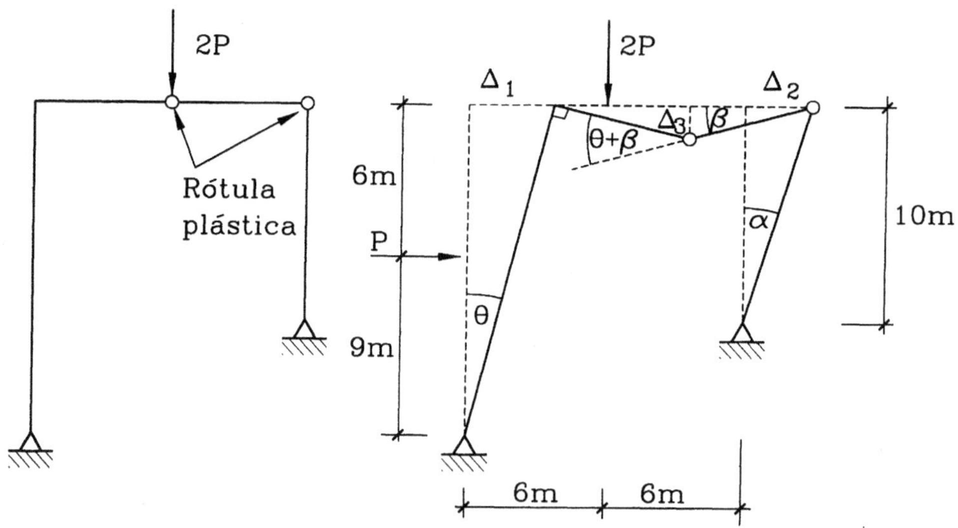

Figura E3.12.d

Despreciando las deformaciones axiales:

$$\Delta_1 = \Delta_2 \;\rightarrow\; 15\,\theta = 10\,\alpha \;\rightarrow\; \alpha = \frac{3}{2}\,\theta$$

$$\Delta_3 = 6\,\theta = 6\,\beta \;\rightarrow\; \theta = \beta$$

luego:

$$W_e = P \cdot 9\,\theta + 2\,P \cdot 6\,\theta = 21\,P\,\theta$$

$$W_i = M_p \cdot 2\,\theta + M_p \left(\frac{3}{2}\,\theta + \theta \right) = \frac{9}{2}\,\theta\,M_p$$

de donde:

$$W_e = W_i \quad \rightarrow \quad 21\,P\,\theta = \frac{9}{2}\,M_p\,\theta$$

$$P = \frac{9}{42}\,M_p = 2,143 \ \ \text{ton} > 2,11 \ \text{ton}$$

por lo tanto, el mecanismo de falla es el primero analizado y la carga de colapso es $P_u = 2,11$ ton.

3.4 APLICACIONES AL HORMIGON ARMADO

3.4.1 Hipótesis Fundamentales

El objetivo de esta Sección es presentar en términos generales la mecánica estructural y el diseño de los elementos de hormigón armado sometidos a flexión y esfuerzo de corte, considerando tanto comportamiento elástico como inelástico. Las hipótesis básicas de esta mecánica del hormigón armado son las siguientes:

- Los esfuerzos internos (momentos flectores, esfuerzo de corte, momento torsor y esfuerzo normal) resultantes de la distribución de tensiones en cada sección del elemento, están en equilibrio con los efectos en dicha sección producidos por las cargas externas. Esta no es una hipótesis propiamente tal sino una consecuencia directa del estado en equilibrio en que se encuentra la estructura y cada una de sus partes.

- La deformación axial de las barras de acero de refuerzo es igual a la del hormigón que las rodea. En otras palabras, se supone perfecta adherencia entre acero y hormigón, sin deslizamiento de la barra en el interior del hormigón, hipótesis muy cercana a la real cuando se usan barras con resaltes.

- Las secciones, que eran planas antes de la carga, siguen planas una vez que el elemento se deforma. Esta hipótesis no se cumple exactamente en estados de tensiones cercanos a la falla ni en elementos poco esbeltos; sin embargo, los resultados de ensayos experimentales indican que las desviaciones respecto a esta hipótesis son generalmente pequeñas.

- Se desprecia la resistencia a tracción del hormigón, en virtud de su bajo valor comparado con la resistencia a compresión. Esta hipótesis es cierta en las secciones en que el hormigón se ha fisurado (fisuras muy pequeñas que no alcanzan a verse), pero no es así en las secciones ubicadas entre fisuras o para tensiones de tracción bajas, inferiores a la resistencia a tracción del hormigón. Por lo tanto, esta hipótesis corresponde a una aproximación del comportamiento real.

- La teoría que respalda el método de diseño por resistencia última se basa en las verdaderas relaciones tensión-deformación y propiedades resistentes de ambos materiales, o en simplificaciones razonables de ellos. Este hecho es la base de dicho método, el cual está suplantando a la teoría basada en el comportamiento lineal-elástico del hormigón y el acero, en la cual se fundamenta el método de diseño por tensiones admisibles. Ello permite que los resultados de la primera teoría, aunque más compleja, estén mucho más cerca del comportamiento real de las estructuras de hormigón armado revelado por resultados experimentales.

A pesar de lo anterior, las cinco hipótesis anteriores sólo permiten predecir el comportamiento de elementos de hormigón armado para algunas situaciones simples. El comportamiento conjunto de ambos materiales es en ciertos casos tan complicado que no ha permitido un tratamiento analítico puro. Por ello, al mismo tiempo que se basan en estas hipótesis, los métodos de análisis y diseño están apoyados en forma importante por los resultados de la investigación experimental.

3.4.2 Comportamiento Elástico. Diseño por Tensiones Admisibles

3.4.2.1 Vigas Rectangulares en Flexión Simple con Armadura Simple

Se entiende por flexión simple aquel caso en que la única solicitación es un momento flector. Esto implica que no hay carga axial, pero puede haber esfuerzo de corte. Por armadura simple se entiende que solamente se usa armadura longitudinal de refuerzo en la zona traccionada de la viga.

a) Determinación de Tensiones en el Acero y el Hormigón

En la Fig. 3.48 se muestra el caso de una viga sometida a flexión con tracción en el borde inferior y en la cual se usa una sección de acero A_s para reforzar la zona traccionada. A este caso se pueden aplicar los principios de la sección transformada, pero despreciando la contribución del hormigón en tracción. La nomenclatura usual es designar por kd la profundidad del eje neutro, por C la resultante de compresiones en el hormigón, por T la resultante de tracciones en la armadura A_S, y por jd el brazo de palanca entre C y T. El comportamiento del hormigón se supone lineal-elástico con módulo de elasticidad E_c; lo mismo para el acero de refuerzo con módulo de elasticidad E_s. La razón entre ambos módulos se designa por $n = E_s/E_c$.

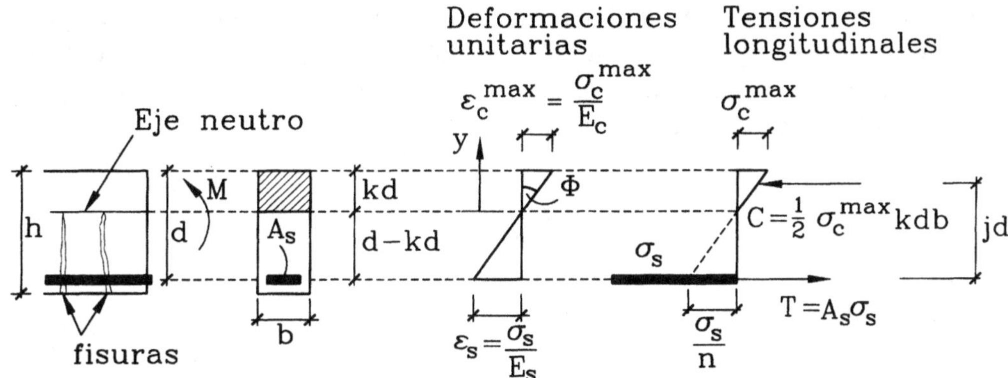

Figura 3.48
Viga con armadura simple

El equilibrio de fuerzas y tensiones normales a la sección permite escribir lo siguiente:

$$\Sigma F = 0 \quad \rightarrow \quad C = T$$

$$\frac{1}{2}\,\sigma_c^{\,max}\,k\,d\,b = A_s\,\sigma_s \tag{3-84}$$

Pero, el gráfico de deformaciones unitarias o el de tensiones permiten establecer:

$$\frac{\sigma_c^{\,max}}{k\,d} = \frac{\dfrac{\sigma_s}{n}}{d - k\,d} \tag{3-85}$$

y reemplazando la Ec. 3-85 en la Ec. 3-84 resulta:

$$\frac{\sigma_s\,k^2\,d^2\,b}{2\,n\,d\,(1 - k)} = A_s\,\sigma_s$$

Si se define la cuantía de refuerzo ρ como:

$$\rho = \frac{A_s}{d\,b} \tag{3-86}$$

se obtiene la expresión para el término que define la posición del eje neutro:

$$k^2 - 2\,\rho\,n\,(1 - k) = 0 \tag{3-87}$$

$$k = -\,\rho\,n + \sqrt{(\rho\,n)^2 + 2\,\rho\,n} \tag{3-88}$$

Por otra parte, el equilibrio de momentos en la sección permite calcular las tensiones en el acero y máxima en el hormigón. Si se aplica la condición $\Sigma M = 0$ con respecto al punto de aplicación de la resultante de las tensiones de compresión en el hormigón, se obtiene:

$$T \, j \, d = M$$

$$\sigma_s = \frac{M}{A_s \, j \, d} \qquad (3\text{-}89)$$

con:

$$j \, d = d - \frac{k \, d}{3} \quad o \quad j = 1 - \frac{k}{3} \qquad (3\text{-}90)$$

Si se escribe la ecuación de equilibrio de momentos con respecto al punto de aplicación de T se obtiene:

$$C \, j \, d = M$$

$$\sigma_c^{max} = \frac{2 \, M}{b \, k \, j \, d^2} \qquad (3\text{-}91)$$

b) Expresiones Alternativas para las Tensiones en el Hormigón σ_c^{max} y en el Acero σ_s

Se puede plantear la ecuación general de momentos con respecto al eje neutro:

$$\int \sigma_c \, y \, dA + T \, (d - k \, d) = M$$

$$\int_0^{kd} \sigma_c \, b \, y \, dy + A_s \, \sigma_s \, (d - k \, d) = M$$

y las relaciones tensión deformación y de compatibilidad geométrica permiten escribir:

$$\sigma_c = E_c \, \varepsilon_c = E_c \, \phi \, y \qquad y \qquad \sigma_s = E_s \, \varepsilon_s = n \, E_c \, \phi \, (d - k \, d)$$

luego:

$$b\,E_c\,\phi\int_0^{kd} y^2\,dy + A_s\,n\,E_c\,\phi\,(d - k\,d)^2 = M$$

lo que permite determinar la curvatura de la sección:

$$E_c\,\phi = \frac{M}{b\,\dfrac{(k\,d)^3}{3} + n\,A_s\,(d - k\,d)^2} \qquad (3\text{-}92)$$

El término:

$$I_T = b\,\frac{(k\,d)^3}{3} + n\,A_s\,(d - k\,d)^2 \qquad (3\text{-}93)$$

representa el momento de inercia de la sección transformada con respecto al eje neutro, en que se ha despreciado la contribución del hormigón en tracción. Efectivamente, de la Fig. 3.49 se tiene:

$$I_T = b\,\frac{(k\,d)^3}{12} + b\,k\,d\left(\frac{k\,d}{2}\right)^2 + n\,A_s\,(d - k\,d)^2$$

$$I_T = b\,\frac{(k\,d)^3}{3} + n\,A_s\,(d - k\,d)^2$$

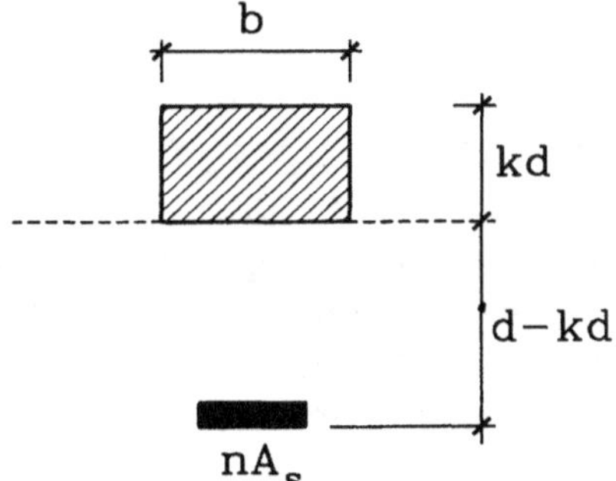

Figura 3.49
Sección transformada

Por lo tanto, las tensiones en el hormigón y el acero son:

$$\sigma_c = E_c\,\phi\,y = \frac{M}{I_T}\,y$$

de donde:

$$\sigma_c{}^{max} = \frac{M}{I_T} \, k \, d \qquad (3\text{-}94)$$

$$\sigma_s = n \, E_c \, \phi \, (d - k \, d) = n \, \frac{M}{I_T} \, (d - k \, d) \qquad (3\text{-}95)$$

Se puede demostrar que las Ecs. 3-91 y 3-94 para $\sigma_c{}^{max}$ son absolutamente equivalentes. Lo mismo ocurre para las Ecs. 3-89 y 3-95 en el caso de la tensión σ_s.

c) Vigas "Peraltadas" y "Deprimidas"

Es común que en un diseño los materiales acero y hormigón no trabajen simultáneamente a nivel de sus tensiones admisibles $\sigma_s{}^{adm}$ y $\sigma_c{}^{adm}$. La capacidad en flexión de la sección, representada por el momento admisible de la viga dependerá de cuál de los dos materiales alcanza primero su tensión admisible. Si es el hormigón el más solicitado (Ec. 3-91):

$$M^{adm} = M_c{}^{adm} = \frac{1}{2} \, b \, k \, j \, d^2 \, \sigma_c{}^{adm} \qquad (3\text{-}96.\text{a})$$

si es el acero el más solicitado (Ec. 3-89):

$$M^{adm} = M_s{}^{adm} = j \, d \, A_s \, \sigma_s{}^{adm} \qquad (3\text{-}96.\text{b})$$

el momento admisible M^{adm} es entonces el menor valor entre $M_c{}^{adm}$ y $M_s{}^{adm}$. Puede entonces darse una de las tres situaciones siguientes:

- Si $M_c{}^{adm} = M_s{}^{adm}$, entonces $\sigma_s = \sigma_s{}^{adm}$ y $\sigma_c{}^{max} = \sigma_c{}^{adm}$. Se dice que es un diseño *elástico balanceado*.

- Si $M_s{}^{adm} < M_c{}^{adm}$, entonces $\sigma_s = \sigma_s{}^{adm}$ y $\sigma_c{}^{max} < \sigma_c{}^{adm}$. Se dice que la viga es *peraltada* (generosa altura de hormigón) o *sub-armada* (menos acero que para diseño elástico balanceado). Es importante hacer notar que, salvo casos muy extremos, el término "sub-armada" no tiene en esta situación la implicancia de condición deficitaria de refuerzo. Por el contrario, cabe anticipar que esta situación es la condición deseable de un diseño: primero, porque $\sigma_s = \sigma_s{}^{adm}$ significa que se está usando eficientemente el acero, que es el componente más caro, y segundo, desde el punto de vista del comportamiento, por la gran conveniencia de mantener "aliviado" al hormigón ($\sigma_c < \sigma_c{}^{adm}$), lo que aleja de una eventual fractura a este material eminentemente frágil, lográndose por tanto un comportamiento dúctil de la sección en flexión.

- Si $M_c^{adm} < M_s^{adm}$, entonces $\sigma_c^{max} = \sigma_c^{adm}$ y $\sigma_s < \sigma_s^{adm}$. Se dice que la viga es *deprimida* (falta altura de hormigón) o *sobre-armada* (más acero que para diseño elástico balanceado).

Para determinar en qué situación se encuentra un determinado diseño o para elegir una forma de diseño, es útil considerar la "condición de tensiones elásticas balanceadas", en la cual ambos materiales alcanzan simultáneamente su tensión admisible. El análisis de la Fig. 3.50 permite escribir:

$$\frac{k_{bal}\, d}{d - k_{bal}\, d} = \frac{\sigma_c^{adm}}{\dfrac{1}{n}\, \sigma_s^{adm}}$$

de donde:

$$k_{bal} = \frac{1}{1 + \dfrac{\sigma_s^{adm}}{n\, \sigma_c^{adm}}} \tag{3-97}$$

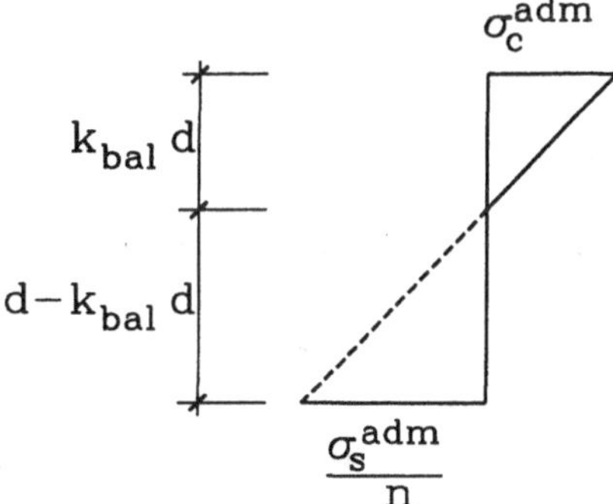

Figura 3.50
Condición de tensiones elásticas balanceadas

Además, por equilibrio:

$$C = T = \frac{1}{2}\, \sigma_c^{adm}\, k_{bal}\, d\, b = A_s\, \sigma_s^{adm}$$

por lo tanto, la cuantía de acero para obtener un diseño elástico balanceado es:

$$\rho_{bal} = \frac{A_s}{d\, b} = \frac{\sigma_c^{adm}}{2\, \sigma_s^{adm}}\, k_{bal}$$

$$\rho_{bal} = \frac{\sigma_c^{adm}}{2\, \sigma_s^{adm}} \cdot \frac{1}{1 + \dfrac{\sigma_s^{adm}}{n\, \sigma_c^{adm}}} \tag{3-98}$$

Tal como se discutió en la Sección 3.2.3 la condición de diseño balanceado se logra utilizando los materiales en una proporción muy precisa, dada por ρ_{bal}.

Como se ha anticipado, el diseño de vigas con armadura simple debe hacerse usando una cuantía inferior a la cuantía ρ_{bal}. Con ello se economiza en la cantidad de acero de refuerzo y se facilita que el eventual tipo de falla de la viga sea de tipo dúctil, tal como se discutirá en el Ejemplo 3.13 y en la Sección 3.4.3.

d) Etapas del Diseño de una Viga con Armadura Simple

- Se conoce M y las propiedades de los materiales: n, σ_s^{adm}, σ_c^{adm} y se pide determinar b, d y A_s.

- Usando las Ecs. 3-97 y 3-98 calcular:

$$k_{bal} = \frac{1}{1 + \dfrac{\sigma_s^{adm}}{n\,\sigma_c^{adm}}} \qquad y \qquad \rho_{bal} = \frac{k_{bal}}{2} \cdot \frac{\sigma_c^{adm}}{\sigma_s^{adm}}$$

- Elegir $\rho < \rho_{bal}$, esto implica que $\sigma_s = \sigma_s^{adm}$ y $\sigma_c^{max} < \sigma_c^{adm}$.

- Calcular la posición del eje neutro directamente con la Ec. 3-88 o por tanteo en base a la Ec. 3-87: $\dfrac{1}{2} k = \rho\, n\, \dfrac{1 - k}{k}$. Luego $j = 1 - k/3$.

- Verificar la tensión máxima en el hormigón (se sabe que la del acero es σ_s^{adm}):

$$\text{Usando la Ec. 3-84} \rightarrow \sigma_c^{max} = 2\,\sigma_s^{adm}\,\frac{\rho}{k}$$

$$\text{Usando la Ec. 3-85} \rightarrow \sigma_c^{max} = \frac{\sigma_s^{adm}}{n} \cdot \frac{k}{1 - k}$$

- Determinar la sección de hormigón. Reescribiendo la Ec. 3-91 como:

$$M = \frac{1}{2}\,k\,b\,d^2 \left(1 - \frac{k}{3}\right) \sigma_c^{max}$$

se escogen las dimensiones de la sección para satisfacer cualquiera de las expresiones siguientes:

$$b\,d^2 = \frac{M}{\sigma_s^{adm}\,\rho\left(1 - \dfrac{k}{3}\right)} \qquad (3\text{-}99.a)$$

$$b\,d^2 = \frac{M}{\dfrac{1}{2}\,k\,\sigma_c^{max}\left(1 - \dfrac{k}{3}\right)} \qquad (3\text{-}99.b)$$

- Determinar la sección de acero:

$$\text{Usando la Ec. 3-86} \rightarrow A_s = \rho\,b\,d$$

$$\text{Usando la Ec. 3-89} \rightarrow A_s = \frac{M}{\sigma_s^{adm}\,j\,d}$$

Dado que generalmente se escogerá un d mayor que el indicado por la Ec. 3-99, el uso de la Ec. 3-89 implica usar un ρ menor al valor considerado para calcular j y k. Sin embargo, el menor ρ implica k menor y j mayor, luego se está del lado de la seguridad.

e) Procedimiento Rápido para Diseñar o Verificar

Generalmente j varía poco, ya que está influenciado por la tercera parte de la variación de k ($j = 1 - k/3$), una aproximación bastante buena es tomar $jd \approx 0,88\ d$ a $0,91\ d$.

- Conocida la sección de hormigón (b y d), la sección de acero necesaria es (Ec. 3-89):

$$A_s = \frac{M}{\sigma_s^{adm}\,j\,d}$$

- Si se desea verificar el momento admisible de una sección dada (Ec.3-89):

$$M^{adm} = A_s\,\sigma_s^{adm}\,j\,d$$

Ejemplo 3.13

Estudiar la variación del momento admisible y de las tensiones en el acero y máxima en el hormigón para una viga de hormigón armado de sección 20x40 cm, con $\sigma_c^{adm} = 70$ kg/cm^2, $\sigma_s^{adm} = 1500$ kg/cm^2 y n = 10 para las armaduras:

$2\phi12 \rightarrow A_s = 2{,}26$ cm^2

$3\phi12 \rightarrow A_s = 3{,}39$ cm^2

$2\phi16 \rightarrow A_s = 4{,}02$ cm^2

$2\phi18 \rightarrow A_s = 5{,}08$ cm^2

$3\phi16 \rightarrow A_s = 6{,}03$ cm^2

$2\phi18 + 1\phi16 \rightarrow A_s = 7{,}09$ cm^2

$2\phi22 \rightarrow A_s = 7{,}60$ cm^2

Solución: La cuantía de balance es en este caso (Ec. 3-98):

$$\rho_{bal} = \frac{70}{3000} \cdot \frac{1}{1 + \dfrac{1500}{700}} = 0{,}007424$$

Para determinar la profundidad de la armadura d = h - d' debe considerarse según la Fig. E3.13 d' = 1,5 + 1,0 + ϕ/2 en que se ha supuesto un estribo ϕ 10.

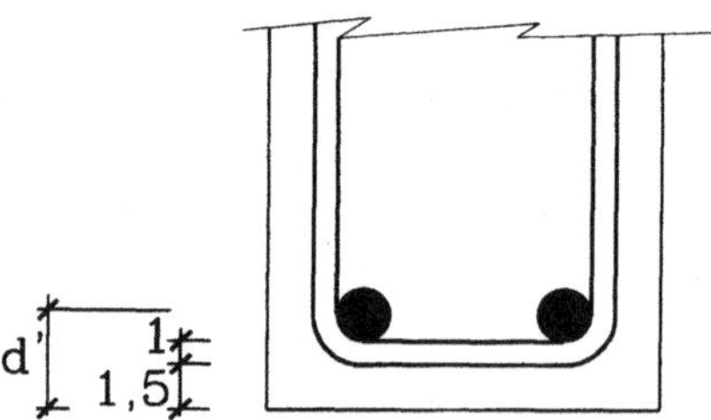

Figura E3.13

Para cada uno de los valores de A_s dados, los cálculos proceden en la forma siguiente: ρ (Ec. 3-86); k (Ec. 3-88); j (Ec. 3-90); M_s^{adm} (Ec. 3-96.b); M_c^{adm} (Ec. 3-96.a); $\sigma_s = \sigma_s^{adm}$, σ_c^{max} (Ec. 3-91), y $M_{adm} = M_s^{adm}$ si $M_s^{adm} < M_c^{adm}$; $\sigma_c^{max} = \sigma_c^{adm}$, σ_s (Ec. 3-89) y $M_{adm} = M_c^{adm}$ si $M_c^{adm} < M_s^{adm}$. Los cálculos correspondientes se resumen en la tabla siguiente:

A_s	d'	$d = h - d'$	ρ	k	j	M_s^{adm} (t-m)	M_c^{adm} (t-m)	M_{adm} (t-m)	σ_s	σ_c^{max}
2,26	3,1	36,9	0,0030623	0,2188	0,9271	1,16	1,93	1,16	1500	42,0
3,39	3,1	36,9	0,0045935	0,2606	0,9131	1,71	2,27	1,71	1500	52,9
4,02	3,3	36,7	0,0054768	0,2807	0,9064	2,00	2,40	2,00	1500	58,5
5,08	3,4	36,6	0,0069400	0,3096	0,8968	2,50	2,60	2,50	1500	67,2
6,03	3,3	36,7	0,0082153	0,3314	0,8895	2,95	2,78	2,78	1412	70,0
7,09	3,4	36,6	0,0096858	0,3538	0,8821	3,43	2,93	2,93	1278	70,0
7,60	3,6	36,4	0,0104396	0,3643	0,8786	3,65	2,97	2,97	1221	70,0

En la tabla se aprecia claramente el cambio de las condiciones del diseño cuando ρ excede ρ_{bal}: la capacidad de la sección queda controlada por la tensión admisible del hormigón y el acero no se utiliza eficientemente, ya que $\sigma_s < \sigma_s^{adm}$. Del mismo modo puede observarse que mientras $\rho < \rho_{bal}$ (viga peraltada) un aumento de A_s resulta en un aumento proporcional en M_{adm}. Ello no ocurre cuando $\rho > \rho_{bal}$ (viga deprimida); en efecto, aumentar A_s de 6,03 a 7,6 cm^2, o sea en un 26 %, sólo implica un 6,8 % de aumento en M_{adm}.

Ejemplo 3.14

Diseñar una viga para M = 4 ton-m, $\sigma_c^{adm} = 70$ kg/cm^2, $\sigma_s^{adm} = 1500$ kg/cm^2 y n = 10.

Solución: Del ejemplo anterior se tiene $\rho_{bal} = 0,0074$. Por eficiencia se toma $\rho \approx 1/2\ \rho_{bal} \to \rho = 0,0035$, que implica que el acero trabajará con $\sigma_s = \sigma_s^{adm}$. Dado que j es poco variable, suponer j = 0,9. Suponiendo que b sea dado o pueda escogerse, se puede estimar el d necesario usando la Ec. 3-99.a:

$$d = \sqrt{\frac{M}{\rho\, j\, b\, \sigma_s}}$$

En efecto, tomando b = 25 cm se obtiene:

$$d = \sqrt{\frac{400000}{0,0035 \cdot 0,9 \cdot 25 \cdot 1500}} = 58,2 \text{ cm}$$

y de la Ec. 3-86:

$$A_s = (0,0035) \ (25) \ (58,2) = 5,09 \ cm^2$$

Usar viga de 25x60 con $A_s = 2\phi 18 = 5,08 \ cm^2$

Verificación de la sección: Como indica la Fig. E3.13 se calcula $d' = 3,4$ cm y $d = 60 - 3,4 = 56,6$ cm. Luego:

$$\rho = \frac{5,08}{56,6 \cdot 25} = 0,00359 < \rho_{bal}$$

De la Ec. 3-88 se obtiene $k = 0,2344$, y de la Ec. 3-90 se tiene $j = 0,922$. Luego, de la Ec. 3-96.b:

$$M^{adm} = \sigma_s^{adm} \ A_s \ j \ d = 1500 \cdot 5,08 \cdot 0,922 \cdot 56,6$$

$$M^{adm} = 397651 \ kg\text{-}cm = 3,98 \ ton\text{-}m \approx 4 \ O.K$$

La tensión máxima en el hormigón es obviamente menor que la admisible. En efecto:

$$\sigma_c^{max} = \frac{2 \ M}{b \ k \ j \ d^2} = \frac{800000}{25 \cdot 0,2344 \cdot 0,922 \cdot (56,6)^2} = 46,2 \ kg/cm^2$$

Otra solución es notar que en la fórmula:

$$d = \sqrt{\frac{M}{\rho \ j \ b \ \sigma_s}}$$

se puede cambiar "b" simultáneamente con "ρ" sin aumentar la armadura A_s:

$$b \ \rho = \frac{A_s}{d}$$

En vez de una sección de 25x60, se eligirá una de 20x60. Esto implica cambiar ρ, pero no A_s. Sin embargo, debe aumentar σ_c^{max}, lo que no es relevante mientras no sea mayor que σ_c^{adm}. Entonces con d' = 3,4 cm; d = 56,6 cm; y j = 0,92 (supuesto), se tiene:

$$A_s = \frac{M}{\sigma_s \, j \, d} = \frac{400000}{1500 \cdot 0,92 \cdot 56,6} = 5,12 \ cm^2$$

$$A_s = 2\phi16 + 1\phi12 = 2 \cdot 2,01 + 1,13 = 5,15 \ cm^2$$

Verificación:

$$\rho = \frac{5,15}{20 \cdot 56,6} = 0,0045495 < \rho_{bal}$$

De las Ecs. 3-88 y 3-90 se obtienen k = 0,26 y j = 0,913. Y de las Ecs. 3-89 y 3-91 se tiene:

$$\sigma_s = \frac{M}{A_s \, j \, d} = \frac{400000}{5,15 \cdot 0,913 \cdot 56,6} = 1503 \ kg/cm^2 \approx 1500 \ O.K$$

$$\sigma_c^{max} = \frac{2\,M}{b \, k \, j \, d^2} = \frac{800000}{20 \cdot 0,26 \cdot 0,913 \cdot 56,6^2} = 52,6 \ kg/cm^2 < 70$$

O.K.

Usar viga de 20x60 con $A_s = 2\phi16 + 1\phi12 = 5,15 \ cm^2$

Conclusiones:

• Se obtiene una solución más económica que la anterior (menor sección de hormigón, acero casi igual).

• b se puede disminuir hasta que $\sigma_c^{max} = \sigma_c^{adm}$, pero el b_{min} práctico es igual a 20 cm.

• Una buena aproximación para estimar d es:

$$d = \sqrt{\frac{M}{\rho \, j \, b \, \sigma_s}}$$

con $\sigma_s = \sigma_s^{adm}$, $\rho < \rho_{bal}$, y $j \approx 0{,}9$.

Ejemplo 3.15

Suponer que para la viga del Ejemplo 3.14 se han especificado: $h = 50$ cm y $h = 40$ cm, determinar las armaduras.

Solución: Caso $h = 50$ cm:

Suponer $d' = 3{,}5$ cm y $j = 0{,}9$. Luego $d = 50 - 3{,}5 = 46{,}5$ cm.

$$A_s = \frac{M}{\sigma_s \, j \, d} = \frac{400000}{1500 \cdot 0{,}9 \cdot 46{,}5} = 6{,}37 \ cm^2$$

tomar $A_s = 2\phi16 + 1\phi18 = 6{,}56 \ cm^2$.

Si se prueba con $b = 20$ cm y se verifica la cuantía:

$$\rho = \frac{6{,}56}{20 \cdot 46{,}5} = 0{,}00705 < 0{,}0074 = \rho_{bal} \rightarrow \sigma_s = \sigma_s^{adm} \ y \ \sigma_c^{max} < \sigma_c^{adm}$$

Usar viga de 20x50 con $2\phi16 + 1\phi18$

Verificando de todas maneras, para $\rho = 0{,}00705$ de las Ecs. 3-88 y 3-90 se tiene $k = 0{,}3116$ y $j = 0{,}8961$. Luego de las Ecs. 3-89 y 3-91 se tiene:

$$\sigma_s = \frac{400000}{6{,}56 \cdot 0{,}8961 \cdot 46{,}5} = 1463 \ kg/cm^2 \ O.K$$

$$\sigma_c^{max} = \frac{800000}{20 \cdot 0{,}3116 \cdot 0{,}8961 \cdot 46{,}5^2} = 66 \ kg/cm^2 \ O.K$$

Caso $h = 40$ cm:

Suponer d' = 3,5 cm, j = 0,9 y d = 36,5 cm.

$$A_s = \frac{400000}{1500 \cdot 0,9 \cdot 36,5} = 8,12 \ cm^2$$

Tomar $A_s = 2\phi18 + 2\phi16 = 9,1 \ cm^2$, y manteniendo b = 20 cm:

$$\rho = \frac{9,1}{20 \cdot 36,5} = 0,01247 > \rho_{bal} \rightarrow \sigma_s < \sigma_s^{adm} \ y \ \sigma_c^{max} = \sigma_c^{adm}$$

Es decir, el momento admisible está controlado por el hormigón en vez de la armadura. Verificando, para $\rho = 0,01247$ se obtienen k = 0,39 y j = 0,87. Luego, de la Ec. 3-96.a se tiene:

$$M_{adm} = \frac{1}{2} \cdot 20 \cdot 0,3900 \cdot 0,87 \cdot 36,5^2 \cdot 70 = 3,16 \ ton\text{-}m < 4 \ ton\text{-}m$$

no sirve la elección de sección y armadura. El error ocurrió por estimar A_s con $\sigma_s = \sigma_s^{adm} = 1500$, lo que no es válido porque $\rho > \rho_{bal}$. Una primera alternativa es aumentar b, manteniendo $A_s = 9,1 \ cm^2$, con ello se aumenta al área de hormigón en compresión y se puede bajar σ_c^{max}. Sea b = 30 cm:

$$\rho = \frac{9,1}{30 \cdot 36,5} = 0,00831 > \rho_{bal}$$

controla el momento admisible del hormigón. La verificación para este caso da k = 0,333; j = 0,8890; $\sigma_s = 1354$; $\sigma_c^{max} = 67,6$ y:

$$M_{adm} = \frac{70}{2} \cdot 30 \cdot 0,333 \cdot 0,889 \cdot 36,5^2 = 4,14 \ ton\text{-}m \ O.K$$

Una segunda alternativa, menos deseable que la anterior, es aumentar la armadura A_s. Con ello debe aumentar C y la profundidad del eje neutro, j disminuye pero aumenta el momento resistente. Supóngase el siguiente aumento de A_s:

$$A_s = 20 \ cm^2$$

$$\rho = \frac{20}{20 \cdot 36,5} = 0,0274 > \rho_{bal}$$

controla el momento admisible del hormigón. Con ρ se obtienen $k = 0,5154$ y $j = 0,8282$, luego:

$$M = \frac{70}{2} \cdot 20 \cdot 0,5154 \cdot 0,8282 \cdot 36,5^2 = 3,98 \text{ ton-m O.K}$$

El diseño está correcto, pero claramente se está desaprovechando el acero:

$$\sigma_s = \frac{400000}{20 \cdot 0,8282 \cdot 36,5} = 662 \text{ kg/cm}^2 << 1500 \text{ kg/cm}^2$$

Si se comparan las soluciones de este Ejemplo y las del Ejemplo 3.14 en base a los siguientes precios: el m^3 de hormigón H25 a \$40.260, moldaje \$6.066/m^2, y el kg de fierro colocado a \$353 (peso del acero $= 0,785 \, A_s$ kg/m) (precios a junio de 1997) se obtiene la siguiente tabla:

Viga	Sección	A_s (cm²)	Hormigón m³ / m	Acero kg / m	Moldaje m² / m
1	20x50	6,56	0,10	5,15	0,014
2	20x40	20,0	0,08	15,7	0,012
3	30x40	9,1	0,12	7,14	0,014
4	25x60	5,06	0,15	3,97	0,017
5	20x60	5,15	0,12	4,04	0,016

Viga	Hormigón \$ / m	Acero \$ / m	Moldaje \$ / m	\$ Total / m
1	4026	1820	85	5931
2	3221	5548	73	8842
3	4831	2523	85	7439
4	6039	1403	103	7545
5	4831	1428	97	6356

Se concluye que conviene economizar fierro, aunque sin exagerar en la altura de la sección, pues comenzará a gravitar el costo del hormigón. Las vigas deprimidas no son convenientes por su tipo de falla y por su mayor costo.

3.4.2.2 Vigas T en Flexión Simple con Armadura Simple

Típicamente las vigas de hormigón armado soportan losas de hormigón que se pueden considerar que colaboran para tomar las tensiones de compresión, tal como lo indica la Fig. 3.51.

Figura 3.51
Ancho colaborante de la losa para vigas T

Este ancho debe escogerse de modo de satisfacer las relaciones siguientes:

$$b_{efectivo} \leq \frac{1}{4} \text{ de la luz de la viga}$$

$$b_{proyectado} \leq \begin{cases} \dfrac{1}{2} \text{ de la distancia libre entre vigas} \\[2ex] 8 \text{ veces el espesor de la losa} = 8 \ e \end{cases}$$

Se usa el valor de b que satisfaga lo anterior y se determina la posición kd del eje neutro suponiendo sección rectangular. Si kd es menor que el espesor "e" de la losa, la sección se puede suponer como rectangular de ancho b y altura d, como muestra la Fig. 3.52.

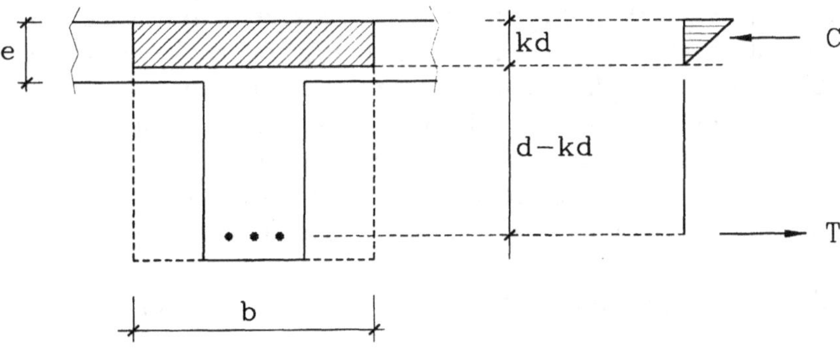

Figura 3.52
Diseño de viga T como viga de sección rectangular

Si kd es mayor que el espesor "e" de la losa es necesario recalcular la posición del eje neutro reconociendo que parte del nervio contribuye a tomar la compresión, como se muestra en la Fig. 3.53.

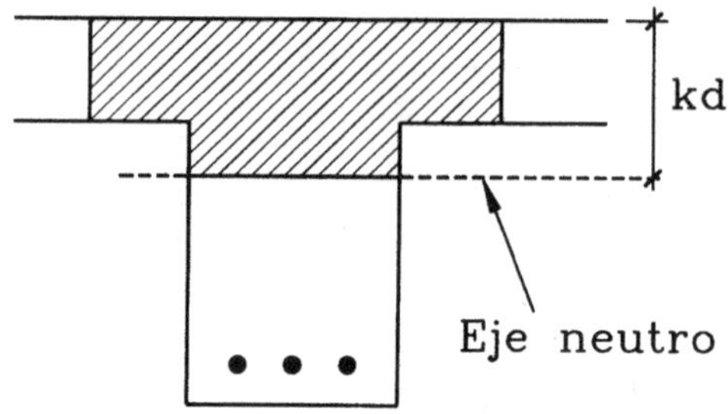

Figura 3.53
Diseño como viga T real

Ubicada la posición del eje neutro, se pueden calcular las tensiones en el acero y hormigón una vez que se haya determinado el momento de inercia I_T de la sección transformada para cualquiera de las alternativas anteriores, usando las Ecs. 3-94 y 3-95 deducidas anteriormente:

$$\sigma_c{}^{max} = \frac{M}{I_T}\, k\, d$$

$$\sigma_s = n\, \frac{M}{I_T}\, (d - k\, d)$$

Sin embargo, debe tenerse en cuenta que el cálculo de la posición kd del eje neutro implica conocer la armadura A_s de la viga T. Por lo tanto, en la práctica se parte de la base que kd < e y que la viga se puede diseñar como sección rectangular. Una vez determinada esta armadura se ve si la hipótesis adoptada fue o no correcta. Si se recuerda que el eje neutro es aquel en que se igualan los momentos estáticos de la parte comprimida y del área traccionada nA_s, se puede suponer que dicho eje cae en el borde inferior de la losa y se pueden calcular los momentos estáticos anteriores. Si el momento estático de la parte comprimida es mayor que el de nA_s, el eje neutro cae en la losa (kd < e) y la hipótesis adoptada era correcta; en caso contrario kd > e y es necesario recalcular la posición del eje neutro (Fig. 3.53) y la armadura A_s. Debe notarse que, debido a la considerable magnitud del ancho b en las vigas T, ellas generalmente son vigas peraltadas o sub-armadas. En general, debe procurarse utilizar cuantías muy pequeñas, ya que por ser b grande A_s será importante aun cuando $\rho < \rho_{bal}$.

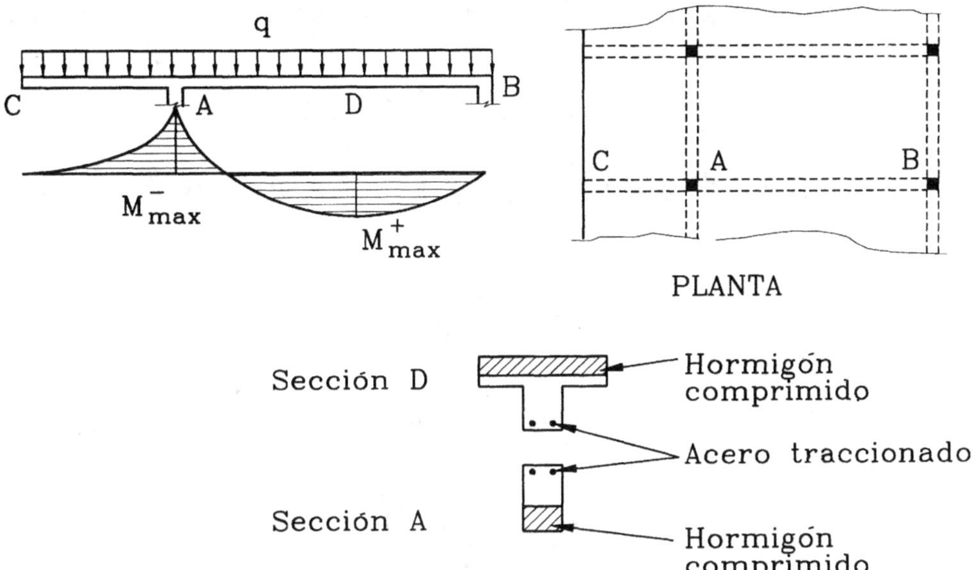

Figura 3.54
Estructura de cobertizo

Un último aspecto que hay que tener presente es que la colaboración de la losa sólo tiene sentido en cuanto a hormigón comprimido. El ejemplo de la Fig. 3.54 muestra que el diseño como viga T, sólo es válido en secciones como D en que el momento flector produce tracción en el borde inferior. En cambio, la sección A, en que el momento produce tracción en el borde superior, debe diseñarse como sección rectangular con ancho b igual al del nervio de las vigas.

Ejemplo 3.16

Determinar el momento flector admisible de la viga T de la Fig. E3.16.a de modo que no se excedan las tensiones admisibles $\sigma_c = 80$ kg/cm^2 y $\sigma_s = 1500$ kg/cm^2. Usar n = 10. ¿Es ésta una viga peraltada o deprimida?

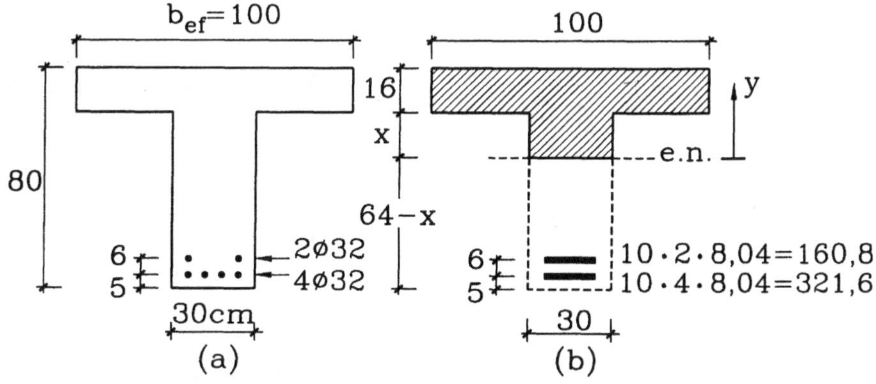

Figura E3.16

Solución: a) Cálculo del eje neutro suponiendo sección rectangular.

$$A_s = 6 \, \phi \, 32 = 6 \cdot 8{,}04 = 48{,}24 \text{ cm}^2$$

Suponiendo el área de acero concentrada en su centro de gravedad:

$$\overline{y}_s = \frac{(4)\,(5) \, + \, (2)\,(11)}{6} = 7 \text{ cm}$$

Luego d = 80 - 7 = 73 cm, y la cuantía es:

$$\rho = \frac{A_s}{b\,d} = \frac{48{,}24}{73 \cdot 100} = 0{,}006608$$

de donde:

$$k = -0{,}066 + \sqrt{0{,}066^2 + 0{,}1322} = 0{,}303$$

$$k\,d = 0{,}303 \cdot 73 = 22{,}1 > 16$$

por lo tanto, el eje neutro cae en el nervio y la sección no trabaja como viga rectangular.

b) Recálculo del eje neutro por sección transformada: Modelando la sección como se presenta en la Fig. E3.16.b y tomando momento estático con respecto al eje neutro se tiene:

$$16 \cdot 100\,(x + 8) + 30 \cdot x \cdot \frac{x}{2} = 321{,}6\,(64 - x - 5) + 160{,}8\,(64 - x - 11)$$

$$1600\,x + 12800 + 15\,x^2 = 18974{,}4 - 321{,}6\,x + 8522{,}4 - 160{,}8\,x$$

$$15\,x^2 + 2082{,}4\,x - 14696{,}8 = 0$$

$$x = 6,73 \ cm$$

Conocida la posición del eje neutro puede calcularse el momento de inercia de la sección transformada:

$$I_T = 100 \ \frac{16^3}{12} + 1600 \ (8 + 6,73)^2 + \frac{30}{12} \ (6,73)^3 + 30 \ \frac{(6,73)^3}{4} +$$

$$160,8 \ (64 - 6,73 - 11)^2 + 321,6 \ (64 - 6,73 - 5)^2$$

$$I_T = 1607257 \ cm^4$$

$$\sigma = \frac{M}{I_T} \ y$$

$$M^{adm} = \frac{\sigma_{adm} \ I_T}{y}$$

$$M_c^{adm} = 80 \ \frac{I_T}{(16 + 6,73)} = 56,55 \ ton\text{-}m$$

$$M_s^{adm} = \frac{1500 \ I_T}{n \ (64 - 6,73 - 5)} = 46,11 \ ton\text{-}m$$

Controla la tensión en el acero, por lo tanto, $M^{adm} = M_s^{adm} = 46,1$ ton-m y la viga es peraltada.

3.4.2.3 Vigas Rectangulares en Flexión Simple con Armadura Doble

a) Introducción

Todas las vigas tienen armadura doble, ya que siempre es necesaria para poder armar la viga, tal como se indica en la Fig. 3.55. Además, por efectos sísmicos u otros fenómenos dinámicos, es posible una inversión del sentido de los momentos flectores, esto es, una sección que para cargas verticales gravitacionales tiene tracción abajo y compresión arriba puede pasar a tener tracción arriba, o viceversa. Por lo tanto, siempre se requiere disponer de un mínimo de armadura en compresión.

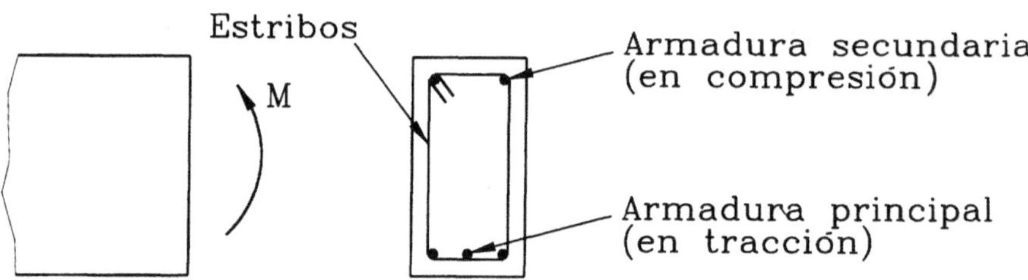

Figura 3.55
Viga con armadura doble

Hay otros efectos adicionales como la fluencia lenta, deformaciones por temperatura, y retracción del hormigón, que también hacen aconsejable disponer armaduras secundarias de compresión. Cuando la armadura de compresión no se requiere por cálculo puede ignorarse su existencia y trabajar en forma simplificada con los procedimientos para vigas con armadura simple de la Sección 3.4.2.1, agregando después un mínimo en compresión, por ejemplo $2\phi12$. Si no se requiere por cálculo armadura de compresión, ello significa que la viga es peraltada y que la resistencia a flexión está controlada por la armadura en tracción, ya que ella está trabajando a su tensión admisible. El ignorar la armadura de compresión sólo implica entonces un error en la estimación del brazo de palanca jd entre las fuerzas resultantes de tracción y compresión.

b) Determinación de Tensiones en el Acero y el Hormigón

En la Fig. 3.56 se muestran las características relevantes de una viga con armadura doble, para la cual rigen las mismas hipótesis y nomenclatura indicadas para las vigas con armadura simple. Adicionalmente, la armadura en compresión se designa por A_s' y sus tensiones y deformaciones longitudinales por σ_s' y ε_s', respectivamente. La distancia de la armadura en compresión al borde comprimido se designa por d', mientras que la resultante de compresiones provista por esta armadura se llama C_s. Para evitar confusiones, la resultante de compresiones en el hormigón adquiere la nueva denominación C_c. Generalmente, este caso corresponderá al de una viga deprimida, o sea, falta sección de hormigón comprimido para que la resultante de compresiones C_c equilibre a la resultante de tracciones T.

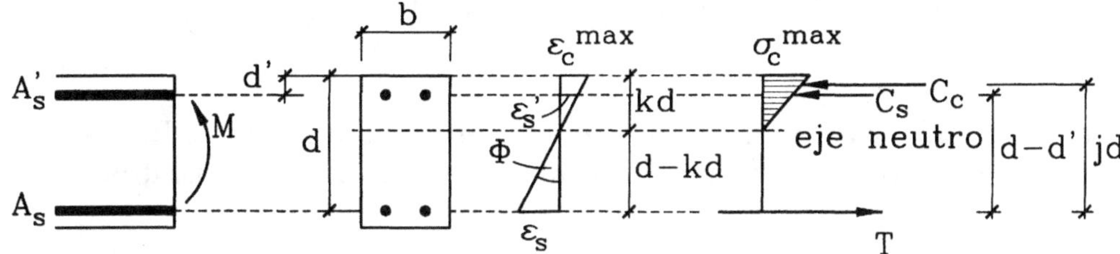

Figura 3.56
Tensiones y deformaciones en una viga con armadura doble

El equilibrio de fuerzas y tensiones normales permite escribir:

$$C_c + C_s = T$$

$$\frac{1}{2}\,\sigma_c^{\,max}\,b\,k\,d + A_s'\,\sigma_s' = A_s\,\sigma_s \qquad (3\text{-}100)$$

y las relaciones tensión-deformación obedecen a la hipótesis de comportamiento elástico:

$$\sigma_c^{\,max} = E_c\,\varepsilon_c^{\,max} \qquad (3\text{-}101.a)$$

$$\sigma_s' = E_s\,\varepsilon_s' \qquad (3\text{-}101.b)$$

$$\sigma_s = E_s\,\varepsilon_s \qquad (3\text{-}101.c)$$

A su vez, la compatibilidad de deformaciones permite escribir la siguiente relación geométrica para la curvatura ϕ:

$$\frac{\varepsilon_c^{\,max}}{k\,d} = \frac{\varepsilon_s'}{k\,d - d'} = \frac{\varepsilon_s}{d - k\,d} = \phi \qquad (3\text{-}102)$$

Si se usan las Ecs. 3-101 y 3-102, las resultantes de compresión y tracción se pueden expresar en la forma siguiente:

$$C_c = \frac{1}{2}\,\sigma_c^{\,max}\,b\,k\,d = \frac{1}{2}\,E_c\,\varepsilon_c^{\,max}\,b\,k\,d$$

$$C_s = A_s'\,\sigma_s' = A_s'\,E_s\,\varepsilon_s' = A_s'\,E_s\,\frac{\varepsilon_c^{\,max}}{k\,d}\,(k\,d - d')$$

$$T = A_s \, \sigma_s = A_s \, E_s \, \varepsilon_s = A_s \, E_s \, \frac{\varepsilon_c}{k\,d} \, (d - k\,d)$$

Usando $E_s = n\,E_c$ y reemplazando las expresiones anteriores en la Ec. 3-100, se obtiene la ecuación que permite determinar la posición del eje neutro:

$$\frac{1}{2} E_c \, \varepsilon_c^{\,max} \, b\,k\,d + A_s' \, n\,E_c \, \frac{\varepsilon_c^{\,max}}{k\,d} \, (k\,d - d') - A_s \, n\,E_c \, \frac{\varepsilon_c^{\,max}}{k\,d} \, (d - k\,d) = 0$$

$$k^2 + \frac{2\,n\,A_s'}{b\,d^2} \, (k\,d - d') - \frac{2\,n\,A_s}{b\,d^2} \, (d - k\,d) = 0$$

$$k^2 + 2\,n\,(\rho + \rho')\,k - 2\,n\left(\rho + \rho'\,\frac{d'}{d}\right) = 0 \qquad (3\text{-}103)$$

con $\rho = A_s/bd$ según la Ec. 3-86 y:

$$\rho' = \frac{A_s'}{b\,d} \qquad (3\text{-}104)$$

Por otra parte, el equilibrio de momentos en la sección permite obtener las tensiones en el acero y en el hormigón. Si se aplica $\Sigma M = 0$ con respecto al punto de aplicación de T resulta:

$$C_c \, j\,d + C_s \, (d - d') = M \qquad (3\text{-}105)$$

con $j = 1 - k/3$ (Ec. 3-90). Sustituyendo las expresiones para C_c y C_s determinadas anteriormente se obtiene:

$$\frac{1}{2} E_c \, \varepsilon_c^{\,max} \, b\,k\,j\,d^2 + A_s' \, n\,E_c \, \frac{\varepsilon_c^{\,max}}{k\,d} \, (k\,d - d')\,(d - d') = M \qquad (3\text{-}106)$$

La Ec. 3-106 permite determinar $\varepsilon_c^{\,max}$. Si este valor se introduce en la Ec. 3-101.a se puede conocer $\sigma_c^{\,max}$. Asimismo, la Ec. 3-102 permite conocer las deformaciones ε_s' y ε_s, y por lo tanto se pueden determinar las tensiones σ_s' y σ_s usando las Ecs. 3-101.b y 3-101.c respectivamente. Sin embargo, en la práctica de diseño no se usan directamente las ecuaciones anteriores, sino que se sigue el procedimiento indicado en el ítem c más adelante.

El uso de la sección doblemente reforzada surge cuando la sección de hormigón, impuesta por otras condiciones, es insuficiente y se necesitan barras de acero que ayuden al hormigón a resistir la fuerza de compresión C. Esto implica que el hormigón estará trabajando en su fibra más solicitada en el límite admisible, o sea, $\sigma_c^{max} = \sigma_c^{adm}$. Para estos valores de la tensión del hormigón, la hipótesis de linealidad entre tensiones y deformaciones $\sigma_c^{max} = E_c \, \varepsilon_c^{max}$ ya no tiene la validez que existe para pequeños valores de la tensión (o la deformación); en otras palabras el E_c real disminuye. Esto hace que aumente la tensión σ_s' en el acero con respecto al valor obtenido de acuerdo a comportamiento elástico.

El efecto anterior se ve acentuado por la fluencia lenta que experimenta el hormigón cuando se comprime a tensión constante. La fluencia lenta es el aumento de deformación que sufre un material sometido a una tensión fija. Este efecto hace que el hormigón comprimido traspase al acero A_s' parte de la carga que inicialmente absorbió, y que en consecuencia este acero aumente su tensión.

Una forma simplificada de considerar ambos efectos es la propuesta por la norma ACI-318, que recomienda que la razón:

$$n = \frac{E_s}{E_c}$$

sea aumentada al doble para el cómputo de la tensión en el acero en compresión. En rigor debiera considerarse lo mismo para el acero en tracción, pero esto no se hace en la práctica (implica aumentar k, disminuir j y aumentar el acero en tracción en una pequeña proporción), en consecuencia, si de las expresiones 3-101 y 3-102 se deduce:

$$\frac{\sigma_s'}{\sigma_s} = \frac{\varepsilon_s'}{\varepsilon_s} = \frac{k\,d - d'}{d - k\,d}$$

el código ACI-318 propone usar:

$$\sigma_s' = 2\,\frac{k\,d - d'}{d - k\,d}\,\sigma_s \leq \sigma_s^{adm} \tag{3-107}$$

la limitación $\sigma_s' \leq \sigma_s^{adm}$ se impone para que σ_s' no pueda superar la tensión admisible del acero en tracción.

c) Diseño de Vigas con Armadura Doble

El problema se plantea en los términos siguientes: dados M, b, d tal que $bd^2 < bd^2_{req}$ para armadura simple con $\rho = \rho_{bal}$, encontrar A_s y A_s' para resistir el momento M. Si se usa el principio de superposición se puede escribir:

$$M = M_c + M_s'$$

(3-108)

en que M_c es el momento que puede resistir la viga simplemente reforzada, y M_s' es el momento adicional proporcionado por A_s' y el acero en tracción adicional. Luego, la armadura total en tracción es:

$$A_s = A_{s1} + A_{s2}$$

(3-109)

en que A_{s1} es la sección requerida para tomar M_c, y A_{s2} es la sección para tomar M_s'. El momento M_c depende de la sección de hormigón y las tensiones admisibles, o sea, está controlado por el hormigón. De la Ec. 3-91 se obtiene:

$$M_c = \sigma_c^{adm} \frac{1}{2} b\, d^2\, k\, j = \sigma_c^{adm} \frac{1}{2} b\, d^2\, k \left(1 - \frac{k}{3} \right)$$

(3-110)

Ya que ambos materiales están trabajando en sus valores admisibles para resistir M_c (la fibra extrema para el caso del hormigón), en la Ec. 3-110 debe usarse:

$$k = k_{bal} = \cfrac{1}{1 + \cfrac{\sigma_s^{adm}}{n\, \sigma_c^{adm}}}$$

$$j = j_{bal} = 1 - \frac{k_{bal}}{3}$$

por lo tanto:

$$A_{s1} = \frac{M_c}{\sigma_s^{adm}\, j_{bal}\, d}$$

(3-111)

en consecuencia, el momento adicional $M_s' = M - M_c$ es resistido por el acero en compresión A_s' y el acero adicional en tracción A_{s2}. El brazo de palanca entre las fuerzas proporcionadas por A_s' y A_{s2} es $d - d'$, luego:

$$M_s' = A_{s2}\, \sigma_s^{adm} (d - d') = A_s'\, \sigma_s' (d - d')$$

(3-112)

$$A_{s2} = \frac{M_s'}{\sigma_s^{adm} (d - d')}$$

(3-113)

$$A_s' = \frac{M_s'}{\sigma_s' (d - d')} \tag{3-114}$$

con σ_s' determinado de la Ec. 3-107:

$$\sigma_s' = 2 \frac{k d - d'}{d - k d} \sigma_s^{adm} \leq \sigma_s^{adm} \tag{3-115}$$

y el acero total en tracción es la suma de A_{s1} y A_{s2}.

El análisis anterior sólo es aproximado, ya que no considera el cambio de posición del eje neutro que se produce cuando se agregan A_s' y A_{s2}. Sin embargo, el error es muy pequeño y usualmente se desprecia. Este error proviene de la estimación de σ_s' solamente, si σ_s' es el real del análisis de tensiones y deformaciones (verdadero n), entonces $A_{s2} \sigma_s^{adm} = A_s'\sigma_s'$ y el eje neutro se mantiene en k_{bal}.

Un aspecto que hay que considerar, es que usualmente en el caso de vigas con doble refuerzo la cantidad de acero en tracción A_s es elevada, y es necesario colocar el fierro en dos capas. En estos casos el valor de "d" cambia. Usualmente se considera el "d" al centro de gravedad del acero en tracción, aunque esto contiene un pequeño error debido a que ambas capas trabajan a distinta tensión de tracción.

Ejemplo 3.17

Diseñar el refuerzo para que la viga de 20x30 resista un momento flector $M = 2000$ kg-m. Usar $\sigma_c^{adm} = 80$ kg/cm^2, $\sigma_s^{adm} = 1400$ kg/cm^2 y $n = 10$.

Solución: Momento que resiste la sección con armadura simple ($d = 27$ cm):

$$k_{bal} = \frac{1}{1 + \dfrac{\sigma_s^{adm}}{n \, \sigma_c^{adm}}} = \frac{1}{1 + \dfrac{1400}{800}} = 0,364$$

$$j_{bal} = 0,879$$

$$M_c = \sigma_c^{adm} \frac{1}{2} b \, d^2 k \, j = 80 \cdot \frac{1}{2} \cdot \frac{20 \cdot 27^2}{100} \cdot 0,364 \cdot 0,879 = 1866 \text{ kg-m}$$

$$A_{s1} = \frac{M_c}{\sigma_s^{adm} d \, j_{bal}} = \frac{186600}{1400 \cdot 27 \cdot 0,879} = 5,62 \text{ cm}^2$$

Acero para resistir $M_s' = 2000 - 1866 = 134$ kg-m $= 13400$ kg-cm:

$$d - d' = 24 \text{ cm}$$

$$A_{s2} = \frac{M_s'}{\sigma_s^{adm} (d - d')} = \frac{13400}{1400 \cdot 24} = 0,40 \text{ cm}^2$$

$$\sigma_s' = 2 \, \frac{k\, d - d'}{d - k\, d} \, \sigma_s^{adm}$$

$$k\, d - d' = 0,364 \cdot 27 - 3 = 6,83 \text{ cm}$$

$$d - k\, d = 27 - 0,364 \cdot 27 = 17,17 \text{ cm}$$

$$\sigma_s' = 2 \, \frac{6,83}{17,17} \, 1400 = 0,796 \cdot 1400 = 1114 \text{ kg/cm}^2 < 1400 \text{ kg/cm}^2$$

$$A_s' = \frac{13400}{1114 \cdot 24} = 0,50 \text{ cm}^2$$

Refuerzo:

$$A_s = A_{s1} + A_{s2} = 5,62 + 0,40 = 6,02 \text{ cm}^2 \quad \rightarrow \quad 3\phi16 \, \left(6,03 \text{ cm}^2\right)$$

$$A_s' = 0,50 \text{ cm}^2 \quad \rightarrow \quad \text{colocar armadura mínima: } 2\phi12 \, \left(2,26 \text{ cm}^2\right)$$

3.4.3 Comportamiento Inelástico de Vigas de Hormigón Armado

3.4.3.1 Relación Momento - Curvatura hasta la Rotura

Se considerará el comportamiento de una sección simplemente armada a través de la relación momento-curvatura de una sección rectangular, variando el momento hasta llegar a la rotura de uno de los dos materiales. En general, la condición de falla o rotura del hormigón armado se produce cuando la deformación unitaria de compresión en el hormigón ε_c^{max} llega a la capacidad límite de deformación del hormigón ε_u. El valor de ε_u se ha medido en el laboratorio, y para fines prácticos se adopta convencionalmente $\varepsilon_u = 0,003$ (código ACI-318). La condición indicada de rotura se basa en las propiedades de los aceros comunes que se usan en el hormigón armado, las que permiten asegurar que no puede ocurrir la falla del acero debido a su gran capacidad de deformación antes de la rotura por tracción (material dúctil), ya que dicha capacidad es del orden del 20 % ($\varepsilon_{us} = 0,20$). Para este análisis las relaciones σ-ε de los materiales se simplificarán en la forma indicada en la Fig. 3.57.

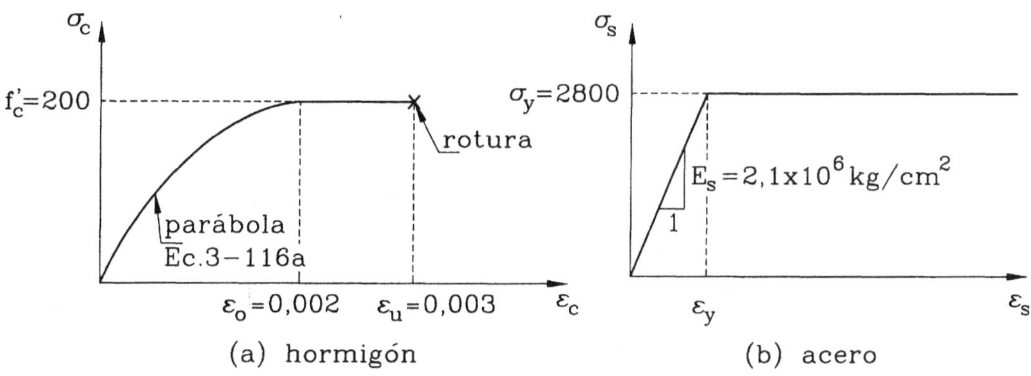

Figura 3.57
Curvas tensión-deformación idealizadas

Para el hormigón:

$$\sigma_c = f_c' \left[2 \frac{\varepsilon_c}{\varepsilon_o} - \left(\frac{\varepsilon_c}{\varepsilon_o} \right)^2 \right] \qquad (3\text{-}116.a)$$

$$\sigma_c = f_c' \quad si \quad \varepsilon_o \leq \varepsilon_c \leq \varepsilon_u \qquad (3\text{-}116.b)$$

Para el acero:

$$\sigma_s = E_s \, \varepsilon_s \ si \ \varepsilon_s < \varepsilon_y \qquad (3\text{-}117.a)$$

$$\sigma_s = \sigma_y \ si \ \varepsilon_s \geq \varepsilon_y \qquad (3\text{-}117.b)$$

Para desarrollar la relación momento-curvatura, se considerará una viga de sección 20x40, $A_s = 2\phi16 = 4{,}02$ cm^2, $f_c' = 200$ kg/cm^2, $\sigma_y = 2800$ kg/cm^2, y se usará d = 37 cm. En la Fig. 3.58 se muestran las distribuciones de deformaciones y tensiones para el caso en que en el hormigón se cumple $\varepsilon_c^{max} \leq \varepsilon_o$ y $\sigma_c^{max} \leq f_c'$. La única innovación en la terminología es que la profundidad del eje neutro se designa por "c".

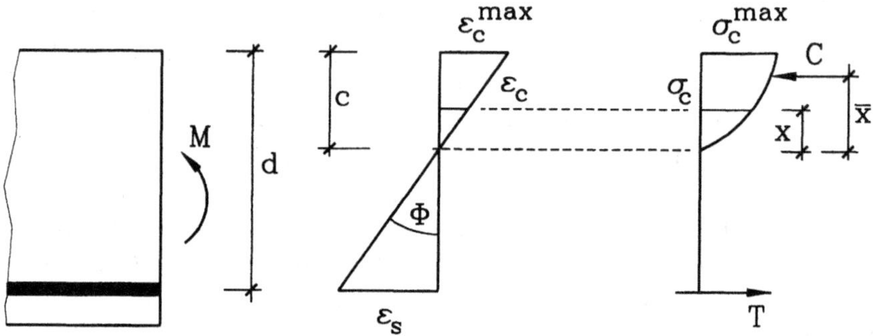

Figura 3.58
Distribución de deformaciones y de tensiones para $\sigma_c^{max} \leq f_c'$

Se desarrollan a continuación algunas fórmulas útiles para la resultante de la parábola y su punto de aplicación. La resultante de compresiones es:

$$C = \int_0^c \sigma_c \, b \, dx = \int_0^c b \, f_c' \left[2\,\frac{\varepsilon_c}{\varepsilon_o} - \left(\frac{\varepsilon_c}{\varepsilon_o}\right)^2 \right] dx$$

pero $\varepsilon_c = (x/c)\,\varepsilon_c^{max}$, luego:

$$C = f_c' \, b \left[\frac{\varepsilon_c^{max}}{\varepsilon_o} c - \left(\frac{\varepsilon_c^{max}}{\varepsilon_o}\right)^2 \frac{c}{3} \right]$$

$$C = f_c' \, b \, c \left[\frac{\varepsilon_c^{max}}{\varepsilon_o} - \frac{1}{3}\left(\frac{\varepsilon_c^{max}}{\varepsilon_o}\right)^2 \right] \qquad (3\text{-}118)$$

El punto de aplicación de la resultante C es:

$$\overline{x} = \frac{1}{C} \int_0^c \sigma_c \, b \, x \, dx$$

$$\overline{x} = \frac{1}{C} f_c' \, b \int_0^c \left[2 \, \frac{\varepsilon_c^{max}}{\varepsilon_o} \cdot \frac{x^2}{c} - \left(\frac{\varepsilon_c^{max}}{\varepsilon_o} \right)^2 \frac{x^3}{c^2} \right]$$

$$\overline{x} = \frac{1}{C} f_c' \, b \left[2 \, \frac{\varepsilon_c^{max}}{\varepsilon_o} \cdot \frac{c^2}{3} - \left(\frac{\varepsilon_c^{max}}{\varepsilon_o} \right)^2 \frac{c^2}{4} \right]$$

$$\overline{x} = c \, \frac{\left(\frac{2}{3} \xi - \frac{1}{4} \xi^2 \right)}{\left(\xi - \frac{1}{3} \xi^2 \right)} \qquad \text{con} \qquad \xi = \frac{\varepsilon_c^{max}}{\varepsilon_o} \qquad (3\text{-}119)$$

Para el caso particular en que $\varepsilon_c^{max} = \varepsilon_o$, es decir, la parábola completa, se obtiene:

$$C = \frac{2}{3} f_c' \, b \, c \qquad\qquad (3\text{-}120.a)$$

$$\overline{x} = \frac{5}{8} c \qquad\qquad (3\text{-}120.b)$$

A continuación se calcularán cuatro puntos de la curva momento-curvatura, definidos en la forma siguiente: P1 un punto tal que $\varepsilon_c^{max} \leq \varepsilon_o$, en particular se tomará $(\varepsilon_c^{max}/\varepsilon_o) = 0,25$ y muy probablemente se tendrá que $\varepsilon_s < \varepsilon_y$, o sea se espera que los materiales estén en el rango elástico; P2 en donde $\varepsilon_s = \varepsilon_y$, iniciándose la fluencia del acero, pero ε_c^{max} no está definido; P3 en donde $\varepsilon_c^{max} = \varepsilon_o$ alcanzándose la tensión de compresión máxima del hormigón, y finalmente P4 en donde $\varepsilon_c^{max} = \varepsilon_u$, que es la condición de ruptura.

Punto P1:

$$\varepsilon_c^{max} = 0,25 \cdot 0,002 = 0,0005$$

$$\sigma_c^{max} = 200\,(0,5 - 0,25^2) = 87,5 \ kg/cm^2$$

La Ec. 3-118 permite obtener la resultante de compresiones:

$$C = f_c' \ b \ c \left[0,25 - \frac{1}{3} 0,25^2\right] = 200 \cdot 20 \cdot c \cdot 0,229167 = 916,67 \ c$$

La relación de compatibilidad geométrica:

$$\frac{\varepsilon_s}{\varepsilon_c^{max}} = \frac{d - c}{c}$$

permite escribir la resultante de tracciones como:

$$T = \sigma_s \ A_s = E_s \ \varepsilon_s \ A_s = E_s \ A_s \ \varepsilon_c^{max} \ \frac{d - c}{c}$$

$$T = 2,1\times10^6 \cdot 4,02 \cdot 0,0005 \cdot \frac{37 - c}{c}$$

$$T = 4221 \cdot \frac{37 - c}{c}$$

Imponiendo la condición $C = T$ se determina la profundidad del eje neutro:

$$c^2 = 4,6047\,(37 - c) \rightarrow c = 10,95 \ cm$$

Conocido c puede evaluarse $\varepsilon_s = 0,00119$, comprobándose que $\varepsilon_s < \varepsilon_y = 0,00133$. La ubicación de la resultante C está determinada por la Ec. 3-119:

$$\overline{x} = 10,95 \cdot \frac{\frac{2}{3}(0,25) - \frac{1}{4}(0,25)^2}{0,25 - \frac{1}{3}(0,25)^2} = 7,217 \ cm$$

pero:

$$T = C = 916,67 \, c = 10037,5 \ kg$$

luego, el momento resistente es:

$$M = T\left(\overline{x} + d - c\right) = 33,267 \, T = 3,34 \ ton\text{-}m$$

y la curvatura correspondiente a este momento flector se obtiene de:

$$\phi = \frac{\varepsilon_c^{max}}{c} = 45,6 \times 10^{-6} \ 1/cm$$

Punto P2: Se siguen los mismos pasos anteriores, pero ahora se conoce la deformación ε_s. En primer lugar, es necesario determinar la profundidad del eje neutro c.

$$\varepsilon_s = \varepsilon_y = \frac{\sigma_y}{E_s} = \frac{2800}{2,1 \times 10^6} = 1,3333 \times 10^{-3}$$

$$T = A_s \sigma_y = 4,02 \cdot 2800 = 11256 \ kg$$

$$T = C = f_c' \, b \, c \left[\frac{\varepsilon_c^{max}}{\varepsilon_o} - \frac{1}{3}\left(\frac{\varepsilon_c^{max}}{\varepsilon_o}\right)^2 \right] \qquad (3\text{-}121)$$

$$\frac{\varepsilon_c^{max}}{c} = \frac{\varepsilon_y}{d - c}$$

$$\varepsilon_c^{max} = \frac{c}{d - c} \varepsilon_y \qquad (3\text{-}122)$$

reemplazando la Ec. 3-122 en la Ec. 3-121 se obtiene el valor de c. La Tabla 3.6 muestra el procedimiento para determinar por tanteo el valor de c.

TABLA 3.6 Determinación por tanteo de la profundidad del eje neutro				
tanteo de c	ε_c^{max} de 3-122	$\varepsilon_c^{max} / \varepsilon_0$	C (kg) de 3.121	
10	$0,4938 \times 10^{-3}$	0,24690	9063	C < T
12	$0,6400 \times 10^{-3}$	0,32000	13721	C > T
11	$0,5641 \times 10^{-3}$	0,28205	11243	C ≈ T

Luego, la profundidad del eje neutro es c = 11 cm y la ubicación de la resultante C es:

$$\overline{x} = 11 \; \frac{\left(\dfrac{2}{3}(0,28205) - \dfrac{1}{4}(0,28205)^2 \right)}{0,28205 - \dfrac{1}{3}(0,28205)^2} = 7,238 \; cm$$

Luego, el momento resistente y la curvatura correspondiente son respectivamente:

$$M = T\left(\overline{x} + d - c\right) = 11256\,(7,238 + 37 - 11) = 3,74 \; \text{ton-m}$$

$$\phi = \frac{0,5641 \times 10^{-3}}{11} = 51,3 \times 10^{-6} \; 1/cm$$

Punto P3: Ahora se conoce la deformación máxima del hormigón y se espera que $\varepsilon_s > \varepsilon_y$.

$$\varepsilon_c^{max} = \varepsilon_o = 0,002$$

Usando la Ec. 3-120.a:

$$C = \frac{2}{3} f_c' \, b \, c = 2666,67 \, c$$

$$T = A_s \, \sigma_y = 11256 \, kg$$

$$C = T \rightarrow c = 4,221 \, cm$$

$$\bar{x} = \frac{5}{8} \, 4,221 = 2,638 \, cm$$

$$M = 11256 \, (2,638 + 37 - 4,221) = 3,99 \, ton\text{-}m$$

$$\phi = \frac{0,002}{4,221} = 473,8 \times 10^{-6} \, 1/cm$$

Verificación de ε_s:

$$\varepsilon_s = \frac{d - c}{c} \, \varepsilon_c^{\,max} = 0,0155 > 0,00133 \quad \text{(se cumple lo supuesto)}$$

Punto P4: También se conoce la deformación máxima del hormigón, pero el cálculo de la resultante de compresiones en el hormigón es algo más complicada, como lo ilustra la Fig. 3.59. Además, se puede anticipar que $\varepsilon_s > \varepsilon_y$. Como:

$$\varepsilon_c^{\,max} = \varepsilon_u = 0,003$$

la distribución parabólica ocupa 2/3 del valor de c. En la Fig. 3.59, se denomina C' a la resultante de compresiones de la parábola y C'' a la resultante del bloque rectangular con $f_c' = 200 \, kg/cm^2$.

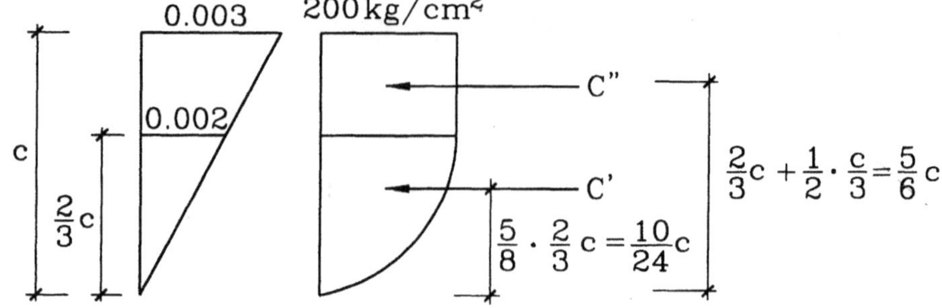

Figura 3.59
Distribución de deformaciones y tensiones en el hormigón para la condición de rotura

$$C' = \frac{2}{3} f_c' \, b \, \frac{2}{3} c = \frac{2}{3} \cdot 200 \cdot 20 \cdot \frac{2}{3} \cdot c = 1777{,}77 \, c$$

$$C'' = f_c' \, b \, \frac{c}{3} = 200 \cdot 20 \cdot \frac{c}{3} = 1333{,}33 \, c$$

$$C = C' + C'' = 3111{,}11 \, c$$

$$T = 11256 \, kg$$

$$C = T \rightarrow c = 3{,}618 \, cm$$

$$C' = 6432 \, kg$$

$$C'' = 4824 \, kg$$

$$M = C'\left(d - c + \frac{10}{24} c\right) + C''\left(d - c + \frac{5}{6} c\right)$$

$$M = 6432 \cdot (34{,}89) + 4824 \cdot (36{,}4) = 4{,}0 \ \text{ton-m}$$

$$\phi = \frac{0{,}003}{3{,}618} = 829 \times 10^{-6} \ 1/\text{cm}$$

$$\varepsilon_s = \frac{d - c}{c} \, 0{,}003 = 0{,}0277$$

El resumen de los cuatro puntos calculados de la relación momento-curvatura se muestra en la Tabla 3.8 y su gráfico en la Fig. 3.60.

TABLA 3.7 Resumen de los puntos de la curva M-Φ

Punto	c (cm)	ε_c^{max}	f_c^{max} (kg/cm²)	ε_s	σ_s (kg/cm²)	M (ton-m)	Φ (1/cm)
P1	10,95	$0{,}500 \times 10^{-3}$	87,5	$0{,}00119 < \varepsilon_y$	2499	3,34	$45{,}6 \times 10^{-6}$
P2	11,00	$0{,}564 \times 10^{-3}$	96,9	$0{,}00133 = \varepsilon_y$	2800	3,74	$51{,}3 \times 10^{-6}$
P3	4,22	$2{,}0 \times 10^{-3}$	200	$0{,}0155 > \varepsilon_y$	2800	3,99	$473{,}8 \times 10^{-6}$
P4	3,62	$3{,}0 \times 10^{-3}$	200	$0{,}0277 > \varepsilon_y$	2800	4,00	$829{,}0 \times 10^{-6}$

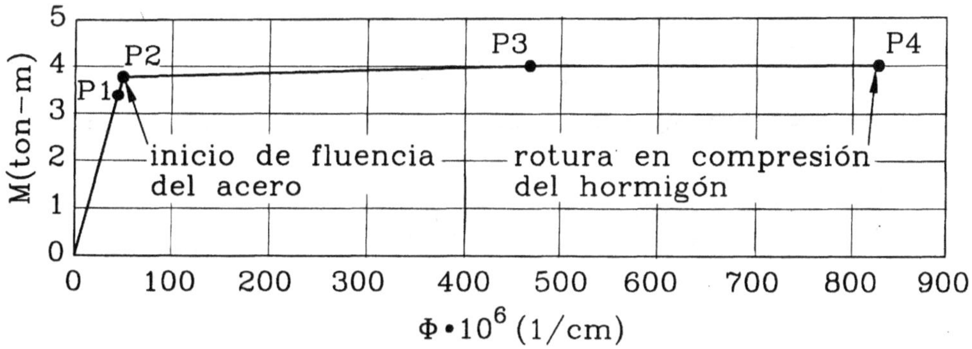

Figura 3.60
Curva momento-curvatura

La ductilidad de la sección se define a través de la razón:

$$\frac{\phi_u}{\phi_y} = \frac{829}{51{,}3} = 16{,}16$$

El valor de la ductilidad y la observación de la curva M-φ de la Fig. 3.60 permiten afirmar que los conceptos del análisis plástico discutidos en la Sección 3.3 son aplicables también a estructuras de hormigón armado.

3.4.3.2 Estimación de la Resistencia Ultima de una Sección. Cuantía de Balance en Rotura

Para determinar la resistencia última de una sección rectangular, resulta evidente que el proceso que se ha seguido es largo y complicado. Sin embargo, se puede observar del diagrama de tensiones de la Fig. 3.61, que para determinar el valor de la resistencia última nominal M_n sólo es necesario conocer C y βc, una vez calculada la profundidad c de la fibra neutra. Numerosos ensayos experimentales han demostrado que la resultante de compresiones en una sección rectangular de ancho b de hormigón se puede escribir como:

$$C = \alpha f_c' \, b \, c \tag{3-123}$$

y con precisión suficiente se puede afirmar que:

$$\alpha = 0{,}72 \quad si \quad f_c' \leq 280 \ kg/cm^2 \tag{3-124.a}$$

$$\alpha = 0{,}72 - 0{,}04 \ \frac{f_c' - 280}{70} \quad si \quad f_c' \geq 280 \ kg/cm^2 \tag{3-124.b}$$

$$\beta = 0{,}425 \quad si \quad f_c' \leq 280 \ kg/cm^2 \tag{3-125.a}$$

$$\beta = 0{,}425 - 0{,}025 \ \frac{f_c' - 280}{70} \quad si \quad f_c' \geq 280 \ kg/cm^2 \tag{3-125.b}$$

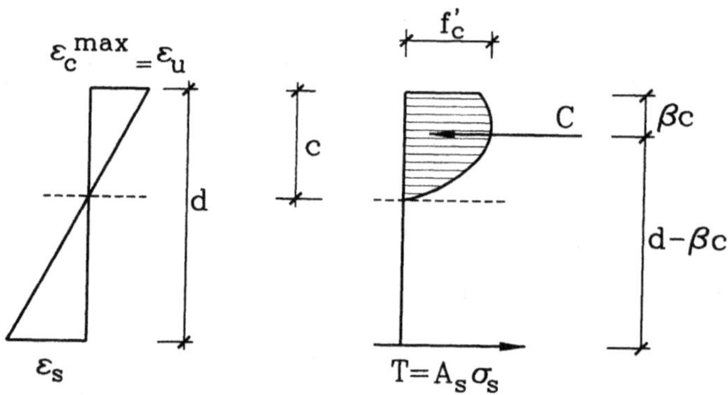

Figura 3.61
Distribución de tensiones reales y deformaciones en rotura

Con esto se obvia el problema de conocer detalladamente la forma de la curva tensión-deformación del hormigón. La disminución de α y β para hormigones de alta resistencia se debe a que estos son más frágiles; por lo tanto, la curva tensión-deformación muestra menor capacidad de deformación. Si se aplican los principios básicos para determinar la resistencia última de una sección rectangular, se obtiene:

$$C = T \quad \rightarrow \quad \alpha \, f_c' \, b \, c = A_s \, \sigma_s \qquad (3\text{-}126)$$

$$\Sigma M = M_n \quad \rightarrow \quad M_n = A_s \, \sigma_s \, (d - \beta c) \qquad (3\text{-}127)$$

Si el máximo de resistencia M_n de la sección se produce por el modo de falla llamado *compresión secundaria del hormigón*, una vez que ha fluido el acero en tracción, entonces $\sigma_s = \sigma_y$, y las Ecs. 3-126 y 3-127 conducen a:

$$c = \frac{A_s \, \sigma_y}{\alpha \, f_c' \, b} = \frac{\rho \, \sigma_y}{\alpha \, f_c'} \, d \qquad (3\text{-}128)$$

siendo $\rho = A_s/bd$. Se obtiene entonces:

$$M_n = A_s \, \sigma_y \, d \left(1 - \frac{\beta}{\alpha} \cdot \frac{\sigma_y}{f_c'} \, \rho \right) \qquad (3\text{-}129)$$

que para valores de $f_c' \leq 280$ kg/cm^2 se puede aproximar como:

$$M_n = A_s \, \sigma_y \, d \left(1 - 0{,}59 \, \frac{\sigma_y}{f_c'} \, \rho \right) \qquad (3\text{-}130.\text{a})$$

ecuación que también se puede escribir como:

$$M_n = \rho \, \sigma_y \, b \, d^2 \left(1 - 0{,}59 \, \frac{\sigma_y}{f_c'} \, \rho \right) \qquad (3\text{-}130.\text{b})$$

Para usar las ecuaciones anteriores es indispensable que la rotura de la pieza sea posterior al inicio de la fluencia en las barras en tracción, lo cual se denomina usualmente como una rotura de tipo dúctil. Para que esto suceda se requiere que la cuantía ρ sea menor que la cuantía de balance ρ_{bal}. La condición de *balance en rotura* se define como el caso en que la fluencia en las barras traccionadas se inicia en el mismo instante en que el hormigón se rompe en compresión, esto es, cuando $\varepsilon_c^{max} = \varepsilon_u$. Del diagrama de deformaciones de la Fig. 3.61, en que ε_s es igual a ε_y , se deduce la profundidad de la fibra neutra c_b para la condición de balance en rotura como:

$$\frac{c_b}{d} = \frac{\varepsilon_u}{\varepsilon_u + \varepsilon_y}$$

con $\varepsilon_y = \sigma_y/E_s$, y reemplazando en $C = T$ resulta:

$$\alpha f_c' \, b \, c_b = A_s \, \sigma_y$$

Luego, la cuantía de balance en rotura queda determinada por:

$$\rho_b = \frac{A_s}{b \, d} = \alpha \, \frac{f_c'}{\sigma_y} \cdot \frac{\varepsilon_u}{\varepsilon_u + \dfrac{\sigma_y}{E_s}} \tag{3-131}$$

Ya se ha mencionado que en la práctica se usa $\varepsilon_u = 0,003$. Cualquier diseño criterioso, especialmente en un país sísmico exigirá un tipo de rotura dúctil, esto es, eligirá ρ de modo que $\rho < \rho_b$.

3.4.3.3 Diseño por Capacidad Ultima

Tal como se ha discutido en la Sección 1.1.3, el diseño a la rotura se realiza con respecto a la capacidad última de la sección, en este caso, respecto al momento M_n que representa la capacidad última nominal de la sección en flexión. Se ilustran a continuación las disposiciones más relevantes del diseño por resistencia del código ACI-318 en lo que se refiere al diseño en flexión simple.

Dado que el diseño se realiza con la capacidad última, las cargas o solicitaciones también se llevan a una condición extrema o última. Como se anticipó en la Sección 1.1.5.d, el código ACI-318 especifica que se debe utilizar el momento solicitante M_U obtenido como el mayor valor de entre las combinaciones siguientes:

Cargas gravitacionales:

$$M_U = 1,4 \, M_D + 1,7 \, M_L \tag{3-132}$$

Cargas gravitacionales más viento:

$$M_U = 0,75 \, (\, 1,4 \, M_D + 1,7 \, M_L + 1,7 \, M_W \,) \tag{3-133.a}$$

$$M_U = 0,9 \, M_D + 1,3 \, M_W \tag{3-133.b}$$

Cargas gravitacionales más sismo:

$$M_U = 0,75 \; (\; 1,4 \; M_D + 1,7 \; M_L \pm 1,87 \; M_E \;) \qquad \text{(3-134.a)}$$

$$M_U = 0,9 \; M_D \pm 1,43 \; M_E \qquad \text{(3-134.b)}$$

en que U representa la carga última, D las cargas de peso propio o cargas permanentes, L las sobrecargas, W la carga de viento y E la solicitación sísmica. El factor 0,75 que se usa en las Ecs. 3-133.a y 3-134.a refleja la menor probabilidad de que ocurran simultáneamente las solicitaciones L y W ó L y E, respectivamente. A su vez las combinaciones representadas por las Ecs. 3-133.b y 3-134.b están orientadas a obtener la mínima solicitación última cuando la acción de L pueda ser favorable.

Por otra parte, el código ACI-318 supone una resistencia menor que la expresada por las Ecs. 3-129 ó 3-130, a través del uso de un factor de minoración ϕ, que en el caso de la flexión se adopta igual a 0,90. Este factor de minoración refleja principalmente algunas inexactitudes de la teoría que se ha usado para obtener M_n, la probabilidad de que la resistencia de los materiales sea menor que la supuesta en los cálculos, la gravedad de la eventual falla del elemento y la ductilidad del tipo de falla. Por lo tanto, el diseño de las secciones debe realizarse de modo que:

$$M_U \leq \phi \; M_n \qquad \text{(3-135)}$$

en que la solicitación última M_U se obtiene de las Ecs. 3-132, 3-133 ó 3-134, y M_n se obtiene de las Ecs. 3-129 ó 3-130. En su edición 2002, el código ACI 318 modificó tanto los estados de combinación de cargas para obtener la solicitación mayorada M_U, de modo que fueran iguales a los del código ASCE 7-98, como los factores de minoración de resistencia ϕ. Esta modificación se hizo para unificar diferentes códigos norteamericanos, de modo de usar un solo conjunto de combinaciones de cargas para diferentes materiales. Esto implicó que el código ACI 318 también modificara los factores de minoración de resistencia ϕ de modo que los diseños resultantes de usar la versión 2002 fueran similares a los obtenidos con ediciones anteriores del mismo código. Sin embargo, el código ACI 318 aún permite usar los antiguos factores de mayoración de cargas y minoración de resistencia, a través de las disposiciones del Apéndice C de la versión 2002. Estos son los factores que son usados en esta Sección y en las Secciones 3.4.4.e y 4.3.3, así como en los ejemplos de aplicación de este texto.

Adicionalmente, el código ACI-318 contiene disposiciones para asegurar una falla de tipo dúctil. En primer término, para garantizar que la falla por compresión del hormigón se produzca después que la armadura en tracción haya entrado en fluencia, se limita la cantidad de acero en tracción de modo que se cumpla:

$$\rho \leq 0{,}75 \ \rho_b \tag{3-136}$$

en que la cuantía de balance ρ_b se determina de la Ec. 3-131. Por otra parte, la falla de la viga deja de ser dúctil si la cuantía es tan pequeña que, en el instante de agrietarse el hormigón en tracción, el traspaso de la resultante de tracciones a dicha armadura produzca la falla frágil del elemento. Para evitar esta situación la cuantía debe cumplir con:

$$\rho \geq \frac{14{,}06}{\sigma_y} \qquad y \qquad \rho \geq \frac{0{,}8\sqrt{f_c'}}{\sigma_y} \tag{3-137}$$

con f_c' y σ_y en kg/cm^2. Sin embargo, ρ no necesita ser mayor que el valor determinado de la solicitación última M_U incrementado en 33,3%. Esta última disposición no es aplicable a elementos flexurales que forman parte de marcos especialmente proporcionados para resistir cargas sísmicas.

En vigas T isostáticas, con el ala traccionada, se utilizará la segunda de las Ecuaciones 3-137, pero el área de acero requerida se calculará usando como ancho de la viga el menor entre: 2 veces el ancho del nervio o el ancho colaborante efectivo del ala.

Ejemplo 3.18

Determinar el momento último de diseño para una sección de 20x40, con $A_s = 2\phi16 = 4{,}02$ cm^2, fc' $= 200$ kg/cm^2, $\sigma_y = 2400$ kg/cm^2, y usando $d = 37$ cm.

Solución:

$$\rho = \frac{4{,}02}{20 \cdot 37} = 0{,}00543$$

$$M_n = A_s \, \sigma_y \, d \left(1 - 0{,}59 \, \frac{\sigma_y}{f_c'} \, \rho \right)$$

$$M_n = 4{,}02 \cdot 2400 \cdot 37 \cdot \left(1 - 0{,}59 \cdot \frac{2400}{200} \cdot 0{,}00543 \right) = 3432 \text{ kg-m}$$

$$M_U = \phi \, M_n = 0{,}90 \cdot 3432 = 3089 \text{ kg-m}$$

Ejemplo 3.19

Diseñar la sección y armadura de una viga de hormigón armado, simplemente apoyada de 5 m de luz, que tiene una carga permanente de 250 kg/m y una sobrecarga de 170 kg/m. Usar $f_c' = 200$ kg/cm^2 y $\sigma_y = 2400$ kg/cm^2.

Solución:

La carga última y el momento último son:

$$q_U = 1{,}4 \cdot 250 + 1{,}7 \cdot 170 = 639 \text{ kg/m}$$

$$M_U = \frac{q\,L^2}{8} = \frac{639 \cdot 25}{8} = 1996 \text{ kg-m}$$

La cuantía de balance en rotura:

$$\rho_b = \alpha\,\frac{f_c'}{\sigma_y}\cdot\frac{\varepsilon_u}{\varepsilon_u + \dfrac{\sigma_y}{E_s}} = 0,72\cdot\frac{200}{2400}\cdot\frac{0,003}{0,003 + \dfrac{2400}{2100000}} = 0,0434$$

luego, se puede escoger $\rho = 0,01 < \rho_b$ y mayor que $\rho_{min} = 14,06/2400$ $= 0,0059$. De la condición de diseño se obtiene una condición para fijar la sección de la viga:

$$M_U \leq \phi\,M_n = \phi\,\sigma_y\,b\,d^2\,\rho\left(1 - 0,59\,\rho\,\frac{\sigma_y}{f_c'}\right)$$

$$b\,d^2 \geq \frac{199600}{0,90\cdot 2400\cdot 0,01\cdot\left(1 - 0,59\cdot 0,01\cdot\dfrac{2400}{200}\right)} = 9945 \text{ cm}^3$$

Tomando $b = 15$ cm resulta $d = 25,7$ cm. Probar con una viga de sección 15×30; la armadura en tracción es:

$$A_s = \rho\,b\,d = 0,01\cdot 15\cdot 25,7 = 3,86 \text{ cm}^2$$

Usar $2\phi16 = 4,02$ cm^2. Para verificar finalmente tomar un valor real de d, con $d = 30 - 3,5 = 26,5$ se tiene según la Ec. 3-130.a:

$$\phi\,M_n = 0,9\cdot 4,02\cdot 2400\cdot 26,5\left(1 - 0,59\frac{2400}{200}\frac{4,02}{15\cdot 26,5}\right) = 2136 \text{ kg-m} > 1996$$

O.K

Ejemplo 3.20

Determinar la sección de acero para una viga de 20x40 que debe resistir un momento último $M_U = 10$ ton-m. Usar $f_c' = 200$ kg/cm^2 y $\sigma_y = 2400$ kg/cm^2.

Solución:

El valor de ρ puede obtenerse resolviendo la Ec. 3-135 en conjunto con la Ec. 3-130.b:

$$M_U \leq \phi\,\sigma_y\,b\,d^2\,\rho\left(1 - 0{,}59\,\rho\,\frac{\sigma_y}{f_c'}\right)$$

sin embargo, es más rápido proceder por tanteo, suponiendo el valor de c, calculando A_s de la condición $C = T$ y el momento resistente $\phi\,M_n$. Para ello, suponer $c = 10$ cm, armadura simple, y $d = 37$ cm. Si se usa la Ec. 3-128 para determinar A_s se tiene:

$$A_s = \frac{\alpha\,f_c'\,b\,c}{\sigma_y} = \frac{0{,}72\cdot 200\cdot 20\cdot 10}{2400} = 12\ \text{cm}^2$$

$$\rho = \frac{12}{20\cdot 37} = 0{,}0162$$

$$\phi M_n = 0{,}9\cdot 2400\cdot 20\cdot 37^2\cdot 0{,}0162\left(1 - 0{,}59\cdot 0{,}0162\frac{2400}{200}\right) = 8{,}49\ \text{ton-m}$$

resultado que es menor que 10 ton-m, por lo tanto se necesita aumentar c para que aumenten la armadura y ϕM_n; suponer $c = 12$ cm:

$$A_s = \frac{0{,}72\cdot 200\cdot 20\cdot 12}{2400} = 14{,}4\ \text{cm}^2$$

$$\rho = \frac{14{,}4}{20\cdot 37} = 0{,}01946$$

$$\phi M_n = 0,9 \cdot 2400 \cdot 20 \cdot 37^2 \cdot 0,0194 \left(1 - 0,59 \cdot 0,0194 \frac{2400}{200} \right) = 9,92 \text{ ton-m}$$

el diseño sería aceptable, sin embargo, esta cantidad de armadura implica disponerla en dos capas y, por ende, un menor valor de d, luego hay que aumentar A_s. Cambiar a d = 34,5 cm (promedio entre 36,5 y 32,5), suponer c = 14 cm:

$$A_s = \frac{0,72 \cdot 200 \cdot 20 \cdot 14}{2400} = 16,8 \text{ cm}^2$$

$$\rho = \frac{16,8}{20 \cdot 34,5} = 0,02434 \quad (\text{menor que } 0,75 \, \rho_b = 0,0326)$$

$$\phi M_n = 0,9 \cdot 2400 \cdot 20 \cdot 34,5^2 \cdot 0,02434 \left(1 - 0,59 \cdot 0,02434 \frac{2400}{200} \right) = 10,36 \text{ ton-m}$$

$$\text{O.K}$$

Usar $7\phi 18 = 17,8 \text{ cm}^2$ en dos capas $(4 + 3)$

3.4.4 Esfuerzo de Corte y Tensión Diagonal

a) Discusión General para una Viga Elástica Homogénea

Si se considera una viga de sección rectangular, las distribuciones de tensiones longitudinales y tangenciales se indican en la Fig. 3.62 y obedecen a las expresiones:

$$\sigma_x = \frac{M}{I} y = \frac{12 \, M}{b \, h^3} y$$

$$\tau = \frac{V\,Q}{I\,b}$$

$$\tau_{max} = \tau\,(y=0) = 1{,}5\,\frac{V}{b\,h}$$

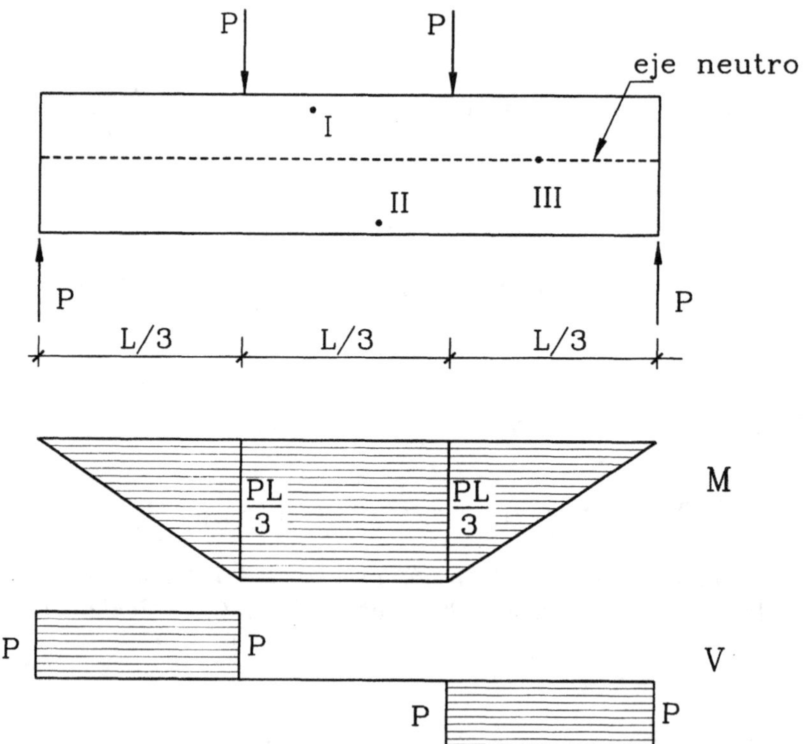

Figura 3.62
Distribución de tensiones longitudinales y tangenciales

Figura 3.63
Diagramas de esfuerzos internos en viga simplemente apoyada

Por lo tanto, con los diagramas de momento M y esfuerzo de corte V se puede conocer el estado de tensiones en cualquier punto de la viga. En particular, para los puntos I, II y III en la Fig. 3.63 se puede escribir:

Punto I: σ_x = compresión, $\sigma_y = 0$ (supuesto), $\tau_{xy} = 0$ (porque V=0)

Punto II: σ_x = tracción, $\sigma_y = 0$, $\tau_{xy} = 0$

Punto III: $\sigma_x = 0$ (eje neutro), $\sigma_y = 0$, $\tau_{xy} = \tau_{max}$

Los estados de tensiones se muestran en la Fig. 3.64 a, b y c respectivamente para los puntos I, II y III. Además, por el círculo de Mohr se sabe que el estado de tensiones del punto III es equivalente a un estado de tensiones principales normales a 45°, tal como se indica en la Fig. 3.64.d.

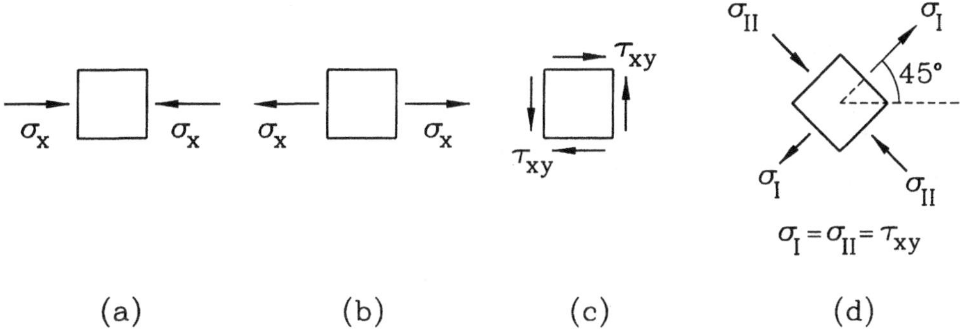

(a)   (b)   (c)   (d)

Figura 3.64
Estados de tensiones en puntos I, II y III de la Figura 3.63

b) Material no Homogéneo. Hormigón Armado

Del análisis anterior, se deduce que hay varios puntos de la viga de la Fig. 3.63 que están sometidos a tracción. ¿Cómo será la fisuración sabiendo que el hormigón armado no tiene gran capacidad en tracción? En la Fig. 3.65 se muestra esquemáticamente la fisuración que experimentará la viga de la Fig. 3.63. En zonas representadas por el punto I no hay fisuras porque el hormigón está comprimido. En zonas como la del punto II las fisuras son aproximadamente verticales de acuerdo al diagrama de tensiones de la Fig. 3.64.b. Sobre el eje eje neutro, como el punto III, las fisuras son a 45° (Fig. 3.64.d). En general, las fisuras son perpendiculares a la dirección principal de tracción.

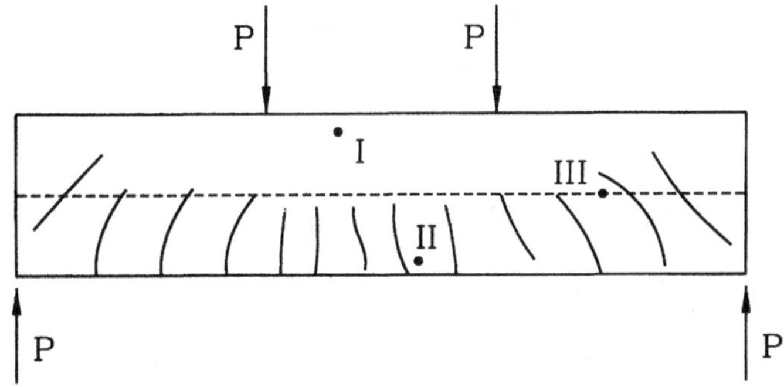

Figura 3.65
Fisuración de la viga de hormigón armado de la Figura 3.63

c) Armaduras de Corte en Vigas de Hormigón Armado

Al igual que las armaduras principales de flexión que toman las tracciones que el hormigón no es capaz de sustentar, las armaduras de corte deben tomar las tracciones de dirección diagonal, para lo cual deben disponerse en dirección perpendicular a las fisuras de tracción. Esto se puede lograr con barras inclinadas, tal como lo indica la Fig. 3.66 para el caso de la Fig. 3.65. Alternativamente, el esfuerzo de corte también se puede tomar con estribos rectos (verticales).

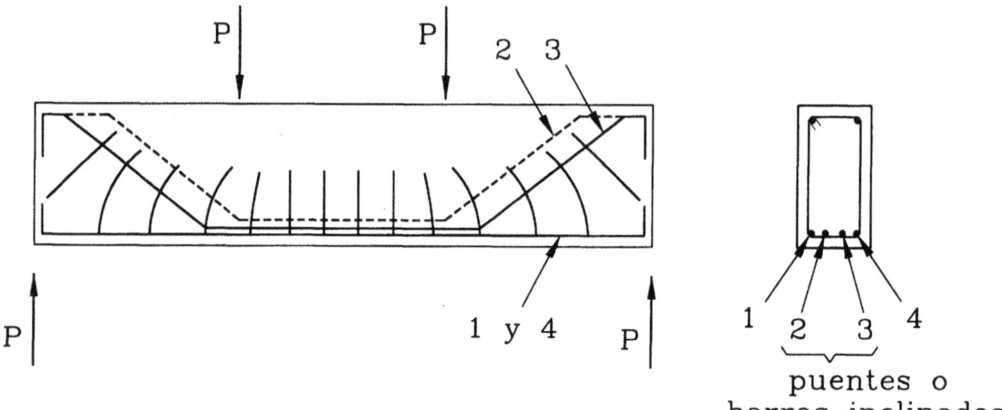

Figura 3.66
Armadura para tomar el esfuerzo de corte

Las barras inclinadas son más eficientes porque tienen la misma dirección de las tensiones de tracción. Esta afirmación es enteramente válida sólo en el caso estático. Para cargas dinámicas las direcciones de los esfuerzos pueden invertirse, y con ello la orientación de la fisuración, con lo que se pierde la utilidad de la barra inclinada. Además, estas barras implican mayor mano de obra. Los estribos rectos, aunque menos eficientes, siguen operando en caso de inversión de esfuerzos. Además tienen otras cualidades como la de proveer confinamiento al hormigón lo que se traduce en mayor ductilidad de la eventual falla de la viga. Por estas razones siempre se colocan estribos, aun cuando sea en una cantidad mínima cuando ellos no son necesarios por requerimientos de las tensiones por esfuerzo de corte. No existe un consenso total sobre las afirmaciones anteriores, por ello muchas normas aceptan ambos tipos de armaduras para tomar el esfuerzo de corte. También hay ciertos casos en que una es más indicada que la otra, y viceversa.

d) Vigas de Hormigón Armado con Refuerzo de Corte

Razones de economía aconsejan que una viga debe ser capaz de desarrollar toda su capacidad resistente en flexión, en vez de que ésta sea limitada por una falla prematura por esfuerzo de corte. Este criterio se ve reforzado por el hecho que la falla por flexión es dúctil y con aviso, y la de corte no lo es. Para lograr aumentar la resistencia al esfuerzo de corte se usa el refuerzo de corte. Este refuerzo no tiene influencia en la iniciación de las grietas diagonales, hecho comprobado por ensayos experimentales. Sin embargo, una vez formada la grieta diagonal entra a actuar decisivamente, ya que toma gran parte del esfuerzo de corte y restringe la propagación y aumento del espesor de esta grieta.

Si se considera el cuerpo libre de una viga en que se ha producido la grieta diagonal, tal como lo muestra la Fig. 3.67, el equilibrio vertical permite escribir:

$$V = V_c + \Sigma A_v \sigma_v \qquad (3\text{-}138)$$

en que:

$V = R - \int q(x) \, dx = $ esfuerzo de corte en la sección aislada.

$V_c = $ esfuerzo de corte resistido por la zona de hormigón en compresión (no agrietada).

$\Sigma A_v \sigma_v = $ esfuerzo de corte resistido por los estribos que atraviesan la grieta.

$A_v = $ área de las dos patas de un estribo (si el estribo es de $\phi 10$, $A_v = 2\phi 10$).

$\sigma_v = $ tensión de tracción en las patas verticales del estribo.

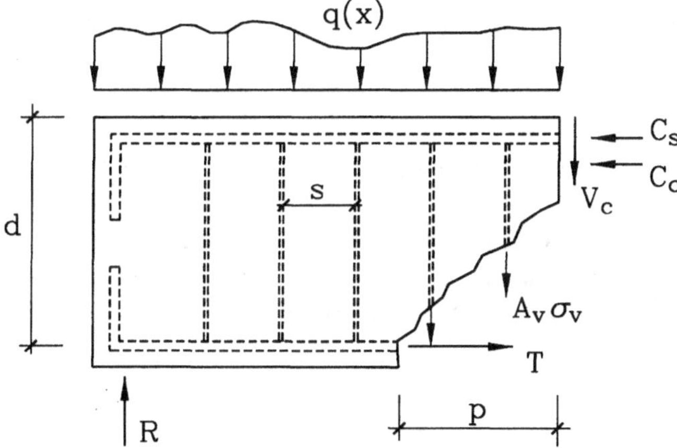

Figura 3.67
Mecanismo de resistencia al esfuerzo de corte en una viga de hormigón armado

Si los estribos están a distancia s, en la longitud p, que define la proyección horizontal de la grieta hay p/s estribos, luego:

$$V = V_c + \frac{p}{s} A_v \sigma_v$$

como $p \approx d$ debido a la inclinación de la grieta diagonal, tomando $V_c = V_{cu}$ que corresponde al esfuerzo de corte último resistido por el hormigón, y suponiendo que al desarrollar la resistencia última al esfuerzo de corte los estribos están en condición de fluencia ($\sigma_v = \sigma_y$), se puede escribir:

$$V_n = V_{cu} + \frac{d}{s} A_v \sigma_y \qquad (3\text{-}139)$$

expresión que se encuentra en el código ACI-318 como:

$$V_n = V_{cu} + V_s \qquad (3\text{-}140)$$

en que:

V_n = resistencia de corte última nominal.

V_{cu} = resistencia última nominal que toma el hormigón.

V_s = resistencia última nominal que toman los estribos.

e) Disposiciones de Diseño. Código ACI-318

De acuerdo al desarrollo anterior, en una sección sometida a esfuerzo de corte debe cumplirse que:

$$V_U \leq \phi\, V_n = \phi\left(V_{cu} + V_s\right) \qquad \text{con } \phi = 0,85 \qquad (3\text{-}141)$$

con V_U = carga última de corte proveniente de la combinación de cargas mayoradas que procede. Para determinar la resistencia última nominal que toma el hormigón se utiliza alguna de las dos siguientes fórmulas:

$$V_{cu} = 0,53 \sqrt{f_c'}\; b_w\, d \qquad (3\text{-}142.a)$$

$$V_{cu} = \left(0,5 \sqrt{f_c'} + 175\, \rho\, \frac{V_U}{M_U}\, d\right) b_w\, d \leq 0,93 \sqrt{f_c'}\; b_w\, d \qquad (3\text{-}142.b)$$

en que f_c' debe usarse en kg/cm^2; b_w es igual al ancho "b" en una sección rectangular e igual al ancho del nervio en una viga con losa colaborante (vigas T); V_U y M_U corresponden al esfuerzo de corte y momento flector último respectivamente (cargas mayoradas) que ocurren simultáneamente en la sección considerada, y ρ corresponde a la cuantía de armadura principal. Además, en la Ec. 3-142.b el término $V_U d/M_U$ no puede tomarse mayor que 1.

Las expresiones 3-142 para V_{cu} se basan en resultados experimentales de ensayos de vigas. La Ec. 3-142.a es una representación aproximada de la contribución del hormigón a la resistencia al esfuerzo de corte, mientras que la 3-142.b es más precisa, ya que reconoce el efecto beneficioso de $V_U\, d\, /\, M_U$ (efecto de arco) y el hecho que al usar mayor refuerzo de tracción (ρ) implica retardar la iniciación de la fisura por esfuerzo de corte. Además, el usar un valor de ϕ menor que el que se usa para flexión ($\phi = 0{,}90$) se puede justificar por una serie de razones: la falla por corte es menos deseable, ya que implica menor ductilidad, las expresiones para V_{cu} están basadas en resultados experimentales en vez de teóricos y consecuentemente corresponden a aproximaciones (regresiones) de datos que presentan gran dispersión, la resistencia al corte está parcialmente basada en la resistencia a la tracción del hormigón que es una propiedad menos confiable.

La resistencia última nominal que aportan los estribos está dada por:

$$V_s = A_v\, \sigma_y\, \frac{d}{s} \tag{3-143}$$

Si $\phi V_{cu} > V_U$, o sea, el hormigón es capaz por sí solo de tomar la carga última de corte, la condición $V_U \le \phi(V_{cu} + V_s)$ se satisface con $V_s = 0$, es decir, no se requiere armadura de corte. Sin embargo, el código ACI-318 permite no usar armadura de corte sólo si:

$$V_U \le \frac{1}{2}\, \phi\, V_{cu}$$

exigiendo un mínimo de armadura cuando:

$$\frac{1}{2}\, \phi\, V_{cu} < V_U < \phi\, V_{cu}$$

excepto en losas y fundaciones, y en vigas cuya altura no exceda el mayor de: 25 cm, 2,5 veces el espesor de la losa, y la mitad del ancho del nervio. Sin embargo, en muros y elementos de marcos en regiones sísmicas como Chile, nunca se omite la armadura transversal.

La armadura mínima se calcula de acuerdo a la expresión:

$$A_v = 3{,}5\, \frac{b_w\, s}{\sigma_y} \tag{3-144}$$

en que σ_y debe usarse en kg/cm^2.

Además, deben cumplirse las siguientes limitaciones de diseño:

- Debe usarse el valor más exigente para s obtenido de:

$$s \leq \begin{cases} \dfrac{d}{2} \\ 60 \ \ cm \end{cases}$$

esto implica que cada fisura diagonal es atravesada al menos por un estribo.

- Si el esfuerzo de corte que toman los estribos excede el doble de la capacidad del hormigón, o sea:

$$V_s > 1{,}1 \ \sqrt{f_c'} \ \ b_w \ \ d$$

con f_c' en kg/cm^2, entonces la limitación del espaciamiento s se hace más exigente:

$$s \leq \begin{cases} \dfrac{d}{4} \\ 30 \ \ cm \end{cases}$$

- V_s no puede sobrepasar el valor:

$$2{,}2 \ \sqrt{f_c'} \ b_w \ \ d$$

con f_c' en kg/cm^2. Esto significa que si este límite se excede, hay que cambiar la dimensión de la viga para aumentar la contribución del hormigón.

Finalmente, es necesario destacar que hay requerimientos más exigentes para el caso de elementos que deben ser especialmente dúctiles, esto es, elementos de pórticos que resisten solicitaciones sísmicas.

Ejemplo 3.21

Diseñar la armadura de corte para la viga del Ejemplo 3.20 suponiendo que la solicitación última es $V_U = 8000$ kg, con $b = 20$ cm y $d = 34,5$ cm.

Solución: La contribución del hormigón es, en su versión más simple (Ec. 3-142.a):

$$V_{cu} = 0,53 \cdot \sqrt{200} \cdot 20 \cdot 34,5 = 5172 \ \text{kg}$$

$$\phi \, V_{cu} = 0,85 \ V_{cu} = 4396 < V_U = 8000 \ \text{kg}$$

luego se requiere colocar armadura de corte. La condición de diseño es:

$$V_U \leq \phi \, (V_{cu} + V_s)$$

luego el mínimo valor de V_s requerido es:

$$V_s = \frac{V_U}{\phi} - V_{cu} = \frac{8000}{0,85} - 5172 = 4240 \ \text{kg}$$

Si se usa la Ec. 3.143:

$$\frac{A_v}{s} = \frac{V_s}{\sigma_y \, d} = \frac{4240}{2400 \cdot 34,5} = 0,051 \ \text{cm}$$

Escogiendo $s = 15$ cm (menor que $0,5 \ d$), se tiene $A_v = 0,77 \ \text{cm}^2$. Usar estribos $\phi 8$ a 15 cm ($A_v = 2 \cdot 0,50 = 1 \ \text{cm}^2$).

3.5 EJERCICIOS PROPUESTOS

3.01 Determinar la distancia "e" que define la posición de la carga P para que la viga de la figura no experimente torsión. Se recomienda determinar las tensiones de corte en las planchas verticales y el corte total que toma cada una de ellas. Ignorar la contribución de la plancha horizontal al momento de inercia de la sección. (Respuesta: e = 16a/35).

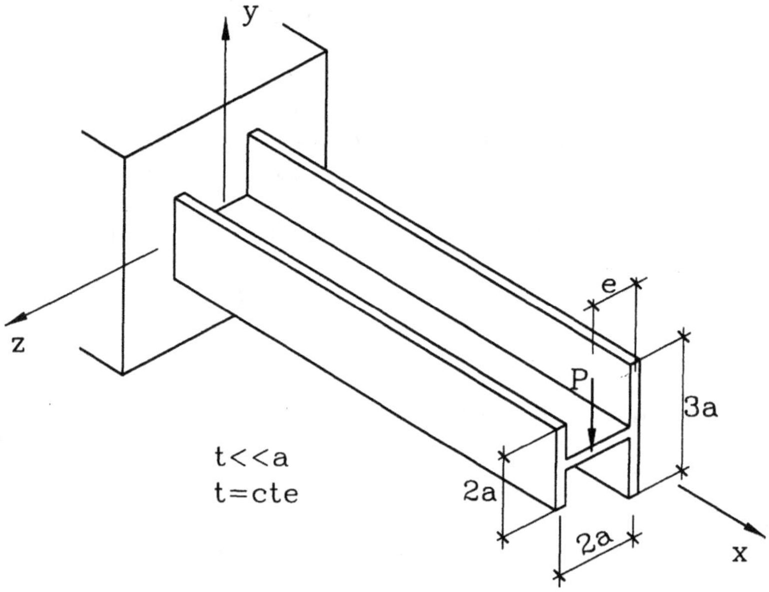

3.02 Determinar la posición del centro de corte del perfil de la figura. El espesor t es constante y delgado.

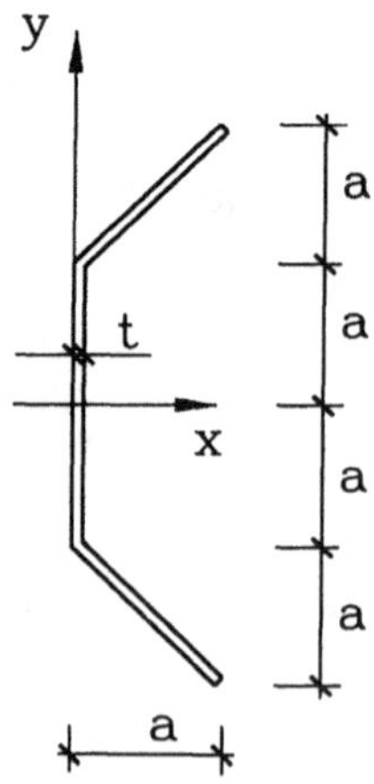

3.03 Demostrar que la posición del centro de corte de la sección de la figura está dada por:

$$s_o = \frac{(3 - 2a)\, a^2 b}{(a^3 - 3a^2 + 3a + 1)\, \sqrt{2}}$$

3.04 Para la sección que se muestra en la figura, determine la posición del centro de corte. Grafique la distribución de tensiones tangenciales debidas a una carga V paralela al eje vertical para a=5, h=20, b=10, y t=0,5 cm. La respuesta es:

$$x_o = \frac{b\,(3bh^2 + 6ah^2 - 8a^3)}{h^3 + 6bh^2 + 6ah^2 + 8a^3 + 12a^2h}$$

3.05 Demostrar que la posición del centro de corte de la sección de la figura está dada por:

$$x_o = \frac{3(b^2 - b_1^2)}{t\,d/e + 6\,(b + b_1)}$$

3.06 Demostrar que la posición del centro de corte de la sección de la figura está dada por:

$$x_o = \frac{2r}{(\pi - \theta) + \operatorname{sen}\theta \cos\theta} \left[(\pi - \theta) \cos\theta + \operatorname{sen}\theta \right]$$

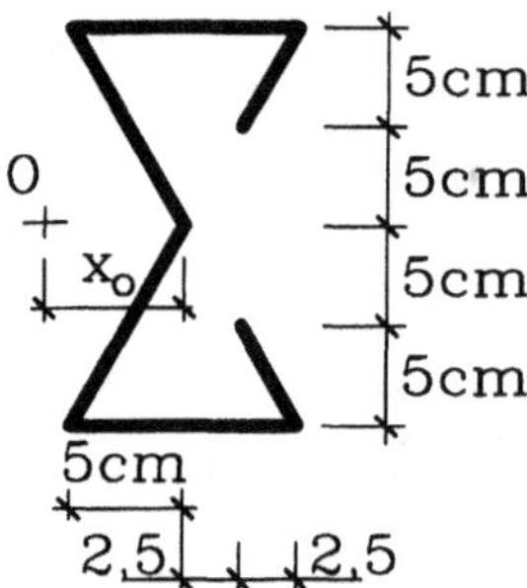

3.07 Determine la posición del centro de corte de la sección dada. Considerar espesor constante y muy delgado. (Respuesta: x_o =5,61cm)

3.08 Para formar una viga de 5 metros de luz se unen 3 piezas de roble cepillado mediante un pegamento. Sobre la viga se aplica una sobrecarga uniformemente distribuida de 5 kg/cm. El peso específico del roble a 12 % de humedad es 0,67. Determinar la fuerza F total que se transmite a través del pegamento en una longitud $\Delta L = 1$ cm de viga en la sección AA, en el punto de la viga donde F sea máximo. Idem a lo anterior pero en la sección BB. (Respuestas: 37,7 y 0 Kg)

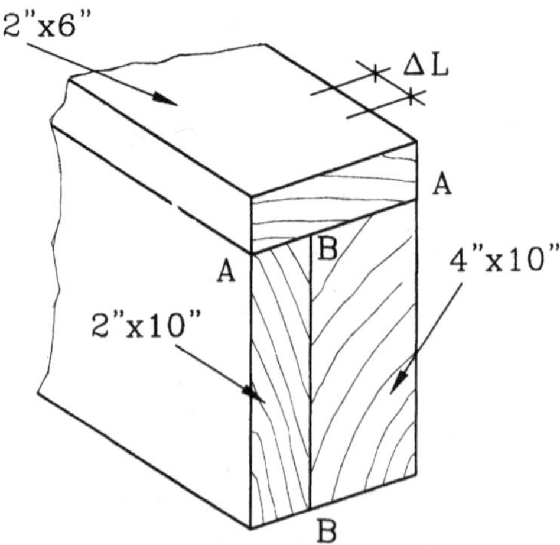

3.09 Cuatro secciones de madera de 5×20 cm se combinan para formar una viga según las tres alternativas siguientes. Compare los momentos admisibles y saque conclusiones. Se supone que las uniones están hechas en forma adecuada. (Repuesta: M_{ad}/σ_{ad} = 2556, 1333, 2267)

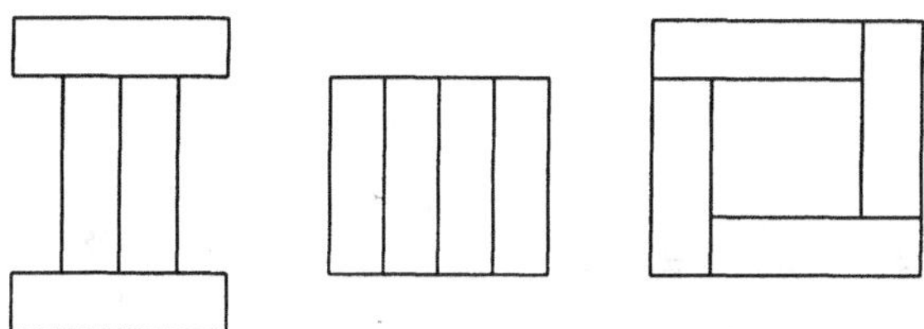

3.10 Para formar una viga de madera se unirán mediante un pegamento dos piezas de las dimensiones indicadas. Determinar la fuerza F que debe transmitirse a través del pegamento en una longitud ΔL de viga, de modo que las dos piezas actúen en conjunto como un sólo elemento. Determinar F en la sección más crítica sometida a un esfuerzo de corte dado V. (Respuesta: $V \cdot \Delta L / 11{,}25$)

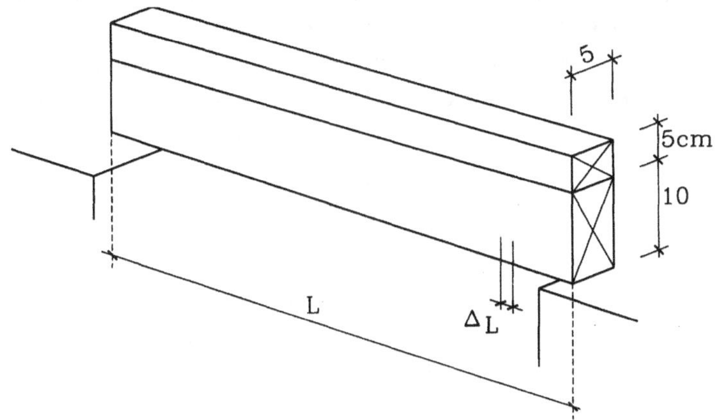

3.11 Una viga en flexión tiene la sección de la figura. Determinar la tensión de cizalle máxima para un esfuerzo de corte V dado. (Respuesta: $V/22{,}8$)

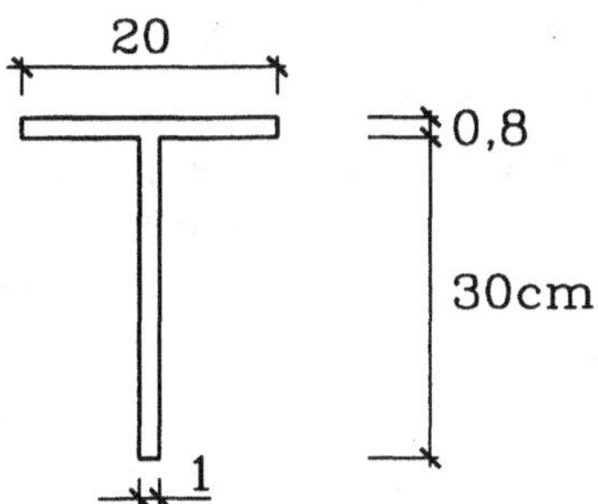

3.12 La viga de la figura se conforma con cuatro piezas de madera unidas por clavos espaciados cada 30 cm a lo largo de ella. Determinar la fuerza de corte que debe absorber cada clavo en la sección más crítica de la viga. (Respuesta: 257, 416 kg)

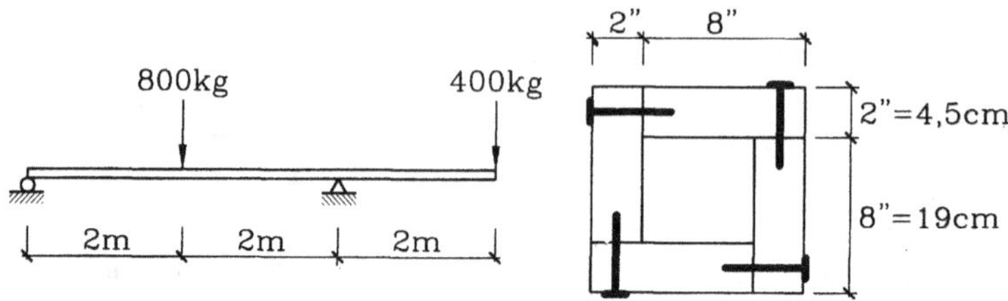

3.13 Una viga se forma reforzando un perfil IN50×99,8 con un perfil IN35×53 como se muestra en la figura. El material es acero A37-24ES. Se pide: a) el momento flector admisible en la sección si no hay problemas de inestabilidad lateral torsional; b) la tensión de cizalle τ_{zx} en el punto "a" indicado, para un esfuerzo de corte total V en la sección (el eje z es perpendicular al plano xy); c) la tensión de cizalle máxima en la sección para un esfuerzo de corte total V. (Respuestas: 37,86 ton-m, 0,00814 V 1/cm^2, 0,02657 V 1/cm^2).

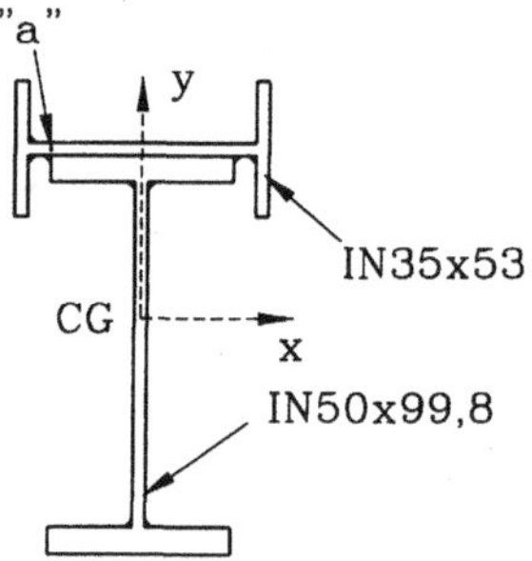

3.14 La sección metálica de la figura está formada por tres planchas de 5 mm de espesor y cuatro perfiles ángulo de 25×25×2 mm. El momento de inercia respecto al eje neutro es I=553.2 cm^4. Todos los pernos son de 6 mm de diámetro, su tensión admisible en cizalle es de 900 kg/cm^2 y están colocados cada 20 cm a lo largo de la viga. Determinar la máxima carga q que es capaz de resistir la viga para que ningún perno sobrepase la tensión admisible en cizalle. ¿Cuál es la tensión máxima de flexión para esta carga? No hay inestabilidad lateral. (Respuestas: 177,8 kg/m, 753 kg/cm^2).

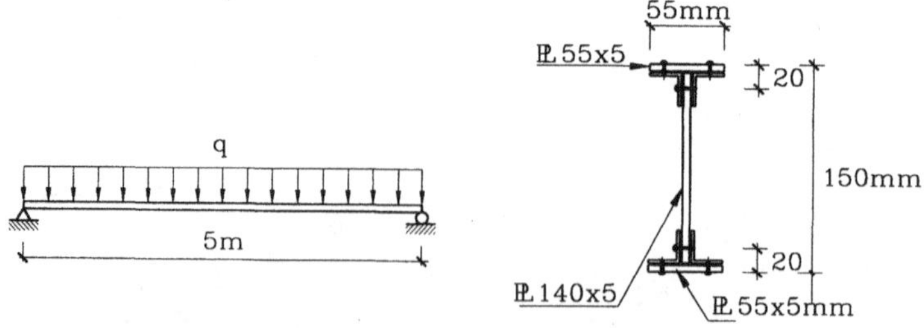

3.15 Cada una de las vigas de un puente carretero debe ser diseñada para resistir 2 cargas móviles P, de 5 ton cada una, a 4 m una de otra. Se dispone de un perfil IN40×92,7[c] de acero A37-24ES, que será reforzado con planchas de 12 mm. Determinar el momento flector máximo. Determinar el tramo que será reforzado y las dimensiones del refuerzo. Determinar el esfuerzo rasante máximo que debe resistir la soldadura que une el refuerzo con el perfil. Si la tensión admisible al cizalle de la soldadura es de 800 k/cm^2, calcular la dimensión nominal del filete y la longitud de los cordones de soldadura a lo largo de la viga. (Repuesta: $M_{máx}$ = 40,5 ton-m en x = 11 m, platabandas 12×214 mm, reforzar 8 m centrales con platabandas de 8,5 m de largo, q = 49,6 kg/cm, usar soldadura continua filete 6 mm)

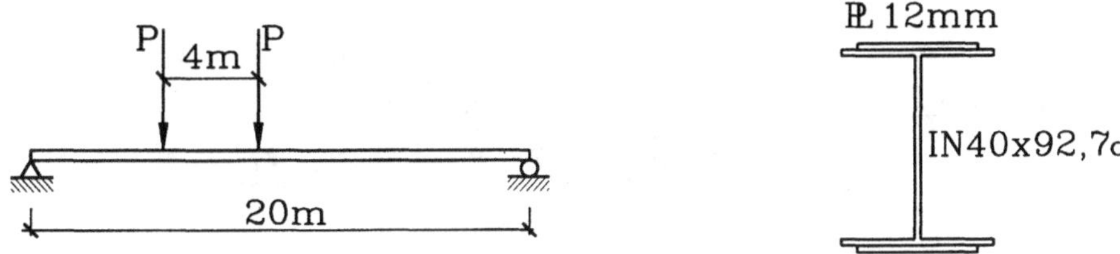

3.16 Una viga cajón de madera se forma utilizando 2 piezas de 2"×5" unidas por planchas de Masisa de 1/2" de espesor cada una. Las planchas se unen a las piezas de 2"×5" mediante clavos de 3" de largo. Determinar: a) la altura d requerida para resistir un momento flector de 3,5 ton-m si la tensión admisible de la madera es de 100 kg/cm2; b) el espaciamiento máximo de los clavos en la zona de esfuerzo de corte máximo V= 1000 kg si cada clavo de 3" resiste a nivel admisible un esfuerzo de cizalle de 40 kg. (Respuestas: a) 19", b) 4.85 cm)

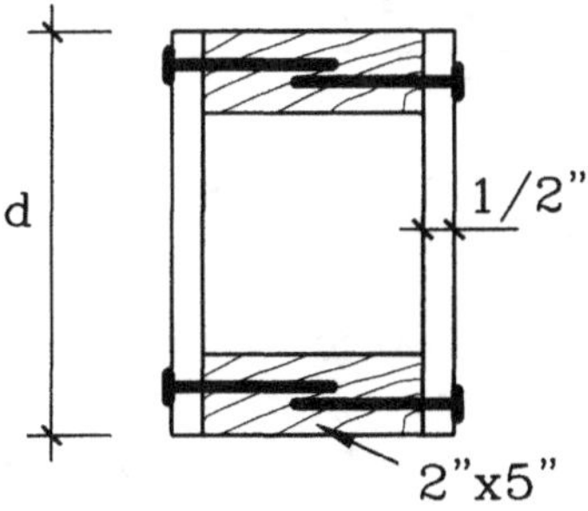

3.17 Para las alzaprimas de un losa se usarán piezas de madera de 4"×4" (cuartones) como vigas y alzaprimas. Se pide determinar el espaciamiento "s" máximo de las alzaprimas para satisfacer las tensiones admisibles y las condiciones y supuestos siguientes:

- Las tensiones admisibles en la madera son: flexión 46 kg/cm^2, compresión 24 kg/cm^2, cizalle 6 kg/cm^2, E =65500 kg/cm^2.
- La deformación de las vigas se limita a 2 mm máximo.
- Las cargas durante la construcción son: peso propio hormigón = 2,5 ton/m^3; sobrecarga = 100 kg/m^2; peso propio alzaprimas, vigas y moldaje = 25 kg/m^2.
- Suponer que la carga sobre las vigas es uniformemente distribuida.
- Ignorar la continuidad de las vigas.
- Viguetas y entablado ya han sido calculados y están conforme.

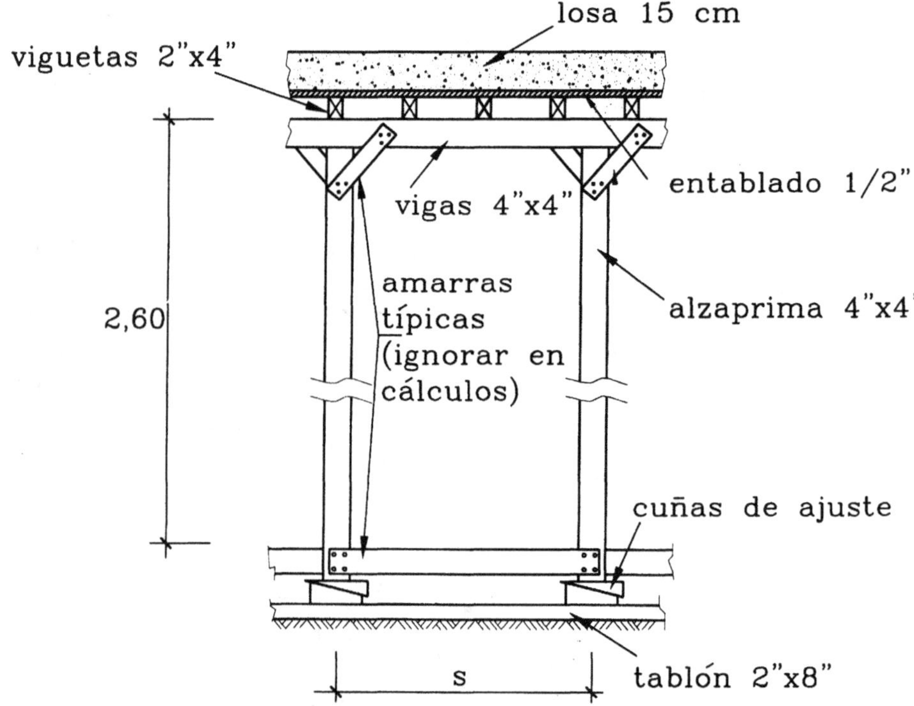

3.18 En una casa antigua de dos pisos se ha deteriorado parte del envigado de madera que constituye la estructura soportante del piso del segundo nivel y del cielo del primer piso. Se le pide a Ud. que diseñe un nuevo envigado de madera para la zona de la casa comprendida entre los ejes 1 y 3 y A y B indicados en la planta de la figura. Suponer que el peso propio (envigado principal, elementos secundarios, cubierta de piso, sistema de cielo, etc.) más la sobrecarga son en total 250 kg/m^2. La distancia entre las vigas debe ser < 70 cm. Usar una tensión admisible de flexión de 50 kg/cm^2 y un módulo de elasticidad de 65500 kg/cm^2. Indicar la sección de las vigas y su espaciamiento. ¿Existe peligro de volcamiento de las vigas?

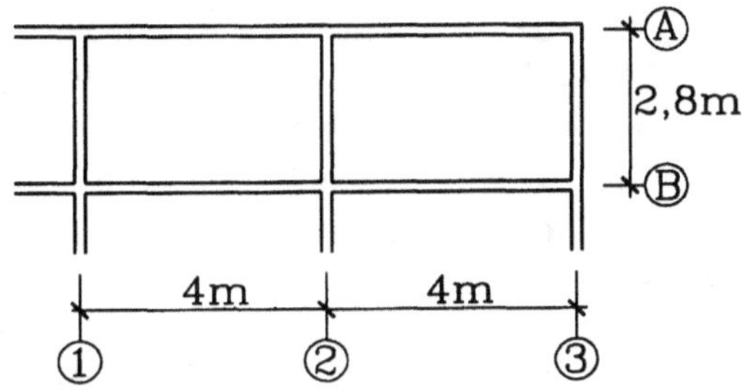

3.19 Se ha pensado en cuatro alternativas de sección para una viga metálica. Indique en cuáles secciones es más probable que se presente el fenómeno de pandeo lateral torsional.

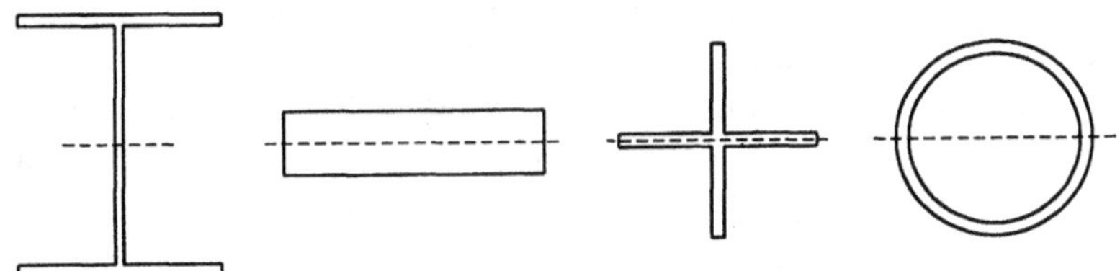

3.20 Encontrar los perfiles IN en acero A37-24ES más económicos para la viga de 8 metros de luz cargada en la forma indicada en la figura para cada una de las condiciones siguientes: a) No hay sujeción del ala comprimida (salvo en los apoyos) ni hay limitación de deformación máxima; b) Existe sujeción del ala comprimida en la mitad de la luz y no hay limitación de deformación máxima; c) Existe sujeción del ala comprimida en la mitad de la luz y la deflexión máxima se limita a L/500.

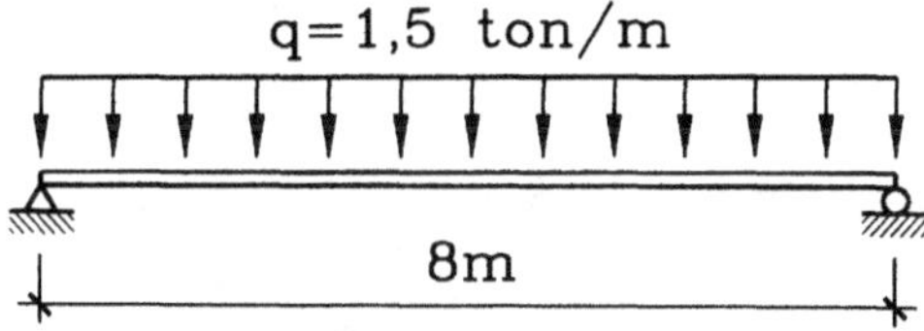

3.21 El perfil de la figura, de acero A37-24ES se utiliza como una viga simplemente apoyada de 8 m de luz. Determinar la carga uniformemente distribuida admisible sobre la viga. Evaluar flexión y corte. Sólo hay sujeción lateral en los apoyos. (Respuesta: q = 186 kg/m)

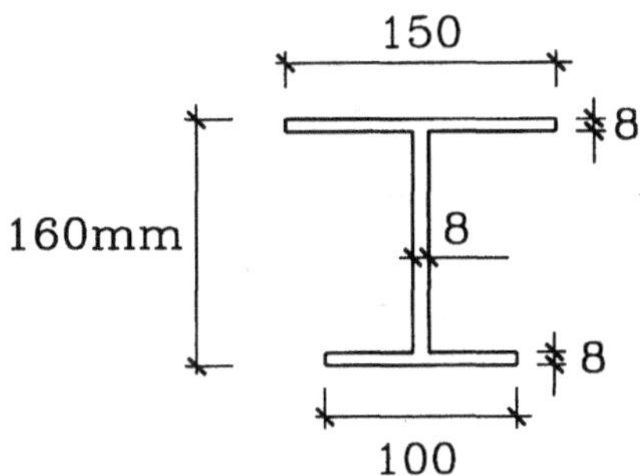

3.22 El perfil canal C25×15.1 de acero A37-24ES se usará para soportar una carga uniforme vertical útil de 200 kg/m. Determinar la máxima luz que puede cubrir: a) con sujeción lateral en sus extremos solamente; b) con sujeción lateral en sus extremos y al centro de la luz. Suponer que las cargas se aplican de modo que no hay torsión, es decir, pasan por el centro de corte. (Respuestas: a) 406 cm, b) 602 cm)

3.23 Una viga simplemente apoyada de 10 m de luz sometida a una carga uniformemente distribuida se construye con la sección de acero de la figura, formada por un perfil T y un canal de refuerzo. El material es de calidad A37-24ES. Determinar: a) el momento flector admisible sobre la sección para una tensión máxima de tracción de 1400 kg/cm^2; b) la dimensión necesaria de los filetes continuos de soldadura de unión del canal a la T para la carga distribuida correspondiente al momento de la parte anterior. Se usará soldura al arco manual y electrodos E40XX.; c) la carga distribuida admisible sobre el perfil incluyendo verificación de estabilidad lateral si hay sujeción lateral sólo en los apoyos extremos. (Respuestas : a) 14,4 ton-m, b) 5 mm, c) 1048 kg/m)

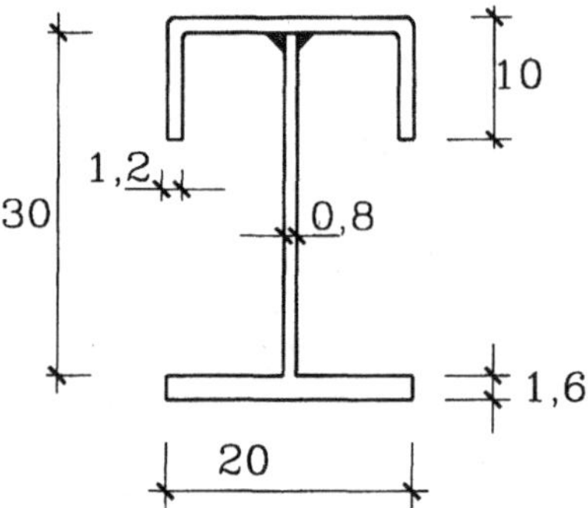

3.24 Diseñar la viga de acero de la figura usando un perfil de la serie IN. Usar acero A37-24ES. En los puntos A y B hay sujeción lateral efectiva del ala comprimida. a) Escoger el perfil en base al momento flector sobre el apoyo B; b) para resistir el momento máximo positivo utilizar platabandas de refuerzo (placas soldadas a las alas del perfil como se muestra en la figura). Determinar el ancho, espesor, la ubicación, y el largo necesario de las platabandas; c) determinar la fuerza por unidad de longitud de viga que debe transmitirse a través de la soldadura de unión entre las platabandas y las alas.

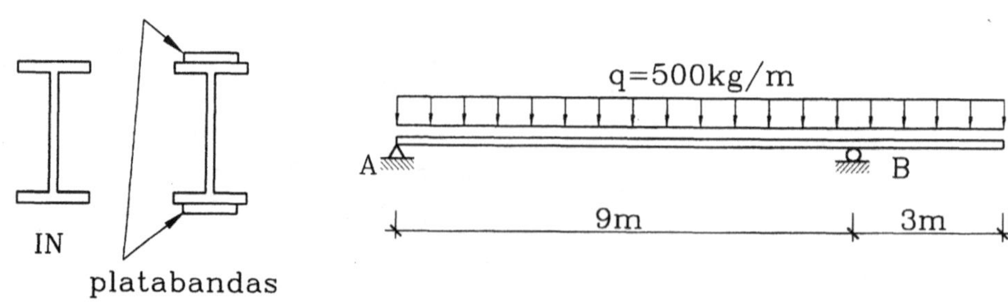

3.25 La sección de una viga está compuesta de 3 materiales diferentes. El material de abajo es acero, de módulo de elasticidad $E_s = 2.100.000$ kg/cm^2, el material del centro es bronce con $E_b = E_s/2$, y el material de arriba es aluminio con $E_{al} = E_s/3$. Calcular : a) las tensiones de flexión máximas en cada material en una sección cuyo momento flector es de 3,5 ton-m; b) las tensiones máximas de corte en una sección cuyo esfuerzo de corte es de 10 ton. (Respuestas : a) 699, 486, 1279 kg/cm^2; b) 73, 103, 102 kg/cm^2)

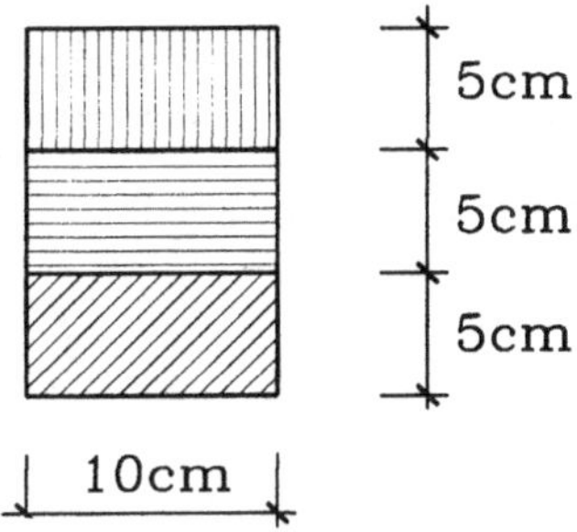

3.26 Calcular la máxima carga admisible q para la viga de la figura. Las tensiones admisibles en la madera en flexión y cizalle son 50 y 10 kg/cm^2 respectivamente. La tensión admisible de flexión en el acero es de 1440 kg/cm^2. Los pernos tienen 12 mm de diámetro y tensión admisible de cizalle de 1000 kg/cm^2. El cuociente entre los módulos de elasticidad $E_s/E_m = 40$. Comprobar tensiones de flexión en ambos materiales, de corte en la madera y de corte en los pernos. (Respuesta: 600 kg/m)

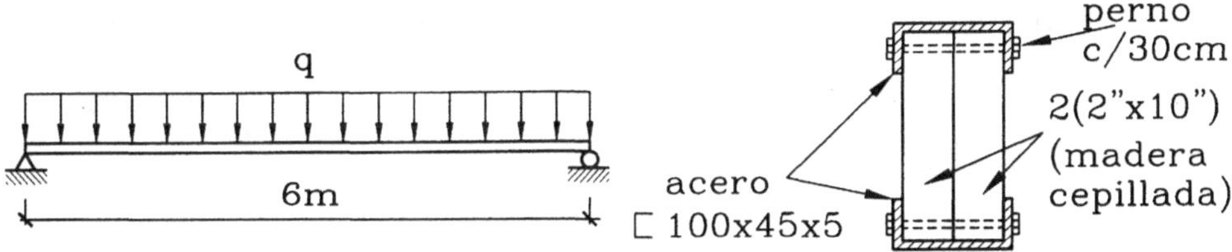

3.27 Una viga conformada por 3 materiales perfectamente unidos entre sí tiene la sección indicada en la figura. Los materiales tienen módulos de elasticidad E_1, $E_2 = 2E_1$ y $E_3 = 5E_1$. Calcular las tensiones máximas de flexión en cada material para un momento flector de 1 ton-m. (Respuesta: 36,25; 58,78 y 67,4 kg/cm^2)

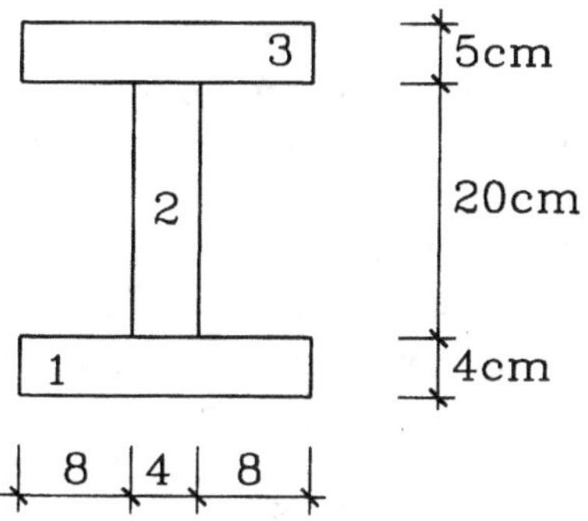

3.28 La viga de madera de la figura se va reforzar con planchas de acero de 4 mm por sus costados. Los módulos de elasticidad de los materiales son E_s = 2100 ton/cm^2 y E_m = 100 ton/cm^2. Determinar el espaciamiento a que se deben colocar los pernos entre A y D. Todos los pernos tienen 8 mm de diámetro y tensión admisible de 800 kg/cm^2 a cizalle. Verificar que para dicho espaciamiento no ocurra pandeo de las placas de refuerzo. ¿Es aceptable la tensión de aplastamiento en la madera en contacto con el perno?

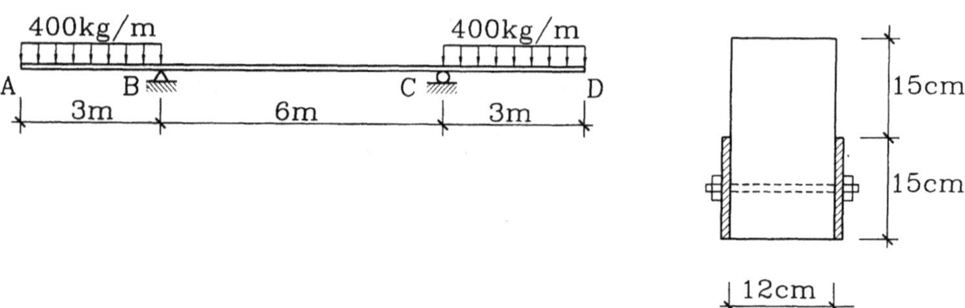

3.29 La viga de la figura tiene una sección compuesta por un pieza de madera de 4"×8" reforzada por una plancha de acero de 5 mm de espesor. Las propiedades de los materiales son: σ_m^{adm} = 100 kg/cm^2, σ_s^{adm} = 1400 kg/cm^2, E_m =100 ton/cm^2 y E_s =2100 ton/cm^2. a) ¿Cuál debe ser el ancho de la plancha de acero para obtener un diseño elástico balanceado?; b) ¿Cuál es el máximo admisible de la carga P?; c) Si se usan tornillos colocados en pares que resisten 150 kg cada uno en cizalle, ¿a qué distancia deben disponerse? (verificar resistencia y estabilidad de la placa)

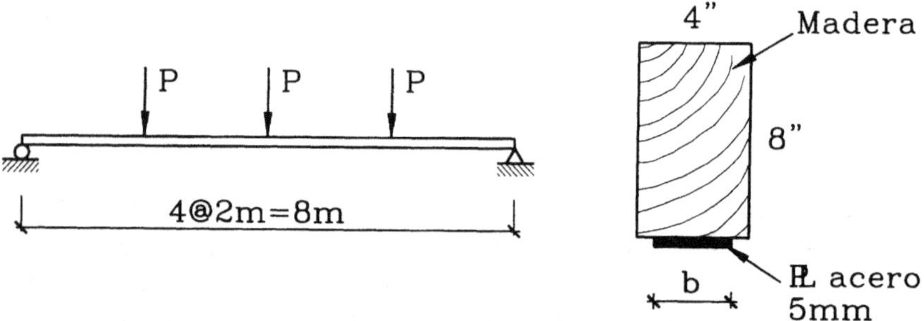

3.30 Se tiene una sección compuesta de madera y acero como se muestra en la figura "a". Las tensiones admisibles de los materiales son σ_s^{adm} = 1400 kg/cm^2 y σ_m^{adm} = 110 kg/cm^2, los módulos de elasticidad son E_s = 2,1×10^6 kg/cm^2 y E_m = 1,2×10^5 kg/cm^2. a) Se pide determinar las dimensiones "b" y "h" de la placa de refuerzo para que la sección resista un momento de 2,1 ton-m, con un diseño balanceado; b) si la placa de acero se reparte en el borde superior e inferior como se muestra en la figura "b", determine el momento admisible y compárelo con el anterior; c) suponiendo que se ocupa esta última sección para una viga simplemente apoyada de 4 m de luz con una carga centrada P, determine el espaciamiento de los pernos para la carga P que provoca el momento admisible calculado, si cada perno resiste 1200 kg en corte. (Respuesta: a) 2,77×14,55 cm, b) M_{adm} = 6,17 ton-m, c) 25 cm)

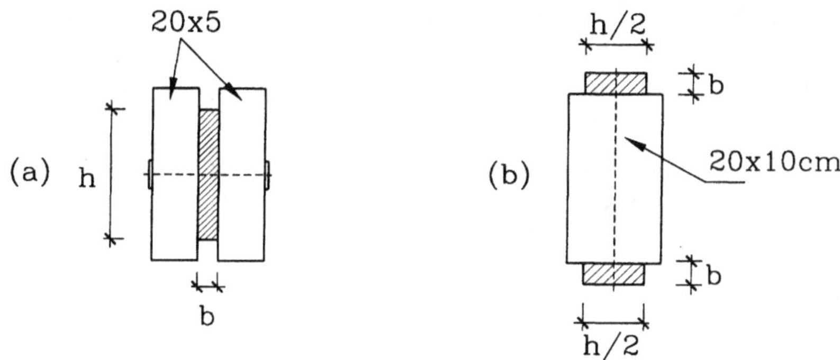

3.31 Determinar el máximo valor de P para el que se puede usar la viga de la figura, si se sabe que la tensión máxima en el borde superior de las piezas de madera no debe superar los 50 kg/cm^2 al mismo tiempo que la tensión máxima en el borde inferior de la pieza de acero de 1x10 cm no supere los 1200 kg/cm^2. Usar E_s = 2100 ton/cm^2 y E_m = 140 ton/cm^2.

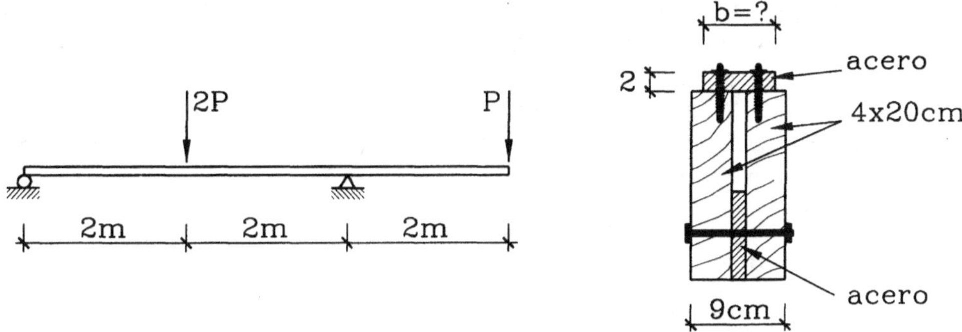

3.32 Determinar las tensiones máximas en el acero y en el hormigón para la sección de puente de viga metálica con losa colaborante que se muestra en la figura. El ancho de losa que se muestra es el ancho colaborante efectivo. El puente se construyó con alzaprimas. El momento flector de diseño es de 15 ton-m para peso propio y 35 ton-m para sobrecarga. Las propiedades de los materiales son: E_c = 210 ton/cm^2 y E_s = $_2$10 E_c; las propiedades del perfil metálico son I = 90000 cm^4 y A = 135 cm^2. (Respuesta: 1241 y 45 kg/cm^2)

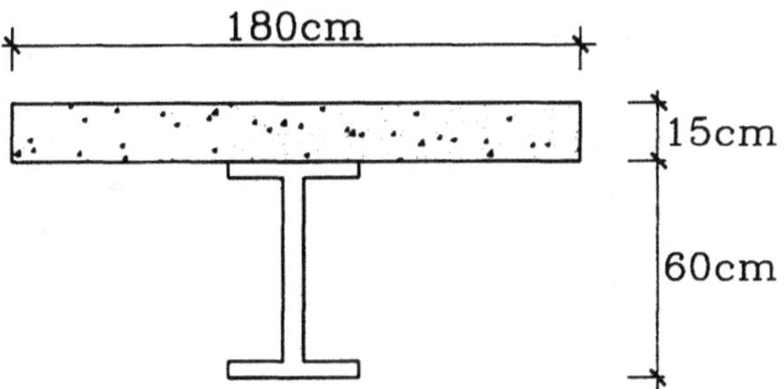

3.33 La figura muestra, la sección efectiva de una viga compuesta de acero y hormigón. El perfil metálico es el IN60×152. a) Suponiendo $E_s/E_c = 10$, calcule y grafique las tensiones debidas a un momento de 50 ton-m. Determine el momento admisible, si $\sigma_s^{adm} = 1400$ kg/cm^2 y $\sigma_c^{adm} = 100$ kg/cm^2; b) variando sólo el ancho de la losa de hormigón, obtenga un diseño balanceado, y calcule el momento admisible correspondiente.

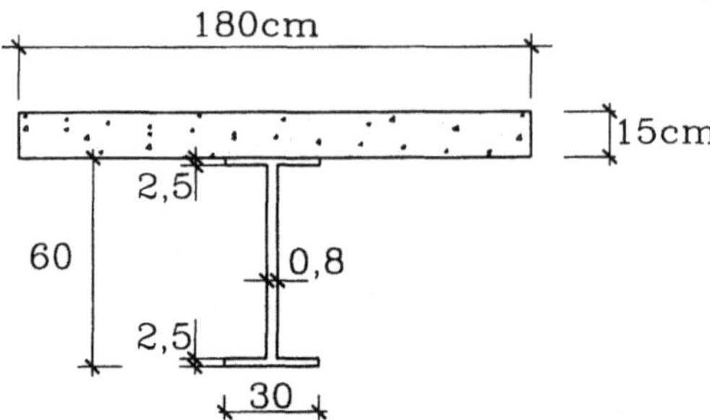

3.34 En un edificio basado en estructuras metálicas, el cielo de una habitación de 8 m de luz está constituido por vigas IN20×25,7 a 80 cm de distancia. La losa de hormigón es de 8 cm. La sobrecarga de cálculo es de 300 kg/m^2 y la construcción se va a ejecutar alzaprimando las vigas metálicas cuando se vacie el hormigón. Si se usan dos corridas de vástagos de 5/8" × 2 1/2" en cada viga para tomar el esfuerzo de corte, determinar el espaciamiento a que ellos deben ir. Usar $E_s/E_c = 9$, peso específico del hormigón $\gamma_c = 2,5$ y $f_c' = 190$ kg/cm^2.

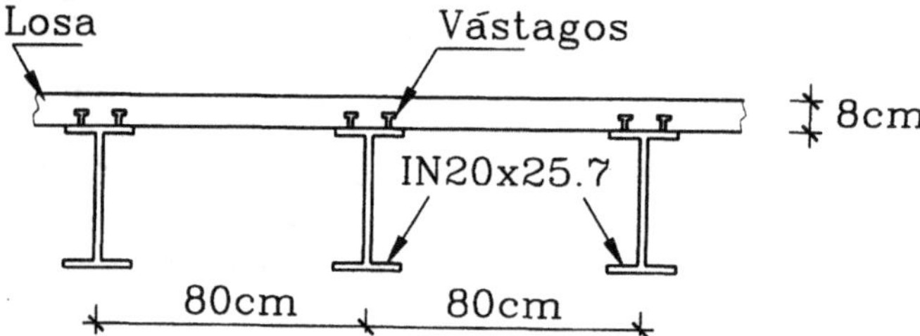

3.35 Un puente de 8 metros de ancho útil de calzada y 27 m de luz tiene la sección indicada en la figura, con d = 3,3 m, e = 21 cm y H = 100 cm. La viga metálica es el perfil IN 100×279 (I = 621000 cm^4, A = 355 cm^2). El puente se construye utilizando alzaprimas a los tercios de la luz, caso cuyas reacciones y esfuerzos internos se indican. Determinar las tensiones en el acero y el hormigón en la sección más solicitada (AA) de la viga V2. Las cargas sobre la viga V2 son: Peso propio = 2,1 ton/m y sobrecarga = 700 kg/m. Usar $E_s/E_c = 10$. Descomponer el análisis en los casos: a) Peso propio alzaprimado; b) Peso propio al retirar las alzaprimas; c) Sobrecarga. (Repuesta: $\sigma_c = 61{,}6$ kg/cm^2, $\sigma_s^{sup} = -278$ kg/cm^2, $\sigma_s^{inf} = 1559$ kg/cm^2).

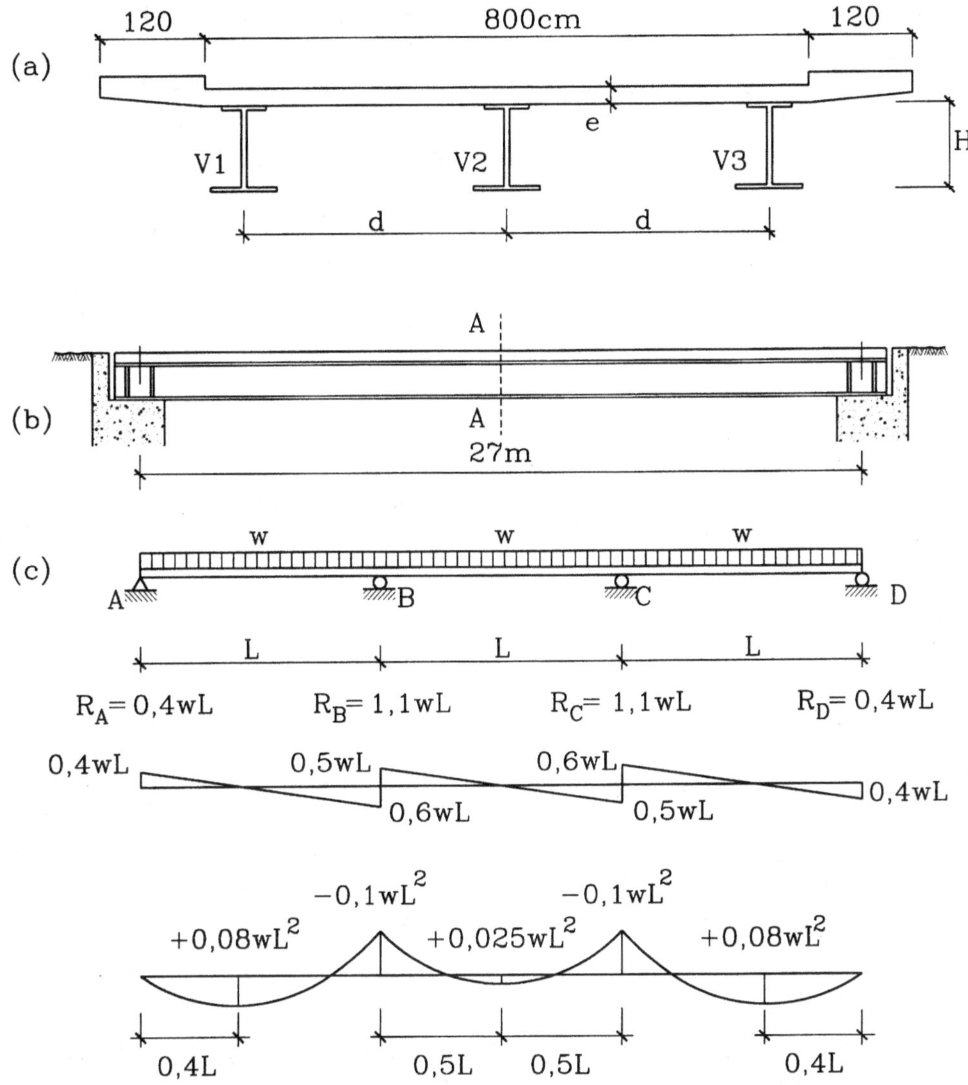

3.36 El sistema de piso de una estructura industrial considera una losa de hormigón de 12 cm de espesor con vigas de acero IN25×18,8. Las vigas son simplemente apoyadas, tienen una luz de 6 metros, y están espaciadas cada 1,6 m. La construcción se realiza sin alzaprimas. Las tensiones admisibles en el hormigón y en el acero son 80 kg/cm^2 y 1400 kg/cm^2 respectivamente. Suponiendo que el flujo de cizalle está efectivamente tomado por conectores apropiados, se pide determinar la sobrecarga útil admisible sobre el piso en kg/m^2.

3.37 Un puente de 8 metros de luz está construido con vigas metálicas con losa colaborante de 15 cm de espesor. La sección del puente y dimensiones de la viga metálica se muestran en la figura. Calcular las tensiones máximas y mínimas en el hormigón y el acero para una carga de servicio de 1100 kg/m^2 más el peso propio de los materiales. Usar $E_s/E_c = 10$ y pesos específicos $\gamma_c = 2,5$ y $\gamma_s = 7,85$.

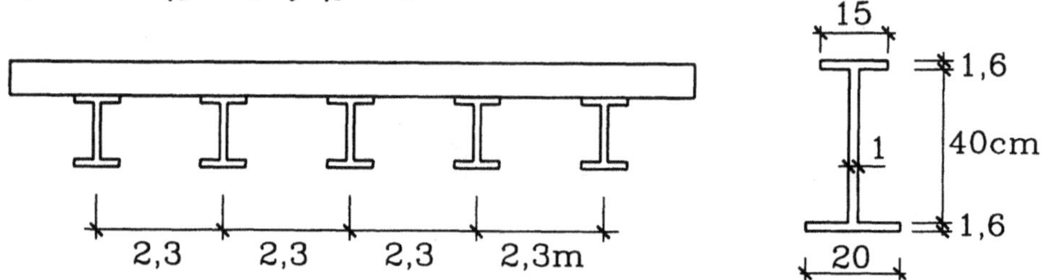

3.38 Determinar el momento flector que produce la iniciación de la fluencia en la fibra más solicitada de la sección de la figura. Acero A37-24ES. (Respuesta: 15,9 ton-m)

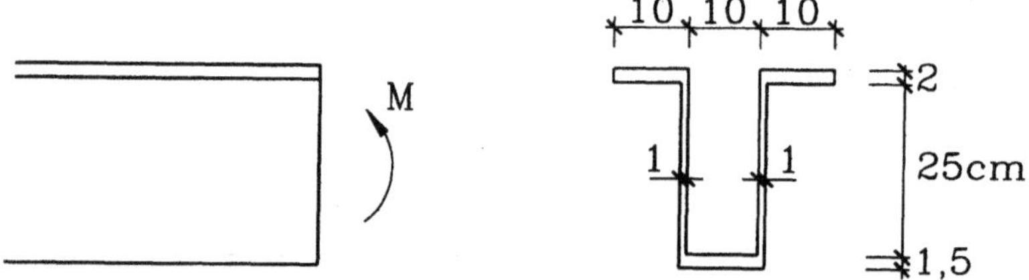

3.39 Determinar el momento último, el módulo plástico de flexión y el factor de forma para el perfil IN50×123. a) Para flexión en torno al eje de mayor resistencia; b) Para flexión en torno al eje débil. (Respuesta: a) $3303\sigma_y$, 1,09; b) $911\sigma_y$, 1,5)

3.40 Determinar el momento plástico y el factor de forma para la sección doble T indicada. El material es elastoplástico con $\sigma_y = 2800$ kg/cm^2 y $E = 2,1\times10^6$ kg/cm^2. (Respuestas: 12,32 ton-m, 1,408)

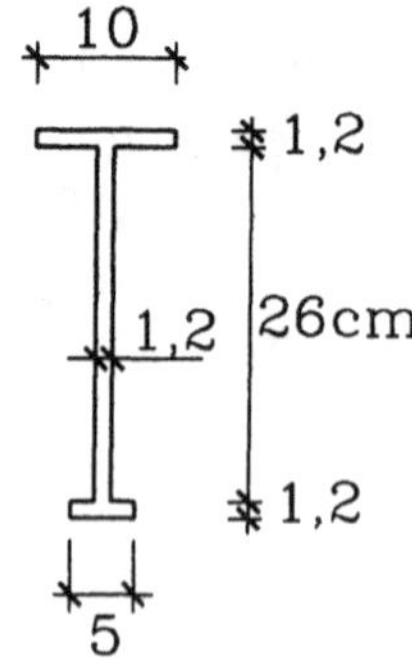

3.41 Determine la expresión analítica y grafique la curva M-ϕ para la sección que se indica. (Material igual al del problema anterior). Determine además cómo varía la posición del eje neutro con el valor de M.

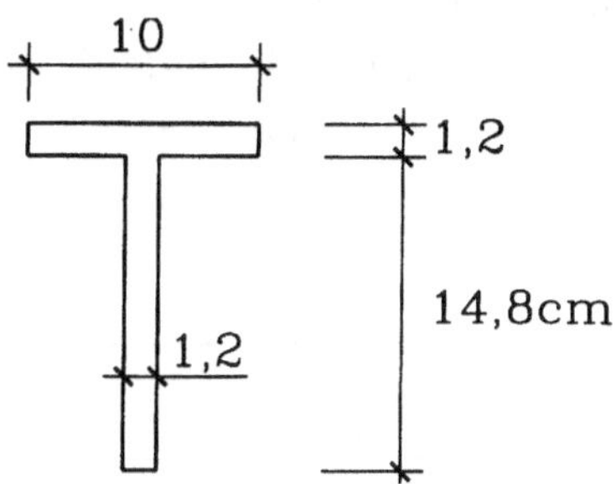

3.42 Para la viga de sección T que se muestra, de acero A37-24ES: a) ¿Cuál es la carga admisible P_{adm} de diseño elástico, con $\sigma_{adm} = 0,6\ \sigma_y$?; b) ¿Cuál es la carga de colapso, P_u?; c) ¿Cuál es el factor de seguridad efectivo del diseño elástico (FS = P_u/P_{adm}); d) ¿Cuál es el factor de forma Z/W de la sección? (Respuestas: a) 1024 kg, b) 3161 kg, c) 3,09, d) 1,79)

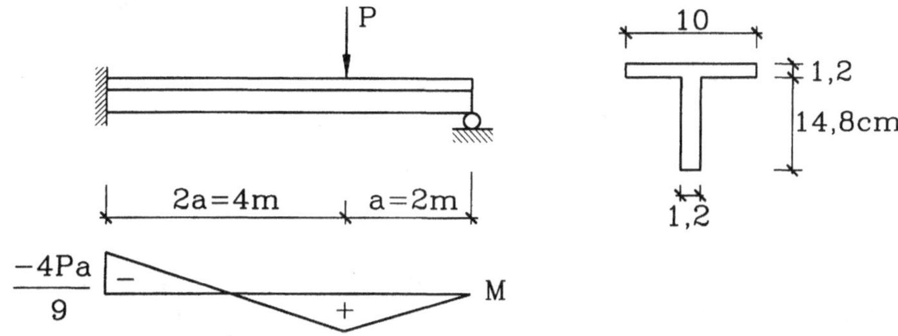

3.43 Se desea calcular la carga de colapso P_u para la viga metálica de la figura, la cual se va fabricar con cuatro perfiles ángulo unidos entre sí. a) ¿Cuál de las dos alternativas, A ó B, ofrece el factor de forma Z/W mayor? b) Si cada uno de los perfiles ángulo tiene una distribución de tensiones residuales iniciales que alcanza a $0,3\sigma_y$ en su valor máximo, en cuánto (aproximadamente) espera Ud. se reduzca la carga de colapso con respecto al caso en que los perfiles no tienen tensiones residuales. (Respuestas: $f_A = 9/8$, $f_B = 3/2$)

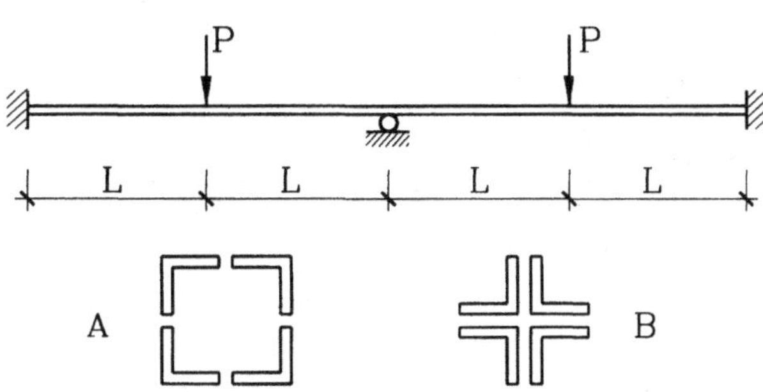

3.44 Para la viga de la figura: a) Determine la carga de colapso P_u si la sección tiene momento plástico M_p; b) Determine el valor de P_u si se usa un perfil IN50×123 y L = 10 m. Material acero A37-24ES; c) Encuentre el factor de seguridad frente al colapso, para la viga antes indicada, en el instante en que la tensión en la fibra más solicitada de la sección es 1400 kg/cm^2 (tensión admisible sin pandeo lateral de acuerdo a la teoría elástica). (Respuesta: P_u = 6M$_p$/L, 47560 kg, 2,1)

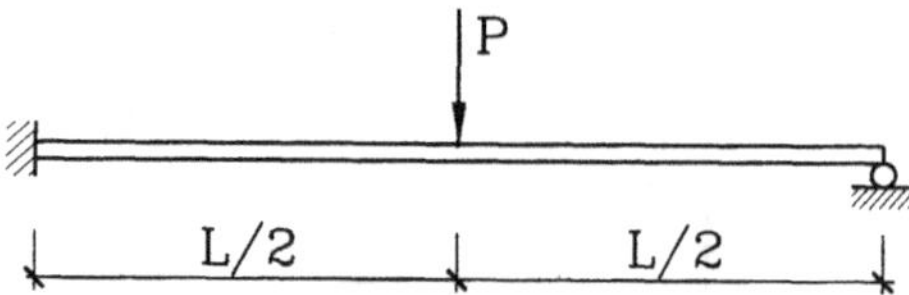

3.45 Determinar el momento plástico de la sección y la carga P_u que produce el colapso de la viga de acero de la figura. La tensión de fluencia del material es de 2400 kg/cm^2. Suponer que se puede alcanzar la carga última sin problemas de inestabilidad local o global. (Respuesta: M_p = 5,14 ton-m; P_u = 15 ton)

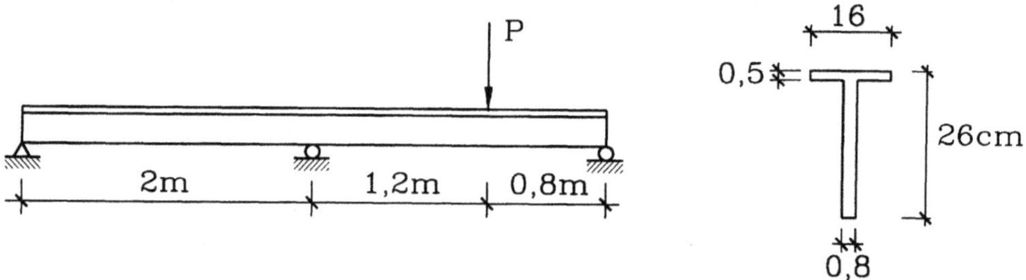

3.46 La viga de acero de la figura, de luces L = 6m, es un perfil IN35×137. Suponiendo que el volcamiento está impedido, determinar la carga w uniformemente distribuida de colapso de la viga. El acero es A37-24ES. (Respuesta: w_u = 20,34 ton/m para mecanismo de colapso con última rótula plástica en 0,414 L)

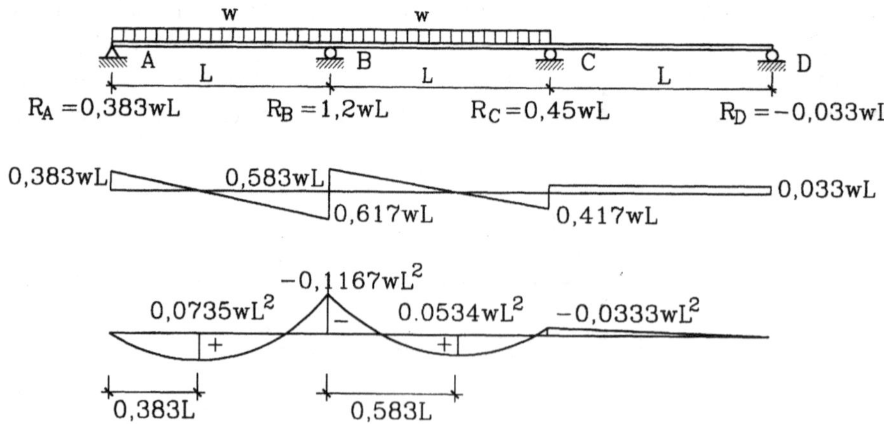

3.47 Determinar la carga q_u de colapso, y el mecanismo correspondiente, para la viga de la figura. Los momentos plásticos positivo y negativo son iguales ($M^+ = M^- = M_p$). El volcamiento está impedido. Las reacciones y diagrama de momentos elástico se muestran en la figura. (Respuesta: $q_u = 11,68\, M_p/L^2$)

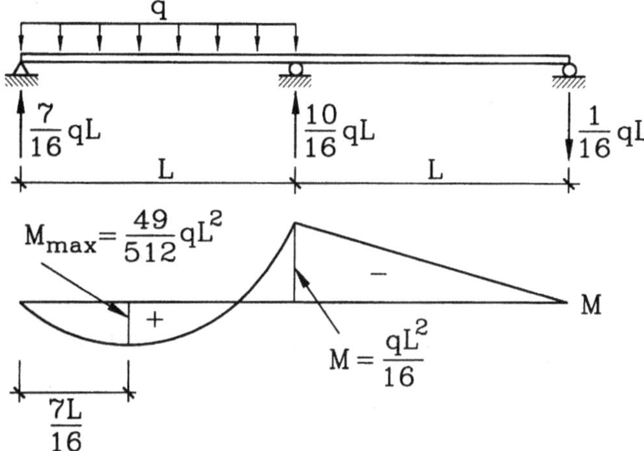

3.48 Calcular la carga de colapso del sistema de la figura. La viga tiene momento plástico M_p constante en toda su longitud. El tirante es capaz de resistir un esfuerzo axial de fluencia $F_y = M_p/5a$ y tiene comportamiento elastoplástico perfecto.

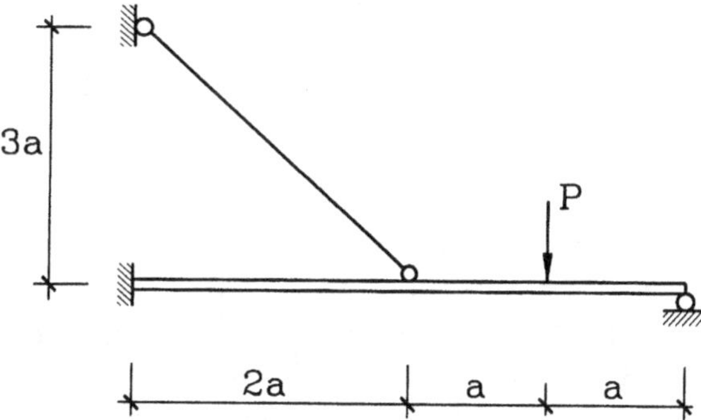

3.49 Encontrar la carga de colapso y el diagrama de momentos correspondientes para la estructura de la figura. El momento plástico de las vigas es M_p y el de las columnas 5/6 M_p.

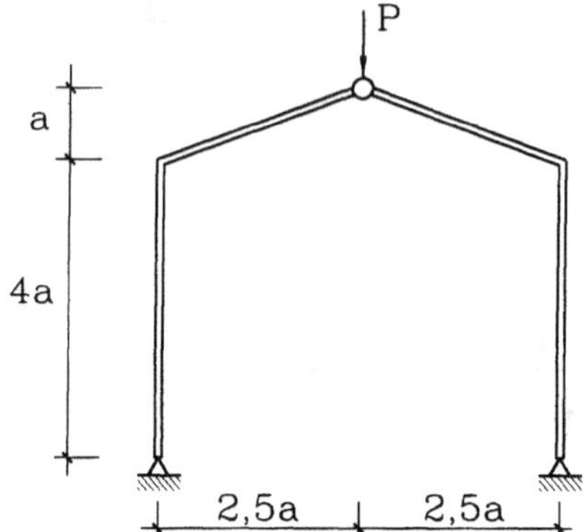

3.50 Determinar la carga P_u de colapso para el marco de la figura. La viga y la columna son perfil IN20×30,6. El material es acero A37-24ES. (Respuesta: $P_u = 2\ M_p/3$)

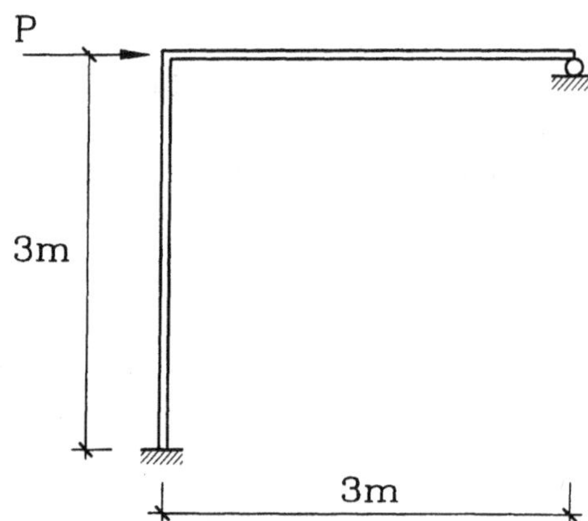

3.51 Determinar la ubicación de la fibra neutra y las tensiones máximas en el hormigón y el acero, para el momento máximo que resiste la sección sin que se excedan las tensiones admisibles $\sigma_s^{adm} = 1600$ kg/cm^2 y $\sigma_c^{adm} = 80$ kg/cm^2. Usar $n = E_s/E_c = 10$. Proceder: a) considerando todas las barras concentradas en el centroide de la sección de acero, y b) considerando cada fila en su posición verdadera. (Respuestas: a) $d = 49,6$ cm, $k = 0,33$, $M_{adm} = 8,52$ ton-m, $\sigma_s = 1600$ kg/cm^2, $\sigma_c = 78,6$ kg/cm^2 ; b) $\overline{x} = 16,35$ cm, $I_T = 177423$ cm^4, $M_{adm} = 8,1$ ton-m, $\sigma_s = 1600$ kg/cm^2, $\sigma_c = 74,6$ kg/cm^2)

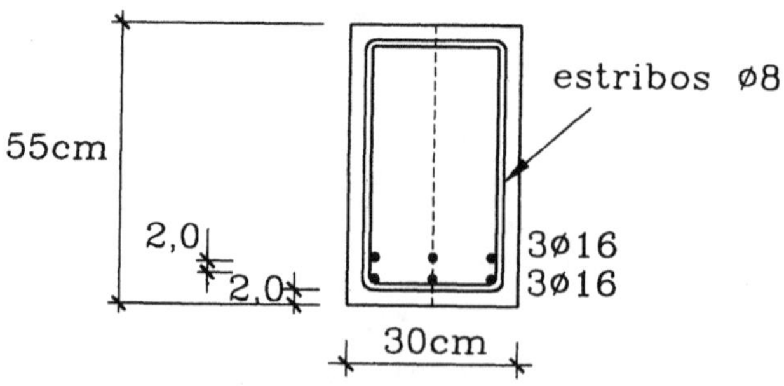

3.52 La viga de hormigón armado de la figura tiene materiales con $E_c = 200.000$ kg/cm^2 y $E_s = 2.000.000$ kg/cm^2. Calcular: a) la profundidad del eje neutro; b) el momento de inercia de la sección transformada a hormigón; c) las tensiones en el hormigón y en los aceros para en un momento flector de 8 ton-m. (Respuestas: a) 18,78 cm; b) 190137 cm^4; c) -79, -675, 1534 y 1666 kg/cm^2)

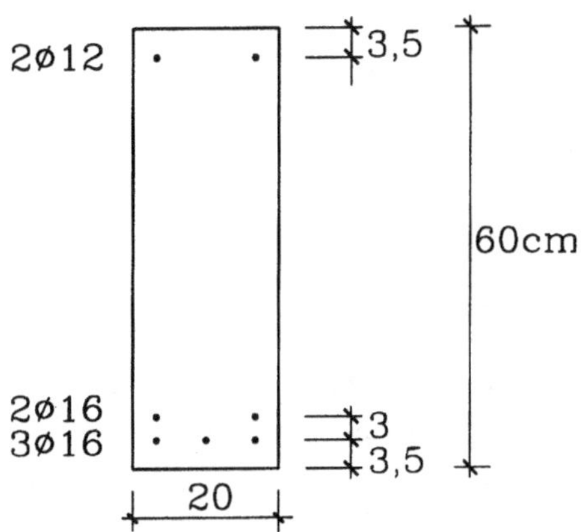

3.53 Diseñar la viga de hormigón armado de la figura, indicando el número y dimensión de las barras de refuerzo en las secciones críticas. Utilizar criterio de diseño elástico con $\sigma_s^{adm} = 1600$ kg/cm^2, $\sigma_c^{adm} = 80$ kg/cm^2, $n = 10$. Indique como dispondría las barras de refuerzo, considerando una longitud de anclaje de 40ø. (Respuesta: 30/60, $A_s' = 6\phi18$)

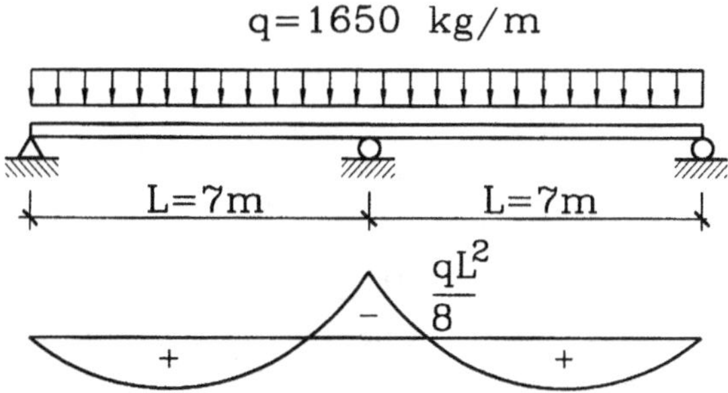

3.54 Una viga de hormigón armado tiene la sección que se indica. Calcular la tensión máxima de compresión en el hormigón y las tensiones en las barras de acero de refuerzo suponiendo comportamiento elástico de ambos materiales cuando se aplica sobre la sección un momento flector M= 20 ton-m. Suponer E_s = 2.100.000 kg/cm^2, E_c = 210.000 kg/cm^2.

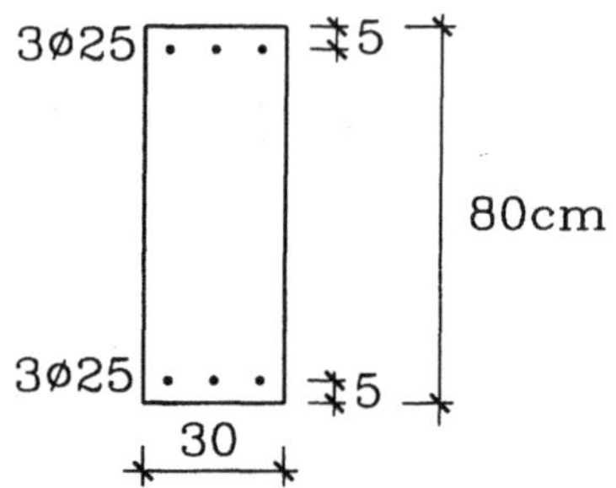

3.55 La sección de la figura se somete a un momento flector de 20 ton-m. Determinar la tensión de compresión máxima en el hormigón y las tensiones en ambas armaduras. Suponer comportamiento lineal elástico de los materiales E_s = 2.100.000, E_c = 240.000 kg/cm^2. (Respuesta: -55, -309, y 1397 kg/cm^2)

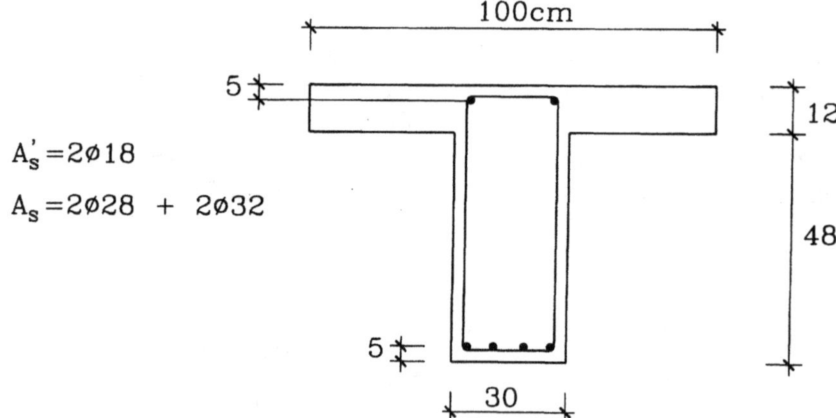

3.56 Para la sección dada, con n = 10: a) determine la cantidad de acero en tracción A_s, necesaria para que cuando la tensión máxima en el hormigón alcance 80 kg/cm^2, la tensión en el acero sea 1400 kg/cm^2; b) suponga ahora que la cantidad de acero en tracción A_s, se mantiene fija en el valor obteniendo antes, ¿cuánto acero en compresión A_s' se debe agregar para subir la tensión del acero A_s a 1600 kg/cm^2 manteniendo el hormigón en 80 kg/cm^2? (Respuesta: a) 7,58 cm^2)

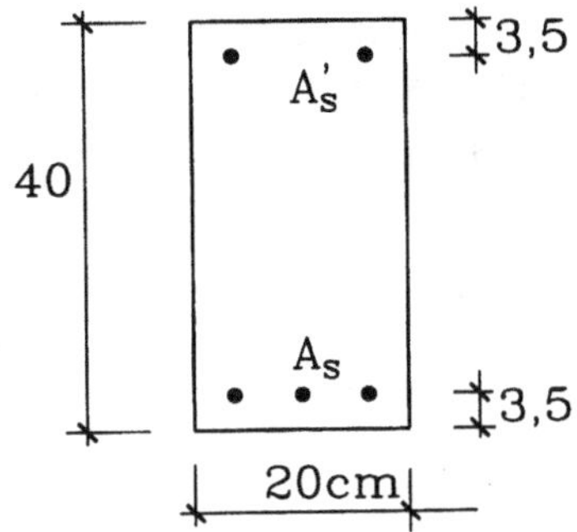

3.57 Determinar la armadura de refuerzo necesaria en las vigas del puente de hormigón armado que se muestra en la figura. Las tensiones admisibles en el acero y hormigón son de 1600 kg/cm^2 y 100 kg/cm^2 respectivamente. Suponer un valor de n = E_s/E_c = 10 y armadura de refuerzo simple. (Respuesta : con 2ϕ18 + 1ϕ16 σ_s = 1580 kg/cm^2, σ_c = 20 kg/cm^2).

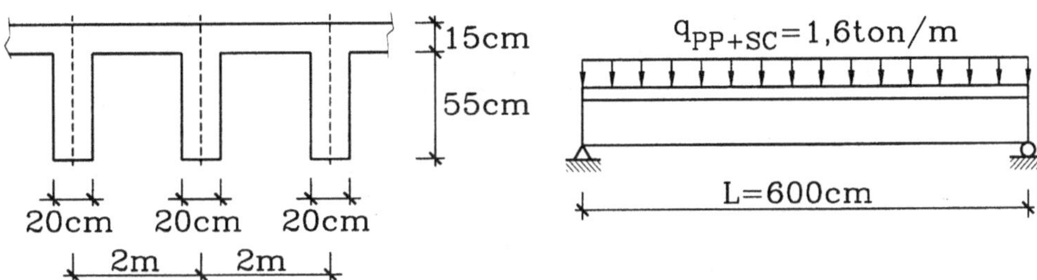

3.58 Diseñar las vigas del puente de hormigón armado de viga continua de dos tramos y sección transversal como se muestra en la figura. El peso específico del hormigón armado es de 2,5 ton/m^3. La sobrecarga sobre el puente es de 900 kg/m^2. Las tensiones admisibles en el acero y hormigón son de 1600 kg/cm^2 y 100 kg/cm^2 respectivamente. Suponer secciones con armadura simple y n = E_s/E_c = 10. El diseño comprende: a) determinar el ancho b de la viga; b) determinar el número y dimensión de las barras de acero de refuerzo requeridas en las secciones de momento máximo positivo y negativo.

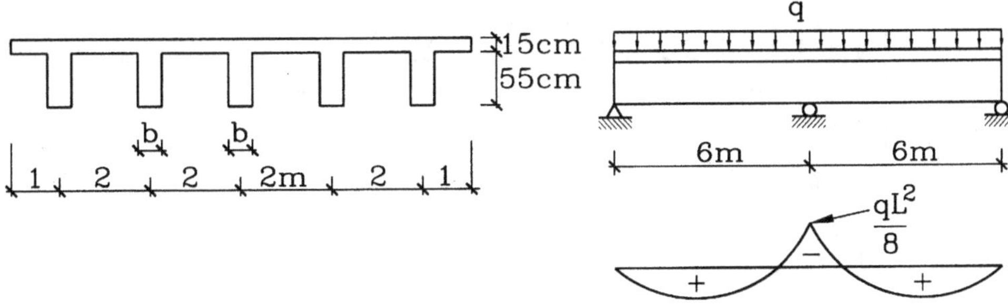

3.59 Las figuras muestran la planta de un edificio de hormigón armado, la elevación, y el diagrama de momentos de la viga longitudinal interior. Determinar el ancho b (constante para toda la viga) y la armadura requerida en las secciones B, C y F. Usar una tensión admisible de compresión en el hormigón de 80 kg/cm^2 y tensión admisible en el acero de 1600 kg/cm^2. $E_s/E_c = 10$.

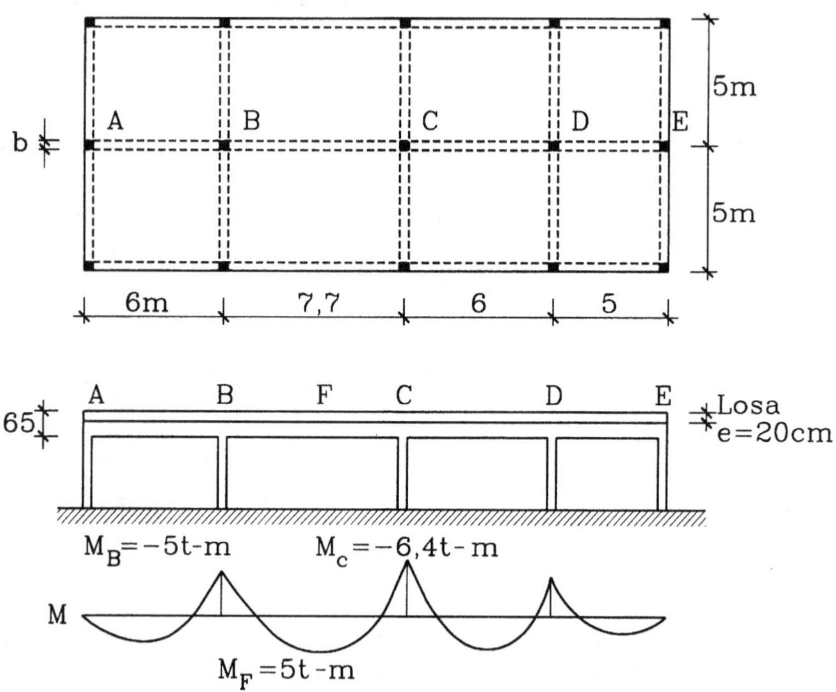

3.60 Diseñar la enfierradura de una losa destinada a soportar el peso de un corredor de 3 m de ancho, y una sobrecarga de 400 kg/m^2. Las tensiones admisibles son $\sigma_s^{adm} = 1600$ kg/cm^2 y $\sigma_c^{adm} = 80$ kg/cm^2. a) Determine el espesor de la losa y la enfierradura, si se ocupa una cuantía igual al 60% de la cuantía de balance; b) si el espesor de la losa es de 15 cm.

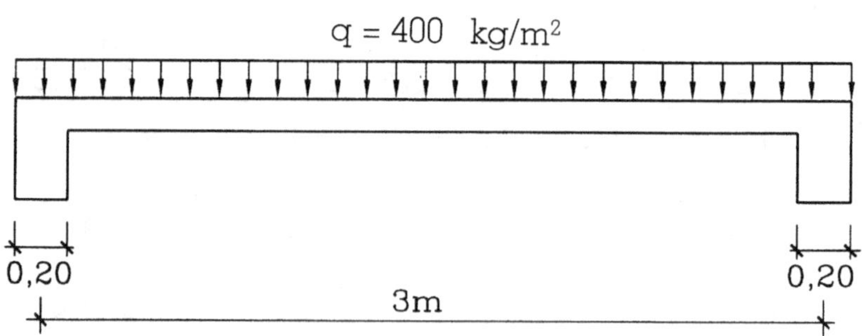

3.61 La viga de hormigón armado de la figura es de sección 30×35 y debe resistir una carga P de 900 kg, que se compone de 400 kg debido a cargas permanentes y 500 kg debido a sobrecarga. Si en una primera aproximación se desprecia el peso propio de la viga, determinar las armaduras superior e inferior requeridas en las secciones A y B: a) usando diseño elástico; b) usando cálculo en rotura. Usar hormigón de propiedades $\sigma_c^{adm} = 80$ kg/cm^2, $E_c = 210$ ton/cm^2, $f_c' = 190$ kg/cm^2, $\varepsilon_u = 0{,}003$ y acero con $\sigma_s^{adm} = 1600$ kg/cm^2, $\sigma_y = 2800$ kg/cm^2 y $E_s = 2100$ ton/cm^2.

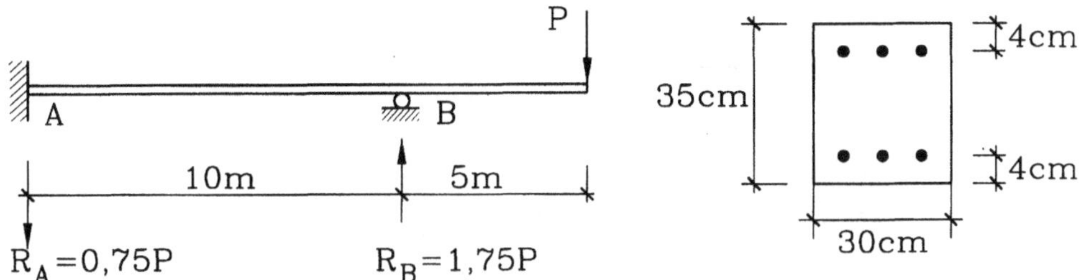

3.62 Una viga de hormigón armado de 20 cm de ancho y 40 cm de altura (suponer $d = 37$ cm) tiene armadura principal de 6 cm^2. El hormigón es de resistencia $f_c' = 250$ kg/cm^2 y el acero de $\sigma_y = 2800$ kg/cm^2. Calcular la ductilidad ϕ_u/ϕ_y de la sección.

3.63 Calcule los puntos característicos y dibuje la curva M-ϕ para el caso de sección de 40/50, suponiendo $d = 47$, $f_c' = 220$ kg/cm^2, $\sigma_y = 2800$ kg/cm^2, $E_s = 2{,}1 \times 10^6$ kg/cm^2. a) Si $A_s = 3\phi16$; b) si $A_s = 3\phi26$. (Respuestas: a) $\varepsilon_c = 0{,}12\varepsilon_0$, M = 4,61 ton-m, $\phi = 2{,}29 \times 10^{-5}$; $\varepsilon_s = \varepsilon_y$, M = 7,33 ton-m, $\phi = 3{,}59 \times 10^{-5}$; $\varepsilon_c = \varepsilon_0$, M = 7,75 ton-m, $\phi = 69{,}5 \times 10^{-5}$; $\varepsilon_c = 0{,}003$, M = 7,77 ton-m, $\phi = 122 \times 10^{-5}$)

3.64 Calcule los puntos característicos y dibuje la curva M-ϕ para una viga de 40×50, para a) $A_s = 3\phi16$, $A_s' = 3\phi16$; b) $A_s = 3\phi26$, $A_s' = 3\phi16$; c) Compare los resultados con los del problema anterior y saque conclusiones.

3.65 Determinar el momento último nominal y la curvatura última de la sección de la figura. Usar para el hormigón en compresión la ley tensión deformación indicada y para el acero un modelo elastoplástico con $\sigma_y = 2800$ kg/cm^2 y $E_s = 2100$ ton/cm^2. (Respuesta: $M_n = 18{,}37$ ton-m, $\phi = 413 \times 10^{-6}$)

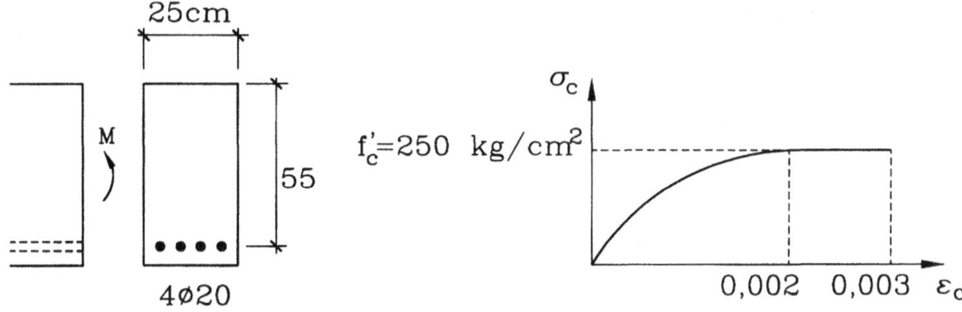

3.66 Para la viga de la figura, de sección 25×40 cm, se pide calcular el refuerzo de flexión necesario en la sección más solicitada por flexión y el refuerzo para esfuerzo de corte en la sección del apoyo de mayor reacción. Usar diseño en rotura. Usar: peso específico del hormigón = 2,4 ton/m^3, f_c' = 250 kg/cm^2, sobrecarga = 1400 kg/m, σ_y = 2800 kg/cm^2, d = 37 cm.

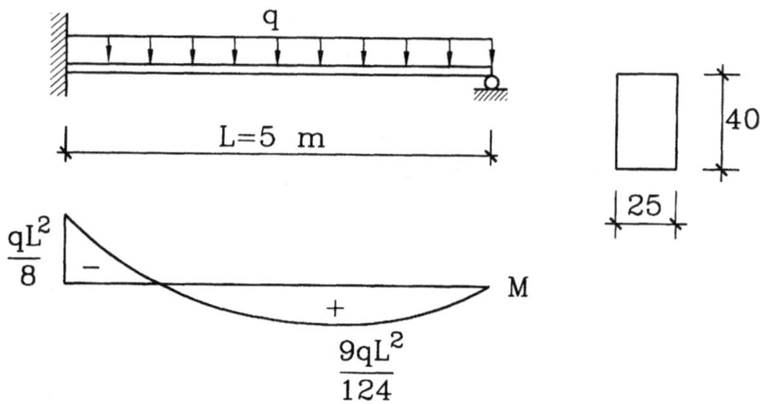

3.67 Calcular el momento último nominal de la viga de hormigón armado de la figura. El acero es de calidad A44-28H, puede modelarse como elastoplástico, y tiene E_s = 2.100.000 kg/cm^2. El hormigón tiene la relación tensión deformación que ilustra la figura, con f_c' = 250 kg/cm^2, ε_o = 0,0015 y ε_u = 0,003. (Respuesta: 18,58 ton-m)

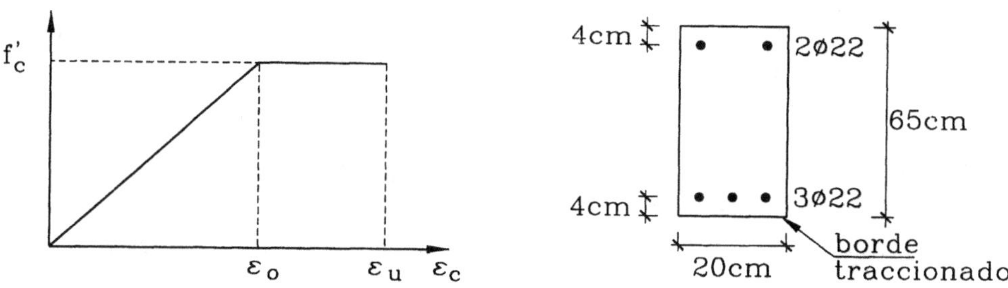

3.68 La viga de hormigón armado de la figura se ha ejecutado con hormigón de f_c' = 280 kg/cm^2 y acero de σ_y = 4200 kg/cm^2. Esta viga se va a someter en el laboratorio a un ensayo a rotura. Determine la carga P para la cual Ud. espera que la viga colapse. (Respuesta: Carga de colapso nominal P_u = 1,98 ton)

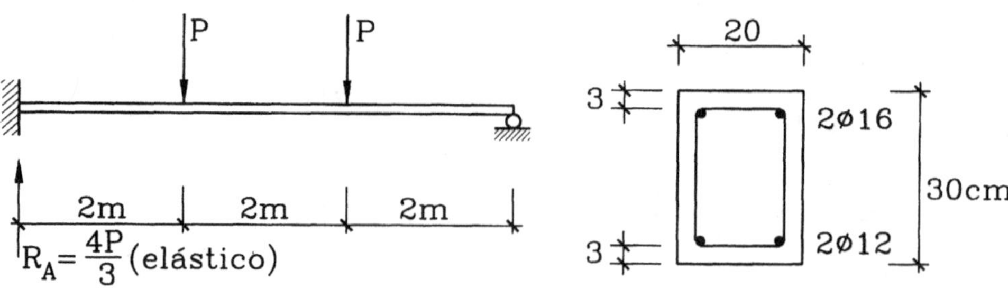

3.69 La viga de la figura soporta cargas de peso propio y sobrecarga de 7,7 y 8,85 ton/m respectivamente. Los materiales tienen propiedades $f_c' = 250$ y $\sigma_y = 4200$ kg/cm^2. Se usarán estribos de ϕ10 mm. Determinar el espaciamiento requerido. Usar espaciamiento variable por zonas. Graficar la solución. (Respuesta: 6ϕ10 a 18 desde 9 a 99 cm de la cara de ambos apoyos, ϕ10 a 25 al centro)

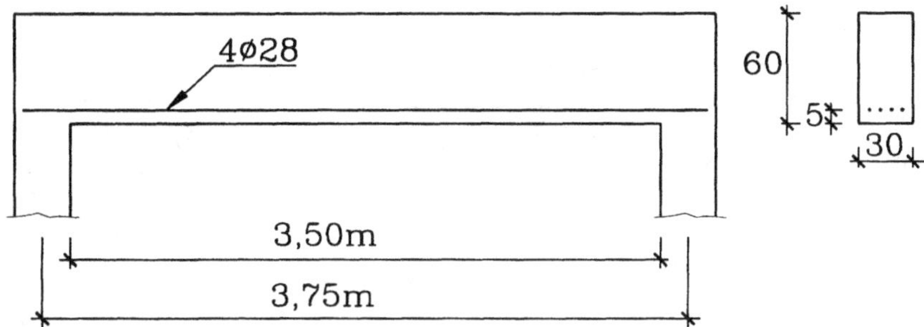

3.70 Dibujar el diagrama que entrega el esfuerzo de corte V_c resistido por el hormigón, el esfuerzo de corte V_s que resiste el refuerzo y el esfuerzo de corte total nominal $V_n = V_c + V_s$ para la viga continua de la figura. Dibujar el diagrama de esfuerzo de corte último de diseño $V_u = 1,4\,V_D + 1,7\,V_L$. Comparando los diagramas anteriores indicar si la armadura de corte de la viga es apropiada. Usar: carga permanente $q_D = 1,5$ ton/m, sobrecarga $q_L = 1,2$ ton/m, $f_c' = 250$ kg/cm^2, acero A44-28H.

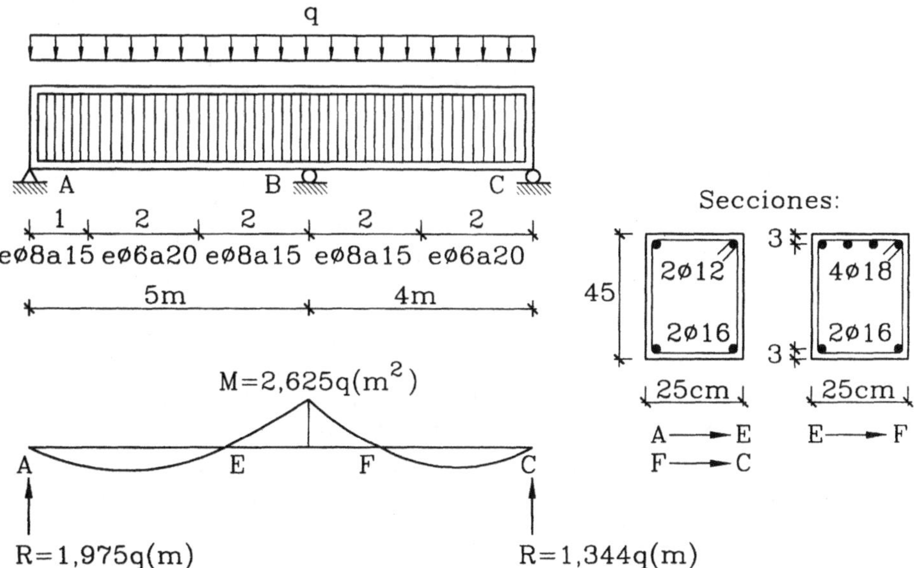

3.71 La viga de hormigón armado de la figura debe resistir una carga P compuesta de 400 kg debido a cargas de peso propio de otro elemento estructural, y de 500 kg debido a sobrecarga. Determinar la armadura por esfuerzo de corte en la sección B. Verificar si la armadura de flexión en la sección B es adecuada. Usar peso del hormigón = 2,4 ton/m^3, $f_c' = 190$ kg/cm^2, $\varepsilon_u = 0,003$, acero A44-28H, $E_s = 2100$ ton/cm^2.

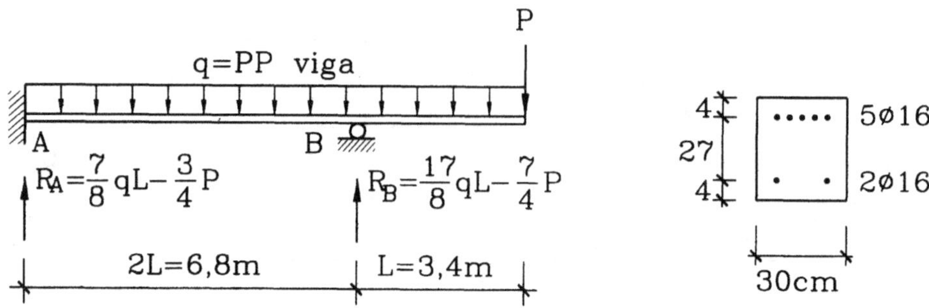

3.72 Determinar el momento flector admisible de la viga T de la figura. Incluir todas las armaduras. Las tensiones admisibles son 1800 y 120 kg/cm^2 en el acero y el hormigón respectivamente. Determinar la capacidad última nominal flexural. Estimar el factor seguridad como M_n/M_{adm}. Utilizando criterio de diseño último determinar la resistencia de corte última nominal de la viga. Usar $f_c' = 300$ y $\sigma_y = 2800$ kg/cm^2.

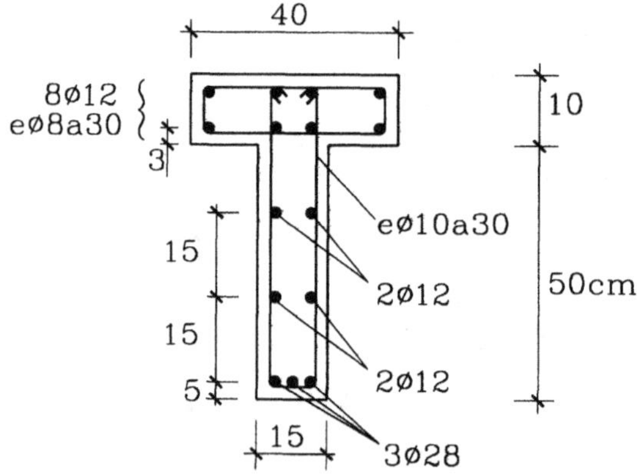

3.73 Diseñar una viga de hormigón armado sección rectangular de 6 metros de luz para su peso propio y una sobrecarga uniformemente distribuida de 300 kg/m. Utilizar diseño último. Considerar que existe una armadura secundaria mínima $A_s' = 2\phi12$ y que el ancho de la viga es de 25 cm. Usar materiales A44-28H y $f_c' = 250$ kg/cm^2. El diseño incluye: sección de hormigón armado, armadura principal, armadura de corte.

3.74 Las propiedades de los materiales de la estructura de la figura son las siguientes: hormigón $f_c' = 250$ kg/cm^2, $\varepsilon_u = 0,003$ y $E_c = E_s/10$; acero con $\sigma_y = 2800$ kg/cm^2 y $E_s = 2100$ ton/cm^2. a) Determine las armaduras requeridas en la viga en las secciones sometidas a mayor momento flector positivo y negativo, usando cálculo a la rotura; b) diseñar los estribos verticales en la viga. Para la capacidad al corte del hormigón utilizar la fórmula que incorpora la influencia de la cuantía de armadura flexural y suponer apoyos de 25 cm de ancho.

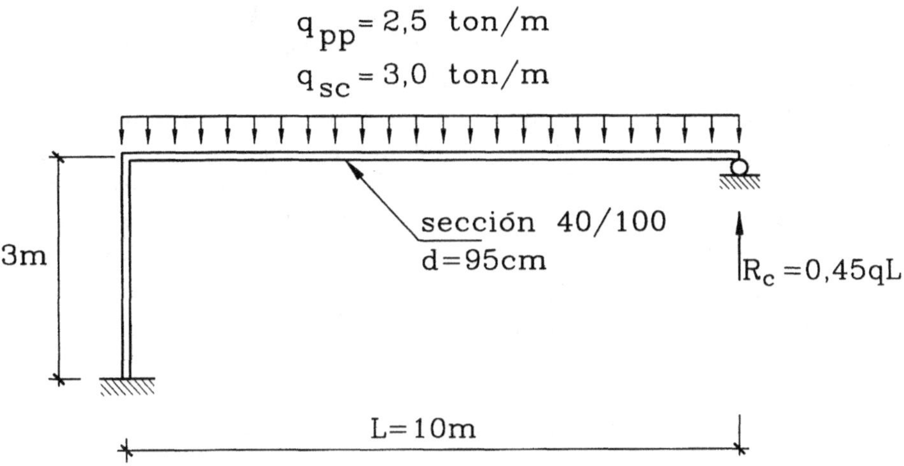

3.75 Se requiere diseñar las vigas 101-102 de la planta de la figura. Se sabe que la losa le trasmite a la viga una carga de 320 kg/m debido al peso propio de la losa y otra carga de 170 kg/m debido a la sobrecarga que actúa sobre la losa. a) Determine la altura h de la viga y la armadura de tracción en las secciones donde el momento alcanza su valor extremo usando cálculo en rotura; b) Determine la distribución de estribos en las secciones A y B. Usar $f_c' = 250$, $\sigma_y = 4200$ kg/cm^2, $E_s = 2100$ ton/cm^2, $E_c = E_s/9$.

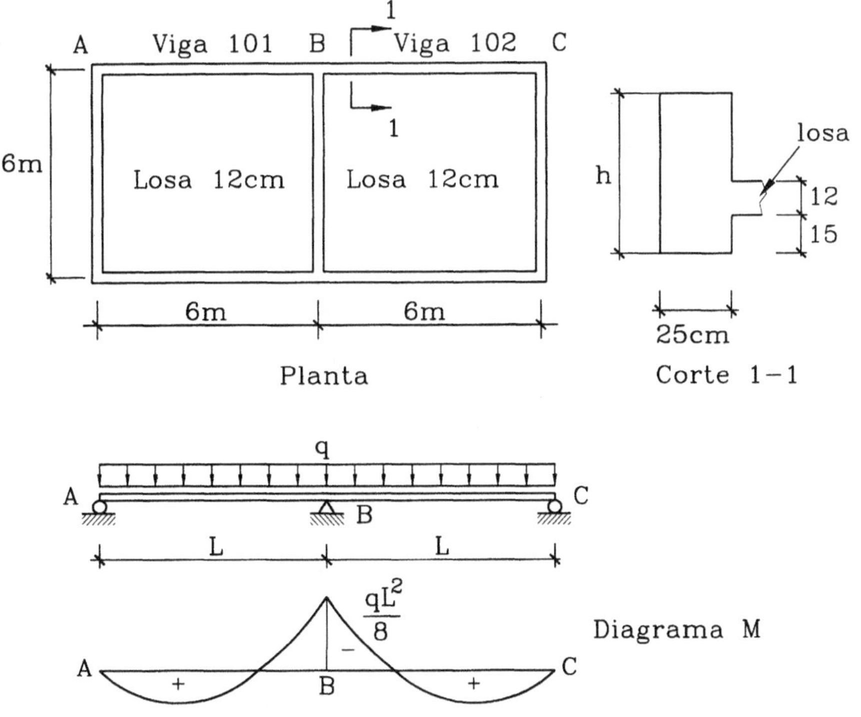

3.76 La viga de hormigón de la figura tiene cargas $q_D = 500$ kg/m y $q_L = 700$ kg/m, y materiales con $f_c' = 245$ y $\sigma_y = 4200$ kg/cm^2. a) Determine los diagramas de momento flector y esfuerzo de corte, suponiendo comportamiento elástico; b) Dimensione la sección rectangular de hormigón, usando el momento último (cálculo en rotura) en la sección más desfavorable y suponga que esta sección se mantiene constante para toda la viga; c) Diseñe la armadura longitudinal para toda la viga, usando cálculo en rotura (armadura superior e inferior). Indique la disposición de los fierros considerando una longitud de anclaje igual a 40ϕ; d) diseñe la armadura de corte usando estribos verticales; e) una vez que la viga está diseñada, determine el momento último nominal M_n (sin coeficientes de minoración ϕ) para cada una de las secciones críticas. Suponiendo que la carga de servicio $q_s = q_D + q_L$ se aumenta progresivamente, determinar el q_u de colapso para la viga. Compare este valor con $q_U = 1{,}4\, q_D + 1{,}7\, q_L$ y comente. Calcule el factor de seguridad para la carga de servicio (FS $= q_u/q_s$) y comente.

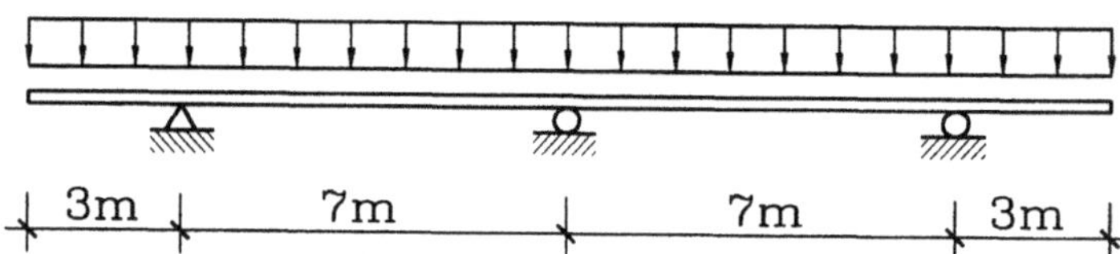

Capítulo 4

ELEMENTOS SOMETIDOS A FLEXION Y CARGA AXIAL

4.1 INTRODUCCION

Continuando con el esquema de presentación de los temas utilizado en este texto, corresponde abordar en este capítulo la flexión combinada con carga axial. Los elementos típicos sometidos a esta solicitación son las columnas de hormigón armado y acero, pero también se considerarán las condiciones especiales para el tratamiento de muros de albañilería y mampostería sin armar, y las distribuciones de tensiones en el terreno debidas a fundaciones y muros de contención. En estos últimos casos se aprovechará de completar la presentación entregando en forma introductoria algunos aspectos básicos para el diseño de estos elementos.

4.2 MATERIAL HOMOGENEO ELASTICO

4.2.1 Fórmulas de Interacción en Rango Elástico

Considérese una sección sometida a un esfuerzo axial P y a un momento flector M, como la mostrada en la Fig. 4.1. El primer aspecto importante de enfatizar es que de acuerdo a la forma en que se procede en el Análisis Estructural, estos esfuerzos internos están referidos al centro de gravedad de la sección, es decir, P se supone actuando en el centro de gravedad y el momento flector se ha calculado con respecto a dicho punto, o sea, $M = M_{CG}$. Esto no es trivial ya que, al contrario de lo que ocurría en flexión simple (sin carga axial), el momento será distinto si se usa otro punto de referencia en la sección, por lo que se debe ser cuidadoso al plantear las ecuaciones de equilibrio, precaución que no era necesaria en la flexión simple.

Un segundo aspecto que interesa destacar es que las fórmulas de interacción son un método muy útil para abordar el efecto combinado de flexión con carga axial, de modo que a lo largo de este capítulo se verán varias formas de ellas aplicadas a distintas condiciones, como por ejemplo, para evaluar la capacidad límite de una sección de material no homogéneo, y también cuando se incluye el fenómeno de pandeo de un elemento de acero. De esto último surge un tercer aspecto clave de distinguir: una cosa es el análisis de una "sección" y otra el de un "elemento"; este último por cierto debe tener en cuenta la posibilidad de inestabilidad.

En esta Sección se considerará el caso más elemental. Una sección de material homogéneo, por ejemplo madera o acero, en que la carga axial puede ser de tracción o compresión, y sin pandeo. Suponiendo flexión uni-axial solamente, la distribución de tensiones dada por la Ec. 4-1 corresponde a la superposición de las tensiones que muestra la Fig. 4.1:

$$\sigma = \frac{P}{A} + \frac{M}{I} y \tag{4-1}$$

en que se ha asignado signo positivo a las tensiones de compresión. Esto último es arbitrario y puede por cierto utilizarse en forma opuesta, lo único que importa es ser consistente y cuidadoso con los signos.

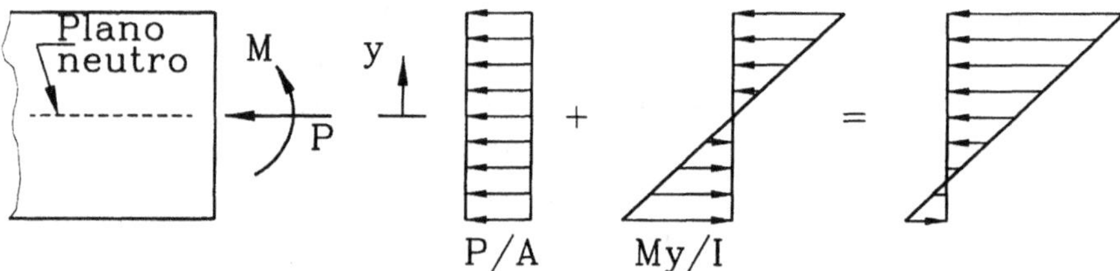

Figura 4.1
Superposición de tensiones

En diseño elástico por tensiones admisibles la condición de diseño es que la tensión máxima no exceda la tensión admisible, o sea:

$$\frac{P}{A} + \frac{M}{W} \leq \sigma_{adm} \tag{4-2}$$

Definiendo $P_{adm} = A\sigma_{adm}$ como la carga axial admisible si no existiera momento flector, y $M_{adm} = W\sigma_{adm}$ como el momento admisible si P fuera nula, se puede deducir de la Ec. 4-2 la siguiente fórmula de interacción correspondiente a las combinaciones de (P,M) en el límite admisible:

$$\frac{P}{P_{adm}} + \frac{M}{M_{adm}} = 1 \tag{4-3}$$

donde la Ec. 4-3 es, por cierto, una línea recta como se muestra en la Fig. 4.2, recta que delimita el área achurada que comprende todos los diseños que satisfacen la tensión admisible del material.

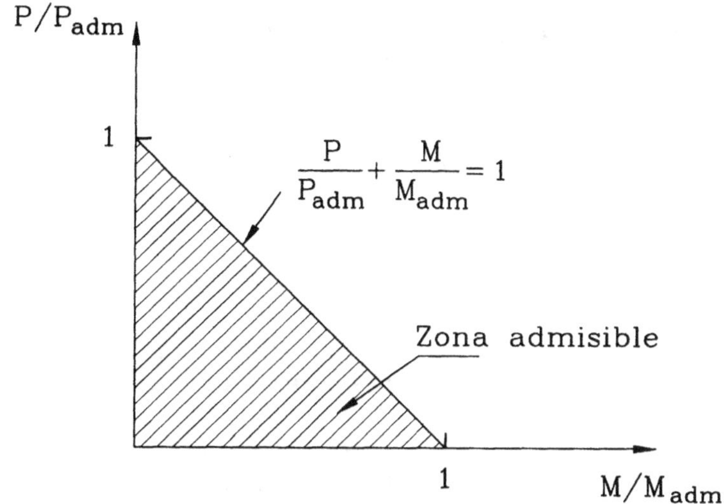

Figura 4.2
Fórmula de interacción para flexión con carga axial en diseño elástico

La condición de diseño representada por las ecuaciones anteriores suele extenderse directamente a diversas situaciones en que las tensiones admisibles de flexión y carga axial son distintas, expresándose en términos de tensiones en la forma siguiente:

$$\frac{\sigma_a}{\sigma_a^{\,adm}} + \frac{\sigma_b}{\sigma_b^{\,adm}} \leq 1 \tag{4-4}$$

en que σ_a es la tensión debido a carga axial (P/A) y $\sigma_a^{\,adm}$ la tensión admisible correspondiente (tracción o compresión), mientras que σ_b y $\sigma_b^{\,adm}$ son las tensiones debido a flexión (M/W) y admisible correspondientes. Ambos cuocientes en la Ec. 4-4 suelen llamarse "factores de utilización", ya que representan la fracción utilizada de las capacidades admisibles axial y por flexión respectivamente. La suma de ambos es el factor de utilización total de la sección, que por economía debe ser próximo a 1.

El criterio implícito en la Ec. 4-4 se extiende a casos bastante complejos como se verá más adelante. Por el momento se puede señalar un ejemplo simple como el de la madera, cuya tensión admisible de compresión paralela a las fibras es menor que la tensión admisible de flexión, caso típico en el cual se puede emplear la Ec. 4-4.

4.2.2 Núcleo Central en Compresión Excéntrica

El tema que se presenta en esta Sección apunta a identificar las condiciones bajo las cuales la flexión con compresión no produce tensiones de tracción en la sección, objetivo que tiene importancia en varios casos que se señalarán más adelante. Sea la columna de sección rectangular de la Fig. 4.3.a sometida a la carga axial P con excentricidades e_x y e_y medidas con respecto a los ejes de referencia centroidales indicados. La sección queda sometida a flexión bi-axial, con momentos flectores:

$$M_x = P\,e_y \tag{4-5.a}$$

$$M_y = P\,e_x \tag{4-5.b}$$

respecto a los ejes x e y respectivamente. Nuevamente, tomando como positiva la compresión, la distribución de tensiones normales a la sección queda dada por:

$$\sigma = \frac{P}{A} + \frac{M_x}{I_x}\,y + \frac{M_y}{I_y}\,x$$

que con:

$$I_x = \frac{b\,h^3}{12} \qquad\qquad I_y = \frac{h\,b^3}{12}$$

$$r_x = \sqrt{\frac{I_x}{A}} = \frac{h}{\sqrt{12}} \qquad\qquad r_y = \sqrt{\frac{I_y}{A}} = \frac{b}{\sqrt{12}}$$

y utilizando las Ecs. 4-5, puede escribirse como:

$$\sigma = \frac{P}{A}\left(1 + \frac{e_y}{r_x^2}\,y + \frac{e_x}{r_y^2}\,x\right) \tag{4-6}$$

El eje neutro de la sección, es decir, el lugar geométrico de los puntos de ella que tienen $\sigma = 0$, está determinado por la línea recta que satisface la ecuación:

$$1 + \frac{e_y}{r_x^2}\,y + \frac{e_x}{r_y^2}\,x = 0 \tag{4-7}$$

recta que intercepta los ejes en los puntos $(0,-r_x^2/e_y)$ y $(-r_y^2/e_x,0)$ como lo ilustra la Fig. 4.3.b. La figura muestra también las zonas comprimidas y traccionadas de la sección, en las que los puntos más comprimidos y más traccionados son obviamente los más alejados del eje neutro, es decir, los vértices de la sección en el primer y tercer cuadrante respectivamente.

La condición para que no exista tracción en ningún punto de la sección equivale a exigir que $\sigma \geq 0$ en el punto $x = -b/2$, $y = -h/2$. Reemplazando en la Ec. 4-7 se obtiene:

$$\frac{6}{h}\,e_y + \frac{6}{b}\,e_x \leq 1 \qquad (4\text{-}8)$$

expresión lineal en las excentricidades e_x y e_y de la carga P, que, como era de esperar, constituye una limitación para ellas. Es fácil comprobar que la Ec. 4-8 se satisface si la carga no abandona el llamado "núcleo central", rombo de diagonales b/3 y h/3, que se muestra en la Fig. 4.4.

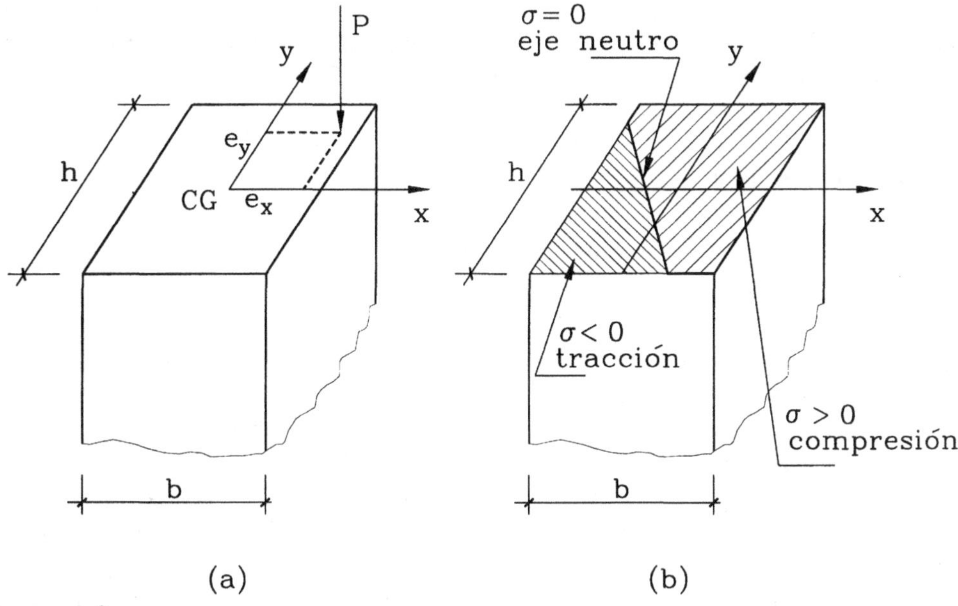

Figura 4.3
Columna sometida a compresión excéntrica: (a) excentricidad de la carga, (b) eje neutro

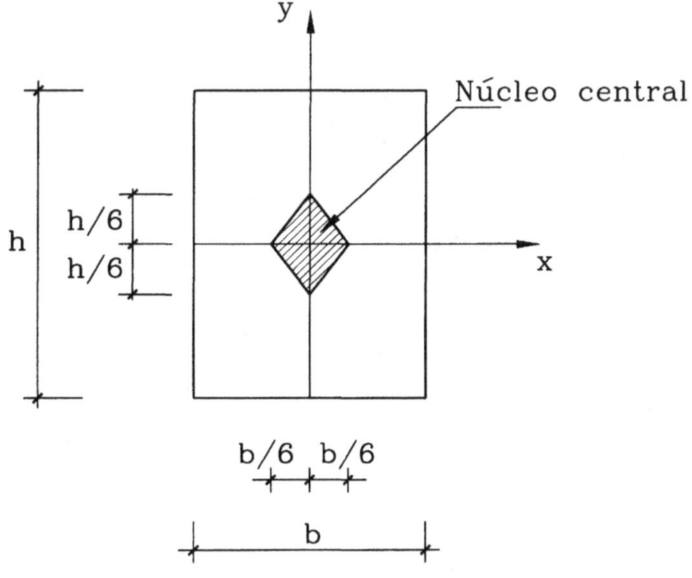

Figura 4.4
Núcleo central para una sección rectangular

La condición de que no exista tracción es importante en varios tipos de diseño. En fundaciones por ejemplo, la zona de contacto entre la zapata y el terreno sólo puede quedar sometida a compresión, ya que el suelo no es capaz de tomar tracción. Igualmente, pilares o muros de albañilería sin armar o mamposterías de piedra, son materiales de extremadamente baja resistencia a la tracción (los morteros de pega son débiles e incluso se omiten en mamposterías artesanales), por lo que ésta se supone nula para efectos de diseño. También es el caso de los muros de contención de tierra construidos en piedra, que se denominan "muros gravitacionales" porque es su propio peso el que debe darles la estabilidad para resistir el empuje de las tierras contenidas.

4.2.3 Fundaciones

4.2.3.1 Presiones de Contacto. Seguridad al Volcamiento y Deslizamiento

Las fundaciones cumplen la función de distribuir en el terreno los esfuerzos de los elementos estructurales que se apoyan en él. La Fig. 4.5 muestra una columna de acero, material capaz de soportar altas tensiones de trabajo, las que deben reducirse a presiones admisibles de contacto entre la placa base y el hormigón. Estas tensiones de compresión no deben exceder $0,25\ f_c'$ si la placa base cubre la totalidad del hormigón, o $0,375\ f_c'$ si sólo cubre un tercio del área de hormigón. Finalmente, en el plano de contacto de la fundación con el terreno las tensiones admisibles de compresión se reducen a valores del orden de 0,5 a 6 kg/cm^2 para carga estática. La gran diferencia de tensiones entre la estructura y el terreno explica que típicamente las fundaciones sean muy voluminosas.

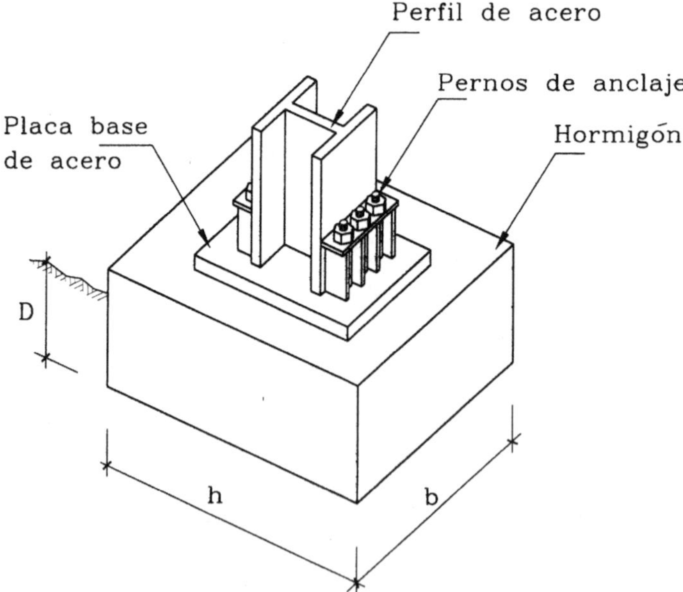

Figura 4.5
Columna de acero y su fundación

La Mecánica de Suelos es la disciplina que estudia las propiedades físicas y mecánicas de los suelos, el comportamiento y estabilidad de masas de suelo, y la capacidad soportante de los suelos. La aplicación de estos conceptos al análisis y diseño de fundaciones, pavimentos, túneles, obras portuarias y similares conforman la disciplina de la Ingeniería Geotécnica, rama fundamental de la Ingeniería Civil. En esta Sección y en la siguiente se presentarán conocimientos de estas materias, escasamente necesarios para la comprensión básica de los temas tratados.

Las tensiones admisibles en el terreno antes mencionadas dependen de muchos factores. Obviamente del tipo de suelo y sus condiciones. En el caso de arenas (suelos no-cohesivos), los valores más bajos se aplican a arenas finas, sueltas, y saturadas, los cuales aumentan con la densidad relativa hasta llegar a los valores más altos para gravas y arenas gruesas densas; en el caso de suelos finos cohesivos, como la arcilla, son desfavorables la presencia de humedad y la baja resistencia a la compresión, usándose las tensiones admisibles más altas en arcillas secas y duras. A su vez, las tensiones admisibles no se basan únicamente en un criterio de resistencia del suelo, sino también en la necesidad de limitar el asentamiento de las zapatas, especialmente porque asentamientos no uniformes de las fundaciones pueden tener como consecuencia que se dañe la superestructura que ellas soportan. Otros aspectos relevantes vinculados a la capacidad soportante son las condiciones de estratificación del terreno, la forma de la fundación (circular o rectangular), la profundidad de la fundación (superficial si $D \leq h/2$, profunda si $h \leq D \leq 3h$, con referencia a la simbología de la Fig. 4.5), y la proporción de sus lados (zapata aislada si $h/b \approx 1$, o zapata corrida si $h/b \to 0$). La Fig. 4.6.a muestra zapatas corridas típicas para recibir muros, o que soportan dos o más elementos verticales con viga rigidizante como muestra la figura 4.6.b.

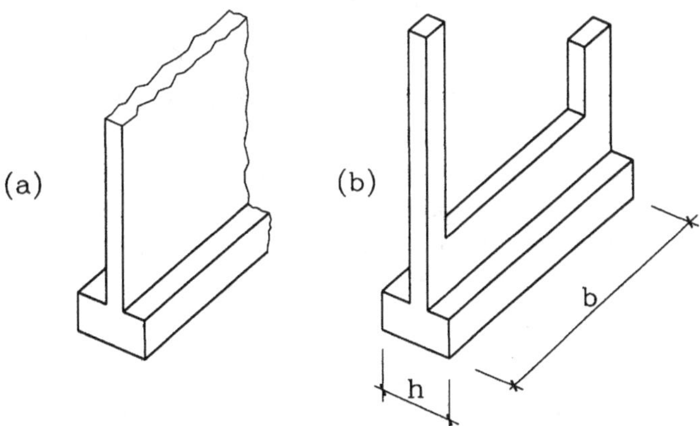

Figura 4.6
Zapatas corridas: (a) para muros, (b) zapata combinada para dos columnas con viga rigidizante

La distribución de las presiones en la superficie de contacto entre la zapata y el terreno depende del tipo de suelo y de la rigidez de la zapata. La solución teórica del caso de una zapata corrida infinitamente rígida ($k = \infty$), uniformemente cargada, que descansa sobre un medio semi-infinito perfectamente elástico, homogéneo e isótropo se muestra en la Fig. 4.7.a, alcanzando valores de aproximadamente 0,7 σ_o al centro, en que $\sigma_o = P/(bh)$, e infinito en los bordes; para una zapata infinitamente flexible ($k = 0$) la presión de contacto es uniforme e igual a σ_o. En un material soportante real no es posible desarrollar una tensión infinita en los bordes, ya que antes se alcanzará el límite elástico del material, de modo que la distribución de tensiones se parece más a la forma que muestra la Fig. 4.7.b; esta distribución puede considerarse representativa de un suelo cohesivo (arcilla). En el caso de una zapata rígida o flexible sobre suelo no-cohesivo (arena seca) la distribución de tensiones es como la que muestra la Fig. 4.7.c, con un valor máximo al centro y llegando a cero en los bordes debido a que los granos de arena tenderán a desplazarse lateralmente en los bordes; si la zapata se funda a cierta profundidad la tensión en los bordes no es nula, pero tiene un valor límite y es siempre menor que aquélla al centro (ver Winterkorn y Fang, 1975; Terzaghi y Peck, 1963).

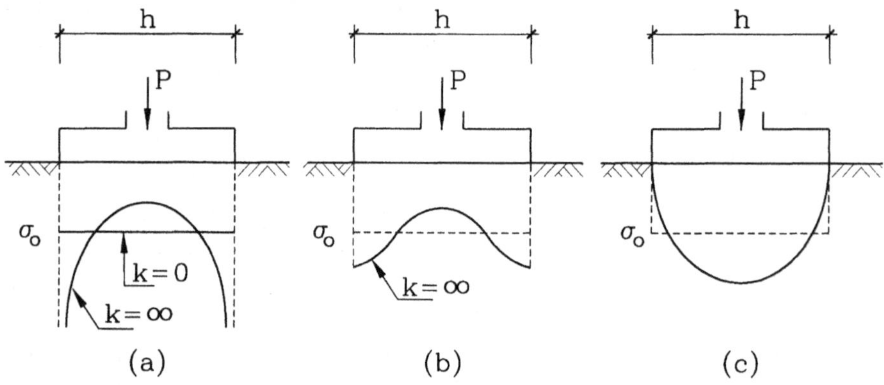

Figura 4.7
Presiones de contacto en zapata corridas rectangulares: (a) sobre material elástico ideal bajo fundaciones infinitamente rígida e infinitamente flexible, (b) fundación rígida sobre suelo cohesivo, (c) suelo no-cohesivo

En el diseño práctico es común simplificar el problema asumiendo una distribución de tensiones uniforme, o una variación lineal equivalente a la Ec. 4-1 cuando se incluye la acción de un momento sobre la zapata. Esta hipótesis es conservadora en el caso de suelos no cohesivos para efectos del dimensionamiento de la zapata, aunque ligeramente no conservadora en el caso de suelos cohesivos; en este último caso pueden eventualmente usarse recomendaciones aproximadas para incorporar el aumento de tensiones en los bordes de la zapata.

Para el cálculo de las presiones de contacto hay que distinguir entre los esfuerzos que resultan del análisis de la estructura y las solicitaciones en la superficie de contacto de la zapata con el terreno. La Fig. 4.8.a muestra las reacciones de n, m y v en los apoyos de las columnas en el modelo de análisis, las que actúan sobre la fundación como muestra la Fig. 4.8.b. Esta última figura muestra las solicitaciones en la base de la fundación:

$$N = n + W$$

$$M = \mathcal{M} + \mathcal{V}\,H$$

$$V = \mathcal{V}$$

en que W es el peso de la zapata. En una zapata superficial como la de la Fig. 4.8 se ignora el peso del terreno sobre la fundación y el efecto del suelo que rodea a la zapata por sobre el plano de contacto de ella con el terreno, aun para efectos de la verificación de la seguridad al deslizamiento y al volcamiento. A continuación se considerarán estas verificaciones junto al cálculo de presiones de contacto para dos casos: carga dentro y fuera del núcleo central. En ambos casos, por simplicidad, se considerará flexión en una dirección solamente.

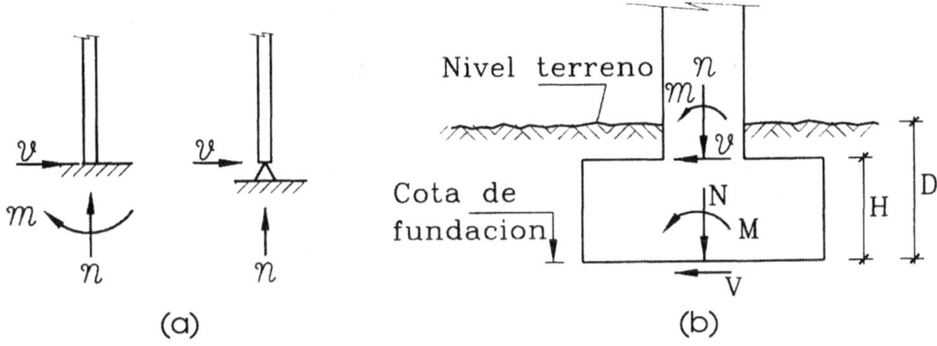

Figura 4.8
Cargas sobre una zapata: (a) reacciones de columnas, (b) solicitaciones en la base de la fundación

a) Carga en el Tercio Central. Ley del Trapecio

En el caso de flexión uni-axial el núcleo central (Fig. 4.4) se reduce a una línea de longitud igual a un tercio del lado de la fundación, lo que explica el término "tercio central" utilizado. La distribución de tensiones de contacto es trapecial, como muestra la Fig. 4.9.a, con:

$$\sigma_{max} = \frac{N}{A}\left(1 + 6\,\frac{e}{h}\right) \tag{4-9.a}$$

$$\sigma_{min} = \frac{N}{A}\left(1 - 6\,\frac{e}{h}\right) \tag{4-9.b}$$

$$e = \frac{M}{N} \le \frac{h}{6} \tag{4-9.c}$$

y A = bh. La verificación de capacidad soportante del suelo implica la condición:

$$\sigma_{max} \le \sigma_{adm\ terreno} \tag{4-10}$$

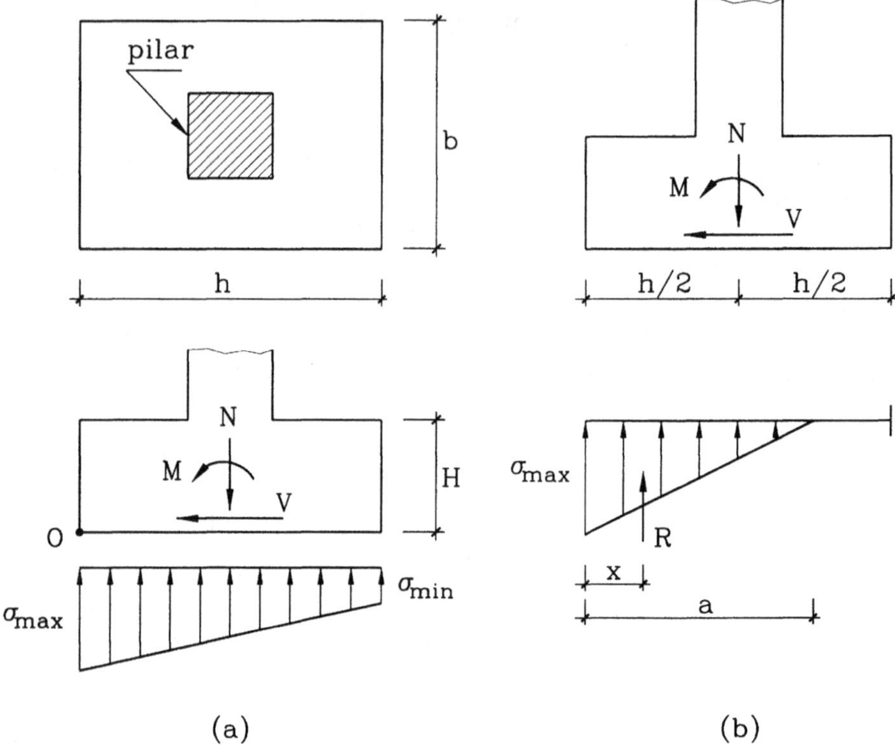

Figura 4.9
Presiones de contacto en el terreno: (a) ley del trapecio, (b) ley del triángulo

El factor de seguridad al volcamiento se define como el cuociente entre el momento resistente o estabilizante y el momento volcante, con respecto al borde de la zapata (arista "O" en la Fig. 4.9.a):

$$M_{volcante} = M$$

$$M_{resistente} = N\,\frac{h}{2}$$

$$FS_{volcamiento} = \frac{M_{resistente}}{M_{volcante}} = \frac{N\,h}{2\,M} = \frac{h}{2\,e} \tag{4-11}$$

como la carga está en el tercio central se cumple la Ec. 4-9.c, la que combinada con la Ec. 4-11 permite concluir que en este caso:

$$FS_{volcamiento} \geq 3$$

Por otra parte, la verificación del factor de seguridad al deslizamiento de la fundación se evalúa comparando la solicitación de corte V con la resistencia al deslizamiento $P_{deslizamiento}$ en la base de la fundación:

$$P_{deslizamiento} = N \, tg\phi + A \, c_a \tag{4-12}$$

en que ϕ es el ángulo de fricción interna del suelo (tg $\phi = \mu$ = coeficiente de roce), y c_a es la adherencia entre la fundación y el suelo y que puede tomarse igual a la resistencia al corte no-drenada del suelo. Los suelos no-cohesivos como la arena sólo ofrecen resistencia por fricción ($c_a = 0$), o sea, se utiliza sólo el primer término de la Ec. 4-12, mientras que suelos puramente cohesivos (arcilla) sólo ofrecen resistencia por adherencia ($\phi = 0$). El factor de seguridad al deslizamiento es entonces:

$$FS_{des} = \frac{N \, tg\phi + A \, c_a}{V} \tag{4-13}$$

el que no debe ser menor que 2.

b) Carga Fuera del Tercio Central. Ley del Triángulo

Es posible satisfacer la condición para las tensiones en el terreno (Ec. 4-10) aun cuando la excentricidad exceda el límite del tercio central, en cuyo caso:

$$e = \frac{M}{N} > \frac{h}{6}$$

y las Ecs. 4-9.a y 4-9.b no son válidas, ya que implicarían tensiones de tracción ($\sigma < 0$) que el suelo no es capaz de ejercer. Cabe destacar que en este caso no sólo disminuye la seguridad al volcamiento y al deslizamiento, sino también aumenta la tendencia al giro de la fundación, lo que puede tener consecuencias respecto a las hipótesis de vinculación que se hicieron en la etapa de análisis de la estructura.

En este caso la distribución de las tensiones de contacto es triangular, como lo indica la Fig. 4-9.b. La resultante de esta distribución está dada por:

$$R = \frac{1}{2} \sigma_{max} \, a \, b \tag{4-14}$$

y las condiciones de equilibrio de fuerzas verticales y momentos son:

$$R = N$$

$$M = R\left(\frac{h}{2} - x\right)$$

de donde:

$$e = \frac{M}{N} = \frac{h}{2} - x$$

y

$$x = \frac{h}{2} - e$$

Pero $a = 3x$, y de la Ec. 4-14 se tiene $\sigma_{max} = 2R/ab$, luego:

$$a = 3\left(\frac{h}{2} - e\right) \qquad (4\text{-}15)$$

$$\sigma_{max} = \frac{2N}{3b\left(\dfrac{h}{2} - e\right)} \qquad (4\text{-}16)$$

La condición de ley del triángulo en general se acepta sólo si el factor de seguridad al volcamiento es al menos igual a 2, lo que de acuerdo a la Ec. 4-11 implica limitar la excentricidad conforme a:

$$e = \frac{M}{N} \leq \frac{h}{4} \qquad (4\text{-}17.a)$$

Si se reemplaza la Ec. 4-17.a en la Ec. 4-15, se puede observar que la condición anterior es equivalente a exigir:

$$\frac{a}{h} \geq 3\left(\frac{1}{2} - \frac{1}{4}\right) = 0,75 \qquad (4\text{-}17.b)$$

o sea, exigir un mínimo de 75 % de área en compresión bajo la fundación. Sin embargo, la Norma de Diseño Sísmico de Edificios (Nch433) exige por lo menos un 80% de área de contacto, requiriendo una justificación especial para porcentajes menores. Para la verificación del factor de seguridad al deslizamiento debe utilizarse el área efectiva de contacto de la fundación con el terreno, es decir, en la Ec. 4-12 debe sustituirse A por A'=ab.

Al concluir esta Sección es conveniente destacar que las verificaciones a que ella se refiere se realizan con esfuerzos N, V y M en la base de la fundación asociados a cargas a nivel de servicio, es decir, con un criterio de diseño elástico de tensiones admisibles. En el diseño por resistencia del elemento mismo, que se abordará en la sección siguiente, se puede proceder ya sea con criterio de tensiones admisibles, o con criterio de capacidad límite, siendo este último el más comúnmente utilizado.

4.2.3.2 Dimensionamiento de Zapatas de Hormigón Armado

a) Aspectos Generales y Diseño en Flexión

En la Sección anterior se presentaron sólo esquemas de zapatas de sección constante, aunque en realidad también pueden realizarse zapatas escalonadas o con pendiente (Fig. 4.10.a y 4.10.b) con el objeto de ahorrar hormigón donde no es necesario. Sin embargo, antes de tomar una decisión hay que evaluar los costos, ya que el mayor moldaje requerido puede revertir la posible economía en hormigón. Por otra parte, constituye también una desventaja la dificultad para obtener continuidad efectiva del hormigón en fundaciones escalonadas hormigonadas en etapas, ya que las precauciones requeridas para lograrlo tienen también un costo adicional.

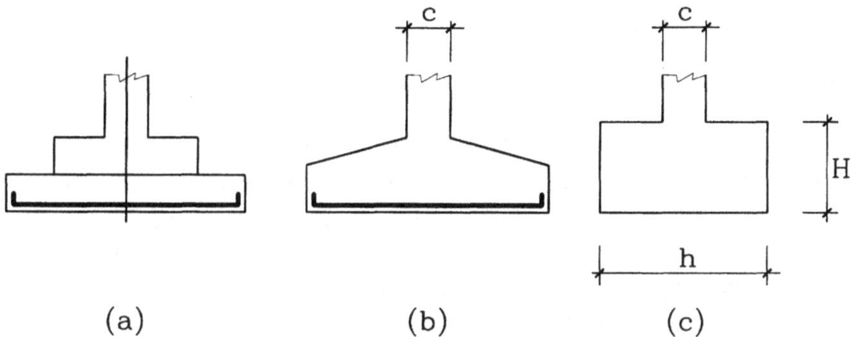

Figura 4.10
Zapatas aisladas: (a) escalonada, (b) espesor variable, (c) sin armar

Por economía es deseable evitar la armadura de flexión en la zapata, para ello se las proporciona con suficiente altura, típicamente $H > h/2$ o según sea necesario (Fig. 4.10.c). Esta solución es especialmente efectiva en zapatas corridas que dan apoyo a muros, particularmente de albañilería (Fig. 4.6.a). El criterio de diseño consiste en considerar el hormigón como material homogéneo y limitar la tensión última nominal de tracción del hormigón a:

$$f_{tn} = 1{,}33 \sqrt{f_c'} \qquad \text{(4-18.a)}$$

utilizando un factor de minoración $\phi = 0{,}65$, luego:

$$\sigma_{tU} \leq 0{,}65\, f_{tn} \qquad \text{(4-18.b)}$$

con f_c' en kg/cm^2. La tensión última de tracción σ_{tU} se calcula en la sección crítica, que puede tomarse a distancia c/4 del eje de la fundación para zapata corrida, o c/2 del eje para zapata aislada. Siendo M_U el momento flector último (mayorado) en la sección crítica, para una longitud b de zapata (usualmente se trabaja con b = 1 m), debido a las presiones de contacto menos el peso propio de la porción correspondiente de zapata, la tensión de tracción correspondiente al momento último es:

$$\sigma_{tU} = \frac{6\,M_U}{b\,H^2} \qquad (4\text{-}19)$$

con H indicado en la Fig. 4.10.c. Cuando se requieren armaduras de flexión, se calculan idénticamente a una viga. En todo caso las armaduras deben tener una cuantía mínima de un 2/1000 del área de la sección.

Por otra parte, en zapatas rectangulares con acción en dos sentidos, el refuerzo en la dirección corta no debe disponerse en forma uniforme, sino asignar la fracción $2/(\beta + 1)$ a una faja central de ancho igual a la dimensión corta de la fundación, repartiendo el resto uniformemente en las fajas laterales; β es el cuociente entre la dimensión larga y la corta de la fundación ($\beta > 1$).

En zapatas armadas y muros o columnas en contacto con el terreno deben usarse mayores recubrimiemtos de protección de las armaduras: 5 cm en hormigón expuesto al terreno o intemperie y 7,5 cm en elementos hormigonados directamente contra el terreno. Bajo las fundaciones es común y conveniente el uso de "emplantillado" de hormigón pobre de 10 cm de espesor mínimo; este permite nivelar las irregularidades de la excavación y proporciona una superficie nivelada para disponer las armaduras de refuerzo. Además, la profundidad efectiva de las armaduras debe ser a lo menos de 15 cm (Fig. 4.11).

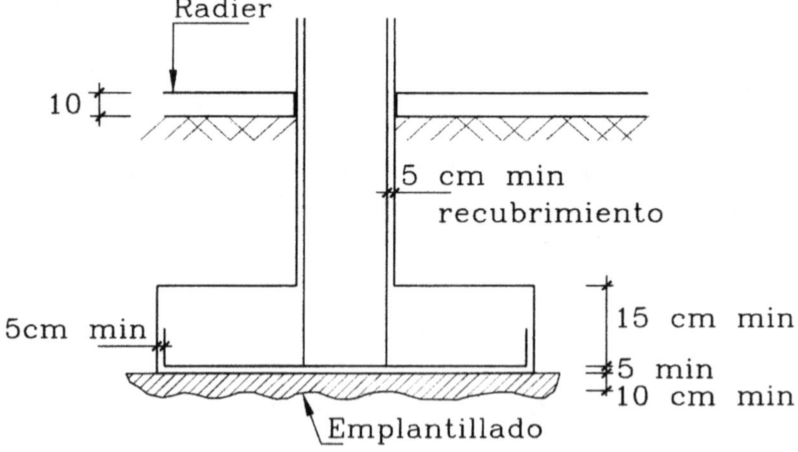

Figura 4.11
Disposiciones para las armaduras

b) Diseño al Esfuerzo de Corte

Con la excepción de las losas de fundación, es común que el espesor de la fundación quede controlado por la resistencia al corte, dándose el espesor requerido para que no sea necesario utilizar armadura de corte. El uso de armadura de corte en fundaciones es en general muy oneroso, de manera que debe limitarse a casos excepcionales.

La verificación al corte en zapatas requiere considerar dos casos: la llamada acción en un sentido o "efecto de viga" y la acción en dos sentidos o "efecto de punzonamiento". Las secciones críticas que deben considerarse en cada caso se muestran en la Fig. 4.12. El factor de minoración de resistencia en cualquier caso es $\phi = 0,85$.

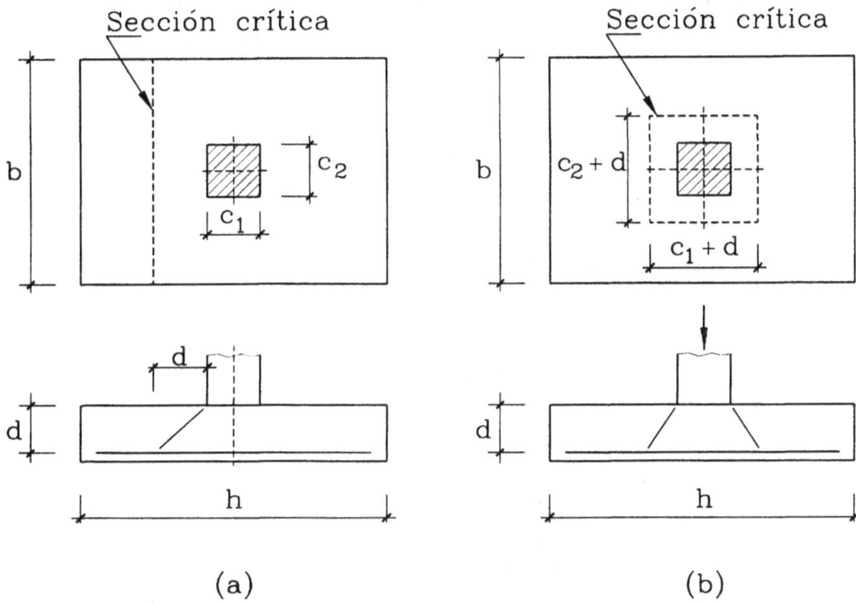

Figura 4.12
Secciones críticas para verificación al corte en zapatas: (a) acción en un sentido, (b) punzonamiento

El diseño al corte para acción en un sentido o "efecto de viga" se realiza idénticamente a lo dispuesto para vigas en la sección 3.4.4.e, excepto que la armadura mínima calculada según la Ec. 3-144 se requiere sólo si $V_U \geq \phi\, V_c$; si la armadura requerida por cálculo es mayor que la mínima, prevalece la armadura de cálculo.

La resistencia última nominal del hormigón V_c para acción en dos sentidos o punzonamiento queda dada por el menor de los tres valores siguientes:

$$V_c = 0,53 \left(1 + \frac{2}{\beta_c} \right) \sqrt{f_c'}\; b_o\, d \qquad (4\text{-}20.a)$$

en que b_o es el perímetro de la sección crítica, β_c es la razón entre el lado mayor y el menor de la columna rectangular, y f_c' debe utilizarse en kg/cm^2,

$$V_c = 0{,}53 \left(\alpha_s \, \frac{d}{b_o} + 1 \right) \sqrt{f_c'} \; b_o \, d \qquad (4\text{-}20.b)$$

donde α_s es 20 para columnas interiores, 15 para columnas de borde y 10 para columnas-esquina, y

$$V_c = 1{,}06 \sqrt{f_c'} \; b_o \, d \qquad (4\text{-}20.c)$$

Si se requiere armadura de corte, la resistencia última nominal de corte $V_n = V_s + V_c$ se calcula igual que en las vigas (Ec. 3-139), excepto que para V_c no puede usarse un valor mayor que:

$$0{,}53 \sqrt{f_c'} \; b_o \, d$$

y por su parte V_n no debe exceder de:

$$1{,}6 \sqrt{f_c'} \; b_o \, d$$

Ejemplo 4.1

Calcular una zapata aislada para una columna de 50×60 cm, cuyos esfuerzos internos en la base son: $P_D = 150$ ton; $M_D = 30$ ton-m; $V_D = 2{,}8$ ton; $P_L = 120$ ton; $M_L = 24$ ton-m; $V_L = 2{,}2$ ton y la sobrecarga de piso es $q_L = 150$ kg/m^2. Las propiedades de los materiales son $f_c' = 191$ kg/cm^2 y $\sigma_y = 2800$ kg/cm^2. La tensión admisible del terreno σ_{adm} es de 3 kg/cm^2 a una cota de fundación de 1,5 m. Los pesos específicos de los materiales son: $\gamma_s = 1{,}6$ para el suelo y $\gamma_c = 2{,}5$ para el hormigón armado.

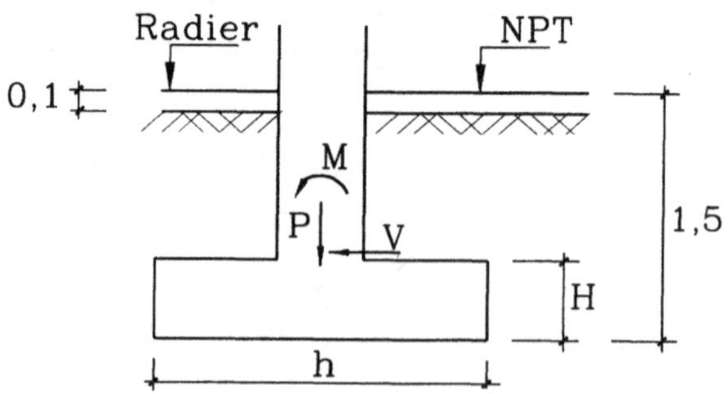

Figura E4.1.a

Solución: a) Dimensiones de la zapata para satisfacer σ_{adm} terreno. Sea 80 cm el espesor de la zapata. Las cargas distribuidas sobre su base son:

$$0,15 + (2,5)\,(0,1) + (1,6)\,(0,6) + (2,5)\,(0,8) \;=\; 3,36 \text{ ton/m}^2 = 0,336 \text{ kg/cm}^2$$

quedando:

$$\sigma_{disponible} = 3 - 0,336 = 2,664 \text{ kg/cm}^2$$

$$N = P_D + P_L = 270 \text{ ton}$$

$$M = 30 + 24 + (2,8 + 2,2)\,0,8 = 58 \text{ ton-m}$$

$$e \;=\; \frac{M}{N} \;=\; 0,215 \text{ m}$$

Sea h = 4,5 m, b = 3 m, A = (4,5)(3) = 13,5 m^2, luego e es menor que h/6 = 0,75 m y

$$\sigma_{max} = \frac{N}{A}\left(1 + \frac{6e}{h}\right) = \frac{270000}{135000}\left(1 + \frac{(6)\,(0,215)}{4,5}\right) = 2,57 \text{ kg/cm}^2 < 2,664$$

b) Verificación de la zapata al esfuerzo de corte.

$$P_D \;=\; 150 + (2,5)(0,8)(13,5) + (2,5)(0,1)(13,5 - 0,3) + (1,6)(0,6)(13,5 - 0,3)$$

$$P_D \;=\; 193 \text{ ton}$$

$$P_L \;=\; 120 + (0,15)(13,5 - 0,3) \;=\; 122 \text{ ton}$$

Las cargas últimas mayoradas son:

$$P_U = (1,4)(193) + (1,7)(122) = 478 \text{ ton}$$

$$M_U = (1,4)(30 + 2,8 \cdot 0,8) + (1,7)(24 + 2,2 \cdot 0,8) = 88,9 \text{ ton-m}$$

luego:

$$e = \frac{M_U}{P_U} = 0,186 < \frac{h}{6}$$

$$\sigma = \frac{478000}{135000}\left(1 \pm \frac{(6)(0,186)}{4,5}\right) = \begin{cases} \sigma_{max} = 4,42 \\ \sigma_{min} = 2,66 \end{cases}$$

con σ en unidades de kg/cm^2. Notar que esta distribución de tensiones no tiene relación alguna con las tensiones que actúan sobre el terreno para las cargas de servicio. Sólo sirven para calcular las cargas últimas sobre las secciones críticas de la fundación.

b_1) Acción en un sentido. La sección crítica se muestra en la Fig. E4.1.b, y suponiendo armadura $\phi22$ y recubrimiento de 7,5 cm (hormigonado contra el terreno):

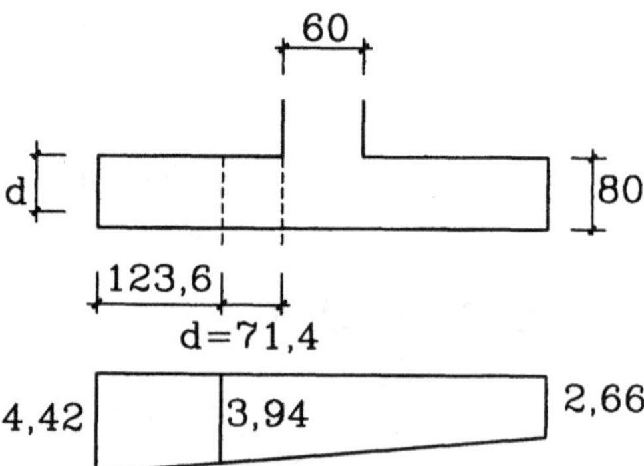

Figura E4.1.b

$$d = 80 - 7,5 - 1,1 = 71,4 \text{ cm}$$

$$V_U = \frac{(4,42 + 3,94)(123,6)(300)}{2} = 155 \text{ ton}$$

$$V_c = 0,53 \sqrt{f_c'} \, b \, d = 0,53 \sqrt{191} \, (300) \, (71,4) = 156,9 \ \text{ton}$$

$$V_n = V_c = 156,9 < \frac{V_U}{\phi} = \frac{155}{0,85} = 182,3 \ \text{ton} \rightarrow \text{No cumple}$$

Para evitar el uso de armadura por corte, se sube la altura de la zapata a 90 cm, manteniendo la cota de fundación:

$$\Delta P_D = (0,1) \, (2,5 - 1,6) \, (13,5 - 0,3) = 1,19 \ \text{ton}$$

$$\Delta P_U = 1,4 \, \Delta P_D = 1,66 \ \text{ton}$$

σ_{max} y σ_{min} tienen una variación despreciable. En referencia a la Fig. E4.1.c se tiene:

$$V_U = \frac{(4,42 + 3,98) \, (113,6) \, (300)}{2} = 143,1 \ \text{ton}$$

$$V_c = 0,53 \sqrt{191} \, (300) \, (81,4) = 178,9 \ \text{ton}$$

$$V_n = 178,9 > \frac{V_U}{\phi} = \frac{143,1}{0,85} = 168 \ \text{ton} \rightarrow \text{OK}$$

por lo tanto, no se necesita armadura de corte.

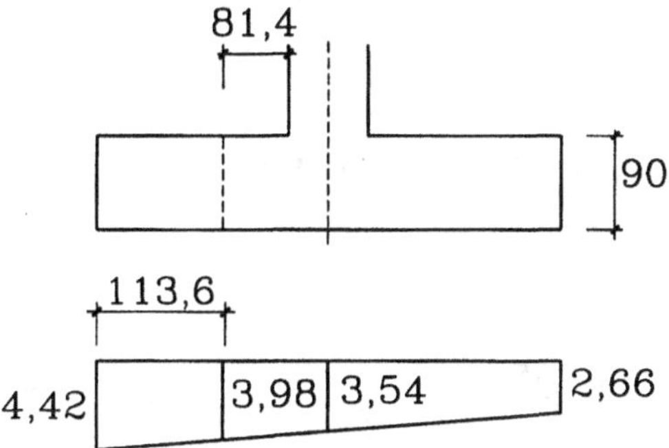

Figura E4.1.c

b$_2$) Punzonamiento. La sección crítica se muestra en la Fig. E4.1.d. Si se llama ΔP a la carga axial última transmitida por el área encerrada por la sección crítica:

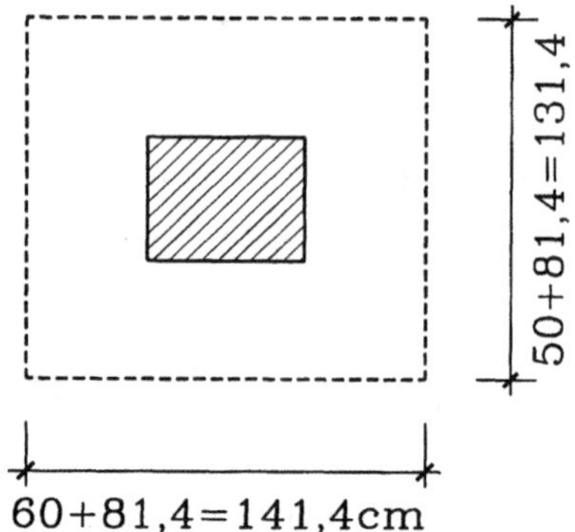

Figura E4.1.d

$$V_U = P_U - \Delta P$$

Para calcular ΔP se usará la tensión de compresión media (3,54 kg/cm^2), luego:

$$\Delta P = (131,4)\,(141,4)\,(3,54) = 65773 \ \text{kg} = 65,8 \ \text{ton}$$

$$V_U = 478 - 65,8 = 412,2 \ \text{ton}$$

En este caso controla la Ec. 4-20.c:

$$\beta_c = \frac{60}{50} = 1,2$$

$$V_c = 1,06 \ \sqrt{191} \ (141,4 + 131,4)\,(2)\,(81,4) = 650,6 \ \text{ton}$$

$$V_n = V_c = 650,6 > \frac{V_U}{\phi} = \frac{412,2}{0,85} = 485 \ \text{ton} \rightarrow \text{OK}$$

c) Verificación de la zapata en flexión. La sección crítica para flexión se muestra en la Fig. E4.1.e. El momento último es:

$$M_U = (3,66) \frac{(195)^2}{2} (300) + (4,42 - 3,66)(0,5)(195)^2 \left(\frac{2}{3}\right)(300)$$

$$M_U = 23765 \cdot 10^3 \text{ kg-cm} = 237,7 \text{ ton-m}$$

$$M_n \geq \frac{M_U}{\phi} = \frac{237,7}{0,9} = 264,1 \text{ ton-m}$$

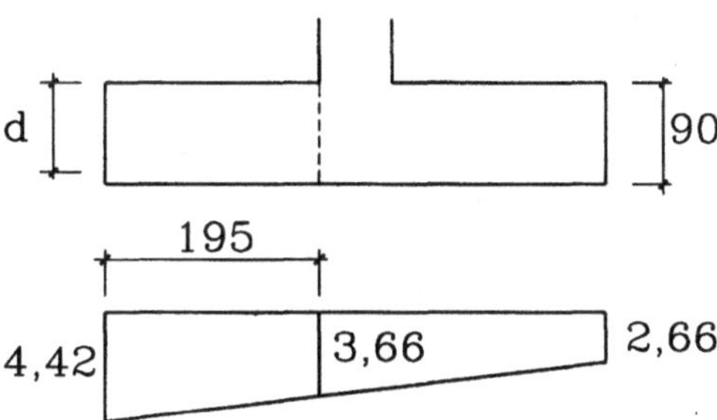

Figura E4.1.e

$$M_n = \rho \, \sigma_y \, b \, d^2 \left(1 - 0,59 \frac{\sigma_y}{f_c'} \rho\right)$$

suponiendo c = 8,25 cm:

$$A_s = \frac{(0,72)(191)(300)(8,25)}{2800} = 121,6 \text{ cm}^2$$

$$\rho = \frac{121,6}{(300)(81,4)} = 0,00498$$

$$M_n = (0,00498) \, (2,8) \, (3) \, (81,4)^2 \left(1 - 0,59 \, \frac{2800}{191} \, 0,00498\right)$$

$$M_n = 265,2 \text{ ton-m} > 264,1 \;\rightarrow\; OK$$

$$A_s = 121,6 \text{ cm}^2 < A_{s\,min} = (0,005)\,(300)\,(81,4) = 122,1 \text{ cm}^2$$

$$\text{Usar } A_s = 23\phi26 = 122,1 \text{ cm}^2$$

$$(\text{Con } \phi26 \quad d = 81,2 \text{ y } M_n = 269,4 \;\rightarrow\; OK).$$

En la dimensión menor suponer $q = cte = 3,54 \text{ kg/cm}^2$. La sección a verificar es la indicada en la planta de la Fig. E4.1.f:

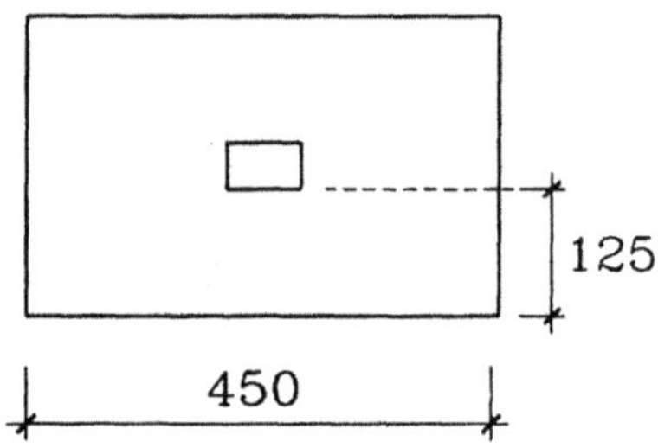

Figura E4.1.f

$$M_U = (3,54) \, \frac{(125)^2}{2} \, (450) = 124,5 \text{ ton-m}$$

Requerirá $\rho<0,005$. Considerar $M_U = (1,33)(124,5) = 165,6$ y $M_n > 165,6/0,9 = 184$ t-m. La cuantía requerida aproximada es:

$$\rho = M_n/(\sigma_y bd^2) = 184/(2,8)(4,5)(81,2-2,6)^2 = 0,00236$$

$$A_s = \rho db = (0,00236)(450)(78,6) = 83,6 \text{ cm}^2$$

Usar $17\phi26 = 90{,}25$ cm^2, o sea $\rho=0{,}00255$, cuantía no menor a 0,002 que corresponde a la cuantía mínima de retracción y temperatura. Entonces resulta $M_n=194$ t-m > 184, OK.

Reparto de la armadura en la dirección corta:

$$\frac{2}{\beta + 1} = \frac{2}{1{,}5 + 1} = 0{,}8$$

$$(0{,}8)\,(17) = 13{,}6$$

Usar $13\phi26$ en faja central y $2\phi26$ en cada faja lateral como muestra la Fig. E4.1.g.

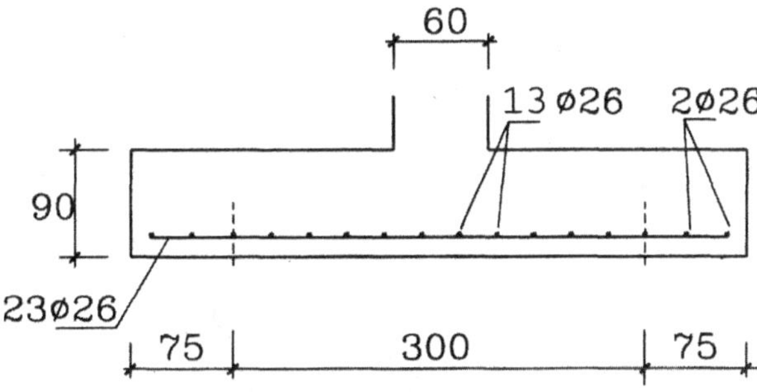

Figura E4.1.g

4.2.4 Muros de Contención

4.2.4.1 Introducción

Los muros de contención son estructuras que permiten una diferencia de elevación del terreno cuando no hay espacio suficiente para que la masa de suelo asuma el *talud natural* que la mantendría en un estado de auto-equilibrio. Son muy comunes en caminos para sostener *cortes* y como *estribos* de puentes, en estructuras enterradas en general, y en subterráneos de edificios.

Hay una gran variedad de formas posibles. Los muros *gravitacionales* cuya estabilidad depende principalmente de su propio peso, pueden ser de hormigón (Fig. 4.13.a), o de albañilería o mampostería (Fig. 4.13.b). El típico muro de hormigón en voladizo (Fig. 4.13.c), y el muro con contrafuertes (Fig. 4.13.d) que puede resultar más económico para alturas superiores a 6 ó 7 m. Los estribos de puentes (Fig. 4.13.e) frecuentemente tienen alas para contener el terraplén de acceso, o pueden adoptar la forma de una gran caja. Los muros de subterráneo (Fig. 4.13.f) tienen usualmente la particularidad de contar con un apoyo lateral en su extremo superior por medio de la losa.

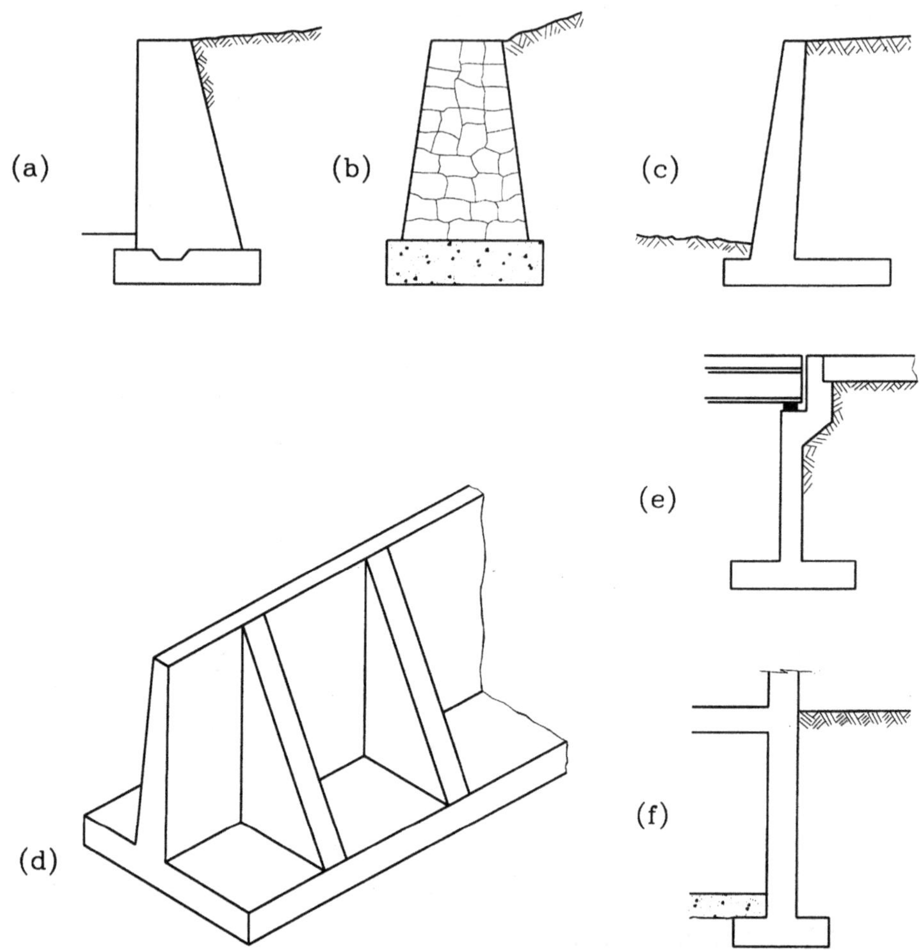

Figura 4.13
Algunos tipos de muros de contención

El diseño de un muro de contención consta de cuatro partes: a) la evaluación de las cargas verticales y de la presión lateral del terreno que actúa sobre el muro, b) la verificación de las tensiones de contacto con el suelo en la base del muro, c) la verificación de la estabilidad global del muro al volcamiento y deslizamiento, y d) el dimensionamiento de los elementos que constituyen el muro mismo.

Los temas referidos a las presiones de contacto en la base y la estabilidad global se tratan en la forma presentada en la Sección 4.2.3.1. El nuevo tema del empuje lateral del terreno sobre el muro se tratará en la Sección siguiente. Finalmente, en la Sección 4.2.4.3 se harán algunas consideraciones para el diseño de los elementos del muro.

4.2.4.2 Presión Lateral de Tierras

La presión del terreno sobre el muro puede evaluarse mediante la Teoría de Coulomb para suelos no-cohesivos, que considera la falla de una cuña de suelo delimitada por una superficie de ruptura supuestamente plana. Aun cuando esta suposición no es efectiva, resulta muy conveniente en beneficio de la simplicidad, y por ser además conservadora. En el estado límite de la cuña se desarrollan fuerzas de fricción en el plano de rotura y en el plano de contacto entre el suelo y el muro.

La cuña de falla depende del estado de tensiones en el suelo, las que a su vez son función del estado deformaciones del mismo. Los dos estados límite posibles corresponden a los llamados de *empuje activo* y de *empuje pasivo*. La Fig. 4.14.a muestra la condición de falla correspondiente al empuje activo, que se desarrolla para un estado de deformaciones en que el muro se desplaza o gira en torno a su base alejándose del terreno. La cuña de suelo tiende a descender y las fuerzas de fricción se oponen al movimiento de modo que las reacciones totales del muro y del suelo mismo sobre la cuña, P_a y R, se inclinan respecto a la normal en δ y ϕ respectivamente, en que δ es el ángulo de fricción entre el suelo y el muro y ϕ es el ángulo de fricción interna del suelo (los coeficientes de fricción respectivos serían $\mu' = tg\,\delta$ y $\mu = tg\,\phi$). La condición de equilibrio de la cuña de peso W queda representada por el polígono de fuerzas de la Fig. 4.14.b.

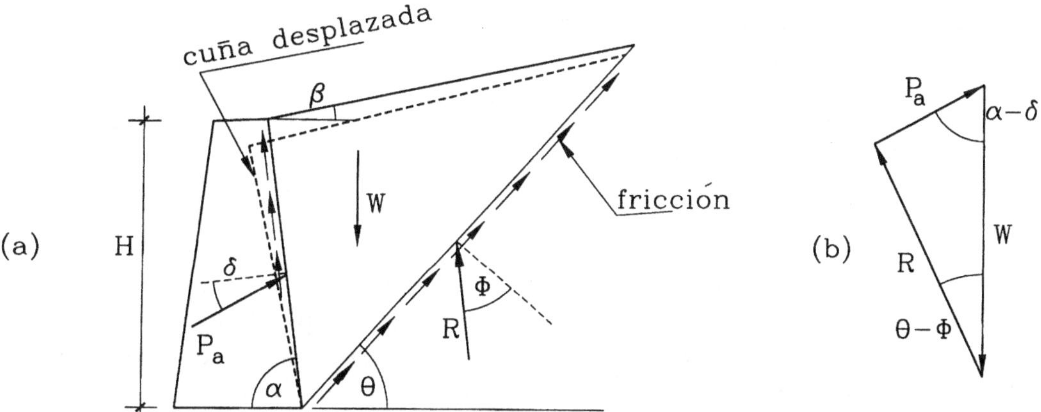

Figura 4.14
Estado de empuje activo

El problema bi-dimensional puede simplificarse a uno plano considerando una cuña de espesor unitario. Es fácil demostrar que el peso de la cuña es (Bowles, 1977):

$$W = \frac{\gamma H^2}{2}\,\frac{sen(\alpha + \theta)\ sen(\alpha + \beta)}{sen^2\alpha\ sen(\theta - \beta)} \qquad (4\text{-}21)$$

en que γ es el peso unitario del suelo. A su vez, aplicando el Teorema del Seno al polígono de fuerzas de la Fig. 4.14.b se obtiene :

$$P_a = \frac{W\ \mathrm{sen}(\theta - \phi)}{\mathrm{sen}(180 - \alpha - \theta + \phi + \delta)} \qquad (4\text{-}22)$$

Introduciendo W dado por la Ec. 4-21 en la Ec. 4-22 se obtiene P_a, la fuerza de empuje activo sobre el muro. Claramente, todos los parámetros que definen P_a son constantes conocidas, excepto θ la inclinación del plano de ruptura. Para el diseño, el ángulo θ de interés es aquel que conduce al valor máximo de P_a, determinándose entonces de la condición de extremo:

$$\frac{d\,P_a}{d\theta} = 0 \quad \rightarrow \quad \theta_a \qquad (4\text{-}23)$$

Una vez determinado θ_a e introducido en la Ec. 4-22 se obtiene la fuerza de empuje máxima, la que resulta ser:

$$P_a{}^{max} = \frac{\gamma\,H^2}{2}\ \frac{\mathrm{sen}^2(\alpha + \phi)}{\mathrm{sen}^2\alpha\ \mathrm{sen}(\alpha - \delta)\left[1 + \sqrt{\dfrac{\mathrm{sen}(\phi + \delta)\ \mathrm{sen}(\phi - \beta)}{\mathrm{sen}(\alpha - \delta)\ \mathrm{sen}(\alpha + \beta)}}\,\right]^2} \qquad (4\text{-}24)$$

expresión que frecuentemente se escribe como:

$$P_a{}^{max} = \frac{\gamma\,H^2}{2}\ K_a \qquad (4\text{-}25)$$

en que K_a es el factor adimensional correspondiente de la Ec. 4-24 que se conoce como *coeficiente de empuje activo*.

La mayoría de los muros de contención - incluyendo muros gravitacionales, en voladizo, y con contrafuertes - tienen libertad para desplazarse en su extremo superior, de manera que el estado de deformaciones satisface las condiciones para desarrollar el empuje activo y el diseño se realiza con la Ec. 4-25.

Cuando las condiciones de deformación involucran un desplazamiento o giro del muro contra el terreno contenido, la falla corresponde al estado de empuje pasivo. La cuña de suelo fallada tiende a levantarse y las fuerzas reactivas de fricción se oponen a tal movimiento, de modo que las fuerzas reactivas P_p y R adoptan las inclinaciones que muestra la Fig. 4.15.a. La fuerza de empuje pasivo P_p se determina por un procedimiento enteramente análogo al antes descrito, salvo que ahora la superficie de falla de interés es la asociada al valor mínimo de P_p, de modo que:

$$\frac{d\,P_p}{d\theta} = 0 \quad \rightarrow \quad \theta_p \qquad (4\text{-}26)$$

y la fuerza de empuje pasivo resulta ser:

$$P_p^{\,min} = \frac{\gamma\,H^2}{2}\;\frac{\operatorname{sen}^2(\alpha-\phi)}{\operatorname{sen}^2\alpha\;\operatorname{sen}(\alpha+\delta)\left[1-\sqrt{\dfrac{\operatorname{sen}(\phi+\delta)\;\operatorname{sen}(\phi+\beta)}{\operatorname{sen}(\alpha+\delta)\;\operatorname{sen}(\alpha+\beta)}}\right]^2} \qquad (4\text{-}27)$$

la que usualmente se escribe en la forma:

$$P_p^{\,min} = \frac{\gamma\,H^2}{2}\,K_p \qquad (4\text{-}28)$$

en que K_p es el denominado *coeficiente de empuje pasivo* que es siempre considerablemente mayor que K_a.

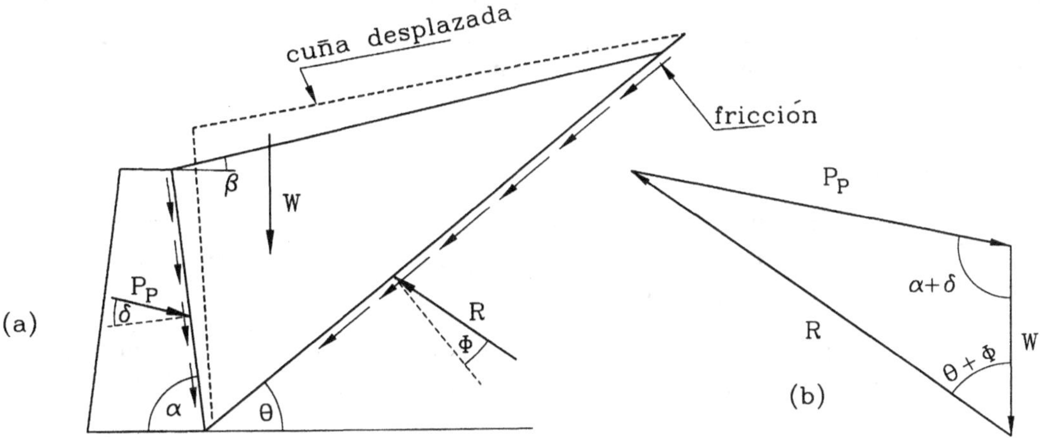

Figura 4.15
Estado de empuje pasivo

Cabe destacar que las expresiones para K_a y K_p se simplifican enormemente para el caso $\alpha = 90°$, $\delta = 0$ y $\beta = 0$ (muro vertical sin roce y terreno contenido de superficie horizontal) :

$$K_a = \operatorname{tg}^2\left(45 - \frac{\phi}{2}\right) \qquad (4\text{-}29.a)$$

$$K_p = \operatorname{tg}^2\left(45 + \frac{\phi}{2}\right) \qquad (4\text{-}29.b)$$

El supuesto $\delta = 0$ es siempre conservador para el caso de empuje activo (conduce a un K_a mayor), sin embargo, lo contrario ocurre para la condición de empuje pasivo.

Finalmente, considerando que la presión del terreno sobre el muro varía linealmente con la profundidad (o sea es de tipo hidrostático), la posición de la fuerza de empuje resultante se encuentra a un tercio de la altura.

Las fuerzas de empuje presentadas deben corregirse para otras condiciones no incluidas en su derivación. Por ejemplo, cuando se trata de un material de relleno cohesivo, o cuando hay una sobrecarga actuando sobre el terraplén, o cuando hay humedad en el relleno o presencia de la napa de agua, o cuando el muro contiene suelos muy especiales como arcillas expansivas que pueden desarrollar grandes empujes en presencia de humedad. Los problemas derivados de la presencia de agua pueden evitarse por otros métodos, como por ejemplo, disponiendo un sistema de drenaje. Otra fuente de incremento del empuje es la acción sísmica, condición que debe ser tomada en cuenta utilizando las teorías especialmente desarrolladas para ello. Por cierto, la consideración de una gran variedad de situaciones reales - las antes señaladas entre ellas - escapan al objetivo de este texto y son materia de la Mecánica de Suelos, especialidad que permitirá definir para cada caso el coeficiente de empuje K adecuado. Cabe señalar, en todo caso, que el valor de K queda usualmente comprendido en el rango de 0,25 a 1,0, siendo los menores valores para suelos no cohesivos como arenas y gravas sin contenido de finos, mientras que los empujes mayores se darán en suelos cohesivos, particularmente en suelos arcillosos de alta plasticidad, por su tendencia a experimentar importantes cambios de volumen.

Ejemplo 4.2

Determinar la fuerza de empuje activo sobre el muro de la Fig. E4.2 que contiene un relleno granular con ángulo de fricción interna 30° y peso unitario 1,75 ton/m^3. Suponer $\delta = 2\phi/3$.

Solución: Se tiene $\phi = 30°$, $\delta = 20°$, $\beta = 10°$ y $\alpha = 90°$. Para los parámetros anteriores, de la Ec. 4-24 se obtiene $K_a = 0,34$. Luego, se tiene:

$$P_a = \frac{\gamma\,H^2}{2}\,K_a \cdot 1 = (1,75)\,\frac{6^2}{2}\,(0,34) = 10,7 \text{ ton}$$

notando que la solución de Coulomb se supone aplicada en la vertical AB en el talón del muro.

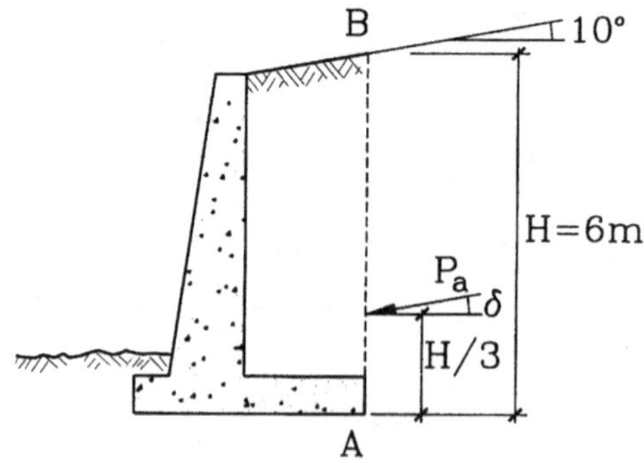

Figura E4.2

4.2.4.3 Consideraciones de Diseño

La Fig. 4.16.a muestra proporciones que pueden ser útiles para iniciar el dimensionamiento de un muro en voladizo de hormigón armado. La base del muro y la losa de fundación misma deben tener espesores que aparte de hacer innecesario disponer armaduras de corte sean convenientes para lograr una economía en el diseño en flexión.

Dado que el momento flector en el muro varía en forma cúbica (para presión linealmente variable) es conveniente disminuir el espesor con la altura, variación que, además, tiene una ventaja estética pues evita la impresión de muro desaplomado que puede ofrecer un paramento vertical. El espesor variable, sin embargo, puede no ser económicamente ventajoso en muros de menos de 3 m de altura, ya que el ahorro en hormigón no compensa la complicación adicional del moldaje.

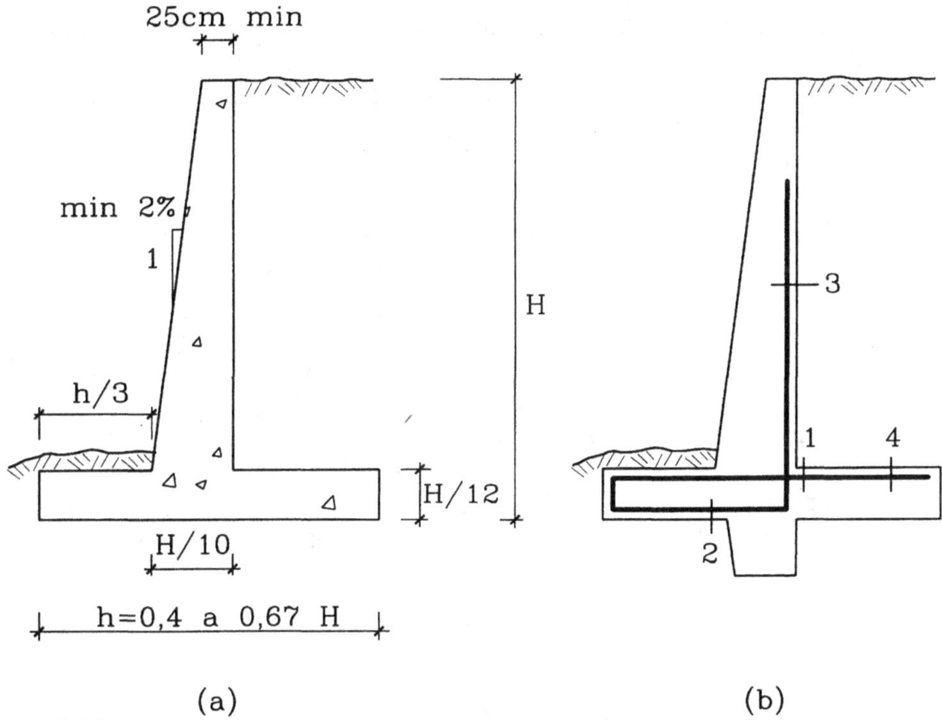

Figura 4.16
Muros de hormigón armado: (a) proporciones, (b) secciones críticas y llave de corte

Para el control de la fisuración es recomendable disponer armaduras en doble malla en el muro, lo que se suplementa con la armadura de flexión requerida en la cara interior del muro. Resulta práctico también que este último refuerzo se aproveche para cubrir las necesidades de resistencia por flexión en la losa de fundación, específicamente en las secciones 1 y 2 de la Fig. 4.16.b; incluso, la barra doblada de la figura anterior puede hacerse con ramas de largos variables según sean los requerimientos en secciones como la 3 y la 4.

Para la verificación de las presiones de contacto en la base y la verificación de la estabilidad global (factores de seguridad al volcamiento y al deslizamiento) las cargas gravitacionales y el empuje lateral del terreno se consideran con sus valores a nivel de *servicio*, es decir, no quedan afectos a factores de mayoración. Es aconsejable dimensionar la fundación de modo que la resultante se mantenga dentro del tercio central (Ec. 4-9.c), o a lo sumo se salga ligeramente de él. En los cálculos de estabilidad global se ignora el efecto del suelo en el extremo frontal de la fundación (cuyo empuje pasivo podría contribuir principalmente a la resistencia al deslizamiento); ello porque tal suelo es perturbado durante la construcción y además tiene el riesgo de ser excavado o erosionado durante la vida útil de la obra. Para incrementar la resistencia al deslizamiento puede proveerse una *llave de corte* o diente que penetra el terreno bajo la base de la fundación, la que puede ubicarse en la forma indicada en la Fig. 4.16.b o más atrás, en el *talón* de la fundación.

El dimensionamiento estructural del hormigón armado se realiza normalmente utilizando el método de diseño último. Para este propósito las cargas de servicio se multiplican por factores de mayoración de 1,4 para las cargas gravitacionales y 1,7 para los empujes. Esto implica que se obtiene una nueva distribución de presiones de contacto con el terreno, la que se usa solamente para el diseño del muro y su fundación, y no tiene relación alguna con una eventual condición de capacidad soportante última del terreno o algo que se le parezca. Tal distribución presentará normalmente diferencias con la utilizada para verificar las presiones de contacto y la estabilidad global de la estructura, lo que no debe extrañar.

En el caso de muros gravitacionales (Figs. 4.13.a y b) las verificaciones de tensiones en el suelo y de estabilidad global no cambian respecto a lo antes señalado. El muro mismo, en caso de ser de hormigón, se diseña considerando la sección no-agrietada, aceptando tensiones de tracción en el hormigón (Fig. 4.1) Conforme a la norma ACI 318.1-89 las tensiones de compresión σ_{cU}, tracción σ_{tU}, y de cizalle τ_U, evaluadas para las cargas últimas mayoradas deben satisfacer:

$$\sigma_{cU} \leq \phi\, f_c' \tag{4-30.a}$$

$$\sigma_{tU} \leq 1{,}33\, \phi\, \sqrt{f_c'} \tag{4-30.b}$$

$$\tau_U \leq 0{,}53\, \phi\, \sqrt{f_c'} \tag{4-30.c}$$

con $\phi = 0{,}65$ y f_c' en $\mathrm{kg/cm}^2$. Notar que la Ec. 4-30.b es la misma que la Ec. 4-18. Típicamente las tensiones en el hormigón resultan bajas, de modo que es posible utilizar hormigón de baja resistencia. Además, por las proporciones masivas del muro se puede economizar cemento incorporando bolón desplazador.

En el caso de muros de mampostería de piedra, el criterio de diseño del muro por cierto no considera resistencia a la tracción del material. Puede diseñarse utilizando la Ley del Triángulo (Ec. 4-17.a). Salvo algunas rocas porosas, la resistencia de la roca sana es en general similar o mejor que un buen hormigón; algunas rocas tienen muy alta resistencia a la compresión (granito 700-2800 kg/cm^2, basalto 1700-4000 kg/cm^2). En un muro interviene no sólo la resistencia de la roca, sino también la del mortero de pega; usando un buen mortero se puede trabajar con una tensión admisible de compresión de 80-100 kg/cm^2 para las cargas de servicio. En todo caso la adopción del margen de seguridad en este tipo de obras debería realizarse juiciosamente, considerando la incertidumbre en la capacidad del material y en la calidad de la construcción, la que tiene frecuentemente en estos casos nivel artesanal.

Ejemplo 4.3

Diseñar un muro de contención de 7,6 m de alto cuyas dimensiones tentativas se muestran en la Fig. E4.3.a. El material contenido es arena seca de peso unitario 1800 kg/m^3 y ángulo de fricción interna de 30°. Para el cálculo del empuje ignorar la fricción del suelo con el muro. La tensión admisible en el terreno es de 1,5 kg/cm^2. Para el hormigón considerar un peso específico de 2,5 y f$_c$' = 191 kg/cm^2. Usar acero calidad A44-28H.

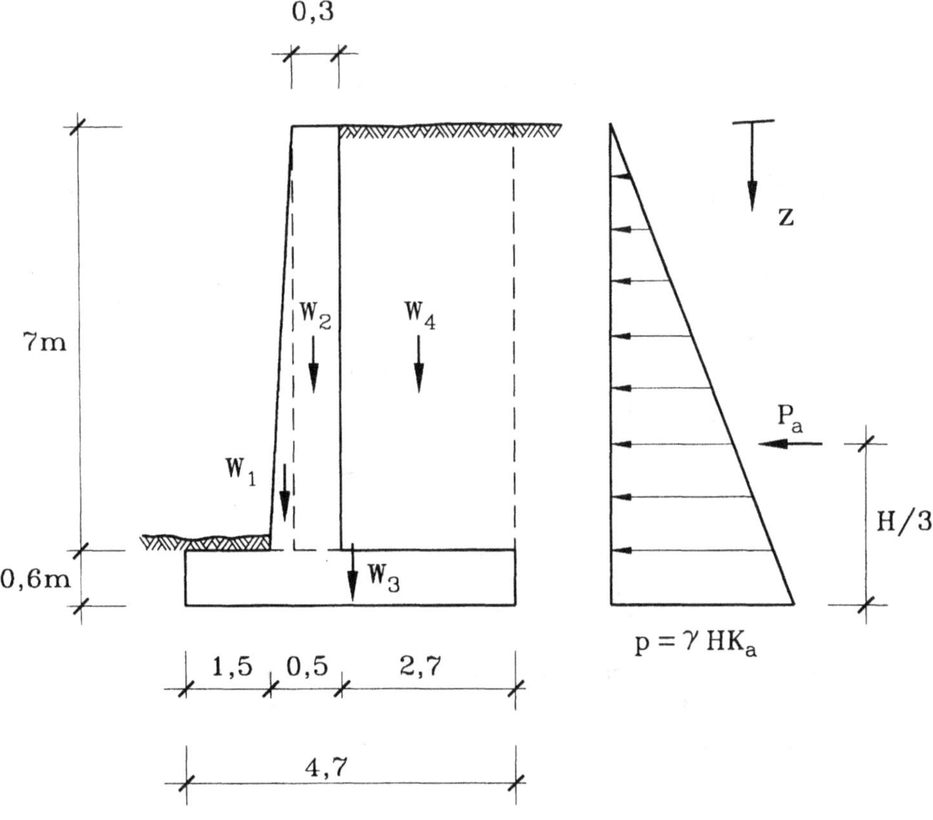

Figura E4.3.a

Solución:

a) El coeficiente de empuje activo según la Ec. 4-29.a es:

$$K_a = \mathrm{tg}^2\left(45 - \frac{30}{2}\right) = 0{,}333$$

b) La presión en la base del muro y la resultante del empuje (Ec. 4-25) son:

$$p = \gamma H\, K_a = (1800)(7{,}6)(0{,}333) = 4560 \text{ kg/m}^2$$

$$P_a = \frac{1}{2}\gamma H^2\, K_a = \frac{1}{2}\, pH = (0{,}5)(4560)(7{,}6) = 17328 \text{ kg}$$

c) Presión de contacto bajo la fundación:

$$w_1 = (0{,}2)(7)(1/2)(1)(2{,}5) = 1{,}75 \text{ ton} \qquad d_1 = 0{,}717 \ \text{ m}$$

$$w_2 = (0{,}3)(7)(1)(2{,}5) = 5{,}25 \text{ ton} \qquad d_2 = 0{,}500 \ \text{ m}$$

$$w_3 = (0{,}6)(4{,}7)(1)(2{,}5) = 7{,}05 \text{ ton} \qquad d_3 = 0{,}000 \ \text{ m}$$

$$w_4 = (2{,}7)(7)(1)(1{,}8) = 34{,}02 \text{ ton} \qquad d_4 = -1{,}00 \ \text{ m}$$

$$M_{empuje} = P_a\, \frac{H}{3} = 17328 \cdot 2{,}53 = 43898 \text{ kg-m} = 43{,}9 \text{ ton-m}$$

y en el centro de gravedad de la fundación se tiene

$$M = 43{,}9 + (1{,}75)(0{,}717) + (5{,}25)(0{,}5) + (34{,}02)(-1) = 13{,}8 \text{ ton-m}$$

$$N = \sum w_i = 48 \text{ ton}$$

$$e = \frac{M}{N} = \frac{13{,}8}{48} = 0{,}29 \le \frac{d}{6} = \frac{4{,}7}{6} = 0{,}783$$

lo que significa que hay distribución de tensiones trapecial y la seguridad al volcamiento es satisfactoria (FS $\ge$ 3). Las presiones en los bordes de la fundación son:

$$\sigma = \frac{N}{A}\left(1 \pm \frac{6e}{d}\right) = \frac{48000}{(470)(100)}\left[1 \pm \frac{6 \cdot 0,29}{4,7}\right] = \begin{cases} 1,40 \text{ kg/ cm}^2 \text{ OK} \\ 0,64 \text{ kg/ cm}^2 \end{cases}$$

d) Verificación de la seguridad al deslizamiento (Ecs. 4-12 y 4-13):

$$P_{des} = N \text{ tg}\phi = 48 \text{ tg}30° = 27,7 \text{ ton}$$

$$FS_{des} = \frac{27,7}{17,3} = 1,6 > 1,5 \text{ OK}$$

Factor de seguridad comunmente aceptado en muros de contención, aunque deberá confirmarse según las especificaciones de cada proyecto en particular.

e) Solicitaciones para verificación de resistencia (cargas mayoradas):

$$N_U = 1,4 \, N = 67,2 \text{ ton}$$

$$M_U = (1,7)(43,9)+(1,4)(1,75)(0,717)+(1,4)(5,25)(0,5)-(1,4)(34,02) = 32,4 \text{ ton-m}$$

$$e = \frac{M_U}{N_U} = \frac{32,4}{67,2} = 0,48$$

$$\sigma = \frac{67200}{(470)(100)}\left[1 \pm \frac{6 \cdot 0,48}{4,7}\right] = \begin{cases} 2,30 \text{ kg / cm}^2 \\ 0,55 \text{ kg / cm}^2 \end{cases}$$

La presión sobre el muro a profundidad z es

$$p = \gamma K_a \, z = 600 \, z$$

$$P_a = \frac{1}{2} pz = 300 \, z^2 \qquad (z \text{ en m}, \ P_a \text{ en kg})$$

$$M_U = 1,7 \, P_a \, \frac{z}{3} = 170 \, z^3 \qquad (z \text{ en m}, \ M_U \text{ en kg-m})$$

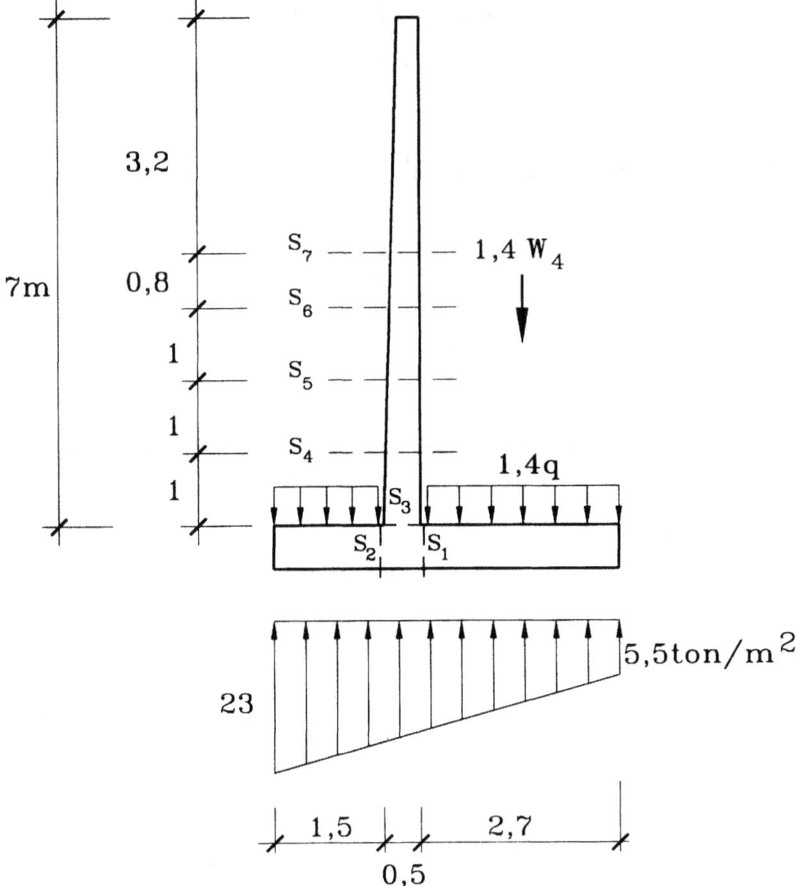

Figura E4.3.b

f) Sección S_1 de la fundación:

El peso propio de la fundación es $q = (1)\,(0{,}6)\,(2{,}5) = 1{,}5$ t/m, luego:

$$V_U = (1{,}4)(1{,}5)(2{,}7) + (1{,}4)(34) - \frac{(23-5{,}5)(2{,}7)(2{,}7)}{(4{,}7)(2)} - (5{,}5)(2{,}7)$$

$$V_U = 5{,}67 + 47{,}6 - 13{,}6 - 14{,}85 = 24{,}8 \text{ ton}$$

Usando $d = 54$ cm se tiene:

$$\phi\, V_c = (0{,}85)(0{,}53)(\sqrt{f_c'})(100)(54) = 33{,}6 \text{ ton} > 24{,}8 \text{ OK}$$

por lo tanto no se requiere armadura de corte.

$$M_U = (5{,}67)\frac{(2{,}7)}{2} + (47{,}6)\frac{(2{,}7)}{2} - (13{,}6)\frac{(2{,}7)}{3} - (14{,}85)\frac{(2{,}7)}{2} \text{ ton-m}$$

$$M_U = 39{,}6 \text{ ton-m} \qquad \frac{M_U}{\phi} = 44 \text{ ton-m}$$

$$\rho_b = 0,034 \quad (\text{Ec. } 3\text{-}131) \qquad\qquad 0,75\ \rho_b = 0,025$$

$$\rho_{min} \text{ (por resistencia)} = \frac{14,06}{2800} = 0,005 \quad \text{o} \quad 1,33\ A_s \text{ requerido}$$

suponiendo c = 6,23 cm:

$$A_s = \frac{M_n}{\sigma_y\,(d - \beta c)} = \frac{44}{(2,8)(0,54 - 0,425 \cdot 0,0623)} = 30,6 \text{ cm}^2/\text{m}$$

y se verifica:

$$c = \frac{A_s\,\sigma_y}{0,72\ f_c'\ b} = \frac{(30,6)(2800)}{(0,72)(191)(100)} = 6,23 \text{ cm}$$

$$0,75\ \rho_b \ \geq \ \frac{A_s}{bd} = \frac{30,6}{(100)(54)} = 0,0057 \ > \ \rho_{min}$$

Por lo tanto, usar $A_s = 30,6 \text{ cm}^2/\text{m}$, armadura que se escogerá más adelante.

g) Sección S_2 de la fundación:

En este caso, para el esfuerzo de corte la sección crítica está a distancia d = 54 cm de la cara del muro. Aproximada y conservadoramente:

$$V_U = (1,5 - 0,54)(23) - (1,4)(1,5)(1,5 - 0,54) = 20 \text{ ton}$$

V_U es menor que el corte en la sección S_1 (OK). Para flexión, la sección crítica es junto a la cara del muro, donde:

$$M_U = \frac{(23)(3,2)}{4,7}\frac{(1,5^2)}{2} + 23\left(1 - \frac{3,2}{4,7}\right)\frac{(1,5^2)}{3} - (1,4)(1,5)\frac{(1,5^2)}{2} = 20,8$$

$$M_n = \frac{M_U}{\phi} = 23,1 \text{ ton-m}$$

Tomando c = 3,19 cm:

$$A_s = \frac{23,1}{(2,8)(0,54 - 0,425 \cdot 0,032)} = 15,7 \text{ cm}^2/\text{m}$$

y se verifica

$$c = \frac{(15,7)(2800)}{(0,72)(191)(100)} = 3,2 \text{ cm}$$

$A_s = 15,7$ es menor que ρ_{min}, luego debe usarse $A_s = (1,33)(15,7) = 20,9$ cm^2.

Antes de calcular la armadura requerida hay que tener presente que en cualquier sección debe disponerse una cuantía mínima de armadura por retracción y temperatura ρ_{rt} de 2 por mil (ACI 318, Sección 7.12). Luego, se usará como mínimo

$$A_s^{rt} = (60)(100)(0,002) = 12 \text{ cm}^2/\text{m}$$

es decir, 6 cm^2/m en cada cara y en cada dirección, lo que se logra con doble malla de ϕ16a33. Esta se dispondrá en la forma indicada en la Fig. E.4.3.c (izquierda). La armadura definitiva en la sección S_2 se escogerá posteriormente.

h) Sección S_3 del muro (z = 7 m):

$$V_U = 1,7\, P_a = (1,7)(0,3)(7^2) = 25 \text{ ton}$$

$$\phi\, V_c = (0,85)(0,53)(\sqrt{191})(0,44)(100) = 27,4 \geq V_U \quad \text{OK}$$

$$M_U = (0,17)(7^3) = 58,3 \text{ ton-m}$$

$$\frac{M_U}{\phi} = 64,8 \text{ ton-m}$$

La magnitud de este momento sugiere la conveniencia de aumentar la base del muro para economizar armadura. Usando h=75 cm según la recomendación de la Fig. 4.16, tomando d = 68 cm, y suponiendo c = 6 cm:

$$A_s = \frac{64,8}{(2,8)(0,68 - 0,425 \cdot 0,06)} = 35,4 \text{ cm}^2/\text{m}$$

$$c = \frac{(35,4)(2800)}{(0,72)(191)(100)} = 7,2 \text{ cm} \quad \rightarrow \quad A_s = 35,6 \text{ cm}^2/\text{m}$$

$$c = \frac{(35,6)(2800)}{(0,72)(191)(100)} = 7,25$$

$$M_n = (35,6)(2,8)(0,68 - 0,425 \cdot 0,0725) = 64,7 \quad \text{OK}$$

i) Sección S_4 del muro ($z = 6$ m y $h = 68,6$ cm):

Como el corte último V_U es función de z^2, se reduce más rápidamente que V_c que varía linealmente con z, luego, estando satisfecho el corte en la sección S_3, no es necesario seguir verificándolo en secciones a menor profundidad.

$$M_U = (0,17)(6^3) = 36,7 \ \text{ton-m}$$

$$\frac{M_U}{\phi} = 40,8 \ \text{ton-m}$$

tomando d = 61,6 cm y suponiendo c = 5 cm:

$$A_s = \frac{40,8}{(2,8)(0,616 - 0,425 \cdot 0,05)} = 24,5 \ \text{cm}^2$$

$$c = \frac{(24,5)(2800)}{(0,72)(191)(100)} = 4,99 \quad \text{OK}$$

j) Sección S_5 del muro ($z = 5$ m y $h = 62,1$ cm):

$$\frac{M_U}{\phi} = \frac{(0,17)(5^3)}{0,9} = 23,6 \ \text{ton-m}$$

tomando d = 55,1 cm y c = 3,2 cm:

$$A_s = \frac{23,6}{(2,8)(0,551 - 0,425 \cdot 0,032)} = 15,7 \ \text{cm}^2/\text{m}$$

k) Sección S_6 del muro ($z = 4$m y $h = 55,7$ cm):

$$\frac{M_U}{\phi} = \frac{(0,17)(4^3)}{0,9} = 10,58 \ \text{ton-m}$$

tomando d = 48,7 cm y c = 1,6 cm:

$$A_s = \frac{10,58}{(2,8)(0,487 - 0,425 \cdot 0,016)} = 7,87 \ \text{cm}^2/\text{m}$$

l) Sección S_7 del muro ($z = 3,2$ m y $h = 50,6$ cm):

$$\frac{M_U}{\phi} = \frac{(0,17)(3,2^3)}{0,9} = 6,2 \ \text{ton-m}$$

tomando $d = 43,6$ cm y $c = 1$ cm:

$$A_s = \frac{6,2}{(2,8)(0,436 - 0,425 \cdot 0,01)} = 5,13 \text{ cm}^2/\text{m}$$

m) Resumen de armaduras:

Sección	z (m)	h (cm)	d (cm)	$A_{s\ calculado}$ (cm²)	$A_s^{min} = \rho_{min} bd$ (cm²)	$A_s^{rt}/2$ (cm²)	Armadura colocada
S_1 (sup)	-	60,0	54,0	30,6	27,0	6,0	Φ16a33+Φ22a33 +Φ25a33
S_2 (inf)	-	60,0	54,0	15,7*	27,0	6,0	Φ16a33+Φ28a33
S_3	7,0	75,0	68,0	35,6	34,0	7,5	Φ16a33+Φ22a33 +28a33
S_4	6,0	68,6	61,6	24,5	30,8**	6,9	Φ16a33+Φ22a33 +28a33
S_5	5,0	62,1	55,1	15,7*	27,6	6,2	Φ16a33+Φ22a33 +28a33
S_6	4,0	55,7	48,7	7,9*	24,4	5,6	Φ16a33+Φ22a33
S_7	3,2	50,6	43,6	5,1*	21,8	5,1	Φ16a33+Φ22a33

*Por ser $A_s < A_s^{min}$ debe proveerse $1,33\ A_s$

**Usar A_s^{min}

n) Disposición de armaduras

La Fig. E4.3.c izquierda muestra la armadura $\phi16a33 = 6\text{ cm}^2/\text{m}$ que cubre el requerimiento mínimo de retracción y temperatura del 2 ‰ en todas las secciones, exceptuando un pequeño déficit en las caras exteriores de las secciones S_3, S_4 y S_5. Sin embargo, dada la fuerte armadura que se utilizará en la cara interior del muro, puede aceptarse tal déficit.

Para la sección S_3 interior se suplirá el mínimo de $\phi16a33$ ($6\text{ cm}^2/\text{m}$) con $\phi22a33+\phi28a33$ ($11,12\text{ cm}^2/\text{m} + 18,48\text{ cm}^2/\text{m}$) totalizando $35,6\text{ cm}^2/\text{m}$ y satisfaciendo lo requerido. La armadura de $\phi22a33$ se extenderá más arriba de la sección S_7 cubriendo la sección donde los $\phi16a33$ ($6\text{ cm}^2/\text{m}$) dejan de ser suficientes; esto último ocurre para $z = 3,02$ m, donde se tiene $h = 49,4$ cm, $d = 42,4$ cm, $1,33\ A_s = 6\text{ cm}^2$, $A_s = 4,5\text{ cm}^2$, y con $c = 0,9$ cm:

$$M_n = (4,5)(2,8)(0,424 - 0,425 \cdot 0,009) = 5,3 \text{ ton-m}$$

0,3
7,4cm al eje
de la barra
Doble malla
ø16 a 33
Doble malla
ø16 a 33
7
0,6
1,5
2,45
0,75
0,3
2,85
7,7cm al eje
Suple interior
ø22 a 33
5cm recubr.
7
0,6
1,5
2,45
0,75
0,3
4,55m
8cm
al eje
Suple interior
ø28 a 33
Suple superior
ø25 a 33
7
0,6
1,5
2,45
0,75

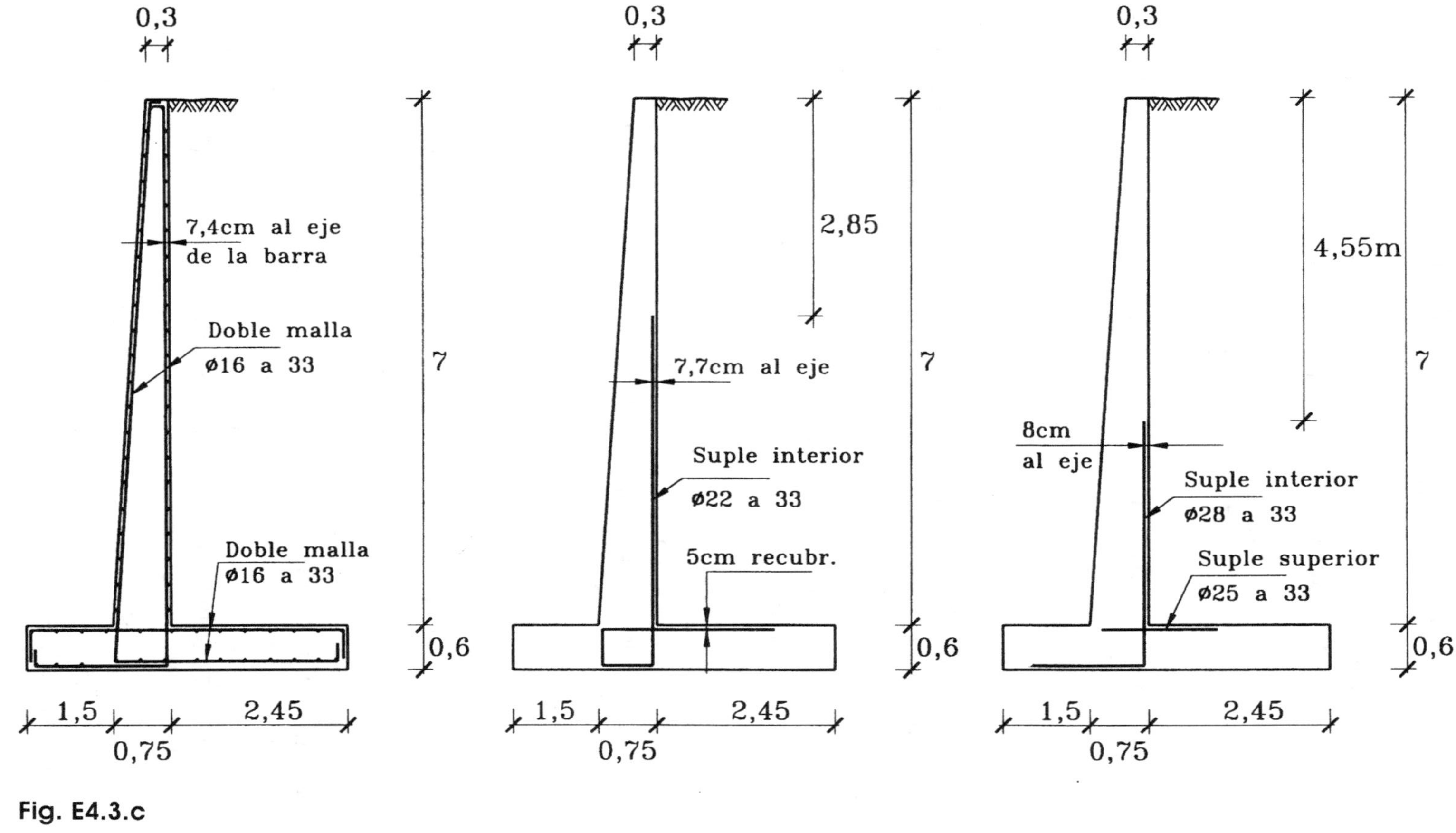

Fig. **E4.3.c**

$$\frac{M_U}{\phi} = \frac{(0,17)\,(3,02^3)}{0,9} = 5,2$$

Pero las armaduras deben extenderse más allá del punto teórico requerido, con una longitud de anclaje L_d. L_d es el mayor de:

$$\frac{0,006 A_b \sigma_y}{\sqrt{f_c'}} \qquad o \qquad 0,006\phi\sigma_y$$

con L_d y ϕ en mm, A_b en mm^2, y las tensiones en kg/cm^2. Para $\phi = 22$ mm, $A_b = 380$ mm^2 y $L_d = 46,2$, longitud que puede corregirse por el factor:

$$A_{s\ requerido}/A_{s\ provisto}$$

que para la sección en cuestión es $6/(6 + 11,12) = 0,35$; luego el largo del anclaje mínimo necesario es de 16,2 cm. Entonces la armadura de $\phi22a33$ se extenderá hasta la cota $z = 2,85$ m. Esta misma armadura se utilizará en la sección S_1, borde superior (ver Fig. E4.3.c), en que $\phi16a33 + \phi22a33 = 17,12$ cm^2/m, quedando un déficit de $(30,6 - 17,12) = 13,4$ cm^2/m que se cubrirá con un suple de $\phi25a33 = 14,7$ cm^2/m, $L_d = 60$ cm (ver Fig. E4.3.c derecha).

La armadura de $\phi22a33$ debe extenderse en la fundación hasta cubrir la sección en que la armadura mínima de 6 cm^2/m comienza a ser insuficiente, es decir, donde $A_s=6/1,33=4,5$ satisfaga el momento último en la sección, y agregando además la longitud de anclaje requerida. Del mismo modo la armadura de $\phi25a33$ se extenderá hacia la derecha hasta donde las armaduras $\phi16a33+\phi22a33$ comiencen a ser insuficientes, más el largo de anclaje respectivo; igualmente se evaluará el anclaje requerido de la armadura $\phi25a33$ a la izquierda de la sección S_1. En definitiva, la disposición de estas armaduras se muestra en las Figs. E4.3.c izquierda y derecha.

La armadura de $\phi28a33$ (3,5 cm^2/m) requerida en la sección S_3 se extenderá también para completar lo requerido en las secciones S_4 (30,8 cm^2/m) y S_5 (15,7·1,33 = 20,9 cm^2/m). Considerando que el anclaje requerido para $\phi28$ es $L_d = 74,8$ cm, y utilizando el factor $A_{s\ req}/A_{s\ provisto} = 20,9/35,6 = 0,59$, el anclaje mínimo requerido es 44 cm; luego, en el extremo superior esta armadura llegará hasta $z = 4,55$ m.

En el extremo inferior, la barra de $\phi28a33$ se aprovechará para cubrir el refuerzo $A_s=20,9$ cm^2/m requerido en la sección S_2 inferior. Allí hay un déficit de $(20,9-6)=14,9$ cm^2/m que se cubren en exceso con $\phi28a33=18,4$ cm^2/m. En definitiva la armadura de $\phi28a33$ debe disponerse como muestra la Fig. E4.3.c derecha. Notar que la esquina donde se intersectan las secciones S_1 y S_3 es el punto más armado de la estructura; allí hay 3 tipos de armadura a 33 cm, es decir, entre ellas quedan 11 cm de separación, en una secuencia $\phi16$, $\phi22$ y $\phi28$ en el borde interior del muro, y $\phi16$, $\phi22$ y $\phi25$ en el borde superior de la fundación.

ñ) Recubrimiento de las armaduras:

Para hormigón en contacto directo con el terreno, el código ACI especifica un recubrimiento de 5 cm para protección de la armadura contra la corrosión.

Esta distancia, sumada al espacio ocupado por el $\phi16$ horizontal exterior del muro, da las siguientes distancias desde el eje de las armaduras hasta el borde del hormigón: para $\phi16$ se tiene 5+1,6+0,8=7,4 cm, para $\phi22$ se tiene 5+1,6+1,1=7,7 cm, y para $\phi28$ 5+1,6+1,4=8 cm, valores que se muestran en la Fig. E4.3.c. Estas distancias exceden el valor de 7 cm que se supuso para "d" en las distintas secciones, pero no harán mayor diferencia en los cálculos de resistencia. En la fundación, la distancia al borde de los refuerzos es 5+ϕ/2, o sea 5+1,1=6,1 cm para $\phi22$ y 5+1,25=6,25 cm para $\phi25$, lo que no presenta mayor diferencia respecto de d=6, utilizado en los cálculos.

4.3 MATERIAL NO HOMOGENEO. COLUMNAS DE HORMIGON ARMADO

4.3.1 Curva de Interacción para Capacidad Límite

Una manera completa y conveniente de presentar la capacidad última de una sección de hormigón armado en flexión con carga axial es mediante la curva de interacción M_n v/s P_n, que contiene todos los pares (M_n , P_n) correspondientes a estados límite de resistencia de la sección, siendo M_n el momento último nominal que puede desarrollar la sección en presencia de la carga axial P_n. La curva tiene típicamente la forma que muestra la Fig. 4.17, en la que se destacan los puntos singulares A, B, C y D que corresponden a combinaciones especiales de M_n y P_n. La Fig. 4.17 muestra la curva para una sección con armadura simétrica ($A_s = A_s'$), las diferencias con el caso asimétrico no son importantes y se harán notar cuando se describa el cálculo de la curva. Notar también que es usual considerar los esfuerzos P_n y M_n asociados al centro de gravedad de la sección no agrietada, o centro geométrico de la sección, el que en este caso no coincide en general con el centro mecánico, o posición del eje neutro de la sección; esto se justifica por ser consistente con los esfuerzos provenientes del análisis estructural, que consideran los elementos en su eje geométrico. Finalmente, notar que típicamente se considera $P_n > 0$ para compresión axial.

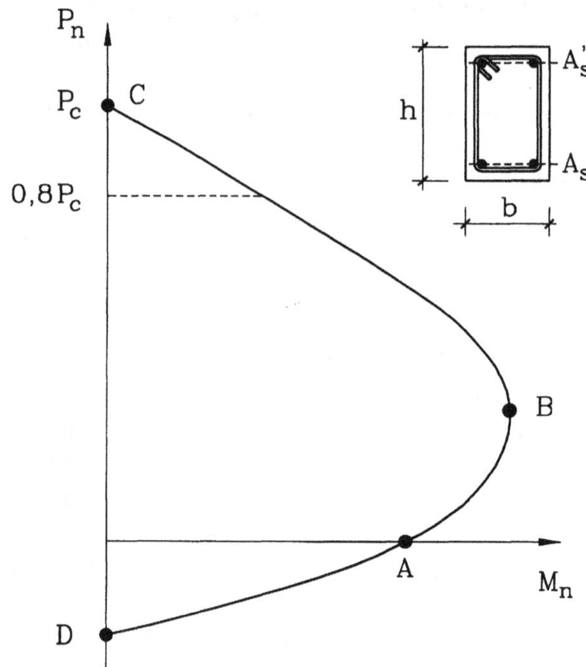

Figura 4.17
Curva de interacción para la resistencia última nominal de una columna de hormigón armado en flexión con carga axial. Punto A: flexión pura. Punto B: condición de balance. Punto C: compresión pura. Punto D: tracción pura.

Antes de analizar cada uno de los puntos singulares antes señalados, es importante destacar que siempre la condición de falla de la sección está asociada a la condición de rotura del hormigón al alcanzar éste su deformación unitaria última en compresión $\varepsilon_u = 0,003$, excepto, por cierto, cuando la carga axial es de tracción $(P_n < 0)$, caso en que el estado límite se define simplemente cuando se alcanza la fluencia del acero.

Punto A: Elemento viga sin carga axial

El cálculo del momento último nominal M_n para $P_n = 0$ ha sido estudiado en detalle con anterioridad (Sección 3.4.3). Basta entonces destacar aquí los supuestos relevantes y resumir el procedimiento de cálculo. La Fig. 4.18 muestra el diagrama de deformaciones unitarias asociado a este estado límite, en que por supuesto $\varepsilon_u = 0,003$, y la hipótesis relevante es que $\varepsilon_s > \varepsilon_y$. Esta última hipótesis se logra para una viga con armadura simple si la cuantía ρ es menor que la cuantía de balance ρ_b (Ec. 3-131); en elementos con armadura doble, cuya cuantía de acero en compresión es $\rho' = A_s'/(bd)$, la condición $\varepsilon_s > \varepsilon_y$ se logra si:

$$\rho - \rho' \leq \rho_b \qquad (4\text{-}31)$$

es decir, la presencia de armadura de compresión es favorable, ya que permite aumentar ρ sin exceder ρ_b. Esta última relación es aproximada porque se hacen ciertas simplificaciones en su derivación (Park y Paulay, 1975), sin embargo, ella siempre se cumple ya que el ACI exige para columnas con baja compresión axial que:

$$\rho - \rho' < 0,75 \left(\rho_b - \rho'\right) \tag{4-32}$$

entendiéndose por "baja compresión" cuando P_n es menor que $0,1f_c'A_g/\phi$ y que P_b, en que P_b es la fuerza axial correspondiente al punto de balance (punto B), y $A_g = bh$.

El esquema de cálculo consiste en utilizar la relación de compatibilidad geométrica:

$$\varepsilon_s' = 0,003 \frac{c - d'}{c} \tag{4-33}$$

para determinar $\sigma_s' = E_s \varepsilon_s' \leq \sigma_y$ y poder obtener $C_s = \sigma_s'A_s$ y C_c en términos de la incógnita c, y calcular c de la ecuación de equilibrio:

$$C_s + C_c - T = 0 \tag{4-34}$$

Conocido c se calculan ε_s', C_s, C_c y el momento último nominal en torno al eje centroidal:

$$M_n = C_c \left(\frac{h}{2} - \beta c\right) + C_s \left(\frac{h}{2} - d'\right) + T\left(\frac{h}{2} - d'\right) \tag{4-35}$$

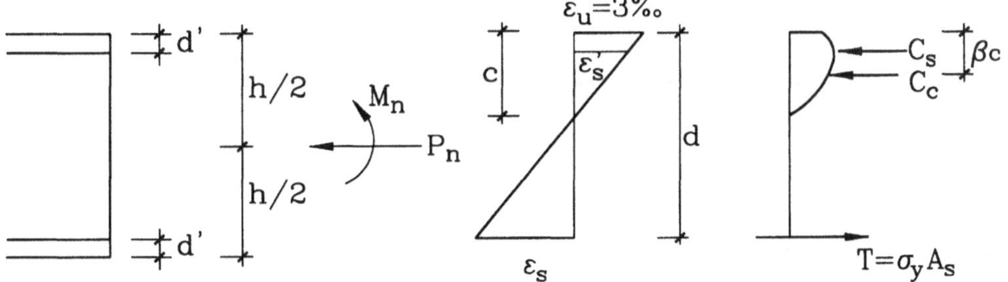

Figura 4.18
Distribución de deformaciones unitarias y de tensiones para los puntos A ($\varepsilon_s > \varepsilon_y$) y B ($\varepsilon_s = \varepsilon_y$) de la curva de interacción

Punto B: Punto de balance en flexo-compresión

Conviene aquí recapitular las distintas situaciones en que se ha hablado de estados de "balance". Primero se utilizó en diseño elástico con material no homogéneo, denominándose "diseño balanceado" a aquel en que ambos materiales constituyentes alcanzaban simultáneamente su tensión admisible (Secciones 3.2.3 y 3.4.2.1.c). Posteriormente, en flexión simple de vigas de hormigón armado se definió la condición de "balance en rotura" como aquella en que la fluencia de las armaduras en tracción ocurre simultáneamente con la rotura del hormigón por compresión (Sección 3.4.3.2). Las dos situaciones anteriores tienen algo en común: ellas se logran sólo cuando los materiales se utilizan en una proporción muy particular; por ello en ambos casos se pueden calcular "cuantías de acero" que "fuerzan" la condición de balance respectiva y, por tanto, se denominan "cuantías de balance" (elástica o en rotura según el caso). Es importante destacar la notable propiedad de que tales "cuantías de balance" sólo dependen de las propiedades de los materiales, y no de las dimensiones de la sección ni de los esfuerzos a que la sección esté sometida (Ecs. 3-98 y 3-131).

La condición de balance en estado límite de flexo-compresión corresponde a la misma condición de "balance en rotura" antes mencionada, es decir, el hormigón alcanza su deformación unitaria de rotura $\varepsilon_u = 0,003$ justo cuando el acero en el lado traccionado alcanza $\varepsilon_s = \varepsilon_y$. Sin embargo, en este caso el punto de balance no implica una determinada proporción entre los materiales, es decir, una cuantía específica, como en los casos recién mencionados. En efecto, independientemente de la cuantía, ahora existe siempre una combinación de momento y fuerza axial (M_b, P_b) que produce la condición de balance.

El cálculo de M_b y P_b en este caso es más simple que para el punto A ya que ahora c es conocido; en efecto, por ser $\varepsilon_s = \varepsilon_y$ (Fig. 4.18):

$$\frac{c}{0,003} = \frac{d - c}{\varepsilon_y}$$

$$c = \frac{0,003\ d}{0,003 + \varepsilon_y} \qquad (4\text{-}36)$$

lo que permite evaluar C_c, ε_s' según la Ec. 4-33, y C_s, de donde:

$$P_b = C_s + C_c - T \qquad (4\text{-}37)$$

y M_b se calcula según la Ec. 4-35.

Punto C: Compresión pura

El diagrama de deformaciones unitarias en este caso corresponde a un acortamiento uniforme $\varepsilon_u = 0,003$, resultando en tensiones uniformes en el hormigón y fluencia en el acero (Fig. 4.19, Sección 2.2.3.b). Para armadura simétrica $(A_s = A_s')$ se tiene $M_n = 0$ y:

$$P_n = 0,85\ f_c'\ A_c + 2\ \sigma_y\ A_s \qquad (4\text{-}38)$$

en que $A_c = A_g - A_s - A_s'$. Si la armadura no es simétrica, el estado de deformaciones uniforme no conduce a $M_n = 0$, es decir, no puede hablarse en rigor de "compresión pura" ya que:

$$M_n = \left(\frac{h}{2} - d'\right)\left(A_s' - A_s\right)\left(\sigma_y - 0,85\, f_c'\right) \qquad (4\text{-}39)$$

$$P_n = 0,85\, f_c'\, A_c + \sigma_y \left(A_s + A_s'\right) \qquad (4\text{-}40)$$

caso en el cual el punto C no cae sobre el eje de las ordenadas. La posición precisa de C no tiene, sin embargo, mayor significación, porque el código ACI trunca la parte superior de la curva de interacción como precaución frente a eventuales excentricidades accidentales no consideradas en el análisis, y ante el hecho que la resistencia de compresión del hormigón puede ser menor que f_c' bajo cargas permanentes de gran intensidad. Por ello, la capacidad axial para columnas con estribos simples se limita a un 80 % de la resistencia última nominal dada por las Ecs. 4-38 ó 4-40. Este límite se indica con línea de segmentos en la Fig. 4.17. Para columnas circulares zunchadas el límite se sube al 85 % de P_c.

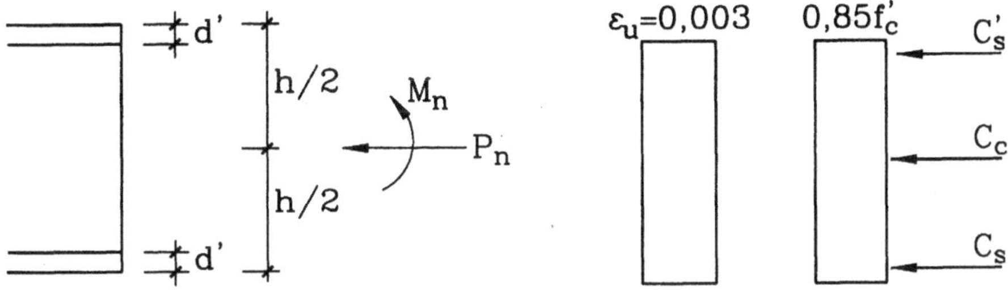

Figura 4.19
Distribución de deformaciones unitarias y tensiones para el punto C de la curva de interacción

Punto D: Capacidad última en tracción

Esta es la condición límite de un "tirante" de hormigón armado. Se considera que el hormigón se agrieta y no aporta a la resistencia, la que queda limitada por la fluencia de las armaduras. Para armadura simétrica, $M_n = 0$, y:

$$P_n = -\,2\,\sigma_y\, A_s \qquad (4\text{-}41)$$

Como en el caso anterior, si la armadura es asimétrica, a la capacidad última en tracción:

$$P_n = -\,\sigma_y \left(A_s + A_s'\right)$$

no le corresponde un momento nulo, sino:

$$M_n = \sigma_y \left(A_s - A_s'\right)\left(\frac{h}{2} - d'\right) \qquad (4\text{-}42)$$

y el punto D no cae sobre el eje de ordenadas.

La Fig. 4.20.a muestra que la curva de interacción completa para $P_n>0$ (compresión) se obtiene variando en forma continua el estado de deformaciones unitarias ε en la sección, desde el correspondiente al punto C hasta aquél asociado al punto A, pivoteando con $\varepsilon_u = 0,003$ constante, mientras ε_s varía desde $\varepsilon_s = \varepsilon_u$ (compresión) hasta $\varepsilon_s > \varepsilon_y$ (tracción). A su vez, la porción de la curva para $P_n < 0$ (tracción) se obtiene a partir del diagrama de deformaciones unitarias ε del punto A, pivoteando con ε_s constante hasta alcanzar la fluencia de la armadura A_s'.

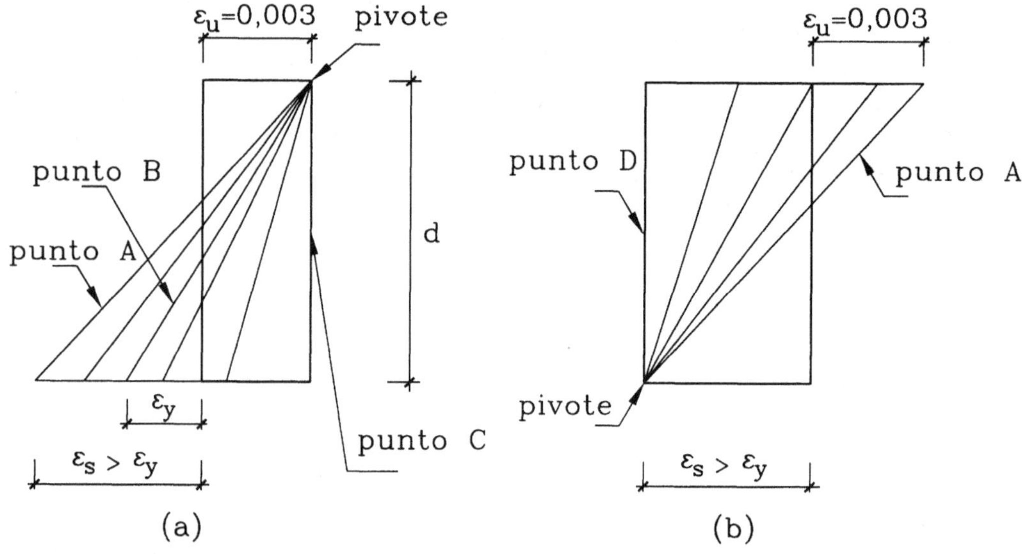

Figura 4.20
Diagramas de deformaciones unitarias para generar la curva de interacción completa: (a) para P_n de compresión, (b) para P_n de tracción

4.3.2 Ductilidad de Secciones en Flexo-Compresión

Al término de la Sección 3.4.3.1, en que se discutió la relación momento-curvatura de una sección en flexión simple, se definió la ductilidad como la capacidad de la sección para deformarse inelásticamente después de iniciada la fluencia del acero en tracción. La ductilidad se midió en términos de la curvatura ϕ como el cuociente entre la curvatura en el estado límite de la sección ϕ_u y la curvatura al inicio de la fluencia ϕ_y.

En flexo-compresión sólo son capaces de desarrollar ductilidad las secciones sometidas a una fuerza de compresión menor que la correspondiente al punto de balance ($P_n \leq P_b$). En efecto, como ilustra la Fig. 4.21.a para una fuerza axial $P_o < P_b$ se puede calcular el momento flector M_{yo} correspondiente al inicio de la fluencia en el acero y la curvatura correspondiente $\phi_{yo} = \varepsilon_y/(d - c_o)$ en que c_o es la profundidad de la fibra neutra de la sección para la combinación (P_o, M_{yo}); análogamente, para el estado último (P_o, M_{uo}) la curvatura correspondiente es $\phi_{uo} = 0,003/c_{uo}$. La ductilidad para la fuerza axial P_o es:

$$\mu_o = \frac{\phi_{uo}}{\phi_{yo}} \tag{4-43}$$

En la Fig. 4.21.b, donde se han graficado ϕ_y y ϕ_u v/s P_n, se aprecia claramente que la ductilidad es máxima para $P_n = 0$ y se reduce a un mínimo ($\mu = 1$) para $P_n = P_b$. Por su parte, en la Fig. 4.21.c se muestran esquemáticamente las relaciones momento curvatura para distintos valores de P_n, resultando obvio que la relación M-ϕ que presenta mayor zona de comportamiento inelástico es aquélla correspondiente a $P_n = 0$, es decir, para flexión pura. El caso $P_n = 0$ fue, de hecho, ya estudiado en detalle en la Sección 3.4.3.a. La Fig. 4.21.c muestra que a medida que crece P_n, aumenta la capacidad en flexión de la sección, pero disminuye rápidamente la zona inelástica de la curva M-ϕ, llegándose en definitiva a un comportamiento frágil para $P_n = P_b$. Asimismo, todas las secciones sometidas a $P_n > P_b$ tienen comportamiento frágil, ya que en dicho caso la rotura en el hormigón se produce para deformaciones ε_s del acero en el lado convexo menores que la deformación de fluencia ε_y, tal como se muestra en la Fig. 4.20.a; en otras palabras, en estos casos, el hormigón alcanza su estado de rotura antes de que fluya el acero en el borde opuesto. Para evitar un tipo de falla frágil en flexo-compresión, especialmente en columnas sometidas a acción sísmica, el código ACI establece requerimientos especiales de armadura transversal (estribos) con el objeto de proveer confinamiento al hormigón y aumentar su capacidad de deformación más allá del 3 por mil nominal, para lograr mantener la integridad del material. Este tema es materia de un curso de Hormigón Armado.

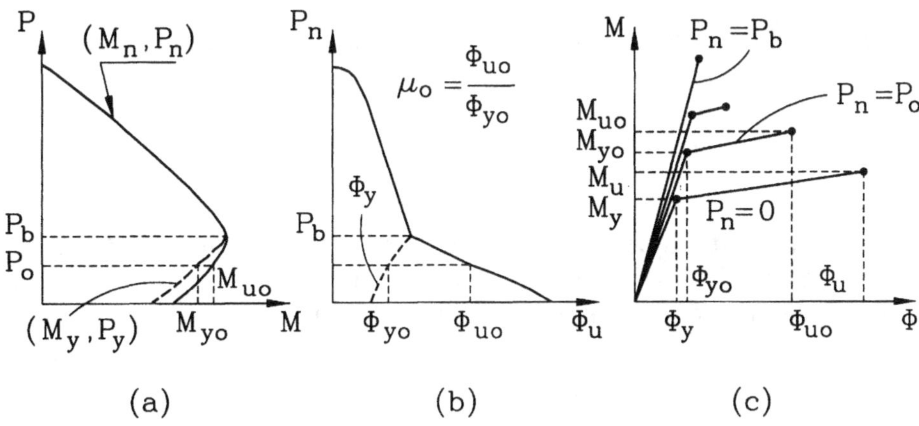

Figura 4.21
Análisis de la ductilidad de secciones en flexo-compresión

4.3.3 Diseño de una Sección en Flexo-Compresión

Para efectos de diseño, la capacidad última nominal (M_n, P_n) representada por la curva de interacción debe minorarse por el factor ϕ, dando origen a la "curva de diseño" (ϕM_n, ϕP_n), en forma tal que la carga última o combinación de cargas mayoradas (M_U, P_U) debe satisfacer:

$$\left(M_U, \; P_U\right) \leq \left(\phi \; M_n, \; \phi \; P_n\right) \tag{4-44}$$

desigualdad que significa que el punto de coordenadas (M_U, P_U) debe encontrarse al interior de la curva $(\phi M_n, \phi P_n)$, es decir, entre ella y el origen del sistema de ejes.

La Fig. 4.22 muestra la curva de diseño obtenida al aplicar el factor ϕ a la curva de interacción. El factor de minoración especificado por ACI depende de la intensidad del esfuerzo axial. Para las columnas rectangulares con estribos simples:

$$\phi = 0,7 \; \text{para} \; \phi \; P_n > 0,1 \; f_c'A_g \tag{4-45.a}$$

$$\phi = 0,9 \; \text{para} \; P_n = 0 \tag{4-45.b}$$

y $0,7 < \phi < 0,9$ variando proporcionalmente entre $\phi P_n = 0,1 f_c'A_g$ y $P_n = 0$. Para recubrimientos relativamente amplios, es decir, $g < 0,85$, con:

$$g = \frac{h - d'}{h} \tag{4-46}$$

en vez de $0,1 f_c'A_g$ en la Ec. 4-45.a se usa el menor entre este valor y P_b, la carga axial del punto de balance.

Por otra parte, el código ACI-318 limita la cuantía de refuerzo longitudinal en la forma:

$$0,01 \leq \frac{A_{st}}{A_g} \leq 0,08 \tag{4-47.a}$$

en que A_{st} es el área total de refuerzo longitudinal de la columna y A_g es el área bruta de la sección. Sin embargo, cuando la columna es parte de un sistema que debe resistir solicitaciones sísmicas, la limitación anterior es:

$$0,01 \leq \frac{A_{st}}{A_g} \leq 0,06 \tag{4-47.b}$$

Para facilitar el diseño hay tanto software como ábacos disponibles. La Fig. 4.23 muestra un ábaco típico para sección rectangular con armadura simétrica $(A_s = A_s' = A_{st}/2)$, para acero A44-28, hormigón H30 $(f_c = 300, f_c' = 255)$, y $g = 0,9$. El procedimiento de uso de los ábacos consiste en estimar las dimensiones b y h de la sección y normalizar las cargas últimas M_U y P_U obteniendo $M_U/f_c'bh^2$ y $P_U/f_c'bh$, entrar al gráfico y leer η de donde se calcula A_s. Si la cuantía de armadura es razonable, termina el diseño; en caso contrario se prueba con otras dimensiones de sección hasta encontrar una solución económica.

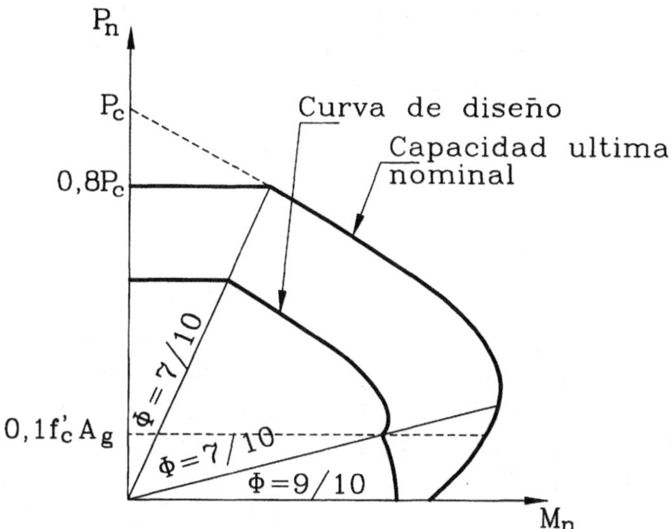

Figura 4.22
Curva de diseño en flexo-compresión

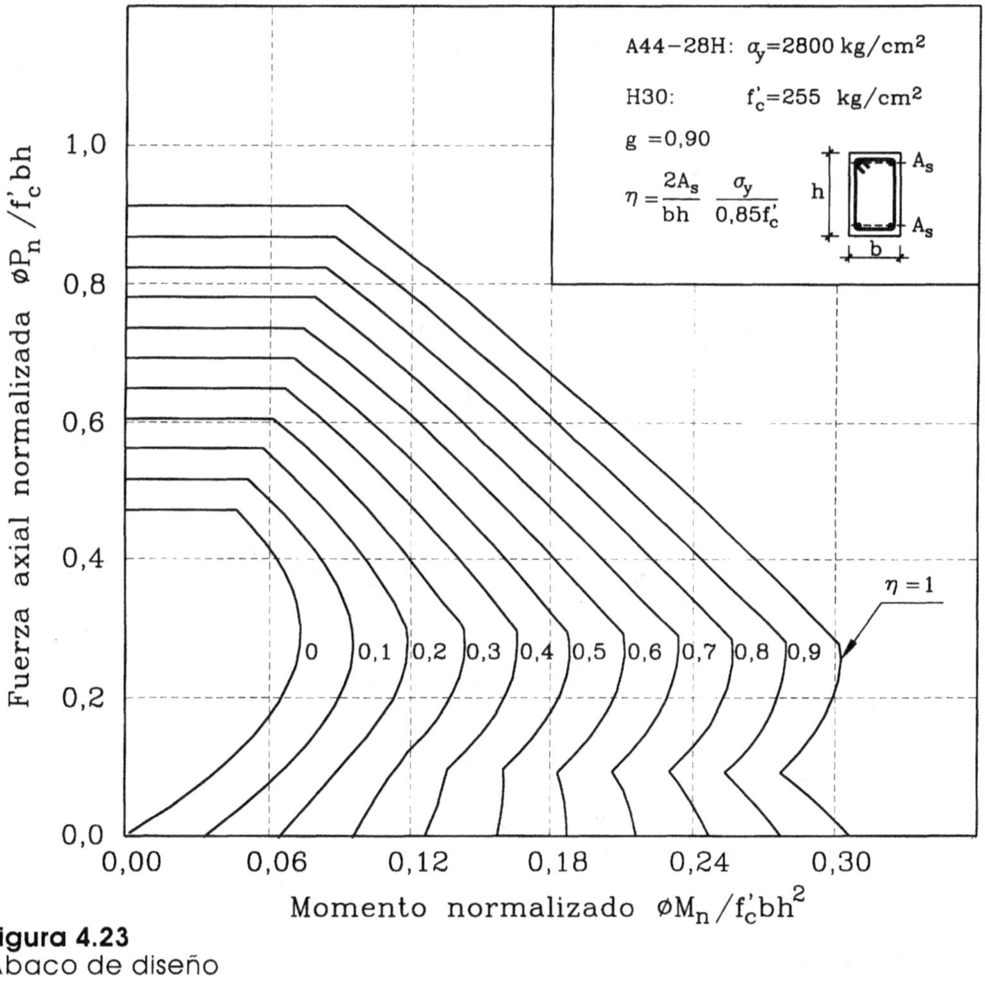

Figura 4.23
Ábaco de diseño

En el Apéndice H se incluyen ábacos de diseño para dos calidades de acero: A63-42H y A44-28H; dos calidades de hormigón: H30 y H22,5 correspondientes a f_c' igual a 255 y 191 kg/cm^2 respectivamente; y tres valores del parámetro g: 0,95, 0,90 y 0,80. Los cálculos y construcción de estos ábacos se deben a Delpiano y Riddell, 1980.

Ejemplo 4.4

Las cargas y diagramas de esfuerzos internos de un marco de hormigón armado se muestran en la Fig. E4.4.a. Las columnas son de 30×50 cm, con armadura simétrica $A_s = A_s' = 3\phi25 = 14,73$ cm^2, con d' = 4 cm. Los materiales son acero elastoplástico con $\sigma_y = 2800$ kg/cm^2 y $E_s = 2100000$ kg/cm^2, y hormigón con $f_c' = 200$ kg/cm^2 y relación tensión deformación según la Fig. 1.17. Se pide: a) Calcular y dibujar la curva de interacción (M_n, P_n) de capacidad última nominal de la sección de la columna y la curva de diseño $(\phi M_n, \phi P_n)$. Para la curva de interacción utilizar el mínimo posible de puntos que permitan una razonable aproximación, y b) verificar si la columna satisface el código ACI, comprobando todas las combinaciones de carga que sean pertinentes. No incluir los efectos de pandeo.

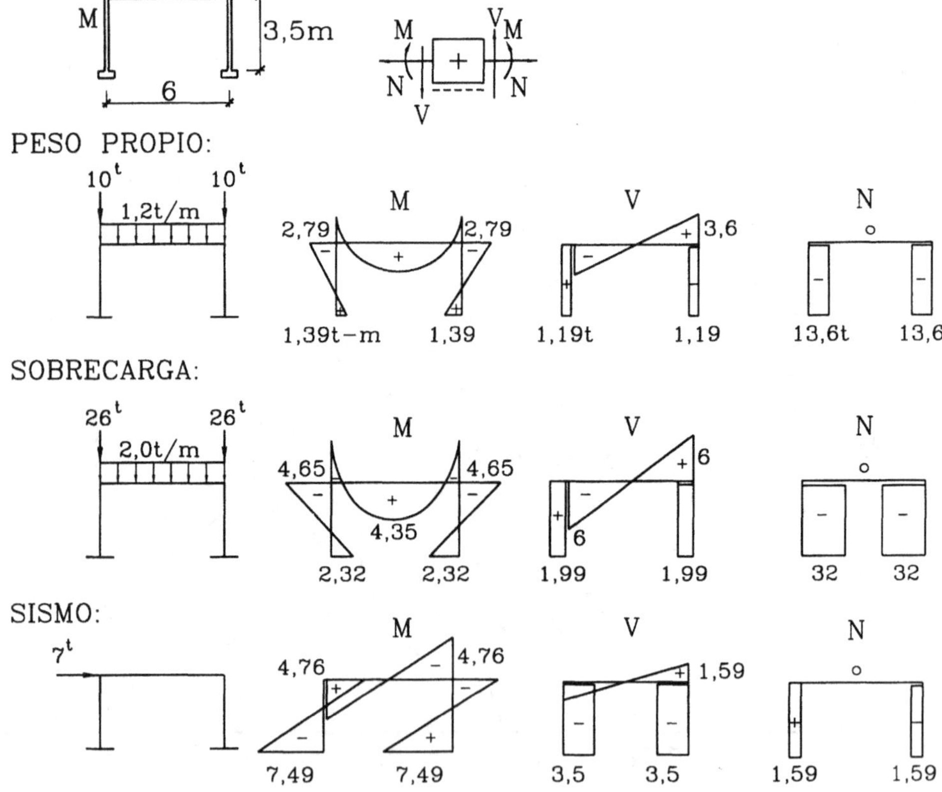

Figura E4.4.a

Solución: Sección de las columnas:

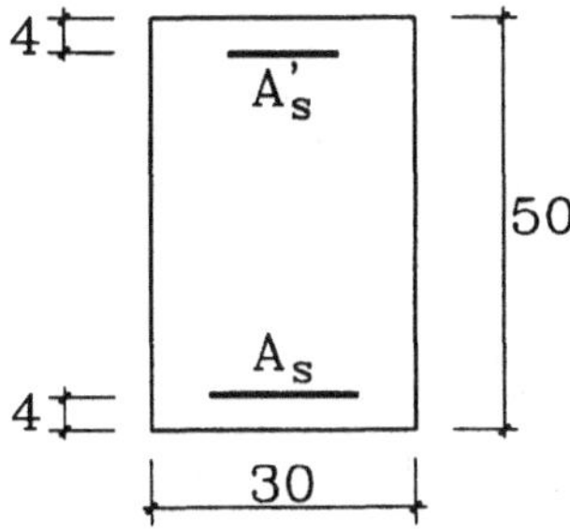

Figura E4.4.b

$$A_c = A_g - A_{st} = 1470,54 \text{ cm}^2$$

$$d = 46 \text{ cm y } d' = 4 \text{ cm}$$

a) Curvas de interacción y de diseño.

i) Compresión pura:

$$M_n = 0$$

$$P_n = 0,85 \, f_c' \, (A_g - A_{st}) + \sigma_y \, A_{st} = 332,5 \text{ ton}$$

ii) Tracción pura:

$$M_n = 0$$

$$P_n = - \sigma_y \, A_{st} = - 82,5 \text{ ton}$$

iii) Flexión pura: Para el hormigón, la idealización parabólica para $\varepsilon_c \leq \varepsilon_o$, con variación lineal entre ε_o y ε_u, implica que la resultante de compresiones involucra tres partes, tal como se indica a continuación.

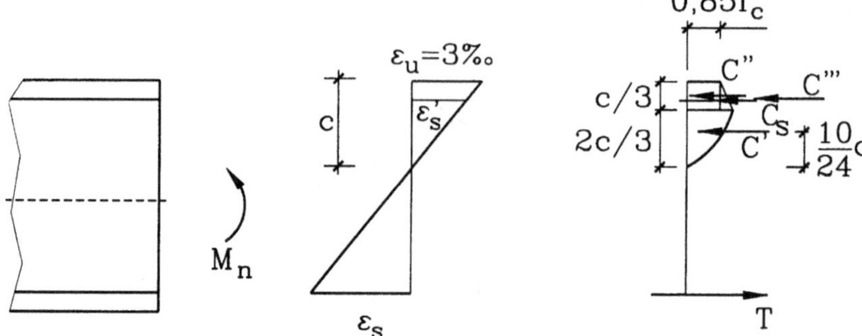

Figura E4.4.c

$$C' = \frac{2}{3} f_c' \; \frac{2c}{3} \, b = 2666{,}7 \, c \quad \text{(distribución parabólica)}$$

$$C'' = 0{,}85 \, f_c' \; \frac{c}{3} \, b = 1700 \, c \quad \text{(distribución constante)}$$

$$C''' = 0{,}15 \, f_c' \; \frac{c}{3} \, \frac{b}{2} = 150 \, c \quad \text{(distribución triangular)}$$

$$C_s = E_s \, \varepsilon_s' \, A_s' = 92799 \, \frac{c - 4}{c}$$

$$\text{suponiendo } \varepsilon_s > \varepsilon_y \rightarrow T = \sigma_y \, A_s = 41244 \, \text{kg}$$

$$\Sigma F_H = 0 \quad \rightarrow \quad C_s + C' + C'' + C''' = T \quad \rightarrow \quad c = 5 \, \text{cm}$$

$$C' = 13347 \; \text{kg}$$

$$C'' = 8509 \; \text{kg}$$

$$C''' = 751 \ kg$$

$$\varepsilon_s' = 0,003 \ \frac{1}{5} = 0,0006 < \varepsilon_y = 0,00133$$

$$C_s = 18560 \ kg$$

$$\varepsilon_s = 0,003 \ \frac{46-5}{5} = 0,0246 > \varepsilon_y$$

Luego:

$$T = 41244 \ kg$$

La ecuación de equilibrio $C = T$ no se satisface exactamente al redondear el valor de $c = 5$ cm (el error de 77 kg es despreciable).

$$M_{A_s} \ \rightarrow \ M_n = C'\left(d - c + \frac{10}{24}c\right) + C''\left(d - \frac{c}{6}\right) + C'''\left(d - \frac{2}{3}\frac{c}{3}\right) + C_s(d-d')$$

$$M_n = 17,76 \ \text{ton-m}$$

iv) Balance:

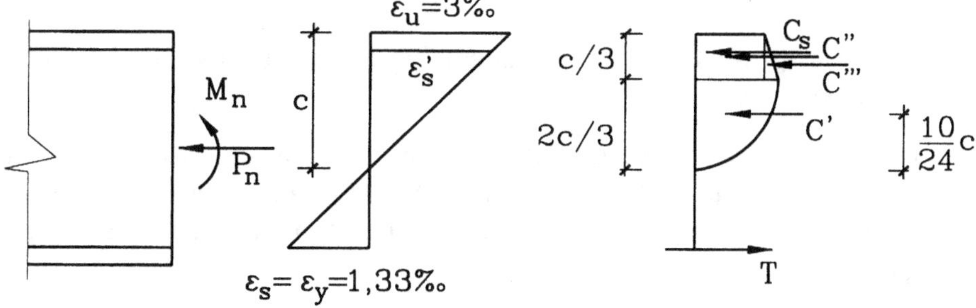

Figura E4.4.d

$$\frac{0{,}003}{c} = \frac{0{,}00133}{d - c} \quad \rightarrow \quad c = 31{,}85 \text{ cm}$$

$$\varepsilon_s' = \frac{31{,}85 - 4}{31{,}85} \, 0{,}003 = 0{,}00262 > \varepsilon_y$$

$$C_s = 41244 \text{ kg}$$

$$C' = 2666{,}7 \, c = 84{,}92 \text{ ton}$$

$$C'' = 1700 \, c = 54{,}14 \text{ ton}$$

$$C''' = 150 \, c = 4{,}78 \text{ ton}$$

$$P_n = C' + C'' + C''' + C_s - T = 143{,}84 \text{ ton}$$

$$M_{h/2} \rightarrow M_n = C'\left(\frac{h}{2} - c + \frac{10}{24}c\right) + C''\left(\frac{h}{2} - \frac{c}{6}\right) + C'''\left(\frac{h}{2} - \frac{2}{3}\frac{c}{3}\right) + C_s\left(\frac{h}{2} - d'\right) + T\left(\frac{h}{2} - d'\right)$$

$$M_n = 34{,}29 \text{ ton-m}$$

b) Verificación de que la sección es adecuada para resistir las solicitaciones (Código ACI).

Con los puntos antes calculados se generan la curva de interacción y la curva de diseño, como se muestra en la figura E4.4.e. A continuación, se toman y se combinan los estados de carga como muestran las tablas siguientes.

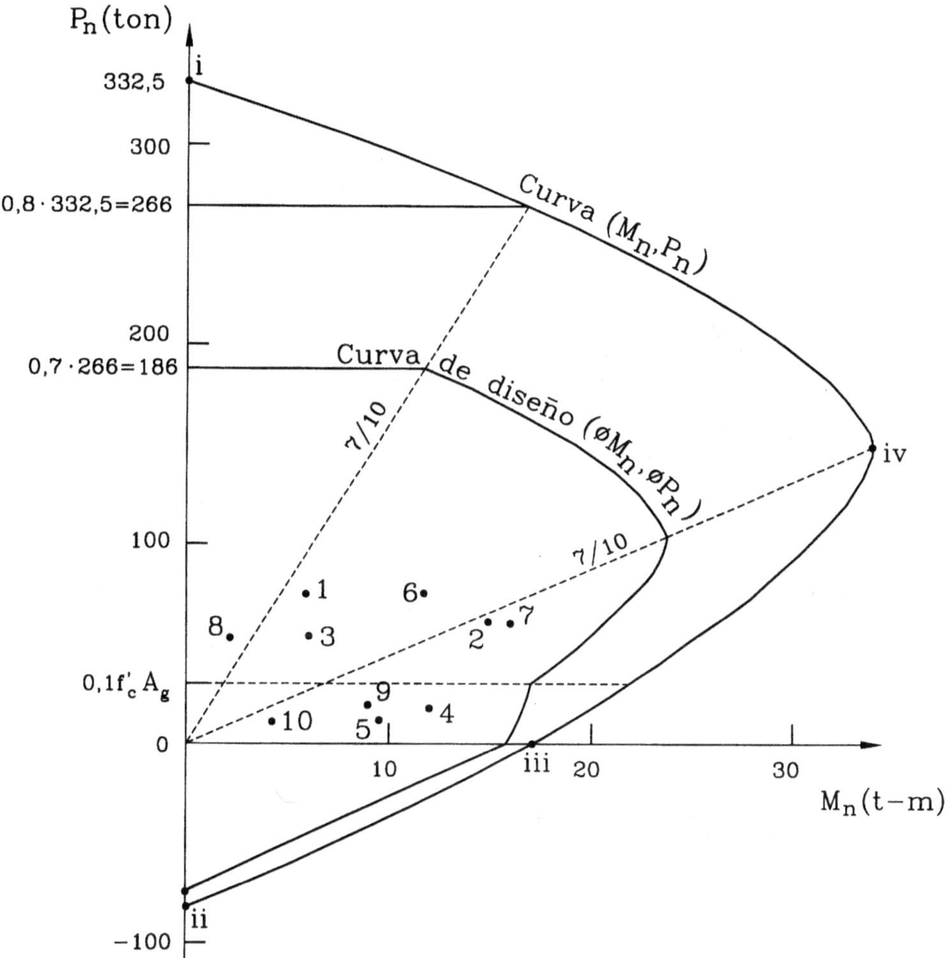

Figura E4.4e

Estados de carga:

Estado	Esfuerzo	Base	Extremo sup.
PP	M (ton-m) N (ton)	1,39 13,6	2,79 13,6
SC	M (ton-m) N (ton)	2,32 32	4,65 32
SISMO	M (ton-m) N (ton)	7,49 1,59	4,76 1,59

Combinaciones de cargas:

Combinación	M_u (ton-m)	N_u (ton)	Punto
1,4D + 1,7L	5,89	73,44	1
0,75 (1,4D + 1,7L + 1,87E)	14,94	57,31	2
0,75 (1,4D + 1,7L - 1,87E)	-6,09	52,85	3
0,9D + 1,43E	11,96	14,51	4
0,9D - 1,43E	-9,46	9,97	5
1,4D + 1,7L	11,81	73,44	6
0,75 (1,4D + 1,7L + 1,87E)	15,53	57,31	7
0,75 (1,4D + 1,7L - 1,87E)	2,18	52,85	8
0,9D + 1,43E	9,32	14,51	9
0,9D - 1,43E	-4,29	9,97	10

Las cinco primeras filas corresponden a la base de las columnas, y las otras cinco a los extremos superiores. Todos los puntos (M_U, N_U) quedan dentro de la curva de diseño (ϕM_n, ϕP_n), como se puede observar en la Fig. E4.4.e. Por consiguiente, la sección es adecuada para resistir las solicitaciones dadas.

4.3.4 Diseño de Columnas Incluyendo Pandeo

Hasta ahora, el problema de diseño de columnas de hormigón armado se ha limitado a la resistencia de una sección del elemento. No obstante, si se estudia el comportamiento de la columna completa es necesario introducir la posibilidad de inestabilidad y el efecto de los momentos flectores adicionales producidos por la carga axial de compresión multiplicada por la deformación transversal de la columna, lo cual se comenzó a discutir en la Sección 2.3.3 bajo la denominación de "viga-columna".

Sin embargo, por otras razones de diseño estructural, entre ellas las relacionadas con el diseño sísmico, las dimensiones de las columnas de hormigón armado son usualmente lo suficientemente grandes para que los efectos anteriores no sean significativos, y basta con diseñar el elemento a nivel de sección, caso de diseño que es conocido como "columna corta". El parámetro que determina este tipo de diseño o el caso contrario (diseño como "columna esbelta"), es la esbeltez de la columna definida como la razón entre la longitud efectiva de pandeo y el radio de giro de la sección en el plano en que está actuando el momento flector. Los límites correspondientes para realizar el diseño como columna corta o esbelta están especificados en el código ACI-318, y ellos dependen también de la posibilidad que los extremos de la columna experimenten desplazamiento horizontal relativo entre ellos. Por supuesto que esta posibilidad depende en los edificios de las características del piso completo en que está la columna y no de las características de un elemento individual.

En caso que el diseño deba realizarse como columna esbelta, el código ACI-318 establece condiciones de diseño diferentes dependiendo de la posibilidad de tener un desplazamiento horizontal relativo entre los extremos de la columna, (desplazamiento relativo de entrepiso). Sin embargo, en cualquier caso el diseño se realiza con la carga axial de compresión última obtenida del análisis de esfuerzos y con un momento flector que se obtiene de multiplicar el momento flector de análisis por un factor de magnificación, análogo al que se usa en el diseño de las columnas metálicas que se discutirá en la Sección 4.4.2. Es precisamente el factor de magnificación el que se evalúa en distinta forma, dependiendo de la magnitud del desplazamiento relativo de entrepiso.

Si este desplazamiento relativo de entrepiso es muy pequeño o no existe, el factor de magnificación corresponde al de una viga-columna en que el diagrama de momento flector está influenciado por el momento de segundo orden, producto de la carga de compresión y del desplazamiento transversal de la columna. Este es un problema de respuesta, que es no lineal pero sí elástico mientras no se alcance la tensión de fluencia del material. Como se analiza en la Sección 4.4.2, el factor de magnificación tiende a infinito cuando la carga axial de compresión se acerca a la carga crítica de la columna definida en la Sección 2.3.4.

Si el desplazamiento relativo de entrepiso es significativamente grande, el factor de magnificación afecta solamente a los momentos debidos a las solicitaciones que produjeron tal desplazamiento, y depende de la carga axial total para todo el piso y de la magnitud de dicho desplazamiento relativo de entrepiso, el cual corresponde usualmente al máximo valor de la deformación transversal de la columna que se está diseñando.

El uso de los factores de magnificación es una forma simplificada de diseño establecida en el código ACI-318. Por supuesto que este código también acepta el método más sofisticado en que las solicitaciones de diseño se obtienen de un análisis estructural de segundo orden que considera las deformaciones por flexión de las columnas, las deformaciones de entrepiso del edificio, además de otros factores como la no-linealidad y agrietamiento de las secciones en el comportamiento del elemento, duración de las cargas, retracción, fluencia lenta e interacción entre el comportamiento de la estructura y el del suelo que la soporta. En cualquier caso, tanto este método como el alternativo simplificado que se basa en los factores de magnificación, no se han incluido en este texto ya que se estima que son más propios de un curso de diseño dedicado exclusivamente a las estructuras de hormigón armado.

4.4 COLUMNAS DE ACERO. PROBLEMA DE INESTABILIDAD

4.4.1 Capacidad Ultima de una Sección en Flexo-Compresión

En esta presentación inicial se considera la curva de interacción para las combinaciones de carga axial y momento flector (M, P) correspondientes a la capacidad última de la sección, es decir, para una columna corta sin problemas de inestabilidad. Se supone que la curva tensión-deformación del material es elasto-plástica perfecta, con tensión de fluencia σ_y.

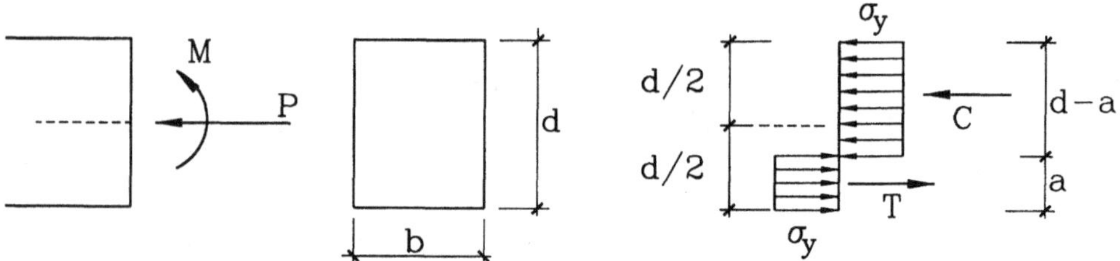

Figura 4.24
Plastificación total de una sección rectangular en flexo-compresión

Para una sección rectangular es posible deducir una expresión simple para la curva de interacción. Considerando una sección de ancho b y altura d, en el estado de plastificación total que muestra la Fig. 4.24 se tiene:

$$C = b\,(d - a)\,\sigma_y \qquad\qquad (4\text{-}48)$$

$$T = b\,a\,\sigma_y \qquad\qquad (4\text{-}49)$$

y las ecuaciones de equilibrio son:

$$P = C - T \qquad\qquad (4\text{-}50)$$

$$M = C\left(\frac{d}{2} - \frac{d - a}{2}\right) + T\left(\frac{d}{2} - \frac{a}{2}\right) \qquad\qquad (4\text{-}51)$$

la que puede reescribirse como:

$$M = (C - T)\,\frac{a}{2} + T\,\frac{d}{2} \qquad\qquad (4\text{-}52)$$

Reemplazando las Ecs. 4-48 y 4-49 en la Ec. 4-50 y resolviendo para "a" se obtiene:

$$a = \frac{d}{2}\left(1 - \frac{P}{P_y}\right) \qquad (4\text{-}53)$$

con $P_y = bd\sigma_y$ la carga axial máxima para $M = 0$. Reemplazando las Ecs. 4-49, 4-50, y 4-51 en la Ec. 4-52, y dividiendo esta última miembro a miembro por $M_p = bd^2\sigma_y/4$, el momento plástico de la sección rectangular sin carga axial (Ec. 3-63), se llega, simplificando, a la curva de interacción:

$$\left(\frac{P}{P_y}\right)^2 + \frac{M}{M_p} = 1 \qquad (4\text{-}54)$$

que se muestra en la Fig. 4.26. Similarmente se procede para una sección doble-T en flexión en torno a su eje fuerte, aunque en este caso no se obtiene una expresión simple como la Ec. 4-54.

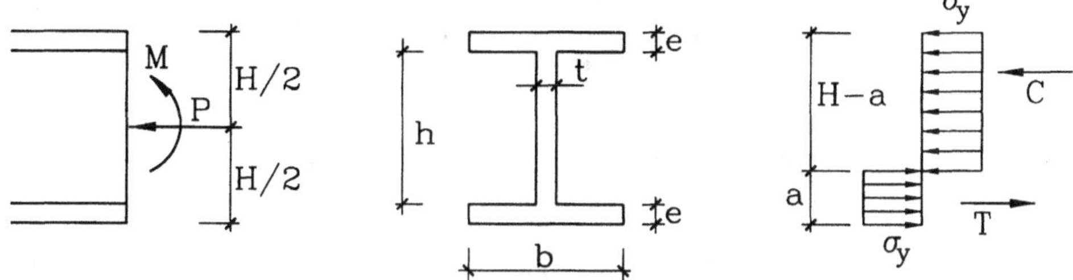

Figura 4.25
Plastificación total de un perfil doble-T en flexo-compresión

En relación con la Fig. 4.25, para el caso a ≥ e las resultantes de compresión y tracción son:

$$C = b\,e\,\sigma_y + (H - a - e)\,t\,\sigma_y \qquad (4\text{-}55.a)$$

$$T = b\,e\,\sigma_y + (a - e)\,t\,\sigma_y \qquad (4\text{-}56.a)$$

Utilizando la ecuación de equilibrio $P = (C - T)$, definiendo $P_y = A\sigma_y$, con $A = (2be + ht)$ el área total de la sección, y resolviendo para "a" se obtiene:

$$a = \frac{H}{2} - \frac{A}{2t}\left(\frac{P}{P_y}\right) \qquad (4\text{-}57.a)$$

Por su parte, la ecuación de equilibrio de momentos puede escribirse como:

$$M = b\,e\,(H - e)\,\sigma_y + t\,(H - a - e)\,(a - e)\,\sigma_y \qquad (4\text{-}58.a)$$

y el momento plástico M_p de la sección en ausencia de carga axial es:

$$M_p = b\,e\,(H - e)\,\sigma_y + t\left(\frac{H}{2} - e\right)^2 \sigma_y \qquad (4\text{-}59)$$

Para el caso a < e las resultantes de compresión y tracción son:

$$C = (A - b\,a)\,\sigma_y \qquad (4\text{-}55.b)$$

$$T = b\,a\,\sigma_y \qquad (4\text{-}56.b)$$

y de la ecuación de equilibrio se obtiene:

$$a = \frac{A}{2\,b}\left(1 - \frac{P}{P_y}\right) \qquad (4\text{-}57.b)$$

A su vez la ecuación de equilibrio de momentos queda:

$$M = b\,a\,(H - a)\,\sigma_y \qquad (4\text{-}58.b)$$

Conforme a lo anterior, la construcción de la curva de interacción opera como sigue: i) escoger una razón P/P_y, es decir, un factor de utilización en compresión axial; ii) calcular "a" según las Ecs. 4-57, comprobando que esté en el rango de validez de cada una de ellas; y iii) calcular el cuociente M/M_p usando la Ec. 4-58 que corresponda y la Ec. 4-59. Curvas de interacción así generadas se muestran en la Fig. 4-26, en la cual el área achurada comprende todos los perfiles de las series IN, con H≤50, y HN incluidos en las Tablas A.2.

Dada la dificultad práctica de efectuar el cálculo anterior para cada perfil, el código AISC adopta una curva de interacción aproximada para perfiles doble-T dada por (Fig. 4.26):

$$\frac{M}{M_p} = 1{,}18\left(1 - \frac{P}{P_y}\right) \qquad \text{para } \frac{P}{P_y} > 0{,}15 \qquad (4\text{-}60.a)$$

$$\frac{M}{M_p} = 1 \qquad \text{para } \frac{P}{P_y} \leq 0{,}15 \qquad (4\text{-}60.b)$$

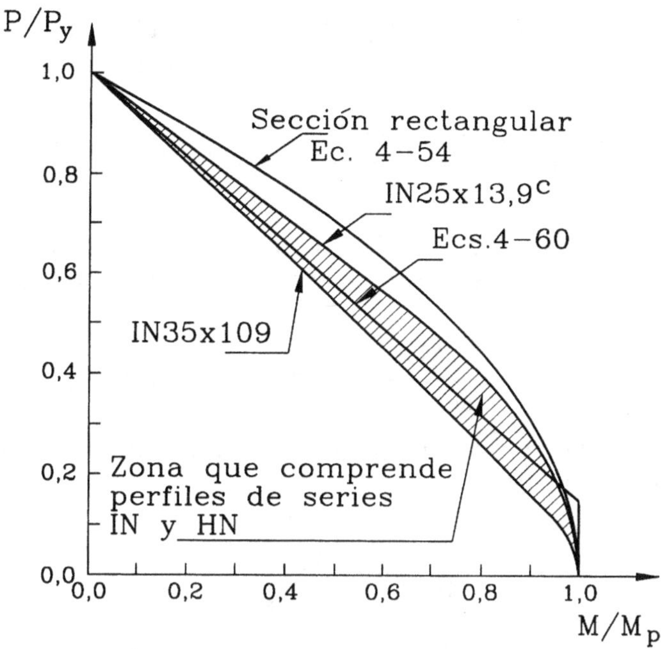

Figura 4.26
Curvas de interacción de capacidad última de una sección en flexo-compresión

4.4.2 Capacidad Ultima de una Columna en Flexo-Compresión Incluyendo Pandeo

La condición de carga más típica de una columna es la mostrada en la Fig. 4.27, es decir, sin cargas laterales significativas sobre ella y con momentos flectores en sus extremos de distinta magnitud e incluso en curvatura doble ($\beta < 0$). El análisis de respuesta elástica de esta viga-columna puede realizarse en la forma descrita en la Sección 2.3.3; en efecto, usando la Ec. 2-31 se tiene:

$$E\,I\,\frac{d^2 v}{dx^2} = -\left[P\,v + M + \frac{M}{L}\,(\beta - 1)\,x\right] \qquad (4\text{-}61)$$

cuya solución general, con $\lambda^2 = P/EI$, es:

$$v = A\,\text{sen}\lambda x + B\,\cos\lambda x - \frac{M}{P} - \frac{M\,(\beta - 1)}{P\,L}\,x \qquad (4\text{-}62)$$

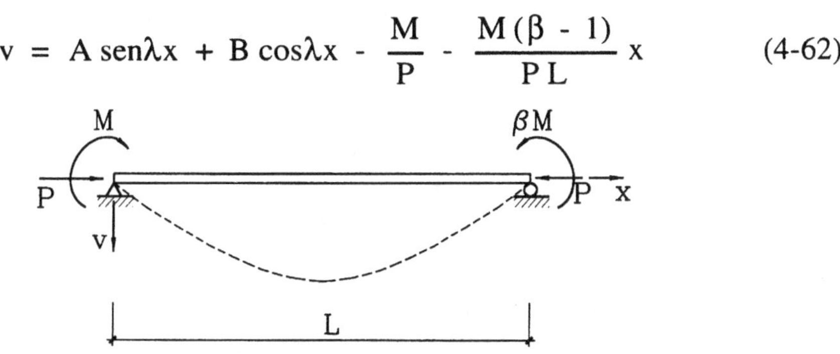

Figura 4.27
Condición de carga de una viga columna

Determinando las constantes de integración en base a la condición de deformada nula en ambos apoyos (v = 0 en x = 0 y x = L), queda finalmente:

$$v = \frac{M}{P}\left[\frac{\beta\,\mathrm{sen}\lambda x + \mathrm{sen}\lambda(L-x)}{\mathrm{sen}\,\lambda L} + (1-\beta)\,\frac{x}{L} - 1\right] \qquad (4\text{-}63)$$

solución debida originalmente a Timoshenko, 1961. De la ecuación anterior y utilizando $M(x) = -EI(d^2v/dx^2)$ se obtiene el momento flector en cualquier sección:

$$M(x) = \frac{M}{\mathrm{sen}\lambda L}\left[\beta\,\mathrm{sen}\lambda x + \mathrm{sen}\lambda(L-x)\right] \qquad (4\text{-}64)$$

La sección x_m donde ocurre el momento máximo se determina de la condición $dM/dx = 0$, la que da:

$$\beta = \frac{\cos\lambda(L-x_m)}{\cos\lambda x_m} \qquad (4\text{-}65)$$

que reemplazada en la Ec. 4-64 da el momento flector máximo en la viga (Ketter, 1961):

$$M_{max} = M\,\mathrm{sec}\lambda x_m \qquad (4\text{-}66)$$

Claramente, en la expresión anterior el término $\mathrm{sec}\lambda x_m$ se interpreta como un factor de amplificación que se aplica al momento en el extremo para obtener el momento máximo en el vano, incluida la contribución de la carga axial al momento flector (el momento Pv). Para analizar este factor considérese el caso $\beta = 1$, en el cual, obviamente, $x_m = L/2$; se tiene entonces que $M_{max} \to \infty$ cuando $\lambda L/2 \to \pi/2$. En el límite, esta última relación implica que para un valor de la carga axial $P_{cr} = \pi^2 EI/L^2$ la columna falla, independientemente del valor de M, conclusión idéntica a la obtenida en la Sección 2.3.3 (Ec. 2-47).

Para efectos prácticos conviene simplificar el término $\mathrm{sec}\lambda x_m$ de la Ec. 4-66. Nuevamente, para el caso $\beta = 1$:

$$\lambda x_m = \lambda\,\frac{L}{2} = \frac{L}{2}\sqrt{\frac{P}{EI}} = \frac{\pi}{2}\sqrt{\frac{P}{P_{cr}}} \qquad (4\text{-}67)$$

y

$$\mathrm{sec}\left(\frac{\pi}{2}\sqrt{\frac{P}{P_{cr}}}\right) \approx \frac{1}{1-\dfrac{P}{P_{cr}}} \qquad (4\text{-}68)$$

en que P_{cr} es la carga de pandeo en el plano en que actúa el momento flector M.

Enfatizando que la solución dada por la Ec. 4-66 sólo es válida en el rango de comportamiento elástico del material, y no considera el efecto de las tensiones residuales de fabricación, una forma aproximada de predecir los valores de P y M simultáneos, asociados a un estado de capacidad última de la columna, es mediante la fórmula de interacción:

$$\frac{P}{P_o} + \frac{M}{M_p} \left[\frac{1}{1 - \dfrac{P}{P_{cr}}} \right] = 1 \qquad (4\text{-}69)$$

en que P_o es la capacidad de la columna incluyendo pandeo (elástico o inelástico) para $M = 0$, es decir, $P_o = \sigma_{cr} A$ con σ_{cr} dado por las Ecs. 2-54 y 2-59 según proceda (ver Fig. 2.36), y M_p es el momento plástico de la sección, es decir la capacidad en flexión máxima de ésta para $L = 0$ y $P = 0$. El término entre paréntesis es el factor de amplificación del momento máximo M, válido sólo para $\beta = 1$ como fue antes derivado.

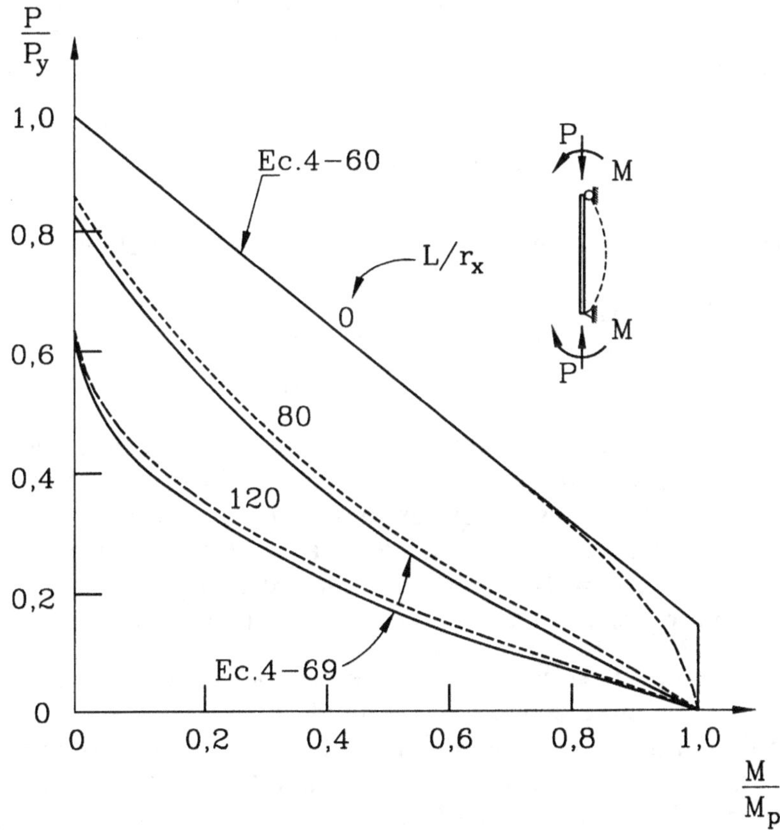

Figura 4.28
Comparación de curvas de interacción según solución analítica exacta (en línea segmentada según Ketter, 1961) y fórmulas aproximadas para $\beta = 1$

Soluciones analíticas exactas para las curvas de interacción de capacidad última de la columna, fueron presentadas por Ketter, 1961, para un perfil específico (8W31), las que según el autor son conservadoras para otros perfiles. Las curvas de Ketter se muestran en línea segmentada en la Fig. 4.28, apreciándose excelente acuerdo con las fórmulas aproximadas dadas por las Ecs. 4-69 y 4-60. En esta comparación debe usarse $P_o = P_{ox}$, es decir la capacidad de la columna basada en la esbeltez $\lambda_x = kL/r_x$, ya que en el estudio de Ketter se consideró impedido el pandeo respecto al eje débil. Por su parte P_{cr} en el segundo término debe siempre referirse al mismo eje en que ocurre la flexión, ya que el λ utilizado en la Ec. 4-67 contiene el momento de inercia I asociado a la Ec. 4-61. Para la comparación de la Fig. 4.28 debe usarse entonces $P_{cr\,x} = \pi^2 EI_x/L^2$ ya que el estudio se refiere a flexión en el eje fuerte del perfil.

Intuitivamente el caso $\beta = 1$ antes discutido es el más desfavorable, como efectivamente se comprobó en el estudio analítico de Ketter en que se consideraron los casos $\beta = 1, 0,5, 0, -0,5$ y -1. La Fig. 4.29 muestra las curvas de interacción para tres de estos casos para el perfil 8W31 con una esbeltez $\lambda_x = 60$. Las diferencias se acentúan al aumentar la esbeltez, como se aprecia en las líneas segmentadas de la Fig. 4.30 que corresponden a $\lambda_x = 120$ para los mismos valores de β de la Fig. 4.29. Para tomar en consideración este efecto se modifica el término de flexión de la Ec. 4-69 introduciendo el factor:

$$C_m = 0,6 + 0,4\,\beta \tag{4-70}$$

quedando la fórmula aproximada de interacción en la forma siguiente:

$$\frac{P}{P_o} + \frac{M}{M_p}\,(0,6 + 0,4\,\beta)\,\frac{1}{P - \dfrac{P}{P_{cr}}} = 1 \tag{4-71}$$

Esta última expresión se compara con las soluciones analíticas en la Fig. 4.30. La concordancia entre la solución exacta y la fórmula aproximada es buena para $\beta \geq 0$, pero no tanto para $\beta < 0$, caso en que es conservadora para M/M_p moderado o pequeño, pero no así para M/M_p grande, destacándose que incluso sólo pasa por el punto ($M/M_p = 1$, $P = 0$) para $\beta = 1$. Esto se corrige acotando la Ec. 4-71 con la Ec. 4-60, rigiendo esta última cuando la anterior la excede.

Finalmente, debe reconocerse que, en general, en el comportamiento en flexión no se alcanzará el momento plástico de la sección, ya que incluso el elemento viga pura (caso $P = 0$) tiene su capacidad limitada por el fenómeno de pandeo lateral-torsional. Este efecto se incorpora sustituyendo M_p por M_b, en que M_b es el máximo momento flector que resiste la viga antes que ocurra pandeo lateral sin carga axial. Las fórmulas aproximadas de interacción quedan en definitiva en la forma:

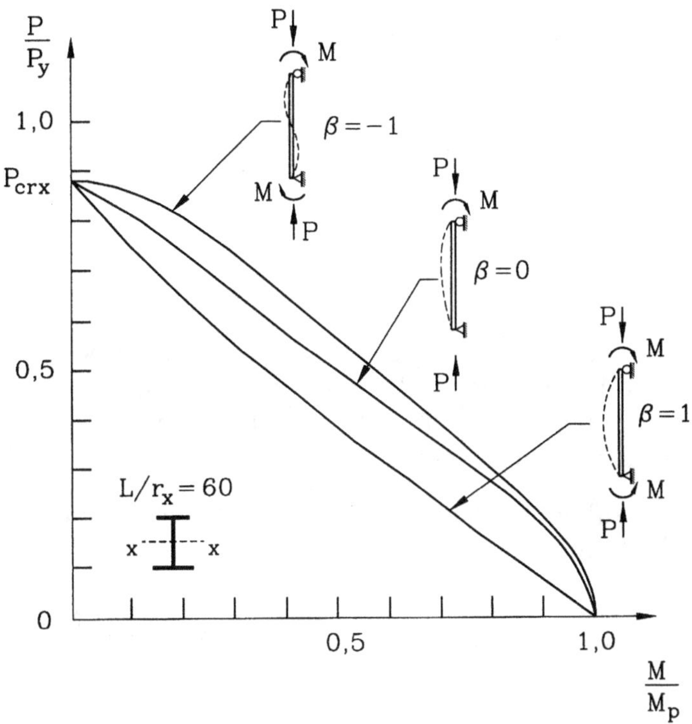

Figura 4.29
Curvas de interacción según solución analítica exacta para distintas condiciones de momentos en los extremos (adaptada de Beedle et al. 1964)

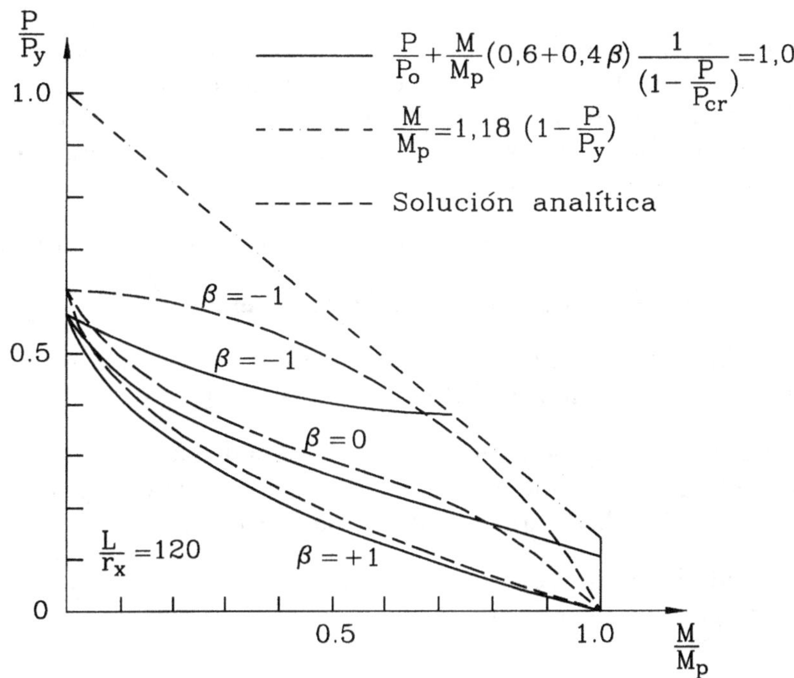

$$\frac{P}{P_o} + \frac{M}{M_p}(0{,}6+0{,}4\,\beta)\,\frac{1}{\left(1-\frac{P}{P_{cr}}\right)}=1{,}0$$

$$\frac{M}{M_p}=1{,}18\left(1-\frac{P}{P_y}\right)$$

Solución analítica

Figura 4.30
Comparación de curvas de interacción según solución analítica exacta (en línea segmentada) y fórmulas aproximadas (adaptada de Beedle et al. 1964)

$$\frac{P}{P_o} + \frac{M}{M_b} \cdot \frac{(0,6 + 0,4\,\beta)}{\left(1 - \dfrac{P}{P_{cr}}\right)} = 1 \qquad\qquad (4\text{-}72.a)$$

$$\frac{M}{M_p} = 1,18\left(1 - \frac{P}{P_y}\right) \leq 1 \qquad\qquad (4\text{-}72.b)$$

La Ec. 4-72.a se interpreta como la curva de interacción asociada a la condición de falla por inestabilidad debido a flexión excesiva en la luz de la viga, mientras la Ec. 4-72.b corresponde al estado límite asociado a la formación de una rótula plástica en un extremo del elemento.

De acuerdo a los resultados anteriores, y pasando al nivel de tensiones admisibles, los requisitos de diseño son:

$$\frac{\sigma_a}{\sigma_A} + \frac{\sigma_b}{\sigma_B} \cdot \frac{C_m}{1 - \dfrac{\sigma_a}{\sigma_e{}'}} \leq 1 \qquad \text{con} \quad C_m = 0,6 + 0,4\left(\frac{M_1}{M_2}\right) \qquad (4\text{-}73.a)$$

$$\frac{\sigma_a}{0,6\,\sigma_y} + \frac{\sigma_b}{\sigma_B} \leq 1 \qquad\qquad (4\text{-}73.b)$$

Al pasar a tensiones admisibles los términos P_o, M_b y P_{cr} de la Ec. 4-72.a quedaron modificados por el factor de seguridad correspondiente. A su vez, la Ec. 4-72.b se simplificó tomando 1 en vez del factor 1,18 y tomando como límite de capacidad M_b en vez del momento plástico M_p; igualmente, al incorporar el factor de seguridad se obtiene la Ec. 4-73.b.

En las Ecs. 4-73 el significado de cada uno de los términos es el siguiente:

σ_a = P/A es la tensión de compresión axial solicitante.

σ_b = M/W es la tensión de flexión (en consistencia con las Ecs. 4-72 la flexión actúa en el eje fuerte de la sección).

σ_A = tensión admisible de compresión axial, incluyendo pandeo, que se permitiría si no existiera flexión, es decir corresponde a las Ecs. 2-61 o 2-62 según el caso, con la esbeltez kL/r calculada en el plano más desfavorable (kL/r mayor).

σ_B = tensión admisible de flexión como si no existiera carga axial, incluyendo los efectos de pandeo local y lateral torsional.

$$\sigma_e{}' = \frac{\pi^2\,E}{1,92\left(k_b L_b / r_b\right)^2}$$

corresponde a la tensión de pandeo elástico de Euler dividida por el factor de seguridad (Ec. 2-62) para la esbeltez asociada al plano de flexión; k_b es el coeficiente de luz efectiva en el plano de flexión, L_b, es la luz efectiva en el plano de flexión, y r_b es el radio de giro correspondiente.

σ_y = la tensión de fluencia del acero,

$C_m = 0{,}6 + 0{,}4\,\beta$, en que $\beta = M_1/M_2$ es el cuociente entre el menor y el mayor de los momentos en los extremos de la viga; β tiene signo positivo cuando la flexión es en curvatura simple (ver Fig. 4.27) y β es negativo cuando la flexión es en curvatura doble. La expresión anterior para C_m es una aproximación al caso estudiado (Fig. 4.27) en que los desplazamientos de los extremos del elemento están impedidos y no hay carga lateral actuando sobre el elemento entre los apoyos. Cuando estas condiciones no se cumplen debe usarse $C_m = 0{,}85$ en columnas de pórticos con desplazamiento lateral no restringido. En elementos con carga lateral, pero que pertenecen a pórticos con desplazamiento lateral restringido, C_m puede determinarse mediante un análisis especial, o bien usarse $C_m = 0{,}85$ si los extremos del elemento están restringidos al giro en el plano de flexión o $C_m = 1{,}0$ si los extremos del elemento no están restringidos al giro en el plano de flexión.

El código AISC utiliza las Ecs. 4-73 aunque extendidas a flexión biaxial, y permite una simplificación para elementos sometidos a carga axial pequeña ($\sigma_a/\sigma_A < 0{,}15$). AISC especifica que los elementos sometidos a flexión con carga axial deben satisfacer las expresiones:

$$\frac{\sigma_a}{\sigma_A} + \frac{\sigma_{bx}}{\sigma_{Bx}} \cdot \frac{C_{mx}}{\left(1 - \dfrac{\sigma_a}{\sigma'_{ex}}\right)} + \frac{\sigma_{by}}{\sigma_{By}} \cdot \frac{C_{my}}{\left(1 - \dfrac{\sigma_a}{\sigma'_{ey}}\right)} \leq 1 \qquad (4\text{-}74.a)$$

$$\frac{\sigma_a}{0{,}6\,\sigma_y} + \frac{\sigma_{bx}}{\sigma_{Bx}} + \frac{\sigma_{by}}{\sigma_{By}} \leq 1 \qquad (4\text{-}74.b)$$

Conforme a la argumentación y caso considerado (Fig. 4.27) en la derivación de las Ecuaciones 4.74, se distinguen dos situaciones: a) En ausencia de carga lateral sobre la columna, σ_b se calcula con el mayor de los momentos flectores en los extremos de la columna, y se utilizan ambas Ecuaciones 4.74; y b) Si hay carga lateral sobre la columna, σ_b calculado en base al momento máximo en el vano se utiliza con la Ec. 4.74.a, mientras σ_b calculado en base al máximo momento extremo se utiliza con la Ec. 4.74.b.

Cuando $\sigma_a/\sigma_A \leq 0{,}15$, en lugar de las Ecs. 4-74 basta verificar:

$$\frac{\sigma_a}{\sigma_A} + \frac{\sigma_{bx}}{\sigma_{Bx}} + \frac{\sigma_{by}}{\sigma_{By}} \leq 1 \qquad (4\text{-}75)$$

En las ecuaciones anteriores los subíndices x e y indican que las variables correspondientes deben evaluarse utilizando las propiedades de la sección y las condiciones que procedan en los planos de flexión correspondientes.

Cabe notar que en el caso de elementos en flexión combinada con carga axial de tracción rige sólo la Ec. 4-75 cambiando σ_A por σ_T, en que ésta última es la tensión admisible de tracción (usualmente $0{,}6\ \sigma_y$ en la sección completa y $0{,}5\ \sigma_y$ en la sección neta).

Ejemplo 4.5

En la estructura de la Fig. E4.5.a, la columna C1 es un perfil HN25×68.9 de acero A37-24ES orientado en la forma más eficiente. Se pide verificar si la columna es apropiada. La verificación del diseño debe realizarse para las siguientes combinaciones de carga: Comb.1 = (Peso propio + sobrecarga), y Comb.2 = 0,75 (Peso propio + sobrecarga + sismo). Para la determinación del coeficiente de luz efectiva de la columna suponer que la viga V2 es suficientemente rígida para restringir totalmente el giro en el extremo superior de la columna. Suponer los diagramas de momento flector de la forma indicada en la figura. Las cargas a nivel de techo son: peso propio = 100 kg/m^2 y sobrecarga = 300 kg/m^2. Adicionalmente hay cargas puntuales P de 2 ton para el estado de peso propio y 6 ton para el estado de sobrecarga. La fuerza sísmica H sobre el marco es de ± 2,5 ton.

Solución:

i) Esfuerzos en la columna:

Combinación 1: Peso propio más sobrecarga

$$q = (100)\,(6) + (300)\,(6) = 2400 \text{ kg/m (sobre viga V2)}$$

$$M = \frac{qL^2}{4} = (2,4)\,\frac{4^2}{4} = 9{,}6 \text{ ton-m}$$

$$R = q\,\frac{2L}{2} = (2,4)\,4 = 9{,}6 \text{ ton (reacción viga V2)}$$

$$N = R + P_{pp} + P_{sc} = 9{,}6 + 2 + 6 = 17{,}6 \text{ ton}$$

Caso símico:

$$R = \frac{M_1 + M_2}{2\,L} = \frac{(H\,L\,/\,2 + HL\,/\,2)}{2\,L} = \frac{H}{2} = \frac{2,5}{2} = 1{,}25 \text{ ton} = N$$

$$M = \frac{H\,L}{2} = \frac{(2,5)\,(4)}{2} = 5 \text{ ton-m}$$

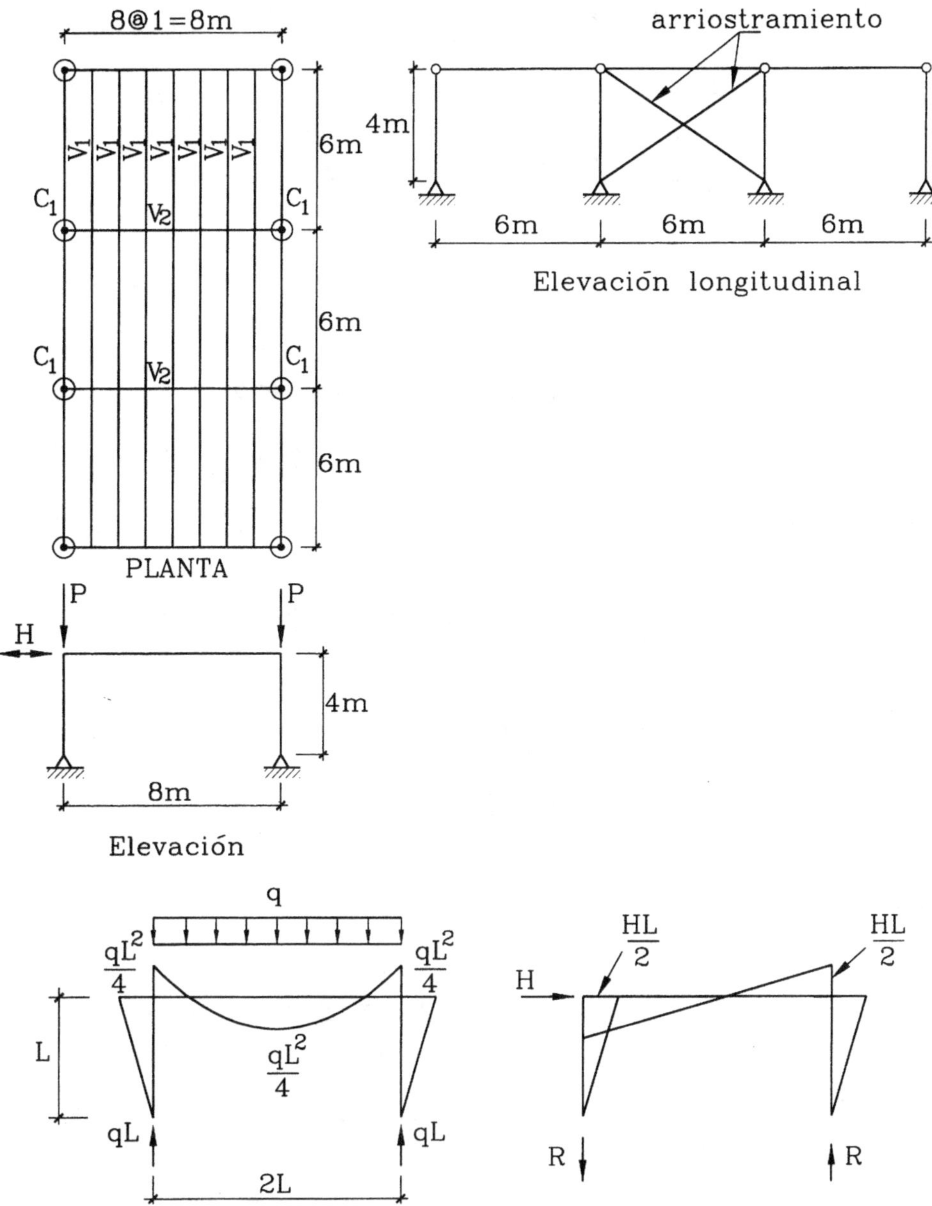

Figura E4.5.a

Combinación 2: 0,75 (PP + SC + sismo)

$$N = 0,75 \, (17,6 + 1,25) = 14,14 \text{ ton}$$

$$M = 0,75 \, (9,6 + 5) = 10,95 \text{ ton-m}$$

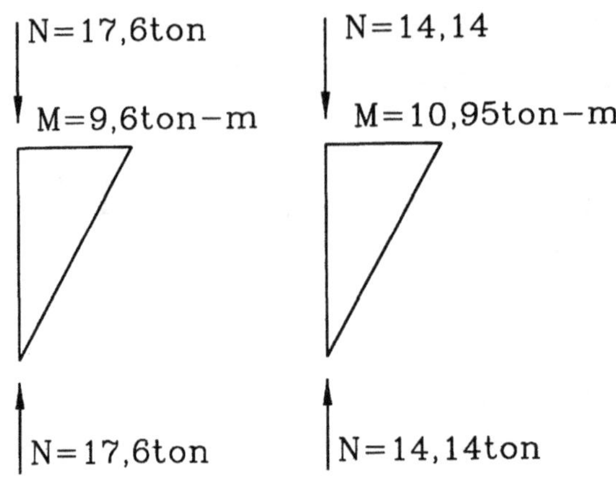

Figura E4.5.b

ii) Propiedades del perfil HN25×68.9:

$$A = 87,8 \text{ cm}^2 \qquad W_x = 839 \text{ cm}^3$$

$$r_x = 10,9 \text{ cm} \qquad r_y = 6,45 \text{ cm} \qquad r_t = 6,93 \text{ cm}$$

iii) Tensión admisible de flexión:

$$L = 400 \text{ cm}$$

$$\lambda_t = L/r_t = 400 / 6,93 = 57,7$$

$$C_b = 1,75$$

$$\lambda_t < 2680 \sqrt{(1,75/2400)} = 72,4, \text{ luego } \sigma_B = 0,6 \, \sigma_y = 1440 \text{ kg/cm}^2$$

iv) Tensión admisible de compresión:

Coeficiente de longitud efectiva: En el plano del marco $k_x = 2$ (extremo superior supuesto empotrado, extremo inferior articulado, y desplazamiento lateral permitido); usar el valor de diseño recomendado $k_{xd} = 2,1$. En dirección perpendicular al marco existe arriostramiento que impide el desplazamiento, pero las rotaciones en los extremos están permitidas, por lo tanto $k_y = 1$, caso en que se recomienda el mismo valor de diseño $k_{yd} = 1,0$.

$$\lambda_x = \frac{k_x L}{r_x} = \frac{(2,1)\,(400)}{(10,9)} = 77,1 \quad \rightarrow \quad \text{controla}$$

$$\lambda_y = \frac{k_y L}{r_y} = \frac{(1,0)\,(400)}{(6,45)} = 62$$

$$\sigma_A = 1067,3 \text{ kg/cm}^2 \quad (\text{de Tabla A.5})$$

v) Tensión de Euler (usando propiedades del plano en flexión, λ_x en este caso):

$$\sigma_e' = \frac{\pi^2 E}{1,92\,\lambda_x^2} = \frac{\pi^2\,(2,1)\,(10^6)}{1,92\,(77,1)^2} = 1816 \text{ kg/cm}^2$$

vi) Intensidad de la compresión axial:

Para combinación 1:

$$\sigma_a = 17600 / 87,8 = 200 \text{ kg/cm}^2$$

$$\sigma_a / \sigma_A = 200 / 1067,3 = 0,187 > 0,15$$

Para combinación 2:

$$\sigma_a = 14140 / 87,8 = 161 \text{ kg/cm}^2$$

$$\sigma_a / \sigma_A = 161 / 1067,3 = 0,151 > 0,15$$

por lo tanto deben utilizarse las Ecs. 4-73.

vii) Verificación para combinación 1:

$$\frac{\sigma_a}{\sigma_A} + \frac{\sigma_b}{\sigma_B} \cdot \frac{C_m}{\left(1 - \dfrac{\sigma_a}{\sigma_e'}\right)} \leq 1$$

$$\frac{\sigma_a}{0,6\,\sigma_y} + \frac{\sigma_b}{\sigma_B} \leq 1$$

$$\sigma_b = \frac{M}{W} = \frac{960000}{839} = 1144,2 \ \text{kg/cm}^2$$

$C_m = 0,85$ por ser marco con desplazamiento lateral

$$0,187 + \frac{1144,2}{1440} \cdot \frac{0,85}{\left(1 - \dfrac{200}{1816}\right)} = 0,946 < 1 \quad \text{OK}$$

$$\frac{200}{1440} + \frac{1144,2}{1440} = 0,933 < 1 \quad \text{OK}$$

viii) Verificación para combinación 2:

$$\sigma_b = \frac{M}{W} = \frac{1095000}{839} = 1305,1 \ \text{kg/cm}^2$$

$$0,151 + \frac{1305,1}{1440} \cdot \frac{0,85}{\left(1 - \dfrac{161}{1816}\right)} = 0,996 < 1 \quad \text{OK}$$

$$\frac{161}{1440} + \frac{1305,1}{1440} = 1,02 > 1$$

pero se puede aceptar por tener sólo un 2% de exceso.

Cabe hacer notar, sin embargo, que por estar este diseño tan ajustado, es conveniente revisar el supuesto dado en el sentido de que la viga V2 es suficientemente rígida como para empotrar la columna. Para ello es necesario considerar la rigidez real relativa entre viga y columna, lo que podría conducir a un k_x distinto de 2,1, afectando eventualmente los valores de σ_A y σ_e'. La estimación más precisa del coeficiente de luz efectiva se ha dejado fuera de este texto; por ello, hecha esta advertencia, se concluye con el ejemplo aquí.

Conviene también mencionar que la forma del diagrama de momentos para la carga q también depende de la rigidez relativa entre la viga y la columna, de modo que cambios en estos elementos alteran los esfuerzos de diseño sobre los mismos.

4.5 CONCEPTOS BASICOS DE HORMIGON PRETENSADO

El hormigón pretensado constituye un interesante ejemplo de combinación de esfuerzos debidos a flexión y cargas axiales. El concepto básico de esta combinación de materiales, hormigón y acero, es la introducción en el hormigón de un estado de compresiones predominante antes de que actúen las cargas de servicio, de modo que al actuar éstas, se eliminen las tensiones de tracción en el hormigón producidas por la flexión. El concepto del hormigón pretensado ofrece una serie de ventajas: a) al eliminar las tensiones de tracción se aprovecha la sección completa del hormigón en la resistencia a la flexión; b) se impide el agrietamiento del hormigón, con lo cual se eliminan los problemas de corrosión de la armadura de refuerzo cuando la obra se construye en ambientes agresivos; y c) se disminuye notablemente la magnitud de las tensiones diagonales de tracción debidas a la combinación de las tensiones longitudinales de tracción con las tensiones tangenciales por esfuerzo de corte, lo cual permite el uso de secciones I o T que son más esbeltas.

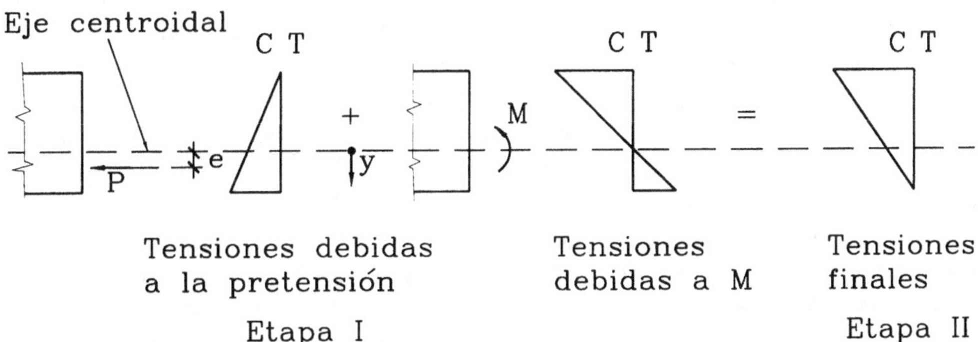

Figura 4.31
Concepto básico del hormigón pretensado

En la Fig. 4.31 se muestran los aspectos fundamentales de una sección de una viga de hormigón pretensado (Gerstle, 1967). La Etapa I consiste en la aplicación de una carga axial P ubicada a una distancia "e" bajo el eje neutro de la sección completa de hormigón, con lo cual se obtienen las tensiones indicadas en el diagrama; C representa tensiones de compresión y T de tracción, A e I son el área y el momento de inercia respecto del eje centroidal de la sección completa de hormigón. La acción de P se consigue a través de la acción de un cable de acero sometido a una tensión previa de tracción, la cual produce la compresión excéntrica sobre la sección de hormigón indicada en la Etapa I. Los valores de P y e deben elegirse de modo de no producir tracciones en la fibra superior de la sección. La Etapa II consiste en la acción de un momento flector M producido por cargas gravitacionales (peso propio más sobrecargas de uso), en adición a la carga de pretensión P. En la Fig. 4.31 se muestran las tensiones longitudinales de tracción y compresión debidas a M, que como puede observarse son de sentido contrario a las debidas a P, y en el último diagrama se muestran las tensiones finales debido a la acción combinada de P y M. Nuevamente, la elección de los valores de P y e debe hacerse de tal modo que las tensiones en la fibra inferior de la sección para la Etapa II sean de compresión, o a lo sumo nulas. El diseño también deberá verificar que las tensiones máximas de compresión en el hormigón, en la fibra inferior para la Etapa I y en la fibra superior para la Etapa II, no superen la tensión admisible por compresión en el hormigón.

Dado que nunca existen tracciones en el hormigón, se pueden aplicar los conceptos válidos para vigas homogéneas bajo comportamiento elástico. Las tensiones son proporcionales a las deformaciones unitarias, y convencionalmente, a las tensiones de compresión se les da el signo positivo, tal como se indica en la Fig. 4.31.

Existen dos métodos básicos para aplicar la carga de pretensión P sobre la sección de hormigón: el pre-tensado y el post-tensado. El pre-tensado consiste en aplicar la tracción al cable a través de anclajes ubicados en sus extremos, mientras el cable se mantiene en su posición a través de otros anclajes o dispositivos mecánicos; a continuación se vacia el hormigón alrededor del cable en el moldaje correspondiente. Una vez que el hormigón se ha endurecido y adquirido su resistencia, se elimina la tracción aplicada al cable con lo cual se transmite la carga de compresión P a las secciones de la viga a través de la adherencia entre cable y hormigón. Para mejorar esta adherencia, el cable está compuesto de muchos cables de menor diámetro que han sido previamente retorcidos en torno al eje longitudinal. Por su parte, el post-tensado consiste en hormigonar primero la viga, dejando en su interior ductos o vainas donde posteriormente se introducirá el cable. Una vez que el hormigón ha adquirido su resistencia, se introduce el cable, se estira contra los extremos de la viga, y se introducen los anclajes en los extremos para materializar la pretensión; no existe adherencia entre cable y hormigón, excepto por los anclajes introducidos en los extremos. El pre-tensado se ejecuta en talleres especiales donde se puede materializar la posición del cable y la pre-tensión antes de hormigonar, de modo que la viga es prefabricada. El post-tensado no requiere de moldaje ni talleres especiales por lo que se prefiere para vigas muy grandes, que presentan dificultades para su transporte, y que son hormigonadas y post-tensadas en el mismo sitio de la obra.

Sin embargo, el uso del hormigón pretensado también presenta algunas desventajas. En primer lugar, las ventajas discutidas anteriormente sólo se pueden conseguir cuando las solicitaciones son tales que no cambia el sentido de su acción; en efecto, si cambia el sentido del momento flector M indicado en la Fig. 4.31, se pierde la acción beneficiosa de la fuerza de pretensión P que elimina las tensiones de tracción en la Etapa II. Un segundo problema es que el comportamiento estructural, si bien es elástico, no es dúctil, es decir, el modo de falla del hormigón pretensado es explosivo y no permite la disipación de la energía acumulada a través del agrietamiento progresivo del elemento. Por último, el diseño debe considerar la pérdida de la fuerza de pretensión en los cables de acero, lo cual disminuye las ventajas de su uso. Estas pérdidas se deben a una serie de factores entre los cuales se pueden mencionar la fluencia lenta del hormigón frente a una carga de compresión sostenida en el tiempo, la retracción que sufre el hormigón, la relajación de los cables de acero y las deformaciones en los cabezales de anclaje en el caso que se use el sistema post-tensado. El problema de las pérdidas ha llevado a usar aceros de alta resistencia para los cables. Efectivamente, si se piensa usar un acero para hormigón armado tradicional de calidad A63-42 y se considera una deformación unitaria del hormigón $\varepsilon_c = 0,001$ debido al fenómeno de fluencia lenta, la pérdida de tensión de pretensión es:

$$E_s\, \varepsilon_s \ = \ 2100 \cdot 0,001 \ = \ 2,10 \ \text{ton/cm}^2$$

Por lo tanto, si el cable se ha pretensado inicialmente hasta la fluencia (4,20 ton/cm^2), la pérdida de fuerza de pretensión sería de un 50 %. Por esta razón, en la práctica se usan aceros de alta resistencia para los cables, con tensiones de fluencia iguales o mayores que 15 ton/cm^2 y con deformaciones unitarias de 0,05 a 0,07 en el instante de la rotura por tracción. Mientras mayor es la tensión de fluencia de los cables de acero, menor es el porcentaje de pérdida de pretensión debido a los efectos mencionados. El porcentaje de pérdida que se usa en la práctica de diseño es del orden de 20%.

También es importante consignar que el momento M indicado en la Fig. 4.31 se puede descomponer en M_{pp} debido al peso propio de la viga, y M_{sc} debido a la sobrecarga de uso. La acción debido al peso propio actúa desde el instante en que se aplica la fuerza de pretensión, de modo que la Etapa I se puede modificar en la forma indicada en la Fig. 4.32. En esta figura también se ilustra el efecto de pérdida de pretensión por medio de las líneas segmentadas.

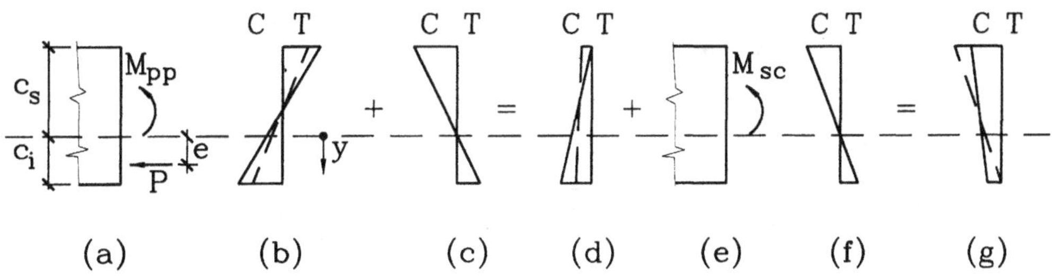

Figura 4.32
Tensiones en secciones de hormigón pretensado

En el proceso de diseño se deben verificar las tensiones en la Etapa I y en la Etapa II ya que ambos estados pueden ocurrir durante la vida del elemento estructural. Si σ_c^{adm} representa la tensión admisible por compresión en el hormigón y $r^2 = I/A$ representa el radio de giro de la sección respecto al eje neutro de la sección de hormigón, los estados que deben verificarse son los siguientes:

Etapa I: Pretensión más cargas de peso propio.

De acuerdo a lo indicado en las Figs. 4.31 y 4.32, la tensión en cualquier fibra del hormigón de coordenada "y" es:

$$\sigma_I = \frac{P}{A}\left(1 + \frac{e\,y}{r^2}\right) - \frac{M_{pp}}{I}\,y = \frac{P}{A}\left[1 + \left(e - \frac{M_{pp}}{P}\right)\frac{y}{r^2}\right]$$

Por lo tanto, las tensiones que deben verificarse son:

Fibra superior:

$$\sigma_I^{sup} = \frac{P}{A}\left[1 - \left(e - \frac{M_{pp}}{P}\right)\frac{c_s}{r^2}\right] \geq 0 \qquad (4\text{-}76)$$

Fibra inferior:

$$\sigma_I^{inf} = \frac{P}{A}\left[1 + \left(e - \frac{M_{pp}}{P}\right)\frac{c_i}{r^2}\right] \leq \sigma_c^{adm} \qquad (4\text{-}77)$$

Etapa II: Pretensión más cargas de peso propio más sobrecarga.

La tensión en cualquier fibra del hormigón es:

$$\sigma_{II} = \frac{P}{A}\left(1 + \frac{e\,y}{r^2}\right) - \frac{M_{pp} + M_{sc}}{I}\,y = \frac{P}{A}\left[1 + \left(e - \frac{M_{pp} + M_{sc}}{P}\right)\frac{y}{r^2}\right]$$

La verificación de tensiones es:

Fibra superior:

$$\sigma_{II}^{sup} = \frac{P}{A}\left[1 - \left(e - \frac{M_{pp} + M_{sc}}{P}\right)\frac{c_s}{r^2}\right] \leq \sigma_c^{adm} \qquad (4\text{-}78)$$

Fibra inferior:

$$\sigma_{II}^{inf} = \frac{P}{A}\left[1 + \left(e - \frac{M_{pp} + M_{sc}}{P}\right)\frac{c_i}{r^2}\right] \geq 0 \qquad (4\text{-}79)$$

Al introducir el efecto de la fluencia lenta en el hormigón u otros efectos que produzcan pérdidas de pretensión, el valor de P debe reemplazarse por αP en las Ecs. 4-76 a 4-79, en que α es aproximadamente igual a 0,80 si se acepta un porcentaje de pérdida del 20 %. Dependiendo del tiempo que transcurra entre la aplicación de la pretensión y la puesta en servicio de la viga, el efecto de la pérdida de pretensión puede o no aplicarse a la Etapa I; sin embargo, siempre estará presente en la Etapa II.

El proceso de diseño consiste en escoger la sección de hormigón, es decir, las incógnitas A, r, c_s, c_i, y la fuerza P y ubicación "e" del cable pretensado en cada una de las secciones de la viga. El valor de P se mantiene constante para toda la viga, pero su ubicación "e" seguramente variará de acuerdo a los momentos M_{pp} y M_{sc}. El problema tiene más incógnitas que ecuaciones, por lo que se pueden escoger dos de las incógnitas y resolver el sistema de las Ecs. 4-76 a 4-79 para determinar las restantes. Usualmente, la sección se escoge de acuerdo a la experiencia y se usan las Ecs. 4-76 y 4-79 para determinar P y e en las diferentes secciones de la viga. Si se supone que la pérdida de pretensión no ocurre en la Etapa I pero sí en la Etapa II, las ecuaciones a resolver en la sección más solicitada son:

$$\left(e - \frac{M_{pp}}{P} \right) \frac{c_s}{r^2} = +1 \tag{4-80}$$

$$\left(e - \frac{M_{pp} + M_{sc}}{\alpha P} \right) \frac{c_i}{r^2} = -1 \tag{4-81}$$

las cuales se pueden resolver para P y e, una vez conocidos los valores de r, c_s, c_i. Después será necesario verificar que se cumplan las Ecs. 4-77 y 4-78 en la sección más solicitada, así como también elegir el valor de "e" en el resto de las secciones de modo que se satisfagan las cuatro ecuaciones fundamentales. Por supuesto que el mismo procedimiento se aplica si se decide usar una viga con sección variable en su longitud.

4.6 EJERCICIOS PROPUESTOS

4.01 Demostrar que el núcleo central de una sección circular de diámetro d es un círculo concéntrico de diámetro d/4.

4.02 Demostrar que el núcleo central de una fundación anular de diámetros exterior e interior d_e y d_i respectivamente es un círculo concéntrico de diámetro:

$$\frac{d_e}{4} \left(1 + \frac{d_i^2}{d_e^2} \right)$$

4.03 Determinar el núcleo central de una sección triangular equilátera.

4.04 Derivar las expresiones para $\sigma_{máx}$ en una fundación circular en función de e/d y σ_o, en que $\sigma_o = 4P/\pi d^2$ es la presión de contacto para carga centrada. Verificar el resultado comprobando los casos : ($e/d = 1/20$, $\sigma_{máx} = 1,4\sigma_o$), ($e/d = 1/8$, $\sigma_{máx} = 2\sigma_o$) y ($e/d = 0,325$, $\sigma_{máx} = 6\sigma_o$). ¿Cuál sería la máxima excentricidad que Ud. aceptaría en un diseño?

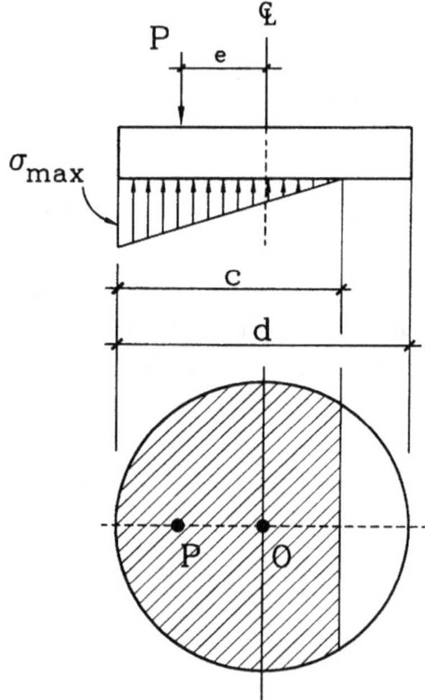

4.05 Determine el núcleo central de la sección indicada, si la carga axial está obligada a moverse en el eje y.

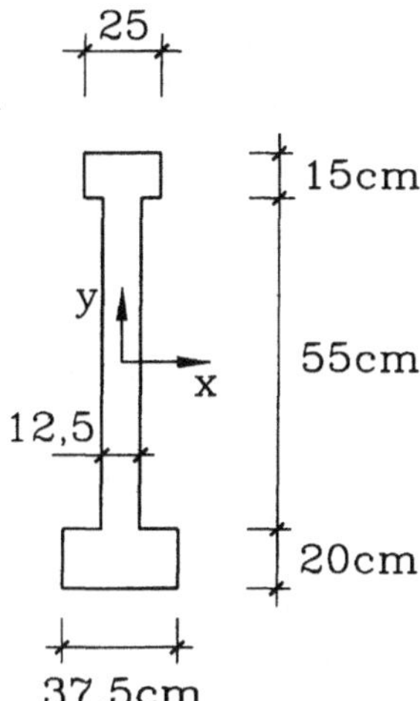

4.06 Un muro de albañilería de 20 cm de espesor tiene una carga distribuida de 1,8 ton/m. a) Calcular la máxima fuerza sísmica H que puede aceptar el muro sin que existan tensiones de tracción en la albañilería. El peso específico del material del muro es 2; b) Si se ocupa una fundación de hormigón armado de 30×60 cm, determine su longitud de tal manera de tener una distribución trapecial de tensiones sin que se exceda $\sigma^{adm} = 1,5\,kg/cm^2$. El peso específico del material de la fundación es 2,5.

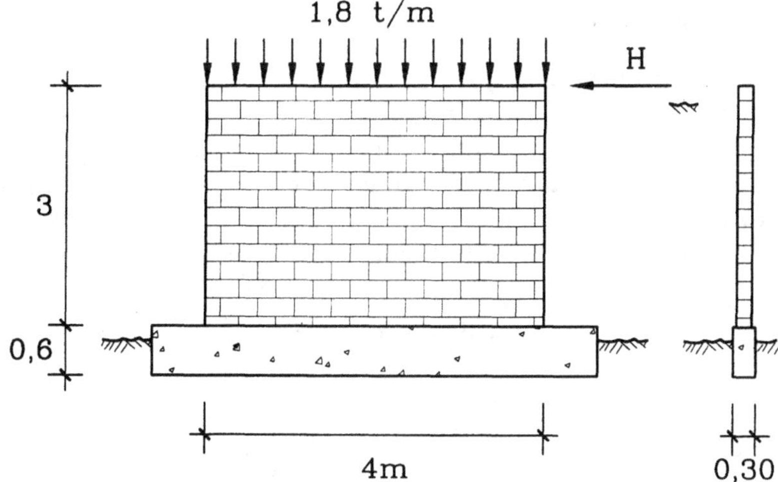

4.07 Diseñar la fundación de sección cuadrada de lado d para las solicitaciones indicadas si la tensión admisible en el terreno es de 2 kg/cm^2, y factor de seguridad al volcamiento de 1,5. (Respuesta: d = 177 cm, σ = 1,34 kg/cm^2).

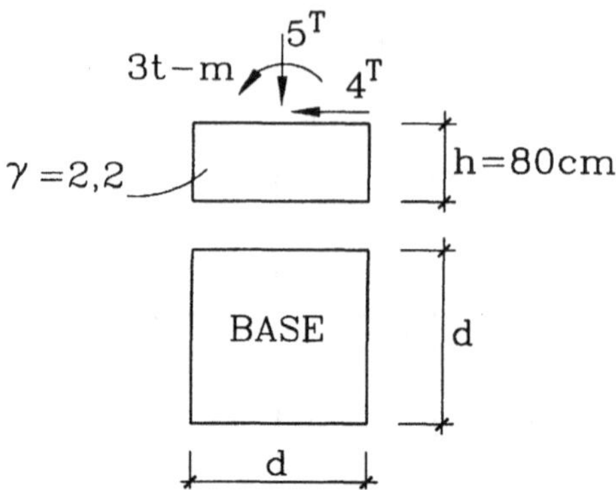

4.08 Una columna con una carga axial de 10 ton y un momento en su base de 4 ton-m está fundada sobre un terreno que tiene σ_{adm} = 2 kg/cm^2. Si las dimensiones de la fundación son 100×150 cm y 80 cm de profundidad, usando γ_c = 2,4, calcule: a) Los valores de las tensiones en el suelo; b) El coeficiente de seguridad al volcamiento; c) El valor máximo del momento en la base de la columna sin que se excedan los límites de diseño.

4.09 Dimensionar la fundación de una columna de hormigón armado de 3 m de altura y 50×50 cm de sección que soporta una compresión centrada de 25 ton y una carga sísmica lateral, aplicada en su extremo superior de 2 ton. Considerar una fundación de 80 cm de alto y γ_c = 2,4. La tensión admisible de compresión en el suelo es de 1,5 kg/cm^2 y no se aceptan tracciones. Verificar el deslizamiento con μ = 0,6.

4.10 Determinar la dimensión L para la fundación común a los dos machones de la figura de modo que la máxima tensión de compresión en el terreno no sobrepase de 1 kg/cm^2, no sea inferior a 0,9 kg/cm^2, y el factor de seguridad al volcamiento sea aceptable. Las solicitaciones trasmitidas por cada machón a la fundación son P = 5 ton, M = 11 ton-m, y H = 6 ton. El peso propio del hormigón de la fundación es 2,4 ton/m^3. (Respuesta: L = 605 cm, FS = 2,18)

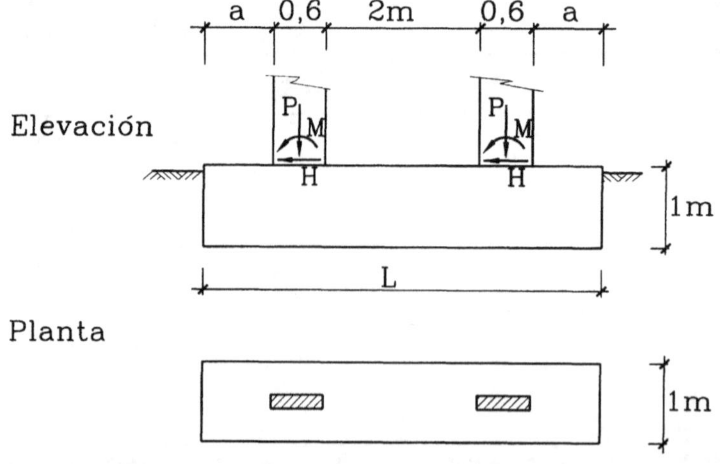

4.11 Para el problema anterior, verificar la resistencia al corte de la fundación y comprobar si se requiere o no disponer armadura de flexión en ella. Suponer que las cargas últimas se pueden obtener mayorando por 1,6 las cargas dadas; el peso propio de la fundación se mayora por 1,4. Usar $f_c' = 180$ kg/cm^2, acero A63-42H.

4.12 Del análisis de una estructura se obtiene que las reacciones en las columnas interiores son M = 12 ton-m, N = 180 ton y V = 1,2 ton. a) Determinar las dimensiones de una fundación cuadrada de 50 cm de espesor para no exceder la tensión admisible del terreno de 4,5 kg/cm^2; b) Diseñar la armadura requerida en la zapata. Usar diseño elástico con tensiones admisibles de 100 kg/cm^2 en el hormigón y 1600 kg/cm^2 en el acero.

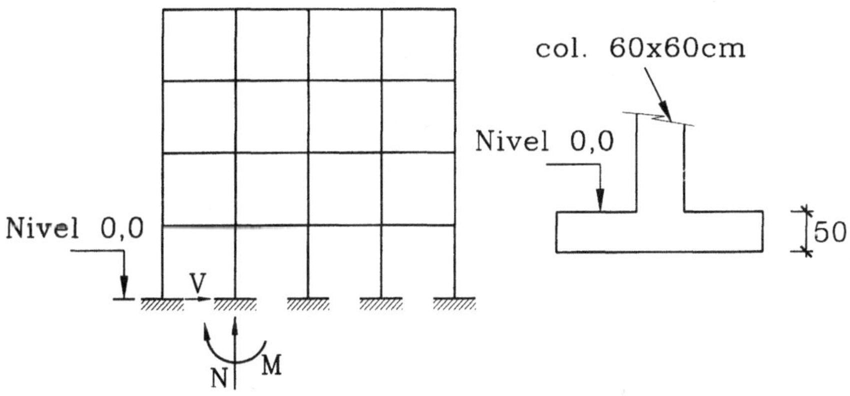

4.13 Un muro de contención de hormigón armado tiene las dimensiones indicadas en la figura. Determinar la máxima tensión de compresión sobre el terreno y verificar la seguridad que ofrece el muro frente al volcamiento. Usar $\gamma_c = 2,4$, $\gamma_s = 1,7$, $K_a = 0,5$.

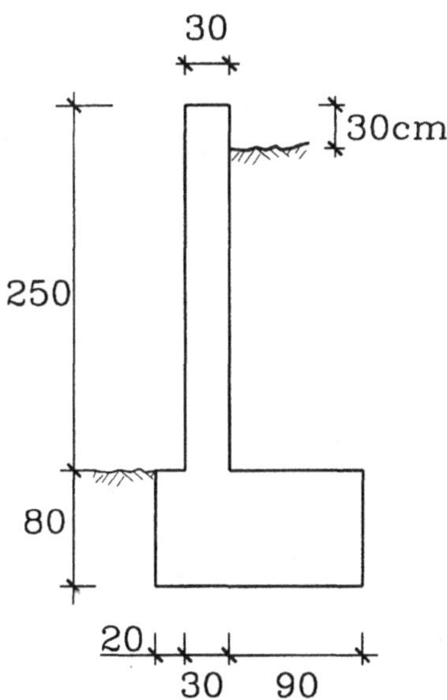

4.14 Un muro de contención de hormigón armado tiene las dimensiones indicadas en la figura. El suelo tiene un peso específico de 1,8 y el hormigón 2,4. El coeficiente de empuje activo del suelo es 0,5. Determinar el mínimo L de modo que las tensiones en el terreno correspondan a la Ley del Trapecio. Para el L determinado calcular el factor de seguridad al volcamiento del muro. (Respuesta: L = 146 cm)

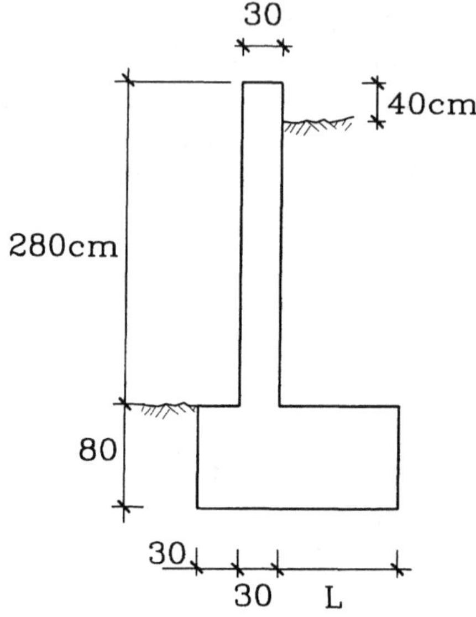

4.15 Definir las dimensiones a y b de la base del muro de contención de la figura, si la tensión admisible en el terreno es de 2 kg/cm^2 y se debe tener un factor de seguridad al volcamiento de 2 como mínimo. Usar $\gamma_c = 2{,}4$, $\gamma_s = 1{,}7$, y coeficiente de empuje activo $K_a = 0{,}5$. a) Si se exige una distribución trapecial de tensiones; b) Si se permite una distribución triangular de tensiones.

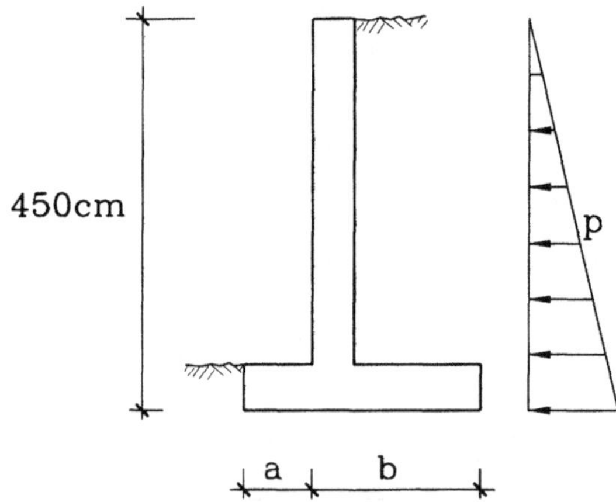

4.16 Para el muro de contención de la figura, calcular: a) la distribución de tensiones en el terreno; b) el factor de seguridad al volcamiento; c) la armadura requerida en la sección 1-1 y su ubicación. Diseñar usando criterio de diseño por tensiones admisibles. Las propiedades del suelo son: peso específico 1,7 y coeficiente de empuje activo 0,35. Las propiedades del hormigón son: peso específico 2,4 y $\sigma_{adm} = 80$ kg/cm². La tensión admisible del acero es $\sigma_{adm} = 2200$ kg/cm². (Respuestas: 1,46 kg/cm² ley del triángulo; 4,94; ϕ16 a 12,5)

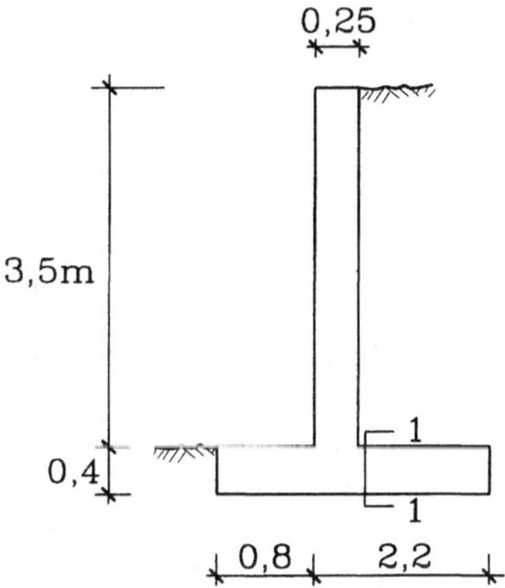

4.17 Diseñar el muro de contención de hormigón armado de la figura. Incluir: a) las dimensiones de la fundación; b) los refuerzos en las secciones a-a y b-b y su ubicación usando criterio de diseño último; c) verificación al corte de la sección a-a. Usar d' = 5 cm, hormigón con $f_c' = 250$ kg/cm² y $\gamma_c = 2,4$; acero A44-28H; suelo con $\gamma_s = 1,8$, $\sigma_{adm} = 1$ kg/cm² y coeficiente de empuje activo $K_a = 0,3$.

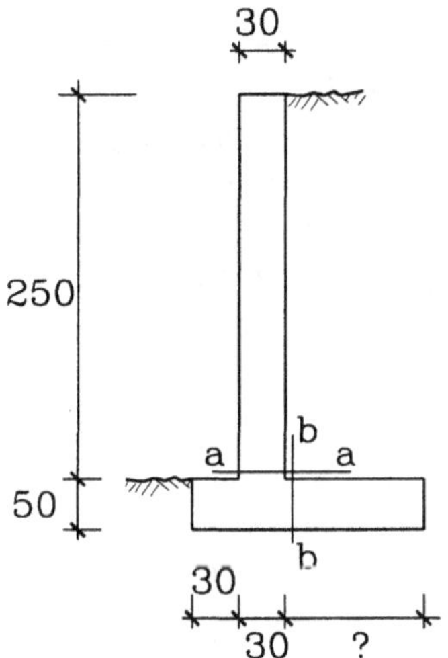

4.18 En una sección de una columna de hormigón armado, de las dimensiones indicadas, se sabe que el acero en el borde traccionado (A_s) adquiere una tensión de 1000 kg/cm^2 en el mismo instante en que la fibra extrema en compresión del hormigón alcanza una tensión de 63 kg/cm^2 ($f_c' = 200$ kg/cm^2). Determinar la carga axial P y el momento flector M que actúan en la sección en dicho instante. $E_s = 9E_c = 2100$ ton/cm^2.

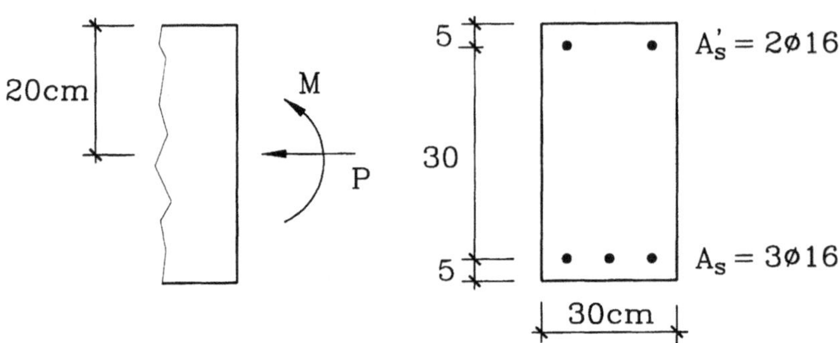

4.19 Una columna de hormigón armado tiene características: $f_c' = 210$ kg/cm^2, acero con $\sigma_y = 4200$ kg/cm^2 y $E_s = 2,1\times10^6$ kg/cm^2, $A_s = A_s' = 4\phi20$ (12,6 cm^2). Dibujar la curva de interacción en base a los siguientes puntos: $e = \infty$ (M, P=0); $e = 3h$; e_b = excentricidad de balance (M_b, P_b); $e = 0,2$ h; $e = 0$ (M = 0, P). (Respuestas: [14,77 ton-m 0 ton], [1,5P 70,1 ton], [$M_b = 31,9$ $P_b = 147,9$]; [0 333,8 ton]).

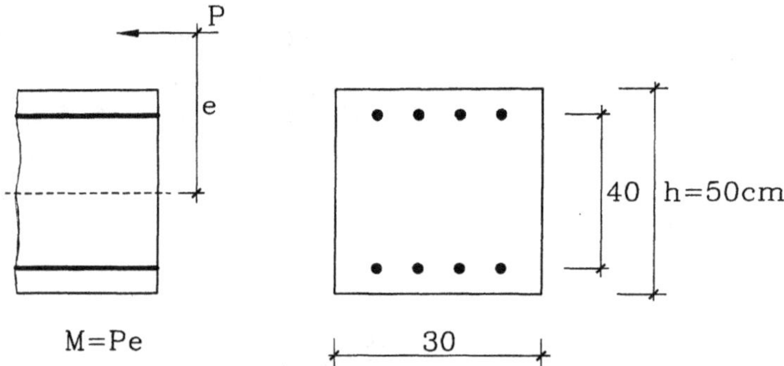

4.20 Para el elemento de hormigón armado cuya sección se indica en la figura, se pide determinar: a) el momento admisible en flexión simple para la condición de diseño elástico balanceado; b) el punto correspondiente a la condición de balance en estado último de la curva de interacción P vs M. Datos: $E_c = 240$ ton/cm^2, $f_c' = 200$ kg/cm^2, $\sigma_c^{adm} = 90$ kg/cm^2, $E_s = 2100$ ton/cm^2, $\sigma_y = 2800$ kg/cm^2, $\sigma_s^{adm} = 1600$ kg/cm^2, $A_s = A_s' = 2\phi16$.

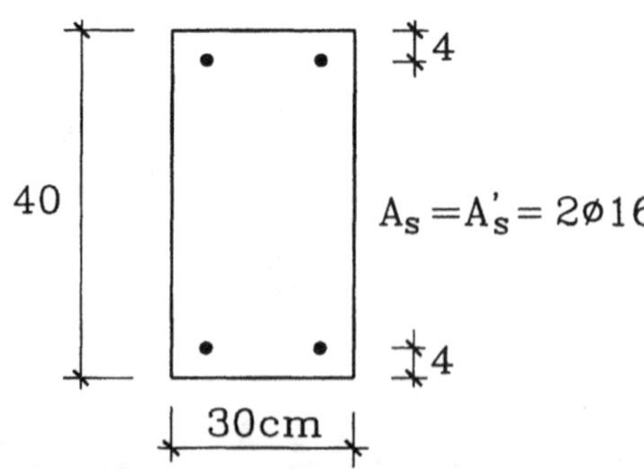

4.21 La sección de una columna es de 50×50 cm, con armadura simétrica $A_s = A'_s = 10$ cm^2 ubicadas a d = 46 cm. El hormigón tiene relación tensión-deformación parabólico-lineal con f$_c$' = 250 Kg/cm^2 para $\varepsilon = 0,002$ y 0,85f$_c$' para $\varepsilon = 0,003$. El acero es de calidad A63-42H y puede suponerse elástico-plástico con módulo de elasticidad $E_s = 2100000$ Kg/cm^2. Determinar el momento M$_n$ de la curva de interacción de capacidad última nominal en flexo-compresión cuando: a) P$_n$ = 300 ton; b) P$_n$ = 0,5 P$_b$ en que P$_b$ es la capacidad de carga axial correspondiente al punto de balance; y c) P$_n$ = P$_b$. (Respuesta: a) 59,76 ton-m).

4.22 Una columna de hormigón armado tiene sección 50×50 cm y armadura 8ϕ25 repartida uniformemente en las cuatro caras. El centro de gravedad de cada barra está a 4,5 cm del borde. Los materiales tienen propiedades f$_c$' = 350 kg/cm^2 y $\sigma_y = 4200$ kg/cm^2. Determinar la capacidad última nominal en flexo-compresión (M$_n$, P$_n$) cuando P$_n$ = 350 ton. El acero puede suponerse elastoplástico con $E_s = 2100$ ton/cm^2 y el hormigón con relación σ-ε dada por: $\sigma = f_c'[\varepsilon/0,001 - (\varepsilon/0,002)^2]$ para $\varepsilon \leq 0,002$, y $\sigma = f_c'$ para $0,002 < \varepsilon \leq 0,003$. (Respuesta: M$_n$ = 76,37 ton-m).

4.23 Una columna de hormigón armado tiene sección 40×40 y armadura asimétrica $A_s = 4\phi22$ y $A_s' = 3\phi22$. Los materiales tienen las mismas propiedades que el problema anterior. Determinar la capacidad máxima de carga axial de la sección. ¿Cuál es el momento asociado a dicha carga?

4.24 La sección de la figura está sometida a un momento y a una carga axial. Calcular el momento último nominal M$_{nx}$ que resiste simultáneamente: a) con una carga axial de 200 ton; b) con P = 0. Usar hormigón con f$_c$' = 300 kg/cm^2 y relación tensión-deformación parabólica para $\varepsilon \leq 0,002$ y constante para $0,002 < \varepsilon \leq 0,003$. Acero A63-42H, $E_s = 2100$ ton/cm^2.

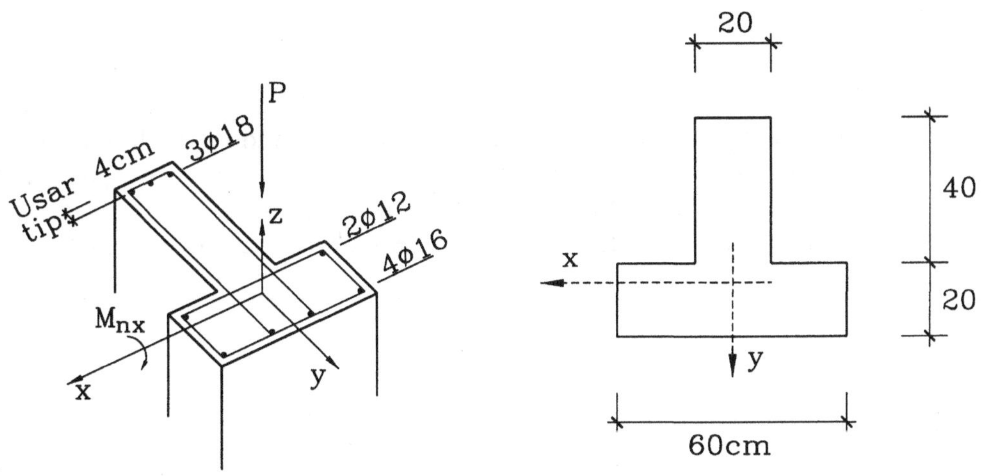

4.25 Dibujar la curva M-ϕ de la sección de la figura. Encontrar la ductilidad de curvatura. ¿Cómo cambia la ductilidad de curvatura de la sección si sobre ella actúa una carga axial de compresión de 40 ton? Usar las mismas propiedades de los materiales del problema anterior.

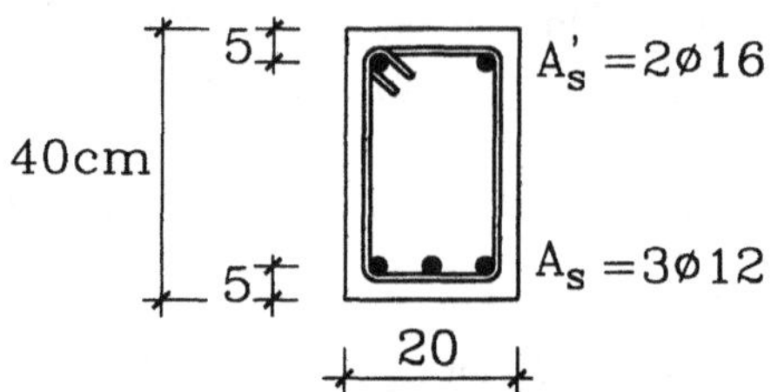

4.26 En una columna de hormigón armado con la sección indicada en la figura, el análisis estructural indica que el momento de diseño es $M_U = 9000$ kg-m. Determinar el rango de valores de la carga de compresión última de diseño P_U para el cual puede usarse esta columna. Usar ábacos de diseño con $f_c' = 190$ kg/cm² A44-28H.

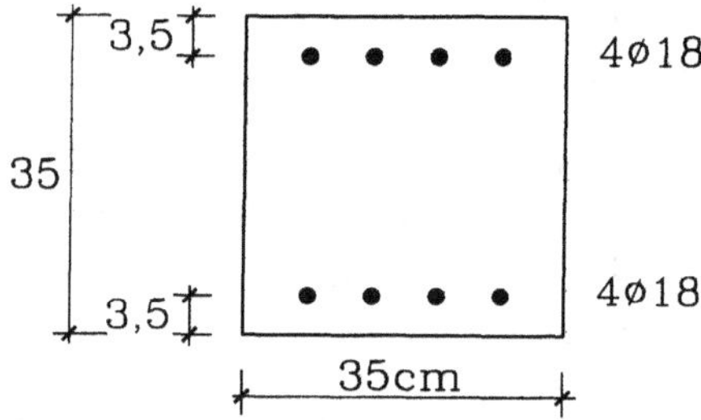

4.27 La columna de la estructura de hormigón armado de un edificio de varios pisos tiene sección 30×50 cm y las siguientes solicitaciones dadas por el análisis estructural:

	M$_{sup}$ (ton-m)	M$_{inf}$ (ton)	P$_{compresión}$ (ton)
Peso Propio	1,30	1,50	12,0
Sobrecarga	0,80	1,00	8,0
Sismo	± 6,00	± 6,50	± 5,5

Determinar la armadura para la sección inferior usando cálculo en rotura. Como simplificación considerar sólo los estados de carga correspondientes a la máxima y a la mínima carga axial sobre la columna. Usar ábacos de diseño. Materiales: hormigón con $f_c' = 180$ k/cm², acero A44-28H.

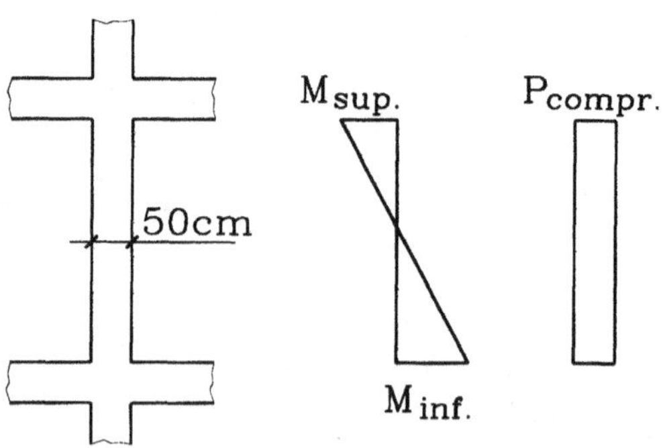

4.28 Dimensionar la viga del marco (despreciando el esfuerzo axial) y los pilares (usando los ábacos de interacción), considerando todos los estados de carga últimos indicados en la norma ACI. Para el análisis de los esfuerzos en el marco, se puede usar un método aproximado que considera la siguiente ubicación de los puntos de inflexión. Carga q: $x = 0,2\,h$, $y = h/3$. Carga H: $x = 0,5\,L$, $y = 0,6\,h$. Cargas permanentes y peso propio: $P = 1400$ kg, $q = 350$ kg/m + pp viga. Sobrecarga: $q = 250$ kg/m, $P = 600$ kg. Carga sísmica: $H = 1000$ kg. Materiales: hormigón $f_c' = 210$ kg/cm^2 y acero A44-28H. Para el cálculo de los pilares ignore el efecto de pandeo.

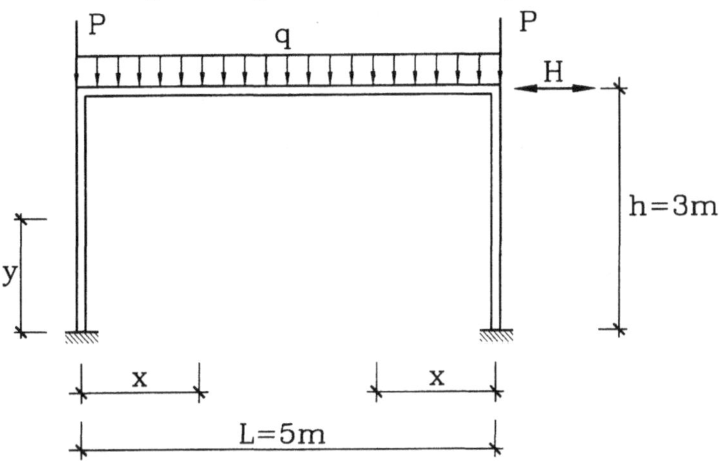

4.29 Diseñe la columna de hormigón armado usando sección rectangular y cálculo en rotura. Se sabe que para comportamiento elástico $R_c = 0,4728qL$. Materiales: hormigón $f_c' = 250$ kg/cm^2 y acero A63-42H. (Respuestas: $M_U = 28$ ton-m, $N_U = 54,3$ ton, 30×55, $A_s = A_s' = 5\phi18$).

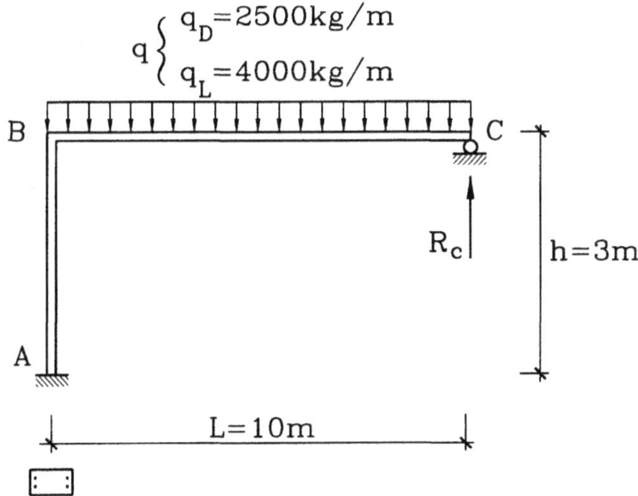

4.30 Para la columna de la figura que forma parte de una estructura de marco. Se pide diseñar la armadura longitudinal suponiendo que no hay pandeo. Los estados de carga de peso propio, sobrecarga y sismo, son los indicados. Las fuerzas axiales son de compresión. Los materiales son: acero A63-42H y hormigón $f_c' = 280$ kg/cm^2.

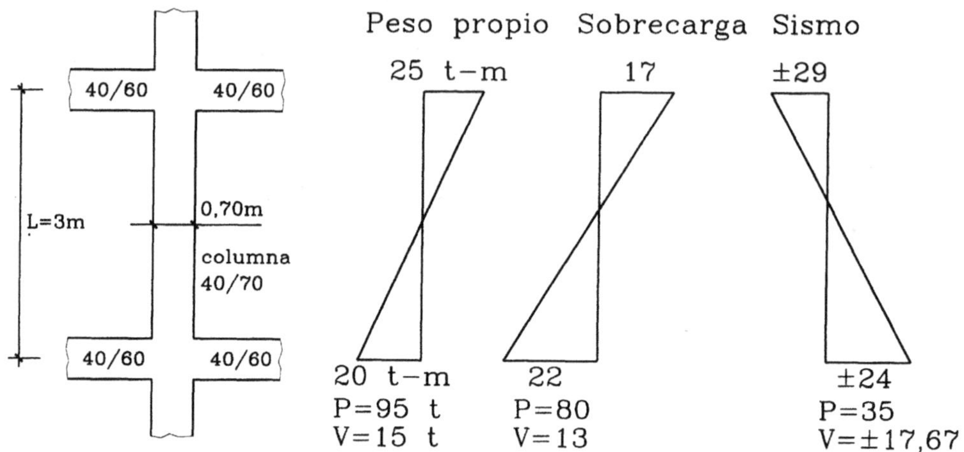

4.31 Diseñar la columna de hormigón armado de modo de asegurar un tipo de rotura dúctil. Se pide usar sección cuadrada y cálculo a la rotura. Los materiales son: hormigón $f_c' = 240$ kg/cm^2, y acero A63-42H. Los estados de carga son:

	Peso Propio	**Sobrecarga**
P (ton)	30	50
M (ton-m)	10	20
H (ton)	7	13

(Respuesta: 45×45, $A_s = A_s' = 5\phi28$)

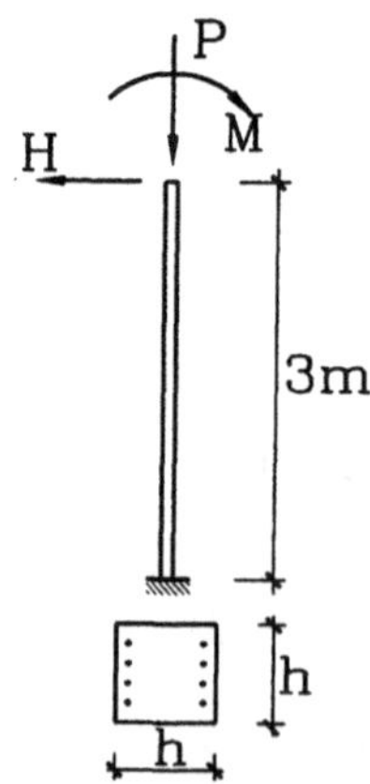

4.32 La sección de la figura, está sometida a flexión y esfuerzo axial, los cuales pueden actuar también en dirección contraria a la indicada. Dibujar el diagrama de interacción (como el indicado) si las tensiones admisibles son: tracción y tracción por flexión $\sigma^{adm} = 1400$ kg/cm^2; comprensión axial $\sigma^{adm} = 1100$ kg/cm^2; compresión por flexión $\sigma^{adm} = 900$ kg/cm^2. (Respuesta: [5,9 0]; [-8,4 0]; [0 92,4]; [0 -72,6]).

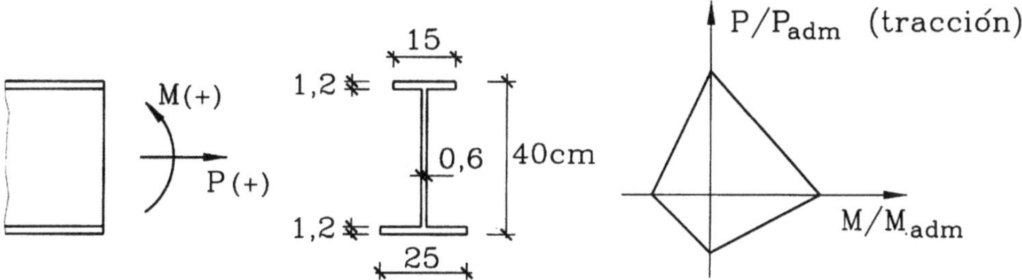

4.33 El arco indicado está construido con un perfil de acero IN35×123. Encontrar el valor máximo de P que se puede aplicar suponiendo que existen arriostramientos que evitan el problema de pandeo. Las tensiones admisibles son: compresión $\sigma^{adm} = 700$ kg/cm^2, flexión $\sigma^{adm} = 1200$ kg/cm^2. Indicación: exprese la fórmula de interacción en función de θ y maximize con respecto a θ para encontrar la sección crítica.

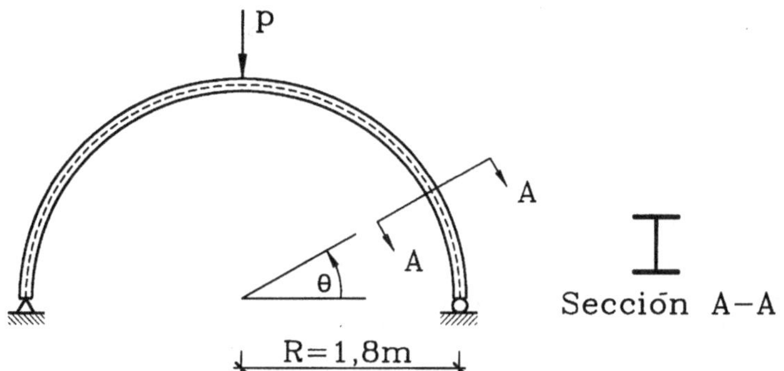

4.34 La sección metálica que se muestra se somete a un ensayo de flexo-tracción para determinar la capacidad última de la sección. Si se sabe que la posición del eje neutro está a 5 mm del borde superior en el instante en que se alcanza dicha capacidad última, determinar los valores de P y M para dicho instante, despreciando posibles efectos de inestabilidad local de la sección. El material tiene la relación tensión deformación elastoplástica asimétrica que se indica.

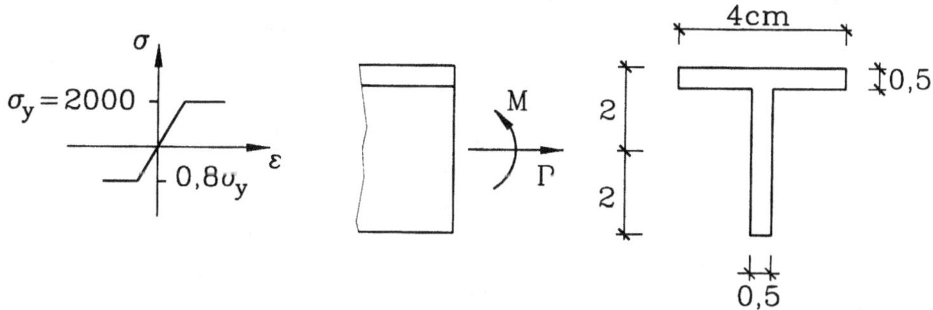

4.35 Una columna metálica de sección T está sometida a una carga axial de compresión $P = 9600$ kg y a un momento flector M. Si el material tiene comportamiento elastoplástico con $\sigma_y = 2400$ kg/cm^2 y $E = 2100$ ton/cm^2, determinar el valor del momento cuando se inicia la fluencia en la sección y el momento cuando la fibra "a" alcanza la deformación de fluencia. Despreciar los efectos de inestabilidad local y global. (Respuestas: $M_y = 37235$ kg-cm, $M_a = 39000$ kg-cm).

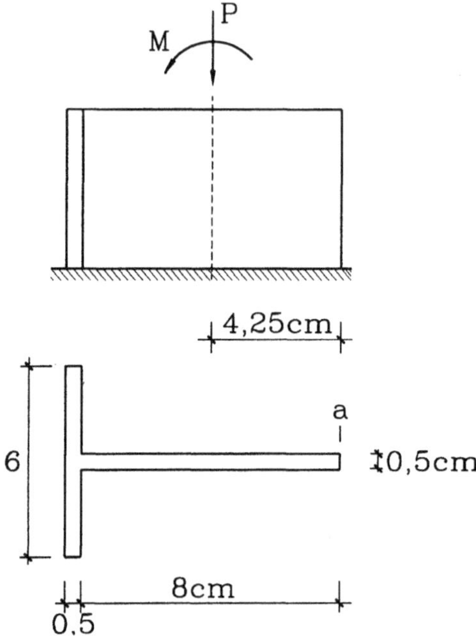

4.36 Calcular y dibujar la curva de interacción correspondiente al estado límite de plastificación total en flexo-compresión de la sección del perfil IN45×157 de acero A37-24ES. Comparar esta curva con la aproximación AISC correspondiente. Comparar con la Fig. 4.26 de la Sección 4.4.1. Suponga $\sigma_B = 1,44$ ton/cm^2.

4.37 Las columnas de la estructura de la figura están compuestas por un perfil IN35×59,1. El material es acero A37-24ES. Verifique la estabilidad de la columna para $q = 10$ ton/m (se sabe que $H = 0,05926qL$). Suponga $\sigma_B = 1,44$ ton/cm^2.

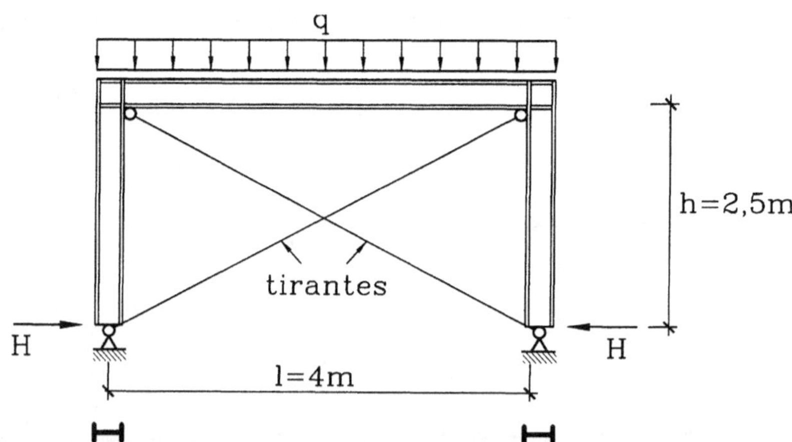

4.38 Verificar que el perfil IN30x75,4 puede usarse como solución de la columna de la figura, siendo q = 1000 kg/m, y P = 60 ton. El material es acero A37-24ES y suponga que por condiciones de pandeo local y pandeo lateral torsional $\sigma_B = 1100$ kg/cm^2. Usar k = 1 para el pandeo de la columna según el eje débil.

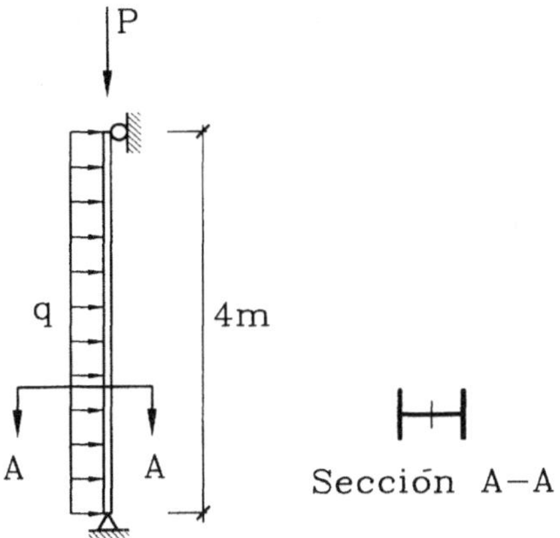

4.39 Se quiere construir una viga simplemente apoyada de 5 m de luz, formada por bloques de hormigón con las características que se indican en la figura y un cable de pretensado centrado. Calcular la fuerza inicial de pretensado que debe aplicarse para resistir una sobrecarga uniforme de 100 kg/m y el área del cable de acero necesario. Datos: $\sigma_c^{adm} = 80$ kg/cm^2, $\sigma_s^{adm} = 3000$ kg/cm^2, $\alpha = 0,80$ (pérdidas), peso específico de los bloques 2,2 ton/m^3.

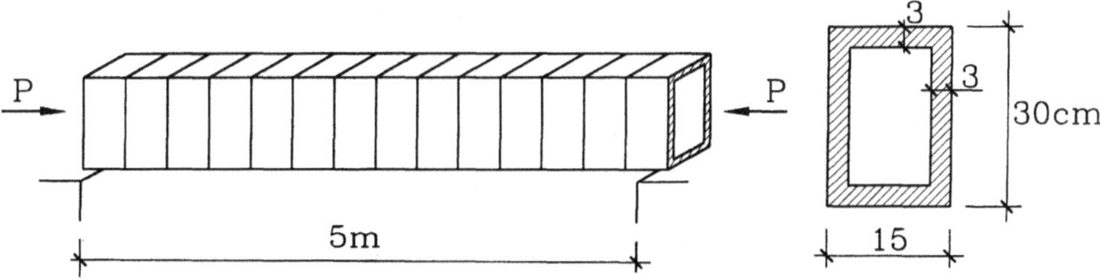

4.40 Encontrar la posición y la tensión del cable de pretensado de la viga de la figura que permite obtener un diagrama de tensiones de comprensión en la sección central bajo la condición de carga de servicio (peso propio más sobrecarga). Datos: $\sigma_c^{adm} = 200$ kg/cm^2, $\gamma_c = 2,4$ y $q_{sc} = 1,5$ ton/m.

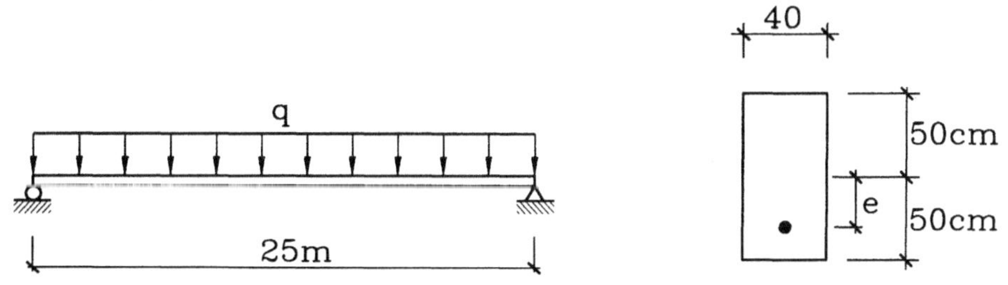

4.41 Una losa que debe soportar una sobrecarga de 800 kg/m^2 está constituida por viguetas pretensadas como las indicadas en la figura. Las viguetas pueden considerarse simplemente apoyadas en una luz de 9 m. Determinar la fuerza de pretensado P y la ubicación u del cable en la sección más solicitada. Despreciar el efecto de la fluencia lenta. Compruebe además, que la tensión de compresión en el hormigón no supere los 100 kg/cm^2 en los estados críticos de carga. Peso específico del hormigón = 2,4.

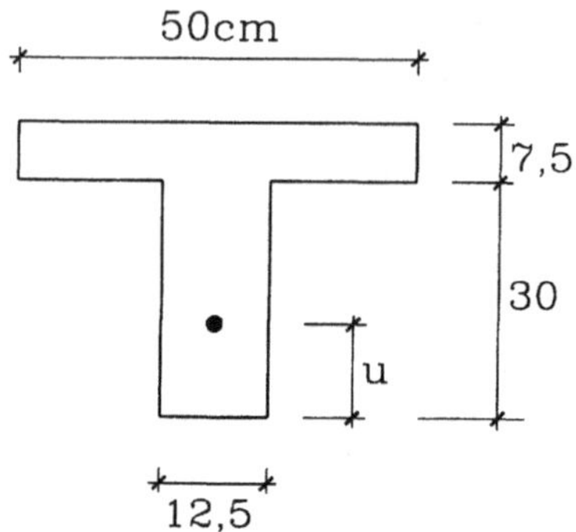

4.42 Una viga T simplemente apoyada con luz de 5 m se va a ejecutar en hormigón pretensado. Las cargas permanentes que actúan sobre la viga (incluyendo el peso propio) son de 250 kg/m; la sobrecarga a resistir es de 200 kg/m. Determinar la fuerza de pretensado para la sección central de la viga, si se sabe que en dicha sección el cable está ubicado a 5 cm del borde inferior de la sección. Usar $\alpha = 0,80$ (fluencia lenta) y $\sigma_c^{adm} = 90$ kg/cm^2.

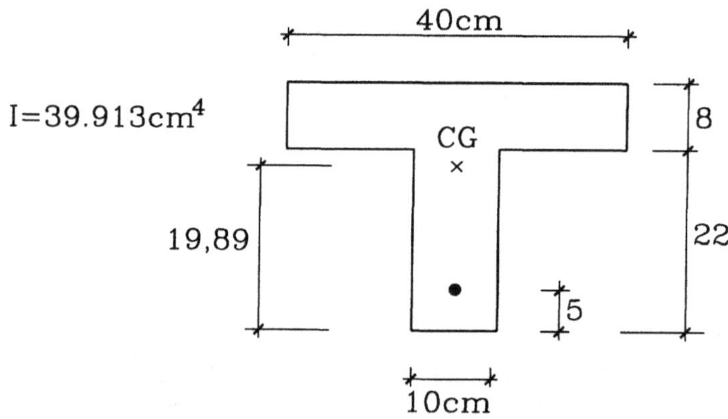

REFERENCIAS

AASHTO (American Association of State Highway Officials) (1973), "Standard Specifications for Highway Bridges", 11th Edition, Washington D.C.

ACI (American Concrete Institute) (1999), "Building Code Requirements for Structural Concrete", ACI 318-99, Farmington Hills, Michigan.

ACI (American Concrete Institute) (1992) "Building Code Requirements for Structural Plain Concrete", ACI 318.1-89 (Revised 1992), Farmington Hills, Michigan.

AISC (American Institute of Steel Construction) (1991), "Manual of Steel Construction - Allowable Stress Design", Ninth Edition, Chicago, Illinois.

AISI (American Iron and Steel Institute) (1986), "Specification for the Design of Cold-Formed Steel Structural Members", Washington D.C.

Ang, A.H-S., y Tang, W.H. (1975), "Probability Concepts in Engineering Planning and Design", Volume I, Basic Principles, John Wiley & Sons, Inc, New York.

ANSI (American National Standards Institute) (1981), "ANSI-A58.1-1981 Minimum Design Loads for Buildings and Other Structures", Washington D.C.

Bazant, Z.P., Cedolin, L. (1991), "Stability of Structures", Oxford University Press, New York.

Beedle, L.S. et al. (1964), "Structural Steel Design", The Ronald Press Company, New York.

Benjamin, J.R., Cornell, C.A. (1970), "Probability Statistics and Decision for Civil Engineers", Mc. Graw-Hill.

Bleich, F. (1952), "Buckling Strength of Metal Structures", McGraw-Hill, New York.

Blodgett, O. (1966), "Design of Welded Structures", The James F. Lincoln Arc Welding Foundation, Cleveland, Ohio.

Bowles, J.E. (1977), "Foundation Analysis and Design", McGraw-Hill, New York.

CINTAC (1993), "Manual de Diseño Estructural", CINTAC S.A., Santiago.

Crandall, S., Dahl, N. (1972), "An Introduction to the Mechanics of Solids", McGraw-Hill, New York.

CRC (Column Research Council) (1960), "Guide to Design Criteria for Metal Compression Members".

Delpiano, A., Riddell, R. (1980), "Abacos para el Diseño de Columnas de Hormigón Armado en Flexo-Compresión", comunicación personal.

Ellingwood, B., Culver, C. (1977), "Analysis of Live Loads in Office Buildings", Journal of the Structural Division, ASCE Vol.103, ST8, pp 1551-1560.

Gerstle, K. (1967), "Basic Structural Design", McGraw-Hill, New York.

Gurfinkel, G. (1973), "Wood Engineering", Southern Forest Products Association, New Orleans, Lousiana.

Hodge, P.G. (1959), "Plastic Analysis of Structures", McGraw-Hill, New York.

Hognestad E. (1951), "A Study of Combined Bending and Axial Load in Reinforced Concrete Members", University of Illinois, Engineering Experimental Station, Bulletin No. 399.

ICHA (Instituto Chileno del Acero) (1976), "Manual de Diseño para Estructuras de Acero", Editorial Universitaria, Santiago.

IF (Instituto Forestal) (1967), "Nota Técnica N° 8".

INN (Instituto Nacional de Normalización) (1977), "Acero para uso Estructural", NCh203.Of77, Santiago.

INN (Instituto Nacional de Normalización) (1977), "Acero - Barras Laminadas en Caliente para Hormigón Armado", NCh204.Of77, Santiago.

INN (Instituto Nacional de Normalización) (1991), "Construcciones de Madera - Cálculo", NCh1198.Of91, Santiago.

INN (Instituto Nacional de Normalización) (1986), "Diseño Estructural de Edificios - Cargas Permanentes y Sobrecargas de Uso", NCh1537.Of86, Santiago.

INN (Instituto Nacional de Normalización) (1996), "Diseño Sísmico de Edificios", NCh433.Of96, Santiago.

INN (Instituto Nacional de Normalización) (1957), "Hormigón Armado - 1ª parte", NCh429.Of57, Santiago.

INN (Instituto Nacional de Normalización) (1985), "Hormigón - Requisitos Generales", NCh170.Of85, Santiago.

INN (Instituto Nacional de Normalización) (1988), "Maderas - Agrupamiento de Especies Madereras según su Resistencia - Procedimiento", NCh1989.Of86, modificada en 1988, Santiago.

INN (Instituto Nacional de Normalización) (1988), "Maderas - Parte 1: Especies Latifoliadas - Clasificación Visual para uso Estructural - Especificaciones de los Grados de Calidad", NCh1970/1.Of88, Santiago.

INN (Instituto Nacional de Normalización) (1988), "Maderas - Parte 2: Especies Coníferas - Clasificación Visual para uso Estructural - Especificaciones de los Grados de Calidad", NCh1970/2.Of88, Santiago.

INN (Instituto Nacional de Normalización) (1990), "Pino Radiata - Clasificación Visual para uso Estructural - Especificación de los Grados de Calidad", NCh1207.Of90, Santiago.

INN (Instituto Nacional de Normalización) (1986), "Madera - Determinación de las Propiedades Mecánicas - Ensayo de Compresión Paralela", NCh937.Of86, Santiago.

INN (Instituto Nacional de Normalización) (1986), "Madera - Determinación de las Propiedades Mecánicas - Ensayo de Flexión Estática", NCh987.Of86, Santiago.

INN (Instituto Nacional de Normalización) (1972), "Madera - Defectos a Considerar en la Clasificación, Terminología y Métodos de Medición", NCh992.EOf72, Santiago.

Ketter, R. (1961), "Further Studies of the Strength of Beam-Columns", Journal of the Structural Division, ASCE, Vol. 87, ST6, pp. 135-152.

Luders, C. (1988), comunicación personal.

Mc. Guire, R. and Cornell, C.A. (1973), "Live Load Effects in Office Buildings", Department of Civil Engineering, Report R73-28, Massachusetts Institute of Technology, Cambridge, Massachusetts.

Neal, B.G. (1985), "The Plastic Methods of Structural Analysis", Chapman and Hall Ltd., 3rd Edition.

NFPA (National Forest Products Association) (1977), "National Design Specification for Wood Construction", Washington D.C.

Park, R., Paulay, T. (1975), "Reinforced Concrete Structures", John Wiley & Sons, New York.

Pérez, V., Araya, R., Marchant, R. (1966), "Las Uniones en Madera Estructural. 1era Parte: Uniones de Pino Insigne con Pernos, Carga Paralela a las Fibras. 2da Parte: Idem, Carga Normal a las Fibras", Informes N° 22 y 24, Centro de la Vivienda y Construcción, Departamento de Obras Civiles, Universidad de Chile.

Riddell, R., Lowener, D. (1984), "Puente San Pedro", videocasete, Programa de Medios Audiovisuales, Vice-Rectoría Académica y Escuela de Ingeniería, Videoteca Departamento de Ingeniería y Gestión de la Construcción, Universidad Católica de Chile.

Tagaraja, N.R., Estuar, E.R., Tall, L. (1964), "Residual Stresses in Welded Shapes", Welding Journal, Vol. 43.

Terzaghi, K., Peck, R.B. (1963), "Mecánica de Suelos en la Ingeniería Práctica", Editorial El Ateneo S.A., Barcelona.

Timoshenko, S.P., Gere J.M. (1961), "Theory of Elastic Stability", Second Edition, Mc. Graw-Hill Book Co., New York, Kogakusha Co., Tokyo.

Winterkorn, H.F., Fang, H-Y. Editores (1975), "Foundation Engineering Handbook", Van Nortrand Reinhold Co., New York.

TABLAS PARA
DISEÑO EN ACERO

**TABLA A.1 Acero Estructural en Planchas. Propiedades Químicas y Mecánicas.
Compañía Siderúrgica Huachipato (CSH)**

El acero estructural soldable destaca estas características en su designación (ES)
para distinguirlo de aceros para otros usos que no cumplen las especificaciones
de la norma NCh203.Of77 que se detallan en la tabla siguiente:

DESIGNACION	Composición química % máximo (1)				Ensayo de tracción valores mínimos		
	C	Mn	P	S	σ_r (mín/máx) kg/cm^2	σ_y kg/cm^2 (2)	ε_r (3)
A37-24ES	0,22	1,15	0,04	0,05	3700/4700	2400	0,24
A42-27ES	0,23	1,25	0,04	0,05	4200/5200	2700	0,22
A52-34ES	0,24	1,45	0,04	0,05	5200/6200	3400	0,20

Notas:
1) En análisis del metal líquido recibido en una cuchara a partir de un lingote
   de muestra. Valores ligeramente mayores se permiten en base a un análisis
   de comprobación sobre virutas extraídas del material laminado.
2) La norma permite una deducción de 100 kg/cm^2 para espesores sobre 16 mm
   y hasta 32 mm, y de 200 kg/cm^2 para espesores sobre 32 mm hasta 50 mm.
3) Alargamiento medido en probeta de 50 mm. La norma permite una deducción de 0,02 para espesores sobre 5 mm y hasta 16 mm; y de 0,04 para
   espesores superiores a 16 mm hasta 50 mm.

La ductilidad se verifica adicionalmente mediante el ensayo de doblado, consistente en doblar el producto laminado en 180° alrededor de un cilindro de diámetro d sin que se observen grietas en la zona en tracción. La probeta de ensayo es transversal al sentido de laminación. El diámetro del cilindro se indica en la tabla siguiente:

Espesor en mm	A 37-24 ES	A 42-27 ES	A 52-34 ES
$e \leq 16$	d = 1e	d = 1,5 e	d = 2,5 e
$16 < e \leq 32$	d = 2e	d = 2,5 e	d = 3,5 e
$32 < e \leq 50$	d = 3e	d = 3,5 e	d = 4,5 e

TABLA A.2. Perfiles de Acero

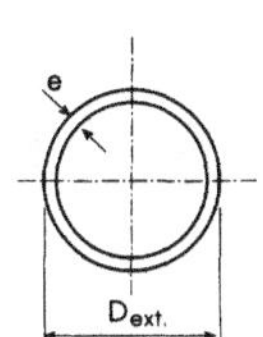

TUBOS CINTAC
Propiedades para el Diseño

Designación			Dimensiones		Area	I	W	i
O D	x	Peso	$D_{ext.}$	e				
pulg	x	kgf/m	mm	mm	cm²	cm⁴	cm³	cm
O 2	x	1,23	50,8	1	1,56	4,85	1,91	1,76
		1,47		1,2	1,87	5,75	2,27	1,75
		1,82		1,5	2,32	7,06	2,78	1,74
		2,41		2	3,07	9,14	3,60	1,73
		3,54		3	4,51	12,9	5,09	1,69
O 2 3/8	x	1,46	60,3	1	1,86	8,20	2,72	2,10
		2,18		1,5	2,77	12,0	3,98	2,08
		2,88		2	3,66	15,6	5,17	2,06
		4,24		3	5,40	22,3	7,38	2,03
		5,56		4	7,08	28,2	9,35	2,00
		6,82		5	8,69	33,5	11,1	1,96
O2 1/2	x	1,54	63,5	1	1,96	9,59	3,02	2,21
		1,84		1,2	2,35	11,4	3,59	2,20
		2,29		1,5	2,92	14,0	4,42	2,19
		3,03		2	3,86	18,3	5,76	2,18
		4,48		3	5,70	26,2	8,24	2,14
		5,87		4	7,48	33,2	10,5	2,11
		7,21		5	9,19	39,6	12,5	2,08
O 3	x	3,66	76,2	2	4,66	32,1	8,43	2,62
		4,54		2,5	5,79	39,3	10,3	2,61
		5,42		3	6,90	46,3	12,1	2,59
		7,12		4	9,07	59,3	15,6	2,56
		8,78		5	11,2	71,2	18,7	2,52
O 3 1/2	x	4,29	88,9	2	5,46	51,6	11,6	3,07
		5,33		2,5	6,79	63,4	14,3	3,06
		6,36		3	8,10	74,8	16,8	3,04
		8,38		4	10,7	96,3	21,7	3,00
		10,3		5	13,2	116	26,2	2,97
O 4	x	4,91	102	2	6,26	77,6	15,3	3,52
		6,11		2,5	7,78	95,6	18,8	3,50
		7,29		3	9,29	113	22,3	3,49
		9,63		4	12,3	146	28,8	3,45
		11,9		5	15,2	177	34,9	3,42
O 4 1/2	x	5,54	114	2	7,06	111	19,5	3,97
		6,89		2,5	8,78	137	24,0	3,95
		8,23		3	10,5	163	28,4	3,94
		10,9		4	13,9	211	36,9	3,90
		13,5		5	17,2	257	45,0	3,87
O 5	x	9,17	127	3	11,7	225	35,4	4,39
		12,1		4	15,5	293	46,1	4,35
		15,0		5	19,2	357	56,2	4,32

Tabla reproducida del "Manual de Diseño Cintac", por gentileza de CINTAC S.A.

VIGAS SOLDADAS
SERIE IN
Propiedades para el Diseño

Designación		Dimensiones			Area	Eje X - X			Eje Y - Y		
IN H x	Peso	B	e	t	A	I	W	i	I	W	i
cm x	kgf/m	mm	mm	mm	cm²	cm⁴	cm³	cm	cm⁴	cm³	cm
IN 100x	352	400	40	14	449	829000	16600	43,0	42700	2130	9,75
	322		35	14	410	746000	14900	42,6	37400	1870	9,54
	304		32	14	387	696000	13900	42,4	34200	1710	9,39
	280		28	14	356	627000	12500	42,0	29900	1490	9,16
		350	32	14	355	621000	12400	41,8	22900	1310	8,03
	258		28	14	328	561000	11200	41,4	20000	1140	7,81
	242		25	14	308	516000	10300	40,9	17900	1020	7,62
	226		22	14	288	470000	9400	40,4	15700	900	7,40
	215		20	14	274	439000	8790	40,0	14300	818	7,22
	205		18	14	261	408000	8170	39,6	12900	736	7,03
	194		16	14	248	377000	7540	39,0	11500	655	6,80
IN 90x	328	400	40	12	418	647000	14400	39,3	42700	2130	10,10
	298		35	12	380	581000	12900	39,1	37300	1870	9,92
	280		32	12	356	541000	12000	39,0	34100	1710	9,79
	255		28	12	325	486000	10800	38,7	29900	1490	9,58
	254	350	32	12	324	481000	10700	38,5	22900	1310	8,40
	233		28	12	297	433000	9620	38,2	20000	1140	8,21
	217		25	12	277	396000	8810	37,8	17900	1020	8,03
	202		22	12	257	360000	7990	37,4	15700	899	7,83
	191		20	12	243	335000	7440	37,1	14300	817	7,67
	180		18	12	230	310000	6880	36,7	12900	736	7,49
	170		16	12	216	284000	6320	36,3	11400	654	7,28
IN 80x	250	350	35	10	318	391000	9780	35,1	25000	1430	8,87
	234		32	10	298	364000	9090	35,0	22900	1310	8,77
	212		28	10	270	326000	8160	34,7	20000	1140	8,60
	196		25	10	250	298000	7450	34,5	17900	1020	8,45
	180		22	10	230	269000	6730	34,2	15700	899	8,28
	177	300	25	10	225	260000	6510	34,0	11300	750	7,07
	163		22	10	208	236000	5900	33,7	9910	660	6,91
	154		20	10	196	219000	5480	33,4	9010	600	6,78
	145		18	10	184	202000	5060	33,1	8110	540	6,63
	136		16	10	173	185000	4630	32,7	7210	480	6,46
	127		14	10	161	168000	4200	32,3	6310	420	6,25

VIGAS SOLDADAS
SERIE IN
Propiedades para el Diseño

Peso	Flexión		Soldadura	Constantes		Módulo Plástico	
	i_a	i_t	S_{min}	J	C_a	Z_x	Z_y
kgf/m	cm	cm	mm	cm⁴	cm⁶	cm³	cm³
352	11,3	1,60	10	1790	98300000		
322	11,2	1,40	8	1230	86900000		
304	11,1	1,28	8	962	80000000		
280	10,9	1,12	8	674	70500000		
279	9,60	1,12	8	853	53600000		
258	9,45	0,980	8	601	47300000		
242	9,31	0,875	8	454	42500000		
226	9,15	0,770	8	338	37600000		
215	9,02	0,700	6	276	34300000		
205	8,88	0,630	6	226	31000000		
194	8,72	0,560	6	186	27700000		
328	11,6	1,78	10	1760	78900000		
298	11,4	1,56	8	1190	69800000		
280	11,3	1,42	8	924	64300000		
255	11,2	1,24	8	636	56800000		
254	9,82	1,24	8	815	43100000		
233	9,68	1,09	8	562	38000000		
217	9,56	0,972	8	415	34200000		
202	9,41	0,856	8	299	30300000		
191	9,30	0,778	6	237	27700000		
180	9,18	0,700	6	187	25000000		
170	9,03	0,622	6	146	22300000		
250	10,1	1,53	8	1030	36600000		
234	10,0	1,40	8	790	33700000		
212	9,90	1,22	8	538	29800000		
196	9,80	1,09	8	390	26800000		
180	9,67	0,962	8	274	23800000		
177	8,32	0,938	8	338	16900000		
163	8,20	0,825	8	239	15000000		
154	8,11	0,750	6	186	13700000		
145	8,01	0,675	6	143	12400000		
136	7,89	0,600	6	108	11100000		
127	7,75	0,525	6	81,1	9730000		

VIGAS SOLDADAS
SERIE IN
Propiedades para el Diseño

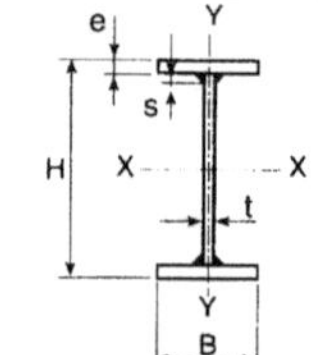

Designación		Dimensiones			Area	Eje X - X			Eje Y - Y		
IN H x	Peso	B	e	t	A	I	W	i	I	W	i
cm x	kgf/m	mm	mm	mm	cm²	cm⁴	cm³	cm	cm⁴	cm³	cm
IN 70x	232	350	35	8	295	288000	8220	31,2	25000	1430	9,20
	216		32	8	275	267000	7640	31,2	22900	1310	9,12
	194		28	8	248	239000	6830	31,1	20000	1140	8,99
	178		25	8	227	218000	6220	31,0	17900	1020	8,87
	162		22	8	206	196000	5600	30,8	15700	898	8,73
	159	300	25	8	202	189000	5410	30,6	11300	750	7,46
	145		22	8	184	171000	4870	30,4	9900	660	7,33
	136		20	8	173	158000	4510	30,2	9000	600	7,22
	126		18	8	161	145000	4150	30,0	8100	540	7,09
	117		16	8	149	132000	3780	29,7	7200	480	6,94
	108		14	8	138	119000	3400	29,4	6300	420	6,76
IN 60x	184	300	32	8	235	165000	5510	26,5	14400	960	7,83
	166		28	8	212	148000	4940	26,5	12600	840	7,72
	152		25	8	194	135000	4510	26,4	11300	750	7,62
	139		22	8	176	122000	4060	26,3	9900	660	7,49
	129		20	8	165	113000	3760	26,1	9000	600	7,39
	121	250	22	8	154	103000	3450	25,9	5730	459	6,09
	114		20	8	145	95800	3190	25,7	5210	417	6,00
	106		18	8	135	88200	2940	25,5	4690	375	5,89
	98,5		16	8	125	80400	2680	25,3	4170	334	5,77
	90,9		14	8	116	72600	2420	25,0	3650	292	5,61
	83,3		12	8	106	64600	2150	24,7	3130	250	5,43

VIGAS SOLDADAS
SERIE IN
Propiedades para el Diseño

Peso	Flexión		Soldadura	Constantes		Módulo Plástico	
	i_a	i_t	S_{min}	J	C_a	Z_x	Z_y
kgf/m	cm	cm	mm	cm^4	cm^6	cm^3	cm^3
232	10,3	1,75	8	1010	27700000		
216	10,2	1,60	8	776	25500000		
194	10,1	1,40	8	524	22600000		
178	10,0	1,25	8	376	20300000		
162	9,92	1,10	8	260	18100000		
159	8,53	1,07	8	324	12800000		
145	8,43	0,943	8	225	11400000		
136	8,36	0,857	6	172	10400000		
126	8,27	0,771	6	128	9420000		
117	8,17	0,686	6	93,6	8420000		
108	8,05	0,600	6	66,6	7410000		
184	8,86	1,60	8	665	11600000		
166	8,75	1,40	8	449	10300000		
152	8,66	1,25	8	322	9300000		
139	8,56	1,10	8	223	8270000		
129	8,48	1,00	6	170	7570000		
121	7,06	0,917	8	187	4790000		
114	7,00	0,833	6	143	4380000		
106	6,92	0,750	6	107	3970000		
98,5	6,83	0,667	6	78,2	3550000		
90,9	6,73	0,583	6	55,7	3130000		
83,3	6,60	0,500	5	38,8	2700000		

TABLA A.2. Perfiles de Acero (continuación)

VIGAS SOLDADAS
SERIE IN
Propiedades para el Diseño

Designación	Dimensiones			Area	Eje X - X			Eje Y - Y		
IN H x Peso	B	e	t	A	I	W	i	I	W	i
cm x kgf/m	mm	mm	mm	cm²	cm⁴	cm³	cm	cm⁴	cm³	cm
IN 50 x 182	350	28	8	232	115000	4610	22,3	20000	1140	9,30
166		25	8	211	105000	4200	22,3	17900	1020	9,20
150		22	8	190	94300	3770	22,3	15700	898	9,09
139ᶜ		20	8	177	87200	3490	22,2	14300	817	8,99
128ᶜ		18	8	163	79900	3200	22,1	12900	735	8,88
117ᶜ		16	8	149	72400	2900	22,0	11400	653	8,75
107ᶜ		14	8	136	64900	2600	21,9	10000	572	8,59
95,8ᶜ		12	8	122	57200	2290	21,6	8580	490	8,38
160ᶜ	300	28	8	204	99500	3980	22,1	12600	840	7,87
146ᶜ		25	8	186	90800	3630	22,1	11300	750	7,78
132		22	8	168	81800	3270	22,0	9900	660	7,67
123		20	8	157	75600	3030	22,0	9000	600	7,58
114		18	8	145	69400	2780	21,9	8100	540	7,47
105		16	8	133	63100	2520	21,7	7200	480	7,35
95,6ᶜ		14	8	122	56600	2270	21,6	6300	420	7,19
86,4ᶜ		12	8	110	50100	2000	21,3	5400	360	7,01
77,2ᶜ		10	8	98,4	43400	1740	21,0	4500	300	6,76
115ᶜ	250	22	8	146	69200	2770	21,7	5730	458	6,26
107ᶜ		20	8	137	64100	2560	21,7	5210	417	6,17
99,8		18	8	127	59000	2360	21,5	4690	375	6,07
92,2		16	8	117	53700	2150	21,4	4170	333	5,96
84,6		14	8	108	48400	1930	21,2	3650	292	5,82
77,0		12	8	98,1	42900	1720	20,9	3130	250	5,65
69,4ᶜ		10	8	88,4	37400	1500	20,6	2610	208	5,43
85,7ᶜ	200	18	8	109	48500	1940	21,1	2400	240	4,69
79,6ᶜ		16	8	101	44300	1770	20,9	2140	214	4,59
73,6ᶜ		14	8	93,8	40100	1600	20,7	1870	187	4,46
67,6ᶜ		12	8	86,1	35800	1430	20,4	1600	160	4,31
61,5ᶜ		10	8	78,4	31400	1260	20,0	1340	134	4,13
IN 45 x 157	300	28	8	200	79000	3510	19,9	12600	840	7,95
143		25	8	182	72100	3200	19,9	11300	750	7,86
129		22	8	164	65000	2890	19,9	9900	660	7,76
120		20	8	153	60100	2670	19,8	9000	600	7,68
111ᶜ		18	8	141	55100	2450	19,8	8100	540	7,58
102ᶜ		16	8	129	50100	2230	19,7	7200	480	7,46
92,4ᶜ		14	8	118	44900	2000	19,5	6300	420	7,32
83,3ᶜ		12	8	106	39700	1760	19,3	5400	360	7,14
74,1ᶜ		10	8	94,4	34300	1530	19,1	4500	300	6,91
112	250	22	8	142	54900	2440	19,6	5730	458	6,34
104		20	8	133	50900	2260	19,6	5210	417	6,26
96,6		18	8	123	46700	2080	19,5	4690	375	6,17
89,1		16	8	113	42600	1890	19,4	4170	333	6,06
81,5ᶜ		14	8	104	38300	1700	19,2	3650	292	5,93
73,9ᶜ		12	8	94,1	33900	1510	19,0	3130	250	5,77
66,3ᶜ		10	8	84,4	29500	1310	18,7	2610	208	5,56
82,5	200	18	8	105	38300	1700	19,1	2400	240	4,78
76,5		16	8	97,4	35000	1560	19,0	2140	214	4,68
70,5		14	8	89,8	31600	1410	18,8	1870	187	4,56
64,4		12	8	82,1	28200	1250	18,5	1600	160	4,42
58,4ᶜ		10	8	74,4	24700	1100	18,2	1340	134	4,24

Tabla reproducida del "Manual de Diseño Cintac", por gentileza de CINTAC S.A.

TABLA A.2. Perfiles de Acero (continuación)

VIGAS SOLDADAS
SERIE IN
Propiedades para el Diseño

Peso	Flexión		Soldadura	Constantes		Módulo Plástico	
	i_a	i_t	S_{min}	J	C_a	Z_x	Z_y
kgf/m	cm	cm	mm	cm⁴	cm⁶	cm³	cm³
182	10,4	1,96	8	520	11100000	5020	1720
166	10,3	1,75	8	373	10100000	4560	1540
150	10,2	1,54	8	257	8980000	4100	1350
139ᶜ	10,1	1,40	6	195	8230000	3780	1230
128ᶜ	10,0	1,26	6	144	7470000	3470	1110
117ᶜ	9,93	1,12	6	104	6700000		
107ᶜ	9,82	0,980	6	72,3	5910000		
95,8ᶜ	9,68	0,840	5	48,6	5110000		
160ᶜ	8,90	1,68	8	447	7020000	4360	1270
146ᶜ	8,80	1,50	8	321	6350000	3970	1130
132	8,70	1,32	8	221	5650000	3570	997
123	8,62	1,20	6	168	5180000	3300	907
114	8,54	1,08	6	125	4700000	3030	817
105	8,45	0,960	6	90,2	4220000	2760	727
95,6ᶜ	8,34	0,840	6	63,2	3720000		
86,4ᶜ	8,21	0,720	5	42,9	3210000		
77,2ᶜ	8,05	0,600	5	28,4	2700000		
115ᶜ	7,19	1,10	8	186	3270000	3040	695
107ᶜ	7,13	1,00	6	142	3000000	2820	632
99,8	7,05	0,900	6	105	2720000	2600	570
92,2	6,97	0,800	6	76,5	2440000	2370	507
84,6	6,87	0,700	6	54,0	2150000	2150	445
77,0	6,75	0,600	5	37,1	1860000	1920	383
69,4ᶜ	6,60	0,500	5	25,0	1560000		
85,7ᶜ	5,56	0,720	6	86,0	1390000	2170	367
79,6ᶜ	5,49	0,640	6	62,9	1250000	1990	327
73,6ᶜ	5,40	0,560	6	44,9	1100000	1810	288
67,6ᶜ	5,29	0,480	5	31,4	953000	1620	248
61,5ᶜ	5,16	0,400	5	21,7	800000	1440	208
157	8,99	1,87	8	446	5610000	3860	1270
143	8,89	1,67	8	320	5080000	3510	1130
129	8,78	1,47	8	220	4530000	3150	996
120	8,71	1,33	6	167	4160000	2920	907
111ᶜ	8,62	1,20	6	124	3780000	2680	817
102ᶜ	8,53	1,07	6	89,3	3390000	2430	727
92,4ᶜ	8,43	0,933	6	62,3	2990000		
83,3ᶜ	8,30	0,800	5	42,0	2590000		
74,1ᶜ	8,15	0,667	5	27,5	2180000		
112	7,27	1,22	8	185	2620000	2680	694
104	7,20	1,11	6	141	2410000	2490	632
96,6	7,13	1,00	6	105	2190000	2290	569
89,1	7,04	0,889	6	75,7	1960000	2090	507
81,5ᶜ	6,94	0,778	6	53,2	1730000	1880	444
73,9ᶜ	6,83	0,667	5	36,3	1500000	1680	382
66,3ᶜ	6,69	0,556	5	24,2	1260000	1470	319
82,5	5,63	0,800	6	85,1	1120000	1900	367
76,5	5,56	0,711	6	62,0	1000000	1740	327
70,5	5,47	0,622	6	44,0	887000	1580	287
64,4	5,36	0,533	5	30,5	767000	1410	247
58,4ᶜ	5,24	0,444	5	20,8	645000	1250	207

NOTA: Se entregan las propiedades plásticas Z_x y Z_y de los perfiles que cumplen con los requisitos de plasticidad para aceros con $F_f = 2,7$ tf/cm².

Tabla reproducida del "Manual de Diseño Cintac", por gentileza de CINTAC S.A.

TABLA A.2. Perfiles de Acero (continuación)

VIGAS SOLDADAS
SERIE IN
Propiedades para el Diseño

Designación	Dimensiones			Area	Eje X - X			Eje Y - Y		
IN H x Peso	B	e	t	A	I	W	i	I	W	i
cm x kgf/m	mm	mm	mm	cm^2	cm^4	cm^3	cm	cm^4	cm^3	cm
IN 40 x 140	300	25	8	178	55700	2780	17,7	11300	750	7,95
126		22	8	160	50200	2510	17,7	9900	660	7,85
111		20	6	142	45700	2280	18,0	9000	600	7,97
102c		18	6	130	41800	2090	18,0	8100	540	7,90
92,7c		16	6	118	37900	1900	17,9	7200	480	7,81
83,5c		14	6	106	33900	1690	17,9	6300	420	7,70
74,2c		12	6	94,6	29800	1490	17,7	5400	360	7,56
65,0c		10	6	82,8	25600	1280	17,6	4500	300	7,37
109	250	22	8	138	42300	2120	17,5	5730	458	6,43
95,5		20	6	122	38500	1920	17,8	5210	417	6,54
87,8		18	6	112	35300	1760	17,8	4690	375	6,47
80,1		16	6	102	32000	1600	17,7	4170	333	6,39
72,5c		14	6	92,3	28700	1430	17,6	3650	292	6,28
64,8c		12	6	82,6	25200	1260	17,5	3130	250	6,15
57,1c		10	6	72,8	21800	1090	17,3	2600	208	5,98
49,5c		8	6	63,0	18200	910	17,0	2080	167	5,75
73,7	200	18	6	93,8	28700	1430	17,5	2400	240	5,06
67,6		16	6	86,1	26100	1300	17,4	2130	213	4,98
61,5		14	6	78,3	23400	1170	17,3	1870	187	4,88
55,4		12	6	70,6	20700	1040	17,1	1600	160	4,76
49,3		10	6	62,8	18000	898	16,9	1330	133	4,61
43,2c		8	6	55,0	15100	756	16,6	1070	107	4,40
46,0c	150	12	6	58,6	16200	811	16,6	676	90,1	3,40
41,4c		10	6	52,8	14200	708	16,4	563	75,1	3,27
36,9c		8	6	47,0	12100	603	16,0	451	60,1	3,10
29,4c		6	5	37,4	9420	471	15,9	338	45,1	3,01
IN 35 x 137	300	25	8	174	41500	2370	15,4	11340	750	8,04
123		22	8	156	37500	2140	15,5	9900	660	7,95
109		20	6	139	34200	1950	15,7	9000	600	8,06
99,6c		18	6	127	31300	1790	15,7	8100	540	7,99
90,3c		16	6	115	28400	1620	15,7	7200	480	7,91
81,1c		14	6	103	25400	1450	15,7	6300	420	7,81
71,9c		12	6	91,6	22300	1270	15,6	5400	360	7,68
62,6c		10	6	79,8	19100	1090	15,5	4500	300	7,51
106	250	22	8	134	31500	1800	15,3	5730	458	6,53
93,1		20	6	119	28700	1640	15,6	5210	417	6,63
85,4		18	6	109	26400	1510	15,6	4690	375	6,56
77,8		16	6	99,1	23900	1370	15,5	4170	333	6,49
70,1c		14	6	89,3	21400	1230	15,5	3650	292	6,39
62,5c		12	6	79,6	18900	1080	15,4	3130	250	6,27
54,8c		10	6	69,8	16300	929	15,3	2600	208	6,11
47,1c		8	6	60,0	13600	775	15,0	2080	167	5,89
71,3	200	18	6	90,8	21400	1220	15,4	2400	240	5,14
65,2		16	6	83,1	19500	1110	15,3	2130	213	5,07
59,1		14	6	75,3	17500	999	15,2	1870	187	4,98
53,0		12	6	67,6	15400	883	15,1	1600	160	4,87
46,9		10	6	59,8	13400	763	14,9	1330	133	4,72
40,9c		8	6	52,0	11200	641	14,7	1070	107	4,53
43,6c	150	12	6	55,6	12000	687	14,7	676	90,1	3,49
39,1c		10	6	49,8	10500	598	14,5	563	75,1	3,36
34,6c		8	6	44,0	8880	508	14,2	451	60,1	3,20
27,4c		6	5	34,9	6930	396	14,1	338	45,0	3,11

Tabla reproducida del "Manual de Diseño Cintac", por gentileza de CINTAC S.A.

TABLA A.2. Perfiles de Acero (continuación)

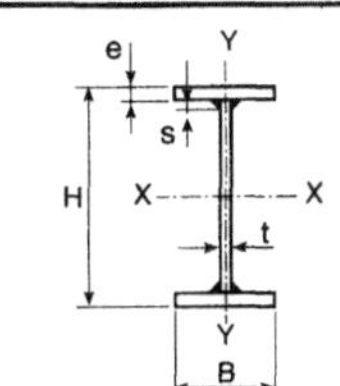

VIGAS SOLDADAS
SERIE IN
Propiedades para el Diseño

Peso	Flexión		Soldadura	Constantes		Módulo Plástico	
	i_a	i_t	$S_{mín}$	J	C_a	Z_x	Z_y
kgf/m	cm	cm	mm	cm⁴	cm⁶	cm³	cm³
140	8,99	1,88	8	319	3960000	3060	1130
126	8,88	1,65	8	219	3540000	2750	996
111	8,88	1,50	6	163	3250000	2470	903
102	8,80	1,35	6	119	2950000	2260	813
92,7c	8,72	1,20	6	84,7	2650000	2050	723
83,5c	8,63	1,05	6	57,7	2350000		
74,2c	8,52	0,900	5	37,4	2030000		
65,0c	8,39	0,750	5	22,8	1710000		
109	7,36	1,38	8	184	2050000	2330	693
95,5	7,36	1,25	6	136	1880000	2090	628
87,8	7,29	1,13	6	100	1710000	1920	566
80,1	7,22	1,00	6	71,0	1540000	1740	503
72,5c	7,13	0,875	6	48,5	1360000	1560	441
64,8c	7,04	0,750	5	31,6	1180000	1380	378
57,1c	6,92	0,625	5	19,5	990000		
49,5c	6,77	0,500	5	11,4	000000		
73,7	5,78	0,900	6	80,5	876000	1570	363
67,6	5,72	0,800	6	57,4	786000	1430	323
61,5	5,64	0,700	6	39,4	695000	1290	283
55,4	5,56	0,600	5	25,8	602000	1140	243
49,3	5,45	0,500	5	16,1	507000	997	203
43,2c	5,31	0,400	5	9,65	410000		
46,0c	4,08	0,450	5	20,1	254000	910	138
41,4c	3,99	0,375	5	12,8	214000	802	116
36,9c	3,87	0,300	5	7,94	173000	692	93,5
29,4c	3,79	0,225	4	3,80	131000		
137	9,11	2,14	8	318	2970000	2620	1130
123	9,00	1,89	8	219	2660000	2350	995
109	8,98	1,71	6	162	2450000	2120	903
99,6c	8,90	1,54	6	119	2230000	1940	813
90,3c	8,81	1,37	6	84,3	2010000	1750	723
81,1c	8,72	1,20	6	57,3	1780000		
71,9c	8,61	1,03	5	37,0	1540000		
62,6c	8,49	0,857	5	22,4	1300000		
106	7,46	1,57	8	183	1540000	1990	692
93,1	7,45	1,43	6	136	1420000	1790	628
85,4	7,38	1,29	6	99,6	1290000	1640	565
77,8	7,30	1,14	6	70,7	1160000	1490	503
70,1c	7,22	1,00	6	48,2	1030000	1330	440
62,5c	7,12	0,857	5	31,2	893000	1170	378
54,8c	7,01	0,714	5	19,1	753000		
47,1c	6,86	0,571	5	11,0	609000		
71,3	5,86	1,03	6	80,2	661000	1340	363
65,2	5,79	0,914	6	57,0	595000	1220	323
59,1	5,72	0,800	6	39,0	527000	1100	283
53,0	5,63	0,686	5	25,5	457000	971	243
46,9	5,53	0,571	5	15,8	385000	843	203
40,9c	5,40	0,457	5	9,29	312000		
43,6c	4,15	0,514	5	19,7	193000	768	138
39,1c	4,06	0,429	5	12,4	163000	673	115
34,6c	3,94	0,343	5	7,58	132000	578	93,0
27,4c	3,86	0,257	4	3,59	99800		

NOTA: Se entregan las propiedades plásticas Z_x y Z_y de los perfiles que cumplen con los requisitos de plasticidad para aceros con $F_f = 2,7$ tf/cm².

Tabla reproducida del "Manual de Diseño Cintac", por gentileza de CINTAC S.A.

TABLA A.2. Perfiles de Acero (continuación)

VIGAS SOLDADAS
SERIE IN
Propiedades para el Diseño

Designación	Dimensiones			Area	Eje X - X			Eje Y - Y		
IN H x Peso	B	e	t	A	I	W	i	I	W	i
cm x kgf/m	mm	mm	mm	cm²	cm⁴	cm³	cm	cm⁴	cm³	cm
IN 30 x 102	250	22	8	130	22400	1490	13,1	5730	458	6,63
90,7		20	6	116	20500	1370	13,3	5210	417	6,71
83,1		18	6	106	18800	1260	13,3	4690	375	6,66
75,4		16	6	96,1	17100	1140	13,3	4170	333	6,59
67,8c		14	6	86,3	15300	1020	13,3	3650	292	6,50
60,1c		12	6	76,6	13500	900	13,3	3130	250	6,39
52,4c		10	6	66,8	11600	774	13,2	2600	208	6,24
44,8c		8	6	57,0	9670	645	13,0	2080	167	6,04
69,0	200	18	6	87,8	15300	1020	13,2	2400	240	5,23
62,9		16	6	80,1	13900	925	13,2	2130	213	5,16
56,8		14	6	72,3	12500	831	13,1	1870	187	5,08
50,7		12	6	64,6	11000	734	13,1	1600	160	4,98
44,6		10	6	56,8	9510	634	12,9	1330	133	4,85
38,5c		8	6	49,0	7970	531	12,7	1070	107	4,66
30,1c		6	5	38,4	6180	412	12,7	800	80,0	4,57
54,8c	150	18	6	69,8	11700	778	12,9	1010	135	3,81
50,3c		16	6	64,1	10700	710	12,9	900	120	3,75
45,8c		14	6	58,3	9600	640	12,8	788	105	3,68
41,3		12	6	52,6	8520	568	12,7	675	90,1	3,58
36,7		10	6	46,8	7410	494	12,6	563	75,1	3,47
32,2		8	6	41,0	6260	417	12,4	451	60,1	3,31
25,4c		6	5	32,4	4890	326	12,3	338	45,0	3,23
IN 25 x 72,7	200	20	6	92,6	11100	886	10,9	2670	267	5,37
66,6		18	6	84,8	10200	816	11,0	2400	240	5,32
60,5		16	6	77,1	9290	743	11,0	2130	213	5,26
54,4		14	6	69,3	8350	668	11,0	1870	187	5,19
46,6		12	5	59,3	7280	583	11,1	1600	160	5,19
40,4c		10	5	51,5	6270	502	11,0	1330	133	5,09
34,3c		8	5	43,7	5220	418	10,9	1070	107	4,94
28,2c		6	5	35,9	4130	331	10,7	800	80,0	4,72
52,5c	150	18	6	66,8	7770	622	10,8	1010	135	3,89
47,9c		16	6	61,1	7100	568	10,8	900	120	3,84
43,4		14	6	55,3	6400	512	10,8	788	105	3,77
37,1		12	5	47,3	5580	447	10,9	675	90,0	3,78
32,6		10	5	41,5	4830	386	10,8	563	75,0	3,68
28,0c		8	5	35,7	4050	324	10,6	450	60,0	3,55
23,5c		6	5	29,9	3240	259	10,4	338	45,0	3,36
19,3c		5	4	24,6	2710	217	10,5	281	37,5	3,38
27,7	100	12	5	35,3	3880	311	10,5	200	40,0	2,38
24,7		10	5	31,5	3390	271	10,4	167	33,4	2,30
21,7		8	5	27,7	2880	230	10,2	134	26,7	2,20
18,8		6	5	23,9	2350	188	9,91	100	20,0	2,05
15,4c		5	4	19,6	1960	157	10,0	83,5	16,7	2,06
13,9c		4	4	17,7	1680	135	9,76	66,8	13,4	1,94

Tabla reproducida del "Manual de Diseño Cintac", por gentileza de CINTAC S.A.

TABLA A.2. Perfiles de Acero (continuación)

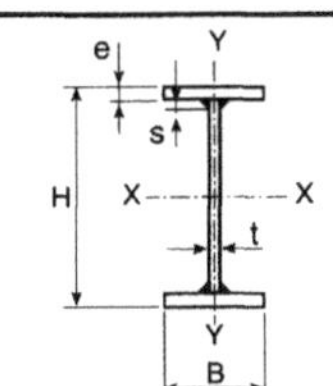

VIGAS SOLDADAS
SERIE IN
Propiedades para el Diseño

Peso	Flexión		Soldadura	Constantes		Módulo Plástico	
	i_a	i_t	S_{min}	J	C_a	Z_x	Z_y
kgf/m	cm	cm	mm	cm^4	cm^6	cm^3	cm^3
102	7,58	1,83	8	182	1110000	1660	692
90,7	7,56	1,67	6	135	1020000	1500	627
83,1	7,48	1,50	6	99,2	932000	1370	565
75,4	7,40	1,33	6	70,3	840000	1240	502
67,8c	7,32	1,17	6	47,8	746000	1110	440
60,1c	7,22	1,00	5	30,9	648000	978	377
52,4c	7,10	0,833	5	18,8	548000		
44,8c	6,96	0,667	5	10,6	444000		
69,0	5,95	1,20	6	79,8	477000	1120	362
62,9	5,88	1,07	6	56,7	430000	1020	322
56,8	5,81	0,933	6	38,6	382000	912	282
50,7	5,72	0,800	5	25,1	332000	805	242
44,6	5,62	0,667	5	15,4	280000	698	203
38,5c	5,49	0,533	5	8,93	227000		
30,1c	5,40	0,400	4	4,11	173000		
54,8c	4,42	0,900	6	60,4	201000	866	205
50,3c	4,36	0,800	6	43,0	181000	789	182
45,8c	4,30	0,700	6	29,5	161000	712	160
41,3	4,22	0,600	5	19,4	140000	633	137
36,7	4,14	0,500	5	12,1	118000	553	115
32,2	4,02	0,400	5	7,22	95900	471	92,6
25,4c	3,94	0,300	4	3,39	72900		
72,7	6,14	1,60	6	108	353000	986	402
66,6	6,06	1,44	6	79,4	323000	904	362
60,5	5,99	1,28	6	56,3	292000	820	322
54,4	5,91	1,12	6	38,3	260000	735	282
46,6	5,86	0,960	5	24,0	227000	635	241
40,4c	5,76	0,800	5	14,3	192000	546	201
34,3c	5,65	0,640	5	7,84	156000		
28,2c	5,50	0,480	4	3,90	119000		
52,5c	4,51	1,08	6	60,0	136000	695	204
47,9c	4,45	0,960	6	42,6	123000	633	182
43,4	4,39	0,840	6	29,1	110000	570	159
37,1	4,35	0,720	5	18,3	95600	492	136
32,6	4,27	0,600	5	11,0	81000	426	114
28,0c	4,17	0,480	5	6,13	65900	359	91,5
23,5c	4,03	0,360	4	3,18	50200		
19,3c	4,03	0,300	4	1,77	42200		
27,7	2,84	0,480	5	12,5	28300	349	61,4
24,7	2,77	0,400	5	7,67	24000	306	51,4
21,7	2,69	0,320	5	4,42	19500	262	41,5
18,8	2,58	0,240	4	2,46	14900	217	31,5
15,4c	2,58	0,200	4	1,36	12500	180	26,0
13,9c	2,49	0,160	4	0,951	10100		

NOTA: Se entregan las propiedades plásticas Z_x y Z_y de los perfiles que cumplen con los requisitos de plasticidad para aceros con $F_f = 2{,}7$ tf/cm^2.

Tabla reproducida del "Manual de Diseño Cintac", por gentileza de CINTAC S.A.

TABLA A.2. Perfiles de Acero (continuación)

VIGAS SOLDADAS
SERIE IN
Propiedades para el Diseño

Designación	Dimensiones			Area	Eje X - X			Eje Y - Y		
IN H x Peso	B	e	t	A	I	W	i	I	W	i
cm x kgf/m	mm	mm	mm	cm²	cm⁴	cm³	cm	cm⁴	cm³	cm
IN 20 x 50,1	150	18	6	63,8	4710	471	8,59	1010	135	3,98
45,6		16	6	58,1	4310	431	8,61	900	120	3,94
41,1		14	6	52,3	3890	389	8,63	788	105	3,88
35,2		12	5	44,8	3410	341	8,73	675	90,0	3,88
30,6		10	5	39,0	2950	295	8,70	563	75,0	3,80
26,1c		8	5	33,2	2470	247	8,63	450	60,0	3,68
20,0c		6	4	25,5	1920	192	8,66	338	45,0	3,64
17,7c		5	4	22,6	1650	165	8,56	281	37,5	3,53
25,7	100	12	5	32,8	2350	235	8,47	200	40,0	2,47
22,8		10	5	29,0	2050	205	8,41	167	33,4	2,40
19,8		8	5	25,2	1730	173	8,30	134	26,7	2,30
16,8		6	5	21,4	1410	141	8,11	100	20,0	2,16
15,3c		6	4	19,5	1350	135	8,32	100	20,0	2,26
13,8		5	4	17,6	1180	118	8,19	83,4	16,7	2,18
12,3c		4	4	15,7	1000	100	8,00	66,8	13,4	2,06

Tabla reproducida del "Manual de Diseño Cintac", por gentileza de CINTAC S.A.

TABLA A.2. Perfiles de Acero (continuación)

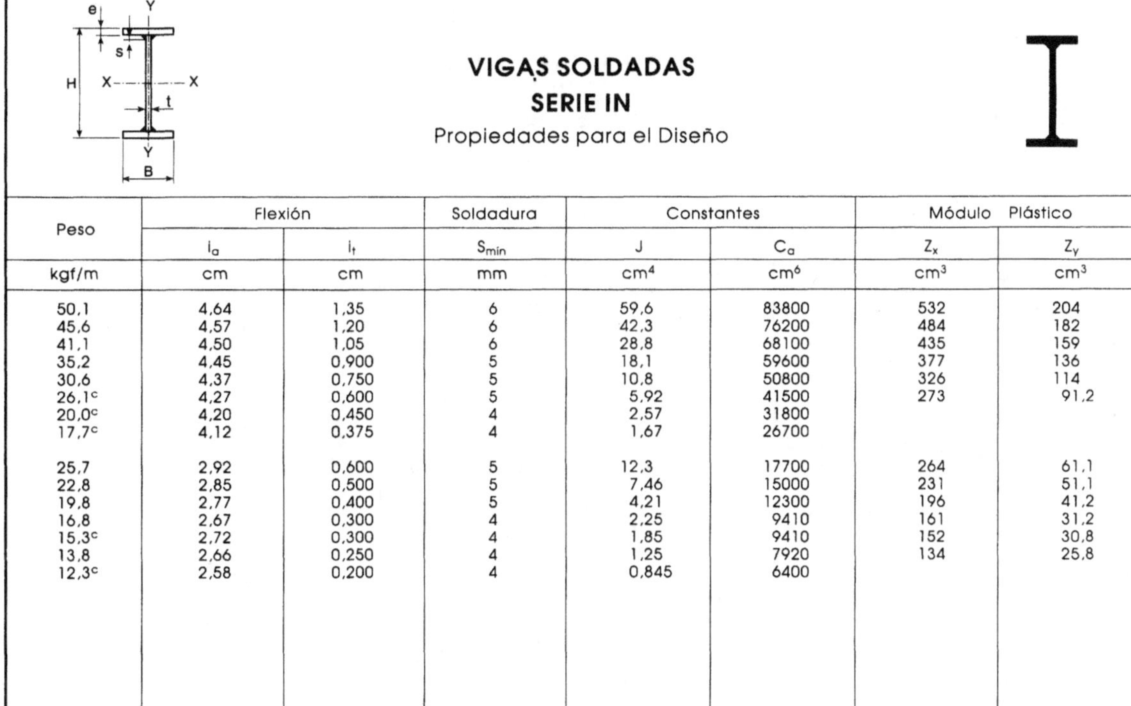

VIGAS SOLDADAS
SERIE IN
Propiedades para el Diseño

Peso	Flexión		Soldadura	Constantes		Módulo Plástico	
	i_a	i_t	$S_{mín}$	J	C_a	Z_x	Z_y
kgf/m	cm	cm	mm	cm⁴	cm⁶	cm³	cm³
50,1	4,64	1,35	6	59,6	83800	532	204
45,6	4,57	1,20	6	42,3	76200	484	182
41,1	4,50	1,05	6	28,8	68100	435	159
35,2	4,45	0,900	5	18,1	59600	377	136
30,6	4,37	0,750	5	10,8	50800	326	114
26,1ᶜ	4,27	0,600	5	5,92	41500	273	91,2
20,0ᶜ	4,20	0,450	4	2,57	31800		
17,7ᶜ	4,12	0,375	4	1,67	26700		
25,7	2,92	0,600	5	12,3	17700	264	61,1
22,8	2,85	0,500	5	7,46	15000	231	51,1
19,8	2,77	0,400	5	4,21	12300	196	41,2
16,8	2,67	0,300	4	2,25	9410	161	31,2
15,3ᶜ	2,72	0,300	4	1,85	9410	152	30,8
13,8	2,66	0,250	4	1,25	7920	134	25,8
12,3ᶜ	2,58	0,200	4	0,845	6400		

NOTA: Se entregan las propiedades plásticas Z_x y Z_y de los perfiles que cumplen con los requisitos de plasticidad para aceros con $F_f = 2,7$ tf/cm².

Tabla reproducida del "Manual de Diseño Cintac", por gentileza de CINTAC S.A.

TABLA A.2. Perfiles de Acero (continuación)

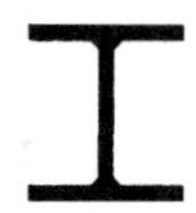

COLUMNAS SOLDADAS
SERIE HN
Propiedades para el Diseño

Designación			Dimensiones			Area	Eje X - X				Eje Y - Y		
HN H x Peso			B	e	t	A	I	W	i		I	W	i
cm x kgf/m			mm	mm	mm	cm²	cm⁴	cm³	cm		cm⁴	cm³	cm
HN 50 x	462		500	50	22	588	266000	10600	21,3		104000	4170	13,3
	380			40	20	484	224000	8980	21,5		83400	3330	13,1
	336			35	18	427	201000	8060	21,7		72900	2920	13,1
	306			32	16	390	187000	7460	21,9		66700	2670	13,1
	269			28	14	342	166000	6650	22,0		58300	2330	13,1
	246			25	14	313	152000	6070	22,0		52100	2080	12,9
	223			22	14	284	137000	5470	22,0		45800	1830	12,7
	208			20	14	264	127000	5060	21,9		41700	1670	12,6
	192			18	14	245	116000	4650	21,8		37500	1500	12,4
	177			16	14	226	106000	4230	21,6		33300	1330	12,2
HN 45 x	341		450	40	20	434	160000	7120	19,2		60800	2700	11,8
	301			35	18	383	144000	6410	19,4		53200	2360	11,8
	275			32	16	350	134000	5940	19,6		48600	2160	11,8
	241			28	14	307	119000	5310	19,7		42500	1890	11,8
	214			25	12	273	108000	4810	19,9		38000	1690	11,8
	194			22	12	247	97400	4330	19,9		33400	1490	11,6
	180			20	12	229	90200	4010	19,8		30400	1350	11,5
	166			18	12	212	82700	3680	19,8		27300	1220	11,4
	152			16	12	194	75100	3340	19,7		24300	1080	11,2
	139			14	12	177	67400	3000	19,5		21300	945	11,0
HN 40 x	301		400	40	20	384	110000	5480	16,9		42700	2130	10,5
	266			35	18	339	98900	4950	17,1		37300	1870	10,5
	243			32	16	310	91900	4600	17,2		34100	1710	10,5
	214			28	14	272	82400	4120	17,4		29900	1490	10,5
	190			25	12	242	74700	3740	17,6		26700	1330	10,5
	172			22	12	219	67500	3370	17,6		23500	1170	10,4
	160			20	12	203	62500	3120	17,5		21300	1070	10,2
	147			18	12	188	57400	2870	17,5		19200	960	10,1
	135			16	12	172	52200	2610	17,4		17100	854	9,96
	123			14	12	157	46900	2340	17,3		14900	747	9,77
HN 35 x	232		350	35	18	295	64300	3680	14,8		25000	1430	9,20
	212			32	16	270	59900	3430	14,9		22900	1310	9,21
	186			28	14	237	53900	3080	15,1		20000	1140	9,19
	166			25	12	211	49000	2800	15,2		17900	1020	9,20
	150			22	12	191	44300	2530	15,2		15700	899	9,08
	134			20	10	171	40600	2320	15,4		14300	817	9,14
	124			18	10	157	37300	2130	15,4		12900	735	9,04
	113			16	10	144	33900	1940	15,4		11400	653	8,92
	102			14	10	130	30500	1740	15,3		10000	572	8,77
	91,5			12	10	117	26900	1540	15,2		8580	490	8,58
HN 30 x	180		300	32	16	230	36400	2430	12,6		14400	961	7,92
	159			28	14	202	32900	2190	12,8		12600	840	7,90
	141			25	12	180	30000	2000	12,9		11300	750	7,91
	128			22	12	163	27200	1820	12,9		9900	660	7,80
	115			20	10	146	25000	1670	13,1		9000	600	7,85
	106			18	10	134	23000	1540	13,1		8100	540	7,76
	92,2			16	8	117	20700	1380	13,3		7200	480	7,83
	83,0			14	8	106	18500	1240	13,2		6300	420	7,72
	73,9			12	8	94,1	16300	1090	13,2		5400	360	7,58
	64,7			10	8	82,4	14100	939	13,1		4500	300	7,39

NOTA: Se entregan las propiedades plásticas Z_x y Z_y de los perfiles que cumplen con los requisitos de plasticidad para aceros con $F_f = 2,7$ tf/cm².

Tabla reproducida del "Manual de Diseño Cintac", por gentileza de CINTAC S.A.

TABLA A.2. Perfiles de Acero (continuación)

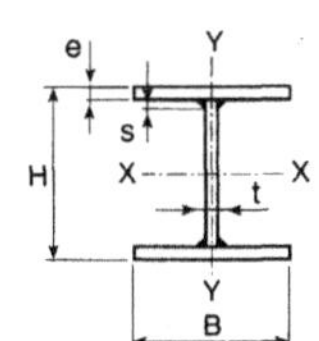

COLUMNAS SOLDADAS
SERIE HN
Propiedades para el Diseño

Peso	Flexión		Soldadura	Constantes		Módulo Plástico	
	i_a	i_t	S_{min}	J	C_a	Z_x	Z_y
kgf/m	cm	cm	mm	cm⁴	cm⁶	cm³	cm³
462	15,7	5,00	10	4330	52700000	12100	6300
380	15,2	4,00	10	2260	10100000	10100	5040
336	15,0	3,50	8	1520	44100000	8970	4410
306	14,9	3,20	8	1160	36500000	8250	4030
269	14,8	2,80	8	775	32500000	7300	3520
246	14,6	2,50	8	564	29400000	6650	3150
223	14,5	2,20	8	399	26200000		
208	14,3	2,00	6	311	24000000		
192	14,2	1,80	6	238	21800000		
177	14,0	1,60	6	181	19500000		
341	13,9	4,00	10	2030	25500000	8060	4090
301	13,7	3,50	8	1370	22900000	7190	3570
275	13,6	3,20	8	1040	21200000	6620	3260
241	13,4	2,80	8	697	18900000	5860	2850
214	13,3	2,50	8	493	17100000	5260	2550
194	13,2	2,20	8	344	15300000		
180	13,1	2,00	6	265	14000000		
166	12,9	1,80	6	200	12800000		
152	12,8	1,60	6	148	11400000		
139	12,6	1,40	6	107	10100000		
301	12,5	4,00	10	1800	13800000	6270	3230
266	12,3	3,50	8	1210	12400000	5600	2830
243	12,2	3,20	8	924	16000000	5160	2580
214	12,0	2,80	8	619	10300000	4580	2260
190	12,0	2,50	8	438	9370000	4120	2010
172	11,8	2,20	8	306	8380000	3710	1770
160	11,7	2,00	6	235	7700000	3430	1610
147	11,6	1,80	6	178	7000000		
135	11,4	1,60	6	131	6290000		
123	11,3	1,40	6	95,4	5560000		
232	10,9	3,50	8	1060	6200000	4210	2170
212	10,8	3,20	8	808	5780000	3890	1980
186	10,7	2,80	8	542	5190000	3460	1730
166	10,6	2,50	8	383	4720000	3110	1540
150	10,4	2,20	8	267	4230000	2810	1360
134	10,4	2,00	6	198	3890000	2550	1230
124	10,3	1,80	6	147	3540000	2340	1110
113	10,2	1,60	6	107	3190000		
102	10,0	1,40	6	75,2	2820000		
91,5	9,88	1,20	5	51,6	2450000		
180	9,44	3,20	8	692	2590000	2800	1460
159	9,29	2,80	8	464	2330000	2490	1270
141	9,19	2,50	8	328	2130000	2250	1130
128	9,05	2,20	8	229	1910000	2030	999
115	9,00	2,00	6	169	1760000	1850	907
106	8,90	1,80	6	126	1610000	1700	817
92,2	8,86	1,60	6	86,8	1450000	1510	724
83,0	8,75	1,40	6	59,8	1290000		
73,9	8,62	1,20	5	39,5	1120000		
64,7	8,48	1,00	5	24,9	946000		

NOTA: Se entregan las propiedades plásticas Z_x y Z_y de los perfiles que cumplen con los requisitos de plasticidad para aceros con $F_f = 2,7$ tf/cm².

Tabla reproducida del "Manual de Diseño Cintac", por gentileza de CINTAC S.A.

TABLA A.2. Perfiles de Acero (continuación)

**COLUMNAS SOLDADAS
SERIE HN**
Propiedades para el Diseño

Designación	Dimensiones			Area	Eje X - X			Eje Y - Y		
HN H x Peso	B	e	t	A	I	W	i	I	W	i
cm x kgf/m	mm	mm	mm	cm²	cm⁴	cm³	cm	cm⁴	cm³	cm
HN 25 x 131	250	28	14	167	18200	1460	10,4	7300	584	6,61
117		25	12	149	16700	1330	10,6	6510	521	6,61
106		22	12	135	15200	1220	10,6	5730	459	6,52
95,0		20	10	121	14000	1120	10,8	5210	417	6,56
87,4		18	10	111	13000	1040	10,8	4690	275	6,49
76,5		16	8	97,4	11700	933	10,9	4170	333	6,54
68,9		14	8	87,8	10500	839	10,9	3650	292	6,45
57,7		12	6	73,6	9080	726	11,1	3130	250	6,52
50,1		10	6	63,8	7810	625	11,1	2600	208	6,39
42,2		8	6	54,0	6500	520	11,0	2080	167	6,21
HN 20 x 90,3	200	25	10	115	7990	799	8,34	3330	333	5,38
81,3		22	10	104	7320	732	8,41	2930	293	5,32
75,4		20	10	96,0	6850	685	8,45	2670	267	5,27
69,4		18	10	88,4	6350	635	8,47	2400	240	5,21
60,8		16	8	77,4	5750	575	8,61	2130	213	5,25
54,8		14	8	69,8	5190	519	8,63	1870	187	5,17
46,0		12	6	58,4	4520	452	8,79	1600	160	5,23
39,9		10	6	50,8	3900	390	8,77	1330	133	5,12
33,8		8	6	43,0	3260	326	8,71	1070	107	4,98

Tabla reproducida del "Manual de Diseño Cintac", por gentileza de CINTAC S.A.

TABLA A.2. Perfiles de Acero (continuación)

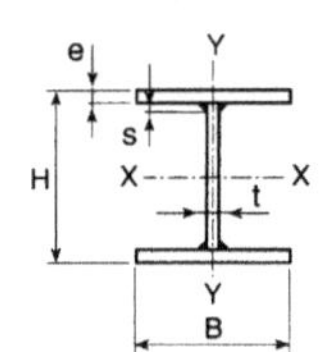

**COLUMNAS SOLDADAS
SERIE HN**
Propiedades para el Diseño

Peso	Flexión		Soldadura	Constantes		Módulo Plástico	
	i_a	i_t	S_{min}	J	C_a	Z_x	Z_y
kgf/m	cm	cm	mm	cm⁴	cm⁶	cm³	cm³
131	7,92	2,80	8	386	898000	1690	885
117	7,81	2,50	8	273	824000	1530	788
106	7,67	2,20	8	191	745000	1380	695
95,0	7,62	2,00	6	141	689000	1260	630
87,4	7,52	1,80	6	105	631000	1160	568
76,5	7,47	1,60	6	72,3	570000	1030	503
68,9	7,37	1,40	6	49,8	508000	925	441
57,7	7,33	1,20	5	30,5	443000	791	377
50,1	7,22	1,00	5	18,4	375000		
42,4	7,08	0,800	5	10,3	305000		
90,3	6,46	2,50	8	214	255000	931	504
81,3	6,33	2,20	8	148	232000	844	444
75,4	6,24	2,00	6	113	216000	784	404
69,4	6,15	1,80	6	83,8	199000	722	364
60,8	6,09	1,60	6	57,8	181000	645	323
54,8	6,00	1,40	6	39,8	161000	580	283
46,0	5,95	1,20	5	24,4	141000	498	242
39,9	5,84	1,00	5	14,7	120000	429	202
33,8	5,72	0,800	5	8,21	98300		

NOTA: Se entregan las propiedades plásticas Z_x y Z_y de los perfiles que cumplen con los requisitos de plasticidad para aceros con
$F_f = 2,7$ tf /cm²

Tabla reproducida del "Manual de Diseño Cintac", por gentileza de CINTAC S.A.

TABLA A.2. Perfiles de Acero (continuación)

CAJONES CINTAC FORMADOS EN FRIO RECTANGULARES Y CUADRADOS
Propiedades para el Diseño

Designación	e	Area	Eje X - X				Eje Y - Y		
H x B x Peso		A	I	W	i		I	W	i
cm x cm x kgf/m	mm	cm²	cm⁴	cm³	cm		cm⁴	cm³	cm
□ 1,2 x 1,2 x 0,325	1	0,414	0,080	0,134	0,440		0,080	0,134	0,440
□ 1,5 x 1 x 0,341	1	0,434	0,120	0,161	0,527		0,063	0,126	0,381
1,5 x 0,419	1	0,534	0,169	0,226	0,563		0,169	0,226	0,563
0,590	1,5	0,752	0,217	0,289	0,537		0,217	0,289	0,537
□ 2 x 1 x 0,419	1	0,534	0,252	0,252	0,687		0,083	0,167	0,395
0,590	1,5	0,752	0,323	0,323	0,655		0,103	0,207	0,371
1,5 x 0,498	1	0,634	0,343	0,343	0,735		0,218	0,291	0,587
2 x 0,576	1	0,734	0,433	0,433	0,768		0,433	0,433	0,768
0,826	1,5	1,05	0,580	0,580	0,742		0,580	0,580	0,742
1,05	2	1,34	0,685	0,685	0,716		0,685	0,685	0,716
□ 2,5 x 1 x 0,498	1	0,634	0,451	0,361	0,843		0,104	0,207	0,404
1,5 x 0,576	1	0,734	0,595	0,476	0,900		0,267	0,357	0,604
0,826	1,5	1,05	0,799	0,639	0,871		0,354	0,471	0,580
1,05	2	1,34	0,946	0,757	0,841		0,412	0,550	0,555
2,5 x 0,733	1	0,934	0,883	0,706	0,972		0,883	0,706	0,972
1,06	1,5	1,35	1,21	0,970	0,947		1,21	0,970	0,947
1,36	2	1,74	1,47	1,18	0,921		1,47	1,18	0,921
□ 3 x 1 x 0,576	1	0,734	0,729	0,486	0,996		0,124	0,248	0,411
0,826	1,5	1,05	0,973	0,648	0,962		0,158	0,315	0,387
2 x 0,733	1	0,934	1,15	0,766	1,11		0,613	0,613	0,810
1,06	1,5	1,35	1,58	1,05	1,08		0,836	0,836	0,787
1,36	2	1,74	1,93	1,28	1,05		1,01	1,01	0,762
3 x 0,890	1	1,13	1,57	1,05	1,18		1,57	1,05	1,18
1,30	1,5	1,65	2,19	1,46	1,15		2,19	1,46	1,15
1,68	2	2,14	2,71	1,81	1,13		2,71	1,81	1,13
□ 3,5 x 1,5 x 0,733	1	0,934	1,39	0,793	1,22		0,365	0,487	0,625
1,06	1,5	1,35	1,91	1,09	1,19		0,490	0,654	0,602
□ 4 x 2 x 0,890	1	1,13	2,33	1,17	1,43		0,794	0,794	0,837
1,30	1,5	1,65	3,26	1,63	1,40		1,09	1,09	0,813
1,68	2	2,14	4,04	2,02	1,37		1,33	1,33	0,790
3 x 1,05	1	1,33	3,09	1,55	1,52		1,99	1,33	1,22
1,53	1,5	1,95	4,37	2,19	1,50		2,80	1,87	1,20
1,99	2	2,54	5,48	2,74	1,47		3,49	2,33	1,17
4 x 1,20	1	1,53	3,85	1,93	1,58		3,85	1,93	1,58
1,77	1,5	2,25	5,48	2,74	1,56		5,48	2,74	1,56
2,31	2	2,94	6,92	3,46	1,54		6,92	3,46	1,54
3,30	3	4,21	9,28	4,64	1,48		9,28	4,64	1,48
□ 5 x 2 x 1,05	1	1,33	4,08	1,63	1,75		0,974	0,974	0,855
1,53	1,5	1,95	5,76	2,31	1,72		1,35	1,35	0,832
1,99	2	2,54	7,21	2,89	1,69		1,66	1,66	0,808
3 x 1,20	1	1,53	5,28	2,11	1,86		2,41	1,61	1,25
1,77	1,5	2,25	7,53	3,01	1,83		3,41	2,27	1,23
2,31	2	2,94	9,52	3,81	1,80		4,28	2,85	1,21
3,30	3	4,21	12,8	5,11	1,74		5,66	3,77	1,16
5 x 2,24	1,5	2,85	11,1	4,42	1,97		11,1	4,42	1,97
2,93	2	3,74	14,1	5,65	1,94		14,1	5,65	1,94
4,25	3	5,41	19,4	7,76	1,89		19,4	7,76	1,89
5,45	4	6,95	23,6	9,44	1,84		23,6	9,44	1,84
6,56	5	8,36	26,8	10,7	1,79		26,8	10,7	1,79

Tabla reproducida del "Manual de Diseño Cintac", por gentileza de CINTAC S.A.

TABLA A.2. Perfiles de Acero (continuación)

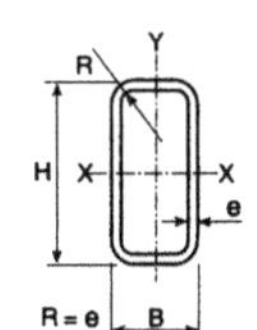

**CAJONES CINTAC FORMADOS EN FRIO
RECTANGULARES Y CUADRADOS**
Propiedades para el Diseño

Designación	e	Area	Eje X - X			Eje Y - Y		
H x B x Peso		A	I	W	i	I	W	i
cm x cm x kgf/m	mm	cm²	cm⁴	cm³	cm	cm⁴	cm³	cm
□ 6 x 4 x 2,24	1,5	2,85	14,4	4,79	2,25	7,71	3,85	1,64
2,93	2	3,74	18,4	6,13	2,22	9,81	4,91	1,62
4,25	3	5,41	25,3	8,44	2,16	13,4	6,69	1,57
□ 7 x 3 x 2,93	2	3,74	22,2	6,34	2,44	5,85	3,90	1,25
4,25	3	5,41	30,5	8,71	2,37	7,84	5,23	1,20
□ 7,5 x 7,5 x 4,50	2	5,74	50,5	13,5	2,97	50,5	13,5	2,97
6,60	3	8,41	71,5	19,1	2,92	71,5	19,1	2,92
8,59	4	10,9	90,0	24,0	2,87	90,0	24,0	2,87
10,5	5	13,4	106	28,2	2,82	106	28,2	2,82
□ 8 x 4 x 3,56	2	4,54	37,3	9,33	2,87	12,7	6,35	1,67
5,19	3	6,61	52,2	13,0	2,81	17,5	8,74	1,63
6,71	4	8,55	64,6	16,1	2,75	21,3	10,7	1,58
□ 10 x 5 x 4,50	2	5,74	74,9	15,0	3,61	25,6	10,3	2,11
6,60	3	8,41	106	21,3	3,56	36,0	14,4	2,07
8,59	4	10,9	134	26,8	3,50	44,8	17,9	2,02
10,5	5	13,4	158	31,5	3,44	52,1	20,8	1,97
10 x 6,07	2	7,74	123	24,6	3,99	123	24,6	3,99
8,96	3	11,4	177	35,4	3,94	177	35,4	3,94
11,7	4	14,9	226	45,2	3,89	226	45,2	3,89
14,4	5	18,4	270	54,1	3,84	270	54,1	3,84
□ 15 x 5 x 6,07	2	7,74	207	27,7	5,18	37,2	14,9	2,19
8,96	3	11,4	298	39,8	5,11	52,5	21,0	2,15
11,7	4	14,9	381	50,8	5,05	65,9	26,4	2,10
14,4	5	18,4	455	60,7	4,98	77,4	31,0	2,05

Tabla reproducida del "Manual de Diseño Cintac", por gentileza de CINTAC S.A.

TABLA A.2. Perfiles de Acero (continuación)

CANALES CINTAC FORMADOS EN FRIO
ALAS NO ATIESADAS
Propiedades para el Diseño
Sección Total

Designación			Dimensiones		Area	Eje X-X			Eje Y-Y			
C H	x	Peso	B	e	A	I	W	i	I	W	i	x
cm	x	kgf/m	mm	mm	cm²	cm⁴	cm³	cm	cm⁴	cm³	cm	cm
C 5 x		1,47	25	2	1,87	7,06	2,83	1,94	1,13	0,634	0,778	0,718
		2,12		3	2,70	9,70	3,88	1,89	1,57	0,906	0,762	0,766
C 8 x		2,41	40	2	3,07	30,8	7,71	3,17	4,89	1,68	1,26	1,09
		3,54		3	4,50	43,9	11,0	3,12	7,01	2,45	1,25	1,14
		4,61		4	5,87	55,4	13,9	3,07	8,92	3,17	1,23	1,19
		5,63		5	7,18	65,5	16,4	3,02	10,6	3,84	1,22	1,24
		6,61		6	8,42	74,2	18,6	2,97	12,1	4,47	1,20	1,28
C 10 x		3,04	50	2	3,87	61,5	12,3	3,99	9,72	2,66	1,59	1,34
		4,48		3	5,70	88,5	17,7	3,94	14,1	3,89	1,57	1,39
		5,87		4	7,47	113	22,6	3,89	18,1	5,07	1,56	1,44
		7,20		5	9,18	135	27,1	3,84	21,8	6,19	1,54	1,48
		8,49		6	10,8	155	31,1	3,79	25,1	7,25	1,52	1,53
		3,82	75	2	4,87	85,5	17,1	4,19	29,4	5,70	2,46	2,35
		5,66		3	7,20	124	24,8	4,14	42,9	8,41	2,44	2,40
		7,44		4	9,47	159	31,8	4,10	55,7	11,0	2,42	2,45
		9,17		5	11,7	192	38,3	4,05	67,7	13,6	2,41	2,50
		10,8		6	13,8	222	44,3	4,00	79,0	16,0	2,39	2,56
C 12,5 x		3,43	50	2	4,37	103	16,5	4,86	10,4	2,74	1,54	1,20
		5,07		3	6,45	149	23,9	4,81	15,1	4,02	1,53	1,24
		6,65		4	8,47	192	30,7	4,76	19,4	5,24	1,51	1,29
		8,19		5	10,4	231	37,0	4,71	23,4	6,40	1,50	1,34
		9,67		6	12,3	267	42,7	4,65	27,1	7,50	1,48	1,38
		4,21	75	2	5,37	141	22,6	5,13	31,7	5,91	2,43	2,14
		6,24		3	7,95	205	32,8	5,08	46,4	8,73	2,41	2,19
		8,22		4	10,5	265	42,4	5,03	60,3	11,5	2,40	2,24
		10,1		5	12,9	321	51,4	4,98	73,4	14,1	2,38	2,29
		12,0		6	15,3	373	59,7	4,93	85,9	16,6	2,37	2,34
C 15 x		3,82	50	2	4,87	159	21,1	5,71	10,9	2,80	1,50	1,09
		5,66		3	7,20	230	30,7	5,65	15,9	4,11	1,49	1,13
		7,44		4	9,47	297	39,6	5,60	20,5	5,36	1,47	1,17
		9,17		5	11,7	359	47,9	5,55	24,8	6,55	1,46	1,22
		10,8		6	13,8	417	55,6	5,49	28,7	7,68	1,44	1,26
		4,61	75	2	5,87	213	28,4	6,03	33,6	6,07	2,39	1,97
		6,83		3	8,70	311	41,5	5,98	49,2	8,97	2,38	2,01
		9,01		4	11,5	404	53,8	5,93	64,1	11,8	2,36	2,06
		11,1		5	14,2	491	65,4	5,88	78,2	14,5	2,35	2,11
		13,2		6	16,8	572	76,3	5,83	91,5	17,1	2,33	2,15
C 17,5 x		4,21	50	2	5,37	229	26,2	6,53	11,4	2,84	1,46	0,995
		6,24		3	7,95	334	38,1	6,48	16,5	4,18	1,44	1,04
		8,22		4	10,5	432	49,4	6,42	21,3	5,45	1,43	1,08
		10,1		5	12,9	524	59,9	6,37	25,8	6,66	1,41	1,13
		12,0		6	15,3	610	69,7	6,31	30,0	7,82	1,40	1,17
		5,00	75	2	6,37	304	34,7	6,91	35,2	6,19	2,35	1,82
		7,42		3	9,45	445	50,8	6,86	51,6	9,16	2,34	1,87
		9,79		4	12,5	578	66,1	6,81	67,2	12,0	2,32	1,91
		12,1		5	15,4	705	80,5	6,76	82,1	14,8	2,31	1,96
		14,4		6	18,3	824	94,2	6,71	96,3	17,5	2,29	2,00
C 20 x		4,61	50	2	5,87	316	31,6	7,34	11,8	2,88	1,42	0,919
		6,83		3	8,70	462	46,2	7,29	17,1	4,23	1,40	0,962
		9,01		4	11,5	600	60,0	7,23	22,1	5,52	1,39	1,00
		11,1		5	14,2	729	72,9	7,17	26,7	6,75	1,37	1,05
		13,2		6	16,8	851	85,1	7,11	31,0	7,93	1,36	1,09
		5,39	75	2	6,87	414	41,4	7,77	36,6	6,30	2,31	1,69
		8,01		3	10,2	608	60,8	7,72	53,6	9,31	2,29	1,74
		10,6		4	13,5	792	79,2	7,67	69,9	12,2	2,28	1,78
		13,1		5	16,7	967	96,7	7,61	85,5	15,1	2,26	1,83
		15,6		6	19,8	1130	113	7,56	100	17,8	2,25	1,87
		20,3		8	25,9	1440	144	7,46	128	23,1	2,22	1,96

Tabla reproducida del "Manual de Diseño Cintac", por gentileza de CINTAC S.A.

TABLA A.2. Perfiles de Acero (continuación)

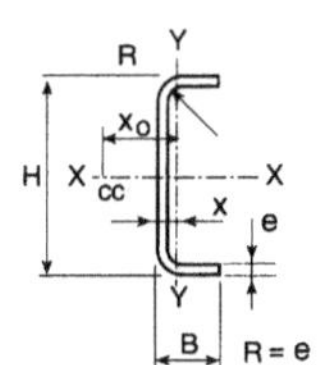

CANALES CINTAC FORMADOS EN FRIO
ALAS NO ATIESADAS
Propiedades para el Diseño
Sección Total

Peso	Flexión		Pandeo Flexo-torsional				1000 J	C_a
	i_a	i_t	x_o	i_o	β	j		
kgf/m	cm	cm	cm	cm		cm	cm⁴	cm⁶
1,47	1,00		-1,56	2,61	0,644	2,82	24,9	4,64
2,12	1,01		-1,56	2,57	0,632	2,76	81,1	6,27
2,41	1,59		-2,49	4,23	0,652	4,58	40,9	52,6
3,54	1,60		-2,49	4,18	0,645	4,52	135	74,0
4,61	1,60		-2,49	4,14	0,638	4,46	313	92,4
5,63	1,61	0,250	-2,49	4,10	0,630	4,40	598	108
6,61	1,62	0,300	-2,50	4,06	0,622	4,33	1010	121
3,04	1,99		-3,12	5,30	0,655	5,76	51,6	165
4,48	1,99		-3,11	5,26	0,649	5,70	171	235
5,87	2,00		-3,11	5,22	0,644	5,63	399	297
7,20	2,01	0,250	-3,12	5,18	0,638	5,57	765	353
8,49	2,01	0,300	-3,12	5,14	0,632	5,51	1300	401
3,82	2,93		-5,33	7,21	0,454	7,25	64,9	500
5,66	2,94		-5,33	7,18	0,449	7,20	216	720
7,44	2,96		-5,34	7,15	0,443	7,16	505	920
9,17	2,97		-5,35	7,13	0,437	7,11	973	1100
10,8	2,99		-5,36	7,10	0,431	7,06	1660	1270
3,43	1,98		-2,86	5,85	0,761	6,87	58,2	280
5,07	1,99		-2,85	5,80	0,758	6,80	194	400
6,65	1,99		-2,85	5,75	0,754	6,74	452	509
8,19	1,99	0,200	-2,84	5,70	0,751	6,67	869	607
9,67	1,99	0,240	-2,84	5,65	0,747	6,60	1480	695
4,21	2,96		-4,98	7,55	0,565	7,86	71,6	843
6,24	2,97		-4,98	7,51	0,560	7,80	239	1220
8,22	2,98		-4,98	7,47	0,556	7,75	559	1570
10,1	2,99	0,300	-4,98	7,44	0,551	7,69	1080	1880
12,0	3,00	0,360	-4,99	7,41	0,546	7,64	1840	2180
3,82	1,97		-2,65	6,47	0,833	8,32	64,9	430
5,66	1,97		-2,64	6,41	0,831	8,25	216	618
7,44	1,97		-2,63	6,36	0,829	8,19	505	789
9,17	1,97	0,167	-2,62	6,30	0,827	8,12	973	944
10,8	1,97	0,200	-2,61	6,25	0,825	8,04	1660	1080
4,61	2,98		-4,68	8,00	0,658	8,69	78,2	1290
6,83	2,98		-4,68	7,95	0,655	8,63	261	1880
9,01	2,99		-4,67	7,91	0,651	8,57	612	2420
11,1	2,99	0,250	-4,67	7,87	0,648	8,51	1180	2920
13,2	3,00	0,300	-4,67	7,83	0,644	8,45	2020	3390
4,21	1,95		-2,46	7,13	0,881	10,1	71,6	620
6,24	1,95		-2,45	7,08	0,880	10,0	239	892
8,22	1,94		-2,44	7,02	0,879	9,97	559	1140
10,1	1,94	0,143	-2,43	6,96	0,878	9,90	1080	1370
12,0	1,94	0,171	-2,42	6,90	0,877	9,83	1840	1570
5,00	2,98		-4,42	8,53	0,732	9,76	84,9	1860
7,42	2,98		-4,41	8,48	0,730	9,69	284	2700
9,79	2,98		-4,41	8,44	0,727	9,63	665	3490
12,1	2,99	0,214	-4,40	8,39	0,725	9,56	1290	4230
14,4	2,99	0,257	-4,40	8,34	0,722	9,50	2200	4910
4,61	1,93		-2,31	7,83	0,913	12,2	78,2	848
6,83	1,92		-2,29	7,77	0,913	12,2	261	1220
9,01	1,92		-2,28	7,71	0,912	12,1	612	1570
11,1	1,91	0,125	-2,27	7,65	0,912	12,0	1180	1880
13,2	1,91	0,150	-2,26	7,59	0,911	12,0	2020	2170
5,39	2,97		4,18	9,12	0,789	11,0	91,6	2550
8,01	2,97		-4,18	9,07	0,788	11,0	306	3710
10,6	2,97		-4,17	9,02	0,786	10,9	719	4800
13,1	2,97	0,188	-4,16	8,97	0,785	10,8	1390	5820
15,6	2,97	0,225	-4,16	8,92	0,783	10,8	2380	6780
20,3	2,98	0,300	-4,14	8,82	0,779	10,6	5520	8500

NOTA: Para espesores menores que 5 mm se omite el valor de i_t por entregar resistencia a la torsión no comparable con la resistencia al alabeo.

Tabla reproducida del "Manual de Diseño Cintac", por gentileza de CINTAC S.A.

TABLA A.2. Perfiles de Acero (continuación)

CANALES CINTAC FORMADOS EN FRIO
ALAS NO ATIESADAS
Propiedades para el Diseño
Sección Total

Designación			Dimensiones		Area	Eje X-X			Eje Y-Y			
C H	x	Peso	B	e	A	I	W	i	I	W'	i	x
cm	x	kgf/m	mm	mm	cm²	cm⁴	cm³	cm	cm⁴	cm³	cm	cm
C 22,5	x	5,00	50	2	6,37	422	37,5	8,14	12,1	2,91	1,38	0,854
		7,42		3	9,45	618	54,9	8,08	17,5	4,27	1,36	0,897
		9,79		4	12,5	803	71,4	8,02	22,7	5,58	1,35	0,940
		12,1		5	15,4	979	87,0	7,97	27,4	6,83	1,33	0,984
		14,4		6	18,3	1140	102	7,91	31,9	8,02	1,32	1,03
		5,78	75	2	7,37	546	48,6	8,61	37,7	6,38	2,26	1,59
		8,60		3	11,0	803	71,3	8,56	55,4	9,44	2,25	1,63
		11,4		4	14,5	1050	93,1	8,51	72,3	12,4	2,23	1,67
		14,1		5	17,9	1280	114	8,45	88,4	15,3	2,22	1,72
		16,7		6	21,3	1500	134	8,40	104	18,1	2,21	1,76
		21,9		8	27,9	1920	171	8,29	132	23,4	2,18	1,85
C 25,0	x	5,39	50	2	6,87	548	43,8	8,93	12,3	2,93	1,34	0,800
		8,01		3	10,2	803	64,2	8,87	17,9	4,31	1,33	0,842
		10,6		4	13,5	1050	83,7	8,81	23,2	5,63	1,31	0,885
		13,1		5	16,7	1280	102	8,75	28,0	6,89	1,30	0,929
		6,18	75	2	7,87	702	56,1	9,44	38,8	6,45	2,22	1,49
		9,19		3	11,7	1030	82,5	9,39	56,9	9,55	2,21	1,54
		12,1		4	15,5	1350	108	9,33	74,3	12,6	2,19	1,58
		15,1		5	19,2	1650	132	9,28	90,9	15,5	2,18	1,62
		17,9		6	22,8	1940	155	9,23	107	18,3	2,16	1,67
		23,5		8	29,9	2480	199	9,12	136	23,7	2,13	1,75
		10,4	100	3	13,2	1260	101	9,77	127	16,6	3,10	2,36
		13,7		4	17,5	1650	132	9,72	166	21,9	3,09	2,40
		17,0		5	21,7	2030	162	9,67	205	27,1	3,07	2,44
		20,3		6	25,8	2390	191	9,62	241	32,1	3,06	2,49
		26,6		8	33,9	3070	246	9,52	311	41,9	3,03	2,58
		32,7		10	41,7	3700	296	9,41	375	51,2	3,00	2,67
C 30	x	6,18	50	2	7,87	865	57,7	10,5	12,8	2,97	1,27	0,711
		9,19		3	11,7	1270	84,8	10,4	18,6	4,37	1,26	0,754
		12,1		4	15,5	1660	111	10,4	24,0	5,71	1,24	0,797
		15,1		5	19,2	2030	136	10,3	29,0	6,98	1,23	0,840
		6,96	75	2	8,87	1090	72,5	11,1	40,5	6,57	2,14	1,34
		10,4		3	13,2	1600	107	11,0	59,5	9,72	2,12	1,38
		13,7		4	17,5	2100	140	11,0	77,7	12,8	2,11	1,42
		17,0		5	21,7	2580	172	10,9	95,1	15,8	2,09	1,46
		20,3		6	25,8	3040	202	10,8	112	18,6	2,08	1,51
		26,6		8	33,9	3900	260	10,7	143	24,1	2,05	1,59
		11,5	100	3	14,7	1930	129	11,5	133	17,0	3,01	2,13
		15,3		4	19,5	2540	169	11,4	175	22,4	3,00	2,17
		19,0		5	24,2	3120	208	11,4	215	27,7	2,98	2,22
		22,6		6	28,8	3680	246	11,3	254	32,8	2,97	2,26
		29,7		8	37,9	4750	317	11,2	328	42,9	2,94	2,35
		36,7		10	46,7	5750	383	11,1	396	52,4	2,91	2,44
		43,4		12	55,3	6670	445	11,0	459	61,5	2,88	2,53

Tabla reproducida del "Manual de Diseño Cintac", por gentileza de CINTAC S.A.

TABLA A.2. Perfiles de Acero (continuación)

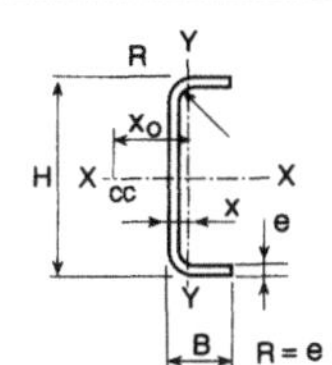

CANALES CINTAC FORMADOS EN FRIO
ALAS NO ATIESADAS
Propiedades para el Diseño
Sección Total

Peso	Flexión		Pandeo Flexo-torsional				1000 J	C_a
	i_a	i_t	x_o	i_o	β	j		
kgf/m	cm	cm	cm	cm		cm	cm⁴	cm⁶
5,00	1,90		-2,17	8,54	0,935	14,7	84,9	1120
7,42	1,90		-2,15	8,48	0,935	14,6	284	1620
9,79	1,89		-2,14	8,41	0,935	14,6	665	2070
12,1	1,88	0,111	-2,13	8,35	0,935	14,5	1290	2490
14,4	1,88	0,133	-2,12	8,29	0,935	14,4	2200	2880
5,78	2,96		-3,98	9,75	0,834	12,5	98,2	3360
8,60	2,96		-3,97	9,70	0,833	12,5	329	4900
11,4	2,96		-3,96	9,65	0,832	12,4	772	6350
14,1	2,95	0,167	-3,95	9,59	0,830	12,3	1490	7710
16,7	2,95	0,200	-3,94	9,54	0,829	12,3	2560	8990
21,9	2,95	0,267	-3,93	9,43	0,827	12,1	5950	11300
5,39	1,87		-2,05	9,26	0,951	17,4	91,6	1430
8,01	1,87		-2,03	9,20	0,951	17,4	306	2070
10,6	1,86		-2,02	9,13	0,951	17,3	719	2660
13,1	1,85	0,100	-2,00	9,07	0,951	17,3	1390	3200
6,18	2,94		-3,79	10,4	0,867	14,3	105	4310
9,19	2,94		-3,78	10,4	0,867	14,2	351	6290
12,1	2,93		-3,77	10,3	0,866	14,1	825	8160
15,1	2,93	0,150	-3,76	10,2	0,865	14,1	1600	9920
17,9	2,93	0,180	-3,75	10,2	0,865	14,0	2740	11600
23,5	2,93	0,240	-3,73	10,1	0,863	13,9	6380	14600
10,4	3,97		-5,73	11,7	0,762	13,8	396	13700
13,7	3,97		-5,72	11,7	0,761	13,7	932	17900
17,0	3,97	0,200	-5,71	11,6	0,759	13,7	1810	21900
20,3	3,97	0,240	-5,71	11,6	0,758	13,6	3100	25600
26,6	3,98	0,320	-5,70	11,5	0,754	13,5	7230	32600
32,7	3,98	0,400	-5,69	11,4	0,751	13,3	13900	38900
6,18	1,82		-1,84	10,7	0,970	23,9	105	2190
9,19	1,81		-1,83	10,7	0,971	23,9	351	3160
12,1	1,80		-1,81	10,6	0,971	23,9	825	4070
15,1	1,79	0,083	-1,80	10,5	0,971	23,9	1600	4910
6,96	2,90		-3,47	11,8	0,913	18,4	118	6610
10,4	2,89		-3,46	11,7	0,913	18,3	396	9660
13,7	2,89		-3,45	11,7	0,913	18,3	932	12600
17,0	2,88	0,125	-3,43	11,6	0,913	18,2	1810	15300
20,3	2,88	0,150	-3,42	11,6	0,912	18,1	3100	17900
26,6	2,87	0,200	-3,40	11,4	0,912	18,0	7230	22600
11,5	3,94		-5,30	13,0	0,833	16,7	441	21100
15,3	3,94		-5,29	12,9	0,833	16,6	1040	27600
19,0	3,94	0,167	-5,28	12,9	0,832	16,6	2010	33700
22,6	3,94	0,200	-5,27	12,8	0,831	16,5	3460	39600
29,7	3,94		-5,26	12,7	0,829	16,4	8080	50500
36,7	3,94	0,333	-5,24	12,6	0,827	16,2	15600	60400
43,4	3,94	0,400	-5,23	12,5	0,825	16,1	26500	69400

NOTA: Para espesores menores que 5 mm se omite el valor de i, por entregar resistencia a la torsión no comparable con la resistencia al alabeo.

Tabla reproducida del "Manual de Diseño Cintac", por gentileza de CINTAC S.A.

TABLA A.2. Perfiles de Acero (continuación)

COSTANERAS CINTAC FORMADAS EN FRIO
ALAS ATIESADAS
Propiedades para el Diseño
Sección Total

Designación			Dimensiones			Area	Eje X - X			Eje Y - Y			
CA H	x	Peso	B	C	e	A	I	W	i	I	W	i	x
cm	x	kgf/m	mm	mm	mm	cm²	cm⁴	cm³	cm	cm⁴	cm³	cm	cm
CA 8	x	2,78	40	15	2	3,54	35,3	8,81	3,16	8,07	3,18	1,51	1,46
		4,01		15	3	5,11	49,0	12,3	3,10	10,8	4,27	1,46	1,46
		5,14		15	4	6,55	60,4	15,1	3,04	12,9	5,05	1,40	1,45
CA 10	x	3,40	50	15	2	4,34	69,2	13,8	4,00	15,0	4,57	1,86	1,73
		4,95		15	3	6,31	97,8	19,6	3,94	20,5	6,25	1,80	1,72
		6,40		15	4	8,15	122	24,5	3,88	24,9	7,55	1,75	1,71
		4,19	75	15	2	5,34	93,2	18,6	4,18	40,2	8,55	2,75	2,79
		6,13		15	3	7,81	133	26,6	4,13	56,4	12,0	2,69	2,78
		7,97		15	4	10,1	169	33,7	4,08	70,1	14,8	2,63	2,77
CA 12,5	x	3,80	50	15	2	4,84	116	18,6	4,91	16,2	4,69	1,83	1,56
		5,54		15	3	7,06	165	26,5	4,84	22,2	6,43	1,77	1,55
		7,18		15	4	9,15	209	33,4	4,78	26,9	7,78	1,71	1,54
		4,58	75	15	2	5,84	154	24,7	5,14	43,5	8,82	2,73	2,56
		6,72		15	3	8,56	221	35,4	5,09	61,2	12,4	2,67	2,55
		8,75		15	4	11,1	282	45,1	5,03	76,2	15,4	2,61	2,54
CA 15	x	4,19	50	15	2	5,34	179	23,8	5,79	17,1	4,78	1,79	1,42
		6,13		15	3	7,81	255	34,0	5,72	23,5	6,56	1,73	1,42
		7,97		15	4	10,1	323	43,1	5,65	28,5	7,95	1,68	1,41
		4,97	75	15	2	6,34	233	31,1	6,07	46,3	9,03	2,70	2,37
		7,31		15	3	9,31	336	44,8	6,01	65,1	12,7	2,65	2,36
		9,54		15	4	12,1	430	57,3	5,95	81,2	15,8	2,59	2,35
CA 17,5	x	4,58	50	15	2	5,84	258	29,5	6,64	17,9	4,85	1,75	1,31
		6,72		15	3	8,56	369	42,2	6,57	24,6	6,66	1,70	1,31
		8,75		15	4	11,1	470	53,7	6,49	29,8	8,07	1,64	1,30
		5,37	75	15	2	6,84	333	38,0	6,97	48,7	9,20	2,67	2,20
		7,90		15	3	10,1	480	54,9	6,91	68,5	12,9	2,61	2,19
		10,3		15	4	13,1	616	70,4	6,85	85,4	16,1	2,55	2,18
CA 20	x	4,97	50	15	2	6,34	355	35,5	7,48	18,6	4,91	1,71	1,21
		7,31		15	3	9,31	510	51,0	7,40	25,5	6,73	1,66	1,21
		9,54		15	4	12,1	651	65,1	7,32	31,0	8,18	1,60	1,21
		5,92	75	20	2	7,54	467	46,7	7,87	56,3	10,6	2,73	2,20
		8,96		25	3	11,4	694	69,4	7,80	87,4	16,9	2,77	2,33
		11,7		25	4	14,9	895	89,5	7,74	110	21,3	2,71	2,32
CA25	x	6,70	75	20	2	8,54	787	63,0	9,60	60,2	10,9	2,66	1,95
		10,1		25	3	12,9	1180	94,1	9,55	93,7	17,3	2,69	2,08
		13,3		25	4	16,9	1520	122	9,48	118	21,7	2,64	2,07
		11,3	100	25	3	14,4	1410	112	9,88	189	26,9	3,62	2,98
		15,2		30	4	19,3	1860	149	9,81	259	37,6	3,66	3,11
		19,1		35	5	24,4	2310	185	9,74	331	49,0	3,69	3,24
CA30	x	11,3	75	25	3	14,4	1820	121	11,2	98,7	17,5	2,62	1,88
		14,9		25	4	18,9	2360	157	11,2	124	22,1	2,56	1,88
		12,5	100	25	3	15,9	2150	143	11,6	200	27,4	3,54	2,71
		16,8		30	4	21,3	2860	191	11,6	274	38,3	3,58	2,84
		21,1		35	5	26,9	3560	237	11,5	351	49,9	3,62	2,97
		25,0		35	6	31,8	4170	278	11,4	404	57,4	3,56	2,96

Tabla reproducida del "Manual de Diseño Cintac", por gentileza de CINTAC S.A.

TABLA A.2. Perfiles de Acero (continuación)

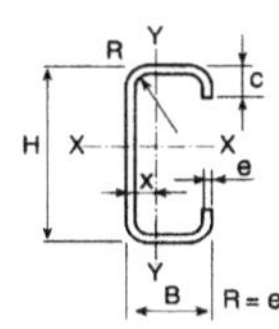

COSTANERAS CINTAC FORMADAS EN FRIO
ALAS ATIESADAS
Propiedades para el Diseño
Sección Total

C

Peso	Flexión		Pandeo flexo-torsional				1000 J	C_a
	i_a	i_t	x_o	i_o	ß	j		
kgf/m	cm	cm	cm	cm		cm	cm⁴	cm⁶
2,78	1,91		−3,49	4,94	0,502	4,92	47,2	129
4,01	1,88		−3,42	4,84	0,501	4,95	153	170
5,14	1,85		−3,35	4,73	0,500	4,99	349	199
3,40	2,33		−4,13	6,04	0,532	6,16	57,8	336
4,95	2,29		−4,05	5,93	0,533	6,20	189	454
6,40	2,25		−3,98	5,82	0,533	6,25	435	544
4,19	3,28		−6,46	8,17	0,375	8,04	71,2	887
6,13	3,26		−6,39	8,06	0,373	8,03	234	1220
7,97	3,23		−6,31	7,96	0,371	8,03	541	1500
3,80	2,33		−3,81	6,48	0,653	7,05	64,5	532
5,54	2,29		−3,73	6,37	0,656	7,15	212	724
7,18	2,24		−3,66	6,25	0,658	7,27	488	874
4,58	3,32		−6,06	8,40	0,480	8,51	77,8	1400
6,72	3,29		−5,98	8,29	0,480	8,53	257	1950
8,75	3,25		−5,90	8,18	0,480	8,56	595	2400
4,19	2,32		−3,55	7,02	0,745	8,25	71,2	787
6,13	2,28		−3,47	6,91	0,748	8,43	234	1080
7,97	2,23		−3,39	6,79	0,752	8,65	541	1310
4,97	3,34		−5,71	8,76	0,575	9,21	84,5	2070
7,31	3,30		−5,63	8,65	0,576	9,27	279	2890
9,54	3,26		−5,55	8,54	0,577	9,34	648	3580
4,58	2,31		−3,32	7,63	0,811	9,76	77,8	1100
6,72	2,26		−3,24	7,52	0,814	10,0	257	1520
8,75	2,21		−3,16	7,40	0,818	10,4	595	1850
5,37	3,35		−5,41	9,22	0,656	10,1	91,2	2900
7,90	3,30		−5,33	9,11	0,658	10,2	302	4060
10,3	3,26		−5,25	8,99	0,660	10,4	701	5060
4,97	2,29		−3,12	8,29	0,858	11,6	84,5	1480
7,31	2,24		−3,04	8,17	0,862	12,0	279	2050
9,54	2,18		−2,96	8,06	0,865	12,4	648	2500
5,92	3,47		−5,49	9,98	0,697	11,1	100	4570
8,96	3,55		−5,74	10,1	0,675	11,0	342	7500
11,7	3,51		−5,67	9,97	0,677	11,1	797	9400
6,70	3,46		−5,01	11,2	0,798	13,8	114	7440
10,1	3,53		−5,24	11,2	0,782	13,7	387	12100
13,3	3,48		−5,16	11,1	0,784	13,9	904	15200
11,3	4,58		−7,36	12,8	0,671	14,1	432	23800
15,2	4,66		−7,63	13,0	0,653	14,1	1030	34100
19,1	4,73	0,200	−7,89	13,1	0,636	14,0	2030	45800
11,3	3,49		−4,83	12,5	0,851	17,1	432	18000
14,9	3,44		−4,75	12,4	0,853	17,4	1010	22700
12,5	4,57		−6,85	14,0	0,759	16,6	477	35400
16,8	4,64		−7,09	14,0	0,745	16,5	1140	50300
21,1	4,71	0,167	−7,33	14,1	0,730	16,4	2240	66900
25,0	4,67	0,200	−7,25	14,0	0,732	16,5	3820	76800

NOTA: Para espesores menores que 5 mm se omite el valor de i_t por entregar resistencia a la torsión no comparable con la resistencia al alabeo.

Tabla reproducida del "Manual de Diseño Cintac", por gentileza de CINTAC S.A.

TABLA A.2. Perfiles de Acero (continuación)

CANALES CINTAC FORMADAS EN FRIO
ESPALDA - ESPALDA
ALAS NO ATIESADAS
Propiedades para el Diseño
Sección Total

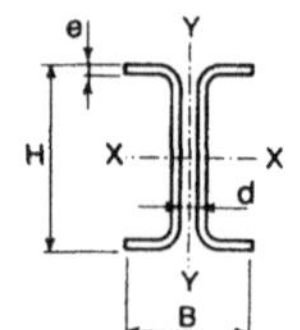

Designación			Dimensiones		IC											
					Area	Eje X - X			Eje Y - Y							
IC H	x	Peso	B	e	A	I	W	i	I	W	i					
											d=0	d=2	d=4	d=6	d=8	d=10
cm	x	kgf/m	mm	mm	cm²	cm⁴	cm³	cm	cm⁴	cm³	cm	cm	cm	cm	cm	cm
IC 5 x		2,93	50	2	3,74	14,1	5,65	1,94	4,19	1,67	1,06	1,13	1,20	1,28	1,36	1,45
		4,25		3	5,41	19,4	7,76	1,89	6,31	2,53	1,08	1,15	1,23	1,31	1,39	1,48
IC 8 x		4,82	80	2	6,14	61,7	15,4	3,17	17,1	4,27	1,67	1,74	1,81	1,88	1,95	2,03
		7,07		3	9,01	87,7	21,9	3,12	25,7	6,43	1,69	1,76	1,83	1,90	1,98	2,06
		9,22		4	11,7	111	27,7	3,07	34,4	8,59	1,71	1,78	1,86	1,93	2,01	2,09
		11,3		5	14,4	131	32,7	3,02	43,1	10,8	1,73	1,81	1,88	1,96	2,04	2,12
		13,2		6	16,8	148	37,1	2,97	52,0	13,0	1,76	1,83	1,91	1,99	2,07	2,15
IC 10 x		6,07	100	2	7,74	123	24,6	3,99	33,4	6,67	2,08	2,14	2,21	2,28	2,36	2,43
		8,96		3	11,4	177	35,4	3,94	50,1	10,0	2,10	2,16	2,23	2,31	2,38	2,46
		11,7		4	14,9	226	45,2	3,89	67,0	13,4	2,12	2,19	2,26	2,33	2,41	2,48
		14,4		5	18,4	271	54,1	3,84	83,9	16,8	2,14	2,21	2,28	2,36	2,43	2,51
		17,0		6	21,6	311	62,1	3,79	101	20,2	2,16	2,23	2,31	2,38	2,46	2,54
		7,64	150	2	9,74	171	34,2	4,19	113	15,0	3,40	3,47	3,54	3,61	3,69	3,76
		11,3		3	14,4	248	49,5	4,14	169	22,5	3,42	3,49	3,57	3,64	3,72	3,79
		14,9		4	18,9	318	63,6	4,10	225	30,0	3,45	3,52	3,59	3,67	3,74	3,82
		18,3		5	23,4	383	76,7	4,05	282	37,6	3,47	3,55	3,62	3,70	3,77	3,85
		21,7		6	27,6	443	88,6	4,00	339	45,1	3,50	3,57	3,65	3,72	3,80	3,88
IC 12,5 x		6,86	100	2	8,74	206	33,0	4,86	33,4	6,68	1,95	2,02	2,08	2,15	2,22	2,30
		10,1		3	12,9	299	47,8	4,81	50,2	10,0	1,97	2,04	2,10	2,17	2,25	2,32
		13,3		4	16,9	384	61,4	4,76	67,1	13,4	1,99	2,06	2,12	2,20	2,27	2,34
		16,4		5	20,9	462	73,9	4,71	84,1	16,8	2,01	2,08	2,15	2,22	2,29	2,37
		19,3		6	24,6	533	85,4	4,65	101	20,3	2,03	2,10	2,17	2,24	2,32	2,40
		8,43	150	2	10,7	282	45,1	5,13	113	15,0	3,24	3,30	3,37	3,44	3,51	3,59
		12,5		3	15,9	410	65,6	5,08	169	22,5	3,26	3,33	3,40	3,47	3,54	3,61
		16,4		4	20,9	530	84,8	5,03	225	30,0	3,28	3,35	3,42	3,49	3,56	3,64
		20,3		5	25,9	642	103	4,98	282	37,6	3,30	3,37	3,44	3,52	3,59	3,67
		24,0		6	30,6	746	119	4,93	339	45,2	3,33	3,40	3,47	3,54	3,62	3,69
IC 15 x		7,64	100	2	9,74	317	42,3	5,71	33,4	6,68	1,85	1,91	1,98	2,04	2,11	2,18
		11,3		3	14,4	461	61,4	5,65	50,2	10,0	1,87	1,93	1,99	2,06	2,13	2,21
		14,9		4	18,9	594	79,2	5,60	67,1	13,4	1,88	1,95	2,01	2,08	2,15	2,23
		18,3		5	23,4	719	95,8	5,55	84,2	16,8	1,90	1,96	2,03	2,10	2,18	2,25
		21,7		6	27,6	833	111	5,49	102	20,3	1,92	1,98	2,05	2,13	2,20	2,28
		9,21	150	2	11,7	427	56,9	6,03	113	15,0	3,10	3,16	3,23	3,30	3,36	3,44
		13,7		3	17,4	623	83,0	5,98	169	22,5	3,12	3,18	3,25	3,32	3,39	3,46
		18,0		4	22,9	807	108	5,93	225	30,1	3,13	3,20	3,27	3,34	3,41	3,48
		22,3		5	28,4	981	131	5,88	282	37,6	3,15	3,22	3,29	3,36	3,43	3,51
		26,4		6	33,6	1140	153	5,83	339	45,2	3,18	3,24	3,31	3,39	3,46	3,53
IC 17,5 x		8,43	100	2	10,7	458	52,4	6,53	33,4	6,68	1,76	1,82	1,88	1,95	2,02	2,09
		12,5		3	15,9	668	76,3	6,48	50,2	10,0	1,78	1,84	1,90	1,97	2,04	2,11
		16,4		4	20,9	864	98,8	6,42	67,2	13,4	1,79	1,85	1,92	1,99	2,06	2,13
		20,3		5	25,9	1050	120	6,37	84,4	16,9	1,81	1,87	1,94	2,01	2,08	2,15
		24,0		6	30,6	1220	139	6,31	102	20,4	1,82	1,89	1,96	2,03	2,10	2,18
		10,0	150	2	12,7	608	69,5	6,91	113	15,0	2,97	3,04	3,10	3,17	3,23	3,30
		14,8		3	18,9	889	102	6,86	169	22,5	2,99	3,05	3,12	3,19	3,25	3,32
		19,6		4	24,9	1160	132	6,81	226	30,1	3,01	3,07	3,14	3,21	3,28	3,35
		24,2		5	30,9	1410	161	6,76	282	37,6	3,02	3,09	3,16	3,23	3,30	3,37
		28,8		6	36,6	1650	188	6,71	339	45,2	3,04	3,11	3,18	3,25	3,32	3,39
IC 20 x		9,21	100	2	11,7	633	63,3	7,34	33,4	6,68	1,69	1,74	1,80	1,87	1,93	2,00
		13,7		3	17,4	924	92,4	7,29	50,3	10,1	1,70	1,76	1,82	1,89	1,95	2,02
		18,0		4	22,9	1200	120	7,23	67,3	13,5	1,71	1,77	1,84	1,90	1,97	2,05
		22,3		5	28,4	1460	146	7,17	84,6	16,9	1,73	1,79	1,86	1,92	2,00	2,07
		26,4		6	33,6	1700	170	7,11	102	20,4	1,74	1,81	1,87	1,94	2,02	2,09
		10,8	150	2	13,7	829	82,9	7,77	113	15,0	2,86	2,92	2,99	3,05	3,12	3,18
		16,0		3	20,4	1220	122	7,72	169	22,5	2,88	2,94	3,00	3,07	3,14	3,20
		21,2		4	26,9	1580	158	7,67	226	30,1	2,89	2,96	3,02	3,09	3,16	3,23
		26,2		5	33,4	1930	193	7,61	282	37,7	2,91	2,97	3,04	3,11	3,18	3,25
		31,1		6	39,6	2270	227	7,56	340	45,3	2,93	2,99	3,06	3,13	3,20	3,27
		40,7		8	51,8	2880	288	7,46	455	60,7	2,96	3,03	3,10	3,17	3,24	3,32

NOTA : La separación entre los perfiles individuales, d, en milímetros.

Tabla reproducida del "Manual de Diseño Cintac", por gentileza de CINTAC S.A.

TABLA A.2. Perfiles de Acero (continuación)

**CANALES CINTAC FORMADAS EN FRIO
ESPALDA - ESPALDA
ALAS NO ATIESADAS**
Propiedades para el Diseño
Sección Total

Designación		Dimensiones		IC											
				Area	Eje X - X			Eje Y - Y							
IC H x Peso		B	e	A	I	W	i	I	W	i					
										d=0	d=2	d=4	d=6	d=8	d=10
cm	x kgf/m	mm	mm	cm²	cm⁴	cm³	cm	cm⁴	cm³	cm	cm	cm	cm	cm	cm
IC 22,5 x 10,0		100	2	12,7	844	75,1	8,14	33,4	6,68	1,62	1,67	1,73	1,80	1,86	1,93
14,8			3	18,9	1240	110	8,08	50,3	10,1	1,63	1,69	1,75	1,81	1,88	1,95
19,6			4	24,9	1610	143	8,02	67,4	13,5	1,64	1,70	1,77	1,83	1,90	1,97
24,2			5	30,9	1960	174	7,97	84,7	16,9	1,66	1,72	1,78	1,85	1,92	1,99
28,8			6	36,6	2290	203	7,91	102	20,5	1,67	1,74	1,80	1,87	1,94	2,02
11,6		150	2	14,7	1090	97,2	8,61	113	15,0	2,76	2,82	2,88	2,95	3,01	3,08
17,2			3	21,9	1610	143	8,56	169	22,5	2,78	2,84	2,90	2,96	3,03	3,10
22,7			4	28,9	2090	186	8,51	226	30,1	2,79	2,85	2,92	2,98	3,05	3,12
28,1			5	35,9	2560	228	8,45	283	37,7	2,81	2,87	2,93	3,00	3,07	3,14
33,5			6	42,6	3010	267	8,40	340	45,3	2,82	2,89	2,95	3,02	3,09	3,16
43,8			8	55,8	3840	341	8,29	456	60,7	2,86	2,92	2,99	3,06	3,13	3,20
IC 25 x 10,8		100	2	13,7	1100	87,6	8,93	33,4	6,69	1,56	1,61	1,67	1,73	1,80	1,87
16,0			3	20,4	1610	128	8,87	50,3	10,1	1,57	1,63	1,69	1,75	1,82	1,89
21,2			4	26,9	2090	167	8,81	67,5	13,5	1,58	1,64	1,70	1,77	1,84	1,91
26,2			5	33,4	2550	204	8,75	84,9	17,0	1,60	1,66	1,72	1,79	1,86	1,93
12,4		150	2	15,7	1400	112	9,44	113	15,0	2,67	2,73	2,79	2,85	2,92	2,98
18,4			3	23,4	2060	165	9,39	169	22,5	2,69	2,75	2,81	2,87	2,93	3,00
24,3			4	30,9	2700	216	9,33	226	30,1	2,70	2,76	2,82	2,89	2,95	3,02
30,1			5	38,4	3300	264	9,28	283	37,7	2,72	2,78	2,84	2,90	2,97	3,04
35,8			6	45,6	3880	311	9,23	340	45,4	2,73	2,79	2,86	2,92	2,99	3,06
46,9			8	59,8	4970	397	9,12	456	60,8	2,76	2,83	2,89	2,96	3,03	3,10
20,7		200	3	26,4	2520	202	9,77	400	40,0	3,89	3,95	4,02	4,08	4,15	4,21
27,4			4	34,9	3300	264	9,72	534	53,4	3,91	3,97	4,04	4,10	4,17	4,23
34,0			5	43,4	4050	324	9,67	668	66,8	3,93	3,99	4,05	4,12	4,19	4,26
40,5			6	51,6	4780	382	9,62	803	80,3	3,94	4,01	4,07	4,14	4,21	4,28
53,2			8	67,8	6140	491	9,52	1070	107	3,98	4,04	4,11	4,18	4,25	4,32
65,5			10	83,4	7390	591	9,41	1350	135	4,02	4,08	4,15	4,22	4,29	4,36
IC 30 x 12,4		100	2	15,7	1730	115	10,5	33,5	6,69	1,46	1,51	1,57	1,63	1,69	1,76
18,4			3	23,4	2540	170	10,4	50,4	10,1	1,47	1,52	1,58	1,64	1,71	1,78
24,3			4	30,9	3320	221	10,4	67,6	13,5	1,48	1,53	1,59	1,66	1,73	1,80
30,1			5	38,4	4070	271	10,3	85,2	17,0	1,49	1,55	1,61	1,68	1,75	1,82
13,9		150	2	17,7	2170	145	11,1	113	15,0	2,52	2,57	2,63	2,69	2,75	2,82
20,7			3	26,4	3200	214	11,0	169	22,6	2,53	2,59	2,65	2,71	2,77	2,83
27,4			4	34,9	4200	280	11,0	226	30,1	2,54	2,60	2,66	2,72	2,79	2,85
34,0			5	43,4	5150	344	10,9	283	37,7	2,56	2,61	2,67	2,74	2,80	2,87
40,5			6	51,6	6070	405	10,8	341	45,4	2,57	2,63	2,69	2,76	2,82	2,89
53,2			8	67,8	7800	520	10,7	458	61,0	2,60	2,66	2,73	2,79	2,86	2,93
23,1		200	3	29,4	3870	258	11,5	400	40,0	3,69	3,75	3,81	3,87	3,93	4,00
30,6			4	38,9	5070	338	11,4	534	53,4	3,70	3,76	3,82	3,89	3,95	4,02
38,0			5	48,4	6240	416	11,4	668	66,8	3,72	3,78	3,84	3,90	3,97	4,04
45,2			6	57,6	7370	491	11,3	803	80,3	3,73	3,79	3,86	3,92	3,99	4,06
59,5			8	75,8	9510	634	11,2	1070	107	3,76	3,83	3,89	3,96	4,03	4,10
73,3			10	93,4	1150	766	11,1	1350	135	3,80	3,86	3,93	4,00	4,07	4,14
86,8			12	111	1330	889	11,0	1630	163	3,83	3,90	3,97	4,04	4,11	4,18

NOTA : La separación entre los perfiles individuales, d, en milímetros.

Tabla reproducida del "Manual de Diseño Cintac", por gentileza de CINTAC S.A.

TABLA A.2. Perfiles de Acero (continuación)

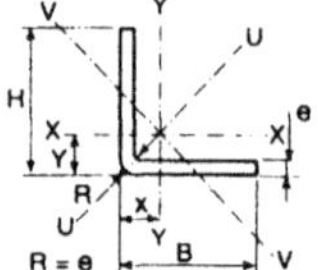

ANGULOS FORMADOS EN FRIO CINTAC
ALAS IGUALES
Propiedades para el Diseño
Sección Total

Designación			Dimensiones		Area	Eje X-X y Eje Y-Y				Eje U-U		Eje V-V	
L H	x	Peso	B	e	A	I	W	i	x=y	I	i	I	i
cm	x	kgf/m	mm	mm	cm²	cm⁴	cm³	cm	cm	cm⁴	cm	cm⁴	cm
L 2	x	0,576	20	2	0,734	0,279	0,198	0,616	0,593	0,457	0,789	0,100	0,368
		0,826		3	1,05	0,379	0,279	0,600	0,642	0,632	0,775	0,126	0,346
L 2,5	x	0,733	25	2	0,934	0,565	0,317	0,778	0,718	0,921	0,993	0,207	0,471
		1,06		3	1,35	0,786	0,453	0,762	0,766	1,30	0,979	0,273	0,450
L 3	x	0,890	30	2	1,13	1,00	0,464	0,939	0,843	1,63	1,20	0,373	0,573
		1,30		3	1,65	1,41	0,669	0,924	0,890	2,31	1,18	0,505	0,553
		1,68		4	2,14	1,76	0,855	0,900	0,939	2,92	1,17	0,601	0,530
L 4	x	1,20	40	2	1,53	2,44	0,841	1,26	1,09	3,95	1,61	0,928	0,778
		1,77		3	2,25	3,50	1,22	1,25	1,14	5,71	1,59	1,29	0,758
		2,31		4	2,94	4,46	1,58	1,23	1,19	7,31	1,58	1,59	0,737
		2,82		5	3,59	5,31	1,92	1,22	1,24	8,78	1,56	1,83	0,715
		3,30		6	4,21	6,06	2,23	1,20	1,28	10,1	1,55	2,01	0,691
L 5	x	1,52	50	2	1,93	4,86	1,33	1,59	1,34	7,84	2,01	1,86	0,982
		2,24		3	2,85	7,03	1,95	1,57	1,39	11,4	2,00	2,64	0,962
		2,93		4	3,74	9,04	2,54	1,56	1,44	14,7	1,99	3,32	0,942
		3,60		5	4,59	10,9	3,10	1,54	1,48	17,9	1,97	3,89	0,921
		4,25		6	5,41	12,6	3,62	1,52	1,53	20,7	1,96	4,37	0,899
L 6	x	2,71	60	3	3,45	12,4	2,84	1,89	1,64	20,0	2,41	4,70	1,17
		3,56		4	4,54	16,0	3,71	1,88	1,69	26,0	2,39	5,97	1,15
		4,39		5	5,59	19,4	4,55	1,86	1,73	31,7	2,38	7,09	1,13
		5,19		6	6,61	22,6	5,35	1,85	1,78	37,0	2,37	8,07	1,11
L 6,5	x	2,95	65	3	3,75	15,8	5,34	2,05	1,76	25,6	2,61	6,04	1,27
		3,88		4	4,94	20,5	4,38	2,04	1,81	33,3	2,60	7,70	1,25
		4,78		5	6,09	25,0	5,38	2,02	1,86	40,7	2,58	9,20	1,23
		5,66		6	7,21	29,1	6,34	2,01	1,90	47,7	2,57	10,5	1,21
L 8	x	3,65	80	3	4,65	30,0	5,12	2,54	2,14	48,4	3,22	11,5	1,57
		4,82		4	6,14	39,1	6,72	2,52	2,18	63,3	3,21	14,8	1,56
		5,96		5	7,59	47,8	8,28	2,51	2,23	77,6	3,20	17,9	1,54
		7,07		6	9,01	56,1	9,80	2,49	2,28	91,3	3,18	20,7	1,52
L 10	x	6,07	100	4	7,74	77,7	10,6	3,17	2,68	126	4,03	29,8	1,96
		7,53		5	9,59	95,5	13,1	3,16	2,73	154	4,01	36,2	1,94
		8,96		6	11,4	113	15,6	3,14	2,78	183	4,00	42,3	1,92
		11,7		8	14,9	145	20,3	3,11	2,87	236	3,97	53,1	1,88
L 12,5	x	9,49	125	5	12,1	190	20,8	3,96	3,35	306	5,03	72,8	2,45
		11,3		6	14,4	225	24,7	3,95	3,40	363	5,02	85,4	2,43
		14,9		8	18,9	291	32,3	3,92	3,50	472	4,99	109	2,40
		18,3		10	23,4	353	39,6	3,89	3,59	576	4,97	130	2,36
L 15	x	13,7	150	6	17,4	394	35,9	4,76	4,03	635	6,04	151	2,94
		18,0		8	22,9	512	47,1	4,73	4,12	830	6,01	194	2,91
		22,3		10	28,4	625	58,0	4,70	4,21	1020	5,99	233	2,87
		26,4		12	33,6	732	68,5	4,67	4,31	1190	5,96	269	2,83
L 20	x	24,3	200	8	30,9	1240	85,0	6,34	5,37	2010	8,06	477	3,93
		30,1		10	38,4	1530	105	6,31	5,46	2470	8,03	580	3,89
		35,8		12	45,6	1800	125	6,28	5,55	2920	8,00	676	3,85
		41,4		14	52,8	2060	144	6,25	5,65	3350	7,97	766	3,81
		46,9		16	59,8	2310	162	6,22	5,74	3770	7,95	849	3,77

Tabla reproducida del "Manual de Diseño Cintac", por gentileza de CINTAC S.A.

TABLA A.2. Perfiles de Acero (continuación)

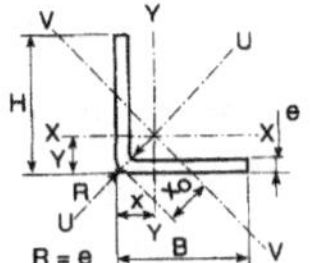

ANGULOS LAMINADOS AZA
ALAS IGUALES
Propiedades para el Diseño
Sección Total

Designación		Area	Eje X - X e Y - Y				Eje U-U		Eje V -V	
L Dimensiones y esp.	Peso	A	I	W	i	x=y	I	i	I	i
mm x mm x mm	kgf/m	cm^2	cm^4	cm^3	cm	cm	cm^4	cm	cm^4	cm
L 100 x 100 x 12	17,83	22,71	207	29,1	3,02	2,90	328	3,80	85,7	1,94
10	15,04	19,15	177	24,6	3,04	2,82	280	3,83	73,0	1,95
8	12,18	15,51	145	19,9	3,06	2,74	230	3,85	59,8	1,96
6	9,26	11,79	111	15,1	3,07	2,64	176	3,86	46,2	1,98
L 80 x 80 x 12	14,03	17,87	102	18,2	2,39	2,41	161	3,00	42,7	1,55
10	11,86	15,11	87,5	15,4	2,41	2,34	139	3,03	36,4	1,55
8	9,63	12,27	72,2	12,6	2,43	2,26	115	3,06	29,9	1,56
6	7,34	9,35	55,8	9,57	2,44	2,17	88,5	3,08	23,1	1,57
L 65 x 65 x 10	9,49	12,09	46,1	9,94	1,93	1,97	71,2	2,43	19,0	1,25
8	7,73	9,85	37,5	8,13	1,95	1,89	59,4	2,46	15,6	1,26
6	5,91	7,53	29,2	6,21	1,97	1,80	46,3	2,48	12,1	1,27
5	4,97	6,34	24,7	5,22	1,98	1,76	39,2	2,49	10,3	1,27
L 50 x 50 x 6	4,47	5,69	12,8	3,61	1,50	1,45	20,3	1,89	5.34	0,968
5	3,77	4,80	11,0	3,05	1,51	1,40	17,4	1,90	4.55	0,973
4	3,06	3,89	8,97	2,46	1,52	1,36	14,2	1,91	3.73	0,979
3	2,34	2,98	6,96	1,89	1,53	1,31	11,0	1,92	2.92	0,991
L 40 x 40 x 6	3,52	4,48	6,31	2,26	1,19	1,20	9,97	1,49	2.65	0,770
5	2,97	3,79	5,43	1,91	1,20	1,16	8,59	1,51	2.26	0,772
4	2,42	3,08	4,47	1,55	1,21	1,12	7,09	1,52	1.86	0,777
3	1,84	2,35	3,45	1,18	1,21	1,07	5,45	1,52	1.44	0,783
L 30 x 30 x 5	2,18	2,78	2,16	1,04	0,883	0,918	3,41	1,11	0.92	0,575
3	1,36	1,74	1,40	0,649	0,899	0,835	2,22	1,13	0.59	0,580
L 25 x 25 x 5	1,78	2,27	1,20	0,707	0,729	0,797	1,89	0,912	0.52	0,480
3	1,12	1,43	0,80	0,447	0,747	0,719	1,26	0,940	0.33	0,482
L 20 x 20 x 3	0,88	1,12	0,39	0,276	0,588	0,596	0,61	0,740	0.16	0,381

Tabla reproducida del Catálogo Técnico AZA por gentileza de Gerdau Aza S.A.

ANGULOS FORMADOS EN FRIO CINTAC
PERFILES TL
ALAS IGUALES
Propiedades para el Diseño
Sección Total

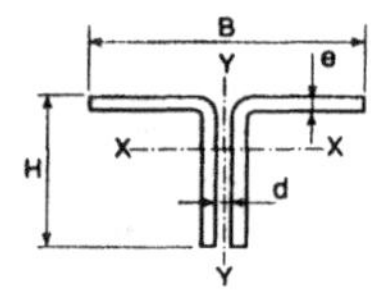

Designación		Dimensiones		TL										
				Area	Eje X - X				Eje Y - Y					
									d=0	d=2	d=4	d=6	d=8	d=10
TL H x Peso		B	e	A	I	W	i	x	i	i	i	i	i	i
cm x kgf/m		mm	mm	cm²	cm⁴	cm³	cm	cm	cm	cm	cm	cm	cm	cm
TL 2 x 1,15		40	2	1,47	0,557	0,396	0,616	0,593	0,855	0,928	1,00	1,09	1,17	1,25
1,65			3	2,10	0,758	0,558	0,600	0,642	0,879	0,954	1,03	1,12	1,20	1,29
TL 2,5'x 1,47		50	2	1,87	1,13	0,634	0,778	0,718	1,06	1,13	1,20	1,28	1,36	1,45
2,12			3	2,70	1,57	0,906	0,762	0,766	1,08	1,15	1,23	1,31	1,39	1,48
TL 3 x 1,78		60	2	2,27	2,00	0,927	0,939	0,843	1,26	1,33	1,40	1,48	1,56	1,64
2,59			3	3,30	2,82	1,34	0,924	0,890	1,28	1,35	1,43	1,51	1,59	1,67
3,35			4	4,27	3,53	1,71	0,908	0,939	1,31	1,38	1,46	1,54	1,62	1,70
TL 4 x 2,41		80	2	3,07	4,89	1,68	1,26	1,09	1,67	1,74	1,81	1,88	1,95	2,03
3,54			3	4,50	7,01	2,45	1,25	1,14	1,69	1,76	1,83	1,90	1,98	2,06
4,61			4	5,87	8,92	3,17	1,23	1,19	1,71	1,78	1,86	1,93	2,01	2,09
5,63			5	7,18	10,6	3,84	1,22	1,24	1,73	1,81	1,88	1,96	2,04	2,12
6,61			6	8,42	12,1	4,47	1,20	1,28	1,76	1,83	1,91	1,99	2,07	2,15
TL 5 x 3,04		100	2	3,87	9,72	2,66	1,59	1,34	2,08	2,14	2,21	2,28	2,36	2,43
4,48			3	5,70	14,1	3,89	1,57	1,39	2,10	2,16	2,23	2,31	2,38	2,46
5,87			4	7,47	18,1	5,07	1,56	1,44	2,12	2,19	2,26	2,33	2,41	2,48
7,20			5	9,18	21,8	6,19	1,54	1,48	2,14	2,21	2,28	2,36	2,43	2,51
8,49			6	10,8	25,1	7,25	1,52	1,53	2,16	2,23	2,31	2,38	2,46	2,54
TL 6 x 5,42		120	3	6,90	24,7	5,67	1,89	1,64	2,50	2,57	2,64	2,71	2,78	2,86
7,12			4	9,07	32,0	7,42	1,88	1,69	2,52	2,59	2,66	2,73	2,81	2,88
8,77			5	11,2	38,8	9,09	1,86	1,73	2,54	2,61	2,68	2,76	2,83	2,91
10,4			6	13,2	45,1	10,7	1,85	1,78	2,57	2,64	2,71	2,78	2,86	2,94
TL 6,5 x 5,89		130	3	7,50	31,7	6,69	2,05	1,76	2,71	2,77	2,84	2,91	2,98	3,06
7,75			4	9,87	41,1	8,76	2,04	1,81	2,73	2,79	2,86	2,93	3,01	3,08
9,56			5	12,2	49,9	10,8	2,02	1,86	2,75	2,82	2,89	2,96	3,03	3,11
11,3			6	14,4	58,2	12,7	2,01	1,90	2,77	2,84	2,91	2,98	3,06	3,13
TL 8 x 7,30		160	3	9,30	60,0	10,2	2,54	2,14	3,32	3,38	3,45	3,52	3,59	3,66
9,63			4	12,3	78,2	13,4	2,52	2,18	3,34	3,40	3,47	3,54	3,61	3,68
11,9			5	15,2	95,6	16,6	2,51	2,23	3,36	3,43	3,49	3,56	3,64	3,71
14,1			6	18,0	112	19,6	2,49	2,28	3,38	3,45	3,52	3,59	3,66	3,73
TL 10 x 12,1		200	4	15,5	155	21,3	3,17	2,68	4,15	4,22	4,29	4,35	4,42	4,49
15,1			5	19,2	191	26,3	3,16	2,73	4,17	4,24	4,31	4,37	4,44	4,52
17,9			6	22,8	225	31,2	3,14	2,78	4,19	4,26	4,33	4,40	4,47	4,54
23,5			8	29,9	289	40,6	3,11	2,87	4,23	4,30	4,37	4,44	4,51	4,59
TL 12,5 x 19,0		250	5	24,2	380	41,5	3,96	3,35	5,19	5,26	5,32	5,39	5,46	5,53
22,6			6	28,8	449	49,4	3,95	3,40	5,21	5,28	5,34	5,41	5,48	5,55
29,7			8	37,9	582	64,6	3,92	3,50	5,25	5,32	5,39	5,45	5,52	5,60
36,7			10	46,7	706	79,3	3,89	3,59	5,29	5,36	5,43	5,50	5,57	5,64
TL 15 x 27,3		300	6	34,8	787	71,7	4,76	4,03	6,23	6,30	6,36	6,43	6,50	6,56
36,0			8	45,9	1020	94,2	4,73	4,12	6,27	6,34	6,40	6,47	6,54	6,61
44,5			10	56,7	1250	116	4,70	4,21	6,31	6,38	6,44	6,51	6,58	6,65
52,8			12	67,3	1460	137	4,67	4,31	6,35	6,42	6,49	6,56	6,63	6,70
TL 20 x 48,6		400	8	61,9	2490	170	6,34	5,37	8,31	8,37	8,44	8,50	8,57	8,64
60,2			10	76,7	3060	210	6,31	5,46	8,35	8,41	8,48	8,54	8,61	8,68
71,6			12	91,3	3600	249	6,28	5,55	8,38	8,45	8,52	8,59	8,66	8,72
82,9			14	106	4120	287	6,25	5,65	8,43	8,49	8,56	8,63	8,70	8,77
93,9			16	120	4630	325	6,22	5,74	8,47	8,54	8,60	8,67	8,74	8,81

NOTA: La separación entre los perfiles individuales, d, en milímetros.

Tabla reproducida del "Manual de Diseño Cintac", por gentileza de CINTAC S.A.

TABLA A.2. Perfiles de Acero (continuación)

ANGULOS FORMADOS EN FRIO CINTAC
PERFILES XL
ALAS IGUALES
Propiedades para el Diseño
Sección Total

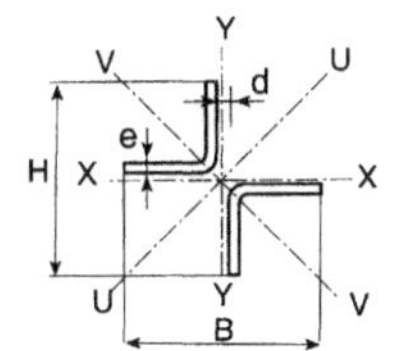

Designación	Dimensiones		Area		Eje U - U						Eje V - V	
XL H x Peso	B	e	A	I	i						I	i
					d= 0	d= 2	d= 4	d= 6	d= 8	d=10		
cm x kgf/m	mm	mm	cm²	cm⁴	cm	cm	cm	cm	cm	cm	cm⁴	cm
XL 4 x 1,15	40	2	1,47	1,23	0,917	1,05	1,18	1,32	1,45	1,59	0,914	0,789
1,65		3	2,10	1,99	0,972	1,10	1,24	1,38	1,51	1,65	1,26	0,775
XL 5 x 1,47	50	2	1,87	2,34	1,12	1,25	1,38	1,51	1,65	1,79	1,84	0,993
2,12		3	2,70	3,72	1,17	1,30	1,44	1,57	1,71	1,85	2,59	0,979
XL 6 x 1,78	60	2	2,27	3,97	1,32	1,45	1,58	1,71	1,85	1,98	3,25	1,20
2,59		3	3,30	6,24	1,37	1,51	1,64	1,77	1,91	2,04	4,63	1,18
3,35		4	4,27	8,73	1,43	1,56	1,70	1,83	1,97	2,10	5,85	1,17
XL 8 x 2,41	80	2	3,07	9,18	1,73	1,86	1,99	2,12	2,25	2,38	7,91	1,61
3,54		3	4,50	14,3	1,78	1,91	2,04	2,17	2,30	2,44	11,4	1,59
4,61		4	5,87	19,7	1,83	1,96	2,10	2,23	2,36	2,50	14,6	1,58
5,63		5	7,18	25,6	1,89	2,02	2,15	2,29	2,42	2,56	17,6	1,56
6,61		6	8,42	31,8	1,94	2,08	2,21	2,34	2,48	2,62	20,2	1,55
XL 10 x 3,04	100	2	3,87	17,7	2,14	2,26	2,39	2,52	2,65	2,78	15,7	2,01
4,48		3	5,70	27,3	2,19	2,31	2,44	2,57	2,71	2,84	22,8	2,00
5,87		4	7,47	37,5	2,24	2,37	2,50	2,63	2,76	2,90	29,5	1,99
7,20		5	9,18	48,2	2,29	2,42	2,55	2,69	2,82	2,95	35,7	1,97
8,49		6	10,8	59,5	2,35	2,48	2,61	2,74	2,88	3,01	41,5	1,96
XL 12 x 5,42	120	3	6,90	46,5	2,59	2,72	2,85	2,98	3,11	3,24	40,0	2,41
7,12		4	9,07	63,5	2,64	2,77	2,90	3,03	3,16	3,30	52,0	2,39
8,77		5	11,2	81,3	2,70	2,83	2,96	3,09	3,22	3,35	63,4	2,38
10,4		6	13,2	99,9	2,75	2,88	3,01	3,14	3,28	3,41	74,0	2,37
XL 13 x 5,89	130	3	7,50	58,7	2,80	2,92	3,05	3,18	3,31	3,44	51,2	2,61
7,75		4	9,87	80,1	2,85	2,98	3,10	3,23	3,37	3,50	66,7	2,60
9,56		5	12,2	102	2,90	3,03	3,16	3,29	3,42	3,55	81,4	2,58
11,3		6	14,4	126	2,95	3,08	3,21	3,34	3,48	3,61	95,3	2,57
XL 16 x 7,30	160	3	9,30	108	3,41	3,53	3,66	3,79	3,92	4,05	96,8	3,22
9,63		4	12,3	147	3,46	3,59	3,71	3,84	3,97	4,10	127	3,21
11,9		5	15,2	187	3,51	3,64	3,77	3,90	4,03	4,16	155	3,20
14,1		6	18,0	228	3,56	3,69	3,82	3,95	4,08	4,21	183	3,18
XL 20 x 12,1	200	4	15,5	283	4,27	4,40	4,53	4,65	4,78	4,91	251	4,03
15,1		5	19,2	358	4,32	4,45	4,58	4,71	4,84	4,97	309	4,01
17,9		6	22,8	437	4,37	4,50	4,63	4,76	4,89	5,02	365	4,00
23,5		8	29,9	599	4,48	4,61	4,74	4,87	5,00	5,13	472	3,97
XL 25 x 19,0	250	5	24,2	690	5,34	5,47	5,59	5,72	5,85	5,98	613	5,03
22,6		6	28,8	838	5,39	5,52	5,65	5,77	5,90	6,03	726	5,02
29,7		8	37,9	1140	5,49	5,62	5,75	5,88	6,01	6,14	945	4,99
36,7		10	46,7	1460	5,60	5,72	5,85	5,98	6,11	6,24	1150	4,97
XL 30 x 27,3	300	6	34,8	1430	6,41	6,54	6,66	6,79	6,92	7,05	1270	6,04
36,0		8	45,9	1950	6,51	6,64	6,76	6,89	7,02	7,15	1660	6,01
44,5		10	56,7	2480	6,61	6,74	6,87	7,00	7,13	7,26	2030	5,99
52,8		12	67,3	3030	6,72	6,84	6,97	7,10	7,23	7,36	2390	5,96
XL 40 x 48,6	400	8	61,9	4520	8,55	8,67	8,80	8,93	9,05	9,18	4020	8,06
60,2		10	76,7	5740	8,65	8,77	8,90	9,03	9,16	9,28	4940	8,03
71,6		12	91,3	6980	8,75	8,88	9,00	9,13	9,26	9,39	5840	8,00
82,9		14	106	8270	8,85	8,98	9,11	9,24	9,36	9,49	6710	7,97
93,9		16	120	9590	8,95	9,08	9,21	9,34	9,47	9,60	7550	7,95

NOTA : La separación entre los perfiles individuales, d, en milímetros.

Tabla reproducida del "Manual de Diseño Cintac", por gentileza de CINTAC S.A.

TABLA A.3 Esfuerzos de Cizalle Admisibles en Soldaduras de Filete (Kg/cm)

Dimensión nominal de la soldadura D (mm)	Proceso de soldadura			
	Arco manual		Arco sumergido	
	Electrodos		Electrodos	
	E40XX	E50XX	F4X-EXXX	F5X-EXXX
3	202	235	285	333
4	269	314	380	444
5	449	523	635	740
6	539	628	762	888
8	718	837	1020	1180
10	898	1050	1270	1480
12	1080	1260	1460	1700
16	1440	1670	1820	2120

Notas:

1) Las tensiones de cizalle admisible son:

τ_{adm} = E40XX, F4X: 950 Kg/cm² para D ≤ 4mm, 1270 kg/cm² para D > 4 mm

τ_{adm} = E50XX, F5X: 1110 Kg/cm² para D ≤ 4mm, 1480 kg/cm² para D > 4 mm

2) Para arco manual la garganta efectiva del filete es $(D\sqrt{2})/2$ (si no se usa refuerzo). Para arco sumergido la garganta efectiva puede tomarse igual a D si D ≤ 10 o bien $(D\sqrt{2})/2 + 3$ mm si D > 10.

TABLA A.4 Tamaños Mínimos de Soldaduras de Filete

Espesor de la plancha más gruesa a unir (mm)	Dimensión nominal del filete	
	$D_{mín}$	$D_{máx}$
3 ≤ t < 4	3	Si t < 6 mm
4 ≤ t ≤ 6	4	$D_{max} = t$
6 < t ≤ 12	5	
12 < t ≤ 19	6	Si t ≥ 6 mm
t > 19	8	$D_{max} = t-2$

Nota:

$D_{máx}$ no requiere ser mayor que el menor espesor de los elementos unidos, salvo que por cálculo se requiera una dimensión mayor.

TABLA A.5 Tensiones Admisibles de Compresión en kg/cm^2 para Elementos de Acero A37-24

Elementos Principales										Elementos Secundarios			
kL/r	σ_{adm}	kL/r	σ_{adm}	kL/r	σ_{adm}	kL/r	σ_{adm}	kL/r	σ_{adm}	L/r	σ'_{adm}	L/r	σ'_{adm}
1	1437	41	1282	81	1040	121	722	161	417	121	725	161	524
2	1434	42	1277	82	1033	122	713	162	412	122	720	162	521
3	1432	43	1272	83	1026	123	704	163	407	123	715	163	518
4	1429	44	1267	84	1019	124	695	164	402	124	709	164	515
5	1426	45	1262	85	1012	125	686	165	397	125	703	165	512
6	1423	46	1256	86	1004	126	676	166	392	126	697	166	509
7	1420	47	1251	87	997	127	667	167	387	127	691	167	506
8	1417	48	1246	88	990	128	658	168	383	128	685	168	504
9	1414	49	1240	89	982	129	648	169	378	129	679	169	501
10	1411	50	1235	90	975	130	639	170	374	130	673	170	498
11	1408	51	1229	91	968	131	630	171	369	131	666	171	496
12	1405	52	1223	92	960	132	620	172	365	132	660	172	493
13	1401	53	1218	93	953	133	611	173	361	133	653	173	491
14	1398	54	1212	94	945	134	602	174	357	134	647	174	489
15	1394	55	1206	95	937	135	593	175	353	135	641	175	487
16	1391	56	1201	96	930	136	584	176	349	136	635	176	484
17	1387	57	1195	97	922	137	576	177	345	137	629	177	482
18	1384	58	1189	98	914	138	567	178	341	138	623	178	480
19	1380	59	1183	99	906	139	559	179	337	139	618	179	478
20	1376	60	1177	100	898	140	551	180	333	140	613	180	476
21	1372	61	1171	101	891	141	543	181	330	141	607	181	474
22	1368	62	1165	102	883	142	536	182	326	142	602	182	473
23	1364	63	1159	103	875	143	528	183	322	143	597	183	471
24	1360	64	1152	104	866	144	521	184	319	144	592	184	469
25	1356	65	1146	105	858	145	514	185	315	145	587	185	468
26	1352	66	1140	106	850	146	507	186	312	146	583	186	466
27	1348	67	1134	107	842	147	500	187	309	147	578	187	465
28	1343	68	1127	108	834	148	493	188	305	148	574	188	463
29	1339	69	1121	109	825	149	487	189	302	149	569	189	462
30	1335	70	1114	110	817	150	480	190	299	150	565	190	460
31	1330	71	1108	111	809	151	474	191	296	151	561	191	459
32	1326	72	1101	112	800	152	468	192	293	152	557	192	458
33	1321	73	1095	113	792	153	461	193	290	153	553	193	457
34	1316	74	1088	114	783	154	455	194	287	154	549	194	456
35	1312	75	1081	115	775	155	450	195	284	155	545	195	455
36	1307	76	1074	116	766	156	444	196	281	156	541	196	454
37	1302	77	1068	117	757	157	438	197	278	157	538	197	453
38	1297	78	1061	118	748	158	433	198	275	158	534	198	452
39	1292	79	1054	119	740	159	427	199	273	159	531	199	451
40	1287	80	1047	120	731	160	422	200	270	160	528	200	450

TABLA A.6 Tensiones Admisibles de Compresión en kg/cm² para Elementos de Acero A42-27

Elementos Principales										Elementos Secundarios			
kL/r	σ_{adm}	kL/r	σ_{adm}	kL/r	σ_{adm}	kL/r	σ_{adm}	kL/r	σ_{adm}	L/r	σ'_{adm}	L/r	σ'_{adm}
1	1617	41	1428	81	1131	121	737	161	417	121	740	161	524
2	1613	42	1422	82	1122	122	725	162	412	122	733	162	521
3	1610	43	1416	83	1113	123	714	163	407	123	725	163	518
4	1607	44	1409	84	1105	124	703	164	402	124	717	164	515
5	1604	45	1403	85	1096	125	692	165	397	125	709	165	512
6	1600	46	1397	86	1087	126	681	166	392	126	702	166	509
7	1597	47	1390	87	1078	127	670	167	387	127	694	167	506
8	1593	48	1383	88	1069	128	660	168	383	128	687	168	504
9	1589	49	1377	89	1060	129	649	169	378	129	680	169	501
10	1585	50	1370	90	1051	130	639	170	374	130	673	170	498
11	1582	51	1363	91	1041	131	630	171	369	131	666	171	496
12	1578	52	1356	92	1032	132	620	172	365	132	660	172	493
13	1574	53	1349	93	1023	133	611	173	361	133	653	173	491
14	1569	54	1342	94	1013	134	602	174	357	134	647	174	489
15	1565	55	1335	95	1004	135	593	175	353	135	641	175	487
16	1561	56	1328	96	995	136	584	176	349	136	635	176	484
17	1556	57	1321	97	985	137	576	177	345	137	629	177	482
18	1552	58	1314	98	975	138	567	178	341	138	623	178	480
19	1547	59	1306	99	966	139	559	179	337	139	618	179	478
20	1543	60	1299	100	956	140	551	180	333	140	613	180	476
21	1538	61	1292	101	946	141	543	181	330	141	607	181	474
22	1533	62	1284	102	936	142	536	182	326	142	602	182	473
23	1528	63	1277	103	926	143	528	183	322	143	597	183	471
24	1524	64	1269	104	916	144	521	184	319	144	592	184	469
25	1519	65	1261	105	906	145	514	185	315	145	587	185	468
26	1513	66	1254	106	896	146	507	186	312	146	583	186	466
27	1508	67	1246	107	886	147	500	187	309	147	578	187	465
28	1503	68	1238	108	876	148	493	188	305	148	574	188	463
29	1498	69	1230	109	865	149	487	189	302	149	569	189	462
30	1492	70	1222	110	855	150	480	190	299	150	565	190	460
31	1487	71	1214	111	845	151	474	191	296	151	561	191	459
32	1481	72	1206	112	834	152	468	192	293	152	557	192	458
33	1476	73	1198	113	824	153	461	193	290	153	553	193	457
34	1470	74	1190	114	813	154	455	194	287	154	549	194	456
35	1464	75	1181	115	802	155	450	195	284	155	545	195	455
36	1458	76	1173	116	791	156	444	196	281	156	541	196	454
37	1453	77	1165	117	781	157	438	197	278	157	538	197	453
38	1447	78	1156	118	770	158	433	198	275	158	534	198	452
39	1441	79	1148	119	759	159	427	199	273	159	531	199	451
40	1434	80	1139	120	748	160	422	200	270	160	528	200	450

TABLAS PARA
DISEÑO EN HORMIGON

TABLA H.1 Barras para Hormigón Armado. Compañías Siderúrgicas Huachipato (CSH) y Gerdau AZA.

1. Dimensiones del Producto

Son barras de acero de sección aproximadamente circular, fabricadas mediante laminación en caliente. Se producen lisas de 6 mm de diámetro, y con resaltes de 8 a 36 mm de diámetro nominal. Los resaltes cumplen la función de proveer adherencia mecánica con el hormigón. El diámetro nominal de las barras con resaltes se determina por la expresión:

$$e = 12{,}74\sqrt{P} \ \text{(mm)}$$

en que **e** es el diámetro nominal de la barra y P es el peso de la barra expresado en Kg/m.

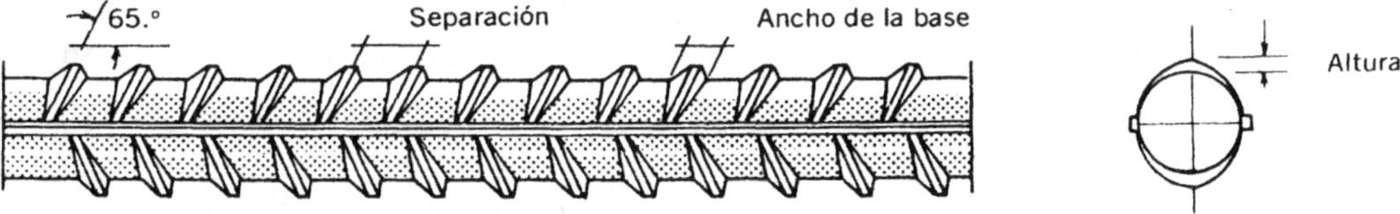

En la tabla siguiente se indican los diámetros de las barras que se producen normalmente, sus secciones, perímetros, pesos y dimensiones de resaltes correspondientes:

Diámetro nominal (mm)	Sección nominal (cm²)	Perímetro nominal (cm)	Peso nominal (kg/m)	Separ. máx. res. (mm)	Ancho base máx. res. (mm)	Altura mín. res. (mm)
6	0,283	1,89	0,222	—	—	—
8	0,503	2,51	0,395	5,6	2,00	0,32
10	0,785	3,14	0,617	7,0	2,50	0,40
12	1,131	3,77	0,888	8,4	3,00	0,48
16	2,011	5,03	1,578	11,2	4,00	0,64
18	2,545	5,66	1,998	12,6	4,50	0,72
22	3,801	6,91	2,984	15,4	5,50	1,10
25	4,909	7,85	3,853	17,5	6,25	1,25
28	6,158	8,80	4,834	19,6	7,00	1,40
32	8,043	10,50	6,313	22,4	8,00	1,60
36	10,179	11,31	7,990	25,2	9,00	1,80

Las barras de 6 a 12 mm se proveen en rollos de aproximadamente un metro de diámetro. Las barras de 16 a 36 mm se entregan rectas en largos de 6 a 18 m (son normales las longitudes pares y 7 y 9 m).

2. Calidad y Propiedades Mecánicas

Las barras se producen de acuerdo a la norma chilena NCh204.Of77 en los grados A44-28H y A63-42H. Las barras de 6 mm sólo se producen en calidad A44-28H. Las propiedades mecánicas que se deben cumplir según la norma citada se indican en la tabla siguiente:

	A 44 - 28H	A 63 - 42H
Resistencia mínima a la tracción σ_r	4.400 kg/cm²	6.300 kg/cm²
Resistencia de fluencia σ_y Mínima Máxima	2.800 kg/cm²	4.200 kg/cm² 5.800 kg/cm²
Razón σ_r/σ_y	—	$\geq 1,33$
Deformación unitaria de rotura ε_r en probeta de largo inicial 200 mm entre marcas	$\geq 0,16$	$700/\sigma_r - k$ pero $> 0,08$

Nota:

k = 0 para barras de diámetro ϕ de 12 a 18 mm   k = 0,03 para ϕ = 28 mm

k = 0,01 para ϕ = 10 y 22 mm   k = 0,04 para ϕ = 32 mm

k = 0,02 para ϕ = 8 y 25 mm   k = 0,05 para ϕ = 36 mm

Las barras llevan marcas en sobrerrelieve para identificar al fabricante y el grado. La CSH usa la sigla CAP en todas las barras con resaltes, y las marcas HH y HHHH para los grados A44-28H y A63-42H, respectivamente:

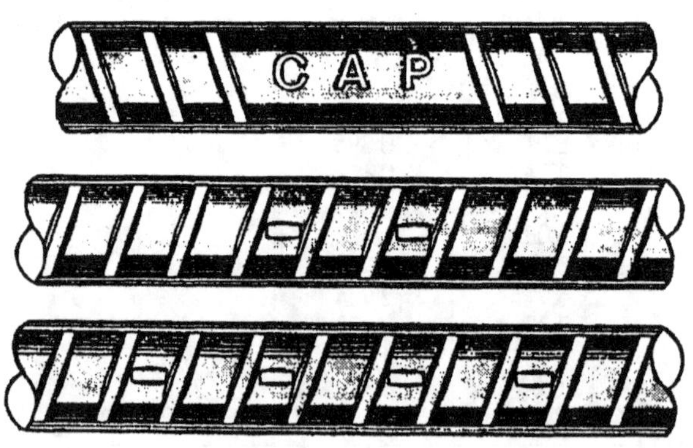

Por su parte, Gerdau AZA indica explícitamente el diámetro de la barra y grado (A44 y A63) además del logo del productor.

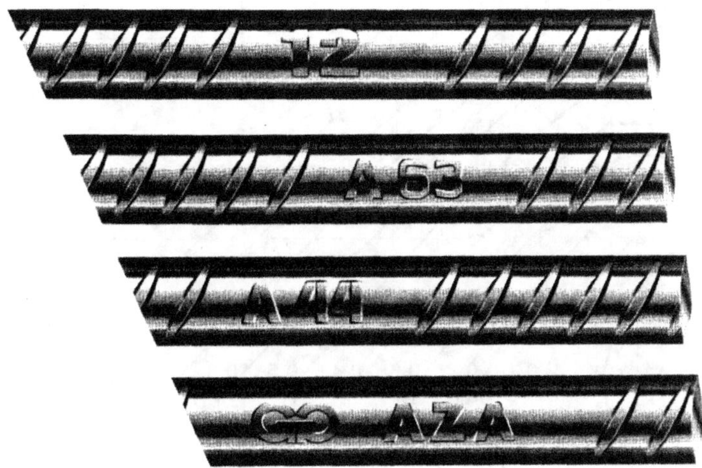

Finalmente, cabe destacar que la producción de estas compañías es certificada por organismos calificados que garantizan el cumplimiento de las propiedades mecánicas antes indicadas, certificación que puede ser entregada al cliente a pedido. Es importante destacar que aceros de otros orígenes pueden no satisfacer dichos requisitos, especialmente el referente a capacidad de deformación plástica que tiene particular relevancia en diseño sísmico.

ABACO H 2.1

1.0
0.8
0.6
0.4
0.2
0.0
Fuerza axial normalizada $\phi P_n / f'_c\, bh$
0.00   0.06   0.12   0.18   0.24   0.30
Momento normalizado $\phi M_n / f'_c\, bh^2$
A63-42H: $\sigma_y = 4200\ kg/cm^2$
H30: $f'_c = 255\ kg/cm^2$
$g = 0{,}95$
$\eta = \dfrac{2A_s}{bh}\ \dfrac{\sigma_y}{0{,}85 f'_c}$
h
b
A_s
A_s
0   0,1   0,2   0,3   0,4   0,5   0,6   0,7   0,8   0,9
$\eta = 1$

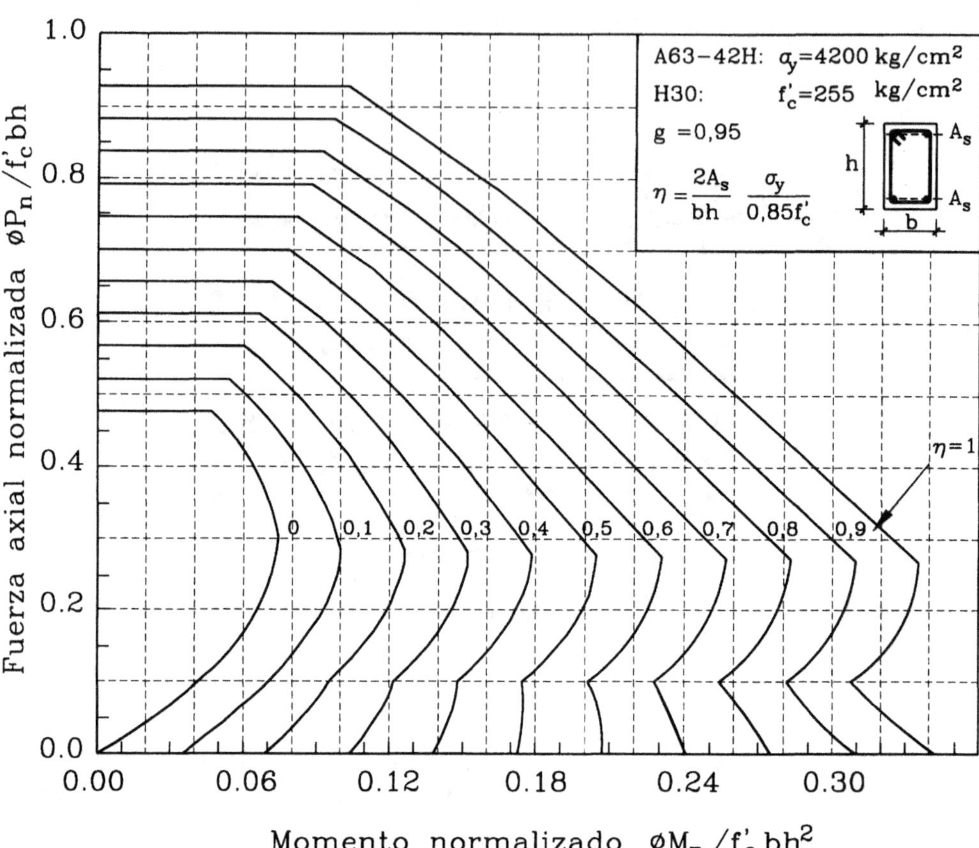

ABACO H 2.2

1.0
0.8
0.6
0.4
0.2
0.0
Fuerza axial normalizada $\phi P_n / f'_c\, bh$
A63-42H: $\sigma_y = 4200\ kg/cm^2$
H30: $f'_c = 255\ kg/cm^2$
g = 0,90
$\eta = \dfrac{2A_s}{bh}\ \dfrac{\sigma_y}{0,85 f'_c}$
A_s
h
A_s
b
0
0,1
0,2
0,3
0,4
0,5
0,6
0,7
0,8
0,9
$\eta = 1$
0.00
0.06
0.12
0.18
0.24
0.30
Momento normalizado $\phi M_n / f'_c\, bh^2$

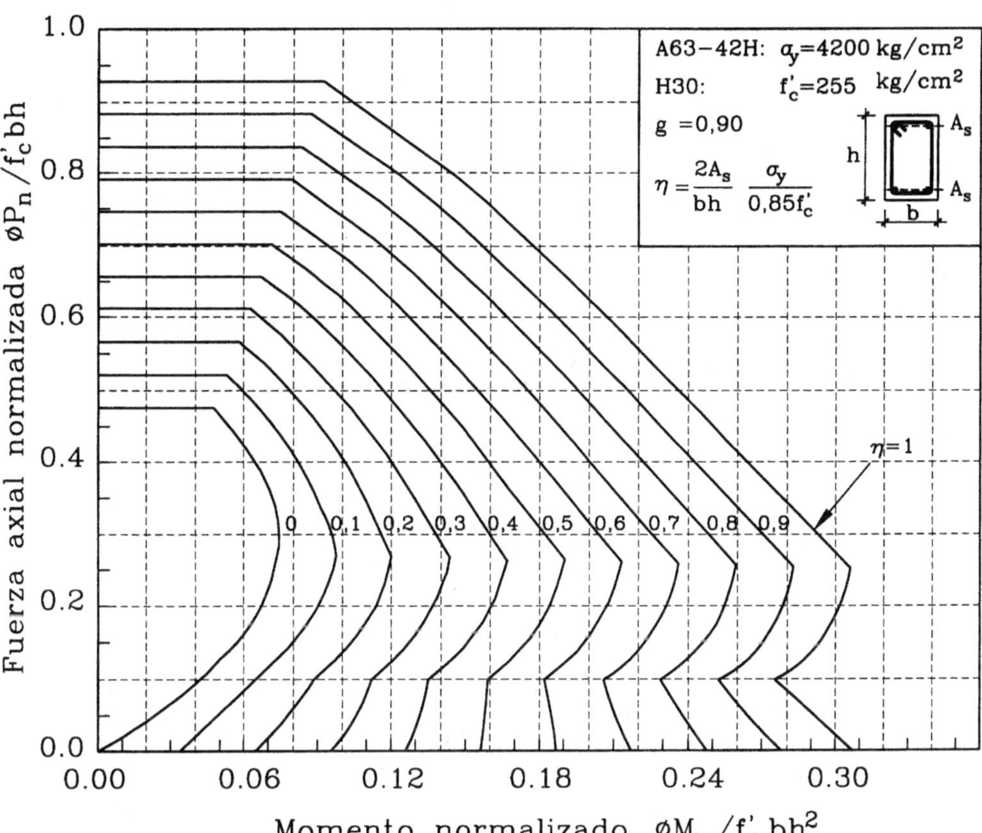

ABACO H 2.3

1.0
0.8
0.6
0.4
0.2
0.0
Fuerza axial normalizada øP_n/f'_c bh
0.00 0.06 0.12 0.18 0.24 0.30
Momento normalizado øM_n/f'_c bh²
A63-42H: σ_y=4200 kg/cm²
H30: f'_c=255 kg/cm²
g =0,80
η = 2A_s/bh · σ_y/0,85f'_c
h
b
A_s
A_s
η=1
0 0,1 0,2 0,3 0,4 0,5 0,6 0,7 0,8 0,9

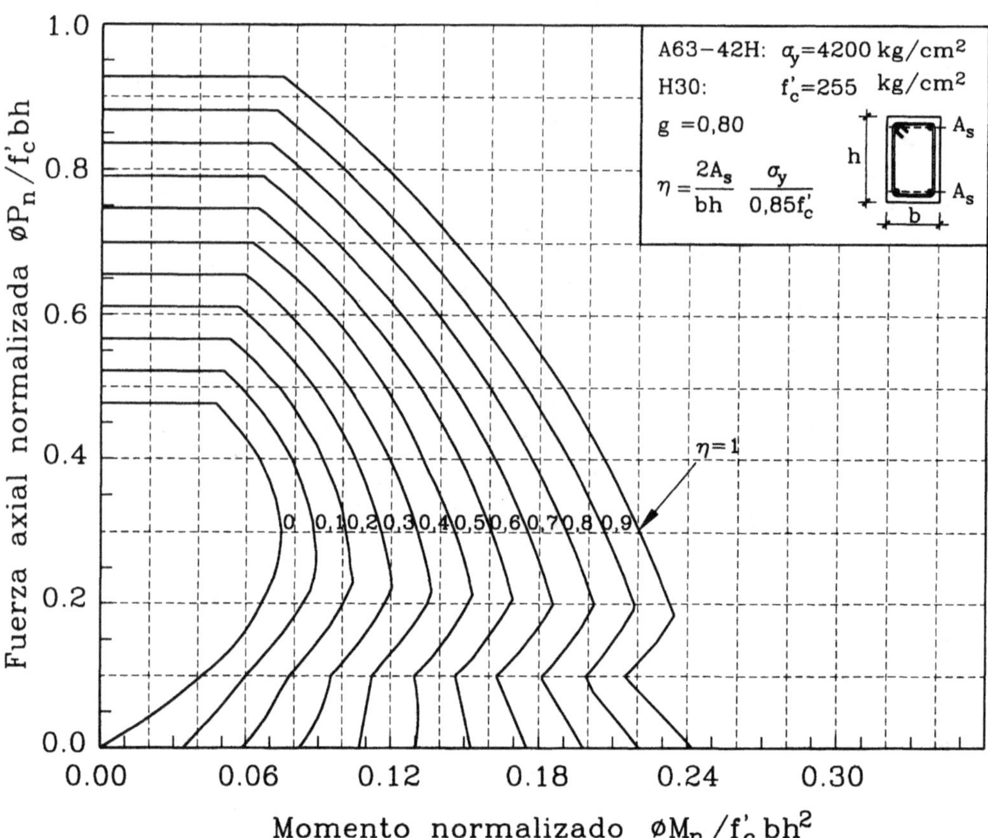

ABACO H 2.4

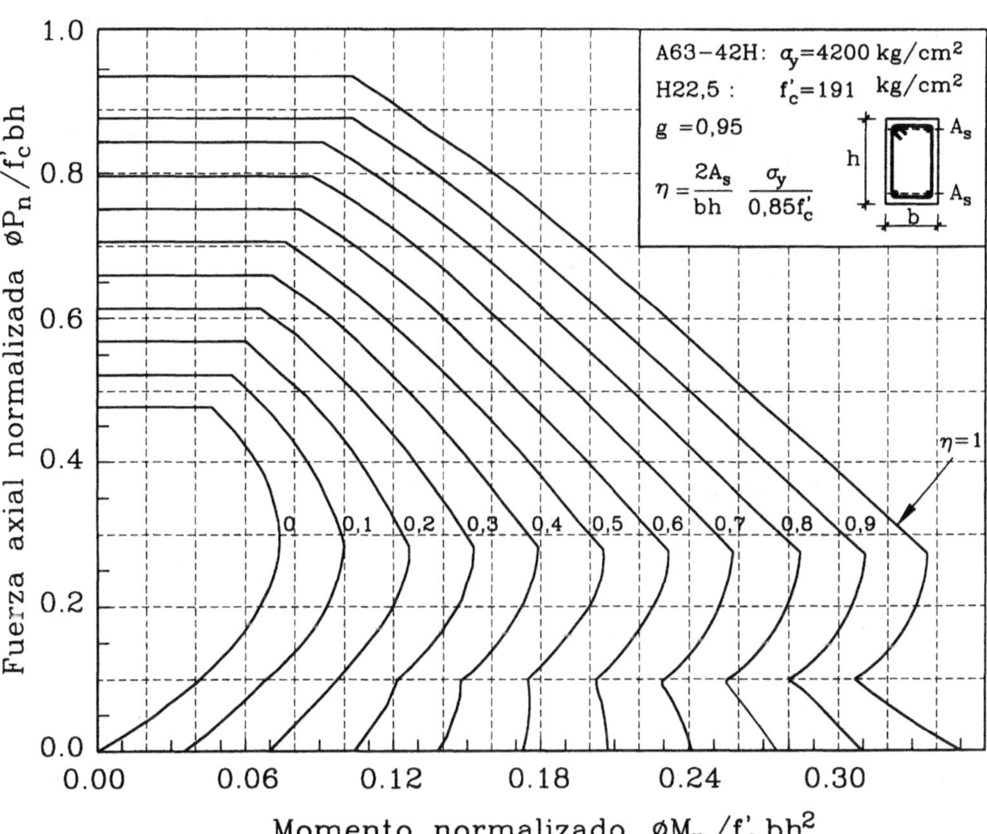

ABACO H 2.5

Fuerza axial normalizada $\phi P_n / f'_c bh$
Momento normalizado $\phi M_n / f'_c bh^2$
A63-42H $\sigma_y = 4200\ kg/cm^2$
H22,5 : $f'_c = 191\ kg/cm^2$
g = 0,90
$\eta = \dfrac{2A_s}{bh} \dfrac{\sigma_y}{0,85 f'_c}$
A_s
A_s
h
b
$\eta = 1$
0
0,1
0,2
0,3
0,4
0,5
0,6
0,7
0,8
0,9

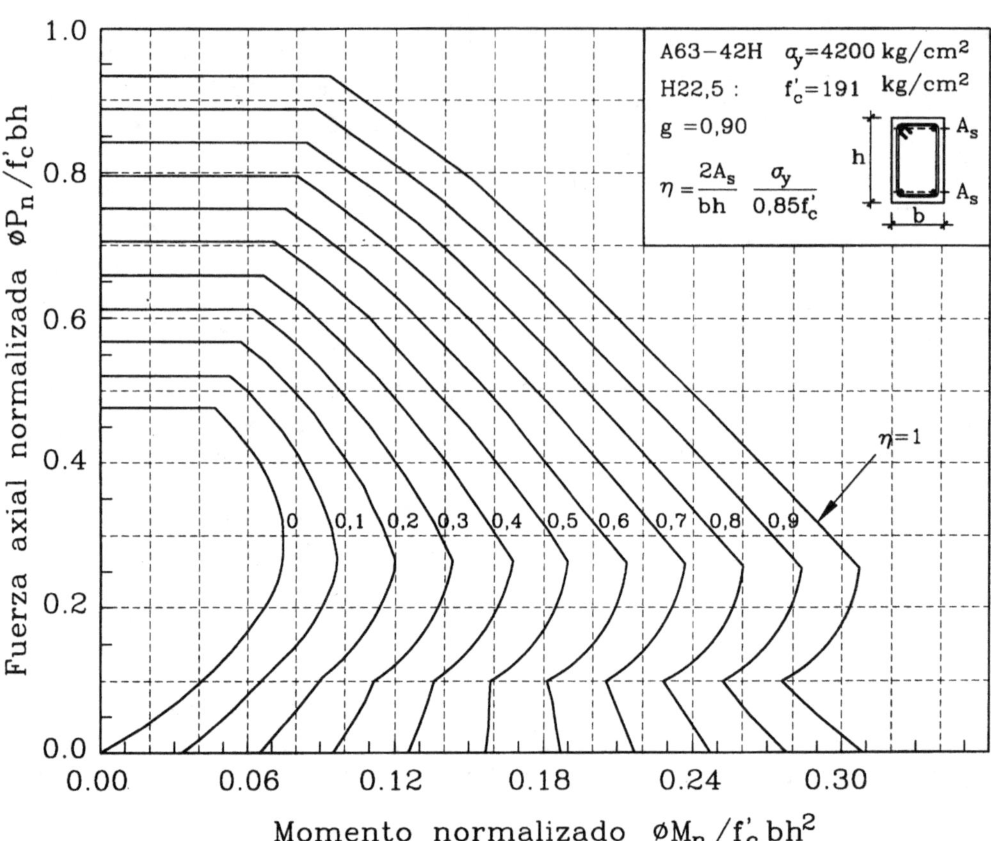

ABACO H 2.6

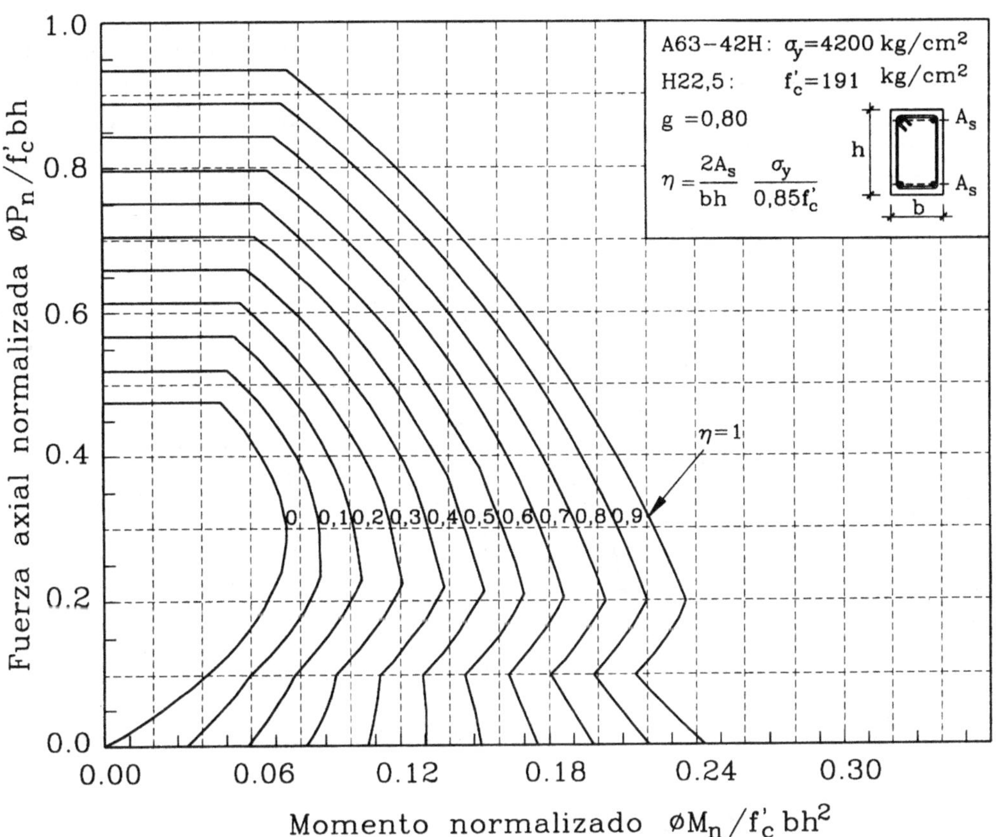

ABACO H 2.7

A44−28H: $\sigma_y = 2800\ kg/cm^2$
H30: $f'_c = 255\ kg/cm^2$
g = 0,95
$\eta = \dfrac{2A_s}{bh}\ \dfrac{\sigma_y}{0,85f'_c}$
A_s
h
A_s
b
$\eta = 1$
0
0,1
0,2
0,3
0,4
0,5
0,6
0,7
0,8
0,9
Fuerza axial normalizada $\phi P_n / f'_c\, bh$
Momento normalizado $\phi M_n / f'_c\, bh^2$

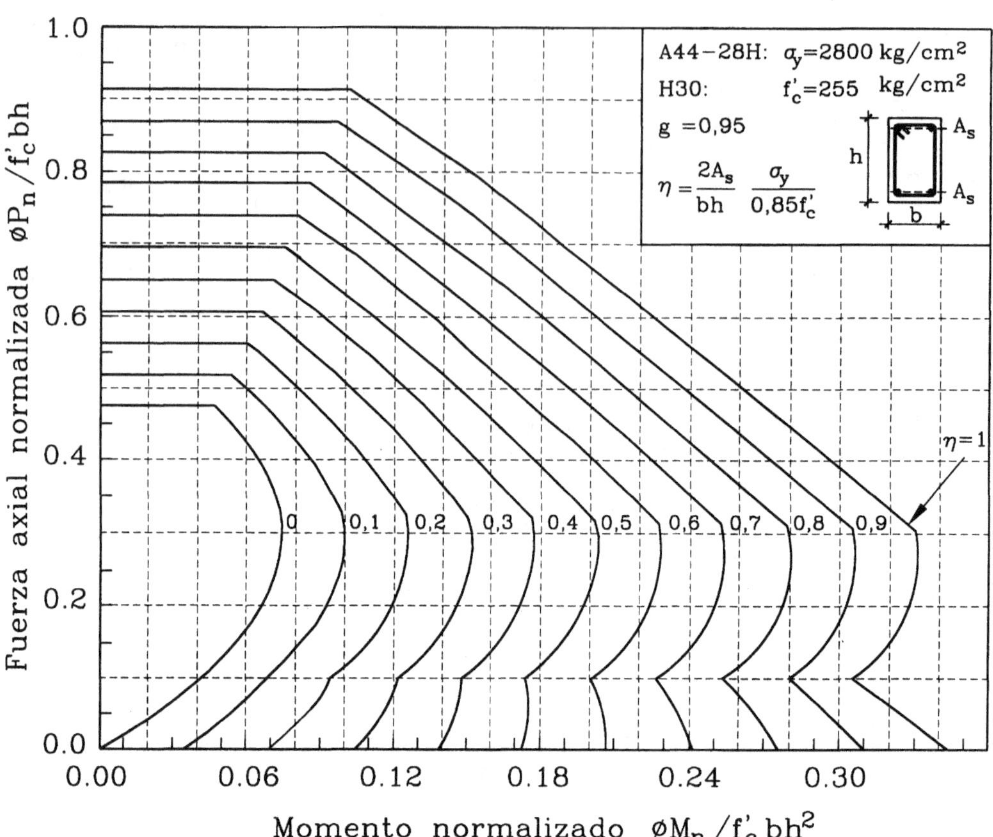

ABACO H 2.8

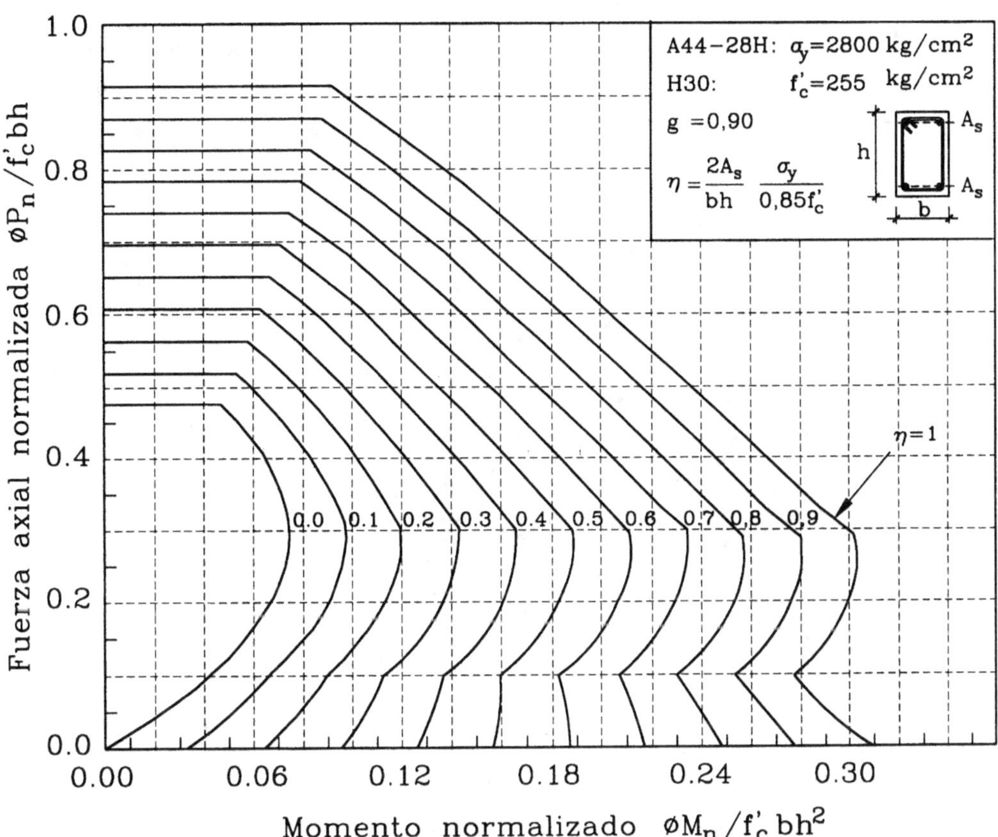

ABACO H 2.9

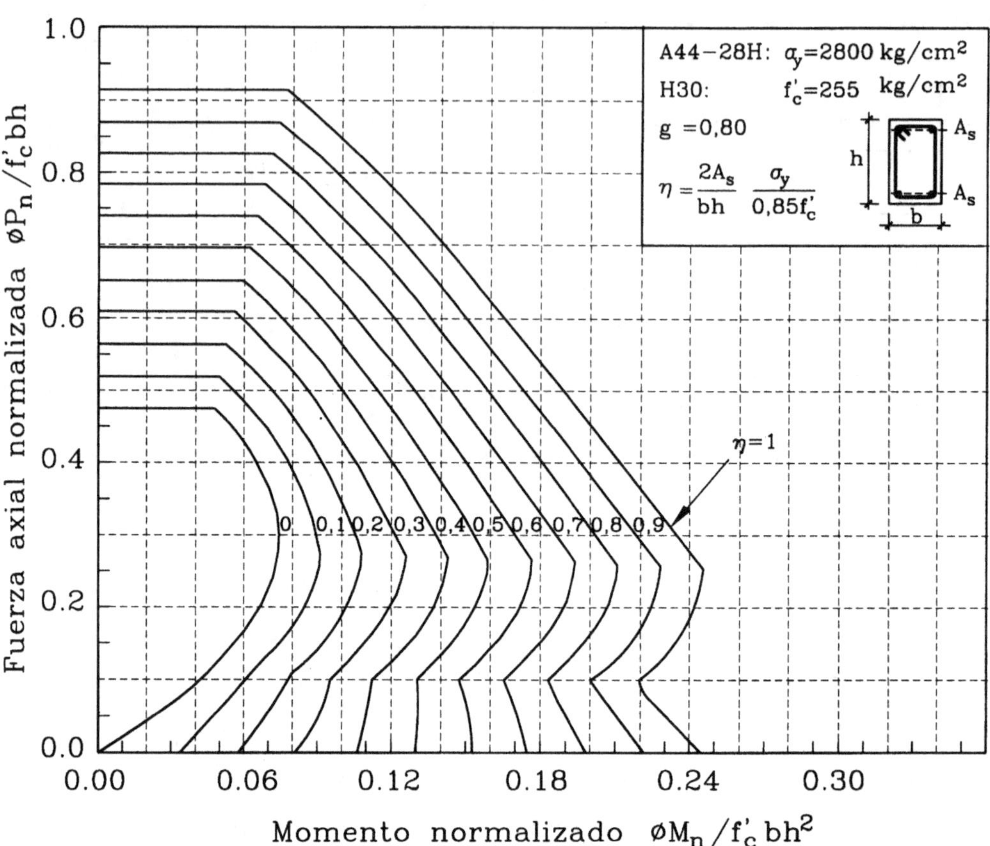

ABACO H 2.10

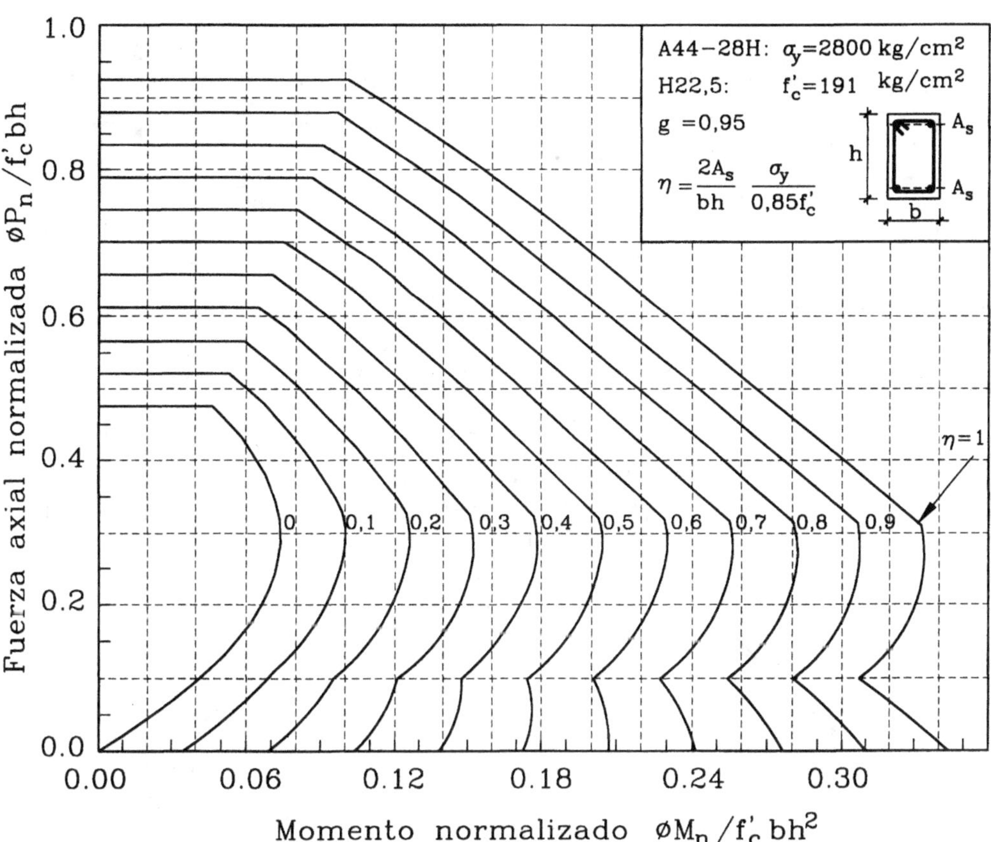

ABACO H 2.11

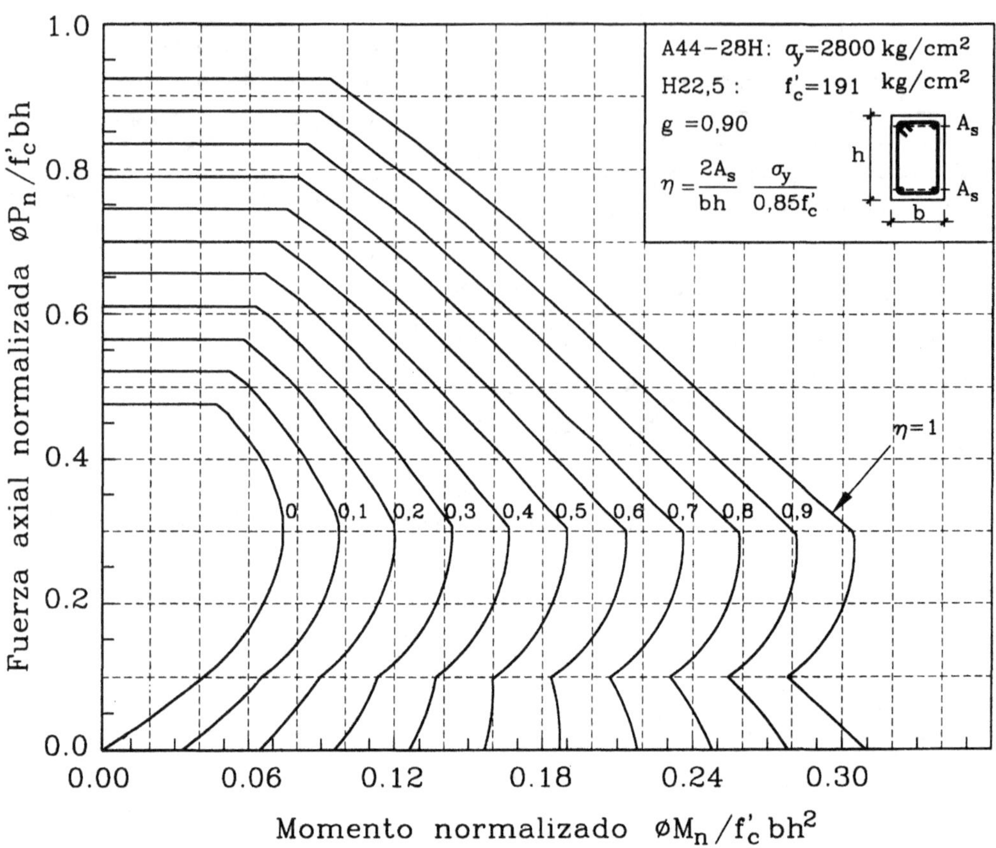

ABACO H 2.12

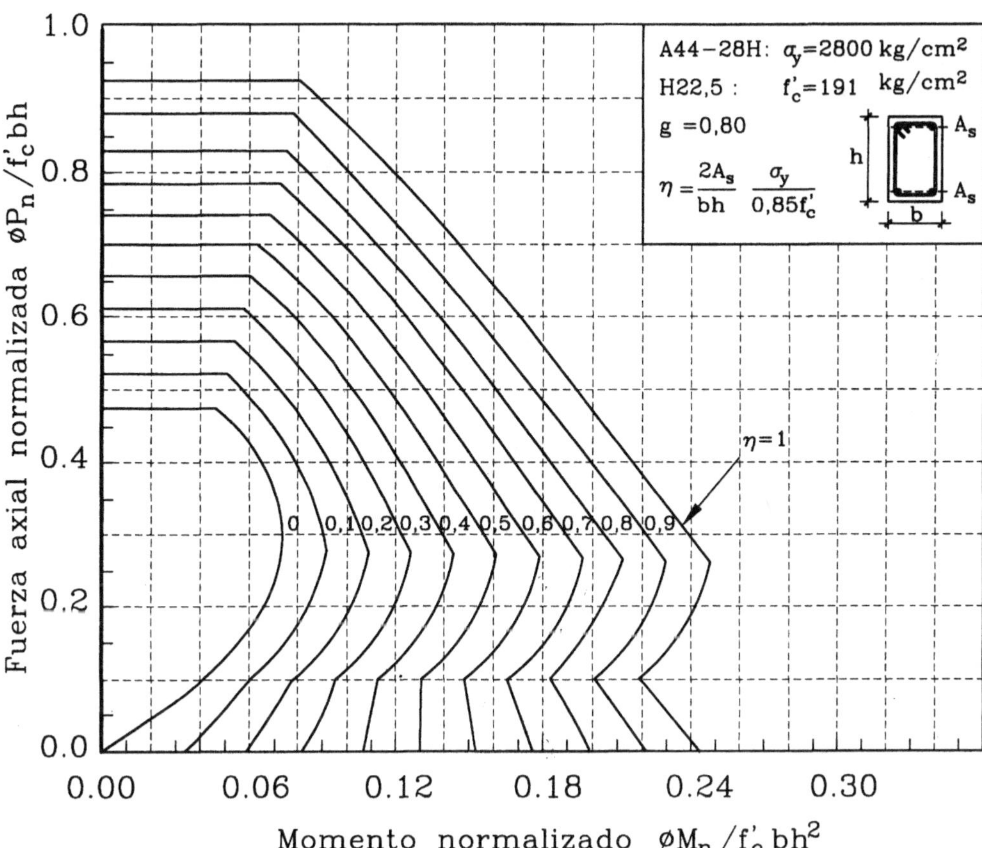

TABLAS PARA DISEÑO EN MADERA

TABLA M.1 Propiedades de Algunas Maderas Chilenas (Instituto Forestal, 1967)

Especie	Localidad	Autor	Peso Seco gr/cm³	Hum. %	Flexión			Compresión						Tracción Axial			Cizalle	
								Axial			Normal							
					σ_{pf}	σ_{rf}	E_f	σ_{pc}	σ_{rc}	E_c	σ_{pn}	σ_{rn}		σ_{pt}	σ_{rt}	E_t	τ_{rf}	τ_{rr}
Pino Insigne	Campanario, Ñuble	Albala (1966)	0,31	194	162	311	54.260	70	121	52.600	—	—		—	—	—	47	41
	Campanario, Ñuble	Albala (1966)	0,34	12	314	562	73.340	176	308	75.500	—	—		—	—	—	74	59
	Antihuala, Arauco	Albala (1966)	0,35	186	198	390	71.540	105	162	67.070	—	—		—	—	—	55	46
	Antihuala, Arauco	Albala (1966)	0,36	12	400	689	89.320	183	396	103.500	—	—		—	—	—	78	70
	Lota, Concepción	Dohr (1947)	0,47	12	446	842	114.000	258	445	126.000	58	—		718	913	117.000	—	116
	Colcura, Concepción	IDIEM (1962)	0,47	12	481	936	128.400	187	464	134.800	62	133		—	—	—	122	102
Alamo	Copihue, Linares	IDIEM (1962)	0,29	182	201	378	51.200	92	169	65.400	19	43		367	577	70.200	51	41
	Copihue, Linares	IDIEM (1962)	0,32	12	—	515	—	—	304	—	—	69		—	—	—	67	61
	Rosario, O'Higgins	IDIEM (1962)	0,30	12	—	553	—	—	308	—	—	65		—	532	—	74	62
Roble	—	Torricelli (1941)	0,55	12	650	850	123.500	338	472	131.000	80	—		—	—	—	—	120
	—	Carreño (1940)	—	15	634	837	123.600	—	—	—	—	—		—	—	—	—	—
Coigüe	Paillaco, Valdivia	IDIEM (1962)	0,56	14	483	737	101.800	240	451	110.500	83	152		514	867	91.100	115	91
	Chorquenco, Cautín	IDIEM (1962)	0,60	15	527	814	105.800	250	455	113.000	96	228		480	832	91.900	136	100

(Tensiones en Kg/cm²)

TABLA M.2 Grupos de Madera según su Resistencia (NCh1989.Of86)

a) Grupos para madera en estado verde (H ≥ 30 %)

Propiedad	Grupo según valor mínimo en kg/cm² de la propiedad que se indica						
	E1	E2	E3	E4	E5	E6	E7
$\overline{\sigma}_{rf}$	860	730	620	520	430	360	300
$\overline{E}_f$	163.000	131.000	105.000	81.000	59.000	43.000	28.000
$\overline{\sigma}_{rc}$	400	340	290	240	200	170	140

b) Grupos para madera en estado seco (H = 12 %)

Propiedad	Grupo según valor mínimo en kg/cm² de la propiedad que se indica						
	ES1	ES2	ES3	ES4	ES5	ES6	ES7
$\overline{\sigma}_{rf}$	1.300	1.100	940	780	650	550	450
$\overline{E}_f$	198.600	161.600	132.000	102.500	78.500	60.000	41.500
$\overline{\sigma}_{rc}$	770	650	550	460	380	320	260

TABLA M.3 Agrupación de Especies Madereras según su Resistencia (NCh1989.Of86)

a) Estado verde (H ≥ 30 %)

Grupo	Especie	
E2	Eucaliptus	Eucalyptus globulus
E3	Ulmo	Eucryphia cordifolia
E4	Araucaria Coigüe Coigüe de Chiloé Coigüe de Magallanes Raulí Roble Roble de Maule Tineo	Araucaria araucana Nothofagus dombeyi Nothofagus nitida Nothofagus betuloides Nothofagus alpina Nothofagus obliqua Nothofagus glauca Weinmannia triscosperma
E5	Alerce Canelo de Chiloé Ciprés de la Coordillera Ciprés de las Guaitecas Laurel Lenga Lingue Mañío macho Olivillo Pino Oregón Tepa	Fitzroya cupressoides Drymis winteri Austrocedrus chilensis Pilgerodendron uvifera Laurelia sempervirens Nothofagus pumilio Persea lingue Podocarpus nubigenus Aextoxicon punctatum Pseudotsuga menziesii Laurelia philippiana
E6	Alamo Pino radiata	Populus nigra Pinus radiata

b) Estado seco

Grupo	Especie	
ES2	Eucaliptus	Eucalyptus globulus
ES3	Lingue	Persea lingue
ES4	Araucaria Coigüe Coigüe de Chiloé Laurel Lenga Mañío de hojas largas Roble Roble de Maule Tineo Ulmo	Araucaria araucana Nothofagus dombeyi Nothofagus nitida Laurelia sempervirens Nothofagus pumilio Podocarpus salignus Nothofagus obliqua Nothofagus glauca Weinmannia triscosperma Eucryphia cordifolia
ES5	Alerce Canelo de Chiloé Ciprés de la Coordillera Coigüe de Magallanes Mañío macho Olivillo Pino radiata Pino Oregón Raulí Tepa	Fitzroya cupressoides Drymis winteri Austrocedrus chilensis Nothofagus betuloides Podocarpus nubigenus Aextoxicon punctatum Pinus radiata Pseudotsuga menziesii Nothofagus alpina Laurelia philippiana
ES6	Alamo Ciprés de las Guaitecas Mañío hembra	Populus nigra Pilgerodendron uvifera Saxegothaea conspicua

TABLA M.4 Glosario de los Principales Defectos en Piezas de Madera

Acebolladura	Separación entre dos anillos consecutivos.
Agujero	Orificio resultante del desprendimiento de un nudo.
Bolsillos	Presencia de corteza en la madera, o cavidad de resina, o crecimiento anormal.
Canto Muerto	Material faltante en una arista de la pieza.
Deformaciones	Arqueadura: curvatura de la pieza en torno a su eje flexural débil. Encorvadura: curvatura de la pieza en torno a su eje fuerte. Torcedura: torsión de la pieza en torno a su eje longitudinal. Acanaladura: alabeo en forma de canal.
Desviación de las fibras	Cuando la dirección longitudinal de las fibras no es paralela al borde la pieza.
Grieta	Separación longitudinal de las fibras. Se llama rajadura si ocurre cortando dos superficies opuestas o adyacentes de una pieza.
Médula	Parte central del tronco constituida por tejido parenquimatoso (tejido celular esponjoso y blando).
Nudos	Singularidades producto de la interferencia de una rama. Pueden ser firmes y sanos si se generan de una rama viva que ha crecido junto con el tronco, pero producen desviación de las fibras. Pueden ser sueltos o muertos producto de una rama muerta no podada junto al tronco.
Pudrición	Degradación debido a hongos xilófagos que afecta seriamente la resistencia de la madera.
Velocidad de crecimiento	Número de anillos por centímetro.

TABLA M.5 Clases Estructurales de Madera

a) Clases estructurales para madera con humedad H > 20 % o piezas simples de espesor superior a 10 cm.

Grado de calidad estructural	Razón de resist.	Grupo (según propiedades en estado verde)						
		E1	E2	E3	E4	E5	E6	E7
1	0,75	f 27	f 22	f 17	f 14	f 11	f 8	f 7
2	0,60	f 22	f 17	f 14	f 11	f 8	f 7	f 5
3	0,48	f 17	f 14	f 11	f 8	f 7	f 5	f 4
4	0,38	f 14	f 11	f 8	f 7	f 5	f 4	f 3

b) Clases estructurales para madera con humedad H ≤ 12 % y espesor ≤ 10 cm.

Grado de calidad estructural	Razón de Resist.	Grupo (según propiedades en estado seco)						
		ES1	ES2	ES3	ES4	ES5	ES6	ES7
1	0,75		f 34	f 27	f 22	f 17	f 14	f 11
2	0,60	f 34	f 27	f 22	f 17	f 14	f 11	f 8
3	0,48	f 27	f 22	f 17	f 14	f 11	f 8	f 7
4	0,38	f 22	f 17	f 14	f 11	f 8	f 7	f 5

c)   Clases estructurales para Pino Radiata seco (H ≤ 12 %):

La norma NCh1207.Of90 define tres grados: estructural selecto (GS), grado 1 (G1) y grado 2 (G2) que se pueden asimilar, respectivamente, a las clases f11, f7 y f3 con un módulo de elasticidad E_f mejorado en un 30%, (o bien usar directamente la Tabla M.8).

TABLA M.6 Grupos a Considerar para Escoger la Clase Estructural para la Determinación de Tensiones Admisibles y Módulo de Elasticidad

Item	Humedad de la madera		Espesor de la pieza (e)	Grupos a considerar para:	
	Durante la construcción H_c	En servicio H_s		Tensiones admisibles	Módulo de elasticidad
0	cualquiera	cualquiera	e > 10 cm	E	E
1	$H_c \geq 20\,\%$	$H_s \geq 20\,\%$	cualquiera	E	E
2	$H_c \geq 20\,\%$	$H_s \leq 12\,\%$	e ≤ 5 cm	ES	ES
3	$H_c \leq 12\,\%$	$H_s \leq 12\,\%$	e ≤ 10 cm	ES	ES
4	$H_c \leq 12\,\%$	$H_s \geq 20\,\%$	e ≤ 10 cm	E	ES
5	$12 < H_c < 20$	$H_s < H_c$	e ≤ 10 cm	ES+corrección	ES+corrección

Notas:

- La corrección indicada en el ítem 5 se refiere a la aplicación del factor K_H.

- E: Grupos y clases según Tabla M.5.a.

- ES: Grupos y clases según Tabla M.5.b.

TABLA M.7 Tensiones Admisibles y Módulo de Elasticidad en Flexión, en kg/cm², para Madera Aserrada. Todas las Especies Excepto Pino Radiata Seco

Clase estructural	Tensiones admisibles				Módulo de elasticidad en flexión E_f
	Flexión σ_f^{ad}	Compresión paralela σ_{cp}^{ad}	Tracción paralela σ_{tp}^{ad}	Cizalle τ^{ad}	
f 34	345	260	207	24,5	181.500
f 27	275	205	165	20,5	150.000
f 22	220	165	132	17,0	126.000
f 17	170	130	102	14,5	106.000
f 14	140	105	84	12,5	91.000
f 11	110	83	66	10,5	79.000
f 8	86	66	52	8,6	69.000
f 7	69	52	41	7,2	61.000
f 5	55	41	33	6,2	55.000
f 4	43	33	26	5,2	50.000
f 3	34	26	20	4,3	46.000
f 2	28	21	17	3,6	43.500

Tensiones admisibles para compresión normal		
Grupos de especies		σ_{cn}^{adm}
	ES 1	90
	ES 2	74
	ES 3	61
E 1	ES 4	50
E 2	ES 5	41
E 3	ES 6	34
E 4	ES 7	28
E 5		23
E 6		19
E 7		16

TABLA M.8 Tensiones Admisibles y Módulo de Elasticidad en Flexión, en kg/cm², para Madera Aserrada de Pino Radiata Seco

Grado estructural	Tensiones admisibles					Módulo de elasticidad en flexión E_f
	Flexión σ_f^{ad}	Compresión paralela σ_{cp}^{ad}	Tracción paralela σ_{tp}^{ad}	Compresión normal σ_{cn}^{ad}	Cizalle τ^{ad}	
GS	110	83	66	25	9	105.000
G1	75	56	45	25	7	90.000
G2	40	40	20	25	4	70.000

TABLA M.9 Dimensiones para Piezas de Madera Aserrada y Cepillada

Dimensión nominal de la pieza aserrada (pulgadas)	Dimensión real de la pieza cepillada (mm)
1/2	9
3/4	14
1	20
1 1/2	32
2	45
3	70
4	90
5	115
6	140
8	190
10	240

Nota: 1 pulgada = 2,54 cm.

TABLA M.10 Dimensiones de Clavos Estándar

Designación (mm x mm)	Largo (mm)	Diámetro (mm)	Cantidad de clavos por Kilogramo
150 x 5,6	150	5,6	24
125 x 5,1	125	5,1	37
100 x 4,3	100	4,3	66
90 x 3,9	90	3,9	103
75 x 3,5	75	3,5	145
65 x 3,1	65	3,1	222
50 x 2,8	50	2,8	362
50 x 2,2	50	2,2	405
45 x 2,2	45	2,2	559
40 x 2,2	40	2,2	647
30 x 2,0	30	2,0	1195
25 x 1,7	25	1,7	2042
20 x 1,5	20	1,5	3362
15 x 1,3	15	1,3	6026

Nota: El largo no incluye la cabeza del clavo.

TABLA M.11 Densidad Anhidra de Algunas Maderas Crecidas en Chile; Valor Característico Percentil 5 %

Especie Nombre Común	ρ_o (kg/m³)
Alamo	357
Alerce	385
Algarrobo	619
Araucaria	477
Canelo	440
Ciprés de la Cordillera	393
Ciprés de las Guaitecas	390
Coigüe	400
Coigüe de Chiloé	505
Coigüe de Magallanes	518
Eucaliptus	543
Laurel	427
Lenga	476
Lingue	498
Mañío Hojas Punzantes	435
Olivillo	460
Pino Oregón	326
Pino Radiata	370
Raulí	426
Roble	527
Roble del Maule	605
Tepa	442
Tineo	583
Ulmo	525

TABLA DE PROBABILIDADES. DISTRIBUCION NORMAL

TABLA P.1 Función de Distribución Acumulada de Probabilidad para Variable Aleatoria Normal Estándar

$$\phi(x) = \frac{1}{\sqrt{2\pi}} \int_{-\infty}^{x} e^{-x^2/2}\, dx$$

x	$\phi(x)$	x	$\phi(x)$	x	$\phi(x)$
0.00	0.500000	0.50	0.691462	1.00	0.841345
0.01	0.503989	0.51	0.694974	1.01	0.843752
0.02	0.507978	0.52	0.698468	1.02	0.846136
0.03	0.511966	0.53	0.701944	1.03	0.848495
0.04	0.515953	0.54	0.705401	1.04	0.850830
0.05	0.519939	0.55	0.708840	1.05	0.853141
0.06	0.523922	0.56	0.712260	1.06	0.855428
0.07	0.527903	0.57	0.715661	1.07	0.857690
0.08	0.531881	0.58	0.719043	1.08	0.859929
0.09	0.535856	0.59	0.722405	1.09	0.862143
0.10	0.539828	0.60	0.725747	1.10	0.864334
0.11	0.543795	0.61	0.729069	1.11	0.866500
0.12	0.547758	0.62	0.732371	1.12	0.868643
0.13	0.551717	0.63	0.735653	1.13	0.870762
0.14	0.555670	0.64	0.738914	1.14	0.872857
0.15	0.559618	0.65	0.742154	1.15	0.874928
0.16	0.563559	0.66	0.745373	1.16	0.876976
0.17	0.567495	0.67	0.748571	1.17	0.879000
0.18	0.571424	0.68	0.751748	1.18	0.881000
0.19	0.575345	0.69	0.754903	1.19	0.882977
0.20	0.579260	0.70	0.758036	1.20	0.884930
0.21	0.583166	0.71	0.761148	1.21	0.886861
0.22	0.587064	0.72	0.764238	1.22	0.888768
0.23	0.590954	0.73	0.767305	1.23	0.890651
0.24	0.594835	0.74	0.770350	1.24	0.892512
0.25	0.598706	0.75	0.773373	1.25	0.894350
0.26	0.602568	0.76	0.776373	1.26	0.896165
0.27	0.606420	0.77	0.779350	1.27	0.897958
0.28	0.610261	0.78	0.782305	1.28	0.899727
0.29	0.614092	0.79	0.785236	1.29	0.901475
0.30	0.617911	0.80	0.788145	1.30	0.903200
0.31	0.621720	0.81	0.791030	1.31	0.904902
0.32	0.625516	0.82	0.793892	1.32	0.906582
0.33	0.629300	0.83	0.796731	1.33	0.908241
0.34	0.633072	0.84	0.799546	1.34	0.909877
0.35	0.636831	0.85	0.802337	1.35	0.911492
0.36	0.640576	0.86	0.805105	1.36	0.913085
0.37	0.644309	0.87	0.807850	1.37	0.914657
0.38	0.648027	0.88	0.810570	1.38	0.916207
0.39	0.651732	0.89	0.813267	1.39	0.917736
0.40	0.655422	0.90	0.815940	1.40	0.919243
0.41	0.659097	0.91	0.818589	1.41	0.920730
0.42	0.662757	0.92	0.821214	1.42	0.922196
0.43	0.666402	0.93	0.823814	1.43	0.923641
0.44	0.670031	0.94	0.826391	1.44	0.925066
0.45	0.673645	0.95	0.828944	1.45	0.926471
0.46	0.677242	0.96	0.831472	1.46	0.927855
0.47	0.680822	0.97	0.833977	1.47	0.929219
0.48	0.684386	0.98	0.836457	1.48	0.930563
0.49	0.687933	0.99	0.838913	1.49	0.931888

TABLA P.1 Función de Distribución Acumulada de Probabilidad para Variable Aleatoria Normal Estándar (continuación)

x	$\phi(x)$	x	$\phi(x)$	x	$\phi(x)$
1.50	0.933193	2.00	0.977250	2.50	0.993790
1.51	0.934478	2.01	0.977784	2.51	0.993963
1.52	0.935745	2.02	0.978308	2.52	0.994132
1.53	0.936992	2.03	0.978822	2.53	0.994297
1.54	0.938220	2.04	0.979325	2.54	0.994457
1.55	0.939429	2.05	0.979818	2.55	0.994614
1.56	0.940620	2.06	0.980301	2.56	0.994766
1.57	0.941792	2.07	0.980774	2.57	0.994915
1.58	0.942947	2.08	0.981237	2.58	0.995060
1.59	0.944083	2.09	0.981691	2.59	0.995201
1.60	0.945201	2.10	0.982136	2.60	0.995339
1.61	0.946301	2.11	0.982571	2.61	0.995473
1.62	0.947384	2.12	0.982997	2.62	0.995604
1.63	0.948449	2.13	0.983414	2.63	0.995731
1.64	0.949497	2.14	0.983823	2.64	0.995855
1.65	0.950529	2.15	0.984222	2.65	0.995975
1.66	0.951543	2.16	0.984614	2.66	0.996093
1.67	0.952540	2.17	0.984997	2.67	0.996207
1.68	0.953521	2.18	0.985371	2.68	0.996319
1.69	0.954486	2.19	0.985738	2.69	0.996427
1.70	0.955435	2.20	0.986097	2.70	0.996533
1.71	0.956367	2.21	0.986447	2.71	0.996636
1.72	0.957284	2.22	0.986791	2.72	0.996736
1.73	0.958185	2.23	0.987126	2.73	0.996833
1.74	0.959070	2.24	0.987455	2.74	0.996928
1.75	0.959941	2.25	0.987776	2.75	0.997020
1.76	0.960796	2.26	0.988089	2.76	0.997110
1.77	0.961636	2.27	0.988396	2.77	0.997197
1.78	0.962462	2.28	0.988696	2.78	0.997282
1.79	0.963273	2.29	0.988989	2.79	0.997365
1.80	0.964070	2.30	0.989276	2.80	0.997445
1.81	0.964852	2.31	0.989556	2.81	0.997523
1.82	0.965621	2.32	0.989830	2.82	0.997599
1.83	0.966375	2.33	0.990097	2.83	0.997673
1.84	0.967116	2.34	0.990358	2.84	0.997744
1.85	0.967843	2.35	0.990613	2.85	0.997814
1.86	0.968557	2.36	0.990863	2.86	0.997882
1.87	0.969258	2.37	0.991106	2.87	0.997948
1.88	0.969946	2.38	0.991344	2.88	0.998012
1.89	0.970621	2.39	0.991576	2.89	0.998074
1.90	0.971283	2.40	0.991802	2.90	0.998134
1.91	0.971933	2.41	0.992024	2.91	0.998193
1.92	0.972571	2.42	0.992240	2.92	0.998250
1.93	0.973197	2.43	0.992451	2.93	0.998305
1.94	0.973810	2.44	0.992656	2.94	0.998359
1.95	0.974412	2.45	0.992857	2.95	0.998411
1.96	0.975002	2.46	0.993053	2.96	0.998462
1.97	0.975581	2.47	0.993244	2.97	0.998511
1.98	0.976148	2.48	0.993431	2.98	0.998559
1.99	0.976705	2.49	0.993613	2.99	0.998605

TABLA P.1 Función de Distribución Acumulada de Probabilidad para Variable Aleatoria Normal Estándar (continuación)

x	$\phi(x)$	x	$\phi(x)$	x	$\phi(x)$
3.00	0.998650	3.50	0.999767	4.00	0.9999683
3.01	0.998694	3.51	0.999776	4.01	0.9999697
3.02	0.998736	3.52	0.999784	4.02	0.9999709
3.03	0.998777	3.53	0.999792	4.03	0.9999721
3.04	0.998817	3.54	0.999800	4.04	0.9999733
3.05	0.998856	3.55	0.999807	4.05	0.9999744
3.06	0.998893	3.56	0.999815	4.06	0.9999755
3.07	0.998930	3.57	0.999822	4.07	0.9999765
3.08	0.998965	3.58	0.999828	4.08	0.9999775
3.09	0.998999	3.59	0.999835	4.09	0.9999784
3.10	0.999032	3.60	0.999841	4.10	0.9999794
3.11	0.999065	3.61	0.999847	4.11	0.9999802
3.12	0.999096	3.62	0.999853	4.12	0.9999811
3.13	0.999126	3.63	0.999858	4.13	0.9999819
3.14	0.999155	3.64	0.999864	4.14	0.9999826
3.15	0.999184	3.65	0.999869	4.15	0.9999834
3.16	0.999211	3.66	0.999874	4.16	0.9999841
3.17	0.999238	3.67	0.999879	4.17	0.9999848
3.18	0.999264	3.68	0.999888	4.18	0.9999854
3.19	0.999289	3.69	0.999888	4.19	0.9999861
3.20	0.999313	3.70	0.999892	4.20	0.9999867
3.21	0.999336	3.71	0.999896	4.21	0.9999872
3.22	0.999359	3.72	0.999900	4.22	0.9999878
3.23	0.999381	3.73	0.999904	4.23	0.9999883
3.24	0.999402	3.74	0.999908	4.24	0.9999888
3.25	0.999423	3.75	0.999912	4.25	0.9999893
3.26	0.999443	3.76	0.999915	4.26	0.9999898
3.27	0.999462	3.77	0.999918	4.27	0.9999902
3.28	0.999481	3.78	0.999922	4.28	0.9999907
3.29	0.999499	3.79	0.999925	4.29	0.9999911
3.30	0.999517	3.80	0.999928	4.30	0.9999915
3.31	0.999534	3.81	0.999931	4.31	0.9999919
3.32	0.999550	3.82	0.999933	4.32	0.9999922
3.33	0.999566	3.83	0.999936	4.33	0.9999926
3.34	0.999581	3.84	0.999938	4.34	0.9999929
3.35	0.999596	3.85	0.999941	4.35	0.9999932
3.36	0.999610	3.86	0.999943	4.36	0.9999935
3.37	0.999624	3.87	0.999946	4.37	0.9999938
3.38	0.999638	3.88	0.999948	4.38	0.9999941
3.39	0.999651	3.89	0.999950	4.39	0.9999943
3.40	0.999663	3.90	0.999952	4.40	0.9999946
3.41	0.999675	3.91	0.999954	4.45	0.9999957
3.42	0.999687	3.92	0.999956	4.50	0.9999966
3.43	0.999698	3.93	0.999958	4.60	0.9999979
3.44	0.999709	3.94	0.999959	4.70	0.9999987
3.45	0.999720	3.95	0.999961	4.80	0.9999992
3.46	0.999730	3.96	0.999963	4.90	0.9999995
3.47	0.999740	3.97	0.999964	5.00	0.9999997
3.48	0.999749	3.98	0.999966	5.10	0.9999998
3.49	0.999758	3.99	0.999967	5.20	0.9999999

TABLAS VARIAS

TABLA V.1 Sobrecargas de Uso Uniformemente Distribuidas para Pisos (Ref. NCh1537.Of86)

Tipo de edificio	Descripción de uso	Sobrecarga kg/m²
Bibliotecas	Áreas de lectura Áreas de archivo: a) apilamiento de hasta 1,8 m de altura b) por cada 0.30 m adicionales sobre 1.8 m	300 400 50
Bodegas	Áreas para mercadería liviana Áreas para mercadería pesada Áreas para frigoríficos. Debe estimarse pero no ser inferior a	600 1.200 1.500
Cárceles	Áreas de celda	250
Escuelas	Salas de clases con asientos fijos Salas de clases con asientos móviles	250 300
Estacionamientos	Áreas para estacionamientos y reparación de vehículos, incluyendo las vías de circulación	500
Fábricas	Áreas con maquinaria liviana Áreas con maquinaria pesada	400 600
Hospitales	Áreas para internados Áreas para quirófanos, laboratorios, etc. Deben estimarse pero no ser inferior a	200 300
Hoteles	Áreas para piezas Áreas para cocinas, lavanderías Áreas para salones, comedores y lugares de reunión	200 400 500

TABLA V.1 Continuación

Tipo de edificio	Descripción de uso	Sobrecarga kg/m^2
Iglesias	Áreas de culto con asientos fijos Áreas de culto con asientos móviles	300 500
Oficinas	Áreas privadas sin equipos Áreas públicas y áreas privadas con equipos	250 500
Teatros	Áreas con asientos fijos Áreas para escenarios Áreas de uso general	300 450 500
Tiendas	Áreas para ventas al por menor Áreas para ventas al por mayor	400 500
Viviendas	Buhardillas no habitables Áreas de uso general Balcones, terrazas y escalas	100 200 250

TABLA V.2 Esfuerzos internos y deformaciones en vigas con EI constante
(δ positivo es con deformación hacia abajo)

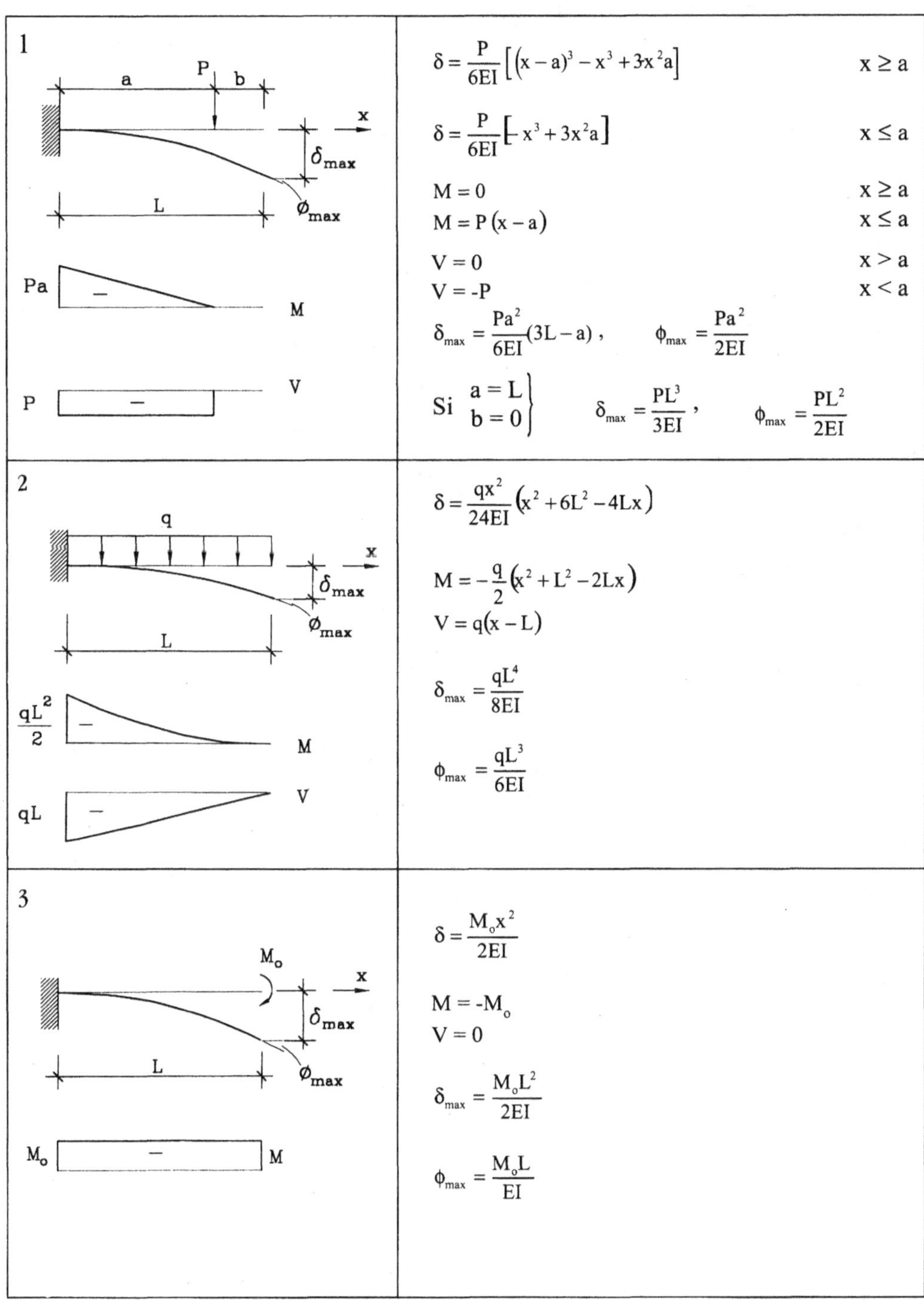

1

$$\delta = \frac{P}{6EI}\left[(x-a)^3 - x^3 + 3x^2 a\right] \qquad x \geq a$$

$$\delta = \frac{P}{6EI}\left[-x^3 + 3x^2 a\right] \qquad x \leq a$$

$$M = 0 \qquad x \geq a$$
$$M = P(x-a) \qquad x \leq a$$
$$V = 0 \qquad x > a$$
$$V = -P \qquad x < a$$

$$\delta_{max} = \frac{Pa^2}{6EI}(3L-a) , \qquad \phi_{max} = \frac{Pa^2}{2EI}$$

$$\text{Si} \quad \left.\begin{array}{l} a = L \\ b = 0 \end{array}\right\} \qquad \delta_{max} = \frac{PL^3}{3EI} , \qquad \phi_{max} = \frac{PL^2}{2EI}$$

2

$$\delta = \frac{qx^2}{24EI}\left(x^2 + 6L^2 - 4Lx\right)$$

$$M = -\frac{q}{2}\left(x^2 + L^2 - 2Lx\right)$$

$$V = q(x-L)$$

$$\delta_{max} = \frac{qL^4}{8EI}$$

$$\phi_{max} = \frac{qL^3}{6EI}$$

3

$$\delta = \frac{M_o x^2}{2EI}$$

$$M = -M_o$$
$$V = 0$$

$$\delta_{max} = \frac{M_o L^2}{2EI}$$

$$\phi_{max} = \frac{M_o L}{EI}$$

TABLA V.2 Continuación

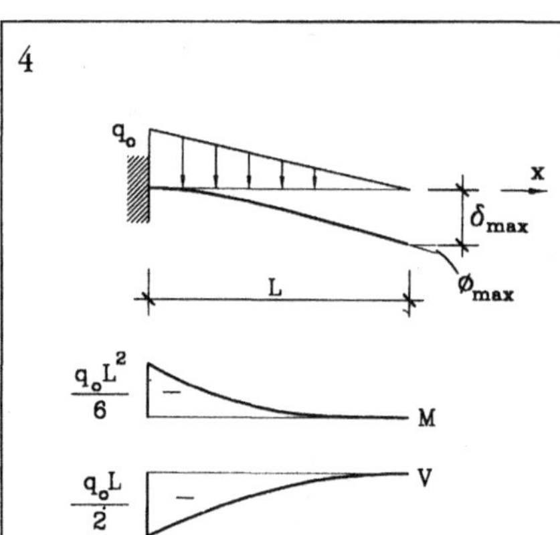

4

$$\delta = \frac{q_o x^2}{120LEI}\left(10L^3 - 10L^2 x + 5Lx^2 - x^3\right)$$

$$M = -\frac{q_o}{6L}\left(L^3 - 3L^2 x + 3Lx^2 - x^3\right)$$

$$V = \frac{q_o}{2L}\left(-L^2 + 2Lx - x^2\right)$$

$$\delta_{max} = \frac{q_o L^4}{30EI}$$

$$\phi_{max} = \frac{q_o L^3}{24EI}$$

5

$$\delta = \frac{q_o x^2}{120LEI}\left(20L^3 - 10L^2 x + x^3\right)$$

$$M = -\frac{q_o}{6L}\left(2L^3 - 3L^2 x + x^3\right)$$

$$V = \frac{q_o}{2L}\left(-L^2 + x^2\right)$$

$$\delta_{max} = \frac{11q_o L^4}{120EI}$$

$$\phi_{max} = \frac{q_o L^3}{8EI}$$

TABLA V.2 Continuación

6

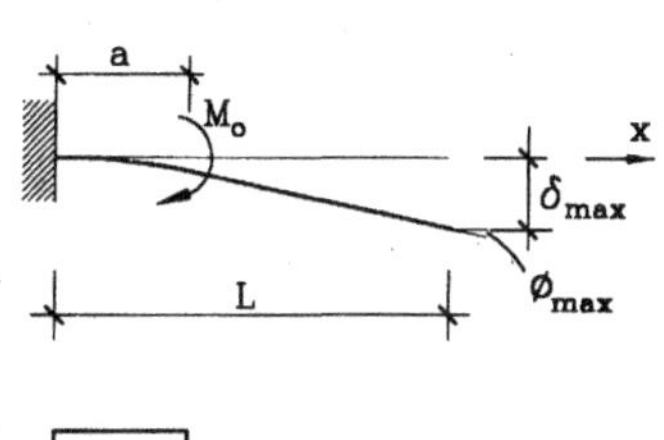

$$\delta = \frac{M_o x^2}{2EI} \qquad x \leq a$$

$$\delta = \frac{M_o a}{2EI}(2x - a) \qquad x \geq a$$

$$M = -M_o \qquad x < a$$

$$M = 0 \qquad x > a$$

$$V = 0$$

$$\delta_{max} = \frac{M_o a}{2EI}(2L - a)$$

$$\phi_{max} = \frac{M_o a}{EI}$$

7

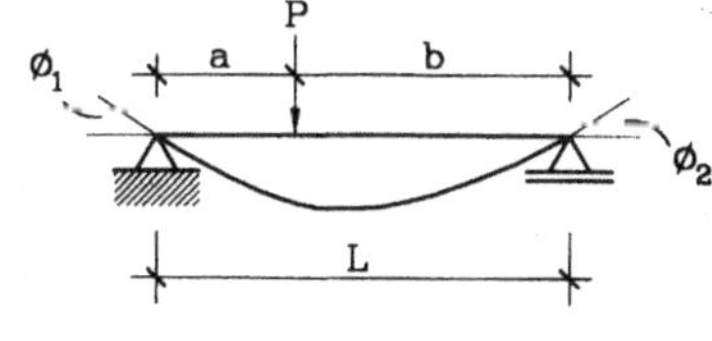

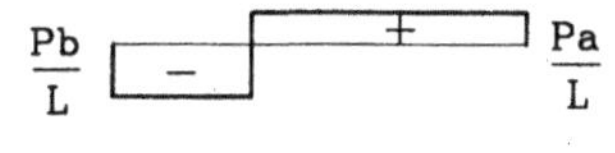

$$\delta = \frac{Pb}{6LEI}\left[\frac{L}{b}(x-a)^3 - x^3 + (L^2 - b^2)x\right] \qquad x \geq a$$

$$\delta = \frac{Pb}{6LEI}\left[-x^3 + (L^2 - b^2)x\right] \qquad x \leq a$$

$$M = \frac{Pa}{L}(L-x) \qquad x \geq a$$

$$M = \frac{Pbx}{L} \qquad x \leq a$$

$$V = \frac{Pa}{L} \qquad x > a$$

$$V = -\frac{Pb}{L} \qquad x < a$$

$$\delta_{max} = \frac{Pb\sqrt{(L^2 - b^2)^3}}{9\sqrt{3}LEI}, \qquad en \quad x = \sqrt{\frac{L^2 - b^2}{3}}$$

$$\phi_1 = \frac{Pab(2L - a)}{6LEI}$$

$$\phi_2 = \frac{Pab(2L - b)}{6LEI}$$

$$Si \; a = b = \frac{L}{2} \qquad \delta_{max} = \frac{PL^3}{48EI}, \qquad \phi_1 = \phi_2 = \frac{PL^2}{16EI}$$

TABLA V.2 Continuación

8 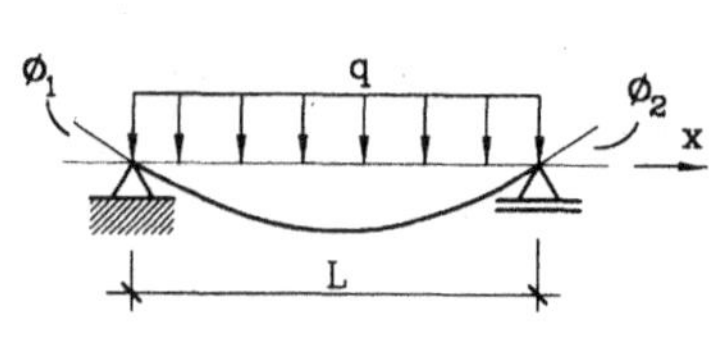 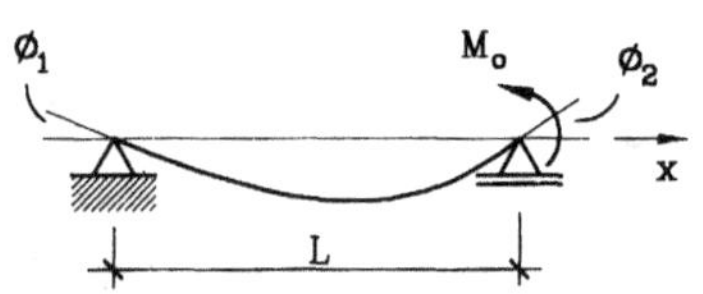 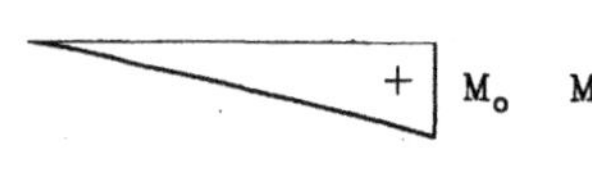	$\delta = \dfrac{qx}{24EI}\left(L^3 - 2Lx^2 + x^3\right)$ $M = \tfrac{1}{2}qL\left(x - \dfrac{x^2}{L}\right)$ $V = -\tfrac{1}{2}qL\left(1 - \dfrac{2x}{L}\right)$ $\delta_{max} = \dfrac{5qL^4}{384EI}$ $\phi_1 = \phi_2 = \dfrac{qL^3}{24EI}$
9	$\delta = \dfrac{M_oLx}{6EI}\left(1 - \dfrac{x^2}{L^2}\right)$ $M = \dfrac{M_o x}{L}$ $V = -\dfrac{M_o}{L}$ $\delta_{max} = \dfrac{M_oL^2}{9\sqrt{3}EI}, \quad \text{en} \quad x = \dfrac{L}{\sqrt{3}}$ $\phi_1 = \dfrac{M_oL}{6EI}$ $\phi_2 = \dfrac{M_oL}{3EI}$

TABLA V.2 Continuación

10

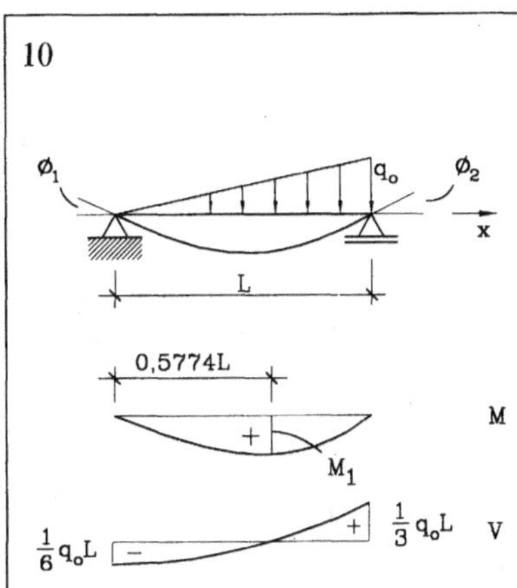

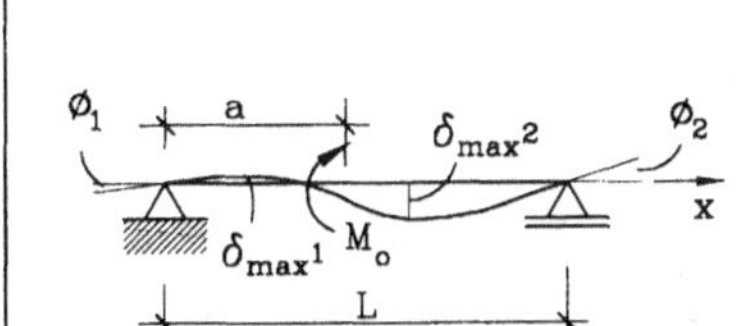

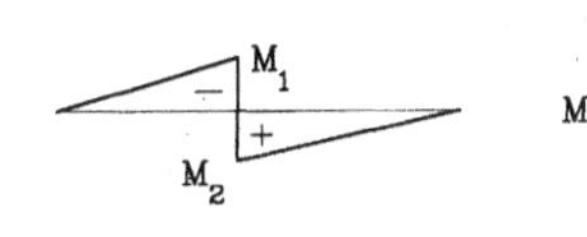

$$\delta = \frac{q_o}{360LEI}\left(3x^5 - 10L^2x^3 + 7L^4x\right)$$

$$M = -\tfrac{1}{6}q_o L\left(\frac{x^3}{L^2} - x\right)$$

$$M_1 = 0,06415 q_o L^2$$

$$V = \tfrac{1}{6}q_o L\left(\frac{3x^2}{L^2} - 1\right)$$

$$\delta_{max} = 0,00652\,\frac{q_o L^4}{EI}\,, \quad \text{en } x = 0,5193L$$

$$\phi_1 = \frac{7q_o L^3}{360EI}$$

$$\phi_2 = \frac{q_o L^3}{45EI}$$

11

$$\delta = -\frac{M_o}{6LEI}\left(6axL - 3a^2x - 2L^2x - x^3\right) \qquad x \le a$$

$$\delta = -\frac{M_o}{6LEI}\left(3a^2L + 3x^2L - x^3 - 2L^2x - 3a^2x\right) \qquad x \ge a$$

$$M = -\frac{M_o x}{L} \qquad x < a$$

$$M = \frac{M_o(L-x)}{L} \qquad x > a$$

$$M_1 = \frac{M_o a}{L}$$

$$M_2 = \frac{M_o(L-a)}{L}$$

$$V = \frac{M_o}{L}$$

$$\delta_{max1} = -\frac{M_o}{6LEI}\left(6ax_1 L - 3a^2x_1 - 2L^2x_1 - x_1^3\right)$$

$$\delta_{max2} = -\frac{M_o}{6LEI}\left(3a^2x_2 + 3x_2^2L - x_2^3 - 2L^2x_2 - 3a^2x_2\right)$$

$$x_1 = \sqrt{\left(2aL - a^2 - \tfrac{2}{3}L^2\right)}$$

$$x_2 = L - \sqrt{\left(\tfrac{1}{3}L^2 - a^2\right)}$$

$$\phi_1 = -\frac{M_o}{6LEI}\left(2L^2 - 6aL + 3a^2\right)$$

$$\phi_2 = \frac{M_o}{6LEI}\left(L^2 - 3a^2\right)$$

TABLA V.2 Continuación

12	
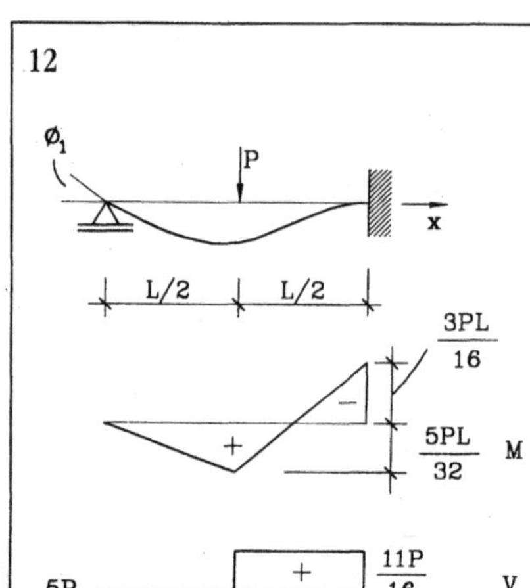	$\delta = \dfrac{P}{96EI}\left(-5x^3 + 3L^2 x\right)$ $\qquad x \le \dfrac{L}{2}$

$$\delta = \frac{P}{96EI}\left(-5x^3 + 3L^2 x\right) \qquad x \le \frac{L}{2}$$

$$\delta = \frac{P}{96EI}(x-L)^2(11x-2L) \qquad x \ge \frac{L}{2}$$

$$M = \frac{5}{16}Px \qquad x \le \frac{L}{2}$$

$$M = P\left(-\frac{11}{16}x + \frac{L}{2}\right) \qquad x \ge \frac{L}{2}$$

$$V = -\frac{5P}{16} \qquad x < \frac{L}{2}$$

$$V = \frac{11P}{16} \qquad x > \frac{L}{2}$$

$$\delta_{max} = 0,009317\frac{PL^3}{EI}, \quad \text{en } x = 0,4472L$$

$$\delta = \frac{7PL^3}{768EI} \quad \text{en } x = 0,5L$$

$$\phi_1 = \frac{PL^2}{32EI}$$

13	
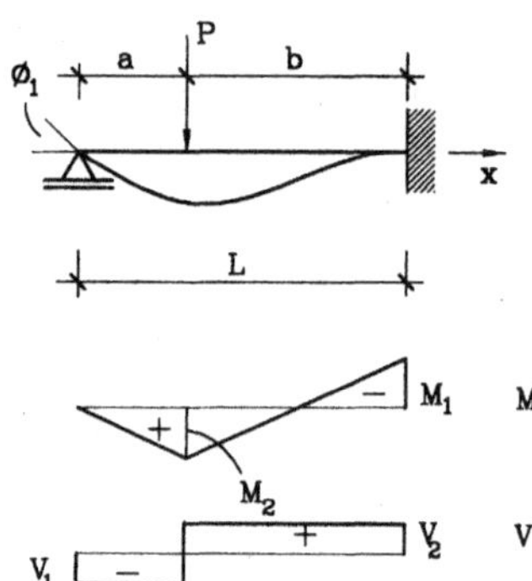	

$$\delta = -\frac{Pa(L-x)^2}{12L^3EI}\left(2La^2 - 3L^2x + a^2x\right) + \frac{P(a-x)^3}{6EI} \qquad x \le a$$

$$\delta = -\frac{Pa(L-x)^2}{12L^3EI}\left(2La^2 - 3L^2x + a^2x\right) \qquad x \ge a$$

$$M = \frac{P}{2}\frac{3b^2L - b^3}{L^3}\cdot x \qquad x \le a$$

$$M = \frac{P}{2}\frac{3b^2L - b^3}{L^3}\cdot x - P(x-a) \qquad x \ge a$$

$$M_1 = -\frac{Pab}{2L^2}(a+L)$$

$$M_2 = \frac{P}{2}\frac{3b^2L - b^3}{L^3}\cdot a$$

$$V = -\frac{P}{2}\frac{3b^2L - b^3}{L^3} = V_1 \qquad x < a$$

$$V = -\frac{P}{2}\frac{3b^2L - b^3}{L^3} + P = V_2 \qquad x > a$$

Si $a > 0,414L$

$$\delta_{max} = \frac{Pab^2\sqrt{a/(2L+a)}}{6EI}, \quad \text{en } x = L\sqrt{1 - \frac{2L}{3L-b}}$$

Si $a = 0,414L$

$$\delta_{max} = \frac{Pa(L^2 - a^2)^3}{3EI(3L^2 - a^2)^3}, \quad \text{en } x = \frac{L(L^2 + a^2)}{3L^2 - a^2}$$

Si $a < 0,414L$

$$\delta_{max} = \frac{0,0098PL^3}{EI}, \quad \text{en } x = a$$

$$\phi_1 = -\frac{P}{4EI}\left(\frac{b^3}{L} - b^2\right)$$

TABLA V.2 Continuación

14

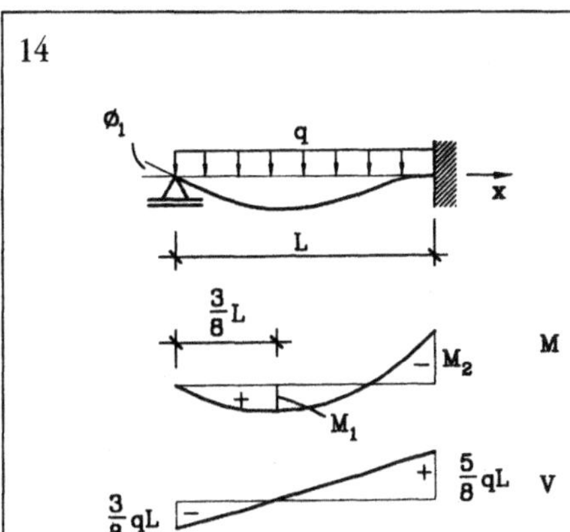

$$\delta = \frac{q}{48EI}\left(2x^4 - 3Lx^3 + L^3x\right)$$

$$M = -qL\left(\frac{x^2}{2L} - \frac{3x}{8}\right)$$

$$M_1 = \frac{9}{128}qL^2$$

$$M_2 = \frac{1}{8}qL^2$$

$$V = qL\left(\frac{x}{L} - \frac{3}{8}\right)$$

$$\delta_{max} = \frac{qL^4}{185EI}, \quad \text{en } x = 0{,}4215L$$

$$\phi_1 = \frac{qL^3}{48EI}$$

15

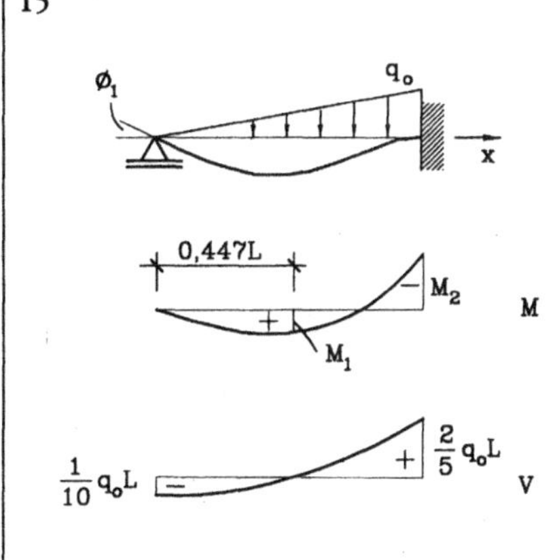

$$\delta = -\frac{q_o}{120LEI}\left(2L^2x^3 - L^4x - x^5\right)$$

$$M = -\tfrac{1}{2}q_oL\left(\frac{x^3}{3L^2} - \frac{x}{5}\right)$$

$$M_1 = 0{,}03q_oL^2$$

$$M_2 = \frac{1}{15}q_oL^2$$

$$V = \tfrac{1}{2}q_oL\left(\frac{x^2}{L^2} - \frac{1}{5}\right)$$

$$\delta_{max} = \frac{0{,}00238q_oL^4}{EI}, \quad \text{en } x = \frac{L}{\sqrt{5}}$$

$$\phi_1 = \frac{q_oL^3}{120EI}$$

TABLA V.2 Continuación

16

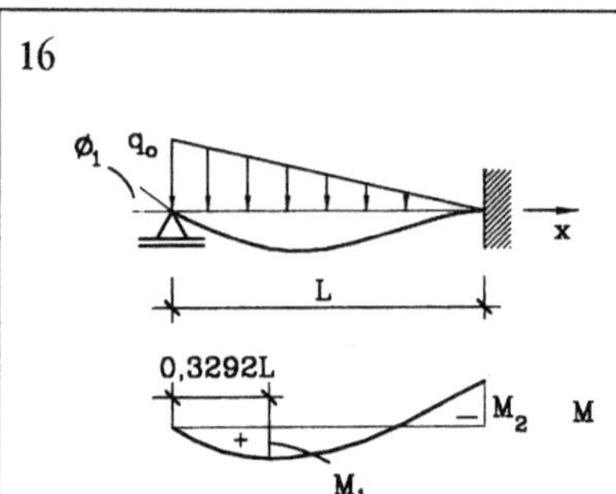

$$\delta = -\frac{q_o}{240LEI}\left(11L^2x^3 - 3L^4x - 10Lx^4 + 2x^5\right)$$

$$M = -\tfrac{1}{2}q_o L\left(\frac{x^2}{L} - \frac{11x}{20} - \frac{x^3}{3L^2}\right)$$

$$M_1 = 0,0423q_o L^2$$

$$M_2 = \frac{7}{120}q_o L^2$$

$$V = \tfrac{1}{2}q_o L\left(\frac{2x}{L} - \frac{11}{20} - \frac{x^2}{L^2}\right)$$

$$\delta_{max} = \frac{0,00304q_o L^4}{EI}, \quad \text{en } x = 0,402L$$

$$\phi_1 = \frac{q_o L^3}{80EI}$$

17

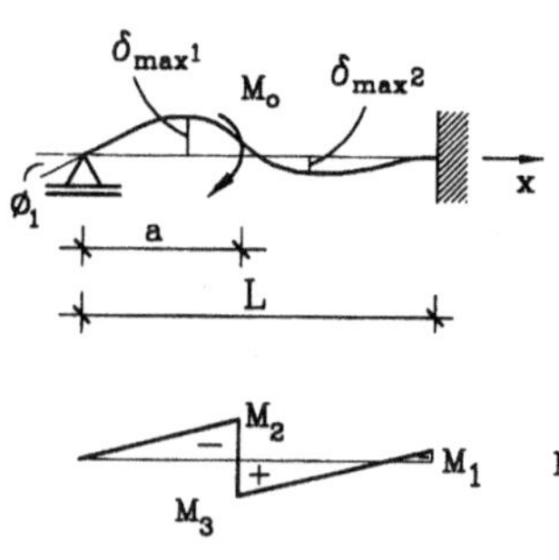

$$\delta = -\frac{M_o}{EI}\left[\frac{L^2 - a^2}{4L^3}\left(3L^2x - x^3\right) - (L-a)\,x\right] \qquad x \le a$$

$$\delta = -\frac{M_o}{EI}\left[\frac{L^2 - a^2}{4L^3}\left(3L^2x - x^3\right) - Lx + \frac{x^2 + a^2}{2}\right] \qquad x \ge a$$

$$M = -\frac{3M_o}{2L}\frac{L^2 - a^2}{L^2}x \qquad x < a$$

$$M = -\frac{3M_o}{2L}\frac{L^2 - a^2}{L^2}x + M_o \qquad x > a$$

$$M_1 = -\frac{M_o}{2}\left(1 - \frac{3a^2}{L^2}\right)$$

$$M_2 = -\frac{3M_o}{2L}\frac{L^2 - a^2}{L^2}a$$

$$M_3 = -\frac{3M_o}{2L}\frac{L^2 - a^2}{L^2}a + M_o$$

$$V = \frac{3M_o}{2L}\frac{L^2 - a^2}{L^2}$$

$$\delta_{max1} = \frac{M_o}{6EI}\frac{(a-L)\sqrt{(3a-L)^3}}{\sqrt{(3(L+a))}}$$

$$\delta_{max2} = -\frac{M_o}{27EI}\frac{\left(3a^2 - L^2\right)^3}{\left(a^2 - L^2\right)^2}$$

$$x_1 = L\sqrt{\frac{3a-L}{3(L+a)}} \qquad x_2 = L\sqrt{\frac{L^2 + 3a^2}{3\left(L^2 - a^2\right)}}$$

$$\phi_1 = \frac{M_o}{EI}\left(a - \frac{L}{4} - \frac{3a^2}{4L}\right)$$

TABLA V.2 Continuación

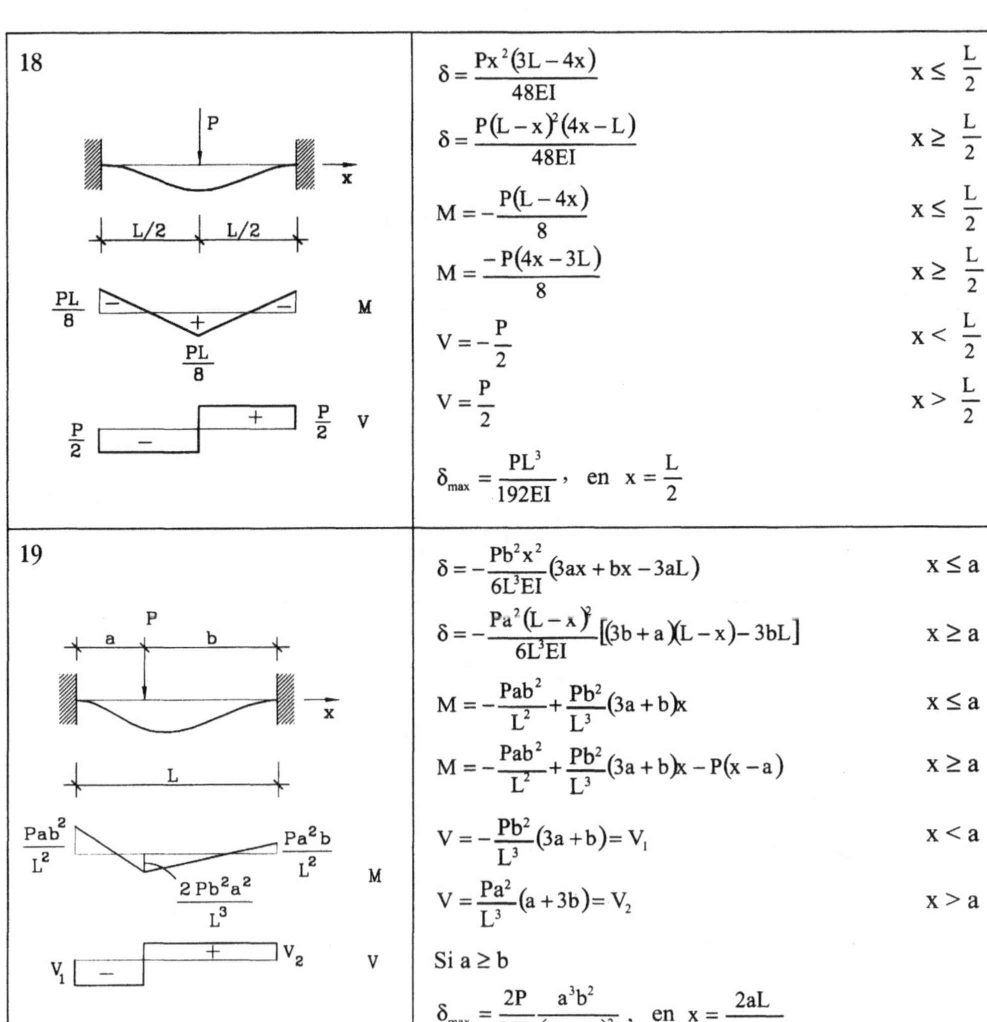

18

$$\delta = \frac{Px^2(3L - 4x)}{48EI} \qquad x \le \frac{L}{2}$$

$$\delta = \frac{P(L - x)^2(4x - L)}{48EI} \qquad x \ge \frac{L}{2}$$

$$M = -\frac{P(L - 4x)}{8} \qquad x \le \frac{L}{2}$$

$$M = \frac{-P(4x - 3L)}{8} \qquad x \ge \frac{L}{2}$$

$$V = -\frac{P}{2} \qquad x < \frac{L}{2}$$

$$V = \frac{P}{2} \qquad x > \frac{L}{2}$$

$$\delta_{max} = \frac{PL^3}{192EI}, \quad en \quad x = \frac{L}{2}$$

19

$$\delta = -\frac{Pb^2x^2}{6L^3EI}(3ax + bx - 3aL) \qquad x \le a$$

$$\delta = -\frac{Pa^2(L - x)^2}{6L^3EI}\left[(3b + a)(L - x) - 3bL\right] \qquad x \ge a$$

$$M = -\frac{Pab^2}{L^2} + \frac{Pb^2}{L^3}(3a + b)x \qquad x \le a$$

$$M = -\frac{Pab^2}{L^2} + \frac{Pb^2}{L^3}(3a + b)x - P(x - a) \qquad x \ge a$$

$$V = -\frac{Pb^2}{L^3}(3a + b) = V_1 \qquad x < a$$

$$V = \frac{Pa^2}{L^3}(a + 3b) = V_2 \qquad x > a$$

Si $a \ge b$

$$\delta_{max} = \frac{2P}{3EI}\frac{a^3b^2}{(3a + b)^2}, \quad en \quad x = \frac{2aL}{3a + b}$$

Si $a \le b$

$$\delta_{max} = \frac{2P}{3EI}\frac{a^2b^3}{(3b + a)^2}, \quad en \quad x = \frac{L^2}{a + 3b}$$

TABLA V.2 Continuación

20

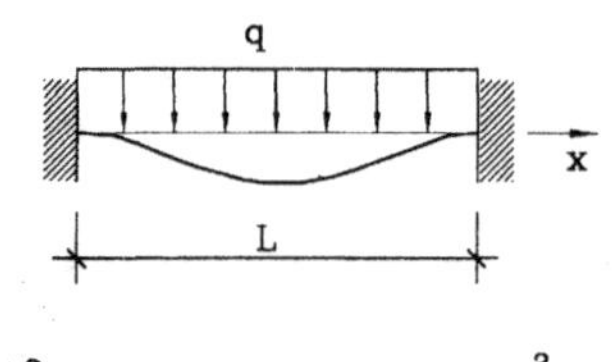

$$\delta = \frac{qx^2}{24EI}(L-x)^2$$

$$M = -\frac{qL}{2}\left(\frac{x^2}{L}+\frac{L}{6}-x\right)$$

$$V = \frac{qL}{2}\left(\frac{2x}{L}-1\right)$$

$$\delta_{max} = \frac{qL^4}{384EI} \ , \quad \text{en} \quad x = \frac{L}{2}$$

21

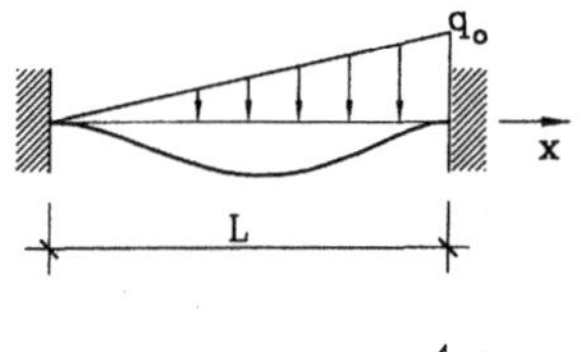

$$\delta = -\frac{q_oL}{120EI}\left(3x^3 - 2Lx^2 - \frac{x^5}{L^2}\right)$$

$$M = -\frac{q_oL}{2}\left(\frac{L}{15}+\frac{x^3}{3L^2}-\frac{3x}{10}\right)$$

$$V = \frac{q_oL}{2}\left(\frac{x^2}{L^2}-\frac{3}{10}\right)$$

$$\delta_{max} = \frac{0,001308q_oL^4}{EI} \ , \quad \text{en } x = 0,525L$$

TABLA V.2 Continuación

22	
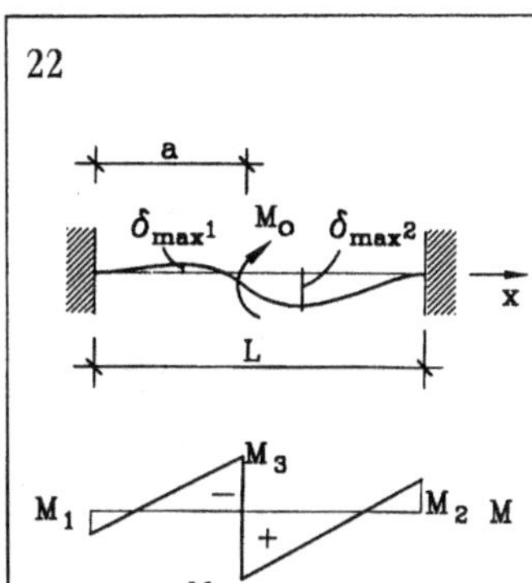

$$\delta = -\frac{1}{6EI}\left(3M_1x^2 - R_1x^3\right) \qquad x \le a$$

$$\delta = -\frac{1}{6EI}\left[(M_o + M_1)\left(3x^2 - 6Lx + 3L^2\right) + R_1\left(3L^2x - x^3 - 2L^3\right)\right] \qquad x \ge a$$

$$M = M_1 - R_1x \qquad x < a$$

$$M = M_1 - R_1x + M_o \qquad x > a$$

$$V = R_1$$

$$R_1 = \frac{6M_o}{L^3}\left(aL - a^2\right)$$

$$M_1 = \frac{M_o}{L^2}\left(4La - 3a^2 - L^2\right)$$

$$M_2 = \frac{M_o}{L^2}\left(2La - 3a^2\right)$$

$$M_3 = -M_o\left(\frac{4a}{L} - \frac{9a^2}{L^2} + \frac{6a^3}{L^3} - 1\right)$$

$$M_4 = M_o\left(\frac{4a}{L} - \frac{9a^2}{L^2} + \frac{6a^3}{L^3}\right)$$

$$\delta_{max^1} = -\frac{1}{6EI}\left(3M_1x_1^2 - R_1x_1^3\right)$$

$$\delta_{max^2} = -\frac{1}{6EI}\left[(M_o + M_1)(3x_2^2 - 6Lx_2 + 3L^2) + R_1(3L^2x_2 - x_2^3 - 2L^3)\right]$$

$$x_1 = \frac{-L(L - 3a)}{3a} \qquad \text{para } a > L/3$$

$$x_2 = \frac{L^2}{3(L - a)}$$

INDICE TEMATICO